建设工程施工合同(示范文本)(GF-2013-0201)使用指南

本书编委会

中国建筑工业出版社

图书在版编目（CIP）数据

建设工程施工合同（示范文本）（GF-2013-0201）使用指南/
本书编委会. —北京：中国建筑工业出版社，2013.5
ISBN 978-7-112-15412-8

Ⅰ. ①建… Ⅱ. ①本… Ⅲ. ①建筑工程—经济合同—
范文—中国—指南 Ⅳ. ①TU723.1-62

中国版本图书馆CIP数据核字（2013）第091794号

责任编辑：常 燕

建设工程施工合同（示范文本）（GF-2013-0201）使用指南
本书编委会

*

中国建筑工业出版社出版、发行（北京西郊百万庄）
各地新华书店、建筑书店经销
广州市友间文化传播有限公司制版
北京振兴源印务有限公司印刷

*

开本：889×1194毫米　1/16　印张：30¼　字数：755千字
2013年5月第一版　　2013年9月第六次印刷
定价：**68.00**元
ISBN 978-7-112-15412-8
　　　（24002）

版权所有　翻印必究
如有印装质量问题，可寄本社退换
（邮政编码　100037）

本书编委会

顾　　问：吴慧娟　张　毅

主　　审：朱树英　朱宏亮

主　　编：逄宗展　谭敬慧

副 主 编：曹　珊　陈南山

编写人员：（按姓氏笔画排序）

　　　　　孔令昌　朱月英　何　蛟　宋仲春　张跃群　张海丹

　　　　　张宏宏　陈南山　林乐彬　邵万权　逄宗展　徐江柳

　　　　　曹　珊　黄　锐　黄华珍　韩如波　谭敬慧　燕　平

前　言

2013年4月3日，住房城乡建设部、国家工商总局联合印发了《建设工程施工合同（示范文本）》（GF-2013-0201）（以下简称2013版施工合同）。与1999版施工合同相比，2013版施工合同增加了双向担保、合理调价、缺陷责任期、工程系列保险、索赔期限、双倍赔偿、争议评审等八项新的制度，使合同结构体系更加完善，完善了合同价格类型，更加注重对发包人、承包人市场行为的引导、规范和权益平衡，加强了与现行法律和其他文本的衔接，保证合同的适用性等。为了指导建设工程施工合同当事人、政府主管部门及有关社会人员等正确理解2013版施工合同，住房城乡建设部建筑市场监管司组织建纬律师事务所编写了《建设工程施工合同（示范文本）（GF-2013-0201）使用指南》。

《建设工程施工合同（示范文本）（GF-2013-0201）使用指南》依据现行国家法律、行政法规、司法解释、部门规章、规范性文件、行业标准、规范、相关标准文件以及国际上通行做法等，对2013版施工合同条文进行了逐条解释，并与1999 版施工合同进行了对比，列举了若干工程事例，以便能够帮助大家对2013版施工合同得到正确理解和使用。

《建设工程施工合同（示范文本）（GF-2013-0201）使用指南》的结构分为四部分，即编写说明、合同指南、新旧版本施工合同主要条款对比和相关法律汇编。其中合同指南部分又包括条文原文、条文目的、条文释义、使用指引和法条索引。条文目的主要是基于2013版施工合同的编制目的，明确了条文针对的问题以及条文的价值；条文释义是对条文的全面阐述，包括对专业术语、合同履行程序、当事人权利义务等的深入解释，便于合同当事人正确理解和适用条文；使用指引针对工程实践中的常见问题，结合合同条款，就当事人应注意的事项进行了说明；法条索引引述条文所涉及法律、法规、行业标准、规范以及交易习惯，以便当事人正确理解和适用新版示范文本。

建设工程施工合同当事人在使用《建设工程施工合同（示范文本）（GF-2013-0201）使用指南》时，应根据现行法律法规、行业规范、标准以及工程项目实际，认真阅读，深刻领会其真正含义，审慎填写合同专用条款相关内容。

各单位或个人在使用《建设工程施工合同（示范文本）（GF-2013-0201）使用指南》过程中，如有任何问题的，请向编者反映。

住房城乡建设部建筑市场监管司

目　　录

第一部分　合同协议书

发包人（全称）：_____

承包人（全称）：_____

根据《中华人民共和国合同法》、《中华人民共和国建筑法》及有关法律规定，遵循平等、自愿、公平和诚实信用的原则，双方就_____工程施工及有关事项协商一致，共同达成如下协议：

一、工程概况

1. 工程名称：_____。
2. 工程地点：_____。
3. 工程立项批准文号：_____。
4. 资金来源：_____。
5. 工程内容：_____。

群体工程应附《承包人承揽工程项目一览表》（附件1）。

6. 工程承包范围：

_____。

二、合同工期

计划开工日期：_____年_____月_____日。

计划竣工日期：_____年_____月_____日。

工期总日历天数：_____天。工期总日历天数与根据前述计划开竣工日期计算的工期天数不一致的，以工期总日历天数为准。

三、质量标准

工程质量符合_____标准。

四、签约合同价与合同价格形式

1. 签约合同价为：

人民币（大写）_____（￥_____元）；

其中：

（1）安全文明施工费：

人民币（大写）_____（￥_____元）；

（2）材料和工程设备暂估价金额：

人民币（大写）_____（￥_____元）；

（3）专业工程暂估价金额：

人民币（大写）_____（￥_____元）；

（4）暂列金额：

人民币（大写）_____（￥_____元）；

2. 合同价格形式：_____。

五、项目经理

承包人项目经理：_____。

六、合同文件构成

本协议书与下列文件一起构成合同文件：

（1）中标通知书（如果有）；

（2）投标函及其附录（如果有）；

（3）专用合同条款及其附件；

（4）通用合同条款；

（5）技术标准和要求；

（6）图纸；

（7）已标价工程量清单或预算书；

（8）其他合同文件。

在合同订立及履行过程中形成的与合同有关的文件均构成合同文件组成部分。

上述各项合同文件包括合同当事人就该项合同文件所作出的补充和修改，属于同一类内容的文件，应以最新签署的为准。专用合同条款及其附件须经合同当事人签字或盖章。

七、承诺

1. 发包人承诺按照法律规定履行项目审批手续、筹集工程建设资金并按照合同约定的期限和方式支付合同价款。

2. 承包人承诺按照法律规定及合同约定组织完成工程施工，确保工程质量和安全，不进行转包及违法分包，并在缺陷责任期及保修期内承担相应的工程维修责任。

3. 发包人和承包人通过招投标形式签订合同的，双方理解并承诺不再就同一工程另行签订与合同实质性内容相背离的协议。

八、词语含义

本协议书中词语含义与第二部分通用合同条款中赋予的含义相同。

九、签订时间

本合同于_____年_____月_____日签订。

十、签订地点

本合同在_____签订。

十一、补充协议

合同未尽事宜，合同当事人另行签订补充协议，补充协议是合同的组成部分。

十二、合同生效

本合同自_____生效。

十三、合同份数

本合同一式____份，均具有同等法律效力，发包人执____份，承包人执____份。

【协议书使用指引】

合同协议书作为施工合同的重要组成文件，其包含的内容和签署的形式非常重要，其生效必须符合法律的规定，并获得合同当事人的共同签署。

按照国际国内示范合同文本的惯例，经合同当事人签署的建设工程施工合同形式上通常包括三个部分，即协议书、专用合同条款和通用合同条款，采用这种方式的原因主要是施工合同的要素多、程序复杂且需要解决的相关事项也较多，因此在合同协议书集中约定与工程实施相关的主要内容，包括工程名称、工程地点、立项批准文号、资金来源、工程内容、工程承包范围、合同价格、工期、质量、合同生效条件等，令合同当事人在签订合同时一目了然其核心的权利义务；同时将合同通常需要管理的要素在通用合同条款中进行详细规定，如果合同当事人根据各项目不同情况需要进行调整的，则按照相应的具体情况在专用合同条款中进行补充和细化。如此可以令合同的起草、签订和履行比较规范，最终推进商事交易活动的高效开展。因此合同协议书的编制与实践引用中的填写非常重要。

2013版施工合同在1999版施工合同的基础上，借鉴了国内外标准文本和示范文本，对签约合同价、安全文明施工费、暂估价、暂列金额、项目经理、工期、合同文件构成、承诺、地址信息等方面的重要内容进行了补充和完善，更好地体现了现实施工合同订立和履行过程中的重要方面，以促进合同的有序推进。

除合同当事人有特别约定外，合同协议书在解释优先顺序上要优先于其他合同文件。对于合同协议书中缺省内容，合同当事人应慎重填写，避免因填写不当或缺失，影响合同的理解和适用。

根据我国招标投标法的规定，对于招标发包的工程，合同协议书中填写的内容应与投标文件、中标通知书等招投标文件的实质性内容保持一致，避免所订立的协议被认定为与中标结果实质性内容相背离，影响合同效力。如经常出现的投标价、中标价与签约合同价不一致的情形等。同时，根据法律规定，合同当事人应当在中标通知书发出后30天内签订书面合同，任何一方无正当理由拒不签署合同协议书的，需要赔偿相对方的相应损失。如投标人中标后拒绝按照招标文件要求提交履约保证金、中标通知书发出后发包人终止招标等情形。

合同协议书中第5条为"工程内容"，在该条文后注明："群体工程应附《承包人承揽工程项目一览表》（附件1）"，合同当事人在填写该条文时，需要注意两个问题：首先是要注意该条文的填写应特别注意与第6条"工程承包范围"保持一致，不可产生冲突，实践过程中经常出现该种情形。

合同协议书的生效一般在合同当事人加盖公章，并由法定代表人或法定代表人的授权代表签字后生效，但合同当事人对合同生效有特别要求的，可以通过设置一定的生效条件或生效期限以满足具体项目的特殊情况，如约定"合同当事人签字并盖章，且承包人提交履约担保后生效"等。此外，为了规避因专用合同条款未经盖章签字确认引起的争议，

2013版协议书中特别要求，专用合同条款及其附件须经合同当事人签字或盖章。

总之，由于合同协议书的文件效力和解释顺序非同一般，合同当事人在填写相关内容时，应当格外予以注意，避免缺项或错填，以造成后期合同履行的不利和困难。同时还应注意在相关当事人的落款处，将合同当事人有关地址、账户、邮编、电子信箱等内容全面完整的填写，保证合同履行的畅通和高效。

【法条索引】

1. 《中华人民共和国合同法》第2条：合同是平等主体的自然人、法人、其他组织之间设立、变更、终止民事权利义务关系的协议。

2. 《中华人民共和国合同法》第11条：书面形式是指合同书、信件和数据电文（包括电报、电传、传真、电子数据交换和电子邮件）等可以有形地表现所载内容的形式。

3. 《中华人民共和国建筑法》第15条：建筑工程的发包单位与承包单位应当依法订立书面合同，明确双方的权利和义务。

4. 《中华人民共和国合同法》第270条：建设工程合同应当采用书面形式。

5. 《中华人民共和国招标投标法》第46条：招标人和中标人应当自中标通知书发出之日起30日内，按照招标文件和中标人的投标文件订立书面合同。招标人和中标人不得再行订立背离合同实质性内容的其他协议。招标文件要求中标人提交履约保证金的，中标人应当提交。

6. 《中华人民共和国招标投标法》第45条：中标人确定后，招标人应当向中标人发出中标通知书，并同时将中标结果通知所有未中标的投标人。中标通知书对招标人和中标人具有法律效力。中标通知发出后，招标人改变中标结果的，或者中标人放弃中标项目的，应当依法承担法律责任。

7. 《中华人民共和国招标投标法实施条例》第57条：招标人和中标人应当依照招标投标法和本条例的规定签订书面合同，合同的标的、价款、质量、履行期限等主要条款应当与招标文件和中标人的投标文件的内容一致。招标人和中标人不得再行订立背离合同实质性内容的其他协议。

招标人最迟应当在书面合同签订后5日内向中标人和未中标的投标人退还投标保证金及银行同期存款利率利息。

第二部分　通用合同条款

1　一般约定

1.1　词语定义与解释

合同协议书、通用合同条款、专用合同条款中的下列词语具有本款所赋予的含义：

1.1.1　合同

1.1.1.1　合同：是指根据法律规定和合同当事人约定具有约束力的文件，构成合同的文件包括合同协议书、中标通知书（如果有）、投标函及其附录（如果有）、专用合同条款及其附件、通用合同条款、技术标准和要求、图纸、已标价工程量清单或预算书以及其他合同文件。

【条文释义】

1999版施工合同没有对"合同"进行明确定义，仅仅在通用条款第2条第1款对于组成合同的文件进行了说明，而国外成熟的施工合同示范文本及近些年国内颁布的相关施工合同示范文本大多对"合同"的定义予以明确，如《菲迪克（FIDIC）施工合同条件》（1999版红皮书）第1.1.1.1目。2013版施工合同借鉴和吸收了上述施工合同示范文本中的相关规定，在通用合同条款中增加了"合同"的定义，并明确构成合同的文件。

本条款定义的"合同"不仅指由合同当事人签字盖章的合同协议书，以及通用合同条款和专用合同条款，还包括中标通知书、投标函及其附录、技术标准和要求、图纸、已标价工程量清单、预算书以及对合同当事人具有约束力的其他合同文件，即在2013版施工合同中提及到"合同"一词，均可以指全部构成合同的文件。

在构成合同的文件中，合同协议书和通用合同条款、专用合同条款是"合同"定义中最直观的组成部分。合同协议书载明了具体工程建设项目的主要内容，并概括约定了合同当事人基本权利义务。通用合同条款是根据法律规定，结合工程建设的一般规律制定的合同条款，在使用2013版施工合同中，合同当事人原则上不应直接修改通用条款，而是在专用合同条款中进行相应补充；专用合同条款是合同当事人根据具体工程特点，在不违反法律规定的前提下，对通用合同条款的细化、补充和完善，体现合同当事人的意思自治和具体工程的特点，专用合同条款及附件应由合同当事人共同签字或盖章。

此外，中标通知书、投标函及其附录专用于招标发包的工程。在招投标程序中，招标文件是要约邀请，投标文件是要约，中标通知书是承诺。因此，通过招投标程序签订的施工合同，中标通知书、投标函及其附录是合同不可缺少的部分。

技术标准和要求、图纸、已标价工程量清单或预算书是合同当事人在合同谈判或招投标过程中确定商务、技术内容的依据，也是工程实施的重要依据，属于"合同"不可或缺的组成部分。

其他合同文件，是指经合同当事人约定的与工程施工有关的具有合同约束力的文件或书面协议，合同当事人可以在专用合同条款中，对合同文件的组成进行补充，特别是对于工程实施具有重要指导意义或有助于界定合同当事人权利义务的文件，合同当事人可以将其纳入合同文件组成，如施工组织设计、合同当事人在合同履行过程中的会议纪要、招标文件等文件。

在2013版施工合同起草过程中，有观点认为招标文件虽然从其法律属性上来分析为要约邀请，但招标文件与其他类型的要约邀请不同，招标文件的内容相对更为详细明确，投标人的投标文件必须对招标文件进行实质性响应，否则招标人可以否决投标。实践中，合同当事人对施工合同的理解存在分歧时，经常借助招标文件等进行整体解释，故合同当事人可以结合项目的具体情况和特点，在必要时可以选择将招标文件和全部投标文件均作为合同文件组成部分，以便于合同当事人更好地理解和适用合同。

对于投标文件的法律性质，有专家认为从法律性质上来分析，整个投标文件具有合同法上要约的法律属性，招标人一旦接受确定中标人，发包人需要按照中标文件载明的实质性内容发出中标通知书，根据相关法律规定，中标通知书的实质性内容不得与投标文件相悖。因此投标人将投标文件作为要约提交给发包人之后，无论是从其对招标文件的响应，还是从要约与承诺的体系性和完整性考虑，投标文件都具有了合同法性质上的约束力，只是该种约束力需要在实践和意思自治范畴内如何妥当安排的问题。因此，将投标文件整体作为合同文件组成与《合同法》立法本意较为契合。

总之，考虑到法律规定以及国内工程实践，招标文件的本质上属于要约邀请，属于向不特定的人发出希望他人向自己发出要约的意思表示，无论对于招标人还是投标人，招标文件仅是投标人编制投标文件的依据，招标人和投标人并非必须按照招标文件签署并履行合同。此外，招标人编制的招标文件以及提供的图纸等文件往往与实际工程存在一定出入，同时因工程实践中存在招标文件编制不规范、不详细，甚至是部分工程存在前期勘察设计不充分、不细致情况，导致投标人编制的投标文件无法全面客观反映合同订立后实际履行的工程现实条件，尤其是投标文件中的施工组织设计等技术性文件在实践中变化较大，因此在2013版施工合同的起草过程中，经过综合考虑各种因素，最终除投标函及投标函附录外，将招标文件、投标文件中的施工组织设计等其他投标文件并未列入通用合同条款的合同文件组成部分，而是由合同当事人自行衡量其项目招标的深度与现实具体条件，并由合同当事人自行协商确定其余的投标文件是否纳入合同文件组成，并在专用合同条款中预留了合同当事人自行协商的空间。

1.1.1.2　合同协议书：是指构成合同的由发包人和承包人共同签署的称为"合同协议书"的书面文件。

【条文释义】

1999版施工合同对通用合同条款、专用合同条款进行了定义，但没有对"合同协议书"进行定义。考虑到合同协议书对工程建设项目的工程概况、合同工期、质量标准、合同价格等主要内容进行了约定，2013版施工合同在借鉴国内外成熟的施工合同文本基础上，增加了合同协议书定义。

合同协议书是指由合同当事人共同签署的，约定合同主要内容的称为"合同协议书"的书面文件。合同协议书共计13条，主要包括工程名称、工程地点、立项批准文号、资金来源、工程内容、工程承包范围、项目经理、工期、合同价格、质量、合同当事人承诺、合同生效条件等主要内容，集中约定了合同当事人基本的合同权利义务，与合同履行相关的具体事项由合同当事人在通用合同条款、专用合同条款以及其他合同文件中明确。与1999版施工合同相比，新增了签约合同价、暂估价、暂列金额、安全文明施工费用、项目经理以及合同当事人承诺等方面内容。

合同协议书应按照约定由合同当事人以适当的方式共同签署，未经合同当事人共同签署，合同协议书不产生法律约束力。此外，招标发包的工程，合同当事人应在中标通知书中规定的时间内，根据招标文件和中标人的投标文件以及中标通知书签订合同协议书，合同协议书内容应与中标结果的实质性内容保持一致。

1.1.1.3　中标通知书：是指构成合同的由发包人通知承包人中标的书面文件。

【条文释义】

1999版施工合同没有对中标通知书作出明确定义，很大程度上与当时《招标投标法》尚未施行有着密切关系。随着《招标投标法》于2000年1月1日正式施行，经过13年的贯彻施行，招投标制度渐趋成熟，并已经广泛应用于各个领域，2013版施工合同新增了中标通知书的定义。中标通知书是招标人在确定中标人后向中标人发出的通知其中标的书面凭证，中标通知书应载明中标价、质量标准及工期等内容，且前述内容应与投标文件的实质性内容保持一致。

根据《招标投标法》第45、46条的规定，招标人和中标人应当自中标通知书发出之日起30日内签订施工合同，且所签订施工合同的内容不得改变中标结果，招标人改变中标结果的，或者中标人放弃中标项目的，应当依法承担法律责任。通常而言，除不可抗力因素之外，中标通知书发出后，招标人改变中标结果的，包括否决本次中标人投标文件，改由其他投标人中标的，或随意宣布取消项目招标的，根据现行《工程建设项目施工招标投标办法》第85条规定，应当适用定金罚则双倍返还中标人提交的投标保证金，若给中标人造成的损失超过适用定金罚则返还的投标保证金数额的，招标人还应当对超过的部分予以赔偿。招标人未收取投标保证金的，则应当赔偿由此给中标人造成的损失。如果中标人自愿放弃中标项目，包括以声明方式或以自己的行为表明不承担该招标项目的，则招标人不予退还其已经提交的投标保证金，给招标人造成的损失超过投标保证金数额的，还应当对超过部分予以赔偿；未提交投标保证金的，对招标人的损失应当承担损害赔偿责任。

同时，投标人提交投标保证金的，根据《招标投标法实施条例》第57条的规定，招标人最迟应于中标合同签订后5日内退还投标人的投标保证金及银行同期存款利率利息，否则，因招标人原因迟延返还投标保证金的，招标人除需向投标人支付银行同期存款利息外，根据《招标投标法实施条例》第66条的规定，有关行政监督部门可以处5万元以下的罚款，给他人造成损失的，依法承担赔偿责任。

需要注意的是，中标通知书必须由发包人签字或者盖章，中标通知书的内容亦应具体明确，且其实质性内容应与承包人递交的投标文件的实质性内容一致，如价款、工期等。

此外，一直以来，关于招投标过程中合同订立的分析，在理论和实务界一直存有争议。实际上，《招标投标法》并未直接规定中标通知书发出后即生效，但有专家认为可以从相关法律条款中推定认为中标通知书在发出时生效。也有专家认为，根据《合同法》的规定，中标通知书如被认定为承诺，则非常明确的应当认定其送达中标人时即生效，否则将产生一个悖论，即投标人在还尚未知道自己中标的情况下，合同即已经成立。因此实践中，多以中标通知书送达中标人时生效。

【使用指引】

合同当事人在使用本条款时应注意以下事项：

1. 根据《招标投标法》及《招标投标法实施条例》等相关规定，中标人确定后，招标人应当向中标人发出中标通知书，并同时将中标结果通知所有未中标的投标人。此亦为发包人的告知义务，以完成招投标工作。

2. 中标通知书的内容应当简明扼要，并告知中标人中标结果，以及签订合同的具体时间和地点。中标通知书中如修改相应招标条件或实质性内容，如修改计划开工日期等，即构成新要约，则该新要约与招标投标法的规定相背离，应当予以杜绝。中标通知书对招标人和投标人具有法律效力，双方不得修改中标结果，否则需要承担相应的法律责任。

1.1.1.4　投标函：是指构成合同的由承包人填写并签署的用于投标的称为"投标函"的文件。

【条文释义】

投标函是投标文件的重要组成部分，投标函的法律属性是要约的概括表达，是对招标文件的实质性要求和条件作出的响应，投标函应由投标人正确恰当填写，由投标人按照法律规定和招标文件要求签署，一般需要加盖公章，并由其法定代表人或法定代表人授权代表签字。

投标人应当按照招标文件的条件和要求递交投标函，投标函的内容应当包括报价、工期、质量目标等主要商务条件、承诺和说明，投标函中有含义不明确的内容或计算错误的，评标委员会可以要求投标人作出必要澄清、说明的，但不得改变投标函中载明的实质性内容。

【使用指引】

合同当事人在使用本条款时应注意以下事项：

1. 投标函应对招标文件的实质性要求作出响应，其内容应包括投标价、工期、质量以及投标人承诺其受投标函约束的意思表示，且前述内容应具体明确，避免语义模糊不清。

2. 合同当事人应注意中标通知书内容与投标函实质性内容的一致性，否则将影响中标结果的合法性。

1.1.1.5　投标函附录：是指构成合同的附在投标函后的称为"投标函附录"的文件。

【条文释义】

投标函附录是附于投标函后并构成投标函一部分的文件，主要用于填写响应招标文件的经济技术资料，如项目经理、工期、调价指数等内容。因工程项目的复杂性，对于招标发包的工程，仅通过一份投标函并不能充分反映投标人的完整的要约内容，投标人往往需要按照招标文件要求提供各类附件作为投标函附录，主要目的是对投标文件中涉及关键性或实质性的内容条款进行细化、说明或强调。在满足招标文件实质性要求的基础上，投标人还可以在投标函附录中提出比招标文件要求更有利于招标人的承诺，以便于投标人取得相应的竞争优势。

此外，投标函附录作为投标文件的组成部分，在合同当事人发生争议时，经常需要查阅投标函附录以确定具体适用的商务条件或投标人的权利义务。

【使用指引】

合同当事人在使用本条款时应注意以下事项：

1. 鉴于投标函以及投标函附录均为合同文件组成部分，发包人应当在编制招标文件时，应当尽量全面细致反映其招标要求，以确保投标函及投标函附录能够全面反映发包人的要求。

2. 作为有经验的承包人，应仔细研读投标函附录，细致分析招标要求，进行合理地填报，避免因填报不合理影响合同正常履行。

1.1.1.6 技术标准和要求：是指构成合同的施工应当遵守的或指导施工的国家、行业或地方的技术标准和要求，以及合同约定的技术标准和要求。

【条文释义】

在我国与工程建设相关的技术标准和要求较多，而明确技术标准和要求是承包人组织工程施工、保证工程质量和施工安全的前提条件，也是判断工程质量是否合格的依据。

根据《标准化法》的规定，我国工程技术标准和要求包括强制性标准和推荐性标准。强制性标准是合同当事人必须遵照执行的，属于合同文件的当然组成部分，合同当事人不能排除适用，但合同当事人可以提出比强制性标准更高的要求。合同当事人可以在专用合同条款第1.4.1项中约定更为严格的推荐性标准和企业标准，用以填补强制性标准的不足，或者满足发包人对工程质量和安全的更高要求。

1.1.1.7 图纸：是指构成合同的图纸，包括由发包人按照合同约定提供或经发包人批准的设计文件、施工图、鸟瞰图及模型等，以及在合同履行过程中形成的图纸文件。图纸应当按照法律规定审查合格。

【条文释义】

图纸是承包人施工的主要依据，图纸的质量直接影响工程的质量和安全。本条款约定的图纸是指由发包人提供或经发包人批准的设计文件、施工图、鸟瞰图以及模型等。

图纸需由具备相应资质的设计人按照法律规定、设计标准及规范并结合发包人要求设计，图纸应当充分反映发包人的要求。法律规定图纸需要有关政府主管部门的审查批准，图纸还应通过审查，否则不得用于施工。

此外，与1999版施工合同相比，2013版施工合同的"图纸"定义中，增加了两个关键点，一是强调图纸"应当按照法律规定审查合格"，二是明确了图纸的范围包括设计文件、施工图、鸟瞰图及模型等。

1.1.1.8 已标价工程量清单：是指构成合同的由承包人按照规定的格式和要求填写并标明价格的工程量清单，包括说明和表格。

【条文释义】

工程量清单是发包人将准备实施的全部工程项目和内容，依据统一的工程量计算规则，按照工程部位、性质，将实物工程量和技术措施以统一的计量单位列出的数量清单。根据《建设工程工程量清单计价规范》（GB 50500-2013）的规定，工程量清单应载明建设工程分部分项工程项目、措施项目、其他项目的名称和相应数量以及规费、税金项目等内容。

此外，根据《建设工程工程量清单计价规范》（GB 50500-2013）的规定，已标价工程量清单是指承包人按照发包人规定的格式和要求填写并标明价格，经算术性错误修正（如有）且承包人已确认的工程量清单，包括其说明和表格，即已标价工程量清单是在发包人提供的工程量清单的基础上填写价格而形成。"已标价的工程量清单"实质就是承包人作出的要约，是构成合同的组成部分。

【使用指引】

合同当事人在使用本条款时应注意以下事项：

1. 发包人提供的工程量清单的准确性直接影响了承包人最终提交的报价的准确性，因此发包人在编制工程量清单时应遵循客观、公正、科学、合理的原则，认真细致逐项计算工程量，以保证其提供的工程量清单所列的工程量的准确性。

2. 承包人应结合企业自身资源调配能力和成本控制能力，合理填报价格，且为保证工程量清单的准确性，承包人有必要对发包人提供的工程量进行重新计算复核，承包人复核工程量不仅可以使承包人准确掌握工程的实际工程量，以利于合理制定和安排施工方案，而且也有利于承包人选择具有竞争力的报价策略。

3. 按照工程量清单计价规范，一般已标价工程量清单中填报的价格为综合单价，合同当事人可以在合同中约定在一定的风险范围内单价不予调整，在出现法律变化以及市场价格波动超过约定幅度情形时，应合理调整单价，避免继续履行合同使一方处于明显的不利或使合同目的根本无法实现的情形发生，以均衡保护合同当事人的权益。

1.1.1.9 预算书：是指构成合同的由承包人按照发包人规定的格式和要求编制的工程预算文件。

【条文释义】

除了采用工程量清单计价方式以外，合同当事人还可以选择预算书的方式计价。预算书是根据图纸、全国统一施工图预算定额或地方施工图预算定额编制，预算书的格式和要求由发包人给定，并由发包人确定预算书的计价规则，发包人可以采用定额计价规则，如《2001年北京市建设工程预算定额》。

采用定额计价模式，承包人应当在发包人提供的图纸的基础上计算工程量，并据此按照定额规则计算出预算书中的价格。发包人提供的图纸的准确与否直接决定了承包人预算书能否准确反映工程的实际造价，因此发包人应保证所提供图纸的准确性。承包人应以定额以及相关配套文件为依据，根据招标文件的要求、项目具体情况和企业成本的消耗，认真、全面地编制预算书。采用定额以外的计价模式时，预算书的编制亦应当尽可能参照定额或清单计价的方式，以便于合同价格的确定与控制。

1.1.1.10 其他合同文件：是指经合同当事人约定的与工程施工有关的具有合同约束力的文件或书面协议。合同当事人可以在专用合同条款中进行约定。

【条文释义】

因工程建设项目的复杂性，2013版施工合同作为示范合同文本，在编制通用合同条款时，很难考虑到所有建设项目的特点以及合同当事人的特殊要求，因此有必要赋予合同当事人就合同文件的组成进行补充和完善，以体现合同当事人的意思自治。合同当事人可以在专用合同条款中补充列举其他合同文件，如施工组织设计、招标文件等。

构成其他合同文件的文件资料在形式上应当符合合同法规定的要式合同的要求，并应当经合同当事人共同签署或确认，仅有一方签署，或双方虽均已签署，但签署人并未获得合法授权的，该文件只有在获得了有权签约人的追认之后才发生法律效力。同时，其他合同文件的内容应体现与工程施工的关联性，与工程实施无关的事项，不应作为其他合同文件。

其他合同文件作为构成合同的组成部分，合同当事人应慎重签署，避免因签署不当，造成合同权利义务的失衡，影响合同正常履行。

1.1.2 合同当事人及其他相关方

1.1.2.1 合同当事人：是指发包人和（或）承包人。

【条文释义】

1999版施工合同并未对合同当事人作出明确约定，导致在实践中经常就转包人及挂靠人是否属于合同当事人产生困惑。2013版施工合同，对合同当事人进行了明确，施工合同中的合同当事人仅包括发包人和承包人，即依法签订合同并按照合同约定行使合同权利、履行合同义务的主体，不包括双方聘请的辅助人员，如监理人、项目管理人、造价咨询人、分包人、供应商等。

合同当事人可以将其合同约定的部分权利委托第三方行使，但不改变其合同当事人地位，如发包人委托造价咨询人负责审核承包人进度付款申请。合同当事人也可以将其合同义务委托第三方履行，但应经合同对方当事人的同意，否则合同对方当事人可以不予接受，如发包人委托第三方代付工程款。

合同当事人在订立合同时，应注意其名称与工商登记注册名称的一致性，并应确认合同当事人是否具备签订合同的主体资格，否则将影响合同效力，如已经注销的有限责任公司签订的施工合同。招标发包的工程，还应注意订立合同主体与招投标主体的一致性，否则将违反《招标投标法》规定，直接影响合同效力，如签订合同的承包人与中标人为不同主体的。此外，合同当事人应注意订立合同主体与实际履行合同主体的一致性，防止违法分包、转包以及出借资质。

除合同另有约定外，合同履行过程中的联络和意思表示，应向合同对方当事人发出，一方合同当事人向第三方发出的联络和意思表示，不对合同另一方当事人产生约束力。合同当事人因合同或因合同有关事项发生争议引起诉讼或仲裁的，应以合同对方当事人作为被告或被申请人。

1.1.2.2　发包人：是指与承包人签订合同协议书的当事人及取得该当事人资格的合法继承人。

【条文释义】

现行法律主要针对承包人的资质作出了严格要求，并未对发包人的资质能力做出特别要求。本条款关于发包人的定义，明确了发包人是指与承包人签订合同协议书的当事人及取得该当事人资格的合法继承人，与现行法律规定相一致，2013版施工合同改变了1999版施工合同以资质和履约能力作为界定发包人的表述。

除直接与承包人签订合同协议书的当事人外，取得该当事人资格的合法继承人也是本条款定义的发包人，如作为发包人的有限责任公司合并，导致原签约主体消灭的，由合并后的主体作为发包人，继续行使合同权利、履行合同义务。

1.1.2.3　承包人：是指与发包人签订合同协议书的，具有相应工程施工承包资质的当事人及取得该当事人资格的合法继承人。

【条文释义】

为保证建设工程的质量和施工安全，法律对承包人的资质作出了严格的要求，而且根据《中华人民共和国建筑法》及《最高人民法院关于审理建设工程施工合同纠纷案件适用法律问题的解释》的相关规定，承包人未取得建筑施工企业资质或者超越资质等级的施工合同无效。因此，本条款关于承包人的定义，明确了承包人除应与发包人签订合同协议书外，还应具备相应的工程施工承包资质。

承包人应是与发包人签订合同协议书的主体，以及根据法律规定和合同约定取得该当事人资格的继承人，判断是否属于本条款定义的承包人的形式要件是看其是否与发包人签订合同协议书。此外，根据《中华人民共和国建筑法》及《建筑业企业资质管理规定》等相关法律法规的规定，承包人应当具备相应施工资质，并在其资质等级许可的业务范围内承揽工程，承包人未取得建筑施工企业资质或者超越资质等级的，施工合同无效。

发包人在选择承包人时，应对承包人的资质进行严格审查，避免因承包人无相应资质或超越资质订立施工合同，继而影响施工合同效力。承包人不得向无资质的主体出借资质，也不得以分包名义将工程转包或违法分包给第三方，否则出借资质、转包、违法分包等行为不免除承包人的责任和义务，仍应当按照法律规定承担民事责任、行政责任，乃至刑事责任。

1.1.2.4　监理人：是指在专用合同条款中指明的，受发包人委托按照法律规定进行工程监督管理的法人或其他组织。

【条文释义】

在法定必须监理项目中，监理人是法定的参与主体，对于保证建设工程的质量和安全具有重要意义。在非法定必须监理项目中，发包人为弥补自身工程管理知识和经验的不足，也普遍引入工程监理。鉴于此，本条款明确了监理人概念，并在合同条款中对监理人的地位和作用进行相应安排，确立了以监理人为工程文件传递核心的制度，监督规范工程管理、提高工程建设质量和安全水平。

本条款定义的监理人是指受发包人委托按照法律规定进行工程监督管理的法人或其他组织，即监理人是发包人的委托代理人，其权利来源于发包人的授权，监理人不是合同当事人。监理人行使的职权，除了发包人授予外，还包括法律规定的职责和义务，如对工程质量、施工安全的监督。

监理人的工作范围主要为督促施工单位按照法律规定及合同约定完成工程的建设，包括监督工程质量、安全以及环境保护相关事项，但监理人的审查和监督并不减轻或免除承包人应承担的责任和义务。发包人应在专用合同条款中明确监理人的授权范围，或者单独在专用合同条款后附具授权文件，避免因授权不明影响工程的正常实施，并进而造成合同当事人之间的纠纷。

监理人的组织形式包括法人和其他组织，即监理公司和监理事务所，其中，国家规定强制监理项目的监理人应是具有相应监理资质的法人，监理事务所不得从事强制监理项目的监理工作。

需要注意的是，对于非强制监理工程项目，发包人可以不委托监理人，而自行进行工程管理或者聘请工程管理人、工程造价咨询人等，合同关于监理人的工作职责可以由发包人或其聘请的工程管理人、工程造价咨询人行使。

1.1.2.5　设计人：是指在专用合同条款中指明的，受发包人委托负责工程设计并具备相应工程设计资质的法人或其他组织。

【条文释义】

首先，设计人是工程建设过程中不可或缺的参与主体。设计人提供的图纸是承包人实施工程的主要依据，图纸的品质直接影响工程的质量和安全，后果严重的，将直接导致工程无法正常交付使用，从而使合同目的落空。而且，在工程实施过程中，也离不开设计人的参与和协助，如设计变更、图纸的补充完善、竣工验收等，均需要设计人的参与或协助，合同当事人不得擅自修改图纸。因此，在合同文件中有必要明确的设计人概念，以及设计人在合同履行过程的作用，以保证合同的顺利履行。

其次，本条款定义的设计人是指受发包人委托负责工程设计并具备相应工程设计资质的法人或其他组织，设计人不是合同当事人。设计人应在其工程设计资质范围内承接建设工程设计工作，不具备工程设计资质的主体没有承接工程设计的主体资格，不属于本条款定义的设计人，严禁没有资质的个人或单位设计并提交图纸。

再次，设计人的设计工作是指为工程建设提供有技术依据的设计文件的整个活动过程，设计是否科学合理，对工程建设项目质量管理以及造价控制具有十分重要的意义。设计人的设计工作除遵循法律规定和发包人的意图外，还应遵守设计技术标准、要求和规范。

此外，设计人的名称、资质类别、等级以及通信方式等内容由合同当事人在专用合同条款中予以明确。

1.1.2.6 分包人：是指按照法律规定和合同约定，分包部分工程或工作，并与承包人签订分包合同的具有相应资质的法人。

【条文释义】

因工程建设项目周期长、技术复杂、工期紧等特点，在实践中，承包人常常将工程主体结构、关键性工作以外的专业工程或劳务作业分包给第三方，因此在工程实践中，分包人的技术能力和管理水平对工程整体的质量、安全和施工进度有着重要影响。在工程实践中，转包及违法分包情形较为常见，且往往以工程分包形式掩盖，因此产生大量的关于工程价款结算、工程质量及施工安全等纠纷，如承包人将主体结构"分包"第三人、或以扩大劳务分包形式将禁止分包的专业工程分包给第三人等。为规范工程分包，保证工程建设的质量、安全和施工进度，与1999版施工合同相比，2013版施工合同新增了对分包的相关要求，并对分包人的资质作出规定。

本条款定义的的分包人，包括专业分包人和劳务分包人。工程分包应符合法律的规定，分包人均应具备相应资质，且不得超越资质等级范围承接分包工作。此外，承包人不得将其承包的全部工程转包给第三人，或将其承包的全部工程肢解后以分包的名义转包给第三人，承包人也不得将工程主体结构、关键性工作分包给第三人。除专业分包人可以将其分包工程中的劳务工作再行分包外，分包人不得再行分包。

1.1.2.7 发包人代表：是指由发包人任命并派驻施工现场在发包人授权范围内行使发包人权利的人。

【条文释义】

在工程实施过程中，为了便于发包人及时履行合同约定的各项义务、行使合同约定的各项权利，需要明确发包人派驻现场的授权代表，以代表发包人及时处理工程建设过程中遇到的各类问题、签署各种往来函件，以保证工程的正常实施。与1999版施工合同相比，本定义属于新增内容。1999版施工合同中以工程师统称总监理工程师和发包人代表的方式，在合同履行过程中，容易导致主体的混淆，影响合同的履行。

本条款定义的发包人代表属于发包人的委托代理人，代表发包人行使权利、履行义务，其权利范围以发包人的任命文件或授权文件为准，发包人对发包人代表在授权范围内的行为承担责任。发包人代表可以是发包人单位员工，也可以是发包人聘请的第三方机构人员，如项目管理公司、造价咨询公司人员。发包人对于发包人代表人的授权范围应具体明确，否则发包人代表的行为超出发包人的授权范围且构成表见代理的，发包人仍应对发包人代表的行为承担责任。

发包人代表应具备相应的工程管理和工程法律知识，熟悉工程情况及合同文件，并常驻施工现场，便于及时准确处理工程实施过程中出现的事项，保证工程的顺利实施。

1.1.2.8 项目经理：是指由承包人任命并派驻施工现场，在承包人授权范围内负责合同履行，且按照法律规定具有相应资格的项目负责人。

【条文释义】

在工程实践中，项目经理的专业水平和管理能力直接影响工程建设的质量、安全、工期及成本控制，因此，为了顺利实现合同约定的工程质量、安全、进度、成本管理目标，及时处理工程建设过程中遇到的各类问题以及各种往来函件，保证工程的顺利实施，因此本条款对于项目经理作出了定义，并对项目经理的职责和资格作出了要求。

项目经理属于承包人的授权代表，其在承包人的授权范围内负责合同履行，且应具备相应的注册建造师执业资格。承包人应建立以项目经理为主的生产经营管理系统，实行项目经理负责制，由项目经理对工程项目施工负全面管理责任。项目经理的专业能力、管理水平及资质等级应与工程建设的规模、技术要求等相适应，以保证的工程建设的品质。项目经理应常驻施工现场，便于及时对工程项目施工进行全面的管理。

项目经理应是承包人的员工，并应与承包人签订劳动合同，以保证项目经理的稳定性和工程实施的连续性，防止挂靠、转包或违法分包的情形出现，保证工程质量和安全。如遇特殊情况，如出现项目经理疾病、离职等情形确需更换项目经理的，应获得发包人书面同意。

1.1.2.9 总监理工程师：是指由监理人任命并派驻施工现场进行工程监理的总负责人。

【条文释义】

与1999版施工合同相比，本定义属于新增内容。1999版施工合同中的"工程师"包含总监理工程师和发包人代表，对两者未进行区分。实践中，因对合同条款中出现的工程师的概念存在不同认识，极易产生争议，进而影响工程的顺利实施。本条款对总监理工程师进行了单独定义，以便于明确总监理工程师的职责，保证合同的正常履行。

总监理工程师是监理人任命的具有注册监理工程师资质的人员，即总监理工程师是监理人的人员。根据《建设工程监理规范》规定，总监理工程师应由具有3年以上同类工程监理工作经验的人员担任。为保证工程建设的顺利进行，总监理工程师应常驻施工现场，如确需离开施工现场的，经发包人同意可以授权其他监理工程师代行其部分职责，并将其授权文件按照合同约定提前书面通知承包人。

总监理工程师应按照法律规定和合同约定履行监理职责，即总监理工程师具有相对的独立性，其除了行使监理人授予的权利和合同约定的职责外，还应履行法律规定职责，否则需承担相应的法律责任。总监理工程师应全面负责监理工作的进行，领导并管理施工现场监理机构的日常工作，对工程质量、安全、进度、环境保护等进行监理，并及时下达指示。

1.1.3 工程和设备

1.1.3.1 工程：是指与合同协议书中工程承包范围对应的永久工程和（或）临时工程。

【条文释义】

首先，交付合格的工程是承包人最主要的义务，也是施工合同的合同目的。明确"工程"的概念有助于判断合同当事人履行合同权利义务情况，也是确定实现合同目的的基本前提。

其次，本条款定义的工程是指与合同协议书中载明的工程范围对应的永久工程和临时工程，合同当事人应明确工程的名称、规范及范围，即明确承包人的承包范围。合同当事人应在合同协议书明确工程的范围，避免合同当事人对承包人的承包范围产生争议。

再次，工程包括永久工程和临时工程，永久工程是施工合同指向的主要标的物，临时工程是为完成永久工程所修建的各类临时性工程，工程的范围不包括尚未安装到工程中的材料和工程设备。

1.1.3.2　永久工程：是指按合同约定建造并移交给发包人的工程，包括工程设备。

【条文释义】

永久工程即为承包人按照合同约定建造的最终交付发包人的标的物，永久工程的建造需获得相应的许可及批准，如用地规划许可证、建设工程规划许可证以及建设工程施工许可证等，永久工程包括与工程不可分割的材料和设备，如电梯、门窗、洁具等。

与1999版施工合同相比，本定义属于新增内容。区分永久工程和临时工程有利于工程交付、风险分配等诸多方面进行界定，永久工程的合格与否直接决定了合同目的能否实现，以及承包人能否要求支付工程价款。

1.1.3.3　临时工程：是指为完成合同约定的永久工程所修建的各类临时性工程，不包括施工设备。

【条文释义】

临时工程是为完成永久工程所修建的临时性的工程，如施工道路、施工现场围墙、现场临时搭建的职工宿舍、食堂等。临时工程是否交付发包人，由合同予以确定。一般实践中，发包人会要求承包人在工程交付前，拆除临时工程。与1999版施工合同相比，本定义属于新增内容。

临时工程不包括施工设备，施工设备是发包人或承包人提供用于永久工程和临时工程建造使用的设备、器具和其他物品，属于可移动设备，且合同履行过程中，大多数的施工设备都是由承包人自行提供，是不需要在工程完工后交付发包人的。

通常情况下，临时工程需要根据国家法律和当地政策先行完成审批后方可建设，包括获得规划行政部门、建设行政部门的批准，并应严格按照法律规定及合同约定的规范和标准建造。临时工程使用时间超过批准期限的，必须重新报批，或者应予以拆除。

1.1.3.4　单位工程：是指在合同协议书中指明的，具备独立施工条件并能形成独立使用功能的永久工程。

【条文释义】

单位工程是具备独立施工条件并能形成独立使用功能的永久工程，如炼化厂建设工程中配套的独立的办公楼等。有多个单位工程的，应当由合同当事人在合同协议书中列明。单位工程是合同约定的工程的组成部分，工程的中间验收、竣工验收等都以单位工程为基础，界定单位工程有利于做好工程的过程管理。与1999版施工合同相比，本定义属于新增内容。

发包人应当将单位工程发包给具备相应资质条件的承包人，对单位工程中部分专业性较强的专业工程，发包人可以与承包人在合同中明确约定，由承包人依法分包给具备相应资质的专业分包人。此外，发包人发包工程时应当以单位工程为最小单位，将其发包给一个总承包人，发包人将单位工程发包给多个施工单位的，视为肢解发包。

1.1.3.5 工程设备：是指构成永久工程的机电设备、金属结构设备、仪器及其他类似的设备和装置。

【条文释义】

1999版施工合同未对工程设备和施工设备进行区分，但在实践中，关于工程设备与施工设备两者的风险分配和责任承担存在显著的区别，因此基于明确合同当事人权利义务和便于合同履行的考虑，有必要对工程设备进行单独定义。

首先，工程设备是构成永久工程的机电设备、金属结构设备、仪器以及其他类似的设备和装置，如空调系统、电梯系统、消防设备等，不构成永久工程的设备不属于工程设备，如施工电梯、挖掘机、推土机等。工程设备的质量和功能等，直接影响工程的质量和功能，因此设计人在图纸中会标明工程设备的参数和功能要求，但根据法律规定，设计人不能在图纸中指定工程设备的品牌和生产厂家，发包人和承包人应按照图纸的要求采购工程设备。

其次，合同约定应由承包人采购的工程设备，发包人不得指定生产厂家、供应商。承包人应当按照法律规定和合同约定采购工程设备，因工程设备质量瑕疵影响工程质量的，承包人应予以返工直至合格，并自行承担由此增加的费用，工期不予顺延。

再次，按照合同约定由发包人提供的工程设备，发包人应按照合同约定及时提供给承包人，并承担对工程设备的质量承担责任，因发包人提供的工程设备存在质量瑕疵而影响工程质量的，应由发包人承担由此增加的费用、顺延工期，并向承包人支付合理的利润。

1.1.3.6 施工设备：是指为完成合同约定的各项工作所需的设备、器具和其他物品，但不包括工程设备、临时工程和材料。

【条文释义】

施工设备是为完成合同约定的各项工作所需的设备、器具和其他物品，如施工电梯、挖掘机、推土机、打桩机等。施工设备大多数由承包人自行提供，部分也由发包人提供。与1999版施工合同相比，本定义属于新增内容。

施工设备不同于工程设备、临时工程和材料。工程设备最终是需要安装于永久工程中，作为永久工程不可分割的组成部分。临时工程是为了完成永久工程修建的临时性建筑物或设施。材料是在施工过程中消耗或物化为工程一部分的钢筋、水泥、构件、零配件等，一般不具备独立的使用功能。因此，2013版施工合同对于施工设备、工程设备、临时工程及材料的使用和风险进行了不同的约定。

1.1.3.7 施工现场：是指用于工程施工的场所，以及在专用合同条款中列明作为施工场所组成部分的其他场所，包括永久占地和临时占地。

【条文释义】

建设工程是附着于土地之上的建筑物或构筑物，如发包人不能及时提供包括建设所需土地在内的施工现场，将导致工程建设无法开展。因此，明确施工现场的构成以及发包人提供施工现场的义务，是开展工程建设的基本前提。与1999版施工合同相比，本定义属于新增内容。

施工现场是指用于施工的场所，包括用于建设永久工程和临时工程的工程用地，也包括用于承包人施工所需的场地，如临建用地、仓储用地、组装用地等。施工现场包括永久占地和临时占地，永久占地主要指用于构筑永久工程的用地，包括永久工程的附属设施用地，如小区绿地、小区地面停车场等；临时占地一般是指为了工程建设所需临时占用的土地，如为修建临时施工道路租用的土地。

施工现场中的临时占地应履行必要的占地审批手续，尤其是涉及占用农用地的，应经规划、国土等行政主管部门审批，且工程完工后，通常情况下应做好临时占地的复原工作。

1.1.3.8 临时设施：是指为完成合同约定的各项工作所服务的临时性生产和生活设施。

【条文释义】

临时设施是指承包人为保证工程施工和管理的进行而建造的各种临时性的生产和生活设施，如临时给排水管线、临时供电管线等临时设施。通常情况下，临时设施的建设需要获得规划行政部门、建设行政部门批准，并应严格按照法律规定及合同约定的规范和标准建造。

临时设施一般由承包人自行搭建，费用在承包人的报价中予以体现。临时设施因其建造标准较低，一般为临时性或半永久性的建筑物或构筑物，多数在工程竣工交付前需拆除清理。

对于本定义的理解需要着重了解临时设施与临时工程的区别。两者虽然都是临时建造，但区别在于，一个是工程，一个是设施。例如，红线外至工地变电箱的临时供电线路属于临时工程，而工地变电箱至电力机械或者生活用电设备的临时供电线路属于临时设施；临时搭建的码头、便桥属于临时工程，而临时搭建的钢筋作业台、搅拌机工作台则属于临时设施。临时设施在施工生产过程中发挥着劳动资料的作用。

1.1.3.9 永久占地：是指专用合同条款中指明为实施工程需永久占用的土地。

【条文释义】

首先，永久占地是指为实施工程需永久占用的土地，如作为永久工程的占地，以及作为永久工程的配套用地，如小区绿地、小区地面停车场等。承包人承包范围内的永久工程应在永久占地上建设，永久占地之外的临时占地，应仅作为临时工程或施工便利使用。

其次，区分永久占地和临时占地，有助于承包人了解对其施工过程中所占土地的可使用程度，以便于工程建设完成后，及时对所占土地进行相应的处置，其中临时占地，应在法律规定时间届满后予以恢复。

再次，合同当事人应在专用合同条款中明确永久占地的范围，一般来说，永久占地的范围与工程规划红线范围内的土地范围一致。

此外，合同当事人应当按照建设用地规划、建设工程规划等要求，合理利用永久占地，除法律另有规定外，合同当事人不得在永久占地范围之外修建永久工程。

1.1.3.10 临时占地：是指专用合同条款中指明为实施工程需要临时占用的土地。

【条文释义】

临时占地是指为了实施工程需要临时占用的土地，一般由合同当事人通过租赁或借用方式从第三方处获得，主要用于施工用临时工程的建设或者用于仓储、居住、装配等，如为修建临时施工道路租用的土地。

施工现场中的临时占地应履行必要的占地审批手续，尤其是涉及占用农用地，应经规划、国土等行政主管部门审批。承包人在利用临时占地时应考虑工程建设完成后，除法律另有规定及合同另有约定外，临时占地上的地上建筑物和构筑物应予以拆除，并做好场地复原工作。

1.1.4 日期和期限

1.1.4.1 开工日期：包括计划开工日期和实际开工日期。计划开工日期是指合同协议书约定的开工日期；实际开工日期是指监理人按照第7.3.2项【开工通知】约定发出的符合法律规定的开工通知中载明的开工日期。

【条文释义】

开工日期是计算工期的起始点。在实践中，因对开工日期的认识不一致，产生大量的纠纷。本条款通过定义开工日期，区分计划开工日期和实际开工日期，从而明确工期计算起始点。

本条款定义的开工日期是指承包人开始进场施工的日期，开工日期包括计划开工日期和实际开工日期。其中，计划开工日期是计算合同约定的工期总日历天数的起算点，实际开工日期是计算实际完成工期所需的工期总日历天数的起始点。

计划开工日期是指合同协议中约定的日期，该日期在签订合同时就已确定，在合同履行过程中不再发生变化。实际开工日期是指监理人按照第7.3.2项【开工通知】约定发出的符合法律规定的开工通知中载明的开工日期。监理人发出开工通知前，施工现场应具备开工条件并已经取得施工许可证，否则，开工通知中载明的开工日期不应视为实际开工日期。

1.1.4.2 竣工日期：包括计划竣工日期和实际竣工日期。计划竣工日期是指合同协议书约定的竣工日期。实际竣工日期按照第13.2.3项【竣工日期】的约定确定。

【条文释义】

竣工日期是判断工程是否如期竣工的依据。在实践中，因对竣工日期的认识不一致，产生大量的纠纷。本条款目的通过区分计划竣工日期和实际竣工日期，来明确工期计算截止点，以确定工程是否如期竣工，以明确合同当事人的工期责任。

本条款定义的竣工日期包括计划竣工日期和实际竣工日期。计划竣工日期是指合同当事人在合同协议书中约定的竣工日期，根据计划开工日期和计划竣工日期计算出的工期总日历天数为计划的工期，该工期总日历天数是衡量工程是否如期竣工的标准。

实际竣工日期是按照第13.2.3项【竣工日期】的约定确定的日期。根据实际开工日期和实际竣工日期计算所得的工期总日历天数为承包人完成工程的实际工期总日历天数，实际工期总日历天数与合同协议书第二条载明的工期总日历天数的差额，即为工期提前或延误的天数。

1.1.4.3 工期：是指在合同协议书约定的承包人完成工程所需的期限，包括按照合同约定所作的期限变更。

【条文释义】

本条款定义的工期，是在合同协议书约定的工期总日历天数基础上，结合合同约定的工期变更，进行相应的天数调整后的工期总日历天数，即经工期变更调整后的工期总日历天数为判断承包人是否如期竣工的依据。而合同协议书约定的承包人完成工程所需的期限，是指计划工期总日历天数，即根据计划开工日期和计划竣工日期计算所得的天数，但该工期总日历天数并不能直接作为判断承包人是否如期竣工的依据，需结合合同履行过程中的工期调整方能确定。

本条款与1999版施工合同主要区别在于加入了合同约定的期限变更。在实践中，对于工期的调整有很多原因，其中有发包人的原因，诸如发包人提供施工现场拖延、发包人的设计变更、发包人逾期提供可供材料等，也有第三方的原因，如遇到异常恶劣的气候条件，或爆发瘟疫等都会造成工期顺延。前述因素能不能顺延工期，往往会在合同履行过程中产生巨大的争议。2013版施工合同在工期的定义以及合同条款的设置上考虑到了各种情形对工期有可能产生的影响，以促进合同的顺利履行。

1.1.4.4 缺陷责任期：是指承包人按照合同约定承担缺陷修复义务，且发包人预留质量保证金的期限，自工程实际竣工日期起计算。

【条文释义】

在1999版施工合同中，仅约定了质量保修期，未约定缺陷责任期。根据《建设工程质量管理条例》的规定，质量保修期的最低年限普遍较长，如地基基础和主体结构工程为设计文件规定的该工程的合理使用年限，防水工程为五年。实践中发包人常常以工程质量保修期未届满为由，迟迟不退还承包人的质量保证金。为了有效地解决工程保修期和质量保证金保留期限之间的矛盾，2013版施工合同增加了缺陷责任期概念。

本条款定义的缺陷责任期是指承包人按照合同约定承担缺陷修补义务，且发包人扣留质量保证金的期限，自工程实际竣工日期起计算。合同当事人可以协商确定缺陷责任期，法律并没有强制性规定，并且可以约定期限延长，但缺陷责任期的延长不得超过两年。

缺陷责任期内，由承包人原因造成的缺陷，承包人应负责维修，并承担鉴定及维修费用。如承包人未履行缺陷维修义务，则发包人可以按照合同约定扣除质量保证金，并由承包人承担相应的违约责任。由非承包人原因造成的缺陷，发包人负责维修并承担费用，经承包人同意的，也可以由承包人负责维修，但应支付相应费用。缺陷责任期满，发包人应按照合同约定，在扣除应由承包人承担的费用、违约金、赔偿金后，及时将质量保证金退还承包人。

1.1.4.5 保修期：是指承包人按照合同约定对工程承担保修责任的期限，从工程竣工验收合格之日起计算。

【条文释义】

首先，保修期是指承包人按照合同约定对工程承担保修责任的期限，从工程竣工验收合格之日起计算。法律对部分工程的保修期规定了最低年限，除此之外，合同当事人可以在此基础上作出更为严格的约定，并对其他未做规定的项目保修期在专用合同条款中予以明确。

其次，保修期限内，承包人对建设工程的保修义务属于法定义务，不能通过合同约定予以排除，但法律对于质量保修期的期限未做约定的，合同当事人可以协商确定。保修期限内，在建设工程保修范围发生属于承包人原因造成的质量缺陷的，承包人应当履行保修义务，并对造成的损失承担赔偿责任。所谓质量缺陷，是指工程质量不符合工程建设强制性标准以及合同的约定。

此外，合同当事人应注意区别保修期和缺陷责任期二者如何使用，并注意两个期限的衔接：一、缺陷责任期是扣留质量保证金的期限，缺陷责任期满，发包人就应按照合同约定退还质量保证金，而保修期则与质量保证金没有必然的联系，即发包人不能以保修期未满为由不退还质量保证金；二、法律规定了部分工程的保修期最低期限，当事人约定的保修期不得低于法律规定，但缺陷责任期法律仅约定了最长不得超过2年，并无最低期限的规定。

1.1.4.6 基准日期：招标发包的工程以投标截止日前28天的日期为基准日期，直接发包的工程以合同签订日前28天的日期为基准日期。

【条文释义】

基准日期是判定某种风险是否属于承包人的分界日期。通常而言，在基准日期以后，因法律、技术标准、规范变化等不可归责于承包人的原因导致费用增加或者工期延长的，承包人有权根据合同约定要求发包人承担费用或者顺延工期。

基准日期为固定的一个时间节点，招标发包的工程的基准日期为投标截止日前28天，即按照投标截止日的前1天为起算日往前计算至第28天，该天为基准日期；直接发包的工程以合同签订日前第28天为基准日，即按照合同签订日的前1天为起算日往前计算至第28天，该天为基准日期。

另外，承包人报价时应考虑截至基准日期前的全部法律规定、技术标准、规范、市场价格、汇率等对合同履行有关方面的影响，且自行承担相应的风险。基准日期后发生法律规定、技术标准、规范等变化，导致合同价格和工期变化的，原则上由发包人承担相应责任。

【条文索引】

《菲迪克（FIDIC）施工合同条件》（1999版红皮书）：
1.1.3.1 "基准日期"系指递交投标书截止日期前28天的日期。

1.1.4.7 天：除特别指明外，均指日历天。合同中按天计算时间的，开始当天不计入，从次日开始计算，期限最后1天的截止时间为当天24：00时。

【条文释义】

首先，在实践中，因合同当事人对"天"究竟是指"工作日"，还是"日历天"，常会产生分歧，由此导致对合同义务履行是否及时产生纠纷，如送达是否及时、工期是否逾期等。此外，对于"天"的起算时间和截止时间的认定不同，也会对判断合同当事人是否及时履行合同义务产生直接影响。因此，定义"天"有助于解决前述问题。

其次，1999版施工合同中定义的"天"指的是日历天，但期限届满的最后一天必须是工作日，不过工期是按日历天计算。这种双重标准在操作过程中容易产生混淆和争议，2013版施工合同统一定义为日历天，可以有效解决上述问题。2013版施工合同中提及的"天"，除特别指明为工作日外，均指日历天，即包含法定节假日和休息日。合同中按天计算时间的，开始当天不计入，从次日开始计算，且期限最后一天的截止时间为当天24：00时。如"承包人应在分包合同签订后7天内向发包人和监理人提交分包合同副本"，前述"7天内"不包括签订合同当天，而是从次日开始计算。

再次，本条款关于"天"的最后一天的截止时间为24：00时，之所以界定在24：00时，而不是通常的工作时间，是因为根据《中华人民共和国民法通则》第154条第4款的规定，"期间的最后一天的截止时间为24：00时。有业务时间的，到停止业务活动的时间截止"，结合工程建设的特点以及某些工序的技术要求，无法准确界定"业务时间"，因此以24：00时为截止时间较为适宜。

1.1.5 合同价格和费用

1.1.5.1 签约合同价：是指发包人和承包人在合同协议书中确定的总金额，包括安全文明施工费、暂估价及暂列金额等。

【条文释义】

首先，签约合同价是指合同当事人在合同协议书中确定的总金额，签约合同价是合同当事人签订合同时，就承包人完成合同约定的工程内容所对应的工程造价。明确签约合同价，有助于合同当事人理解签约合同价与第1.1.5.2目合同价格的区别，以便于合同的履行，如编制支付分解表、计算违约金等。

其次，签约合同价应包括安全文明施工费、暂估价及暂列金额，其中安全文明施工费是指按照国家现行的建筑施工安全、施工现场环境与卫生标准和有关规定，购置和更新施工防护用具及设施、改善安全生产条件和作业环境所需要的费用，发包人不得要求承包人就该笔费用进行让利。

再次，招标发包的工程，投标价、中标价及签约合同价原则上应一致，除非经过法定程序，才能对文字错误或计算错误予以澄清；直接发包的工程，签约合同价由合同当事人协商确定。

1.1.5.2 合同价格：是指发包人用于支付承包人按照合同约定完成承包范围内全部工作的金额，包括合同履行过程中按合同约定发生的价格变化。

【条文释义】

合同价格是发包人用于支付承包人按照合同约定完成承包范围内全部工作应获得的对价，包括按合同约定发生的价格变化，即承包人履行全部合同义务，发包人所支付的全部对价，在合同履行过程中是动态变化的。在竣工结算阶段确认的合同价格为全部合同权利义务的清算价格，不仅指构成工程实体的造价，还包括合同当事人应支付的违约金、赔偿金等。

在实践中，合同当事人对于签约合同价和合同价格无法进行准确的区分，尤其是在总价合同中，发包人往往理解为签约合同价即合同价格，并作为最终付款的金额。本条款关于合同价格的定义，有助于合同当事人正确理解签约合同价和合同价格的区别，以减少合同当事人就合同价款产生纠纷。

在合同履行过程中，涉及合同价格变更和调整事项时，合同当事人应完善相关的文件资料，尤其是承包人应按照合同约定及时申请调整合同价格，避免被认定为放弃权利；发包人对于承包人提出的变更和调整申请，应及时予以答复，避免被认定为默示同意，产生争议。

1.1.5.3 费用：是指为履行合同所发生的或将要发生的所有必需的开支，包括管理费和应分摊的其他费用，但不包括利润。

【条文释义】

费用是指为履行合同所发生的或将要发生的所有必须的开支，包括管理费和应分摊的其他费用，费用包括签约合同价中包含的费用，也包括签约合同价之外，合同履行过程中额外增加的费用。费用不同于成本和利润，其中按照《建设工程工程量清单计价规范》（GB 50500-2013）规定，成本是指承包人为实施工程并达到质量标准，在确保安全施工的前提下，必须消耗或使用的人工、材料、工程设备、施工机械台班及其管理等方面发生的费用和按规定缴纳的规费和税金，而利润则是承包人完成工程所获得盈利。

在合同履行过程中，会产生很多承包人在签订合同时不可预见的支出或损失，在此情况下，为了平衡发包人和承包人之间的权利义务，需要根据不同的情况，对合同当事人增加的支出或损失进行合理分担。本条款关于费用的定义，尤其是就成本和利润的区分，便于合同履行过程中，就额外增加的支出或损失进行合理分担。

1.1.5.4 暂估价：是指发包人在工程量清单或预算书中提供的用于支付必然发生但暂时不能确定价格的材料、工程设备的单价、专业工程以及服务工作的金额。

【条文释义】

首先，暂估价中列明的材料、工程设备、专业工程或服务属于必然发生但在招标阶段和签订合同时暂时不确定价格的项目，暂估价由发包人在工程量清单或预算书中明确。发包人在工程量清单中对材料、工程设备或专业工程给定暂估价的，该暂估价构成签约合同价的组成部分。与1999版施工合同相比，本定义属于新增内容。

其次，是否采用暂估价项目，以及暂估价材料、工程设备或专业工程和服务的具体范围以及金额，由发包人决定。但实践中，某些地区的建设主管部门会对暂估价金额占签约合同价的比例进行限制，以防止发包人通过大量地列暂估价项目来实现肢解发包的目的，同时也影响承包人进行相应的总承包管理。

再次，《招标投标法实施条例》第29条规定"以暂估价形式包括在总承包范围内的工程、货物、服务属于依法必须进行招标的项目范围，且达到国家规定规模标准的，应当依法进行招标"。因此，在合同履行过程中，合同当事人还需按照法律规定的或合同中所约定的程序和方式确定暂估价项目的实施价格，并根据实施价格和签约合同价中列明的暂估价金额之间的差额调整合同价格。

1.1.5.5 暂列金额：是指发包人在工程量清单或预算书中暂定并包括在合同价格中的一笔款项，用于工程合同签订时尚未确定或者不可预见的所需材料、工程设备、服务的采购，施工中可能发生的工程变更、合同约定调整因素出现时的合同价格调整以及发生的索赔、现场签证确认等的费用。

【条文释义】

暂列金额是为了应对签订合同时尚未确定或不可预见的材料、工程设备、服务采购、施工中可能发生的工程变更、合同约定调整因素出现时的合同价格调整以及发生的索赔、现场签证确认所需的费用，合同履行过程中，该等费用是否实际发生存在不确定性，最终以实际发生的数额为准进行结算。合同当事人应在合同协议书中明确暂列金额的数额，且承包人应当按照发包人要求使用。与1999版施工合同相比，本定义属于新增内容。

暂列金额与暂估价虽然在形式上均体现为暂定的数额，但两者存在的根本区别在于，其中暂列金额的发生存在不确定性，而暂估价一般属于必然发生但暂时无法确定金额的项目。明确暂列金额，可以尽可能保证发包人工程估算的准确性，便于发包人组织资金，也可以减少合同履行过程中合同当事人之间的重复磋商。

1.1.5.6 计日工：是指合同履行过程中，承包人完成发包人提出的零星工作或需要采用计日工计价的变更工作时，按合同中约定的单价计价的一种方式。

【条文释义】

首先，计日工是指在合同履行过程中，承包人完成发包人提出的零星项目或需要采用计日工计价的变更工作时，按合同中约定的单价计价的一种方式。与1999版施工合同相比，本定义属于新增内容。

其次，计日工适用的零星工作一般是指为实现合同目的发生的额外工作，该额外工作在原工程量清单中或预算书中没列明的工作内容。明确计日工的概念，有助于提高合同履行的效率，简化合同当事人就工程量清单中没有相应项目的额外工作的定价程序。

再次，根据第10.9款【计日工】的约定，计日工单价应在已标价工程量清单或预算书中明确；已标价工程量清单或预算书中无相应计日工单价的，按照合理的成本与利润构成原则，由合同当事人协商确定。

1.1.5.7 质量保证金：是指按照第15.3款【质量保证金】约定承包人用于保证其在缺陷责任期内履行缺陷修补义务的担保。

【条文释义】

首先，质量保证金是承包人用于保证其在缺陷责任期内履行缺陷修补义务的一种担保，质量保证金可以采用质量保证金保函方式，也可以扣留一定比例的工程款或其他合同当事人约定的方式。具体工程项目是否提交质量保证金，由合同当事人协商确定。

其次，具体到特定的工程项目中，合同当事人在专用合同条款中明确是否需要采用质量保证金的担保方式，合同当事人协商一致扣留质量保证金的，应明确质量保证金的形式。

再次，在缺陷责任期内，承包人未能按照合同约定履行缺陷修复义务导致发包人费用增加或损失的，发包人有权从质量保证金中予以扣除。缺陷责任期满后，在扣除合同约定的款项后，发包人应当及时无息返还质量保证金。

1.1.5.8 总价项目：是指在现行国家、行业以及地方的计量规则中无工程量计算规则，在已标价工程量清单或预算书中以总价或以费率形式计算的项目。

【条文释义】

根据《建设工程工程量清单计价规范》（GB 50500-2013）的规定，总价项目是指工程量清单中以总价计价的项目，即此类项目在相关工程国家计量规范中无工程量计算规则，合同订立时，在已标价工程量清单或预算书中仅以总价或计算基础成费率形式计算的项目，并无对应的工程量明细，其支付见第12条的约定。与1999版施工合同相比，本定义属于新增内容。

在实践中，单价合同中以总价或以费率形式计算的项目，如安全文明施工费等，因无法具体分解到具体进度款中，发包人以此为由拖延支付的情形较为常见，明确总价项目的概念，是为了便于总价项目的支付，减少合同当事人的纠纷。

1.1.6 其他

1.1.6.1 书面形式：是指合同文件、信函、电报、传真等可以有形地表现所载内容的形式。

【条文释义】

首先，书面形式，是指以合同文件、信函、电报、传真等可以有形地表现所载内容的形式，书面形式可以是传统的纸质形式，也可以是电报、电子邮件等电子形式，与口头形式相对应。合同当事人在合同履行过程中，联络均应通过书面形式进行，如情况紧急，可以先行以口头形式联络，但事后应补充书面形式

其次，采用书面形式有利于留存合同履行过程中的文件资料，有助于合同当事人及时准确地传递并固定其意思表示，及时解决合同履行过程中遇到的问题，在产生争议时，有利于及时查清事实、明确合同当事人的责任，以定纷止争。

1.2 语言文字

合同以中国的汉语简体文字编写、解释和说明。合同当事人在专用合同条款中约定使用两种以上语言时，汉语为优先解释和说明合同的语言。

【条文目的】

在实践中，因合同当事人使用不同的语言文字，导致合同需要使用两种或两种以上不同语言文字版本的情形较为常见。在此情形下，因不同版本合同的意思表示不一致，导致合同当事人之间产生纠纷的现象屡见不鲜，本条款通过明确合同文本优先解释和说明合同的语言，以解决合同解释和说明问题，保证合同的顺利履行。

【条文释义】

鉴于2013版施工合同主要适用于中国大陆大区，因此约定了合同语言文字以汉语简体文字编写、解释和说明。合同当事人采用两种或两种以上语言文字书写合同，且对不同语言版本的合同理解存在分歧的，应当结合合同目的、交易习惯以及上下文之间的联系，以汉语简体文字为优先解释和说明合同的语言。

【使用指引】

合同当事人在使用本条款时应注意以下事项：

1. 合同当事人可以根据实际情况，在专用合同条款中约定采用多种语言文字合同，但应保证不同语言文字的合同版本之间意思表示的一致性。

2. 因多种语言文字合同存在意思表示不一致导致产生争议的，应以汉语简体文字作为解释和说明的优先语言。

1.3 法律

合同所称法律是指中华人民共和国法律、行政法规、部门规章，以及工程所在地的地方性法规、自治条例、单行条例和地方政府规章等。

合同当事人可以在专用合同条款中约定合同适用的其他规范性文件。

【条文目的】

因我国法律、行政法规的规定一般较为原则和抽象，无法全面满足工程建设的需要，而大量的部门规章、工程所在地的地方性法规、自治条例、单行条例和地方政府规章等对工程建设作出了较为细致和明确的规定，为了弥补法律、行政法规规定的不足，更好更清晰地指导工程建设，本条款对法律作了扩大解释。

【条文释义】

在2013版施工合同起草过程中，曾有建议对"法律"进行狭义解释，即只应包括"中华人民共和国法律和行政法规"。首先，因为根据《最高人民法院关于适用<合同法>若干问题的解释（一）》的规定，"《合同法》实施后，人民法院确认合同无效，应当以全国人大及其常委会制定的法律和国务院制定的行政法规为依据，不得以地方性法规、行政规章为依据"。因此，通常情况下，适用于合同的法律应当为法律、行政法规；其次，如果将部门规章、地方政府规章以及其他规范性文件纳入"法律"概念中，可能产生2013版施工合同与部门规章、地方政府规章以及其他规范性文件冲突的情形。届时，如何确定合同条款的效力，将极易引起争议。

但考虑到我国法律、行政法规的规定一般较为原则和抽象，无法全面满足工程建设的需要，而且国家法律也对建设工程提出了很多的属地化管理要求，因此本条款约定的法律，不仅仅指狭义的法律，即《立法法》规定的由全国人大及其常委会颁布的法律；而是指广义的法律，即包括由全国人大颁布的法律、国务颁布的行政法规、国务院组成部门颁布的部门规章，以及工程所在地的地方性法规、自治条例、单行条例和地方政府规章等。

此外，鉴于工程建设的复杂性以及各个行业、各个地区之间的巨大差异，合同当事人可以在专用合同条款中约定特别适用的规范性文件名称，并应予以遵照执行。

【使用指引】

合同当事人在使用本条款时应注意以下事项：

1. 除法律、行政法规、部门规章，以及工程所在地的地方性法规、自治条例、单行条例和地方政府规章外，合同当事人可以在专用合同条款中明确用以调整合同履行的其他规范性文件、政策的名称和文号，以便于指导工程施工。

2. 在工程建设和管理过程中，合同当事人应遵守法律、行政法规、工程所在地的地方性法规、自治条例、单行条例、地方政府规章和专用合同条款中约定的其他规范性文件和政策，否则将直接影响工程的实施和合同的履行，甚至被行政处罚，如违反工程所在地建设行政主管部门关于施工合同备案的规定，将导致不能获得开工所需的许可和批准。

3. 在实践中，很多部门规章、地方性政府规定对工程建设有特殊的约定，如关于招投标、质量管理、合同结算等，可能产生合同条款与前述部门规章、地方性政府规定相冲突的情形，合同当事人在专用合同条款中约定具体的部门规章、地方性政府规定时，应予以注意，避免因约定不当，损害自身的权益。

【法条索引】

《建设工程工程量清单计价规范》（GB 50500-2013）

9.2.1 招标工程以投标截止日前28天、非招标工程以合同签订前28天为基准日，其后因国家的法律、法规、规章和政策发生变化引起工程造价增减变化的，发承包双方应按照省级或行业建设主管部门或其授权的工程造价管理机构据此发布的规定调整合同价款。

1.4 标准和规范

1.4.1 适用于工程的国家标准、行业标准、工程所在地的地方性标准，以及相应的规范、规程等，合同当事人有特别要求的，应在专用合同条款中约定。

1.4.2 发包人要求使用国外标准、规范的，发包人负责提供原文版本和中文译本，并在专用合同条款中约定提供标准规范的名称、份数和时间。

【条文目的】

明确工程建设的标准和规范，是加强建设工程质量管理，保证工程建设的质量和安全，保障人民生命和财产安全的基础。此外，鉴于涉外建设工程项目的增多，项目业主要求适用国外标准、规范的情形也逐渐增加，在不违反国内强制性标准的前提下，使用更为严格的国外标准、规范，有助于提高国内建设工程的品质。

【条文释义】

首先，适用于工程的标准和规范的范围，包括国家、行业、地方标准，以及相应的规范、规程等。对于强制性国家标准和强制性行业标准，合同当事人不得排除适用，但可以约定严于强制性标准的标准规范，并在专用合同条款中予以明确。

其次，发包人要求使用国外标准、规范的，发包人应提供原文版本和中文译本，以便于承包人对比理解国外标准、规范的确切含义，利于工程建设的顺利进行，相关费用由发包人承担。发包人要求使用的国外标准、规范的要求不得低于国内强制性标准、规范。国外标准、规范的名称、份数和时间由合同当事人在专用合同条款中予以明确，避免因约定不明产生争议。

再次，质量始终是建设工程的核心要素，建设施工始终离不开对于质量的要求，不论是发包人还是承包人，在签订合同之前，都必须了解与工程施工相关的国家标准、行业标准、地方性标准，尤其是地方性标准有更为严格要求或有特殊规定的，合同当事人应熟悉并遵守，以利于工程施工的顺利进行。

【使用指引】

1. 合同当事人在专用合同条款中约定的标准和规范不得低于强制性国家标准和行业标准，否则该约定无效，影响工程质量的，应予以整改，并由合同当事人按照过错程度承担相应责任。

2. 合同当事人在专用合同条款中约定工程适用国外标准、规范的，发包人应提前合理时间提供国外标准、规范的原文版本和中文译文，供承包人审阅和比对。

3. 承包人在审阅、比对或施工过程中，发现发包人提供的国外标准、规范与国内强制性标准、规范不一致，或者其技术要求低于国内强制性标准、规范的，应及时通知发包人，由发包人作出决定。

4. 发包人在明知所适用的标准、规范技术要求低于强制性标准、规范的情况下，仍要求承包人继续施工的，承包人应予以拒绝，否则合同当事人应按照过错程度承担相应的责任。

5. 合同当事人对工程适用的技术标准和要求存在分歧的，首先应按照法律规定的强制性标准执行，但合同约定的标准高于强制性标准的，按照合同约定执行；其次，对于既无约定又无法律规定强制性标准的，按照推荐性标准执行；也无推荐性标准的，按照合同法的规定，参考交易习惯执行。

1.4.3 发包人对工程的技术标准、功能要求高于或严于现行国家、行业或地方标准的，应当在专用合同条款中予以明确。除专用合同条款另有约定外，应视为承包人在签订合同前已充分预见前述技术标准和功能要求的复杂程度，签约合同价中已包含由此产生的费用。

【条文目的】

因发包人对工程的技术标准、功能要求高于或严于现行国家、行业或地方标准的，或者有特殊要求的，将增加承包人的施工难度和费用支出。在实践中，经常出现承包人因缺乏相关经验导致其无法准确预估所承接项目的技术复杂程度，导致合同当事人在合同履行过程中就费用承担产生纠纷。本条款明确了承包人对工程采用技术标准和工程要求的复杂程度的预见义务，避免因费用承担产生纠纷。

【条文释义】

首先，发包人对工程的技术标准、功能要求高于或严于现行国家、行业或地方标准的，应在专用合同条款中明确具体标准规范的名称或有关技术要求的要点或参数。

其次，作为有经验的承包人，应该在签订合同前，对工程所采用的技术标准和规范有充分的预见，并在报价时考虑满足技术标准和规范所需支付的费用以及对工期的影响，除专用合同条款另有约定外，签约合同价应被视为已经包含了适用更严格的技术标准、功能要求所需的费用。

再次，发包人在合同签订后，单方面对工程的技术标准、功能要求提出高于或严于合同约定的技术标准、功能要求的，由此增加的费用和延误的工期应由发包人承担，并应向承包人支付合理的利润，但原合同约定的标准低于现行国家强制性标准的除外。

【使用指引】

合同当事人在使用本条款时应注意以下事项：

1. 发包人对工程的技术标准、功能要求高于或严于现行国家、行业或地方标准的，合同当事人应在专用合同条款中予以明确，有具体标准名称的应列明名称，无名称只有技术要求的，应详细列明技术要求，也可以采用附件形式将标准列入专用合同条款后。

2. 原则上，承包人应在签订合同前充分预见工程技术标准和功能要求的复杂程度，且签约合同价中视为已包含了因提高技术标准和功能要求而需增加的费用，发包人不再另行支付。

3. 合同当事人也可以在专用合同条款约定由发包人承担此项费用，或由合同当事人合理分担，具体应结合工程的实际情况，由合同当事人协商确定。

1.5 合同文件的优先顺序

组成合同的各项文件应互相解释，互为说明。除专用合同条款另有约定外，解释合同文件的优先顺序如下：

（1）合同协议书；

（2）中标通知书（如果有）；

（3）投标函及其附录（如果有）；

（4）专用合同条款及其附件；

（5）通用合同条款；

（6）技术标准和要求；

（7）图纸；

（8）已标价工程量清单或预算书；

（9）其他合同文件。

上述各项合同文件包括合同当事人就该项合同文件所作出的补充和修改，属于同一类内容的文件，应以最新签署的为准。

在合同订立及履行过程中形成的与合同有关的文件均构成合同文件组成部分，并根据其性质确定优先解释顺序。

【条文目的】

因工程建设项目投资大、技术复杂，构成合同的组成文件种类较多，且合同文件之间有可能存在不一致甚至相互矛盾，从而影响合同理解和履行，且容易产生争议。因此，有必要按照一定的规则，对各合同文件的优先顺序进行约定，以便在合同文件内容出现不一致或矛盾时，尽快确定合同文义，以保证合同的顺利履行。

【条文释义】

首先本条款约定了合同文件的组成，包括合同协议书、中标通知书、投标函及其附录、专用合同条款及其附件、通用合同条款、技术标准和要求、图纸、已标价工程量清单或预算书、以及合同当事人专用合同条款中约定或在合同履行过程中形成的其他合同文件，其中中标通知书、投标函及其附录仅在招标发包工程中才使用。

其次，本条款约定了合同文件解释的优先次序。除合同当事人在专用合同条款中对合同文件解释的优先顺序另有约定外，应依据本条款约定的合同文件的优先顺序解释合同文件。合同当事人就各项合同文件，包括合同当事人就该项合同文件所作出的补充和修改，属于同一类性质的文件，应以最新签署的为准，即后签署的要优先于先签署的，但不得优先于合同解释顺序在先的文件，如补充提交的图纸，其性质为图纸，解释顺序上应排在第7位，同时补充提交的图纸的效力要优先于原图纸。

【使用指引】

合同当事人在使用本条款时应注意以下事项：

1. 合同当事人应慎重确定合同文件的组成及解释顺序，原则上无特别的需要，应尽量避免重新调整本条款约定的合同文件解释顺序。

2. 对于在合同履行过程中形成的与合同有关的文件，合同当事人应谨慎对待，谨防因疏忽或专业知识的欠缺造成所签署的文件违背己方真实意思的表示。

1.6 图纸和承包人文件

1.6.1 图纸的提供和交底

发包人应按照专用合同条款约定的期限、数量和内容向承包人免费提供图纸，并组织承包人、监理人和设计人进行图纸会审和设计交底。发包人至迟不得晚于第7.3.2项【开工通知】载明的开工日期前14天向承包人提供图纸。

因发包人未按合同约定提供图纸导致承包人费用增加和（或）工期延误的，按照第7.5.1项［因发包人原因导致工期延误］约定办理。

【条文目的】

图纸既是合同文件组成部分，又是衡量承包人履行义务的标准之一。图纸本身的质量决定工程的质量和安全，影响合同目的能否实现。此外，在实践中，存在大量的边设计、边施工的项目，严重违反了法律规定，且容易造成重大质量和安全隐患。本条款的目的在于通过明确发包人提供图纸、图纸会审及设计交底的义务，督促发包人及时全面提供图纸，保证工程的顺利实施。

【条文释义】

首先，提供图纸是发包人的主要义务之一，发包人提供的图纸的完整性、及时性、准确性直接影响到工程施工。因此图纸的管理是合同管理活动中极为重要的环节。发包人提供图纸的期限、数量以及内容由合同当事人在专用合同条款中约定，发包人应按前述约定免费提供图纸，并按约定及时组织承包人、监理人及设计人进行图纸会审和设计交底，以便各方准确掌握图纸的准确内容，保证工程施工的顺利进行。

其次，鉴于实践中常常出现发包人不及时提供图纸或提供图纸不全影响工程质量、进度等情形，故本条款虽然赋予了合同当事人在专用合同条款中约定发包人提供图纸的期限，但同时也对发包人提供图纸的最晚时间进行了限制，即至迟不得晚于开工通知载明的开工日期前的第14天。

另外，因发包人未按照合同约定提供图纸，将导致工程不能正常开工，影响工期，并增加承包人费用，如进场人员工资、机械租赁费等。因此，本条款还约定了，发包人未按照合同约定提供图纸的不利后果，以督促发包人及时提供图纸。

【使用指引】

合同当事人在使用本条款时应注意以下事项：

1. 合同当事人应在专用合同条款中明确应由发包人提供图纸的数量、提供的期限、图纸种类及内容，避免因约定不明影响合同正常履行。

2. 发包人应严格按照专用合同条款约定及时提供图纸，提供图纸的时间至迟不得晚于开工通知载明的开工日期前的第14天，以便于承包人有足够地时间审阅图纸，与监理人、设计人进行图纸会审、设计交底，以及在开工前完成施工所需的图纸深化工作。

【法条索引】

1. 《中华人民共和国建筑法》第58条：建筑施工企业对工程的施工质量负责。建筑施工企业必须按照工程设计图纸和施工技术标准施工，不得偷工减料。工程设计的修改由原设计单位负责，建筑施工企业不得擅自修改工程设计。

2. 《建设工程质量管理条例》第11条：建设单位应当将施工图设计文件报县级以上人民政府建设行政主管部门或者其他有关部门审查。

3. 《房屋建筑和市政基础设施工程施工图设计文件审查管理办法》（建设部令134号）第3条：国家实施施工图设计文件（含勘察文件，以下简称施工图）审查制度。施工图未经审查合格的，不得使用。

1.6.2 图纸的错误

承包人在收到发包人提供的图纸后，发现图纸存在差错、遗漏或缺陷的，应及时通知监理人。监理人接到该通知后，应附具相关意见并立即报送发包人，发包人应在收到监理人报送的通知后的合理时间内作出决定。合理时间是指发包人在收到监理人的报送通知后，尽其努力且不懈怠地完成图纸的修改及补充所需的时间。

【条文目的】

图纸作为施工的主要依据之一，其质量将直接影响工程的质量及施工安全。本条款的目的在于明确图纸的纠错程序，以达到防范于未然的目的，尽可能提高图纸的准确性，避免错误施工，以保证工程质量和安全。

【条文释义】

首先，承包人应在收到图纸后，对图纸进行认真审阅，以明确图纸要求，该工作既是作为合理审慎的承包人的应有之义务，也是其开工所必需的准备步骤。

其次，作为有经验的承包人，在审阅图纸过程中，承包人对于发现的图纸错误、遗漏或缺陷应当及时通知监理人，并由发包人在合理时间内作出决定，以便于发包人及时修改补充图纸，避免错误或不当施工。

再次，发包人在接到监理人关于图纸错误的通知后，应要求设计人进行复核，对于确实存在错误的图纸，应当在合理时间内完成修改补充并提交给承包人。经设计人确认，不属于图纸错误的，应及时向承包人进行澄清，便于工程的顺利实施。

另外，本条款对"合理时间"进行解释，以督促发包人及时完成图纸的修改完善工作，避免影响工程的正常实施。

【使用指引】

1. 作为有经验的承包人，在收到图纸后应认真审阅，并可以根据工程特点就图纸的修改向发包人提出合理化建议。

2. 发包人对于承包人提出的图纸错误或合理化建议，应在合理时间内审查批准，对于疑难问题，应组织专家论证会，并邀请承包人参加。

1.6.3　图纸的修改和补充

图纸需要修改和补充的，应经图纸原设计人及审批部门同意，并由监理人在工程或工程相应部位施工前将修改后的图纸或补充图纸提交给承包人，承包人应按修改或补充后的图纸施工。

【条文目的】

在工程施工过程中，因变更、图纸错误等需要修改和补充图纸的情形较为常见，本条款明确了图纸修改和补充的程序，以保证在发生图纸需要修改和补充时，可以及时、合法地完成图纸的修改和补充。

【条文释义】

图纸的修改和补充应由原设计人完成，交由其他具备相应资质的设计人进行修改和补充，修改和补充后的图纸应经原设计人审查同意，严禁由发包人或承包人擅自修改和补充，以免影响工程质量和安全。当然，作为有经验的承包人可以就图纸修改向监理人和发包人提出建议，以节省图纸修改和优化的时间，进而加快工程进度、控制工程成本。

图纸的修改和补充需原设计审批部门审查的，应经原设计审批部门的审查，以确保修改和补充后的图纸合法合规。监理人应在工程或工程相应部位施工前，将修改和补充后的图纸提交给承包人，承包人应按照图纸要求施工，确保工程质量。

【使用指引】

合同当事人在使用本条款时应注意以下事项：

1. 承包人应当严格按照发包人提供的图纸施工，不得擅自修改图纸的内容。承包人发现图纸存在差错、遗漏或缺陷的，应当按照第1.6.2款约定及时通知监理人和发包人，经原设计人或另行委托的其他设计人修改和补充，并经原设计人和原图纸审批机关批准后，方能使用。

2. 因发包人提供的图纸存在差错、遗漏或缺陷的，导致工程质量瑕疵或造成安全事故的，由发包人承担责任，属于设计人原因导致的，发包人有权向设计人追偿。

3. 图纸的修改和补充构成变更的，合同当事人应按照第10条【变更】的约定执行。

1.6.4　承包人文件

承包人应按照专用合同条款的约定提供应当由其编制的与工程施工有关的文件，并按照专用合同条款约定的期限、数量和形式提交监理人，并由监理人报送发包人。

除专用合同条款另有约定外，监理人应在收到承包人文件后7天内审查完毕，监理人对承包人文件有异议的，承包人应予以修改，并重新报送监理人。监理人的审查并不减轻或免除承包人根据合同约定应当承担的责任。

【条文目的】

鉴于工程建设项目的复杂性，发包人提供的图纸等技术文件不可能满足施工的全部需要。因此在实践中，常常需要承包人根据其施工经验和技术能力，编制施工所需的文件或深化施工图纸，以保证工程的顺利实施。本条款的目的在于通过明确承包人文件的提交和审查程序，保证承包人文件的质量，以确保承包人文件获得及时的审查，也有助于确立顺畅的发包人、承包人、监理人工作沟通机制，进而确保工程的质量和安全。

【条文释义】

首先，因工程建设的复杂性，在合同履行过程中，需要承包人编制与工程施工有关的文件，如施工组织设计、工程进度计划、专项施工方案等，此外，承包人根据发包人提供的图纸，还需要结合具体工程情况，编制加工图、大样图、协调配合图等文件，前述文件均属于承包人文件。

其次，合同当事人应在专用合同条款中明确承包人文件的报送期限、数量以及形式，期限应具体明确。专用合同条款未明确期限的，承包人至迟应在工程或相应工程部位施工前向发包人和监理人报送承包人文件，以保证工程的正常实施。此外，关于承包人文件的提交形式，可以为纸质版本，也可以是电子版本，具体事宜由合同当事人协商确定。

再次，本条款还约定了承包人文件的审查程序，即发包人和监理人应在收到承包人文件后7天内审查完毕，发包人和监理人对承包人文件有异议的，承包人应予以修改，并重新报送发包人和监理人。

另外，鉴于承包人作为专业施工单位，交付合格的工程是其法定和约定义务，而且相对于发包人而言，承包人在专业技术上和经验上更占优势，因此无论发包人对于承包人文件的审查批准意见如何，根据法律规定和合同约定，承包人均需对其编制文件的质量独立地承担责任，即发包人和监理人的审查并不减轻或免除承包人根据合同约定应当承担的责任。

【使用指引】

合同当事人在使用本条款时应注意以下事项：

1. 承包人应根据工程特点及技术要求，编制适应于工程的文件，并应避免简单套用其他工程的相关文件，以保证工程的质量和施工的安全。

2. 发包人和监理人在收到承包人文件后，应及时进行审查，不应怠于审查或提出异议，进而影响合同的正常履行。

1.6.5 图纸和承包人文件的保管

除专用合同条款另有约定外，承包人应在施工现场另外保存一套完整的图纸和承包人文件，供发包人、监理人及有关人员进行工程检查时使用。

【条文目的】

在实践中，大量的工程存在施工现场无完整图纸，影响发包人、监理人及有关人员工程检查和复核，本条款通过明确现场图纸和承包人文件的保管义务，以解决前述问题。与1999版施工合同相比，本条款约定属于新增内容。

【条文释义】

首先，考虑到承包人作为工程的实施单位，实际占有施工现场，且在施工现场一般均会布置临时办公场所，由承包人保存工程中存在的大量图纸和承包人文件较为方便，因此本条款约定了承包人应在施工现场保存一套完整的图纸和承包人文件。

其次，承包人按照本条款约定在施工现场保存的完整图纸和承包人文件，应专供发包人、监理人及有关人员进行工程检查时使用，承包人自行使用的图纸和承包人文件应另行准备。

另外，考虑到不同工程的特殊情况，本条款同时约定了合同当事人可以在专用合同条款中约定由承包人之外的其他主体保存一套供检查使用的图纸和承包人文件。

【使用指引】

合同当事人在使用本条款时应注意以下事项：

1. 合同当事人应注意，本条款约定的检查使用的图纸和承包人文件应与承包人自行使用的图纸和承包人文件进行区分，避免相互混用或共用一套图纸和承包人文件，导致无法兼顾工程施工和工程检查需要。

2. 合同当事人可以在专用合同条款中另行约定保存图纸和承包人文件的主体，如监理人、项目管理单位等。

1.7 联络

1.7.1 与合同有关的通知、批准、证明、证书、指示、指令、要求、请求、同意、意见、确定和决定等，均应采用书面形式，并应在合同约定的期限内送达接收人和送达地点。

1.7.2 发包人和承包人应在专用合同条款中约定各自的送达接收人和送达地点。任何一方合同当事人指定的接收人或送达地点发生变动的，应提前3天以书面形式通知对方。

【条文目的】

建设工程工期长、规模大、技术复杂、参与主体众多，在合同履行过程中，各参与主体之间需要进行大量的沟通、交流、信息传递，为保证各参与主体之间能准确性、及时性地传达信息的，也为了便于争议发生时尽快查明事实，本条款文对各参与主体之间的联络方式进行了约定。

【条文释义】

本条款约定了与合同有关的通知、批准、证明、证书、指示、指令、要求、请求、同意、意见、确定和决定等，均应采用书面形式，该书面形式包括传统的纸质文件，也包括电子邮件等信息化载体。

同时，本条款要求合同当事人应在专用合同条款中明确接收人员的姓名、移动电话、邮箱及送达地点等信息，以保证信息传达的及时性、准确性及送达对象的正确性，避免因无法送达或迟延送达，影响合同履行。

此外，本条款还约定了合同一方当事人的接收人员和送达地点发生变化时，应提前3天以书面形式通知到对方当事人，避免因人员变动或地点变化，导致联络障碍或中断，进而影响工程的顺利实施。

【使用指引】

合同当事人在使用本条款时应注意以下事项：

1. 合同当事人应通过书面形式传达与合同履行相关的信息和意思表示，并由双方的适格人员签字或加盖公章，且联络的接收人和送达地点应按照第1.7.2项约定执行，避免送达不能、送达错误或送达延误。

2. 合同当事人应按照专用合同条款的要求填写接收人员和送达地点，其中接收人员的信息应尽可能详尽，接收人员的信息应包括其姓名、职务、所在部门、移动电话、邮箱、地址等信息。

3. 合同当事人应至少留存两个以上的接收人员和送达地点，以保证联络的顺畅。一般情况下，合同当事人除了留存施工现场的接收人员联系方式外，还应留存其单位总部的接收人员联系方式以及地址。

1.7.3 发包人和承包人应当及时签收另一方送达至送达地点和指定接收人的来往信函。拒不签收的，由此增加的费用和（或）延误的工期由拒绝接收一方承担。

【条文目的】

鉴于在工程实践中，合同当事人为了达到转嫁风险、推卸责任的目的，存在无正当理由拒绝签收或迟延签收往来函件的情形。为督促合同当事人及时签收往来信函，保证合同当事人之间信息的顺利传递，本条款明确了拒绝签收的不利后果。

【条文释义】

合同当事人应遵守诚实信用原则，应在合理的时间内对往来函件作出答复或回应，以保证联络的顺畅。如果合同一方当事人无正当理由拒不签收往来函件，拒绝接收一方应承担拒绝签收所增加的费用，并应承担工期延误的责任。对于一方当事人拒绝签收的，另一方当事人可以参照《民事诉讼法》关于诉讼文书送达的方式送达。

此外，合同当事人应加强往来函件的收发文管理，及时将收到的往来函件转交负责人，便于及时作出答复或回应，避免因内部传递的不畅，影响自身的合法权益，并进而影响合同履行。

【使用指引】

合同当事人在使用本条款时应注意以下事项：

1. 对于在合同履行过程中产生的各项文件，合同当事人应及时签收并作出处理，以便解决合同履行过程中出现的问题，保证工程的顺利进行。

2. 合同一方当事人拒绝签收时，另一方当事人可以通过传真、电子邮件、快递、挂号信或现场公证的方式送达。

【法条索引】

《中华人民共和国民事诉讼法》第86条：受送达人或者他的同住成年家属拒绝接收诉讼文书的，送达人可以邀请有关基层组织或者所在单位的代表到场，说明情况，在送达回证上记明拒收事由和日期，由送达人、见证人签名或者盖章，把诉讼文书留在受送达人的住所；也可以把诉讼文书留在受送达人的住所，并采用拍照、录像等方式记录送达过程，即视为送达。

1.8 严禁贿赂

合同当事人不得以贿赂或变相贿赂的方式，谋取非法利益或损害对方权益。因一方合同当事人的贿赂造成对方损失的，应赔偿损失，并承担相应的法律责任。

承包人不得与监理人或发包人聘请的第三方串通损害发包人利益。未经发包人书面同意，承包人不得为监理人提供合同约定以外的通信设备、交通工具及其他任何形式的利益，不得向监理人支付报酬。

【条文目的】

在整个工程建设过程中，贿赂行为较为常见，且常常伴随着质量问题和施工安全问题，严重破坏了正常的市场竞争秩序。因此，本条款通过将公法领域的贿赂概念引入合同领域，治理工程建设项目中较为常见的贿赂行为，规范工程建设项目中的合同当事人的行为，促进建设工程市场的健康发展。与1999版施工合同相比，本条款属于新增内容。

【条文释义】

首先，本条款所指的贿赂，是指工程施工过程中存在的商业贿赂。所谓商业贿赂，是指在商业活动中违反公平竞争原则，采用给予、收受财物或者其他利益等手段，以提供或获取交易机会或者其他经济利益的行为。

其次，因施工过程中各种贿赂行为的目标总是指向对合同相对方合法权益的侵蚀，故本条款第一段首先明确了，贿赂是一种严重的违约行为，因一方合同当事人的贿赂造成对方损失的，应赔偿损失，并承担相应的法律责任。

再次，为了防止工程建设过程中承包人通过贿赂监理人或发包人聘请的第三方中介机构，以促使前述单位或个人纵容承包人的违约行为以获取不当利益，损害发包人合法权益，乃至于影响工程质量及施工安全，因此本条款第二段就承包人的贿赂行为单独列出予以规范。

此外，合同当事人尤其应注意本条款提及的贿赂，不仅仅指以金钱形式去影响其他合同参与主体，还包括提供合同约定之外的通信设备、交通工具及其他任何形式的利益，如提供购物卡、旅游以及各种超出工作范围之外的机会和便利。

【使用指引】

合同当事人在使用本条款时应注意以下事项：

1. 合同当事人在合同履行过程中，均应采取有效措施，约束自身及其雇用人员的行为，做好教育和引导，杜绝以贿赂手段谋取不正当利益。

2. 合同当事人的贿赂行为，除了需按照合同约定承担违约责任外，情节严重的，还需承担行政责任，乃至刑事责任。

1.9 化石、文物

在施工现场发掘的所有文物、古迹以及具有地质研究或考古价值的其他遗迹、化石、钱币或物品属于国家所有。一旦发现上述文物，承包人应采取合理有效的保护措施，防止任何人员移动或损坏上述物品，并立即报告有关政府行政管理部门，同时通知监理人。

发包人、监理人和承包人应按有关政府行政管理部门要求采取妥善的保护措施，由此增加的费用和（或）延误的工期由发包人承担。

承包人发现文物后不及时报告或隐瞒不报，致使文物丢失或损坏的，应赔偿损失，并承担相应的法律责任。

【条文目的】

施工现场的化石、文物，通常无法通过地勘报告加以甄别，往往在土方开挖后才能发现和确认。为妥善处理化石、文物，往往会导致较长时间的停工，甚至导致工程的变更，乃至于工程的取消。因此，从保护化石、文物以及平衡合同当事人权利义务的角度出发，本条款约定了在工程建设过程中遇到化石、文物时的处理程序和责任承担。

【条文释义】

根据《文物保护法》、《文物保护法实施条例》以及《古生物化石保护条例》的相关规定，化石和文物属于两类不同的事物，前者是自然遗迹，后者则是人文遗产。具体而言，化石是古生物化石的简称，是指地质历史时期形成并赋存于地层中的动物和植物的实体化石及其遗迹化石，化石的保护按照《古生物化石保护条例》规定执行。文物指历史遗留下来的在文化发展史上有价值的东西，如建筑、碑刻、工具、武器、生活器皿和各种艺术品等，应按照《文物保护法》及《文物保护法实施条例》的规定执行。

鉴于化石、文物的出现，将直接影响工程正常施工，导致费用增加和工期延误，乃至于导致工程取消。在实践中，除了少数情况下，确因合同当事人欠缺专业知识致使未能辨识化石、文物之外，合同当事人常常为尽快完成推进工程进度，故意隐瞒化石、文物，或人为破坏。因此，为落实《文物保护法》、《古生物化石保护条例》等相关规定，结合工程实施的特点，本条款约定了发包人、承包人以及监理人的保护和报告义务，与法律规定相衔接。同时，鉴于化石、文物往往具有较高的价值，为了防止合同当事人违法侵占，本条款同时强调了在施工现场发掘的所有文物、古迹以及具有地质研究或考古价值的其他遗迹、化石、钱币或物品属于国家所有，此种约定既保持了与法律规定的一致性，也是对合同当事人的提示和警醒，避免合同当事人不法侵占发掘的化石、文物。

此外，考虑到承包人作为施工现场的实际控制人，其具备首先发现化石、文物和采取保护措施的条件，因此本条款还约定承包人发现文物后不及时报告或隐瞒不报，致使文物丢失或损坏的责任，即承包人应赔偿损失，并承担相应的法律责任。当然，承包人作为施工单位，其承担的风险应与其承包范围应保持相对的一致，而保护化石、文物显然已经超出了其承包范围，因此，就保护该等化石、文物而增加的费用和延误的工期应由发包人予以承担。同时，鉴于化石、文物的出现，属于不可归责于发包人的原因，因此按照公平原则，发包人无需赔付承包人的合理利润。

【使用指引】

合同当事人在使用本条款时应注意以下事项：

1. 发包人和承包人在工程施工过程中，都应积极履行保护化石、文物的法定和合同约定的义务。承包人在施工过程中一旦发现化石、文物的，应当立即通知监理人、发包人及文物行政主管部门，并做好文物保护工作。

2. 合同当事人及监理人应对其现场人员进行化石、文物的必要培训，尤其是在埋藏化石、文物较多的区域施工时，合同当事人因尽必要的注意义务，对于发现的疑似化石、文物应及时通知有关行政管理部门，如北京、洛阳等历史文化名城的老城区。

【法条索引】

1. 《中华人民共和国文物保护法》第32条：在进行建设工程或者在农业生产中，任何单位或者个人发现文物，应当保护现场，立即报告当地文物行政部门，文物行政部门接到报告后，如无特殊情况，应当在24小时内赶赴现场，并在7日内提出处理意见。文物行政部门可以报请当地人民政府通知公安机关协助保护现场；发现重要文物的，应当立即上报国务院文物行政部门，国务院文物行政部门应当在接到报告后15日内提出处理意见。依照前款规定发现的文物属于国家所有，任何单位或者个人不得哄抢、私分、藏匿。

2. 《中华人民共和国文物保护法实施条例》第15条：承担文物保护单位的修缮、迁移、重建工程的单位，应当同时取得文物行政主管部门发给的相应等级的文物保护工程资质证书和建设行政主管部门发给的相应等级的资质证书。其中，不涉及建筑活动的文物保护单位的修缮、迁移、重建，应当由取得文物行政主管部门发给的相应等级的文物保护工程资质证书的单位承担。

3. 《古生物化石保护条例》第2条：在中华人民共和国领域和中华人民共和国管辖的其他海域从事古生物化石发掘、收藏等活动以及古生物化石进出境，应当遵守本条例。

本条例所称古生物化石，是指地质历史时期形成并赋存于地层中的动物和植物的实体化石及其遗迹化石。

古猿、古人类化石以及与人类活动有关的第四纪古脊椎动物化石的保护依照国家文物保护的有关规定执行。

4. 《古生物化石保护条例》第18条：单位和个人在生产、建设等活动中发现古生物化石的，应当保护好现场，并立即报告所在地县级以上地方人民政府国土资源主管部门。

县级以上地方人民政府国土资源主管部门接到报告后，应当在24小时内赶赴现场，并在7日内提出处理意见。确有必要的，可以报请当地人民政府通知公安机关协助保护现场。发现重点保护古生物化石的，应当逐级上报至国务院国土资源主管部门，由国务院国土资源主管部门提出处理意见。

生产、建设等活动中发现的古生物化石需要进行抢救性发掘的，由提出处理意见的国土资源主管部门组织符合本条例第十一条第二款规定条件的单位发掘。

5. 《古生物化石保护条例》第19条：县级以上人民政府国土资源主管部门应当加强对古生物化石发掘活动的监督检查，发现未经依法批准擅自发掘古生物化石，或者不按照批准的发掘方案发掘古生物化石的，应当依法予以处理。

1.10 交通运输

1.10.1 出入现场的权利

除专用合同条款另有约定外，发包人应根据施工需要，负责取得出入施工现场所需的批准手续和全部权利，以及取得因施工所需修建道路、桥梁以及其他基础设施的权利，并承担相关手续费用和建设费用。承包人应协助发包人办理修建场内外道路、桥梁以及其他基础设施的手续。

承包人应在订立合同前查勘施工现场，并根据工程规模及技术参数合理预见工程施工所需的进出施工现场的方式、手段、路径等。因承包人未合理预见所增加的费用和（或）延误的工期责任由承包人承担。

【条文目的】

在工程建设过程中，承包人的施工设备、人员需进出施工现场，若施工现场没有毗邻公共道路，则需要根据实际需要，修建临时的施工道路。虽然根据有关土地出让的法律规定，市县国土资源主管部门在出让土地时，应保证出让土地具备动工开发所必需的基本条件，该开工基本条件一般包括了道路通行条件，但因各个工程项目存在较大差异，土地出让时的道路通行条件往往无法满足工程建设的需要，因此本条款明确了修建临时施工道路等设施所需手续的办理主体及费用承担主体，以解决前述问题。

【条文释义】

本条款明确了取得出入施工现场所需权利以及修建相关交通设施的权利的责任。除了专用合同条款另有约定外，取得出入施工现场权利的义务原则上分配给发包人，并由发包人承担相应的费用，必要时，承包人应根据工程具体情况，从其专业角度给予发包人以协助，防止承包人怠于配合发包人，给工程的施工造成损失。

此外，与发包人相比，承包人作为专业的施工单位，由其在订立合同前根据工程规模和技术参数，对于进出施工现场的方式、手段、路线作出预估，相对公平合理。因此，本条款明确了承包人订立合同前查看施工现场的义务，目的在于督促承包人尽到一个有经验的承包人的合理注意义务，并在报价时充分考虑完善进出现场条件所需的费用及对工期的影响，否则因此增加的费用和（或）延误的工期责任由承包人承担。

【使用指引】

合同当事人在使用本条款时应注意以下事项：

1. 对于出入施工现场的条件，发包人和承包人都应尽到合理的注意和预见义务，避免因施工现场出入条件的不具备影响工程建设。原则上，发包人应办理出入施工现场所需的所有批准或许可，并承担相关费用。

2. 合同当事人可以通过专用合同条款，将取得出入现场条件的义务交由相对更为专业的承包人来处理，但由此增加的费用应由发包人支付。

【条文索引】

《菲迪克（FIDIC）施工合同条件》（1999版红皮书）：

4.13　道路通行权与设施

承包商应为其所需要的专用和（或）临时道路包括进场道路的通行权，承担全部费用和开支。承包商还应自担风险和费用，取得为工程目的可能需要的现场以外的任何附加设施。

4.15　进场通路

承包商应被认为已对现场的进入道路的适宜性和可用性感到满意。承包商应尽合理的努力，防止任何道路或桥梁因承包商的通行或承包商人员受到损坏。这些努力应包括正确使用适宜的车辆和道路。除本条件另有规定外：

（a）承包商应（就双方而言）负责因他使用现场通路所需要的任何维护；

（b）承包商应提供进场道路的所有必需的标志或方向指示，还应为他使用这些道路、标志和方向指示取得必要的有关部门的许可；

（c）雇主不应对由于任何进场通路的使用或其他原因引起的索赔负责；

（d）雇主不保证特定进场通路的适宜性和可用性；以及

（e）因进场通路对承包商的使用要求不适宜、不能用而发生的费用应由承包商负担。

1.10.2　场外交通

发包人应提供场外交通设施的技术参数和具体条件，承包人应遵守有关交通法规，严格按照道路和桥梁的限制荷载行驶，执行有关道路限速、限行、禁止超载的规定，并配合交通管理部门的监督和检查。场外交通设施无法满足工程施工需要的，由发包人负责完善并承担相关费用。

【条文目的】

本条款约定了发包人和承包人关于场外交通的义务。发包人应向承包人提供场外交通设施的技术参数和具体条件，承包人应根据前述技术参数和具体条件，结合自身的经验和工程特点，合理组织工程建设相关的材料、设备等运输工作，积极推进工程建设。

【条文释义】

首先，发包人应向承包人提供场外交通设施的技术参数和具体条件，如桥梁的承重、道路宽度等数据，便于承包人合理组织工程建设等相关的运输工作。

其次，承包人作为专业的施工单位，也应对场外交通设施的技术参数和具体条件进行合理的查勘，并应遵守有关交通法规，严格按照道路和桥梁的限制荷载行驶，执行有关道路限速、限行、禁止超载的规定，并配合交通管理部门的监督和检查。

再次，如果场外交通设施无法满足工程施工需要的，如桥梁承重无法满足工程运输所需，需要进行加固的，则应结合第1.10.1项的约定由发包人负责完善并承担相关费用。

【使用指引】

合同当事人在使用本条款时应注意以下事项：

1. 发包人作为建设单位，有义务向施工单位提供进出施工现场的道路、桥梁等交通设施的技术参数和具体的条件，且应保证前述技术参数和具体条件的准确性。如因发包人提供的技术参数和具体的条件的错漏，影响工程建设或增加费用的，发包人承担因此增加的费用和延误的工期责任。

2. 承包人作为实际利用场外交通设施的单位，应该严格遵守法律法规的规定，尤其是关于限速、限行、禁止超载的规定，防止为了赶进度或节约成本而违反法律规定，影响工程建设和公共安全。

3. 对于场外交通设施无法满足工程施工需要的，承包人应及时通知发包人，由发包人协调相关部门或者由发包人委托相应单位，完善场外交通设施以满足工程建设需要，并由发包人承担由此增加的费用。

【法条索引】

《中华人民共和国公路法》第50条：超过公路、公路桥梁、公路隧道或者汽车渡船的限载、限高、限宽、限长标准的车辆，不得在有限定标准的公路、公路桥梁上或者公路隧道内行驶，不得使用汽车渡船……。

1.10.3　场内交通

发包人应提供场内交通设施的技术参数和具体条件，并应按照专用合同条款的约定向承包人免费提供满足工程施工所需的场内道路和交通设施。因承包人原因造成上述道路或交通设施损坏的，承包人负责修复并承担由此增加的费用。

除发包人按照合同约定提供的场内道路和交通设施外，承包人负责修建、维修、养护和管理施工所需的其他场内临时道路和交通设施。发包人和监理人可以为实现合同目的使用承包人修建的场内临时道路和交通设施。

场外交通和场内交通的边界由合同当事人在专用合同条款中约定。

【条文目的】

场内交通能否满足工程建设所需，直接影响合同目的的实现。本条款就场内交通的修建、维护、养护、管理以及使用等作出了约定，以便于合同当事人及时解决场内交通问题，确保工程的顺利实施。与1999版施工合同相比，本条款属于新增内容。

【条文释义】

首先，本条款约定了发包人提供场内交通设施技术参数、具体条件以及免费提供场内道路和交通设施的义务，并明确了承包人合理使用场内道路和交通设施，并承担相应的损害修复义务及修复费用。

其次，在工程实践中，发包人提供的场内道路和交通设施，并不一定能完全满足施工需要。承包人作为专业的施工单位，对于在施工过程中需另行修建的道路和设施应有合理预见。

再次，本条款还约定了发包人和监理人可以为实现合同目的合理使用承包人修建的场内临时道路和交通设施，该种使用应以不影响承包人正常工作及不增加承包人负担为限，否则，发包人应和承包人进行协商，向承包人支付合理的费用，并顺延受影响的工期。

另外，鉴于场外交通和场内交通的边界的区分，直接影响合同当事人的权利义务，因此合同当事人应在专用合同条款中予以清晰、明确地约定。

【使用指引】

合同当事人在使用本条款时应注意以下事项：

1. 通过招标发包的工程，发包人应在招标文件中提供场内交通设施的技术参数和具体条件，非招投标工程，则应在签订合同前向承包人提供前述技术参数和具体条件，便于承包人合理预估完善场内道路和交通设施的费用和时间，以及可能对工期产生的影响。

2. 承包人作为场内道路及交通设施的实际使用人，应当做好场内道路及交通设施的维护、看管工作，尽到合理使用和合理注意的义务。

1.10.4　超大件和超重件的运输

由承包人负责运输的超大件或超重件，应由承包人负责向交通管理部门办理申请手续，发包人给予协助。运输超大件或超重件所需的道路和桥梁临时加固改造费用和其他有关费用，由承包人承担，但专用合同条款另有约定除外。

【条文目的】

在工程建设过程中，超大件或超重件的运输不可避免，尤其是对于需要在工厂组装完成的钢结构等，常常面临道路、桥梁超载等运输难题，为避免合同当事人就运输超大件或超重件所需手续的办理责任及费用承担产生争议，与1999版施工合同相比，2013版施工合同新增了本条款约定，以解决前述问题，保证工程建设的顺利进行。

【条文释义】

由承包人运输的超大件或超重件，承包人应办理相关申请手续，所需的道路桥梁的改造加固费用等由承包人承担，发包人应予以必要协助，此项中的由承包人运输的超大件或超重件通常包括由承包人自行采购，或者按照合同约定由发包人采购，但交由承包人运输的超大件或超重件。

承包人在订立合同前，应合理预见运输超大件或超重件所需的道路和桥梁临时加固改造费用和其他有关费用，因此前述费用通常已包含在签约合同价中，发包人无需另行支付。当然，合同当事人也可以在专用合同条款中对于超大件或超重件的手续办理和费用承担进行特别约定。

【使用指引】

合同当事人在使用本条款时应注意以下事项：

1. 作为有经验的承包人，在投标时或签订合同时，应根据工程的特点，合理预见工程所需超大件或超重件，以及相关采购、组装、运输、仓储等所可能增加的难度和费用，并在报价中予以体现。因此，对于需要承包人运输超大件或超重件所需的道路和桥梁临时加固改造费用和其他有关费用，原则上应包含在签约合同价中，由承包人承担。

2. 承包人预估运输超大件或超重件所需的道路和桥梁临时加固改造费用和其他有关费用，是建立在发包人提供的场外交通设施的技术参数和具体条件的真实、准确、全面的基础上。如因发包人提供的技术参数和具体条件偏离实际数值，导致实际发生的费用超过承包人预估的，应由发包人合理分担。

【法条索引】

《中华人民共和国公路法》第50条：超过公路或者公路桥梁限载标准确需行驶的，必须经县级以上地方人民政府交通主管部门批准，并按要求采取有效的防护措施；运载不可解体的超限物品的，应当按照指定的时间、路线、时速行驶，并悬挂明显标志。

1.10.5　道路和桥梁的损坏责任

因承包人运输造成施工场地内外公共道路和桥梁损坏的，由承包人承担修复损坏的全部费用和可能引起的赔偿。

【条文目的】

在工程建设过程中，因承包人运输造成施工场地外道路和桥梁损坏的情况较为常见，且往往因此产生纠纷。但在工程实践中，受损害第三方往往要求发包人和承包人就损害承担连带赔偿责任，给发包人造成较大的困扰。本条款的目的在于通过合同约定，明确承包人作为运输主体的责任，明确因承包人运输造成施工场地外公共道路和桥梁损坏的责任承担主体。

【条文释义】

承包人在使用施工场地内外公共道路和桥梁时，应合理善意使用道路和桥梁，并应尽到合理注意的义务。尤其是在运输超大件、超重件或重型施工设备进出施工现场的情况下，应做好道路和桥梁的加固、改造工作，避免对道路、桥梁造成损害。因承包人未合理使用道路和桥梁，造成施工场地外公共道路和桥梁损坏的，承包人作为实际使用人和受益人，应按照法律规定承担损害赔偿责任。

【使用指引】

合同当事人在使用本条款时应注意以下事项：
1. 发包人应向承包人提供施工场地外公共道路和桥梁损坏的准确技术参数和具体条件，承包人应当结合前述技术参数和具体条件，合理组织运输。
2. 因承包人原因造成施工场地内外公共道路和桥梁损坏的，应由承包人承担修改的费用，但发包人存在过错的，如发包人提供的场外交通设施的技术参数和具体条件存在错漏，并影响承包人判断和使用的，发包人应在其过错程度内合理分担费用及损失。

1.10.6　水路和航空运输

本款前述各项的内容适用于水路运输和航空运输，其中"道路"一词的涵义包括河道、航线、船闸、机场、码头、堤防以及水路或航空运输中其他相似结构物；"车辆"一词的涵义包括船舶和飞机等。

【条文目的】

随着社会经济的发展，运输不再限于单纯的路上交通运输，而是包括航空、水运以及地面交通的构成的立体运输，本条款的目的在于通过扩大"道路"和"车辆"的范围，将前述条款的适用范围扩大至航空和水运，以满足工程实践的需要。

【条文释义】

本条款前述各项的内容适用于水路运输和航空运输，其中"道路"一词的涵义不仅仅指供各种无轨车辆和行人通行的基础设施，还包括河道、航线、船闸、机场、码头、堤防以及水路或航空运输中其他相似结构物，即可以供各类交通工具或行人通行的设施。此外"车辆"一词的涵义，不仅仅指汽车、火车等路上交通工具，还包括船舶和飞机等。

【使用指引】

合同当事人在使用本条款时应注意以下事项：

1. 承包人应根据工程特点以及发包人要求，合理预见工程所需采取的运输方式以及对运输费用的影响，并在报价中予以合理体现，尤其是对于偏远地区的建设工程，应充分考虑运输的特殊需求，否则因承包人未能合理预见，导致实际运输费用超出报价的，由承包人自行承担。

2. 在工程实施过程中，因发包人原因改变运输方式导致承包人运输费用增加的，增加的费用应由发包人承担，如发包人为提前竣工，要求承包人将材料运输方式从陆路运输改为航空运输的，由此增加的运输费用应由发包人承担。

3. 在工程实施过程中，因承包人原因改变运输方式而增加的费用，由承包人自行承担，如承包人原定的陆路运输方式无法满足施工进度需要，需改用航空运输的，由此增加的费用由承包人自行承担。

1.11 知识产权

1.11.1 除专用合同条款另有约定外，发包人提供给承包人的图纸、发包人为实施工程自行编制或委托编制的技术规范以及反映发包人要求的或其他类似性质的文件的著作权属于发包人，承包人可以为实现合同目的而复制、使用此类文件，但不能用于与合同无关的其他事项。未经发包人书面同意，承包人不得为了合同以外的目的而复制、使用上述文件或将之提供给任何第三方。

1.11.2 除专用合同条款另有约定外，承包人为实施工程所编制的文件，除署名权以外的著作权属于发包人，承包人可因实施工程的运行、调试、维修、改造等目的而复制、使用此类文件，但不能用于与合同无关的其他事项。未经发包人书面同意，承包人不得为了合同以外的目的而复制、使用上述文件或将之提供给任何第三方。

【条文目的】

明确合同当事人在工程建设过程中形成的著作权的归属，有利于促进技术进步和创新，同时能有效避免合同当事人就著作权归属产生争议。

【条文释义】

著作权也称版权，是指作者及其他权利人对文学、艺术和科学作品享有的人身权和财产权的总称。著作权包括人身权和财产权，其中人身权包括发表权、署名权、修改权和保护作品完整权等，财产权包括复制权、发行权、出租权等十余项。创作是整个社会文化进步的源泉，因此，法律保护著作权权益，以激励作者创作的积极性。

在工程建设项目中，发包人提供给承包人的图纸、发包人为实施工程自行编制或委托编制的技术规范以及反映发包人要求的或其他类似性质的文件，属于发包人作品，著作权归属于发包人。承包人为实施工程所编制的文件，其法律属性与委托作品相类似，在合同未作明确约定或没有订立合同情况下，著作权属于受托人，即承包人。在实践中，经常发生因合同当事人未作约定而产生争议。本条款明确了除署名权以外的著作权属于发包人作为基本原则，当然合同当事人也可通过专用合同条款作出特别约定。原则上，未经发包人授权，承包人不得擅自使用前述文件。当然考虑到工程施工的需要，承包人可因实施工程的运行、调试、维修、改造等目的而复制、使用本条款文规定的著作权属于发包人的文件，但不能用于与合同无关的其他事项，如用于承揽其他工程、向第三方出售或用于广告宣传等，否则需承担相应的责任。

【使用指引】

合同当事人可以在专用合同条款中约定著作权的归属，如约定复制权、改编权、翻译权等。同时，合同当事人应注意因法律规定署名权属于作者，不得就署名权进行特别约定，否则该约定违反法律属于无效约定。

【法条索引】

1.《中华人民共和国著作权法》第10条：著作权包括下列人身权和财产权：

（一）发表权，即决定作品是否公之于众的权利；

（二）署名权，即表明作者身份，在作品上署名的权利；

（三）修改权，即修改或者授权他人修改作品的权利；

（四）保护作品完整权，即保护作品不受歪曲、篡改的权利；

（五）复制权，即以印刷、复印、拓印、录音、录像、翻录、翻拍等方式将作品制作1份或者多份的权利；

（六）发行权，即以出售或者赠与方式向公众提供作品的原件或者复制件的权利；

（七）出租权，即有偿许可他人临时使用电影作品和以类似摄制电影的方法创作的作品、计算机软件的权利，计算机软件不是出租的主要标的的除外；

（八）展览权，即公开陈列美术作品、摄影作品的原件或者复制件的权利；

（九）表演权，即公开表演作品，以及用各种手段公开播送作品的表演的权利；

（十）放映权，即通过放映机、幻灯机等技术设备公开再现美术、摄影、电影和以类似摄制电影的方法创作的作品等的权利；

（十一）广播权，即以无线方式公开广播或者传播作品，以有线传播或者转播的方式向公众传播广播的作品，以及通过扩音器或者其他传送符号、声音、图像的类似工具向公众传播广播的作品的权利；

（十二）信息网络传播权，即以有线或者无线方式向公众提供作品，使公众可以在其个人选定的时间和地点获得作品的权利；

（十三）摄制权，即以摄制电影或者以类似摄制电影的方法将作品固定在载体上的权利；

（十四）改编权，即改变作品，创作出具有独创性的新作品的权利；

（十五）翻译权，即将作品从一种语言文字转换成另一种语言文字的权利；

（十六）汇编权，即将作品或者作品的片段通过选择或者编排，汇集成新作品的权利；

（十七）应当由著作权人享有的其他权利。

著作权人可以许可他人行使前款第（五）项至第（十七）项规定的权利，并依照约定或者本法有关规定获得报酬。

著作权人可以全部或者部分转让本条第一款第（五）项至第（十七）项规定的权利，并依照约定或者本法有关规定获得报酬。

2.《中华人民共和国著作权法》第17条：受委托创作的作品，著作权的归属由委托人和受托人通过合同约定。合同未作明确约定或者没有订立合同的，著作权属于受托人。

3.《中华人民共和国著作权法实施条例》第2条：著作权法所称作品，指文学、艺术和科学领域内，具有独创性并能以某种有形形式复制的智力创作成果。

4.《中华人民共和国著作权法实施条例》第3条：著作权法所称创作，指直接产生文学、艺术和科学作品的智力活动。

为他人创作进行组织工作，提供咨询意见、物质条件，或者进行其他辅助活动，均不视为创作。

5.《中华人民共和国著作权法实施条例》第4条：著作权法和本实施条例中下列作品的含义是：……（10）工程设计、产品设计图纸及其说明，指为施工和生产绘制的图样及对图样的文字说明……。

1.11.3 合同当事人保证在履行合同过程中不侵犯对方及第三方的知识产权。承包人在使用材料、施工设备、工程设备或采用施工工艺时，因侵犯他人的专利权或其他知识产权所引起的责任，由承包人承担；因发包人提供的材料、施工设备、工程设备或施工工艺导致侵权的，由发包人承担责任。

【条文目的】

在实践中，经常发生第三方起诉要求合同当事人共同承担侵犯知识产权的连带责任，本条款明确了侵犯知识产权的责任的承担，以规范合同当事人的行为，避免因知识产权侵权行为产生纠纷。

【条文释义】

首先，知识产权是指权利人对其所创作的智力劳动成果所享有的专有权利，包括著作权、专利权、商标权、专有技术等所有创造性的智力劳动所创造的智力成果，保护知识产权有利于促进社会科技文化发展。

其次，合同当事人在履行合同过程中，应遵守法律规定及合同约定，合法利用对方或第三方的知识产权，需要使用第三方知识产权的，应与第三方就专利使用协议达成一致。合同当事人在履行合同中侵犯他人专利或其他知识产权的，侵权方应承担法律责任，包括民事责任、行政责任以及刑事责任。

再次，承包人在使用材料、施工设备、工程设备或采用施工工艺时，不可避免地会涉及到专利或第三方的知识产权，承包人应保证合法使用专利或知识产权，否则因侵犯他人的专利权或其他知识产权所引起的责任，由承包人承担。

另外，发包人提供的材料、施工设备、工程设备或施工工艺涉及的第三方专利或知识产权，由发包人负责取得合法使用的许可，否则导致侵权的，应由发包人承担责任。

【使用指引】

在合同履行过程中，承包人需要使用第三方知识产权的，应提前获得相应的授权或许可。涉及使用他人专利权等知识产权需与权利人签订书面的权利许可协议的，应提前签订相关协议，并将合同副本或复印件交由发包人备案。

【法条索引】

1.《中华人民共和国专利法》第2条：本法所称的发明创造是指发明、实用新型和外观设计。发明，是指对产品、方法或者其改进所提出的新的技术方案。实用新型，是指对产品的形状、构造或者其结合所提出的适于实用的新的技术方案。外观设计，是指对产品的形状、图案或者其结合以及色彩与形状、图案的结合所作出的富有美感并适于工业应用的新设计。

2.《中华人民共和国专利法》第15条：专利申请权或者专利权的共有人对权利的行使有约定的，从其约定。没有约定的，共有人可以单独实施或者以普通许可方式许可他人实施该专利；许可他人实施该专利的，收取的使用费应当在共有人之间分配。

3.《中华人民共和国专利法》第70条：为生产经营目的使用、许诺销售或者销售不知道是未经专利权人许可而制造并售出的专利侵权产品，能证明该产品合法来源的，不承担赔偿责任。

4.《中华人民共和国专利法》第71条：违反本法第二十条规定向外国申请专利，泄露国家秘密的，由所在单位或者上级主管机关给予行政处分；构成犯罪的，依法追究刑事责任。

5.《中华人民共和国专利法》第72条：侵夺发明人或者设计人的非职务发明创造专利申请权和本法规定的其他权益的，由所在单位或者上级主管机关给予行政处分。

6.《菲迪克（FIDIC）施工合同条件》（1999版红皮书）：

17.5　知识产权和工业产权

本条款中，"侵权"是指侵犯（或被指称侵犯）与工程有关的任何专利权、已登记的设计、版权、商标、商号、商品名称、商业机密、或其他知识产权或工业产权；"索赔"是指指称一项侵权的索赔（或为索赔进行的诉讼）。

当一方未能在收到任何索赔28天内，向另一方发出关于索赔的通知时，该方应被认为已放弃根据本条款规定的任何受保障的权利。

雇主应保障并保持承包商免受因以下情况提出的指称侵权的任何索赔引起的伤害：

（a）因承包商遵从雇主的要求，而造成的不可避免的结果；或

（b）因雇主为以下原因使用任何工程的结果：

（i）为了合同中指明的或根据合同可合理推断的事项以外的目的；或

（ii）与非承包商提供的任何物品联合使用，除非此项使用已在基准日期前向承包商透露，或在合同中有规定。

承包商应保障并保持雇主免受由以下事项产生或与之有关的任何其他索赔引起的损害：（i）任何货物的制造、使用、销售或进口，或（ii）承包商负责的任何设计。

如果一方根据本条款规定有权受保障，补偿方可（由其承担费用）组织解决索赔的谈判，以及可能由其引起的任何诉讼或仲裁。在补偿方请求并承担费用的情况下，另一方应协助争辩该索赔。此另一方（及其人员）不应做出可能损害补偿方的任何承认，除非补偿方未能在该另一方请求下，接办组织任何谈判、诉讼或仲裁事宜。

1.11.4　除专用合同条款另有约定外，承包人在合同签订前和签订时已确定采用的专利、专有技术、技术秘密的使用费已包含在签约合同价中。

【条文目的】

在实践中，对于某些技术复杂的工程，承包人往往需采用特殊的专利、专有技术或技术秘密，由此会增加费用，如费用数额较大且施工合同中未约定承担方式，则往往会引起争议。本条款明确了专利、专有技术、技术秘密使用费的承担，避免合同当事人因费用承担产生争议。

【条文释义】

通常而言，专有技术是指从事生产、管理和财务等活动领域的一切符合法律规定条件的秘密知识、经验和技能，其中包括工艺流程、公式、配方、技术规范、管理和销售的技巧与经验等。技术秘密是指凭借经验或技能产生的，在工业化生产中适用的、尚未获得专利等其他知识产权法的保护技术情报、数据或知识，包括产品配方、工艺流程、技术秘诀、设计、试验数据和记录、计算机程序等。技术秘密与专有技术存在部分重合，但又不完全相同。

作为有经验的承包人，应对合同签订已确定采用的专利、专有技术、技术秘密的使用费进行合理的测算，并由合同当事人将该等使用费计入签约合同价中。当然，合同当事人也可以在专用合同条款中，另行约定专利、专有技术、技术秘密的使用费的承担主体及承担方式。

前述专利、专有技术和技术秘密的使用费是指承包人因使用第三方的专利、专有技术和技术秘密，而需向第三方支付的费用，对于承包人使用自有的专利、专有技术和技术秘密而产生的费用，一般不应再行单列。

【使用指引】

合同当事人可以根据项目特点，对于专利、专有技术、技术秘密的使用费承担等进行特别约定，但应注意，专用合同条款的约定应具体明确、范围清晰，避免含糊不清地约定，进而产生争议。

【法条索引】

1.《中华人民共和国专利法》第4条：申请专利的发明创造涉及国家安全或者重大利益需要保密的，按照国家有关规定办理。

2.《中华人民共和国专利法》第19条：在中国没有经常居所或者营业所的外国人、外国企业或者外国其他组织在中国申请专利和办理其他专利事务的，应当委托依法设立的专利代理机构办理。

中国单位或者个人在国内申请专利和办理其他专利事务的，可以委托依法设立的专利代理机构办理。

专利代理机构应当遵守法律、行政法规，按照被代理人的委托办理专利申请或者其他专利事务；对被代理人发明创造的内容，除专利申请已经公布或者公告的以外，负有保密责任。专利代理机构的具体管理办法由国务院规定。

1.12 保密

除法律规定或合同另有约定外，未经发包人同意，承包人不得将发包人提供的图纸、文件以及声明需要保密的资料信息等商业秘密泄露给第三方。

除法律规定或合同另有约定外，未经承包人同意，发包人不得将承包人提供的技术秘密及声明需要保密的资料信息等商业秘密泄露给第三方。

【条文目的】

本条款明确了合同当事人对商业秘密和技术秘密的保密义务，以规范市场竞争秩序和鼓励创新。在建设工程领域，承包人通过多年的经验积累和技术积累，掌握的独特的技术秘密，有助于提高承包人的竞争力，因此，对于承包人该类工艺技术的保护，能起到鼓励创新和促进工艺进步的目的。与1999版施工合同相比，本条款属于新增内容。

【条文释义】

首先，本条款提及的承包人技术秘密主要是指承包人凭借经验或技能产生的，在工程建设过程中获得不为他人所知的技术情报、数据或知识，包括产品配方、工艺流程、施工工艺、设计、图纸、试验数据和记录等，而且这些技术秘密尚未获得专利保护等知识产权法上的特别保护。本条款提及的商业秘密是指不为公众所知悉、能为权利人带来经济利益，具有实用性并经权利人采取保密措施的技术信息和经营信息。商业秘密是企业的财产权利，它关乎企业的竞争力，对企业的发展至关重要，有的甚至直接影响到企业的生存。

其次，合同当事人的保密义务中，既有属于法律规定的保密义务，如《保守国家秘密法》关于保密义务的约定，但更多的保密义务来源于合同当事人的约定，如一方当事人技术信息、客户名单等商业秘密。

再次，本条款约定了发包人和承包人的保密义务，其中需要承包人保密的对象包括发包人提供的图纸、文件以及声明需要保密的资料信息等商业秘密，需要发包人保密的对象主要为承包人提供的技术秘密声明需要保密的资料信息等商业秘密。

【使用指引】

合同当事人在使用本条款时应注意以下事项：

1. 合同当事人应按照法律规定及合同约定，对在合同履行过程中的商业秘密和技术秘密等尽到合理的保护义务，否则造成泄密的，需承担相应的责任，并赔偿合同对方当事人的损失。

2. 一般来说对于特定事项的保密期限应进行明确约定，或者应在合理期限内予以保密。此外，合同当事人可以通过专用合同条款的约定来限制或扩大保密的范围、延长或缩短保密的期限，但不能违背法律的规定以及公平原则。

3. 合同当事人不能无限制地扩大保密的义务，对于已经为公众所周知的信息或技术，因其已经失去了秘密性，故对该类信息或技术不适用本条款的规定。另外，对于根据法律规定，属于必须披露的保密信息，合同当事人不能通过合同约定排除披露义务。

【法条索引】

1. 《中华人民共和国合同法》第43条：当事人在订立合同过程中知悉的商业秘密，无论合同是否成立，不得泄露或者不正当地使用。泄露或者不正当地使用该商业秘密给对方造成损失的，应当承担损害赔偿责任。

2.《中华人民共和国保守国家秘密法》第3条：国家秘密受法律保护。

一切国家机关、武装力量、政党、社会团体、企业事业单位和公民都有保守国家秘密的义务。

任何危害国家秘密安全的行为，都必须受到法律追究。

3.《中华人民共和国保守国家秘密法》第48条：违反本法规定，有下列行为之一的，依法给予处分；构成犯罪的，依法追究刑事责任：

（1）非法获取、持有国家秘密载体的；

（2）买卖、转送或者私自销毁国家秘密载体的；

（3）通过普通邮政、快递等无保密措施的渠道传递国家秘密载体的；

（4）邮寄、托运国家秘密载体出境，或者未经有关主管部门批准，携带、传递国家秘密载体出境的；

（5）非法复制、记录、存储国家秘密的；

（6）在私人交往和通信中涉及国家秘密的；

（7）在互联网及其他公共信息网络或者未采取保密措施的有线和无线通信中传递国家秘密的；

（8）将涉密计算机、涉密存储设备接入互联网及其他公共信息网络的；

（9）在未采取防护措施的情况下，在涉密信息系统与互联网及其他公共信息网络之间进行信息交换的；

（10）使用非涉密计算机、非涉密存储设备存储、处理国家秘密信息的；

（11）擅自卸载、修改涉密信息系统的安全技术程序、管理程序的；

（12）将未经安全技术处理的退出使用的涉密计算机、涉密存储设备赠送、出售、丢弃或者改作其他用途的。

有前款行为尚不构成犯罪，且不适用处分的人员，由保密行政管理部门督促其所在机关、单位予以处理。

1.13　工程量清单错误的修正

除专用合同条款另有约定外，发包人提供的工程量清单，应被认为是准确的和完整的。出现下列情形之一时，发包人应予以修正，并相应调整合同价格：

（1）工程量清单存在缺项、漏项的；

（2）工程量清单偏差超出专用合同条款约定的工程量偏差范围的；

（3）未按照国家现行计量规范强制性规定计量的。

【条文目的】

利用工程量清单形式进行投标报价和确认合同价格的模式在国内建筑市场上已经越来越多地运用。由于建设工程的复杂性和工程前期诸多因素的不可预见性，工程量清单出现工程量计算误差甚至于缺项、漏项的情况在所难免，由此导致发包人和承包人之间产生纠纷的情况也较为常见。

本条款约定了发包人提供的工程量清单出现缺项、漏项、工程量偏差情况下，由发包人予以修正并调整合同价格，目的在于通过合同明确工程量清单出现差错时的解决方案，平衡发包人和承包人之间的权利义务，定纷止争。与1999版施工合同相比，本条款属于新增内容，适用于清单报价的招标及非招标工程项目。

【条文释义】

首先，鉴于工程量清单是由发包人依据国家标准、设计文件以及施工现场实际情况编制的，承包人基于发包人提供的工程量清单进行报价并签订承包合同，未经发包人同意，承包人不得修改工程量清单中的数值，因此发包人应保证其提供的工程量清单的准确性和完整性。如因发包人提供的工程量清单存在缺项、漏项、工程量偏差等错误，导致签约合同价低于实际工程造价时，由发包人对工程量清单予以修正并将合同价格至调整合理的工程造价，对合同当事人较为公平合理。

其次，结合《建设工程工程量清单计价规范》（GB 50500-2013）的相关规定，本条款例举了因工程量清单不准确、不完整而需调整合同价格的3种情形：

（1）工程量清单存在缺项、漏项。造成工程量清单缺项、漏项的原因较多，一般来说包括图纸的偏差、发包人的计算错误等。本条款的目的在于避免发包人通过合同约定，将应由发包人承担的责任转嫁给承包人，破坏合同权利义务的平衡。

（2）工程量清单偏差超出专用合同条款约定的工程量偏差范围的。一般来说，由于建设工程项目的技术复杂、规模较大，工程量清单中的工程量与实际工程量存在偏差无法完全规避。无论是发包人，还是承包人，对此均应有所预见。但是，工程量的偏差一旦超出合理的范围，就有可能导致发包人和承包人之间的权利义务的失衡，进而影响合同目的实现。在此情况下，由发包人对超过合理偏差范围之外的误差予以修正，能有效纠正合同当事人权利义务失衡的状况，确保合同的顺利履行和合同目的的实现。

（3）未按照国家现行计量规范中强制性规定计量的。造成工程量清单不完整、不准确的第三个原因就是发包人未按照国家现行计量规范强制性规定计量，此类计量规范强制性规定，即现行有效的工程量计算规则。

另外，发包人在招标文件或专用合同条款中对是否进行工程量清单错误修正有专门约定的，应当按照该等约定执行。

【使用指引】

合同当事人在使用本条款时应注意以下事项：

1. 发包人在编制工程量清单前，应按照法律法规的规定，先行完成图纸的设计，杜绝边设计、边施工等违法行为，从而准确计算工程量并合理预估工程造价。

2. 承包人在招投标或非招标项目合同谈判过程中，应尽可能地完成图纸和工程量清单的比对，以保证工程量清单和预算书的完整性。

3. 如果确实无法准确确定某些工程的工程量情况下，发包人可以通过设置暂估项目，由合同当事人在合同履行过程中再行明确，以避免纠纷的发生。

【法条索引】

《建设工程工程量清单计价规范》（GB 50500-2013）

9.5.1 合同履行期间，由于招标工程量清单中缺陷，新增分部分项工程清单项目的，应按照本规范第9.3.1条的规定确定单价，并调整合同价款。

9.6.1 合同履行期间，应当予以计算的实际工程量与招标工程量清单出现偏差，且符合本规范第9.6.2条、第9.6.3条规定时，发承包双方应调整合同价款。

9.6.2　对于任一招标工程量清单项目，当因本节规定的工程量偏差和第9.3节规定的工程变更等原因导致工程量偏差超过15%时，可进行调整。当工程量增加15%以上时，增加部分的工程量的综合单价应予调低；当工程量减少15%以上时，减少后剩余的工程量的综合单价应予调高。

9.6.3　当工程量出现本规范第9.6.2条的变化，且该变化引起相关措施项目相应发生变化时，按系数或单一总价方式计价的，工程量增加的措施项目费调增，工程量减少的措施项目费调减。

2　发包人

2.1　许可或批准

发包人应遵守法律，并办理法律规定由其办理的许可、批准或备案，包括但不限于建设用地规划许可证、建设工程规划许可证、建设工程施工许可证、施工所需临时用水、临时用电、中断道路交通、临时占用土地等许可和批准。发包人应协助承包人办理法律规定的有关施工证件和批件。

因发包人原因未能及时办理完毕前述许可、批准或备案，由发包人承担由此增加的费用和（或）延误的工期责任，并支付承包人合理的利润。

【条文目的】

本条款文旨在要求发包人遵守法律、办理法律规定由其办理的许可、批准或备案，并协助承包人办理法律规定的施工证件和批件，以解决项目本身以及施工的合法性问题。与1999版施工合同相比，2013版施工合同明确了发包人对于承包人办理有关施工证件和批件的协助义务。

【条文释义】

发包人应当遵守法律，并办理法律规定由其办理的许可、批准或备案，上述许可、批准或备案包括但不限于建设用地规划许可证、建设工程规划许可证、建设工程施工许可证、施工所需临时用水、临时用电、中断道路交通、临时占用土地等许可和批准，以保证工程建设的合法合规性。同时，对于应由承包人办理的施工证件和批件，发包人负有协助义务。

如果发包人未能办理或协助承包人办理上述有关许可、批准或备案，承包人有权拒绝进场施工，由此增加的费用和（或）延误的工期责任应由发包人承担。

【使用指引】

合同当事人在使用本条款时应注意以下事项：

1. 发包人与承包人应当在专用合同条款中就项目本身和施工的许可、批准或备案办理期限作出明确的约定，同时约定逾期办理应当承担的违约责任，并约定如果未能取得工程施工所需的许可、批准或备案，承包人有权拒绝进场施工，由此增加的费用和（或）延误的工期由责任方承担。

2. 在合同履行过程中，如果在项目本身或施工未取得许可、批准或备案的情况下，承包人进场施工，由此造成的经济损失或其他不利法律后果，承包人存在过错的，也应当在其过错范围内承担相应的责任。

【法条索引】

1. 《中华人民共和国建筑法》第7条：建筑工程开工前，建设单位应当按照国家有关规定向工程所在地县级以上人民政府建设行政主管部门申请领取施工许可证；但是，国务院建设行政主管部门确定的限额以下的小型工程除外。

按照国务院规定的权限和程序批准开工报告的建筑工程，不再领取施工许可证。

2. 《中华人民共和国建筑法》第8条：申请领取施工许可证，应当具备下列条件：

（一）已经办理该建筑工程用地批准手续；

（二）在城市规划区的建筑工程，已经取得规划许可证；

（三）需要拆迁的，其拆迁进度符合施工要求；

（四）已经确定建筑施工企业；

（五）有满足施工需要的施工图纸及技术资料；

（六）有保证工程质量和安全的具体措施；

（七）建设资金已经落实；

（八）法律、行政法规规定的其他条件。

建设行政主管部门应当自收到申请之日起15日内，对符合条件的申请颁发施工许可证。

3. 《菲迪克（FIDIC）施工合同条件》（1999版红皮书）：

2.2 许可、执照和批准

雇主应根据承包商的请求，为以下事宜向承包商提供合理的协助（如果他的地位能够做到），以帮助承包商：

（a）获得与合同有关的但不易取得的工程所在国的法律的副本，以及

（b）申请法律所要求的许可、执照或批准，包括

（i）依据第1.13款【遵守法律】要求承包商必须获得的，

（ii）为了货物的运送，包括清关所需的，以及

（iii）当承包商的设备运离现场而出口时所需的。

2.2 发包人代表

发包人应在专用合同条款中明确其派驻施工现场的发包人代表的姓名、职务、联系方式及授权范围等事项。发包人代表在发包人的授权范围内，负责处理合同履行过程中与发包人有关的具体事宜。发包人代表在授权范围内的行为由发包人承担法律责任。发包人更换发包人代表的，应提前7天书面通知承包人。

发包人代表不能按照合同约定履行其职责及义务，并导致合同无法继续正常履行的，承包人可以要求发包人撤换发包人代表。

不属于法定必须监理的工程，监理人的职权可以由发包人代表或发包人指定的其他人员行使。

【条文目的】

1999版施工合同将发包人代表称为"工程师"，与监理人委派的总监理工程师在合同中的称谓相同。在实际操作中，也容易产生混淆。2013版施工合同重新将其称为"发包人代表"，并对其权限范围、法律地位、更换和撤换作出了具体约定。

【条文释义】

首先，发包人应当在专用合同条款中明确其派驻施工现场的发包人代表的姓名、职务、联系方式及授权范围等事项；本条款还明确了发包人代表在授权范围内的行为由发包人承担法律责任。在施工合同履行过程中，如发包人需更换发包人代表，无需征得承包人同意，但需提前7天通知承包人，以保证承包人做好相应配合工作。

其次，如果发包人代表不能按照合同约定履行其职责及义务，并已经导致合同无法继续正常履行的，例如，发包人代表违法犯罪、对承包人索取贿赂、拒绝履行必要的签字手续、不履行隐蔽工程验收义务、不提供设计变更图纸等情形的，承包人可以要求发包人撤换发包人代表。对于因发包人代表不能按照合同约定履行其职责及义务造成合同无法继续正常履行所增加的费用和（或）延误的工期责任，由发包人承担责任。

再次，应当注意合同中发包人代表的授权与监理人的授权是否存在冲突，既要避免因出现交叉导致发包人代表或监理人无法正常履行职责，对于发包人和监理人授权之外的事务应该由发包人进行处理和决定。

此外，根据2013版施工合同通用条款，合同履行中大量工作均由监理人完成，对于不属于法定必须监理的工程，则可能出现合同履行过程中没有监理人这一主体的情形，故此2013版施工合同约定：不属于法定必须监理的工程，监理人的职权可以由发包人代表或发包人指定的其他人员行使，如造价咨询人、项目管理人等。

【使用指引】

合同当事人在使用本条款时应注意以下事项：

1. 在施工合同履行过程中，发包人一般应委派具备相应专业能力和经验的人员担任其代表，发包人应当注意和重视对其代表授权的内容是否清楚完善，既要避免出现因代表权力过小而影响施工合同正常履行，又要防止授权过大而导致发包人对施工合同监督权力的失控。

2. 在实践中发包人还需注意发包人代表权限与监理人权限的区别与联系，为保证施工合同正常履行，应尽量避免权限的冲突，也避免应授权的事项未授权从而影响施工合同正常履行。

一般情况下，对于法律法规关于监理人对施工安全质量的监理权限，发包人不应再授权给发包人代表，而对于工程价款洽商，索赔事项的处理，合同的变更等事项可由发包人代表在监理人的配合下完成，但最终需经发包人书面同意，以此限制监理人和发包人代表对合同价格的调整或变更的权力。

2.3　发包人人员

发包人应要求在施工现场的发包人人员遵守法律及有关安全、质量、环境保护、文明施工等规定，并保障承包人免于承受因发包人人员未遵守上述要求给承包人造成的损失和责任。

发包人人员包括发包人代表及其他由发包人派驻施工现场的人员。

【条文目的】

本条款是2013版施工合同新增条文，要求发包人现场人员遵守法律及有关安全、质量、环境保护、文明施工等方面规定，旨在避免发包人人员利用发包人优势地位不遵守法律及相关规定，进而影响施工合同的正常履行或给承包人造成损失。

【条文释义】

发包人现场人员，既包括发包人代表，也包括发包人派驻现场的一般工作人员，还应包括发包人指派的临时到施工现场检查或指导工作的工作人员或外聘的专家或顾问。

对于发包人来讲，为避免其所属人员给承包人或第三方造成经济损失和责任，发包人应当要求其人员遵守法律及安全、质量、环境保护、文明施工等方面的规定，并采取一切必要的措施保障其人员服从该等要求。

【使用指引】

合同当事人在使用本条款时应注意以下事项：

1. 为有效预防发包人现场人员违法违规行为给施工质量、安全、环境保护、文明施工造成不利影响，发包人应当加强其现场人员有关的培训和要求，采取有效措施保障承包人免受发包人现场人员不遵守法律及有关规定给承包人造成的损失和责任。如果出现现场人员违法违规的行为，发包人应当及时予以制止，并作出有效的处理，以杜绝此类事件再次发生。

2. 如果发包人人员有违反上述规定的行为，承包人应当及时依法依约加以阻止，以避免自身及第三方遭到经济损失或承担其他责任，必要时可要求发包人更换相关发包人人员，以保证施工正常进行。承包人决不能因为发包人的优势地位而丧失原则，对发包人人员违法违约的行为听之任之，否则，最终不仅无法保证自身不遭受经济损失或其他不利后果，还极有可能会承担赔偿责任或其他法律责任。

3. 监理人应当在监理权限范围内对发包人现场人员不遵守法律及安全、质量、环境保护、文明施工等规定进行有效的阻止，以避免造成施工质量安全事故或环境污染事故。

【条文索引】

《菲迪克（FIDIC）施工合同条件》（1999版红皮书）：

2.3 雇主的人员

雇主有责任保证现场的雇主的人员和雇主的其他承包商：

（a）依照第4.6款【合作】为承包商的工作提供合作，以及

（b）采取类似于承包商按照第4.8款【安全措施】（a）、（b）和（c）段和第4.18款【环境保护】的要求而应采取的措施。

2.4 施工现场、施工条件和基础资料的提供

2.4.1 提供施工现场

除专用合同条款另有约定外，发包人应最迟于开工日期7天前向承包人移交施工现场。

2.4.2 提供施工条件

除专用合同条款另有约定外，发包人应负责提供施工所需要的条件，包括：

（1）将施工用水、电力、通信线路等施工所必需的条件接至施工现场内；

（2）保证向承包人提供正常施工所需要的进入施工现场的交通条件；

（3）协调处理施工现场周围地下管线和邻近建筑物、构筑物、古树名木的保护工作，并承担相关费用；

（4）按照专用合同条款约定应提供的其他设施和条件。

2.4.3 提供基础资料

发包人应当在移交施工现场前向承包人提供施工现场及工程施工所必需的毗邻区域内供水、排水、供电、供气、供热、通信、广播电视等地下管线资料，气象和水文观测资料，地质勘察资料，相邻建筑物、构筑物和地下工程等有关基础资料，并对所提供资料的真实性、准确性和完整性负责。

按照法律规定确需在开工后方能提供的基础资料，发包人应尽其努力及时地在相应工程施工前的合理期限内提供，合理期限应以不影响承包人的正常施工为限。

2.4.4 逾期提供的责任

因发包人原因未能按合同约定及时向承包人提供施工现场、施工条件、基础资料的，由发包人承担由此增加的费用和（或）延误的工期。

【条文目的】

本条款旨在要求发包人按照合同约定向承包人提交施工现场、施工条件和基础资料，保证施工的顺利进行。

【条文释义】

施工现场、施工条件和基础资料是保证承包人进场正常施工的基本前提，关系到合同工期的起算时间，因此无论是发包人还是承包人均应当加以重视。

施工现场，应当包括工程施工场地以及为保证施工需要的其他场地。在专用合同条款没有另行约定的情况下，为保证承包人进场做好开工准备工作，发包人应当在开工日期7天前向承包人移交施工场地。如果专用合同条款对移交施工场地另有约定的，以专用合同条款约定为准。

施工条件，由于每个工程各有特点，所面临的施工环境也不尽相同，因此施工条件应当根据工程特点以及所处的施工环境确定，但一般情况下，施工条件包括但不限于以下几个方面：（1）施工用水、电力、通信线路等施工所必需的条件；（2）施工设备和工程设备、材料及车辆等所需要的进入施工现场的交通条件；（3）施工现场周围地下管线和邻近建筑物、构筑物、古树名木的保护；（4）根据工程特点及施工环境所需要提供的其他设施和条件。

基础资料，是指施工现场及工程施工所必需的毗邻区域内供水、排水、供电、供气、供热、通信、广播电视等地下管线资料，气象和水文观测资料，地质勘察资料，相邻建筑物、构筑物和地下工程等有关基础资料。发包人应在移交施工现场前向承包人提交基础资料，而且按照法律规定确需在开工后方能提供的基础资料，发包人应尽其努力及时地在相应工程施工前的合理期限内提供，合理期限应以不影响承包人的正常施工为限。

总之，发包人应当按照合同约定及时向承包人提供符合合同约定的施工现场、施工条件和基础资料，并对施工现场和施工条件满足承包人施工需要负责，对基础资料的真实性、完整性和准确性负责。

【使用指引】

合同当事人在使用本条款时应注意以下事项：

1. 因施工现场、施工条件和基础资料关系到承包人施工能否顺利进行，因此，发包人与承包人在订立合同时均应重视该项工作，并在专用合同条款中就施工现场、施工条件和基础资料的内容和标准作出明确的规定。对于施工现场和施工条件的标准，发包人提供的施工场地的条件应当与招标文件中明确的施工场地的标准一致，以保证承包人能够按照投标文件中的施工组织设计组织施工。对于基础资料，按照《建设工程安全生产管理条例》规定，由发包人对其真实性、完整性和准确性负责，所以发包人应当在开工前一次性向承包人提交真实、完整、准确的基础资料，以保证承包人据此施工不会给地下管线等造成损害或导致安全质量事故。

2. 如果因发包人原因未能按照合同约定的时间和标准及时向承包人提供施工场地、施工条件和基础资料，由发包人承担由此增加的费用和（或）延误的工期。承包人应当及时提出异议，并就增加的费用和（或）延误的工期责任按照合同约定和法律规定的程序及时向发包人提出索赔。

如果发包人提供的施工场地、施工条件和基础资料能够满足一部分施工需要，但需要承包人调整施工组织设计，发包人应当与承包人共同评估因此所可能增加的费用和（或）对工期的影响，并达成补充协议，对增加费用的承担和（或）工期的调整达成一致，以避免由此引起合同争议，甚至影响合同的正常履行。

3. 虽然法律规定发包人对基础资料的真实性、完整性和准确性负责，但如果基础资料所存在的问题是显而易见的，则承包人应当及时向发包人提出，并有权按照合同约定在发包人解决问题前停止施工，以避免造成损害或导致工程质量问题，否则，承包人应当对由此造成的经济损失和其他不利后果承担相应的法律责任。承包人亦应在其经验范围内对发包人所提供的基础资料承担基本审查义务。

【法条索引】

1.《中华人民共和国建筑法》第40条：建设单位应当向建筑施工企业提供与施工现场相关的地下管线资料，建筑施工企业应当采取措施加以保护。

2.《建设工程安全生产管理条例》第6条：建设单位应当向施工单位提供施工现场及毗邻区域内供水、排水、供电、供气、供热、通信、广播电视等地下管线资料，气象和水文观测资料，相邻建筑物和构筑物、地下工程的有关资料，并保证资料的真实、准确、完整。建设单位因建设工程需要，向有关部门或者单位查询前款规定的资料时，有关部门或者单位应当及时提供。

2.5 资金来源证明及支付担保

除专用合同条款另有约定外，发包人应在收到承包人要求提供资金来源证明的书面通知后28天内，向承包人提供能够按照合同约定支付合同价款的相应资金来源证明。

除专用合同条款另有约定外，发包人要求承包人提供履约担保的，发包人应当向承包人提供支付担保。支付担保可以采用银行保函或担保公司担保等形式，具体由合同当事人在专用合同条款中约定。

【条文目的】

承包人签订施工合同、承建发包人发包的工程目的在于获得发包人支付的工程价款，故对承包人而言，其主要风险在于发包人是否具有相应的价款支付能力，本条款旨在要求发包人证明其具有按合同约定支付工程价款的能力，并最终避免因资金不足终止工程建设或拖欠工程款。与1999版施工合同相比，本条款为新增条文。

【条文释义】

支付担保是指担保人为发包人提供的，保证发包人按照合同约定支付工程款的担保，较为常见的支付担保包括银行或担保公司的保函，也有母公司为其子公司提供的担保以及其他第三人提供的担保。根据《工程建设项目施工招标投标办法》（七部委30号令）第62条的规定：招标人要求中标人提供履约保证金或其他形式履约担保的，招标人应当同时向中标人提供工程款支付担保。如果发包人需要承包人提供履约保函，则与之相对应，发包人也应当向承包人提供支付担保。但在实践中发包人往往利用其优势地位，要求承包人提供履约担保而不向承包人提供支付担保。2013版施工合同对此进行明确，除专用合同条款另有约定外，发包人要求承包人提供履约担保的，发包人应当向承包人提供支付担保。

关于发包人提供资金来源证明，主要是要求发包人落实建设资金。根据不同的资金来源渠道，资金来源证明也有所区别。当前建设投资资金的来源渠道主要有以下几方面：1.财政预算投资；2.自筹资金投资；3.银行贷款投资；4.利用外资；5.利用有价证券市场筹措建设资金。对于财政预算投资的工程，项目立项批复文件应当对此载明，故项目立项批复文件即为资金来源证明；对于自筹资金投资、银行贷款投资、利用外资、证券市场筹措资金等工程，发包人应当取得资金来源方的投资文件或资金提供文件。

【使用指引】

无论是履约保函还是支付保函，目前法律法规并没有作出强制性要求，由合同当事人根据工程实际需要确定是否需要对方提供。如果合同当事人需要对方提供保函，则无论是履约保函还是支付保函，建议采取无条件不可撤销保函形式，以有效约束保函提供方的履约行为。

【法条索引】

《中华人民共和国招标投标法》第9条：招标项目按照国家有关规定需要履行项目审批手续的，应当先履行审批手续，取得批准。

招标人应当有进行招标项目的相应资金或者资金来源已经落实，并应当在招标文件中如实载明。

2.6　支付合同价款
发包人应按合同约定向承包人及时支付合同价款。

2.7 组织竣工验收

发包人应按合同约定及时组织竣工验收。

【条文目的】

第2.6条和第2.7条旨在要求在承包人按照合同约定履行施工建设义务的情况下，发包人应当按照合同约定履行合同价款支付义务和及时组织竣工验收义务。

【条文释义】

根据合同法关于建设工程施工合同的定义，建设工程施工合同是承包人进行工程建设，发包人支付价款的合同。因此，发包人按照合同约定及时向承包人支付合同价款是发包人最主要的合同义务。合同价款的支付包括预付款、进度款、结算价款和质量保证金支付。

在承包人按照合同约定建成工程后，如果发包人不按照合同约定及时组织竣工验收，承包人不仅可能面临承担工程毁损灭失风险，而且还无法要求发包人办理竣工结算，从而严重损害承包人合法权益。

【使用指引】

合同当事人在使用本条款时应注意以下事项：

1. 关于工程价款的支付，无论是预付款、进度款、结算款还是质量保证金，发包人与承包人均应当在专用合同条款中就支付条件、支付期限和支付程序作出明确且易操作的规定，并在合同履行过程中严格按照合同约定履行，避免因工程价款的支付产生争议。

对于发包人来说，尤其要注意《建筑工程施工发包与承包计价管理办法》第16条、《建设工程价款结算暂行办法》第16条规定和通用合同条款关于对承包人工程价款调整或结算文件逾期不予答复则视为认可的规定或约定，以避免因此承担不利法律后果。

对于承包人来讲，因按合同约定及时获得工程款的支付是其核心合同权利，所以在订立和履行合同中均应当重视相关条款的约定和运用，条款的约定一定要做到清晰明确，合同履行过程中主张工程款的支付应严格以合同条款约定作为依据，以避免引起争议。

2. 对于竣工验收，合同当事人应当根据工程的特点及当事人合同管理水平等具体情况在专用合同条款中就竣工验收的条件和程序作出明确且易于操作的约定。

3. 发包人应当严格依据工程设计和竣工验收规范组织勘察设计、承包人和监理人对工程质量进行竣工验收，并接受工程质量监督管理机构的监督，不得虚假验收或擅自使用未经竣工验收的工程。如果发包人虚假验收或擅自使用未经竣工验收的工程，发包人需承担由此导致的不利后果。

【法条索引】

《建设工程质量管理条例》第49条：建设单位应当自建设工程竣工验收合格之日起１５日内，将建设工程竣工验收报告和规划、公安消防、环保等部门出具的认可文件或者准许使用文件报建设行政主管部门或者其他有关部门备案。

建设行政主管部门或者其他有关部门发现建设单位在竣工验收过程中有违反国家有关建设工程质量管理规定行为的，责令停止使用，重新组织竣工验收。

2.8 现场统一管理协议

发包人应与承包人、由发包人直接发包的专业工程的承包人签订施工现场统一管理协议，明确各方的权利义务。施工现场统一管理协议作为专用合同条款的附件。

【条文目的】

本条款为2013版施工合同新增条文，旨在解决发包人直接发包某些专业工程情况下施工现场统一管理的问题。约定发包人应当与承包人和发包人直接发包的专业工程承包人订立施工现场统一管理协议，并在协议中明确各方的权利义务。

【条文释义】

对于发包人直接发包专业工程的范围，目前法律法规并没有作出强制性的限制和要求，但是根据住房城乡建设部《关于进一步加强建筑市场监管工作的意见》（建市【2011】86号）的规定，建设单位将工程直接发包的，不得将应当由一个承包单位完成的建设工程肢解成若干部分发包给不同的承包单位。发包人、承包人和专业工程承包人签订实质为发包人肢解发包的现场统一管理协议，否者就是违法的。在此基础上，发包人直接发包工程，应当坚持以下几个原则：1. 对于承包人有能力完成的专业工程，发包人不应再直接发包，否则承包人将会变成项目管理公司的角色，由此施工合同将失去总承包意义；2. 对于承包人所承包的工程范围内承包人自己不能单独完成且发包人希望直接发包的专业工程，为便于管理和保证施工的协调，发包人可以通过暂估价形式在总包合同中约定；3. 对于承包人承包工程范围外的工程，发包人可以直接发包，并与承包人和专业工程承包人共同订立现场统一管理协议。

【使用指引】

合同当事人在使用本条款时应注意以下事项：

1. 首先应当明确，只有在发包人直接发包专业工程的情况下才需要单独订立现场统一管理协议，对于由承包人经发包人同意分包的专业工程，或者以暂估价形式发包给承包人之后再由发包人与承包人共同发包的专业工程，对专业工程的现场管理内容应当在施工合同和暂估价专业工程发包合同中约定。

2. 在发包人直接发包专业工程的情况下，现场统一管理协议应由发包人、承包人与专业工程承包人三方共同签订，在统一管理协议中明确发包人、承包人和专业工程承包人的权利义务，总的宗旨应当约定由承包人对施工现场统一管理，专业工程承包人应当接受承包人的现场管理，发包人予以监督。承包人根据施工现场统一管理议对专业工程承包人的管理，由发包人负责向承包人支付相关的费用。

3 承包人

3.1 承包人的一般义务

承包人在履行合同过程中应遵守法律和工程建设标准规范，并履行以下义务：
（1）办理法律规定应由承包人办理的许可和批准，并将办理结果书面报送发包人留存；

（2）按法律规定和合同约定完成工程，并在保修期内承担保修义务；

（3）按法律规定和合同约定采取施工安全和环境保护措施，办理工伤保险，确保工程及其人员、材料、设备和设施的安全；

（4）按合同约定的工作内容和施工进度要求，编制施工组织设计和施工措施计划，并对所有施工作业和施工方法的完备性和安全可靠性负责；

（5）在进行合同约定的各项工作时，不得侵害发包人与他人使用公用道路、水源、市政管网等公共设施的权利，避免对邻近的公共设施产生干扰。承包人占用或使用他人的施工场地，影响他人作业或生活的，应承担相应责任；

（6）按照第6.3款【环境保护】约定负责施工场地及其周边环境与生态的保护工作；

（7）按第6.1款【安全文明施工】约定采取施工安全措施，确保工程及其人员、材料、设备和设施的安全，防止因工程施工造成的人身伤害和财产损失；

（8）将发包人按合同约定支付的各项价款专用于合同工程，且应及时支付其雇用人员工资，并及时向分包人支付合同价款；

（9）按照法律规定和合同约定编制竣工资料，完成竣工资料立卷及归档，并按专用合同条款约定的竣工资料的套数、内容、时间等要求移交发包人；

（10）应履行的其他义务。

【条文目的】

本条款明确了承包人在施工合同履行过程中应承担的一般责任和义务，以确保建设工程按时保质完成。

【条文释义】

承包人的义务主要来源于法律规定和合同约定，其中法定义务主要为承包人应保证工程施工全过程的合法合规、获得法律规定应由承包人获得的批准和许可、做好人员安全防护和环境保护工作、杜绝质量安全事故、做好文明施工、履行保修义务、编制竣工资料、发放人员工资等；合同约定的义务主要包括按照合同约定完成工程施工、编制和提交施工组织设计、遵守发包人的现场管理规定、按照分包合同及采购合同约定支付分包工程合同价款和供应商材料款等义务。

本条款主要明确了施工合同履行过程中的一般义务，合同当事人还可以在专用合同条款中就承包人需要履行的其他义务进行进一步的明确和细化。

【使用指引】

合同当事人在使用本条款时应注意以下事项：

1. 合同当事人应在专用合同条款对于承包人履行合同义务的方式、条件和期限，以及不履行、不完全履行或不及时履行该项义务应承担的法律后果等内容作出明确的约定，便于遵照执行，但合同当事人的前述约定不得违背法律、行政法规的强制性规定。

2. 对于在施工合同中没有约定，但根据法律规定或施工合同的特点需由承包人承担的责任和义务，承包人仍应履行，承包人以合同未作约定为由拒绝履行的，应承担由此导致的不利后果。

3. 承包人应严格履行合同约定的责任和义务，否则应承担相应的违约责任。如果合同约定与法律强制性规定相冲突，则合同约定无效，承包人应当依据法律规定履行，反之，如果仅是与法律一般性规定相冲突，在合同合法有效的前提下，承包人应当以合同约定为准。

4. 监理人应严格按照法律规定及合同约定，对承包人施工质量安全等方面的合同义务进行监理，如果监理人怠于行使监理权利和履行监理义务导致承包人履行质量安全义务不符合法律规定，监理人应承担相应的法律责任。

5. 发包人不得明示或暗示承包人违反施工质量安全有关的法律规定，且不得要求承包人降低工程质量安全标准，否则，承包人不仅有权拒绝，如影响合同目的实现或造成根本违约的，承包人还有权解除施工合同，对于由此引发的质量、安全问题，发包人应承担相应的法律责任。

【法条索引】

1.《中华人民共和国建筑法》第26条：承包建筑工程的单位应当持有依法取得的资质证书，并在其资质等级许可的业务范围内承揽工程。

禁止建筑施工企业超越本企业资质等级许可的业务范围或者以任何形式用其他建筑施工企业的名义承揽工程。禁止建筑施工企业以任何形式允许其他单位或者个人使用本企业的资质证书、营业执照，以本企业的名义承揽工程。

2.《中华人民共和国建筑法》第39条：建筑施工企业应当在施工现场采取维护安全、防范危险、预防火灾等措施；有条件的，应当对施工现场实行封闭管理。

3.《中华人民共和国建筑法》第41条：建筑施工企业应当遵守有关环境保护和安全生产的法律、法规的规定，采取控制和处理施工现场的各种粉尘、废气、废水、固体废物以及噪声、振动对环境的污染和危害的措施。

3.2 项目经理

3.2.1 项目经理应为合同当事人所确认的人选，并在专用合同条款中明确项目经理的姓名、职称、注册执业证书编号、联系方式及授权范围等事项，项目经理经承包人授权后代表承包人负责履行合同。项目经理应是承包人正式聘用的员工，承包人应向发包人提交项目经理与承包人之间的劳动合同，以及承包人为项目经理缴纳社会保险的有效证明。承包人不提交上述文件的，项目经理无权履行职责，发包人有权要求更换项目经理，由此增加的费用和（或）延误的工期责任由承包人承担。

项目经理应常驻施工现场，且每月在施工现场时间不得少于专用合同条款约定的天数。项目经理不得同时担任其他项目的项目经理。项目经理确需离开施工现场时，应事先通知监理人，并取得发包人的书面同意。项目经理的通知中应当载明临时代行其职责的人员的注册执业资格、管理经验等资料，该人员应具备履行相应职责的能力。

承包人违反上述约定的，应按照专用合同条款的约定，承担违约责任。

【条文目的】

项目经理是承包人任命并派驻施工现场，在承包人授权范围内代表承包人负责合同履行的项目负责人，项目经理的专业水平和管理能力直接影响工程建设的质量、安全、工期及成本控制。因此，为了顺利实现合同约定的工程质量、安全、进度、成本管理等各项目标，保证工程的顺利实施，本条款对项目经理的任职资格、授权、工作时间要求以及更换条件和程序作出明确要求。与1999版施工合同相比，2013版施工合同增加了项目经理暂时离开施工现场的约定，明确了操作流程。

【条文释义】

就施工合同履行而言，项目经理的能力水平、执业素养及其行为品质将对合同约定工程产生巨大的关系，虽然我国已经取消了项目经理资质，但是，项目经理责任制依然存在，大中型工程的项目经理应由取得建造师执业资格的人员担任。

鉴于项目经理对于实现工程质量、安全、进度、成本管理等各项目标具有重大影响，因此在实践中，项目经理的资历和能力是发包人考察承包人管理能力和技术水平的重要因素。专用合同条款中载明的项目经理，应是经发包人确认的人选，未经发包人同意，承包人不得擅自更换项目经理。出现特殊情况，如出现项目经理疾病、离职等情形确需更换项目经理的，应获得发包人书面同意。

为了保证项目经理的稳定性和工程实施的连续性，防止挂靠、转包或违法分包的情形出现，保证工程质量和安全，项目经理应是承包人正式聘用的员工，两者存在劳动关系，即项目经理与承包人签订了合法有效的劳动合同，且承包人为该项目经理缴纳了社会保险。此外，根据法律规定，项目经理应具有满足项目条件的建造师执业资格。对项目经理任职资格的严格限定也是防止承包人转包工程的一项重要措施。

关于项目经理的授权，由承包人根据实际情况确定，项目经理在承包人授权范围内代表承包人履行合同，其行为后果由承包人承担。项目经理应常驻施工现场，便于及时对工程项目施工进行全面的管理。为了保证项目经理有足够的时间和精力履行施工合同、组织施工，项目经理不得同时担任两个或两个以上工程项目的项目经理。若项目经理需要暂时离开施工现场的，则应事先就通知监理人，并取得发包人的书面同意，并提供临时代行其职责的人员的相应信息资料。

【使用指引】

合同当事人在使用本条款时应注意以下事项：

1. 项目经理的专业能力是承包人履约的关键因素之一，因此关于承包人项目经理的专业能力和任职资格，发包人会在订立合同时作出严格的要求和规定，但承包人往往会在订立合同之后将订立合同时的项目经理进行更换，有的甚至更换为非承包人的员工。为此，发包人除应在合同中就承包人项目经理作出严格的要求和规定外，更应当在合同履行过程中加强对承包人项目经理的监督管理，尤其是加强对承包人更换项目经理和项目经理是否常驻施工现场的监管。

2. 承包人应当在专用合同条款中对项目经理的授权范围作出具体明确的约定，尤其是对于项目经理某些权力的限制，更应当具体、明确，以避免因项目经理授权不明，形成表见代理而最终使承包人承担不利后果。对于项目经理在施工质量安全等方面的职责和权力，承包人不得违法违规加以剥夺和限制。

3. 为防止承包人项目经理无正当理由长期不在施工现场，发包人应当在专用合同条款中约定项目经理离开施工现场的条件和期限，离开的期限应当从一次离开的天数和累计离开的天数两方面加以限制，并分别约定违约责任。

1.《建设工程质量管理条例》第26条：施工单位对建设工程的施工质量负责。施工单位应当建立质量责任制，确定工程项目的项目经理、技术负责人和施工管理负责人。

2.《菲迪克（FIDIC）施工合同条件》（1999版红皮书）：

第4.3款　承包商的代表

承包商应任命承包商的代表，并授予他在按照合同代表承包商工作时所必需的一切权力。除非合同中已注明承包商的代表的姓名，否则承包商应在开工日期前将其准备任命的代表姓名及详细情况提交工程师，以取得同意。如果同意被扣压或随后撤销，或该指定人员无法担任承包商的代表，则承包商应同样地提交另一合适人选的姓名及详细情况以获批准。

没有工程师的事先同意，承包商不得撤销对承包商的代表的任命或对其进行更换。

承包商的代表应以其全部时间协助承包商履行合同。如果承包商的代表在工程实施过程中暂离现场，则在工程师的事先同意下可以任命一名合适的替代人员，随后通知工程师。

承包商的代表应代表承包商按照第3.3款【工程师的指示】的规定接受指示。

承包商的代表可将其权力、职责与责任委托给任何胜任的人员，并可随时撤销任何此类委托。

在工程师收到由承包商的代表签发的说明人员姓名、注明这些权力、职责与责任已委托或撤销的通知之前，任何此类委托或撤销不应产生效力。

承包商的代表及其委托人应能流利地使用第1.4款【法律和语言】中规定的语言进行日常交流。

3.2.2　项目经理按合同约定组织工程实施。在紧急情况下为确保施工安全和人员安全，在无法与发包人代表和总监理工程师及时取得联系时，项目经理有权采取必要的措施保证与工程有关的人身、财产和工程的安全，但应在48小时内向发包人代表和总监理工程师提交书面报告。

【条文目的】

本条款旨在明确项目经理应按照具体的合同约定负责组织工程实施，且在紧急情况下有权采取必要的相应措施，以保证与工程有关的人身、财产和工程的安全。与1999版施工合同相比，本条款属于新增内容。

【条文释义】

项目经理作为承包人履约的代表，应当按照具体的合同约定负责组织工程的实施。1999版施工合同约定"项目经理按发包人认可的施工组织设计（施工方案）和工程师依据合同发出的指令组织施工"，但在实际施工中施工组织设计与工程师指令并不必然相同，因此2013版施工合同概括描述为按照合同约定为准，使得当事人可以实际情况作出明确约定。

在出现与工程有关的，危及人身、财产和工程的安全的紧急情况，而项目经理又无法按照合同约定与发包人和监理人及时取得联系的情况下，项目经理如果不立即采取必要措施对紧急情况临时处置，将可能造成安全事故，严重危及工程及人身、财产的安全，因此必须授予项目经理在紧急情况下的临时处置权。但同时，项目经理应在作出临时处置后48小时内向发包人代表和总监理工程师提交书面报告，说明具体情况及采取的措施。在这种情况下所发生的合理的费用和延误工期，应当根据法律规定和合同约定由责任方承担或者根据不可抗力的情形分担责任。

【使用指引】

合同当事人在使用本条款时应注意以下事项：

1. 授予项目经理在紧急情况下的临时处置权，其目的是为了保证工程及与工程有关的人身和财产的安全，因此，无论是发包人和承包人均不应当对此加以不合理的限制甚至剥夺此项权力，相反，合同当事人都应当予以充分保障。

2. 为了防止项目经理滥用该项权利而损害发包人的利益，发包人应当在专用合同条款中就项目经理行使该项权利的条件和程序作出必要的限制。

项目经理行使该项权力需受到以下四方面的限制：（1）只有在涉及工程及与工程有关的人身和财产安全的情况下项目经理才有权行使该项权力；（2）项目经理只有在同时无法联系到发包人代表或总监理工程师的情况下才能行使该项权力；（3）项目经理行使该项权力所采取的措施必要且合理得当，而不能随意采取不必要的措施，如遭遇大风天气影响室外作业安全的，项目经理可以采取必要的安全防护措施或暂停室外作业，但不能以此为由暂停室内作业；（4）项目经理在采取措施后及时向监理人和发包人代表报告全部情况。如果项目经理行使临时处置权不符合四项中的任何一项，发包人可以主张由承包人承担因项目经理行使临时处置权而增加的费用或延误的工期责任。

3.2.3 承包人需要更换项目经理的，应提前14天书面通知发包人和监理人，并征得发包人书面同意。通知中应当载明继任项目经理的注册执业资格、管理经验等资料，继任项目经理继续履行第3.2.1项约定的职责。未经发包人书面同意，承包人不得擅自更换项目经理。承包人擅自更换项目经理的，应按照专用合同条款的约定承担违约责任。

【条文目的】

本条款旨在限制承包人擅自更换项目经理，以保证工程实施的连续性，并防止承包人委派不具有相应专业能力的项目经理更换合同中约定的项目经理，从而影响工程施工质量安全。与1999版施工合同不同的是，2013版施工合同加长了承包人提前书面通知发包人要求更换项目经理的时间，即从7天更改为14天，目的是为了发包人有充足的时间对新任项目经理进行考查。

【条文释义】

当专用合同条款中约定的承包人可以更换项目经理的条件出现时，或出现特殊情况承包人如不更换项目经理将影响合同正常履行情况时，承包人首先应当提前14天通知发包人和监理人，并同时提交项目经理替换候选人的的注册执业资格、管理经验等资料，以供发包人和监理人审查和评价候选人的履历和能力，确认是否同意。继任项目经理继续履行第

3.2.1条约定的职责。

承包人履行施工合同的最终结果能否符合发包人要求，与项目经理的管理能力、执业水平等有着极大的关联，因此发包人毫无疑问会对项目经理十分重视，故承包人未经发包人书面同意，不得擅自更换项目经理，否则，承包人应当按照合同约定承担违约责任。

【使用指引】

合同当事人在使用本条款时应注意以下事项：

1. 为有效限制承包人更换项目经理，发包人应当在专用合同条款中就承包人更换项目经理的条件作出限制，以保证施工合同履行的连续性，并在专用合同条款中就承包人擅自更换项目经理的违约责任作出明确的约定，以便在承包人违约时追究其违约责任。

2. 当发包人和监理人收到承包人更换项目经理的通知后，首先应当依据合同约定及实际情况审查承包人要求更换项目经理的理由是否成立，如果承包人更换项目经理的理由成立，则应进一步审查拟继任项目经理是否具备满足合同约定的项目经理的专业知识、技能与经验。如果承包人更换项目经理的理由不成立，或拟委派的继任项目经理的专业知识、技能与经验不满足合同约定的条件和要求，发包人和监理人有权否决承包人更换项目经理的要求，且在满足条件之前承包人不得擅自更换项目经理。

3. 由于发包人或监理人仅能从形式上对拟继任项目经理是否具备任职资格和能力进行审查，难以了解承包人所提出的拟继任项目经理的实际情况，因此发包人可以在专用合同条款中对此作出免责约定，约定如果继任项目经理无法胜任岗位职责，并因此导致费用增加或工期延误的，应由承包人承担。

3.2.4 发包人有权书面通知承包人更换其认为不称职的项目经理，通知中应当载明要求更换的理由。承包人应在接到更换通知后14天内向发包人提出书面的改进报告。发包人收到改进报告后仍要求更换的，承包人应在接到第二次更换通知的28天内进行更换，并将新任命的项目经理的注册执业资格、管理经验等资料书面通知发包人。继任项目经理继续履行第3.2.1项约定的职责。承包人无正当理由拒绝更换项目经理的，应按照专用合同条款的约定承担违约责任。

【条文目的】

本条款赋予了发包人对承包人项目经理的监督考核权和更换权，并就承包人对不称职的项目经理的更换条件和程序作出规定。与1999版施工合同相比，本条款属于新增内容。

【条文释义】

在1999版施工合同中，如发包人更换其认为不称职的项目经理，则需要与承包人进行协商，而根据现实情况，该等协商的操作性往往极差。2013版施工合同约定发包人可直接书面要求承包人更换项目经理，同时亦给了承包人一次改进机会，该设定有利于双方关系的处理，避免双方为项目经理事宜直接产生矛盾，更为完善且更具有的可操作性及协调性。

由于合同当事人在签订施工合同时，发包人虽然可以按合同条款要求承包人提供项目经理的各项资料以推测该人员是否符合其要求，能否胜任项目经理的职务，但该认识主要是停留在其资历、能力、素养的书面文件上，在合同的履行过程中，发包人发现该项目经理的水平、能力、或者素养资历不符合要求的，发包人即可按照本条款的约定，要求承包人将项目经理予以更换。

对于不称职的项目经理，发包人有权书面通知承包人更换，但应当在通知中载明要求更换的理由。对此，本条款赋予了承包人改进的机会，但需在收到发包人更换通知后14天提交书面改进报告。但如果发包人在收到承包人书面改进报告后28天内仍要求更换的，承包人应当予以更换，并应当将新任人选的注册执业资格、管理经验等资料书面通知发包人。如果承包人无正当理由拒绝更换项目经理的，承包人应当承担违约责任。

【使用指引】

合同当事人在使用本条款时应注意以下事项：

1. 虽然发包人对承包人的项目经理有监督考核，甚至要求承包人更换项目经理的权利，但并非在任何情况下发包人都享有要求更换项目经理的权利，而只能是项目经理不称职的情况下才享有该项权利。因此，为限制发包人滥用该权利，合同当事人有必要在专用合同条款中就项目经理不称职的情况作出明确具体的约定，以防止在合同履行过程中发生争议。如果发包人滥用要求更换项目经理的权利，承包人有权且应当予以拒绝。

2. 在发包人提出更换项目经理的要求时，承包人依然拥有一次改进的机会，一般情况下，若承包人的该次改进符合要求，发包人可不再要求对项目经理予以更换，一定程度上避免了因更换项目经理而引起的矛盾或工程施工效率降低等情形。

3. 为防止承包人在项目经理不称职的情况下拒绝更换项目经理，发包人可以在专用合同条款中明确约定承包人拒绝更换不称职项目经理而应承担的违约责任，以督促承包人依约更换不称职的项目经理。

【条文索引】

《菲迪克（FIDIC）施工合同条件》（1999版红皮书）：

6.9 承包商的人员

承包商的人员应是在他们各自行业或职业内具有技术和经验的合格人员。工程师可以要求承包商撤换（或使他人撤换）雇用于现场或工程中他认为有下列行为的任何人员，包括承包商的代表（如果适用）：（a）经常行为不轨或不认真；（b）履行职责时不能胜任或玩忽职守；（c）不遵守合同的规定；或（d）经常出现有损健康与安全或有损环境保护的行为。

如果适当的话，承包商应随后指定（或使他人指定）合适的替代人员。

3.2.5 项目经理因特殊情况授权其下属人员履行其某项工作职责的，该下属人员应具备履行相应职责的能力，并应提前7天将上述人员的姓名和授权范围书面通知监理人，并征得发包人书面同意。

【条文目的】

本条款为2013版施工合同新增条文，旨在对项目经理授权下属人员履行某项工作职责作出限制，以保证施工合同能够顺利履行。

【条文释义】

在工程施工过程中，项目经理因特殊情况授权其下属人员履行其某项工作职责的情况十分普遍，1999版施工合同对此未做约定，由此引发了相当的纠纷矛盾，故2013版施工合同对此进行补充。

根据本条款规定，项目经理授权其下属人员履行其某项工作职责需满足以下几个条件：1. 只有在特殊的情况下才能授权其下属人员履行其某项工作职责；2. 被授权的人员应当具备履行相应职责的能力；3. 提前7天将被授权人员的姓名及范围书面通知监理人；4. 征得发包人书面同意。

【使用指引】

合同当事人在使用本条款时应注意以下事项：

1. 为避免在合同履行过程中产生争议，合同当事人应当在专用合同条款中明确本条款约定的特殊情况，以避免项目经理恶意扩大解释特殊情况并随意授权其下属人员履行应由其履行的职责。

2. 为防止发包人在项目经理授权确有合理的理由时拒绝项目经理的请求，不正当行使其权利，建议合同当事人在专用合同条款中明确约定发包人在项目经理有合理理由的情况下应同意项目经理的要求，如无理拒绝应当承担的责任，以保证施工合同正常履行，也可以对项目经理授权下属人员履行职责的具体情形进行约定。

3.3 承包人人员

3.3.1 除专用合同条款另有约定外，承包人应在接到开工通知后7天内，向监理人提交承包人项目管理机构及施工现场人员安排的报告，其内容应包括合同管理、施工、技术、材料、质量、安全、财务等主要施工管理人员名单及其岗位、注册执业资格等，以及各工种技术工人的安排情况，并同时提交主要施工管理人员与承包人之间的劳动关系证明和缴纳社会保险的有效证明。

3.3.2 承包人派驻到施工现场的主要施工管理人员应相对稳定。施工过程中如有变动，承包人应及时向监理人提交施工现场人员变动情况的报告。承包人更换主要施工管理人员时，应提前7天书面通知监理人，并征得发包人书面同意。通知中应当载明继任人员的注册执业资格、管理经验等资料。

特殊工种作业人员均应持有相应的资格证明，监理人可以随时检查。

3.3.3 发包人对于承包人主要施工管理人员的资格或能力有异议的，承包人应提供资料证明被质疑人员有能力完成其岗位工作或不存在发包人所质疑的情形。发包人要求撤换不能按照合同约定履行职责及义务的主要施工管理人员的，承包人应当撤换。承包人无正当理由拒绝撤换的，应按照专用合同条款的约定承担违约责任。

3.3.4 除专用合同条款另有约定外，承包人的主要施工管理人员离开施工现场每月累计不超过5天的，应报监理人同意；离开施工现场每月累计超过5天的，应通知监理人，并征得发包人书面同意。主要施工管理人员离开施工现场前应指定一名有经验的人员临时代行其职责，该人员应具备履行相应职责的资格和能力，且应征得监理人或发包人的同意。

3.3.5 承包人擅自更换主要施工管理人员，或前述人员未经监理人或发包人同意擅自离开施工现场的，应按照专用合同条款约定承担违约责任。

【条文目的】

本条款要求承包人施工现场主要施工管理人员系其合法聘用的员工，并需保持其主要施工管理人员队伍的基本稳定，且不得擅自离开施工现场，旨在保障工程施工的质量和效率，防止承包人将工程转包给第三方或允许第三方以承包人名义承包工程。与1999版施工合同相比，本条款为新增条文。

【条文释义】

关于承包人主要施工管理人员组成，应当包括合同管理、施工、技术、材料、质量、安全、财务等人员。承包人在提交上述人员的资料外，应当一并提供上述人员与承包人之间的劳动关系和缴纳社会保险的证明，确认上述人员为承包人合法聘用的员工。除此之外还应注意，承包人在提交人员安排报告外，还应提交项目管理机构的报告。

在施工过程中，为了保证工程施工管理人员配置的稳定性，2013版施工合同不仅在项目经理职务上有所规定，对于承包人的其他主要施工管理人员亦作出了一定限制。首先需要注意，主要施工管理人员如有变动，承包人需要及时向监理人提供人员变动情况的报告。若承包人更换主要施工管理人员的，应当提前7天书面通知向监理人，并征得发包人书面同意，通知中应当载明继任者资料。其次由于特殊工种作业人员在施工过程中的特殊性及重要性，2013版施工合同中明确了监理人对其的随时检查权，以确保特殊工作作业的质量与安全。

如发包人对于承包人的主要施工管理人员的资格或能力有异议，承包人有权作出相应的解释。当主要施工管理人员无法按照合同约定的标准履行职责及义务时，承包人应按发包人要求予以撤换。

对于承包人的主要施工管理人员，2013版施工合同亦对其离开施工现场的时间作出了明确限制：离开时间每月累计不超过5天的，需报监理人同意；若离开施工现场每月累计超过5天的，应通知监理人并征得发包人书面同意。主要施工管理人员离开施工现场前应指定一名有经验的临时代职人员，该人员应具备相应的资格和能力，且应征得监理人或发包人的同意，以保障工程的质量及效率。

对于承包人擅自更换主要施工管理人员，以及承包人主要施工管理人员未经同意擅自离开施工现场的，承包人则需按照专用条款中的相应约定承担责任。

【使用指引】

合同当事人在使用本条款时应注意：

为有效防止承包人转包工程或允许第三方以其名义承揽工程，发包人应当在专用合同条款中就承包人主要施工管理人员作出明确的要求：1. 除要求承包人提交主要施工管理人员的社会保险缴纳凭证之外，还可以要求承包人提供上述人员的工资发放证明；2. 对主要施工管理人员在承包人处任职的期限、经历或经验作出限定和要求，同时就上述人员的更换条件和程序作出具体的要求和规定；3. 通过限制第三方人员（分包管理人员及承包人专家顾问除外）擅自进入施工现场等方式对承包人的履约行为加以限制；4. 在专用合同条款中就承包人不履行上述义务所应承担的违约责任作出明确的约定。

《菲迪克（FIDIC）施工合同条件》（1999版红皮书）：

6.9 承包商的人员

承包商的人员应是在他们各自行业或职业内具有技术和经验的合格人员。工程师可以要求承包商撤换（或使他人撤换）雇用于现场或工程中他认为有下列行为的任何人员，包括承包商的代表（如果适用）：（a）经常行为不轨或不认真；（b）履行职责时不能胜任或玩忽职守；（c）不遵守合同的规定；或（d）经常出现有损健康与安全或有损环境保护的行为。

如果适当的话，承包商应随后指定（或使他人指定）合适的替代人员。

3.4 承包人现场查勘

承包人应对基于发包人按照第2.4.3项【提供基础资料】提交的基础资料所做出的解释和推断负责，但因基础资料存在错误、遗漏导致承包人解释或推断失实的，由发包人承担责任。

承包人应对施工现场和施工条件进行查勘，并充分了解工程所在地的气象条件、交通条件、风俗习惯以及其他与完成合同工作有关的其他资料。因承包人未能充分查勘、了解前述情况或未能充分估计前述情况所可能产生后果的，承包人承担由此增加的费用和（或）延误的工期责任。

【条文目的】

本条款为新增条文，旨在要求承包人审慎地查勘施工现场和施工条件。

【条文释义】

首先应当保证发包人提供的基础资料应当正确且充分，根据《合同法》第285条，若发包人提供的资料不准确，发包人将承担由此产生的责任。发包人应向承包人提交基础资料，并对基础资料的准确性和完整性负责。但承包人应对基于发包人提交的基础资料所作的解释和推断负责，如果因基础资料存在错误、遗漏导致承包人解释或推断失实的，则由发包人承担责任。

其次，1999版施工合同并未就承包人的现场查勘作出明确的规定，而国内颁布的相关施工合同示范文本中均规定了现场查勘这一条款。如九部委《标准施工招标文件》第4.10款【承包人现场查勘】规定，承包人应对施工场地和周围环境进行查勘，并充分估计其带来的责任和风险。

鉴于2013版施工合同约定了承保人现场勘查的义务，对于施工现场和施工条件，承包人应进行严格准确的踏勘和了解，除应由发包人提供的基础资料载明的资料外，如果因承包人未能充分查勘、了解前述情况或未能充分估计前述情况所可能产生的后果的，承包人承担由此增加的费用和（或）延误的工期。

【使用指引】

合同当事人在使用本条款时应注意以下事项：

1. 对于承包人来讲，承包人在报价前应当充分掌握发包人提交的基础资料，并对施工现场和施工条件进行严格准确的踏勘和了解，并据此编制施工组织设计和进行报价，否则，由此造成费用的增加和（或）工期的延误，应由承包人自行承担。

2. 如果发包人提供给承包人的基础资料的准确性和完整性存在问题，由此导致承包人作出错误的解释和推断，则发包人应当承担增加的费用和（或）延误的工期。

【法条索引】

《中华人民共和国合同法》第285条：因发包人变更计划，提供的资料不准确，或者未按照期限提供必需的勘察、设计工作条件而造成勘察、设计的返工、停工或者修改设计，发包人应当按照勘察人、设计人实际消耗的工作量增付费用。

3.5 分包

3.5.1 分包的一般约定

承包人不得将其承包的全部工程转包给第三人，或将其承包的全部工程肢解后以分包的名义转包给第三人。承包人不得将工程主体结构、关键性工作及专用合同条款中禁止分包的专业工程分包给第三人，主体结构、关键性工作的范围由合同当事人按照法律规定在专用合同条款中予以明确。

承包人不得以劳务分包的名义转包或违法分包工程。

【条文目的】

本条款旨在禁止承包人非法转包工程或违法分包工程，保障工程施工的质量和安全，避免层层转包造成工程施工的潜在质量危害。与1999版施工合同相比，2013版施工合同特别强调了承包人不得以劳务分包的名义转包或违法分包工程。

【条文释义】

目前，我国建筑房地产行业的管理尚有不尽完善之处，违法分包和转包现象仍然存在，工程领域的转包和违法分包是导致劣质工程、豆腐渣工程的主要原因之一，严重危害人们的生命财产安全。因此，2013版施工合同借鉴国外的施工合同示范文本及国家的相关法律规定，对于禁止违法分包和非法转包的情况作了细致化的描述。

关于非法转包，《建筑法》第28条规定：禁止承包单位将其承包的全部建筑工程转包给他人，禁止承包单位将其承包的全部建筑工程肢解以后以分包的名义分别转包给他人。

关于违法分包，《建筑法》第29条规定：建筑工程承包人可以将承包工程中的部分工程发包给具有相应资质条件的分包单位；但是除施工合同中约定的分包外，必须经建设单位认可。承包人承包的建筑工程主体结构的施工必须由承包人自行完成。禁止承包人将工程分包给不具备相应资质条件的单位。禁止分包单位将其承包的工程再分包。

因而，2013版施工合同约定禁止承包人将承包的全部工程转包给第三人，或将承包的全部工程肢解后以分包的名义转包给第三人，并不得将工程主体结构、关键性工作及专用合同条款中禁止分包的专业工程分包给第三人。否则，承包人的行为构成非法转包或违法分包，承包人除承担违约责任外，还要承担相应的行政法律责任，如果出现重大质量安全事故，还要承担刑事法律责任。

【使用指引】

合同当事人在使用本条款时应注意以下事项：

1. 发包人和监理人应加强对承包人工程施工的监督管理，通过加强对承包人工程施工主要管理和技术人员的管理，避免承包人违法分包和转包现象的发生。

2. 对于主体结构、关键性工作的范围，发包人和承包人应当根据法律规定和工程的特点在专用合同条款中予以明确。

【法条索引】

1.《中华人民共和国建筑法》第28条：禁止承包单位将其承包的全部建筑工程转包给他人，禁止承包单位将其承包的全部建筑工程肢解以后以分包的名义分别转包给他人。

2.《中华人民共和国合同法》第272条：发包人可以与总承包人订立建设工程合同，也可以分别与勘察人、设计人、施工人订立勘察、设计、施工承包合同。发包人不得将应当由一个承包人完成的建设工程肢解成若干部分发包给几个承包人。

总承包人或者勘察、设计、施工承包人经发包人同意，可以将自己承包的部分工作交由第三人完成。第三人就其完成的工作成果与总承包人或者勘察、设计、施工承包人向发包人承担连带责任。承包人不得将其承包的全部建设工程转包给第三人或者将其承包的全部建设工程肢解以后以分包的名义分别转包给第三人。

禁止承包人将工程分包给不具备相应资质条件的单位。禁止分包单位将其承包的工程再分包。建设工程主体结构的施工必须由承包人自行完成。

3.《中华人民共和国招标投标法》第48条：中标人应当按照合同约定履行义务，完成中标项目。中标人不得向他人转让中标项目，也不得将中标项目肢解后分别向他人转让。

中标人按照合同约定或者经招标人同意，可以将中标项目的部分非主体、非关键性工作分包给他人完成。接受分包的人应当具备相应的资格条件，并不得再次分包。

中标人应当就分包项目向招标人负责，接受分包的人就分包项目承担连带责任。

4.《中华人民共和国招标投标法》第58条：中标人将中标项目转让给他人的，将中标项目肢解后分别转让给他人的，违反本法规定将中标项目的部分主体、关键性工作分包给他人的，或者分包人再次分包的，转让、分包无效，处转让、分包项目金额千分之五以上千分之十以下的罚款；有违法所得的，并处没收违法所得；可以责令停业整顿；情节严重的，由工商行政管理机关吊销营业执照。

5.《建设工程质量管理条例》第25条：施工单位应当依法取得相应等级的资质证书，并在其资质等级许可的范围内承揽工程。

禁止施工单位超越本单位资质等级许可的业务范围或者以其他施工单位的名义承揽工程。禁止施工单位允许其他单位或者个人以本单位的名义承揽工程。

施工单位不得转包或者违法分包工程。

6.《建设工程质量管理条例》第78条：本条例所称肢解发包，是指建设单位将应当由一个承包单位完成的建设工程分解成若干部分发包给不同的承包单位的行为。

本条例所称违法分包，是指下列行为：

（一）总承包单位将建设工程分包给不具备相应资质条件的单位的；

（二）建设工程总承包合同中未有约定，又未经建设单位认可，承包单位将其承包的部分建设工程交由其他单位完成的；

（三）施工总承包单位将建设工程主体结构的施工分包给其他单位的；

（四）分包单位将其承包的建设工程再分包的。

本条例所称转包，是指承包单位承包建设工程后，不履行合同约定的责任和义务，将其承包的全部建设工程转给他人或者将其承包的全部建设工程肢解以后以分包的名义分别转给其他单位承包的行为。

7.《最高人民法院关于审理建设工程施工合同纠纷案件适用法律问题的解释》（法释【2004】14号）第4条：承包人非法转包、违法分包建设工程或者没有资质的实际施工人借用有资质的建筑施工企业名义与他人签订建设工程施工合同的行为无效。人民法院可以根据民法通则第一百三十四条规定，收缴当事人已经取得的非法所得。

8.《菲迪克（FIDIC）施工合同条件》（1999版红皮书）：

第4.4款　分包商

承包商不得将整个工程分包出去。

承包商应将分包商、分包商的代理人或雇员的行为或违约视为承包商自己的行为或违约，并为之负全部责任。除非专用条款中另有说明，否则：（a）承包商在选择材料供应商或向合同中已注明的分包商进行分包时，无需征得同意；（b）其他拟雇用的分包商须得到工程师的事先同意；（c）承包商应至少提前28天将每位分包商的工程预期开工日期以及现场开工日期通知工程师；以及（d）每份分包合同应包含一条规定，即雇主有权按照第4.5款【分包合同利益的转让】（如果可行）或出现第15.2款【雇主提出终止】中规定的终止合同的情况时要求将此分包合同转让给雇主。

3.5.2 分包的确定

承包人应按专用合同条款的约定进行分包，确定分包人。已标价工程量清单或预算书中给定暂估价的专业工程，按照第10.7款【暂估价】确定分包人。按照合同约定进行分包的，承包人应确保分包人具有相应的资质和能力。工程分包不减轻或免除承包人的责任和义务，承包人和分包人就分包工程向发包人承担连带责任。除合同另有约定外，承包人应在分包合同签订后7天内向发包人和监理人提交分包合同副本。

【条文目的】

本条款旨在对承包人分包工程的条件、方式及分包后的法律责任的承担作出规定。与1999版施工合同相比，2013版施工合同增加了承包人应在分包合同签订后7天内向发包人和监理人提交分包合同副本的规定。

【条文释义】

按照相关法律规定，承包人分包工程应当在施工合同中约定或取得发包人同意，如果专用合同条款关于分包有明确的约定，则承包人分包工程应当严格按专用合同条款进行，如果专用合同条款中没有约定，则承包人应当另行取得发包人同意。对于暂估价工程的分包，应按照第10.7款【暂估价】确定分包人。分包后，承包人仍应当对分包工程负责，承包人和分包人就分包工程向发包人承担连带责任。如果合同没有另行约定，承包人应在分包合同签订后7天内向发包人和监理人提交分包合同副本。

对于承包人的责任承担问题，要区分为两种情况：第一，若承包人为合法分包的，承包人与分包人应当共同向发包人承担连带责任；第二，若承包人为违法分包的，则承包人应当与实际施工人共同向发包人承担连带责任。

【使用指引】

合同当事人在使用本条款时应注意以下事项：

1. 承包人分包工程，只能分包法律及合同约定的非主体和非关键性工程，并且应当根据合同约定分包工程或取得发包人同意才能分包工程，分包人应当具备承包分包工程的资质等级条件。

2. 对于暂估价专业工程，分包应当按照第10.7款【暂估价】确定分包人。工程分包后，承包人仍应对分包工程负责，与分包人共同对分包工程承担连带责任。

3. 在当事人在专用合同条款中没有作出其他约定的情况下，承包人应在分包合同签订后7天内向发包人和监理人提交分包合同副本，以便监理人和发包人对承包人分包和分包人的施工行为进行监督管理。

【法条索引】

《中华人民共和国建筑法》第29条：建筑工程总承包单位可以将承包工程中的部分工程发包给具有相应资质条件的分包单位；但是，除总承包合同中约定的分包外，必须经建设单位认可。施工总承包的，建筑工程主体结构的施工必须由总承包单位自行完成。

建筑工程总承包单位按照总承包合同的约定对建设单位负责；分包单位按照分包合同的约定对总承包单位负责。总承包单位和分包单位就分包工程对建设单位承担连带责任。

禁止总承包单位将工程分包给不具备相应资质条件的单位。禁止分包单位将其承包的工程再分包。

3.5.3 分包管理

承包人应向监理人提交分包人的主要施工管理人员表，并对分包人的施工人员进行实名制管理，包括但不限于进出场管理、登记造册以及各种证照的办理。

【条文目的】

本条款为新增内容，旨在赋予监理人对分包人及分包人人员的监督管理权。

【条文释义】

与承包人自身的主要施工管理人员的要求一样，在分包后，为加强监理人对分包人及分包人人员的监理管理，应当做到：第一，承包人应当向监理人提交分包人的主要施工管理人员表；第二，监理人可对分包人的施工人员进行实名制管理；第三，监理人的管理措施包括但不限于对进出场管理，登记造册以及各种证照的办理的监督，如文件的备案等方面。

1999版施工合同对该问题没有规定，为了保证发包人对于整个工程项目的控制，确保分包项目能够按照预期目标完成，2013版施工合同增加了本条款，规定了监理人有权要求承包人提供分包人的相关主要施工管理人员的资料并进行实名制管理，对于管理手段也提供了相关的参考，如有权得到进出场管理、登记造册资料等。

以上规定在于加强对于工程分包环节的管理，防止该环节出现违法违规的行为，从一定程度上能够解决分包环节出现的问题。

【使用指引】

合同当事人在使用本条款时应注意：

发包人应当在专用合同条款中就承包人对分包管理的操作程序作出进一步的约定，并要求承包人对分包实行严格的管理，尤其对于劳务分包，应当约定对人员实行实名制管理，管理措施包括但不限于进出场管理、登记造册以及各种证照的办理以及工资的发放。

3.5.4 分包合同价款

（1）除本项第（2）目约定的情况或专用合同条款另有约定外，分包合同价款由承包人与分包人结算，未经承包人同意，发包人不得向分包人支付分包工程价款；

（2）生效法律文书要求发包人向分包人支付分包合同价款的，发包人有权从应付承包人工程款中扣除该部分款项。

【条文目的】

本条款旨在限制发包人直接向分包人支付分包工程价款，以保证承包人的合同利益。与1999版施工合同相比，2013版施工合同增加了"生效法律文书"这一特殊情况，避免出现该情况后合同当事人就此发生争议。

【条文释义】

关于分包合同价款的支付，除了合同当事人在施工合同中有明确的约定外，发包人不应直接向分包人支付分包合同价款。对于分包合同的价款：第一，应当由承包人与分包人进行结算，发包人不应直接介入；第二，在承包人同意的情况下，发包人可以将合同价款直接支付予分包人。第三，因注意到生效法律文书这一特殊情况，发包人在向分包人承担该部分价款后，可从应付承包人的款项中予以扣除。

根据合同相对性原则，分包人的分包合同价款应由承包人与分包人结算，在合同中没有特别约定，亦没有生效法律文书要求发包人直接向分包人支付分包合同价款的，发包人不得直接向分包人支付分包价款。即分包合同的工程价款应当在承包人与分包人之间进行结算。2013版施工合同增加了"生效法律文书"这一特殊情况，是结合实际情况所作出的修订。在工程合同实际履行的过程中，很有可能发生生效法律文书要求发包人直接向分包人支付分包款项，但由于合同对此有着完全不同的规定，从而导致双方发生纠纷。

【使用指引】

合同当事人在使用本条款时应注意：

根据合同相对性原则，分包人只与承包人存在合同关系，而与发包人并不存在直接合同关系，因此分包人的分包合同价款应当由承包人与分包人结算，在合同没有约定或无生效法律文书确认发包人直接向分包人结算工程款的情况下，发包人直接向分包人结算工程款是对承包人合同权益的侵害，因此，为有效防止发包人与分包人直接结算损害承包人合同利益的行为，承包人应当在专用合同条款中约定如果发包人擅自与分包人支付分包价款的，不免除发包人对承包人的付款责任。

3.5.5 分包合同权益的转让

分包人在分包合同项下的义务持续到缺陷责任期届满以后的，发包人有权在缺陷责任期届满前，要求承包人将其在分包合同项下的权益转让给发包人，承包人应当转让。除转让合同另有约定外，转让合同生效后，由分包人向发包人履行义务。

【条文目的】

本条款为新增条款，主要解决两方面问题，一是解决缺陷责任期与分包合同项下分包人的义务期限不一致时，发包人权益的保护问题，二是发包人认为直接由分包人进行缺陷责任修复更方便的问题。

【条文释义】

在施工合同的实际履行过程中，很有可能发生承包人的缺陷责任期与分包人的义务期限不一致的情况，即分包人义务期限长于承包人的缺陷责任期，当承包人缺陷责任期满而分包人义务期限仍未届满时，分包工程发生问题，依据承包人与分包人所签署的分包合同，分包人依然应当承担解决该问题的义务。但由于合同的相对性原则，发包人是无法直接要求分包人履行分包合同项下的义务，在此情形下，如再通过承包人解决该问题，较为繁琐和不便。

为保护发包人的合同权益，发包人在缺陷责任期届满之前，有权要求承包人将分包合同项下的权益转让给发包人，在这种情况下承包人应无条件转让，并通知分包人。在合同当事人及分包合同没有特殊约定的情况下，转让合同生效后，分包人直接向发包人履行义务，承包人不再享有分包合同权益。

【使用指引】

合同当事人在使用本条款时应注意：

1. 因在分包情况下由分包人和承包人共同对发包人承担连带责任，所以在一般情况下都不存在分包人在分包合同项下的义务持续到缺陷责任期届满以后的情形。即对发包人来讲，分包人的义务就是承包人的义务，但如果存在分包人在分包合同项下的义务期限长于承包人的缺陷责任期限这一特别的情况，而发包人在缺陷责任期届满前提出转让的，承包人无权且亦不应当拒绝。

2. 在进行分包合同权益转让时，应注意签订三方合同，并明确原分包合同中哪些权益进行转让，并注意转让前后各方抗辩权与最终是否承担连带责任问题。

【条文索引】

《菲迪克（FIDIC）施工合同条件》（1999版红皮书）：

4.5 分包合同利益的转让

如果分包商的义务超过了缺陷通知期的期满之日，且工程师在此期满日前已指示承包商将此分包合同的利益转让给雇主，则承包商应按指示行事。除非另有说明，否则承包商在转让生效以后对分包商实施的工程对雇主不负责任。

3.6 工程照管与成品、半成品保护

（1）除专用合同条款另有约定外，自发包人向承包人移交施工现场之日起，承包人应负责照管工程及工程相关的材料、工程设备，直到颁发工程接收证书之日止。

（2）在承包人负责照管期间，因承包人原因造成工程、材料、工程设备损坏的，由承包人负责修复或更换，并承担由此增加的费用和（或）延误的工期责任。

（3）对合同内分期完成的成品和半成品，在工程接收证书颁发前，由承包人承担保护责任。因承包人原因造成成品或半成品损坏的，由承包人负责修复或更换，并承担由此增加的费用和（或）延误的工期责任。

【条文目的】

本条款旨在规定工程的照管和成品、半成品的保护责任。与1999版施工合同相比，2013版施工合同明确约定设备、材料的保护亦由承包人承担。同时，对于承包人未尽该义务时，所应承担的"负责修复或更换，并承担由此增加的费用和（或）延误的工期"的责任。相较之下，2013版施工合同的规定更为完善、严谨，也更具有操作性和执行性。

【条文释义】

在专用合同条款没有其他约定的情况下，承包人对工程及工程相关的材料、工程设备的照管责任自发包人向承包人移交施工现场之日起直到颁发工程接收证书之日止。在承包人负责照管期间，因承包人原因造成工程、材料、工程设备损坏的，由承包人负责修复或更换，并承担由此增加的费用和（或）延误的工期。

对合同内分期完成的成品和半成品，在工程接收证书颁发前，由承包人承担保护责任。因承包人原因造成成品或半成品损坏的，由承包人负责修复或更换，并承担由此增加的费用和（或）延误的工期责任。因非承包人原因造成成品或半成品损坏的，通常而言，发包人可以委托承包人负责修复或更换，由此增加的费用和（或）延误的工期责任由发包人承担，但承包人存在过错的，应承担相应的责任。

上述承包人的原因包括承包人自身的原因以及承包人应当承担责任的事由。如果因非承包人原因造成损失的，承包人不承担责任，例如因不可抗力原因造成，则应当根据约定由发包人或承包人承担责任。

【使用指引】

合同当事人在使用本条款时应注意：

如果施工现场有承包人难以实现有效管理的特殊材料或设备，承包人应当在专用合同条款中对此进行特别约定，不承担上述材料、设备的照管责任。

【条文索引】

《菲迪克（FIDIC）施工合同条件》（1999版红皮书）：

17.2　承包商对工程的照管

从工程开工日期起直到颁发（或认为根据第10.1款【对工程和区段的接收】已颁发）

接收证书的日期为止，承包商应对工程的照管负全部责任。此后，照管工程的责任移交给雇主。

如果就工程的某区段或部分颁发了接收证书（或认为已颁发），则该区段或部分工程的照管责任即移交给雇主。

在责任相应地移交给雇主后，承包商仍有责任照管任何在接收证书上注明的日期内应完成而尚未完成的工作，直至此类扫尾工作已经完成。

在承包商负责照管期间，如果工程、货物或承包商的文件发生的任何损失或损害不是由于第17.3款【雇主的风险】所列的雇主的风险所致，则承包商应自担风险和费用弥补此类损失或修补损害，以使工程、货物或承包商的文件符合合同的要求。

承包商还应为在接收证书颁发后由于他的任何行为导致的任何损失或损害负责。同时，对于接收证书颁发后出现，并且是由于在此之前承包商的责任而导致的任何损失或损害，承包商也应负有责任。

3.7 履约担保

发包人需要承包人提供履约担保的，由合同当事人在专用合同条款中约定履约担保的方式、金额及期限等。履约担保可以采用银行保函或担保公司担保等形式，具体由合同当事人在专用合同条款中约定。

因承包人原因导致工期延长的，继续提供履约担保所增加的费用由承包人承担；非因承包人原因导致工期延长的，继续提供履约担保所增加的费用由发包人承担。

【条文目的】

为保证发包人的合同利益，发包人一般要求承包人提供履约担保，本条款是关于承包人履约保函的规定。

【条文释义】

在建设工程施工实践中，发包人签订施工合同、将工程发包给承包人施工的目的在于获得质量合格的建设工程，故对发包人而言，其风险主要在于承包人是否具有相应的履约能力，解决该风险的途径之一是由承包人向发包人提供履约担保。为此，参考国内外成熟的工程示范文本，如《菲迪克（FIDIC）施工合同条件》（1999版红皮书）第4.2款【履约保证】，即对承包人提供履约担保进行详细的规定。

合同当事人应注意，2013版施工合同并未强制要求承包人提供履约保函，是否需要承包人提交履约保函由合同当事人根据工程实际情况在专用合同条款中予以明确。如果发包人要求承包人提交履约担保，则承包人应保证履约担保在工程接受证书颁发前持续有效。在专用合同条款没有对履约担保作出特别约定的情况下，履约担保可采用银行保函或担保公司担保等形式。发包人在颁发工程接收证书后14天内应向承包人退还履约担保。

关于履约担保的期限，如果因承包人原因或其他承包人应承担责任的事由导致工期延长的，继续提供履约担保所增加的费用由承包人承担，非因承包人应承担责任的事由导致工期延长的，履约提供履约担保所增加的费用应由发包人承担。

合同当事人在使用本条款时应注意以下事项：

1. 承包人的履约担保经常采用不可撤销的见索即付保函形式，该保函只要发包人向担保人提出承包人违约，担保人即应向发包人承担担保责任，而不需要发包人提供证据证明承包人违约的事实。关于保函的形式，一般分为银行保函和担保公司保函两种形式，具体形式由当事人在专用合同条款中约定。

2. 关于担保的期限，一般应当自提供担保之日起至颁发工程接收证书之日止，因此承包人应保证履约担保在颁发工程接收证书前一直有效。但合同当事人应注意，有的银行出具的保函需要明确保函的具体截止日期。在颁发工程接收证书之后14天内，发包人应将担保退还承包人。如果因承包人的原因导致工期延误，则所增加的担保费用由承包人承担。因发包人原因导致工期延误的情况下，承包人仍应当保持担保有效，对于所增加的担保费用，则应由发包人承担。

【条文索引】

《菲迪克（FIDIC）施工合同条件》（1999版红皮书）：

4.2　履约保证

承包商应（自费）取得一份保证其恰当履约的履约保证，保证的金额和货币种类应与投标函附录中的规定一致。如果投标函附录中未说明金额，则本款不适用。

承包商应在收到中标函后28天内将此履约保证提交给雇主，并向工程师提交一份副本。该保证应在雇主批准的实体和国家（或其他管辖区）管辖范围内颁发，并采用专用条件附件中规定的格式或雇主批准的其他格式。

在承包商完成工程和竣工并修补任何缺陷之前，承包商应保证履约保证将持续有效。如果该保证的条款明确说明了其期满日期，而且承包商在此期满日期前第28天还无权收回此履约保证，则承包商应相应延长履约保证的有效期，直至工程竣工并修补了缺陷。

雇主不能按照履约保证提出索赔，但以下按照合同雇主有权获得款额的情况除外：

（a）承包商未能按照上一段的说明，延长履约保证的有效期，此时雇主可对履约保证的全部金额进行索赔；

（b）按照承包商同意或依据第2.5款【雇主的索赔】或第20条【索赔、争端和仲裁】的决定，在此协议或决定后42天内承包商未能向雇主支付应付的款额；

（c）在接到雇主要求修补缺陷的通知后42天内，承包商未能修补缺陷，或

（d）按照第15.2款【雇主提出终止】的规定雇主有权提出终止的情况，无论是否发出了终止通知。

雇主应保障并使承包商免于因为雇主按照履约保证对无权索赔的情况提出索赔的后果而遭受损害、损失和开支（包括法律费用和开支）。

雇主应在接到履约证书副本后21天内将履约保证退还给承包商。

3.8　联合体

3.8.1　联合体各方应共同与发包人签订合同协议书。联合体各方应为履行合同向发包人承担连带责任。

3.8.2 联合体协议经发包人确认后作为合同附件。在履行合同过程中，未经发包人同意，不得修改联合体协议。

3.8.3 联合体牵头人负责与发包人和监理人联系，并接受指示，负责组织联合体各成员全面履行合同。

【条文目的】

本条款为新增条文，旨在对联合体承包人与发包人合同书的订立以及对发包人的责任、联合体协议的合同地位以及联合体牵头人的职责做出规定。

【条文释义】

随着经济体制改革的不断深入和城市建设不断发展，建筑市场的进一步开放，特别是近几年来，工程建设项目投资规模越来越大，对专业技术水平的要求也越来越高。在这种形势下，由数家企业强强联合而发挥各自的优势特长组成联合体，以联合体的名义对某一工程进行投标，越来越成为填补企业资源和技术缺口、提高企业竞争力以及分散降低企业经营风险，适应当前市场环境的一种良好方式。无论是发包人还是承包人，各方均能在合作过程中接触、学习、掌握更多更广的知识。

然而，联合体投标既有其可取之处，然而也存在以下的缺陷：（1）联合体的个体都有各自独自的利益，容易只顾及自身的利益；（2）由于联合体只是临时性组织，相互之间配合不是那么默契，因此比较容易产生纠纷。

以上种种对于工程施工过程都是十分不利的，无疑会给发包人带来风险。根据《招标投标法》第31条、《中华人民共和国建筑法》第27条，对工程建设联合体成员间承担连带责任做了明确的规定。

按照上述精神，对于1999版施工合同未做规定的"联合体"事宜，2013版施工合同在参考了如《菲迪克（FIDIC）施工合同条件》（1999版红皮书）第1.14款【共同的与各自的责任】、九部委《标准设计施工总承包招标文件》通用合同条款第4.4【联合体】等条款后，增加了本条款。即确定了对于发包人而言，一旦招标的工程项目出现应由联合体承担责任问题，他可以选择联合体中的任何一方或多方要求其承担部分或全部责任，最大程度的确保了发包人的权益，减少了其风险，保证工程合同能够得到切实履行。

【使用指引】

合同当事人在使用本条款时应注意以下事项：

1. 根据《中华人民共和国建筑法》规定，联合体成员企业均应当具备承揽该工程的资质，否则联合体与发包人订立的施工合同无效。在联合体协议中应当明确各成员企业各自的权利、义务和责任，并约定牵头人的权利、义务和责任。联合体各成员企业共同与发包人订立合同后联合体各成员企业应相互配合全面履行与发包人订立的合同，在发包人没有同意的情况下，联合体内部无权修改联合体协议。联合体成员企业应对合同协议书承担连带责任，即在联合体中某一成员企业不履行合同协议时，其他成员企业均负有履行合同的义务。联合体牵头人应当是联合体成员企业之一，牵头人应当代表联合体与发包人和监理人联系，并代表联合体接收指示，同时组织联合体全面履行合同。如因牵头人原因没有按照监理人和发包人指示全面履行施工合同，则联合体仍应当先共同对牵头人的失误对发包人负责，之后再由牵头人根据联合体协议和法律规定由其他成员企业承担责任。

2. 在联合体内部的责任和义务方面，如果某一或数个联合体成员因故意或重大过失导致联合体对外承担不利后果，则在联合体对外承担责任之后根据联合体成员的过错程度承担相应比例的责任。相关的责任承担原则均应当在联合体协议中予以明确。

【法条索引】

1.《中华人民共和国建筑法》第27条：大型建筑工程或者结构复杂的建筑工程，可以由两个以上的承包单位联合共同承包。共同承包的各方对承包合同的履行承担连带责任。

两个以上不同资质等级的单位实行联合共同承包的，应当按照资质等级低的单位的业务许可范围承揽工程。

2.《中华人民共和国招标投标法》第31条：两个以上法人或者其他组织可以组成一个联合体，以一个投标人的身份共同投标。

联合体各方均应当具备承担招标项目的相应能力；国家有关规定或者招标文件对投标人资格条件有规定的，联合体各方均应当具备规定的相应资格条件。由同一专业的单位组成的联合体，按照资质等级较低的单位确定资质等级。

联合体各方应当签订共同投标协议，明确约定各方拟承担的工作和责任，并将共同投标协议连同投标文件一并提交招标人。联合体中标的，联合体各方应当共同与招标人签订合同，就中标项目向招标人承担连带责任。

招标人不得强制投标人组成联合体共同投标，不得限制投标人之间的竞争。

4 监理人

4.1 监理人的一般规定

工程实行监理的，发包人和承包人应在专用合同条款中明确监理人的监理内容及监理权限等事项。监理人应当根据发包人授权及法律规定，代表发包人对工程施工相关事项进行检查、查验、审核、验收，并签发相关指示，但监理人无权修改合同，且无权减轻或免除合同约定的承包人的任何责任与义务。

除专用合同条款另有约定外，监理人在施工现场的办公场所、生活场所由承包人提供，所发生的费用由发包人承担。

【条文目的】

本条款对监理人的权利、义务和责任作出了规定，旨在解决监理人在合同中的地位问题。2013版施工合同将1999版施工合同中的"工程师"修改为"监理人"，与工程实践中的称呼保持一致。

【条文释义】

依据《中华人民共和国建筑法》第30条第1款的规定，我国推行建筑工程监理制度，但需要注意的是，并不是一切建设工程均必须委托工程监理。无论建设工程是否是必须委托监理还是自愿委托监理，监理人与发包人建立的都是一种委托合同的关系。正是基于此等关系，根据合同的相对性，发包人为了自身的利益，赋予监理人对工程建设实施全面监督和管理的权利，但应当在工程施工合同中向承包人予以披露，即赋予监理人何种可行使的权利。该披露内容应当包括具体的监理人，授权范围、具体负责人等信息，以确保监理工程的顺利进行。监理人权利运用是否得当，将直接影响到工程建设的好坏和发包人的切身利益，对此应当予以重视。

同时监理人应该根据发包人的授权和法律规定履行工程施工的监督检查义务，由于监理人只是发包人委托工程监督职责的人，并不是发包人的代表，所以对于发包人与承包人之间签订的施工合同，监理人没有权利做任何修改，也无权免除施工人的任何义务。

相比1999版施工合同，2013版施工合同在监理人于施工现场的办公场所、生活场所以及所发生的费用均作出了明确的规定。这相较于国内之前的各示范文本均是一个细致化的表现。

【使用指引】

合同当事人在使用本条款时应注意以下事项：

1. 在实践中，因监理人与发包人代表授权范围容易出现交叉，因此，发包人与承包人应当在专用合同条款中就监理人和发包人代表的授权范围作出明确具体的规定，同时应当在专用合同条款中明确哪些行为构成对合同的修改，以免发生争议。对于监理人修改合同、减轻或免除合同约定的承包人的任何责任与义务的行为，承包人和发包人均有权拒绝。

2. 对于承包人来讲，如果发包人代表的授权与监理人的授权出现交叉或授权不明，承包人应当在订立合同过程中以及订立合同后及时向发包人提出，并要求其予以明确，以避免影响承包人正常履行合同。

3. 除专用合同条款另有约定外，监理人在施工现场的办公场所、生活场所由承包人提供，所发生的费用由发包人承担。

【法条索引】

1. 《中华人民共和国建筑法》第30条：国家推行建筑工程监理制度。国务院可以规定实行强制监理的建筑工程的范围。

2. 《中华人民共和国建筑法》第31条：实行监理的建筑工程，由建设单位委托具有相应资质条件的工程监理单位监理。建设单位与其委托的工程监理单位应当订立书面委托监理合同。

3. 《中华人民共和国建筑法》第32条：建筑工程监理应当依照法律、行政法规及有关的技术标准、设计文件和建筑工程承包合同，对承包单位在施工质量、建设工期和建设资金使用等方面，代表建设单位实施监督。

工程监理人员认为工程施工不符合工程设计要求、施工技术标准和合同约定的，有权要求建筑施工企业改正。

工程监理人员发现工程设计不符合建筑工程质量标准或者合同约定的质量要求的，应当报告建设单位要求设计单位改正。

4. 《建设工程监理范围和规模标准规定》第2条：下列建设工程必须实行监理：

（一）国家重点建设工程；

（二）大中型公用事业工程；

（三）成片开发建设的住宅小区工程；

（四）利用外国政府或者国际组织贷款、援助资金的工程；

（五）国家规定必须实行监理的其他工程。

5.《菲迪克（FIDIC）施工合同条件》（1999版红皮书）：

3.1款　工程师的任务和权力

雇主应任命工程师，工程师应执行合同中指派给他的任务。工程师的职员应包括具有适当资质的工程师和能承担这些任务的其他专业人员。

工程师无权修改合同。

工程师可行使合同中规定或必然隐含的应属于工程师的权力。如果要求工程师在行使规定权力前须取得雇主批准，这些要求应在专用条件中写明。除得到承包商同意外，雇主承诺不对工程师的权力作进一步的限制。

但是，每当工程师行使需由雇主批准的规定权力时，则（为了合同的目的）应视为雇主已予批准。

除本条件中另有说明外：

（a）每当工程师履行或行使合同规定或隐含的任务或权力时，应视为代表；

（b）工程师无权解除任何根据合同规定的任何任务、义务或职责；以及

（c）工程师的任何批准、校核、证明、同意、检查、检验、指示、通知、建议、要求、试验或类似行动（包括未表示不批准），不应解除承包商根据合同规定应承担的任何职责，包括对错误、遗漏、误差和未遵办的职责。

4.2　监理人员

发包人授予监理人对工程实施监理的权利由监理人派驻施工现场的监理人员行使，监理人员包括总监理工程师及监理工程师。监理人应将授权的总监理工程师和监理工程师的姓名及授权范围以书面形式提前通知承包人。更换总监理工程师的，监理人应提前7天书面通知承包人；更换其他监理人员，监理人应提前48小时书面通知承包人。

【条文目的】

本条款是关于监理人履行职责的方式、监理人员的组成及更换的规定，与1999版施工合同相比，2013版施工合同对工程的总监理工程师及监理工程师进行了区分。

【条文释义】

在1999版施工合同中，对于监理人人员并未有所区分，仅将总监理工程师称为工程师，而对于其余的监理人员均未予以考虑。而在工程进行的过程中，由于各方对于除总监理工程师外的监理人员并未做相关规定，导致监理人员组成不固定等不确定的情况发生，建设工程的质量效率也将无法得到保证。另外，由于工程实施中，很有可能存在监理人员变动的情况，且可能发生权限模糊的情形，监理人应当对此予以明确。

发包人授予监理人对工程实施监理的权利，并由监理人派驻施工现场的监理人员行使。监理人员包括总监理工程师和监理工程师，总监理工程师和监理工程师均需具备监理工程师执业资格，总监理工程师还需具备与工程规模和标准相适应的监理执业经验。

监理人应当根据委托监理合同及施工专用合同条款关于工程监理的约定，将监理人员

的姓名和授权范围以书面的形式提前通知承包人。如果监理人授权不明或错误，承包人有权提出异议，并有权要求监理人予以明确或更改，承包人也可要求发包人就监理人权限明确作出指示。需要注意的是，若发包人依据委托监理合同要求监理人更换总监理工程师或监理工程师时，若没有特别约定，更换后的总监理工程师或监理工程师将继续行使合同文件所约定的前任职权，履行前任义务，故若有变动，应立即予以明确，并通知承包人。

监理人更换监理人员，应当征得发包人书面同意，但是不需要承包人同意，监理人有通知的义务，由于总监理工程师是监理人的代表，具有重要的地位，所以应该提前7天书面通知承包人；对于其他监理人员的更换，监理人只要提前48小时书面通知承包人即可。

【使用指引】

合同当事人在使用本条款时应注意以下事项：

1. 监理人对于监理人员的授权应当符合委托监理合同及施工合同专用合同条款中关于监理人授权的约定，对于实行强制监理工程，对监理人员的授权还应遵守法律的规定。

2. 如果监理人授权超出合同约定，则承包人有权提出异议，如监理人对于承包人合理的异议不予接受，则承包人应当要求发包人就该事项作出处理和决定。

3. 对于监理人更换其委派的监理人员的，监理人应在征得发包人同意后应当提前通知承包人，以保证施工合同的顺利履行。

4. 对于监理人对其监理人员的任何授权，承包人均应当要求监理人提供书面的授权，否则，承包人有权拒绝接受监理人员的指示。

【法条索引】

1.《中华人民共和国建筑法》第32条：建筑工程监理应当依照法律、行政法规及有关的技术标准、设计文件和建筑工程承包合同，对承包单位在施工质量、建设工期和建设资金使用等方面，代表建设单位实施监督。工程监理人员认为工程施工不符合工程设计要求、施工技术标准和合同约定的，有权要求建筑施工企业改正。工程监理人员发现工程设计不符合建筑工程质量标准或者合同约定的质量要求的，应当报告建设单位要求设计单位改正。

2.《菲迪克（FIDIC）施工合同条件》（1999版红皮书）：

3.4 工程师的替换

如果雇主拟替换工程师，雇主应在拟替换日期42天前通知承包商，告知拟替换工程师的姓名、地址和相关经验。如果承包商通知雇主，对某人提出合理的反对意见，并附有详细依据，雇主不应用该人替换工程师。

4.3 监理人的指示

监理人应按照发包人的授权发出监理指示。监理人的指示应采用书面形式，并经其授权的监理人员签字。紧急情况下，为了保证施工人员的安全或避免工程受损，监理人员可以口头形式发出指示，该指示与书面形式的指示具有同等法律效力，但必须在发出口头指示后24小时内补发书面监理指示，补发的书面监理指示应与口头指示一致。

监理人发出的指示应送达承包人项目经理或经项目经理授权接收的人员。因监理人未能按合同约定发出指示、指示延误或发出了错误指示而导致承包人费用增加和（或）工期延误的，由发包人承担相应责任。除专用合同条款另有约定外，总监理工程师不应将第4.4款【商定或确定】约定应由总监理工程师作出确定的权力授权或委托给其他监理人员。

承包人对监理人发出的指示有疑问的，应向监理人提出书面异议，监理人应在48小时内对该指示予以确认、更改或撤销，监理人逾期未回复的，承包人有权拒绝执行上述指示。

监理人对承包人的任何工作、工程或其采用的材料和工程设备未在约定的或合理期限内提出意见的，视为批准，但不免除或减轻承包人对该工作、工程、材料、工程设备等应承担的责任和义务。

【条文目的】

本条款是关于监理人指示的发出权限、形式、法律后果以及承包人对监理人指示的质疑权的规定，旨在解决监理人职权及行为法律后果问题。与1999版施工合同相比，2013版施工合同增加了承包人对监理人指示拒绝执行的权利。

【条文释义】

监理人的任何指示均应当在发包人授权范围内进行，并且指示应当采取书面形式。在紧急情况下可以作出口头指示，但必须在24小时内补发书面指示。监理人的指示应当送达项目经理或项目经理委托接收的人员，否则，监理人的指示不生效。如因监理人未能按合同约定发出指示、指示延误或发出了错误指示而导致承包人费用增加和（或）工期延误的，由发包人承担相应责任。在专用合同条款中没有明确约定的情况下，总监理工程师不能将应由总监理工程师履行的合同第4.4款所规定的商定或确定的权利授权或委托给其他监理人员。

与1999版施工合同相比，2013版施工合同增加规定若承包人对监理人发出的指示有疑问的，在向监理人提出书面异议后，监理人未予以回答的情况时的处理方式。故在适用1999版施工合同时，虽然承包人对监理人指令有一定的异议权，但承包人原则上仍然应当对指令予以执行，在指令并无问题的情况下，这样做并不会产生什么问题，但若监理人指令确实存在问题，无疑将会给建设工程带来大影响。故2013版施工合同对于监理人指示，赋予了承包人拒绝执行的权利，若监理人未在48小时内对相关指示予以确认、更改或撤销，逾期未回复的，承包人即有权拒绝执行该指示。

为了防止因监理人对承包人的任何工作、工程或其采用的材料和工程设备等事宜逾期未予以答复，可能会对工程的质量或效率产生影响，2013版施工合同在参考国内各示范文本的规定，依然沿用了默许同意这一形式，但增加了"该默许不免除或减轻承包人对该工作、工程、材料、工程设备等应承担的责任和义务。"以此来防止承包人滥用该权利，若因此产生任何责任及义务，仍然应当由承包人予以承担。

【使用指引】

合同当事人在使用本条款时应注意以下事项：

1. 监理人按照发包人的授权发出监理指示，但是发包人对监理人的授权、撤销授权等事项是否需要有特殊的形式要求，合同当事人应作出明确约定，以免产生争议。

2. 合同当事人要在专用合同条款中明确总监理工程师作出确定的权力范围，以及是否可以授权或者委托其他监理人员，否则只有总监理工程师才能行使确定的权力。

【法条索引】

1.《建设工程质量管理条例》第37条：工程监理单位应当选派具备相应资格的总监理工程师和监理工程师进驻施工现场。

未经监理工程师签字，建筑材料、建筑构配件和设备不得在工程上使用或者安装，施工单位不得进行下一道工序的施工。未经总监理工程师签字，建设单位不拨付工程款，不进行竣工验收。

2.《建设工程质量管理条例》第38条：监理工程师应当按照工程监理规范的要求，采取旁站、巡视和平行检验等形式，对建设工程实施监理。

3.《菲迪克（FIDIC）施工合同条件》（1999版红皮书）：

3.3　工程师的指示

工程师可（在任何时候）按照合同规定向承包商发出指示和实施工程和修补缺陷可能需要的附加或修正图纸。承包商仅应接受工程师或根据本条受托适当权力的助手的指示。如指示构成一项变更，应按照第13条[变更和调整]的规定办理。

承包商应遵循工程师或付托助手对合同有关的任何事项发出的指示。只要实际可行，他们的指示应采用书面形式。如工程师或付托助手：（a）给出口头指示；（b）在给出指示后两个工作日内收到承包商（或其代表）发来的对指示的书面确认；（c）在收到书面确认后两个工作日内，未通过发出书面拒绝和（或）指示进行答复。

这时该确认应成为工程师或付托助手（视情况而定）的书面指示。

4.4　商定或确定

合同当事人进行商定或确定时，总监理工程师应当会同合同当事人尽量通过协商达成一致，不能达成一致的，由总监理工程师按照合同约定审慎做出公正的确定。

总监理工程师应将确定以书面形式通知发包人和承包人，并附详细依据。合同当事人对总监理工程师的确定没有异议的，按照总监理工程师的确定执行。任何一方合同当事人有异议，按照第20条【争议解决】约定处理。争议解决前，合同当事人暂按总监理工程师的确定执行；争议解决后，争议解决的结果与总监理工程师的确定不一致的，按照争议解决的结果执行，由此造成的损失由责任人承担。

【条文目的】

鉴于工程施工合同的复杂性，在合同履行过程中，合同当事人常因各种原因产生争议，有必要建立一种便捷的争议解决机制。本条款通过赋予总监理工程师对合同争议商定或确定的权力，旨在将合同当事人的争议高效便捷地解决，避免争议的扩大和矛盾的累计，保证合同的顺利履行。与1999版施工合同相比，本条款为新增条款。

【条文释义】

总监理工程师是否有权按照本条款约定就合同当事人争议的事项进行商定或确定，需要发包人的授权及合同当事人在合同条款中进行明确约定，总监理工程师无权就全部的争议事项进行商定或确定。

在合同当事人产生争议时，总监理工程师应秉持客观、中立的立场，先行会同合同当事人就争议事项进行协商，以尽可能就争议事项达成一致。在合同当事人无法就争议事项达成一致时，总监理工程师应根据法律规定和合同约定，在充分听取发包人和承包人的意见基础上，审慎地作出确定，并就其所作出的确定的理由和依据，向合同当事人进行充分地说明，同时还应附具相关的依据。

合同当事人对总监理工程师作出的确定无异议的，应签署书面的补充协议或备忘录，以便于明确合同当事人的责任和义务，推进合同的顺利履行。总监理工程师的确定并不是解决争议的最终方式，合同当事人对总监理工程的确定存在异议的，还可以按照第20条【争议解决】的约定寻求其他方式解决争议。但为了保证施工的顺利进行，合同当事人仍应先行按照总监理工程师的确定执行，待争议解决后，再行按照争议解决的结果执行。

合同当事人如因先行执行总监理工程师的确定造成损失的，由责任方承担赔偿责任。此处的责任方应根据具体情况分析确定，如承包人在总监理工程师确定过程中，故意提供虚假资料或遗漏重要资料误导总监理工程师的，则承包人应按照其过错程度承担责任，反之如总监理工程师确定的错误是因发包人原因或总监理工程师自身的专业水平和经验欠缺导致，则应由发包人承担责任。

由于监理人受发包人委托进行工程监督管理，其本质上仍属于发包人的辅助人员，其在商定和确定过程中，能否保持客观、中立的立场存在较大争议，即便总监理工程师作出公正的确定，也往往很难让承包人信服。但考虑到，建立一个高效便捷的争议解决渠道，以便于将合同当事人的争议消灭在萌芽阶段，2013版施工合同仍在借鉴国内外工程合同文本的基础上，赋予了总监理工程师的商定和确定的权利，同时针对承包人的担忧，增加了总监理工程师确定错误造成损失的承担方式的约定。

【使用指引】

合同当事人在使用本条款时应注意以下事项：

1. 对于合同争议的商定或确定，需要总监理工程师具备处理合同争议的专业能力和秉持公正的立场，发包人在委托总监理工程师除了重视总监理工程师专业技能外，还应重视总监理工程师的职业素养和道德品质。

2. 总监理工程师所作出的确定中应当附具确定详细的理由及充分的依据，否则，总监理工程师的确定可能无法定纷止争，甚至引起新的争议。因此，合同当事人在适用该条款时应当尤为慎重。

【条文索引】

《FIDIC合同施工合同条件》（1999版红皮书）：

3.5 款确定

每当本条件规定工程师应按照第3.5款对任何事项进行商定或确定时，工程师应与每一方协商，尽量达成协议。如果达不成协议，工程师应对所有有关情况给予应有的考虑，按照合同作出公正的确定。

工程师应将每项商定意见或确定向双方发出通知，并附详细依据。除非并直到根据第20条【索赔、争端和仲裁】的规定作出修改，各方均应履行每项商定或确定事项。

5 工程质量

5.1 质量要求

5.1.1 工程质量标准必须符合现行国家有关工程施工质量验收规范和标准的要求。有关工程质量的特殊标准或要求由合同当事人在专用合同条款中约定。

【条文目的】

本条款旨在解决工程质量的问题，并明确要求工程施工质量必须符合国家工程质量验收规范和标准的要求，目的是保障建设工程质量和人民生命财产安全。与1999版施工合同相比，2013版施工合同增加了合同当事人可以在专用合同条款中对工程质量的特殊标准或要求进行约定，解决了没有国家或者行业标准时的验收评定依据问题，满足了合同当事人对工程质量的特殊要求。

【条文释义】

基于建设工程质量的重要性，国家多部法律法规，如《中华人民共和国合同法》、《中华人民共和国建筑法》（GB 50300-2001）、《建设工程质量管理条例》（GB 50201-2001）等均明确规定，建设工程必须经过竣工验收，才能投入使用，未经竣工验收不得擅自使用。

工程质量必须符合国家或者行业质量验收规范和标准，这是国家的强制性规定。如《建筑工程施工质量验收统一标准》、《建筑装饰装修工程质量验收规范》，统一了建筑工程质量的验收方法、质量标准和程序，规定了建筑工程各专业工程施工验收规范编制的统一准则和单位工程验收质量标准内容和程序，增加了建筑工程施工现场质量管理和质量控制要求，提出了质量检验的抽样方案要求，规定了建筑工程施工质量验收中子单位和子分部工程的划分，涉及建筑工程安全和主要使用功能的见证取样和抽样检测建筑工程各专业工程施工质量验收规范。

上述验收规范既是承包人施工的依据，也是验收评价承包人施工质量是否合格的标准。

需要明确的是，虽然合同当事人可以在专用合同条款中约定工程质量的特殊标准或要求，但上述约定的标准或要求不应低于国家标准中的强制性标准，如因特别约定降低了工程质量标准造成质量安全事故，还可能会因此承担民事赔偿、行政处罚甚至刑事责任。

【使用指引】

合同当事人在使用本条款时应注意以下事项：

1. 如合同当事人没有在专用合同条款中约定工程质量特殊标准或要求，应当按照国家质量验收标准和规范验收。

2. 如合同当事人在专用合同条款中约定特殊质量标准，当该特殊标准低于国家标准时，按照国家标准验收；当该特殊标准高于国家标准时，按照当事人约定的该特殊标准验收。

3. 如合同当事人对工程质量有特殊标准或要求，应在专用合同条款中明确约定，以免在履行中发生争议。

1. 《中华人民共和国建筑法》第3条：建筑活动应当确保建筑工程质量和安全，符合国家的建筑工程安全标准。

2. 《中华人民共和国建筑法》第52条：建筑工程勘察、设计、施工的质量必须符合国家有关建筑工程安全标准的要求，具体管理办法由国务院规定。有关建筑工程安全的国家标准不能适应确保建筑安全的要求时，应当及时修订。

3. 《中华人民共和国建筑法》第61条：交付竣工验收的建筑工程，必须符合规定的建筑工程质量标准，有完整的工程技术经济资料和经签署的工程保修书，并具备国家规定的其他竣工条件。建筑工程竣工经验收合格后，方可交付使用；未经验收或者验收不合格的，不得交付使用。

5.1.2 因发包人原因造成工程质量未达到合同约定标准的，由发包人承担由此增加的费用和（或）延误的工期责任，并支付承包人合理的利润。

【条文目的】

本条款为新增条款，旨在解决在施工实践中因发包人原因造成工程质量不符合约定标准的责任承担问题。

【条文释义】

发包人的建设工程质量义务主要有：应当将工程发包给有资质的建筑施工企业、保证设计没有缺陷、开工前办理工程质量监督手续、甲供料的应确保材料、设备的质量等，如果发包人违反了法定义务和合同约定的义务，则必须对此承担违约责任。

根据相关法律规定，因发包人原因造成工程质量未达到合同约定标准的情形主要包括：发包人提供的设计有缺陷，发包人提供或者指定购买的建筑材料、建筑构配件、设备不符合强制性标准，发包人直接指定分包专业工程存在质量缺陷，发包人肢解发包工程造成质量缺陷，发包人将建设工程直接发包给不具有相应资质等级施工企业造成质量缺陷等。如因发包人上述原因造成工程质量不合格，发包人应当承担相应的责任。此种情况下，如果承包人有过错的，如明知设计有缺陷未提出的、或对发包人提供的建筑材料、建筑构配件、设备等使用前未按规定或约定检验的或在检验不合格情况下仍然使用的，承包人需根据过错程度承担相应的工程质量责任。

在工程质量不符合约定的情形下，工程需要返工、修复才能达到合同约定的质量标准，这样必然增加修复工程的费用并延长工期。由于发包人的过错，该工程修复的费用当然应该由发包人承担，同时由于工期延误，承包人的施工费用也必然增加，同时影响承包人的利润，因而发包人还应赔偿承包人工期延误增加的费用以及合理的利润。

【使用指引】

合同当事人在使用本条款时应注意以下事项：

1. 因发包人违反法律规定或者履行义务不符合约定，造成工程质量未达到合同约定标准，承包人有权要求发包人承担因此造成的损失，包括由此增加的费用和（或）延误的工期，以及承包人合理的利润。

2. 承包人依据此项约定主张发包人承担责任时负有举证责任，需要证明工程质量不符合标准是发包人原因造成的，因此承包人在施工过程中要注意相应证据的收集。

3. 承包人依据此项约定进行索赔工期、费用和利润时，应注意合同对索赔期限的约定，避免逾期丧失索赔权利。

【法条索引】

1.《中华人民共和国合同法》第111条：质量不符合约定的，应当按照当事人的约定承担违约责任。对违约责任没有约定或者约定不明确，依照本法第61条的规定仍不能确定的，受损害方根据标的的性质以及损失的大小，可以合理选择要求对方承担修理、更换、重作、退货、减少价款或者报酬等违约责任。

2.《中华人民共和国合同法》第112条：当事人一方不履行合同义务或者履行合同义务不符合约定的，在履行义务或者采取补救措施后，对方还有其他损失的，应当赔偿损失。

3.《中华人民共和国合同法》第113条：当事人一方不履行合同义务或者履行合同义务不符合约定，给对方造成损失的，损失赔偿额应当相当于因违约所造成的损失，包括合同履行后可以获得的利益，但不得超过违反合同一方订立合同时预见到或者应当预见到的因违反合同可能造成的损失。经营者对消费者提供商品或者服务有欺诈行为的，依照《中华人民共和国消费者权益保护法》的规定承担损害赔偿责任。

4.《中华人民共和国建筑法》第54条：建设单位不得以任何理由，要求建筑设计单位或者建筑施工企业在工程设计或者施工作业中，违反法律、行政法规和建筑工程质量、安全标准，降低工程质量。建筑设计单位和建筑施工企业对建设单位违反前款规定提出的降低工程质量的要求，应当予以拒绝。

5.《最高人民法院关于审理建设工程施工合同纠纷案件适用法律问题的解释》（法释【2004】第14号）第12条：发包人具有下列情形之一，造成建设工程质量缺陷，应当承担过错责任：（1）提供的设计有缺陷；（2）提供或者指定购买的建筑材料、建筑构配件、设备不符合强制性标准；（3）直接指定分包人分包专业工程。承包人有过错的，也应当承担相应的过错责任。

5.1.3 因承包人原因造成工程质量未达到合同约定标准的，发包人有权要求承包人返工直至工程质量达到合同约定的标准为止，并由承包人承担由此增加的费用和（或）延误的工期。

【条文目的】

本条款为新增条款，明确了承包人原因造成工程质量不合格的责任承担。承包人的主要合同义务就是使工程质量达到合同约定标准，向发包人交付符合要求的工程。当工程质量不符合合同约定标准且是因承包人原因造成时，承包人须承担由此增加的费用和延误的工期责任。

【条文释义】

根据《中华人民共和国合同法》第281条、《中华人民共和国建筑法》第55条、74条规定，承包人应对施工期间的工程质量负责，部分工程进行分包的，分包人和承包人对工程质量共同向业主承担责任。当工程质量不符合合同约定标准且是因承包人原因造成时，承包人须承担相应的违约责任。

由于承包人原因造成工程质量未达到合同约定标准的情形主要包括：承包人偷工减料、未按照工程设计图纸或者施工技术标准施工、使用不合格的建筑材料、建筑构配件和设备，承包人不具备相应施工资质，转包、违反分包、挂靠等经营行为不规范，因资金、技术、管理不到位造成工程质量未能达到标准等。

在上述情形下造成工程质量不符合约定，承包人存在过错，同时也违反了合同的约定，因而应该承担相应的责任。发包人有权要求承包人返工以达到约定工程质量标准，由此增加的费用和延误的工期由承包人承担。如果承包人拒绝返工修复或发包人有理由相信承包人无法修复的，发包人有权委托其他有资质的施工单位修复，修复的费用应由承包人承担，同时承包人应承担工期延误带来的损失。但是发包人应注意委托他人修复时费用的合理性，不得随意扩大工程修复的费用，否者，发包人应对扩大的损失承担责任。

承包人承担工程质量责任期间不仅包括施工期间以及竣工验收前，还应延伸到缺陷责任期和质量保修期，在缺陷责任期和质量保修期内因承包人原因产生的工程质量缺陷修复的费用也应该由承包人承担。

【使用指引】

合同当事人在使用本条款时应注意以下事项：

1. 对于承包人的施工质量，发包人应做好监督和管理，及时进行相关验收，对于因承包人原因造成工程质量未达到合同约定标准时，发包人有权要求承包人在合理期限内无偿修理或者返工、改建，由此增加的费用和延误的工期由承包人承担。

2. 发包人可以就整改、返工的次数对承包人做出限制约定，如承包人多次返工或经约定的返工次数工程仍不合格的，发包人有权委托第三人完成工程，并由承包人承担返工、修复费用和工期延误损失。如第三人也无法完成工程修复或修复费用明显高于已完工程成本的，应视为工程质量最终不合格，承包人无权主张不合格工程的工程款。

3. 对此项承包人违约产生的损失，属于发包人的索赔，发包人应注意相应证据的收集和合同对索赔时限的限制，避免逾期丧失索赔权利。

【法条索引】

1.《中华人民共和国合同法》第281条：因施工人的原因致使建设工程质量不符合约定的，发包人有权要求施工人在合理期限内无偿修理或者返工、改建。经过修理或者返工、改建后，造成逾期交付的，施工人应当承担违约责任。

2.《中华人民共和国建筑法》第55条：建筑工程实行总承包的，工程质量由工程总承包单位负责，总承包单位将建筑工程分包给其他单位的，应当对分包工程的质量与分包单位承担连带责任。分包单位应当接受总承包单位的质量管理。

3.《中华人民共和国建筑法》第74条：建筑施工企业在施工中偷工减料的，使用不合格的建筑材料、建筑构配件和设备的，或者有其他不按照工程设计图纸或者施工技术标准施工的行为的，责令改正，处以罚款；情节严重的，责令停业整顿，降低资质等级或者吊销资质证书；造成建筑工程质量不符合规定的质量标准的，负责返工、修理，并赔偿因此造成的损失；构成犯罪的，依法追究刑事责任。

5.2 质量保证措施

5.2.1 发包人的质量管理
发包人应按照法律规定及合同约定完成与工程质量有关的各项工作。

【条文目的】

本条款为新增条款，目的在于强化发包人的质量监督管理责任。

【条文释义】

建设工程各参与方包括发包人、勘察、设计、施工、监理等单位均负有保证建设工程质量的法定职责，按照法律规定，应由发包人完成的与工程质量有关的工作主要包括：发包人应将施工图设计文件报县级以上人民政府建设行政主管部门或其他有关部门审查、办理工程规划许可手续、开工前向政府主管部门办理工程质量监督手续、领取施工许可证、做好图纸会审、不得压缩合理工期、在工程施工中应委托监理人及时对工程材料进行检验、对分部分项工程进行验收、对隐蔽工程验收、竣工验收及备案等。

合同当事人可以在专用合同条款中约定其他应由发包人完成的，与工程质量有关的工作。

【使用指引】

合同当事人在使用本条款时应注意以下事项：

1. 发包人应严格按照法律规定履行质量管理责任，如选择有资质的设计人、监理人，不得压缩合理工期、不得使用未经审定的图纸等，以保障建设工程的质量要求。

2. 合同当事人可以在专用合同条款中约定其他应由发包人完成的，与工程质量有关的工作。如，甲方自行采购建筑材料的，应确保运输与保存过程符合材料安全需求等。

【法条索引】

1. 《中华人民共和国建筑法》第25条：按照合同约定，建筑材料、建筑构配件和设备由工程承包单位采购的，发包单位不得指定承包单位购入用于工程的建筑材料、建筑构配件和设备或者指定生产厂、供应商。

2. 《中华人民共和国建筑法》第54条：建设单位不得以任何理由，要求建筑设计单位或者建筑施工企业在工程设计或者施工作业中，违反法律、行政法规和建筑工程质量、安全标准，降低工程质量。建筑设计单位和建筑施工企业对建设单位违反前款规定提出的降低工程质量的要求，应当予以拒绝。

3. 《建设工程质量管理条例》第10条：建设工程发包单位不得迫使承包方以低于成本的价格竞标，不得任意压缩合理工期。建设单位不得明示或者暗示设计单位或者施工单位违反工程建设强制性标准，降低建设工程质量。

4. 《建设工程质量管理条例》第11条：建设单位应当将施工图设计文件报县级以上人民政府建设行政主管部门或者其他有关部门审查。施工图设计文件审查的具体办法，由国务院建设行政主管部门会同国务院其他有关部门制定。施工图设计文件未经审查批准的，不得使用。

5.《建设工程质量管理条例》第13条：建设单位在领取施工许可证或者开工报告前，应当按照国家有关规定办理工程质量监督手续。

6.《建设工程质量管理条例》第14条：按照合同约定，由建设单位采购建筑材料、建筑构配件和设备的，建设单位应当保证建筑材料、建筑构配件和设备符合设计文件和合同要求。建设单位不得明示或者暗示施工单位使用不合格的建筑材料、建筑构配件和设备。

7.《建设工程质量管理条例》第15条：涉及建筑主体和承重结构变动的装修工程，建设单位应当在施工前委托原设计单位或者具有相应资质等级的设计单位提出设计方案；没有设计方案的，不得施工。房屋建筑使用者在装修过程中，不得擅自变动房屋建筑主体和承重结构。

5.2.2 承包人的质量管理

承包人按照第7.1款【施工组织设计】约定向发包人和监理人提交工程质量保证体系及措施文件，建立完善的质量检查制度，并提交相应的工程质量文件。对于发包人和监理人违反法律规定和合同约定的错误指示，承包人有权拒绝实施。

承包人应对施工人员进行质量教育和技术培训，定期考核施工人员的劳动技能，严格执行施工规范和操作规程。

承包人应按照法律规定和发包人的要求，对材料、工程设备以及工程的所有部位及其施工工艺进行全过程的质量检查和检验，并作详细记录，编制工程质量报表，报送监理人审查。此外，承包人还应按照法律规定和发包人的要求，进行施工现场取样试验、工程复核测量和设备性能检测，提供试验样品、提交试验报告和测量成果以及其他工作。

【条文目的】

本条款旨在强化承包人质量管理义务。1999版施工合同没有对承包人质量管理的专项程序性约定，仅约定承包人应认真按照标准、图纸和工程师指令等施工，随时接受检查，缺乏可操作性约定。2013版施工合同细化了承包人的质量管理义务，通过约定承包人应该完成的质量检查制度和履行必要的检查检验程序，严格控制可能导致工程质量不合格的因素，目的在于保证工程的施工质量。

【条文释义】

承包人应在合同签订后14天内，但最迟不得晚于第7.3.2项【开工通知】载明的开工日期前7天，向监理人提交详细的施工组织设计，并由监理人报送发包人审批，该施工组织设计中包含了工程质量保证体系及措施文件。

对于发包人和监理人错误的指示，承包人有拒绝的权利，这种权利既是合同的约定，也是相关法律法规赋予承包人的法定权利。承包人此项权利同时也构成其一项义务，作为具备相应资格的承包人，应具备辨别发包人或监理人的指示是否错误的能力。如果承包人明知发包人或监理人指示错误而不予拒绝的，导致工程质量不符合约定的，承包人应就其不作为承担相应的过错责任。但，承包人不能通过滥用此项权利来对抗发包人或监理人的正确指示，如承包人滥用拒绝权影响工程进度和工程正常施工的，承包人应承担违约责任。

在对施工人员质量管理方面，承包人应当建立、健全教育培训制度，加强对职工的质量教育培训；未经教育培训或者考核不合格的人员，不得上岗作业，以保证施工人员能熟悉并严格执行施工规范和操作规程，避免出现人为质量事故。对于特殊工种施工人员，还必须持有相应岗位的资格证书。

承包人还应对材料、工程设备以及工程的所有部位及其施工工艺进行全过程的质量检查和检验，作详细记录，编制工程质量报表，报送监理人审查。

对于涉及结构安全的试块、试件以及有关材料，承包人应在发包人或者监理人监督下现场取样，提交具有相应资质等级的质量检测单位进行检测。

【使用指引】

合同当事人在使用本条款时应注意以下事项：

1. 承包人应严格按照法律规定和发包人要求，对材料、工程设备以及工程的所有部位及其施工工艺进行全过程的质量检查和检验，尤其注意对隐蔽工程和隐蔽部位的质量检查和检验。此外，承包人还应做好进行上述检查时的记录、编制报表，以便监理人审查检验，同时也便于日后发生质量争议时作为证据材料使用。

2. 对于发包人与监理人的"错误指示"，承包人有权拒绝实施，同时承包人可以基于其专业判断提出合理化建议。发包人或监理人拒不改正"错误指示"，影响到后续施工的，承包人有权暂停施工。

【法条索引】

1.《中华人民共和国建筑法》第53条：国家对从事建筑活动的单位推行质量体系认证制度。从事建筑活动的单位根据自愿原则可以向国务院产品质量监督管理部门或者国务院产品质量监督管理部门授权的部门认可的认证机构申请质量体系认证。经认证合格的，由认证机构颁发质量体系认证证书。

2.《中华人民共和国建筑法》第55条：建筑工程实行总承包的，工程质量由工程总承包单位负责，总承包单位将建筑工程分包给其他单位的，应当对分包工程的质量与分包单位承担连带责任。分包单位应当接受总承包单位的质量管理。

3.《中华人民共和国建筑法》第59条：建筑施工企业必须按照工程设计要求、施工技术标准和合同的约定，对建筑材料、建筑构配件和设备进行检验，不合格的不得使用。

4.《建设工程质量管理条例》第26条：施工单位对建设工程的施工质量负责。施工单位应当建立质量责任制，确定工程项目的项目经理、技术负责人和施工管理负责人。建设工程实行总承包的，总承包单位应当对全部建设工程质量负责；建设工程勘察、设计、施工、设备采购的一项或者多项实行总承包的，总承包单位应当对其承包的建设工程或者采购的设备的质量负责。

5.《建设工程质量管理条例》第29条：施工单位必须按照工程设计要求、施工技术标准和合同约定，对建筑材料、建筑构配件、设备和商品混凝土进行检验，检验应当有书面记录和专人签字；未经检验或者检验不合格的，不得使用。

6.《建设工程质量管理条例》第30条：施工单位必须建立、健全施工质量的检验制度，严格工序管理，做好隐蔽工程的质量检查和记录。隐蔽工程在隐蔽前，施工单位应当通知建设单位和建设工程质量监督机构。

7.《建设工程质量管理条例》第31条：施工人员对涉及结构安全的试块、试件以及有关材料，应当在建设单位或者工程监理单位监督下现场取样，并送具有相应资质等级的质量检测单位进行检测。

8.《建设工程质量管理条例》第33条：施工单位应当建立、健全教育培训制度，加强对职工的教育培训；未经教育培训或者考核不合格的人员，不得上岗作业。

5.2.3　监理人的质量检查和检验

监理人按照法律规定和发包人授权对工程的所有部位及其施工工艺、材料和工程设备进行检查和检验。承包人应为监理人的检查和检验提供方便，包括监理人到施工现场，或制造、加工地点，或合同约定的其他地方进行察看和查阅施工原始记录。监理人为此进行的检查和检验，不免除或减轻承包人按照合同约定应当承担的责任。

监理人的检查和检验不应影响施工正常进行。监理人的检查和检验影响施工正常进行的，且经检查检验不合格的，影响正常施工的费用由承包人承担，工期不予顺延；经检查检验合格的，由此增加的费用和（或）延误的工期由发包人承担。

【条文目的】

本条款约定了监理人的质量检查和检验权利，承包人配合检查检验的义务及监理人质量检查检验影响施工的费用和工期承担，目的是为了保证工程的质量合格。

【条文释义】

监理人有进入工程现场的权利，有权按照法律规定和发包人授权对承包人的施工工程、以及任何为施工而进行的作业进行质量检查和检验，但其检查和检验应本着尽量避免影响施工正常进行的原则，以免增加不必要的费用与延误工期。监理方式可以采取旁站、巡视、平行检验等形式。

监理人的检查检验并不能免除承包人的质量责任，承包人对于工程施工中的质量问题应承担法定责任，监理人的检查检验只是监督承包人施工的一种措施，即使经过监理人的检查检验，承包人施工的工程质量出现问题的，承包人的责任并不会因此而减轻或免除。

监理人在进行相应质量检查和检验时，承包人应提供方便，包括监理人到施工现场，或制造、加工地点，或合同约定的其他地方进行察看和查阅施工原始记录。

为了避免监理人滥用监理职权，本条款同时约定监理人的检查和检验不应影响施工正常进行。监理人的检查检验应以不影响施工的正常进行为基本原则，如果影响了施工的正常进行，只有在检查检验不合格的情形下，才应该由承包人承担费用和延误的工期，否者就应由发包人承担责任，这样可以有效避免监理人不正当行使检查检验权。

【使用指引】

合同当事人在使用本条款时应注意以下事项：

1. 示范文本对于监理人检查发现工程质量不符合要求时的处理方法没有做出约定，合同当事人可以在专用合同条款中予以具体约定。

2. 监理人在日常检查检验中，尽量避免对工程施工正常进行的影响。

3. 承包人负有为监理人检查和（或）检验提供便利条件的义务，由于监理人的检查和检验，并不免除或减轻承包人按照合同约定应当承担的责任，所以承包人在施工中不能因为有了监理人检查检验就不重视施工质量。

4. 发包人应承担因监理人在检查和检验中出现的不当行为而增加的费用和工期等法律责任。

5. 发包人或承包人如与监理人串通，将不合格工程材料按照合格签字，降低工程质量的，将承担相应法律责任。

【法条索引】

1. 《中华人民共和国建筑法》第32条：建筑工程监理应当依照法律、行政法规及有关的技术标准、设计文件和建筑工程承包合同，对承包单位在施工质量、建设工期和建设资金使用等方面，代表建设单位实施监督。工程监理人员认为工程施工不符合工程设计要求、施工技术标准和合同约定的，有权要求建筑施工企业改正。工程监理人员发现工程设计不符合建筑工程质量标准或者合同约定的质量要求的，应当报告建设单位要求设计单位改正。

2. 《中华人民共和国建筑法》第69条：工程监理单位与建设单位或者建筑施工企业串通，弄虚作假、降低工程质量的，责令改正，处以罚款，降低资质等级或者吊销资质证书；有违法所得的，予以没收；造成损失的，承担连带赔偿责任；构成犯罪的，依法追究刑事责任。工程监理单位转让监理业务的，责令改正，没收违法所得，可以责令停业整顿，降低资质等级；情节严重的，吊销资质证书。

3. 《建设工程质量管理条例》第36条：工程监理单位应当依照法律、法规以及有关技术标准、设计文件和建设工程承包合同，代表建设单位对施工质量实施监理，并对施工质量承担监理责任。

4. 《建设工程质量管理条例》第38条：监理工程师应当按照工程监理规范的要求，采取旁站、巡视和平行检验等形式，对建设工程实施监理。

5. 《建设工程质量管理条例》第67条：工程监理单位有下列行为之一的，责令改正，处50万元以上100万元以下的罚款，降低资质等级或吊销资质证书；有违法所得的，予以没收；造成损失的，承担连带赔偿责任：（1）与建设单位或者施工单位串通，弄虚作假、降低工程质量的；（2）将不合格的建设工程、建筑材料、建筑构配件和设备按照合格签字的。

5.3 隐蔽工程检查

5.3.1 承包人自检

承包人应当对工程隐蔽部位进行自检，并经自检确认是否具备覆盖条件。

5.3.2 检查程序

除专用合同条款另有约定外，工程隐蔽部位经承包人自检确认具备覆盖条件的，承包人应在共同检查前48小时书面通知监理人检查，通知中应载明隐蔽检查的内容、时间和地点，并应附有自检记录和必要的检查资料。

监理人应按时到场并对隐蔽工程及其施工工艺、材料和工程设备进行检查。经监理人检查确认质量符合隐蔽要求，并在验收记录上签字后，承包人才能进行覆盖。经监理人检查质量不合格的，承包人应在监理人指示的时间内完成修复，并由监理人重新检查，由此增加的费用和（或）延误的工期由承包人承担。

除专用合同条款另有约定外，监理人不能按时进行检查的，应在检查前24小时向承包人提交书面延期要求，但延期不能超过48小时，由此导致工期延误的，工期应予以顺延。监理人未按时进行检查，也未提出延期要求的，视为隐蔽工程检查合格，承包人可自行完成覆盖工作，并作相应记录报送监理人，监理人应签字确认。监理人事后对检查记录有疑问的，可按第5.3.3项【重新检查】的约定重新检查。

5.3.3 重新检查

承包人覆盖工程隐蔽部位后，发包人或监理人对质量有疑问的，可要求承包人对已覆盖的部位进行钻孔探测或揭开重新检查，承包人应遵照执行，并在检查后重新覆盖恢复原状。经检查证明工程质量符合合同要求的，由发包人承担由此增加的费用和（或）延误的工期，并支付承包人合理的利润；经检查证明工程质量不符合合同要求的，由此增加的费用和（或）延误的工期由承包人承担。

5.3.4 承包人私自覆盖

承包人未通知监理人到场检查，私自将工程隐蔽部位覆盖的，监理人有权指示承包人钻孔探测或揭开检查，无论工程隐蔽部位质量是否合格，由此增加的费用和（或）延误的工期均由承包人承担。

【条文目的】

1999版施工合同对隐蔽工程验收的规定，主要集中在程序方面的规定，对于检验合格费用的负担和承包人私自覆盖的处理没有约定。2013版施工合同具体约定了隐蔽工程验收程序每一个环节中的时间要求，既保证隐蔽工程的质量标准，又防止延误工期。此外，赋予监理人绝对的重新检验权利，杜绝承包人私自覆盖情形，避免因隐蔽工程缺陷造成整个工程安全、质量事故的发生。

【条文释义】

承包人应先行自检，确认质量合格具备覆盖条件的，应书面通知监理人检查，因为承包人是工程的施工者，其应对工程质量有初步的正确判断，只有在自检合格后才通知监理人检验。

隐蔽工程必须经监理人检查确认质量符合隐蔽要求，并在验收记录上签字后，承包人才能进行覆盖，进行下一道施工程序。同时，为了防止监理人故意拖延检查验收，本条款约定监理人既未按承包人通知期限检验又未提出延期要求的，视为隐蔽工程检查合格，承包人有自行覆盖的权利，以确保工期正常进行，防止产生不必要的损失。

在隐蔽工程覆盖后，本条款赋予了发包人、监理人对质量存有疑问时的重新检验权，即承包人应遵照监理人的要求对已覆盖部位进行钻孔或者揭开重新检查。经重新检验工程质量符合要求的，由发包人承担由此增加的费用和（或）延误的工期；经重新检验工程质量不符合要求的，由承包人承担由此增加的费用和（或）延误的工期。

由于隐蔽工程的质量往往涉及工程主体结构等关键部位，隐蔽工程未经检验即覆盖进入下道工序施工的危害极大，一旦出现质量问题整改成本较高，故与1999版施工合同相比，2013版施工合同增加了禁止承包人私自覆盖的约定。如承包人未通知监理人到场检查而私自覆盖的，监理人有权要求补检，且无论工程是否合格，由此增加的费用和延误的工期均由承包人承担，以此强化承包人隐蔽工程自检和报监理人检验的责任意识。

【使用指引】

合同当事人在使用本条款时应注意以下事项：

1. 发包人和承包人可以在专用合同条款中约定承包人对隐蔽工程自检后通知监理人检查的时间期限，但应给与监理人一定的准备时间。

2. 为保证施工合同的顺利履行，发包人和承包人尽可能根据项目管理水平在专用合同条款中约定监理人提出书面延期要求的时间，以保证隐蔽工程检验工作的顺利进行，保证施工合同正常履行。

【法条索引】

1. 《中华人民共和国合同法》第278条：隐蔽工程在隐蔽以前，承包人应当通知发包人检查。发包人没有及时检查的，承包人可以顺延工程日期，并有权要求赔偿停工、窝工等损失。

2. 《建设工程质量管理条例》第30条：施工单位必须建立、健全施工质量的检验制度，严格工序管理，作好隐蔽工程的质量检查和记录。隐蔽工程在隐蔽前，施工单位应当通知建设单位和建设工程质量监督机构。

5.4 不合格工程的处理

5.4.1 因承包人原因造成工程不合格的，发包人有权随时要求承包人采取补救措施，直至达到合同要求的质量标准，由此增加的费用和（或）延误的工期由承包人承担。无法补救的，按照第13.2.4项【拒绝接收全部或部分工程】约定执行。

5.4.2 因发包人原因造成工程不合格的，由此增加的费用和（或）延误的工期由发包人承担，并支付承包人合理的利润。

【条文目的】

本条款为新增条款，明确了对不合格工程的处理原则及责任分担，对于经整改仍不合格的工程，2013版施工合同赋予了发包人拒绝接收的权利。

【条文释义】

因承包人在施工合同项下的主要义务就是交付合格工程，故承包人对因其原因导致的不合格工程有返工修复的义务，直至工程达到质量标准。同时，本条款赋予发包人拒绝接受工程的权利，承包人整改后，发包人可要求重新进行竣工验收，经重新组织验收仍不合格且无法采取措施补救的，则发包人可以拒绝接收不合格工程，因不合格工程导致其他工程不能正常使用的，承包人应采取措施确保相关工程的正常使用，且承担由此增加的费用和（或）延误的工期。

由于发包人原因造成的工程质量不合格的，发包人应承担工程返工或修复的费用，并支付承包人合理的利润，增加的工期应予顺延。

如果发包人与承包人双方均对工程质量不合格有过错，则应根据过错性质和程度分别承担相应的责任。但无论是发包人还是承包人，均负有不得将不合格的工程交付使用的义务。

【使用指引】

合同当事人在使用本条款时应注意以下事项：

1. 因承包人原因或者发包人原因导致工程质量不合格的，发包人和承包人应积极协商返工、修复的方式，避免工程损失的进一步扩大。

2. 对于工程质量不合格的相关材料，合同当事人注意收集整理，有利于对责任认定和费用承担。

3. 发包人和承包人可以在专用合同条款中约定因承包人原因造成的不合格工程的补救次数或期间，超出该次数或期间即可认定为"无法补救"，发包人可以拒绝接收工程并有权不支付工程款，以此加强承包人的质量意识，避免不合格工程的出现。

【法条索引】

1. 《中华人民共和国合同法》第107条：当事人一方不履行合同义务或者履行合同义务不符合约定的，应当承担继续履行、采取补救措施或者赔偿损失等违约责任。

2. 《中华人民共和国合同法》第281条：因施工人的原因致使建设工程质量不符合约定的，发包人有权要求施工人在合理期限内无偿修理或者返工、改建。经过修理或者返工、改建后，造成逾期交付的，施工人应当承担违约责任。

3. 《中华人民共和国合同法》第279条：建设工程竣工后，发包人应当根据施工图纸及说明书、国家颁发的施工验收规范和质量检验标准及时进行验收。验收合格的，发包人应当按照约定支付价款，并接收该建设工程。建设工程竣工经验收合格后，方可交付使用；未经验收或者验收不合格的，不得交付使用。

4. 《中华人民共和国建筑法》第80条：在建筑物的合理使用寿命内，因建筑工程质量不合格受到损害的，有权向责任者要求赔偿。

5. 《建设工程质量管理条例》第32条：施工单位对施工过程中出现质量问题的建设工程或者竣工验收不合格的建设工程，应当负责返修。

5.5 质量争议检测

合同当事人对工程质量有争议的，由双方协商确定的工程质量检测机构鉴定，由此产生的费用及因此造成的损失，由责任方承担。

合同当事人均有责任的，由双方根据其责任分别承担。合同当事人无法达成一致的，按照第4.4款【商定或确定】执行。

【条文目的】

本条款约定了合同当事人对工程质量有争议的处理办法，强化了总监理工程师在工程质量发生争议时的协商确定权利，并尽可能保证施工合同的正常履行。与1999版施工合同相比，2013版施工合同增加了合同当事人无法达成一致时按照第4.4款【商定或确定】执行。

【条文释义】

工程质量出现问题主要表现为工程质量不合格、材料质量不合格以及质量缺陷等情形，且产生争议势必影响到工程结算与最终结清。因此在合同当事人产生争议时，采取通过中立的第三方即双方协商确定的质量检测机构进行质量鉴定的技术方式，可以比较客观的划分责任。由此产生的费用及造成的损失，须根据鉴定结果由责任方承担，双方均有责任的，根据其责任大小分别承担。

双方当事人无法达成一致确定质量检测机构或者双方对于鉴定结果确定的责任划分存在分歧时，2013版施工合同启动了商定或确定机制，即由总监理工程师会同合同当事人尽量协商达成一致，不能达成一致的，按照总监理工程师的确定执行。若对总监理工程师的确定有异议的，则应按照争议解决条款处理。

【使用指引】

合同当事人在使用本条款时应注意以下事项：

1. 合同当事人应注意对于工程质量检测机构的理解，尽管2013版施工合同在条款中仅约定合同当事人协商确定检测机构，但是根据《建设工程质量检测管理办法》的规定，检测机构应当具备相应的资质和能力。

2. 相关争议解决前，合同当事人应暂按总监理工程师的确定执行，以保证施工合同正常履行和施工连续；争议解决后，争议解决的结果与总监理工程师的确定不一致的，按照争议解决的结果执行，由此造成的损失由责任人承担。

6 安全文明施工与环境保护

6.1 安全文明施工

6.1.1 安全生产要求

合同履行期间，合同当事人均应当遵守国家和工程所在地有关安全生产的要求，合同当事人有特别要求的，应在专用合同条款中明确施工项目安全生产标准化达标目标及相应事项。承包人有权拒绝发包人及监理人强令承包人违章作业、冒险施工的任何指示。

在施工过程中，如遇到突发的地质变动、事先未知的地下施工障碍等影响施工安全的紧急情况，承包人应及时报告监理人和发包人，发包人应当及时下令停工并报政府有关行政管理部门采取应急措施。

因安全生产需要暂停施工的，按照第7.8款【暂停施工】的约定执行。

【条文目的】

本条款旨在解决承包人安全文明施工中的安全生产要求的问题，强调合同当事人均应当承担工程安全生产责任，对于影响施工安全的紧急情况下的停工和应急措施做出了约定。与1999版施工合同相比，本条款为新增条款。

【条文释义】

根据《建设工程安全生产管理条例》第4条规定，建设单位、勘察单位、设计单位、施工单位、工程监理单位及其他与建设工程安全生产有关的单位，必须遵守安全生产法律、法规的规定，保证建设工程安全生产，依法承担建设工程安全生产责任。

除遵守安全生产法律法规的规定，2013版施工合同赋予了合同当事人对于安全生产标准作出具体约定的权利，即合同当事人除了需要遵守安全生产法律法规的规定、国家和工程所在地的安全标准和规范外，还需要执行专用合同条款中更严格的安全标准要求。

一般情况下，承包人应当遵循发包人及监理人的指示和要求，但对于发包人和监理人强令承包人违章作业、冒险施工的指示，承包人有权拒绝，这既是2013版施工合同赋予承包人的权利，更是国家法规赋予承包人的法定权利，同时也是承包人的义务。如因执行发包人或监理人的违法违规指示造成安全生产事故的，承包人也要承担相应的法律责任。

如遇施工过程中突发的地质变动、事先未知的地下施工障碍等影响施工安全的紧急情况，承包人应及时报告监理人和发包人，发包人应当及时下令停工并报政府有关行政管理部门采取应急措施。一般来说，突发的地质变动、事先未知的地下施工障碍的常见情形有：地下施工中发现文物古迹，地下水暗流，岩土层结构与勘察资料不一致等，如前述地下障碍影响施工安全，且可归于紧急情况时，发包人未及时下令停工并报有关行政管理部门造成严重后果的，应承担相应法律责任。

【使用指引】

合同当事人在使用本条款时应注意以下事项：

1. 承包人应当制定本单位的生产安全事故应急救援预案，建立应急救援组织或者配备应急救援人员，配备必要的应急救援器材、设备，并定期组织演练。

2. 发包人和承包人可以在专用合同条款中约定更严格的施工项目安全生产标准化达标目标及相应事项。

【法条索引】

1. 《建设工程安全生产管理条例》第14条：工程监理单位应当审查施工组织设计中的安全技术措施或者专项施工方案是否符合工程建设强制性标准。

工程监理单位在实施监理过程中，发现存在安全事故隐患的，应当要求施工单位整改；情况严重的，应当要求施工单位暂时停止施工，并及时报告建设单位。施工单位拒不整改或者不停止施工的，工程监理单位应当及时向有关主管部门报告。工程监理单位和监理工程师应当按照法律、法规和工程建设强制性标准实施监理，并对建设工程安全生产承担监理责任。

2. 《建设工程安全生产管理条例》第47条：县级以上地方人民政府建设行政主管部门应当根据本级人民政府的要求，制定本行政区域内建设工程特大生产安全事故应急救援预案。

3. 《建设工程安全生产管理条例》第48条：施工单位应当制定本单位生产安全事故应急救援预案，建立应急救援组织或者配备应急救援人员，配备必要的应急救援器材、设备，并定期组织演练。

4. 《建设工程安全生产管理条例》第49条：施工单位应当根据建设工程施工的特点、范围，对施工现场易发生重大事故的部位、环节进行监控，制定施工现场生产安全事故应急救援预案。实行施工总承包的，由总承包单位统一组织编制建设工程生产安全事故应急救援预案，工程总承包单位和分包单位按照应急救援预案，各自建立应急救援组织或者配备应急救援人员，配备救援器材、设备，并定期组织演练。

6.1.2 安全生产保证措施

承包人应当按照有关规定编制安全技术措施或者专项施工方案，建立安全生产责任制度、治安保卫制度及安全生产教育培训制度，并按安全生产法律规定及合同约定履行安全职责，如实编制工程安全生产的有关记录，接受发包人、监理人及政府安全监督部门的检查与监督。

【条文目的】

本条款根据法律法规的规定，对承包人提出了需要采取一系列保证安全生产措施的要求。承包人作为施工主体，应当建立完善的安全生产保证制度、采取有效的安全生产保证措施，以保障施工过程中的人身财产安全。与1999版施工合同相比，本条款为新增条款。

【条文释义】

根据《建设工程安全生产管理条例》第21条的规定，施工单位应承担的安全生产管理义务包括：施工单位主要负责人依法对本单位的安全生产工作全面负责；施工单位应当建立健全安全生产责任制度和安全生产教育培训制度；制定安全生产规章制度和操作规程；保证本单位安全生产条件所需资金的投入；对所承担的建设工程进行定期和专项安全检查，并做好安全检查记录等。

同时根据《建筑施工组织设计规范》（GB/T 50502-2009）中第7.4款【安全管理计划】的规定，安全管理计划可参照《职业健康安全管理体系规范》（GB/T 28001），在施工单位安全管理体系的框架内编制。目前国内大多数承包人单位根据《职业健康安全管理体系规范》（GB/T 28001）为标准的职业健康安全管理体系的认证，建立了企业内部的安全管理体系。

关于安全管理计划的编制内容，应包括：确定项目重要危险源，制定项目职业健康安全管理目标；建立有管理层次的项目安全管理组织机构并明确职责；根据项目特点，进行职业健康安全方面的资源配置；建立具有针对性的安全生产管理制度和职工安全教育培训制度；针对项目重要危险源，制定相应的安全技术措施；对达到一定规模的危险性较大的分部（分项）工程和特殊工种的作业应制定专项安全技术措施的编制计划；根据季节、气候的变化制定相应的季节性安全施工措施；建立现场安全检查制度，并对安全事故的处理做出相应规定。

建筑施工安全事故（危害）通常分为七大类：高处坠落、机械伤害、物体打击、坍塌倒塌、火灾爆炸、触电、窒息中毒。安全管理计划应针对项目具体情况，建立安全管理组织，制定相应的管理制度、安全保障措施和应急预案等。

根据前述国家标准的规定，2013版施工合同对承包人应采取的安全生产措施的要求提出相应的要求，即承包人应当结合具体工程特点制定安全技术措施或者专项施工方案，制定安全生产规章制度和操作规程，建立起健全的安全生产责任制度、治安保卫制度和安全生产教育培训制度。承包人应履行的安全保证义务有，开工前做好安全技术交底工作，施工过程中做好各项安全防护措施。施工项目经理应当取得相应执业资格证书，并对建设工程项目的安全施工负责，落实安全生产责任制度、安全生产规章制度和操作规程，确保安全生产措施费用的专款专用，并根据工程的特点组织制定专项安全施工措施，消除安全事故隐患，及时如实报告生产安全事故。

另外，承包人有义务接受发包人、监理人和政府管理部门对其安全技术措施或者专项施工方案是否符合工程建设强制性标准的监督检查。经检查发现安全生产隐患的，承包人应按照发包人、监理人或政府主管部门的要求进行整改并承担整改费用。如果承包人拒绝整改，发包人可以要求承包人暂停施工，由此造成的费用增加和工期延误应由承包人承担。

【使用指引】

合同当事人在使用本条款约定时要注意以下事项：

1. 每个工程建设项目均具有其自身的特点，承包人在编制安全技术措施时要结合项目性质、使用的特殊材料、采用的特殊工艺、特定的技术要求、特殊的地质条件、外部环境等，依据建筑施工安全技术规范等要求，建立项目安全管理体系，提出在管理和技术方面有针对性的预防措施，以确保施工生产过程中人身财产安全。

2. 承包人的项目经理、专职安全员、技术员等主要负责人及特种作业人员应当经建设行政主管部门或者其他有关部门考核合格取得相应资质或资格后方可任职。承包人应当对管理人员和作业人员进行进场前教育，且每年至少进行一次安全生产教育培训，培训考核不合格的人员不得上岗作业。

3. 对专业性较强的施工项目如：爆破、起重吊装、深基础、高支模作业和高层脚手架（包括整体提升架）、垂直运输设备（塔吊、升降机等）的拆、装、建筑物（或构筑物）拆除以及结构复杂、专业性较强的施工项目，承包人应当编制专项施工方案，并附安全验算结果。

4. 承包人要保证本单位安全生产条件所需资金的投入并专款专用，对所承担的建设工程进行定期和专项安全检查，做好安全检查记录，接受发包人、监理人及政府安全监督部门的检查与监督。

【法条索引】

1.《中华人民共和国建筑法》第38条：建筑施工企业在编制施工组织设计时，应当根据建筑工程的特点制定相应的安全技术措施；对专业性较强的工程项目，应当编制专项安全施工组织设计，并采取安全技术措施。

2.《建设工程安全生产管理条例》第14条：工程监理单位应当审查施工组织设计中的安全技术措施或者专项施工方案是否符合工程建设强制性标准。

工程监理单位在实施监理过程中，发现存在安全事故隐患的，应当要求施工单位整改；情况严重的，应当要求施工单位暂时停止施工，并及时报告建设单位。施工单位拒不整改或者不停止施工的，工程监理单位应当及时向有关主管部门报告。工程监理单位和监理工程师应当按照法律、法规和工程建设强制性标准实施监理，并对建设工程安全生产承担监理责任。

3.《建设工程安全生产管理条例》第21条：施工单位主要负责人依法对本单位的安全生产工作全面负责。施工单位应当建立健全安全生产责任制度和安全生产教育培训制度，制定安全生产规章制度和操作规程，保证本单位安全生产条件所需资金的投入，对所承担的建设工程进行定期和专项安全检查，并做好安全检查记录。施工单位的项目经理应当由取得相应执业资格的人员担任，对建设工程项目的安全施工负责，落实安全生产责任制度、安全生产规章制度和操作规程，确保安全生产费用的有效使用，并根据工程的特点组织制定安全施工措施，消除安全事故隐患，及时、如实报告生产安全事故。

4. 《建设工程安全生产管理条例》第36条：施工单位的主要负责人、项目经理、专职安全生产管理人员应当经建设行政主管部门或者其他有关部门考核合格后方可任职。施工单位应当对管理人员和作业人员每年至少进行一次安全生产教育培训，其教育培训情况记入个人工作档案。安全生产教育培训考核不合格的人员，不得上岗。

5. 《建设工程安全生产管理条例》第57条：违反本条例的规定，工程监理单位有下列行为之一的，责令限期改正；逾期未改正的，责令停业整顿，并处10万元以上30万元以下的罚款；情节严重的，降低资质等级，直至吊销资质证书；造成重大安全事故，构成犯罪的，对直接责任人员，依照刑法有关规定追究刑事责任；造成损失的，依法承担赔偿责任：（一）未对施工组织设计中的安全技术措施或者专项施工方案进行审查的；（二）发现安全事故隐患未及时要求施工单位整改或者暂时停止施工的；（三）施工单位拒不整改或者不停止施工，未及时向有关主管部门报告的；（四）未依照法律、法规和工程建设强制性标准实施监理的。

6.1.3 特别安全生产事项

承包人应按照法律规定进行施工，开工前做好安全技术交底工作，施工过程中做好各项安全防护措施。承包人为实施合同而雇用的特殊工种的人员应受过专门的培训并已取得政府有关管理机构颁发的上岗证书。

承包人在动力设备、输电线路、地下管道、密封防震车间、易燃易爆地段以及临街交通要道附近施工时，施工开始前应向发包人和监理人提出安全防护措施，经发包人认可后实施。

实施爆破作业，在放射、毒害性环境中施工（含储存、运输、使用）及使用毒害性、腐蚀性物品施工时，承包人应在施工前7天以书面通知发包人和监理人，并报送相应的安全防护措施，经发包人认可后实施。

需单独编制危险性较大的分部分项专项工程施工方案的，及要求进行专家论证的超过一定规模的危险性较大的分部分项工程，承包人应及时编制施工方案和组织论证。

【条文目的】

本条款旨在要求承包人对施工过程中某些项目采取特别安全措施，以保证施工安全。与1999版施工合同相比，2013版施工合同特别对安全生产事项的防护措施，对承包人提出了通知期限要求，由14天变成了7天。另外，2013版施工合同增加了单独编制危险性较大的分部分项工程施工方案的约定，对于积极防范和遏制建筑施工重大生产安全事故将起到重要作用。

【条文释义】

工程施工中的特别安全生产事项，是指具有特别的安全生产技术要求、有较大的安全生产危险并需要具有特殊从业资格的人员来实施的工程施工事项。

首先，对于特别安全生产事项，承包人负责项目管理的技术人员在施工前，应当对有关安全施工的技术要求向施工作业班组、作业人员作出详细说明并进行相应的交底，由双方签字确认。从事特种作业的劳动者必须按照《劳动法》和住房城乡建设部颁布的《建筑施工特种作业人员管理规定》的规定经过专门培训并取得特种作业资格。特殊工种的人员一般是指：1. 电工作业人员；2. 金属焊接、切割作业人员；3. 起重机械安装拆卸、司机等作业人员；4. 高处作业吊篮安装拆卸人员；5. 登高架设作业人员；6. 锅炉、压力容器作业（含水质化验）人员；7. 爆破作业人员；8. 矿山通风、排水作业人员；9. 矿山安全检查作业人会员；10. 危险物品作业人员等。

承包人在动力设备、输电线路、地下管道、密封防震车间、易燃易爆地段以及临街交通要道附近施工时，由于这些地点存在较大的安全隐患，事故涉及范围广泛，后果严重，因此在这些特殊地点施工前承包人应加强安全防护责任，并向发包人和监理人提出安全防护措施，经发包人认可后方可实施。

在进行爆破作业，在放射、毒害性环境中施工（含储存、运输、使用）及使用毒害性、腐蚀性物品施工时，承包人应提前7天采取书面形式通知发包人和监理人，并报送相应安全防护措施，经发包人认可后方可实施。

其次，危险性较大的分部分项工程是指建筑工程在施工过程中存在的、可能导致作业人员群死群伤或造成重大不良社会影响的分部分项工程。对于危险性较大分部分项专项工程施工的，须按照《危险性较大的分部分项工程安全管理办法》（建质[2009]87号）编制专项施工方案或者组织专家论证。

【使用指引】

合同当事人在使用本条款时应注意以下事项：

1. 承包人对于特殊工种人员的上岗证书应注意做好复审工作。

2. 对于危险性较大分部分项专项工程施工方案，建筑工程实行施工总承包的，由施工总承包单位组织编制；对于超过一定规模的危险性较大的分部分项工程，施工单位应当组织专家对专项方案进行论证；不需专家论证的专项方案，经施工单位审核合格后报监理单位，由项目总监理工程师审核签字。

【法条索引】

1.《建设工程安全生产管理条例》第25条：垂直运输机械作业人员、安装拆卸工、爆破作业人员、起重信号工、登高架设作业人员等特种作业人员，必须按照国家有关规定经过专门的安全作业培训，并取得特种作业操作资格证书后，方可上岗作业。

2.《建设工程安全生产管理条例》第26条：施工单位应当在施工组织设计中编制安全技术措施和施工现场临时用电方案，对下列达到一定规模的危险性较大的分部分项工程编制专项施工方案，并附具安全验算结果，经施工单位技术负责人、总监理工程师签字后实施，由专职安全生产管理人员进行现场监督：

（一）基坑支护与降水工程；

（二）土方开挖工程；

（三）模板工程；

（四）起重吊装工程；

（五）脚手架工程；

（六）拆除、爆破工程；

（七）国务院建设行政主管部门或者其他有关部门规定的其他危险性较大的工程。

3.《建设工程安全生产管理条例》第27条：建设工程施工前，施工单位负责项目管理的技术人员应当对有关安全施工的技术要求向施工作业班组、作业人员作出详细说明，并由双方签字确认。

4. 《危险性较大的分部分项工程安全管理办法》（建质[2009]87号）第17条：对于按规定需要验收的危险性较大的分部分项工程，施工单位、监理单位应当组织有关人员进行验收。验收合格的，经施工单位项目技术负责人及项目总监理工程师签字后，方可进入下一道工序。

5. 《危险性较大的分部分项工程安全管理办法》（建质[2009]87号）第18条：监理单位应当将危险性较大的分部分项工程列入监理规划和监理实施细则，应当针对工程特点、周边环境和施工工艺等，制定安全监理工作流程、方法和措施。

6. 《危险性较大的分部分项工程安全管理办法》（建质[2009]87号）第19条：监理单位应当对专项方案实施情况进行现场监理；对不按专项方案实施的，应当责令整改，施工单位拒不整改的，应当及时向建设单位报告；建设单位接到监理单位报告后，应当立即责令施工单位停工整改；施工单位仍不停工整改的，建设单位应当及时向住房和城乡建设主管部门报告。

7. 《危险性较大的分部分项工程安全管理办法》（建质[2009]87号）第23条：建设单位未按规定提供危险性较大的分部分项工程清单和安全管理措施，未责令施工单位停工整改的，未向住房和城乡建设主管部门报告的；施工单位未按规定编制、实施专项方案的；监理单位未按规定审核专项方案或未对危险性较大的分部分项工程实施监理的；住房和城乡建设主管部门应当依据有关法律法规予以处罚。

8. 《危险性较大的分部分项工程安全管理办法》（建质[2009]87号）第55条：从事特种作业的劳动者必须经过专门培训并取得特种作业资格。

6.1.4 治安保卫

除专用合同条款另有约定外，发包人应与当地公安部门协商，在现场建立治安管理机构或联防组织，统一管理施工场地的治安保卫事项，履行合同工程的治安保卫职责。

发包人和承包人除应协助现场治安管理机构或联防组织维护施工场地的社会治安外，还应做好包括生活区在内的各自管辖区的治安保卫工作。

除专用合同条款另有约定外，发包人和承包人应在工程开工后7天内共同编制施工场地治安管理计划，并制定应对突发治安事件的紧急预案。在工程施工过程中，发生暴乱、爆炸等恐怖事件，以及群殴、械斗等群体性突发治安事件的，发包人和承包人应立即向当地政府报告。发包人和承包人应积极协助当地有关部门采取措施平息事态，防止事态扩大，尽量避免人员伤亡和财产损失。

【条文目的】

本条款旨在明确发包人、承包人的治安保卫责任和义务，其目的在于维护施工场地社会治安，以保障现场人员、财产安全及工程施工顺利进行。与1999版施工合同相比，本条款为新增条款。

【条文释义】

鉴于发包人为工程的所有权人，承包人只是施工的组织者，因此施工现场建立治安管理机构的义务原则上应当由发包人负责，故2013版施工合同约定首先由发包人承担工程治安管理的责任，当然合同当事人也可以在专用合同条款中约定采用由发包人和承包人共同分工负责的方式或其他方式。

因施工现场不仅有作业区，还有生活区、办公区，因此发包人和承包人除应协助现场治安管理机构或联防组织维护施工场地的社会治安外，还应做好包括生活区在内的各自管辖区的治安保卫工作。上述约定有利于明确责任划分，更好地进行安全保卫工作，在发生治安事件后，也有利于当事人的快速处理。

发包人和承包人应当在开工后7日内共同编制施工场地的治安管理计划，制定应对突发治安事件的紧急预案。2013版施工合同对此做出时间限制，目的在于督促合同当事人尽快完成此项工作，提高对治安管理责任的重视。一旦发生突发治安事件，发包人和承包人要积极配合当地有关部门平息事态，防止事态扩大，尽量避免人员伤亡和财产损失。

【使用指引】

合同当事人在使用本条款时应注意以下事项：

1. 发包人和承包人可以在专用合同条款中约定如何建立治安管理机构或联防组织，若没有专门约定，则由发包人履行此项职责。

2. 合同当事人可以在专用合同条款中约定由发包人或承包人具体负责编制施工场地治安管理计划、制定应对突发治安事件紧急预案，若没有专门约定，则由发包人和承包人共同编制。

3. 一旦发生突发治安事件，发包人和承包人应相互配合，共同应对，不能相互推卸责任，同时降低对工程施工的影响。

6.1.5 文明施工

承包人在工程施工期间，应当采取措施保持施工现场平整，物料堆放整齐。工程所在地有关政府行政管理部门有特殊要求的，按照其要求执行。合同当事人对文明施工有其他要求的，可以在专用合同条款中明确。

在工程移交之前，承包人应当从施工现场清除承包人的全部工程设备、多余材料、垃圾和各种临时工程，并保持施工现场清洁整齐。经发包人书面同意，承包人可在发包人指定的地点保留承包人履行保修期内的各项义务所需要的材料、施工设备和临时工程。

【条文目的】

本条款为2013版施工合同新增条款，旨在要求承包人文明施工，以实现施工的安全以及施工环境的保护和改善。

【条文释义】

承包人的文明施工责任包括但不限于：施工期间保持现场平整、物料堆放整齐；移交工程前，清除全部工程设备、多余材料、垃圾和各种临时工程，并保持施工现场清洁整齐；经发包人书面同意在发包人指定地点保留保修期内相关材料、施工设备和临时工程。

2013版施工合同强调了承包人在施工现场保留保修期内所需的材料、工程设备和临时工程，需经发包人"书面"同意。为了避免影响发包人对工程竣工后的正常使用，减少可能产生的安全隐患，保持良好的工程状态，并明确承包人保留在现场的材料、设备的数量、规格、型号、保存地点等事项，避免日后发生争议，有必要通过书面方式确定相关内容。

工程所在地有关政府行政管理部门有特殊要求的，承包人须按照其要求执行。例如福建省、河北省和海南省均出台了《建设工程安全文明工地标准》。

【使用指引】

合同当事人在使用本条款时应注意以下事项：

1. 合同当事人在满足法律规定和当地建设行政主管部门对文明施工的规定基础上，发包人和承包人还可以在专用合同条款中自行约定文明施工要求。

2. 为便于履行保修义务，承包人可经发包人书面同意后，在发包人的指定地点保留相关材料、施工设备和临时工程。尤其是目前广泛存在的整体工程竣工验收时，留有部分不影响工程验收和使用的甩项工程，需要在竣工并移交后继续施工，此种情况下承包人必然需要现场留有后续施工所需的材料、施工设备等，合同当事人应对此类情况在专用合同条款中具体约定。

6.1.6 安全文明施工费

安全文明施工费由发包人承担，发包人不得以任何形式扣减该部分费用。因基准日期后合同所适用的法律或政府有关规定发生变化，增加的安全文明施工费由发包人承担。

承包人经发包人同意采取合同约定以外的安全措施所产生的费用，由发包人承担。未经发包人同意的，如果该措施避免了发包人的损失，则发包人在避免损失的额度内承担该措施费。如果该措施避免了承包人的损失，由承包人承担该措施费。

除专用合同条款另有约定外，发包人应在开工后28天内预付安全文明施工费总额的50%，其余部分与进度款同期支付。发包人逾期支付安全文明施工费超过7天的，承包人有权向发包人发出要求预付的催告通知，发包人收到通知后7天内仍未支付的，承包人有权暂停施工，并按第16.1.1项【发包人违约的情形】执行。

承包人对安全文明施工费应专款专用，承包人应在财务账目中单独列项备查，不得挪作他用，否则发包人有权责令其限期改正；逾期未改正的，可以责令其暂停施工，由此增加的费用和（或）延误的工期由承包人承担。

【条文目的】

本条款明确了安全文明施工费的承担、支付方式及相应的法律责任，这为承包人安全文明施工提供了资金保障，同时明确安全文明施工费专款专用。与1999版施工合同相比，本条款属于新增条款。

【条文释义】

根据《建设工程工程量清单计价规范》（GB 50500-2013）第2.0.22项的规定，安全文明施工费是指合同履行过程中，承包人按照国家法律、法规、标准等规定，为保证安全施工、文明施工，保护现场内外环境和搭拆临时设施等所采用的措施而发生的费用。安全文明施工费的资金保证及专款专用对于施工期间的安全和质量意义重大，也影响着工程进度的顺利实施。

发包人在编制工程概算时，应当确定建设工程安全作业环境及安全施工措施所需费用，不得以任何形式扣减该部分费用，对于经过招投标程序的，投标人不得在安全施工措施费方面予以竞争；且因基准日期后合同所适用的法律或政府有关规定发生变化，增加的安全文明施工费仍应由发包人承担。

为了保证安全施工，承包人可以采取合同约定以外的安全措施，但须经发包人同意，费用由发包人承担。若未经发包人同意，如果该措施避免了发包人的损失，则发包人在避免损失的范围内承担该费用；如果该措施避免了承包人的损失，则承包人自行承担该费用。

承包人对列入建设工程概算或合同约定的安全作业环境及安全施工措施所需费用，应当用于施工安全防护用具及设施的采购和更新、安全施工措施的落实、安全生产条件的改善，且应在财务账目中单独列项备查，严禁挪作他用。发包人或监理人有权对承包人安全文明施工费的使用情况进行监督、检查，承包人应予以配合并提供安全文明施工费使用的相关资料。

【使用指引】

合同当事人在使用本条款时应注意以下事项：

1. 发包人和承包人可以在专用合同条款中约定发包人预付安全文明施工费的时间与支付比例，但是要保障前期安全文明施工措施落实的费用。当事人不得通过专用合同条款或补充协议变更招投标文件或合同中约定的安全施工措施费的费用总额。

2. 对于发包人逾期支付安全文明施工费超过一定期限的，承包人有权发出催告通知，发包人在收到通知后仍未支付的，承包人有权暂停施工，并追究发包人的违约责任。发包人和承包人可在专用合同条款中约定发包人逾期支付承包人可以催告的期限，承包人催告函中给予的合理期限、发包人收到催告函后仍未支付承包人有权停工的期限及发包人违约责任的承担方式和计算方法。

【法条索引】

1. 《建设工程安全生产管理条例》第8条：建设单位在编制工程概算时，应当确定建设工程安全作业环境及安全施工措施所需费用。

2. 《建设工程安全生产管理条例》第22条：施工单位对列入建设工程概算的安全作业环境及安全施工措施所需费用，应当用于施工安全防护用具及设施的采购和更新、安全施工措施的落实、安全生产条件的改善，不得挪作他用。

3. 《建筑工程安全防护、文明施工措施费用及使用管理规定》（建办【2005】89号）第3条：本规定所称安全防护、文明施工措施费用，是指按照国家现行的建筑施工安全、施工现场环境与卫生标准和有关规定，购置和更新施工安全防护用具及设施、改善安全生产条件和作业环境所需要的费用。安全防护、文明施工措施项目清单详见附表。

建设单位对建筑工程安全防护、文明施工措施有其他要求的，所发生费用一并计入安全防护、文明施工措施费。

6.1.7 紧急情况处理

在工程实施期间或缺陷责任期内发生危及工程安全的事件，监理人通知承包人进行抢救，承包人声明无能力或不愿立即执行的，发包人有权雇佣其他人员进行抢救。此类抢救按合同约定属于承包人义务的，由此增加的费用和（或）延误的工期由承包人承担。

6.1.8 事故处理

工程施工过程中发生事故的，承包人应立即通知监理人，监理人应立即通知发包人。发包人和承包人应立即组织人员和设备进行紧急抢救和抢修，减少人员伤亡和财产损失，防止事故扩大，并保护事故现场。需要移动现场物品时，应作出标记和书面记录，妥善保管有关证据。发包人和承包人应按国家有关规定，及时如实地向有关部门报告事故发生的情况，以及正在采取的紧急措施等。

【条文目的】

上述条款旨在明确对突发安全事件实施抢救的主体、抢救的措施及责任分担，有利于突发安全事故的处理，避免安全事故的扩大，尽可能保证施工人员人身及财产安全。

【条文释义】

对于安全事件，承包人有抢救的义务，对于承包人拒绝抢救的，或者该事件只有专业抢救机构才能实施的，监理人或发包人有权委托第三人进行抢救，保障安全事件及时处理，避免带来更大的损失。2013版施工合同将期间延长到缺陷责任期内，更加强调了承包人作为安全保障义务主体的安全生产责任。

发生安全事故时，发包人和承包人都有义务采取措施处理安全事故，减少人员伤亡和财产损失，防止事故扩大，保护事故现场。对于安全事故造成的损失和工期延误，应该根据事故的原因进行分担。

发生生产安全事故时，发包人和承包人都有义务及时、如实地向负责安全生产监督管理的部门、建设行政主管部门或者其他有关部门报告，接到报告的部门应当按照国家有关规定，如实上报。实行施工总承包的建设工程，由总承包单位负责上报事故。

【使用指引】

合同当事人在使用本条款时应注意以下事项：

1. 承包人在发生工程安全事件时的抢救义务可以延长到缺陷责任期内，即最长可至工程竣工验收合格之日起24个月以内。

2. 当施工过程中发生事故时，发包人和承包人应共同采取措施进行抢救，妥善处理事故，尽量减少人员伤亡和财产损失。对事故进行逐层上报后，最终由有权行政部门做出责任认定，合同当事人对于认定结论不服的，可以通过争议途径解决。

3. 因为当安全事故后果达到一定严重程度时，发包人和承包人均有可能构成重大安全事故罪，承担相应刑事责任，所以发包人和承包人均应加强对工程安全的管理。

【法条索引】

1. 《中华人民共和国建筑法》第44条：建筑施工企业必须依法加强对建筑安全生产的管理，执行安全生产责任制度，采取有效措施，防止伤亡和其他安全生产事故的发生。建筑施工企业的法定代表人对本企业的安全生产负责。

2. 《中华人民共和国建筑法》第71条：建筑施工企业违反本法规定，对建筑安全事故隐患不采取措施予以消除的，责令改正，可以处以罚款；情节严重的，责令停业整顿，降低资质等级或者吊销资质证书；构成犯罪的，依法追究刑事责任。建筑施工企业的管理人员违章指挥、强令职工冒险作业，因而发生重大伤亡事故或者造成其他严重后果的，依法追究刑事责任。

3.《中华人民共和国刑法》第137条：建设单位、设计单位、施工单位、工程监理单位违反国家规定，降低工程质量标准，造成重大安全事故的，对直接责任人员，处5年以下有期徒刑或者拘役，并处罚金；后果特别严重的，处5年以上10年以下有期徒刑，并处罚金。

4.《建设工程安全生产管理条例》第48条：施工单位应当制定本单位生产安全事故应急救援预案，建立应急救援组织或者配备应急救援人员，配备必要的应急救援器材、设备，并定期组织演练。

5.《建设工程安全生产管理条例》第49条：施工单位应当根据建设工程施工的特点、范围，对施工现场易发生重大事故的部位、环节进行监控，制定施工现场生产安全事故应急救援预案。实行施工总承包的，由总承包单位统一组织编制建设工程生产安全事故应急救援预案，工程总承包单位和分包单位按照应急救援预案，各自建立应急救援组织或者配备应急救援人员，配备救援器材、设备，并定期组织演练。

6.《建设工程安全生产管理条例》第50条：施工单位发生生产安全事故，应当按照国家有关伤亡事故报告和调查处理的规定，及时、如实地向负责安全生产监督管理的部门、建设行政主管部门或者其他有关部门报告；特种设备发生事故的，还应当同时向特种设备安全监督管理部门报告。接到报告的部门应当按照国家有关规定，如实上报。实行施工总承包的建设工程，由总承包单位负责上报事故。

7.《建设工程安全生产管理条例》第51条：发生生产安全事故后，施工单位应当采取措施防止事故扩大，保护事故现场。需要移动现场物品时，应当做出标记和书面记录，妥善保管有关证物。

6.1.9 安全生产责任

6.1.9.1 发包人的安全责任
发包人应负责赔偿以下各种情况造成的损失：
（1）工程或工程的任何部分对土地的占用所造成的第三者财产损失；
（2）由于发包人原因在施工场地及其毗邻地带造成的第三者人身伤亡和财产损失；
（3）由于发包人原因对承包人、监理人造成的人员人身伤亡和财产损失；
（4）由于发包人原因造成的发包人自身人员的人身伤害以及财产损失。

6.1.9.2 承包人的安全责任
由于承包人原因在施工场地内及其毗邻地带造成的发包人、监理人以及第三者人员伤亡和财产损失，由承包人负责赔偿。

【条文目的】

本条款为2013版施工合同新增条款，旨在明确发包人、承包人的安全生产责任，有利于维护现场各方人员人身安全和工程及现场财产安全及毗邻地带第三者的人身和财产权益。

【条文释义】

发包人承担赔偿责任的情形包括两种：一种是因工程本身对土地的占有和使用对第三人造成的财产损失；第二种是因发包人原因造成的自身人员、承包人、监理人和第三人人身伤亡和财产损失。前者是依据发包人对工程享有所有权进行工程建设而造成了对第三人人身和财产的损害赔偿责任，该责任的法律基础为无过错责任。后者是因发包人原因造成其自身人员、承包人、监理人和第三人人身伤亡和财产损失，该责任对于与发包人有合同关系的主体来说，存在一定的违约责任与侵权责任的竞合的情形，但是对于与发包人没有合同关系的主体来说，则应适用侵权责任法的规定。同理，因承包人原因造成包括发包人在内的任何第三人的人身伤害和财产损失的，则与前述第二种情形相类似。

发包人和承包人各自雇佣的工作人员因执行工作任务造成他人人身伤亡和财产损害的，由用人单位承担侵权责任。工作人员在执行工作中有重大过失或过错的，用人单位对外承担责任后，可以要求工作人员在其过错范围内补偿。

【使用指引】

合同当事人在使用本条款时应注意以下事项：

1. 当发生任何安全事故时，发包人和承包人都应及时采取一定的应对措施，避免损失或损害的进一步扩大，不能相互推卸责任。

2. 对于安全事故的责任认定，发包人和承包人应该根据事实进行责任的划分或依据政府主管部门最终调查结论来认定，产生争议的，应通过争议解决程序解决。

3. 在处理安全事故过程中，尽量不要影响工程施工的正常进行。

4. 在计算第三者财产损失时，应当按照损失发生时市场价格或者其他方式计算损失。对于人身伤害的赔偿，应根据相关法律进行认定和计算。

【法条索引】

1.《中华人民共和国建筑法》第45条：施工现场安全由建筑施工企业负责。实行施工总承包的，由总承包单位负责。分包单位向总承包单位负责，服从总承包单位对施工现场的安全生产管理。

2.《中华人民共和国侵权责任法》第19条：侵害他人财产的，财产损失按照损失发生时的市场价格或者其他方式计算。

3.《中华人民共和国侵权责任法》第20条：侵害他人人身权益造成财产损失的，按照被侵权人因此受到的损失赔偿；被侵权人的损失难以确定，侵权人因此获得利益的，按照其获得的利益赔偿；侵权人因此获得的利益难以确定，被侵权人和侵权人就赔偿数额协商不一致，向人民法院提起诉讼的，由人民法院根据实际情况确定赔偿数额。

4.《建设工程安全生产管理条例》第54条：违反本条例的规定，建设单位未提供建设工程安全生产作业环境及安全施工措施所需费用的，责令限期改正；逾期未改正的，责令该建设工程停止施工。

建设单位未将保证安全施工的措施或者拆除工程的有关资料报送有关部门备案的，责令限期改正，给予警告。

5.《建设工程安全生产管理条例》第55条：违反本条例的规定，建设单位有下列行为之一的，责令限期改正，处20万元以上50万元以下的罚款；造成重大安全事故，构成犯罪的，对直接责任人员，依照刑法有关规定追究刑事责任；造成损失的，依法承担赔偿责任：

（一）对勘察、设计、施工、工程监理等单位提出不符合安全生产法律、法规和强制性标准规定的要求的；

（二）要求施工单位压缩合同约定的工期的；

（三）将拆除工程发包给不具有相应资质等级的施工单位的。

6.《建设工程安全生产管理条例》第62条：违反本条例的规定，施工单位有下列行为之一的，责令限期改正；逾期未改正的，责令停业整顿，依照《中华人民共和国安全生产法》的有关规定处以罚款；造成重大安全事故，构成犯罪的，对直接责任人员，依照刑法有关规定追究刑事责任：

（一）未设立安全生产管理机构、配备专职安全生产管理人员或者分部分项工程施工时无专职安全生产管理人员现场监督的；

（二）施工单位的主要负责人、项目负责人、专职安全生产管理人员、作业人员或者特种作业人员，未经安全教育培训或者经考核不合格即从事相关工作的；

（三）未在施工现场的危险部位设置明显的安全警示标志，或者未按照国家有关规定在施工现场设置消防通道、消防水源、配备消防设施和灭火器材的；

（四）未向作业人员提供安全防护用具和安全防护服装的；

（五）未按照规定在施工起重机械和整体提升脚手架、模板等自升式架设设施验收合格后登记的；

（六）使用国家明令淘汰、禁止使用的危及施工安全的工艺、设备、材料的。

7.《建设工程安全生产管理条例》第64条：违反本条例的规定，施工单位有下列行为之一的，责令限期改正；逾期未改正的，责令停业整顿，并处5万元以上10万元以下的罚款；造成重大安全事故，构成犯罪的，对直接责任人员，依照刑法有关规定追究刑事责任：

（一）施工前未对有关安全施工的技术要求作出详细说明的；

（二）未根据不同施工阶段和周围环境及季节、气候的变化，在施工现场采取相应的安全施工措施，或者在城市市区内的建设工程的施工现场未实行封闭围挡的；

（三）在尚未竣工的建筑物内设置员工集体宿舍的；

（四）施工现场临时搭建的建筑物不符合安全使用要求的；

（五）未对因建设工程施工可能造成损害的毗邻建筑物、构筑物和地下管线等采取专项防护措施的。

施工单位有前款规定第（四）项、第（五）项行为，造成损失的，依法承担赔偿责任。

8.《建设工程安全生产管理条例》第65条：违反本条例的规定，施工单位有下列行为之一的，责令限期改正；逾期未改正的，责令停业整顿，并处10万元以上30万元以下的罚款；情节严重的，降低资质等级，直至吊销资质证书；造成重大安全事故，构成犯罪的，对直接责任人员，依照刑法有关规定追究刑事责任；造成损失的，依法承担赔偿责任：

（一）安全防护用具、机械设备、施工机具及配件在进入施工现场前未经查验或者查验不合格即投入使用的；

（二）使用未经验收或者验收不合格的施工起重机械和整体提升脚手架、模板等自升式架设设施的；

（三）委托不具有相应资质的单位承担施工现场安装、拆卸施工起重机械和整体提升脚手架、模板等自升式架设设施的；

（四）在施工组织设计中未编制安全技术措施、施工现场临时用电方案或者专项施工方案的。

6.2 职业健康

6.2.1 劳动保护

承包人应按照法律规定安排现场施工人员的劳动和休息时间，保障劳动者的休息时间，并支付合理的报酬和费用。承包人应依法为其履行合同所雇用的人员办理必要的证件、许可、保险和注册等，承包人应督促其分包人为分包人所雇用的人员办理必要的证件、许可、保险和注册等。

承包人应按照法律规定保障现场施工人员的劳动安全，提供劳动保护，并应按国家有关劳动保护的规定，采取有效的防止粉尘、降低噪声、控制有害气体和保障高温、高寒、高空作业安全等劳动保护措施。承包人雇佣人员在施工中受到伤害的，承包人应立即采取有效措施进行抢救和治疗。

承包人应按法律规定安排工作时间，保证其雇佣人员享有休息和休假的权利。因工程施工的特殊需要占用休假日或延长工作时间的，应不超过法律规定的限度，并按法律规定给予补休或付酬。

【条文目的】

本条款为2013版施工合同新增条款，目的在于保护劳动者合法权益，维护与社会主义市场经济相适应的劳动制度，促进经济发展和社会进步。

【条文释义】

承包人应按照法律规定保障劳动者的休息时间，并且及时全额支付工资。承包人应按照国家有关规定为其雇用人员办理各种必要的证件、许可、保险和注册等，同时应督促其分包人为分包人所雇用的人员办理必要的证件、许可、保险和注册等。

承包人应在施工现场采取措施，防止或者减少粉尘、废气、废水、固体废物、噪声、振动和施工照明对劳动者健康和人身安全造成的危害。

承包人应按照相关法律规定保证其雇用人员享有休息休假、取得劳动报酬、接受技术培训、享受社会保险的权利。承包人必须建立劳动安全卫生制度，严格执行国家劳动安全卫生规程和标准，对劳动者进行劳动安全卫生教育，防止劳动过程中的事故，减少职业危害。

【使用指引】

在对施工人员劳动保护方面，承包人往往投入低、重视不够，一定程度影响了劳动关系的和谐和施工的安全，也是对劳动者权益的侵害，随着全民法律意识的增强，施工人员对劳动保护的要求也日趋强烈，承包人应严格按照本条款约定及相关法律规定，维护其雇员的合法权益。

根据《中华人民共和国社会保险法》和《工伤保险条例》的规定，如果用人单位未给劳动者缴纳工伤保险，劳动者发生工伤时，由用人单位承担本应由工伤保险基金负担的工伤保险待遇。

同时承包人必须建立劳动安全卫生制度，严格执行国家劳动安全卫生规程和标准，对劳动者进行劳动安全卫生教育，防止劳动过程中的事故，减少职业危害。

【法条索引】

1.《中华人民共和国建筑法》第47条：建筑施工企业和作业人员在施工过程中，应当遵守有关安全生产的法律、法规和建筑行业安全规章、规程，不得违章指挥或者违章作业。作业人员有权对影响人身健康的作业程序和作业条件提出改进意见，有权获得安全生产所需的防护用品。作业人员对危及生命安全和人身健康的行为有权提出批评、检举和控告。

2.《中华人民共和国建筑法》第48条：建筑施工企业应当依法为职工参加工伤保险缴纳工伤保险费。鼓励企业为从事危险作业的职工办理意外伤害保险，支付保险费。

3.《中华人民共和国劳动法》第36条：国家实行劳动者每日工作时间不超过8小时、平均每周工作时间不超过44小时的工时制度。

4.《中华人民共和国劳动法》第38条：用人单位应当保证劳动者每周至少休息一日。

5.《中华人民共和国劳动法》第41条：用人单位由于生产经营需要，经与工会和劳动者协商后可以延长工作时间，一般每日不得超过1小时；因特殊原因需要延长工作时间的，在保障劳动者身体健康的条件下延长工作时间每日不得超过3小时，但是每月不得超过36小时。

6.《中华人民共和国劳动法》第44条：有下列情形之一的，用人单位应当按照下列标准支付高于劳动者正常工作时间工资的工资报酬：（一）安排劳动者延长工作时间的，支付不低于工资的150%的工资报酬；（二）休息日安排劳动者工作又不能安排补休的，支付不低于工资的200%的工资报酬；（三）法定休假日安排劳动者工作的，支付不低于工资的300%的工资报酬。

7.《建设工程安全生产管理条例》第30条：施工单位对因建设工程施工可能造成损害的毗邻建筑物、构筑物和地下管线等，应当采取专项防护措施。施工单位应当遵守有关环境保护法律、法规的规定，在施工现场采取措施，防止或者减少粉尘、废气、废水、固体废物、噪声、振动和施工照明对人和环境的危害和污染。在城市市区内的建设工程，施工单位应当对施工现场实行封闭围挡。

8.《建设工程安全生产管理条例》第38条：施工单位应当为施工现场从事危险作业的人员办理意外伤害保险。意外伤害保险费由施工单位支付。实行施工总承包的，由总承包单位支付意外伤害保险费。意外伤害保险期限自建设工程开工之日起至竣工验收合格止。

6.2.2 生活条件

承包人应为其履行合同所雇用的人员提供必要的膳宿条件和生活环境；承包人应采取有效措施预防传染病，保证施工人员的健康，并定期对施工现场、施工人员生活基地和工程进行防疫和卫生的专业检查和处理，在远离城镇的施工场地，还应配备必要的伤病防治和急救的医务人员与医疗设施。

【条文目的】

本条款为2013版施工合同新增条款，旨在要求承包人依法为其履行合同所雇佣的人员提供必要的生活条件，并保证所雇佣人员的健康，从生活条件、医疗等方面保障劳动者的合法权益。

【条文释义】

根据《建设工程安全生产管理条例》的规定，因工程施工作业的特殊性，承包人应为施工人员提供符合要求的生活条件。承包人应当将施工现场的办公、生活区与作业区分开设置，并保持安全距离；办公、生活区的选址应当符合安全性要求。职工的膳食、饮水、休息场所等应当符合卫生标准。施工单位不得在尚未竣工的建筑物内设置员工集体宿舍。

承包人应采取有效措施预防传染病，例如加强饮水卫生，彻底清理环境，特别是对粪便、垃圾、污物等环境污染物作好处理，有组织地开展消毒、杀虫、灭鼠等定期防疫处理工作，以保障施工人员的生活健康。

当施工场地远离城镇时承包人应配备必要的伤病防治和急救的医务人员与医疗设施，以保证施工人员发生工伤或者患病时及时得到有效救治。

《北京市建设工程施工现场安全防护、场容卫生、环境保护及保卫消防标准》中规定，承包人在为施工人员提供膳宿条件和生活环境时，应符合以下要求：办公区、生活区应保持整洁卫生，垃圾应存放在密闭式容器，定期灭蚊蝇，及时清运。生活垃圾与施工垃圾不得混放。生活区宿舍内夏季应采取消暑和灭蝇措施，冬季应有采暖和防煤气中毒措施，并建立验收制度。

宿舍内应有必要的生活设施及保证必要的生活空间，内高度不得低于2.5m，通道的宽度不得小于1m，应有高于地面30cm的床铺，每人床铺占有面积不小于2m²，床铺被褥干净整洁，生活用品摆放整齐，室内保持通风。生活区内必须有盥洗设施和洗浴间。应设阅览室、娱乐场所。施工现场应设水冲式厕所，厕所墙壁屋顶严密，门窗齐全，要有灭蝇措施，设专人负责定期保洁。

施工现场设置的临时食堂必须具备食堂卫生许可证、炊事人员身体健康证、卫生知识培训证。建立食品卫生管理制度，严格执行食品卫生法和有关管理规定。施工现场的食堂和操作间相对固定、封闭，并且具备清洗消毒的条件和杜绝传染疾病的措施。

【使用指引】

承包人在使用本条款时应注意的是，承包人不得在尚未竣工的建筑物内设置员工集体宿舍，施工现场临时搭建的建筑物应当符合安全使用要求，且施工现场使用的装配式活动房屋应当具有产品合格证。

【法条索引】

1.《中华人民共和国劳动法》第54条：用人单位必须为劳动者提供符合国家规定的劳动安全卫生条件和必要的劳动防护用品，对从事有职业危害作业的劳动者应当定期进行健康检查。

2.《建设工程安全生产管理条例》第29条：施工单位应当将施工现场的办公、生活区与作业区分开设置，并保持安全距离；办公、生活区的选址应当符合安全性要求。职工的膳食、饮水、休息场所等应当符合卫生标准。施工单位不得在尚未竣工的建筑物内设置员工集体宿舍。施工现场临时搭建的建筑物应当符合安全使用要求。施工现场使用的装配式活动房屋应当具有产品合格证。

3.《传染病防治法实施办法》（卫生部令第17号）第30条：自然疫源地或者可能是自然疫源地的地区计划兴建大型建设项目时，建设单位在设计任务书批准后，应当向当地卫生防疫机构申请对施工环境进行卫生调查，并根据卫生防疫机构的意见采取必要的卫生防疫措施后，方可办理开工手续。兴建城市规划内的建设项目，属于在自然疫源地和可能是自然疫源地范围内的，城市规划主管部门在核发建设工程规划许可证明中，必须有卫生防疫部门提出的有关意见及结论。建设单位在施工过程中，必须采取预防传染病传播和扩散的措施。

6.3 环境保护

承包人应在施工组织设计中列明环境保护的具体措施。在合同履行期间，承包人应采取合理措施保护施工现场环境。对施工作业过程中可能引起的大气、水、噪声以及固体废物污染采取具体可行的防范措施。

承包人应当承担因其原因引起的环境污染侵权损害赔偿责任，因上述环境污染引起纠纷而导致暂停施工的，由此增加的费用和（或）延误的工期由承包人承担。

【条文目的】

本条款旨在要求承包人承担施工过程中的环境保护义务及法律责任，有利于保护环境和防范污染，保障人体健康要求。1999版施工合同仅概括性规定承包人应当遵守环境保护的管理规定，可操作性较差，2013版施工合同对此进行了细化。

【条文释义】

随着相关环境保护法律法规的完善和人民群众对环境保护的逐步重视，工程环境保护、环保评估越来越受到社会的关注。因1999版施工合同没有相关的详细约定，导致对环境保护方面的重视和投入不够，一旦造成环境污染，则治理成本增加、技术难度提高，故在工程开始施工前增加环境保护的意识，约束承包人采取有效的环境保护措施。做好施工期间的环境保护是承包人的法定义务，也是承包人应尽的社会义务。

承包人在施工时应当遵守有关环境保护和安全生产的法律、法规的规定，采取控制和处理施工现场的各种粉尘、废气、废水、固体废物以及噪声、振动对环境的污染和危害的措施。对于可能引起大气、水、噪声以及固体废物污染的施工作业要事先做好具体可行的防范措施。

承包人作为污染者，应对其引起的环境污染承担侵权损害赔偿责任，由此导致的暂停施工，承包人承担由此增加的费用和延误的工期。由此产生的周边群众不满等群体事件，承包人和发包人都应高度重视、积极处理，承包人承担由此发生的费用和延误的工期。

【使用指引】

承包人在使用本条款约定时应注意的是：

1. 承包人应在施工组织设计中写明针对施工过程中可能发生的污染而采取的具体措施。若监理人认为该措施不足以防止对环境的污染，承包人需要修改措施，直至监理人认可该措施为止。

2. 承包人在签订合同时应全面考虑可能发生的费用，合同一经签订，就视为承包人已经认识到了保护环境可能面临的所有风险，除非按照第11.2款【法律变化引起的调整】导致承包人保护环境的费用增加，承包人不可就保护环境所发生的其他费用要求发包人进行补偿。

3. 根据法律规定，环境污染侵权责任实行举证责任倒置原则，即承包人应当就法律规定的不承担责任或者减轻责任的情形及其行为与损害之间不存在因果关系承担举证责任，否则须承担环境污染侵权责任。

【法条索引】

1. 《中华人民共和国建筑法》第41条：建筑施工企业应当遵守有关环境保护和安全生产的法律、法规的规定，采取控制和处理施工现场的各种粉尘、废气、废水、固体废物以及噪声、振动对环境的污染和危害的措施。

2. 《中华人民共和国侵权责任法》第65条：因污染环境造成损害的，污染者应当承担侵权责任。

3. 《中华人民共和国侵权责任法》第66条：因污染环境发生纠纷，污染者应当就法律规定的不承担责任或者减轻责任的情形及其行为与损害之间不存在因果关系承担举证责任。

4. 《中华人民共和国环境保护法》第6条：一切单位和个人都有保护环境的义务，并有权对污染和破坏环境的单位和个人进行检举和控告。

5. 《中华人民共和国环境保护法》第10条：国务院环境保护行政主管部门根据国家环境质量标准和国家经济、技术条件，制定国家污染物排放标准。省、自治区、直辖市人民政府对国家污染物排放标准中未作规定的项目，可以制定地方污染物排放标准；对国家污染物排放标准中已作规定的项目，可以制定严于国家污染物排放标准的地方污染物排放标准。地方污染物排放标准须报国务院环境保护行政主管部门备案。凡是向已有地方污染物排放标准的区域排放污染物的，应当执行地方污染物排放标准。

6. 《中华人民共和国环境保护法》第24条：产生环境污染和其他公害的单位，必须把环境保护工作纳入计划，建立环境保护责任制度；采取有效措施，防治在生产建设或者其他活动中产生的废气、废水、废渣、粉尘、恶臭气体、放射性物质以及噪声、振动、电磁波辐射等对环境的污染和危害。

7 工期和进度

7.1 施工组织设计

7.1.1 施工组织设计的内容
施工组织设计应包含以下内容：

（1）施工方案；

（2）施工现场平面布置图；

（3）施工进度计划和保证措施；

（4）劳动力及材料供应计划；

（5）施工机械设备的选用；

（6）质量保证体系及措施；

（7）安全生产、文明施工措施；

（8）环境保护、成本控制措施；

（9）合同当事人约定的其他内容。

【条文目的】

施工组织设计是对施工活动实行科学管理的重要手段，是指导施工项目全过程各项活动的技术、经济和组织的综合性文件，是施工活动有序、高效、科学合理进行的重要保障。与1999版施工合同相比，2013版施工合同对施工组织设计的规定更为细致。本条款旨在对目前工程建设项目的施工组织设计文件所包含内容进行规范和统一。

【条文释义】

根据《建筑施工组织设计规范》（GB 50502-2009）中的规定，施工组织设计是指以施工项目为对象编制的，用以指导施工的技术、经济和管理的综合性文件。施工组织设计是国内工程建设领域长期沿用的文件名称，西方国家一般称为施工计划或工程项目管理计划。在《建设项目工程总承包管理规范》（GB/T 50358-2005）中，将施工单位负责工作对应的施工组织计划分成两部分，即项目管理计划和项目实施计划。施工组织设计既不是这两个阶段的某一阶段内容，也不是两个阶段内容的简单合成，而是我国长期使用的惯例和各地方的实际使用效果而逐步积累的内容精华。一般施工组织设计应体现合同当事人对工程的技术、工期、质量、安全和成本控制等全面实施要求。

根据《建筑施工组织设计规范》（GB 50502-2009）第3.0.2条款的规定，施工组织设计的编制必须遵循工程建设程序，并应符合下列原则：

（1）符合施工合同或招标文件中有关工程进度、质量、安全、环境保护、造价等方面的要求；

（2）积极开发、使用新技术和新工艺，推广应用新材料和新设备；

（3）坚持科学的施工程序和合理的施工顺序，采用流水施工和网络计划等方法，科学配置资源，合理布置现场，采取季节性施工措施，实现均衡施工，达到合理的经济技术指标；

（4）采取技术和管理措施，推广建筑节能和绿色施工；

（5）与质量、环境和职业健康安全3个管理体系有效结合。

同时，施工组织设计应根据法律法规规定、工程规模、结构特点、技术复杂程度和施工条件进行编制，以满足不同工程的实施需求。根据《建筑施工组织设计规范》（GB 50502-2009）和有关法律规定，2013版施工合同中将施工方案、施工现场平面布置图、施工进度计划和保证措施、劳动力及材料供应计划、施工机械设备的选用、质量保证体系及措施、安全生产和文明施工措施、环境保护和成本控制措施以及合同当事人约定的其他内容等列入了施工组织设计文件的范畴。

再次，施工组织设计应由承包人编制，且应在合同规定的时限内提交施工组织设计，以确保项目的顺利开工、实施，与施工组织设计编制有关的附件如法律规定、规范、标准等应一并提交。

另外，2013版施工合同的起草过程中，对于施工组织设计是否应纳入合同文件的组成存在较大争议。有观点认为在国内工程实践中，在订立合同阶段，因发包人提供的工程相关资料与工程实际情况一般存在较大出入，承包人如果严格按照其在订立合同阶段所递交的施工组织设计组织施工，不但无法正常指导施工，甚至还有可能起到相反的作用。但也有观点认为，根据合同法关于要约和承诺的规定，承包人在订立合同阶段提交的施工组织设计是承包人要约的组成部分，是合同当事人签订施工合同的依据之一，施工组织设计理应属于合同文件的组成部分，也是对承包人的约束。2013版施工合同综合考虑了前述观点，合同当事人可以在专用合同条款中根据项目情况自行约定是否将施工组织设计纳入合同文件组成部分。

【使用指引】

合同当事人在使用本条款时应注意以下事项：

1. 因工程勘察设计等基础资料是承包人编制施工组织设计的重要依据，因此，发包人应保证其向承包人提供的基础资料真实、准确和完整。

2. 发包人对工程的施工组织设计有特别要求的，应将此等要求在招标文件或专用合同条款中予以明确，承包人在编制施工组织设计时应将发包人的此等要求考虑进去。

3. 对危险性较大的分部分项工程，承包人在施工组织设计中还应依据《危险性较大的分部分项工程安全管理办法》等规定，编制危险性较大的分部分项工程的专项施工方案；对于超过一定规模的危险性较大的分部分项工程，施工单位应当组织专家对专项方案进行论证。

【法条索引】

1. 《中华人民共和国建筑法》第38条：建筑施工企业在编制施工组织设计时，应当根据建筑工程的特点制定相应的安全技术措施；对专业性较强的工程项目，应当编制专项安全施工组织设计，并采取安全技术措施。

2. 《建设工程安全生产管理条例》（国务院令第393号）第26条：施工单位应当在施工组织设计中编制安全技术措施和施工现场临时用电方案，对下列达到一定规模的危险性较大的分部分项工程编制专项施工方案，并附具安全验算结果，经施工单位技术负责人、总监理工程师签字后实施，由专职安全生产管理人员进行现场监督：（一）基坑支护与降水工程；（二）土方开挖工程；（三）模板工程；（四）起重吊装工程；（五）脚手架工程；（六）拆除、爆破工程；（七）国务院建设行政主管部门或者其他有关部门规定的其他危险性较大的工程。

对前款所列工程中涉及深基坑、地下暗挖工程、高大模板工程的专项施工方案，施工单位还应当组织专家进行论证、审查。

本条款第一款规定的达到一定规模的危险性较大工程的标准，由国务院建设行政主管部门会同国务院其他有关部门制定。

3. 《危险性较大的分部分项工程安全管理办法》（建质【2009】第87号）第4条：建设单位在申请领取施工许可证或办理安全监督手续时，应当提供危险性较大的分部分项工程清单和安全管理措施。施工单位、监理单位应当建立危险性较大的分部分项工程安全管理制度。

4.《危险性较大的分部分项工程安全管理办法》（建质【2009】第87号）第5条：施工单位应当在危险性较大的分部分项工程施工前编制专项方案；对于超过一定规模的危险性较大的分部分项工程，施工单位应当组织专家对专项方案进行论证。

5.《建筑施工组织设计规范》（GB 50502-2009）第2.0.1条款【施工组织设计】：以施工项目为对象编制的，用以指导施工的技术、经济和管理的综合性文件。

6.《建筑施工组织设计规范》（GB 50502-2009）第3.0.4条款：施工组织设计应围绕编制依据、工程概况、施工部署、施工进度计划、施工准备与资源配置计划、主要施工方法、施工现场平面布置及主要施工管理计划等进行编制。

7.1.2　施工组织设计的提交和修改

除专用合同条款另有约定外，承包人应在合同签订后14天内，但至迟不得晚于第7.3.2项【开工通知】载明的开工日期前7天，向监理人提交详细的施工组织设计，并由监理人报送发包人。除专用合同条款另有约定外，发包人和监理人应在监理人收到施工组织设计后7天内确认或提出修改意见。对发包人和监理人提出的合理意见和要求，承包人应自费修改完善。根据工程实际情况需要修改施工组织设计的，承包人应向发包人和监理人提交修改后的施工组织设计。

施工进度计划的编制和修改按照第7.2款【施工进度计划】执行。

【条文目的】

本条款明确了施工组织设计的提交和修改程序。与1999版施工合同相比，本条款对施工组织设计的报送、修改程序规定的更为具体和详细，以便施工工作能够顺利开展。

【条文释义】

合同订立阶段，承包人通常会根据发包人提供的资料和要求，提交施工组织设计以供发包人作为选择承包人的依据之一，尤其在招标发包的工程中，承包人必须提交施工组织设计作为投标文件的组成部分。工程实践中，因发包人在订立合同阶段提供的资料和要求较为粗放，据此编制的施工组织设计往往无法指导实际现场的工程施工，因此在施工合同签订后，承包人会根据发包人进一步提供的更为翔实的基础资料和现场的实际情况，重新提交可操作的施工组织设计。

如承包人在招投标阶段或订立合同阶段提交的施工组织设计能够用于指导工程施工，则仅需将该施工组织设计按照本条款约定履行提交程序即可。

承包人应在合同签订后14天内提交详细的施工组织设计，但至迟不得晚于第7.3.2项【开工通知】载明的开工日期前7天，以便于发包人和监理人有足够的时间进行审核，以及便于承包人对于详细的施工组织设计中存在的问题进行整改。发包人和监理人有权对施工组织设计提出修改意见，对发包人和监理人提出的合理意见和要求，承包人应自费修改完善。发包人和监理人对施工组织设计提出的修改意见及审核批准，不能减轻和免除承包人对施工技术、质量、安全、工期、管理等方面的责任和义务。

另外，鉴于建设工程周期长、技术复杂，在工程建设过程中，不可避免地需要对施工组织设计进行修改，承包人根据工程实际建设情况修改施工组织设计的，应向发包人和监理人提交修改后的施工组织设计，发包人和监理人应对修改后的施工组织设计予以确认或提出修改意见。

最后，鉴于施工进度计划作为施工组织设计中至关重要的文件，2013版施工合同单列一个条款对其编制和修改进行规范，具体按照第7.2款【施工进度计划】执行。

【使用指引】

合同当事人在使用本条款约定时应注意以下事项：

1. 招标发包的工程，承包人一般在其投标时即已提交过施工组织设计，在签订合同后如有变化的，需要在投标阶段施工组织设计文件基础上修订后重新提交。

2. 根据目前2013版施工合同通用条款的约定，考虑到施工组织设计的重要性，对于施工组织设计的批准权安排为监理人审核，发包人审批。发包人和监理人均有权对施工组织设计提出修改意见，对发包人和监理人提出的合理意见和要求，承包人应自费修改完善。监理人的审核与发包人的批准，不免除承包人的责任和义务。

3. 对于提交施工组织设计的最迟时间，合同双方可在专用合同条款中另行约定。

【法条索引】

《中华人民共和国建筑法》第38条：建筑施工企业在编制施工组织设计时，应当根据建筑工程的特点制定相应的安全技术措施；对专业性较强的工程项目，应当编制专项安全施工组织设计，并采取安全技术措施。

7.2 施工进度计划

7.2.1 施工进度计划的编制

承包人应按照第7.1款【施工组织设计】约定提交详细的施工进度计划，施工进度计划的编制应当符合国家法律规定和一般工程实践惯例，施工进度计划经发包人批准后实施。施工进度计划是控制工程进度的依据，发包人和监理人有权按照施工进度计划检查工程进度情况。

【条文目的】

施工进度计划是控制工程进度和进行工程管理的重要依据，有助于发包人和监理人及时发现承包人进度方面的问题，保障工程实施进度。本条款明确了施工进度计划的作用和编制要求。与1999版施工合同相比，本条款对施工进度计划的编制进行了相关的细化。

【条文释义】

根据《建筑施工组织设计规范》（GB 50502-2009）第2.0.8项【施工进度计划】的规定，"施工进度计划为实现项目设定的工期目标，对各项施工过程的施工顺序、起止时间和相互衔接关系所作的统筹策划和安排。施工进度计划要保证拟建工程在规定的期限内完成，保证施工的连续性和均衡性，节约施工费用。编制施工进度计划需依据建筑工程施工的客观规律和施工条件，参考工期定额，综合考虑资金、材料、设备、劳动力等资源的投入。"

施工进度计划是合同当事人进行工期管理及监理人进行工期监理的重要依据，也是合理组织工程所需各项资源的基础，对于认定工期责任非常关键。但国内工程实践中，尤其是招标发包的工程，承包人在投标阶段提交的施工进度计划，往往因投标时施工条件不清晰、施工图纸不翔实、投标期限短和承包人项目计划管理能力欠缺等原因，导致其投标时的施工进度计划与合同实际履行时的实际状况出入较大，无法有效指导工程施工。因此，工程实践中，有实际指导意义的进度计划是在施工合同订立后编制的进度计划，2013版施工合同结合国际工程惯例和国内工程的实践进行了明确的规范。

与1999版施工合同不同的是，2013版施工合同关于合同文件的约定中，承包人在投标阶段提交的施工组织设计中的进度计划文件并未列入合同文件组成部分，该规定与以往的施工合同文件组成部分有较大的差异。考虑到通用合同条件是一般性的规定，2013版施工合同在编制过程中预留出了各种情形下合同当事人可以结合实际情况进行约定"其他合同文件"的做法，并在专用合同条款进行明确。承包人在专用合同条款中可以约定结合现场作业环境及作业条件，综合考虑工期、劳动力计划、设备使用及进场计划、材料进场计划、资金安排计划等资源准备状况，以及具体的施工方案、施工工艺、工序安排等编制详细的施工进度计划，报请监理人和发包人审批。

承包人编制施工进度计划应依据法律规定、施工方案、工程的实践惯例、项目性质、当地的市场资源情况以及工程相关的技术经济资料编制，其内容主要包括编制说明、进度计划图、资源需要量计划、风险分析及控制措施等。施工进度计划是施工组织设计的重要组成部分，应符合合同对于工期或节点工期的约定，随同施工组织设计提交发包人和监理人审核。

经发包人批准的施工进度计划，对发包人和承包人具有合同约束力，是控制合同进度及工期的重要依据，发包人和承包人应重视施工进度计划的合理性和可行性。在工程施工过程中，如果实际施工进度落后于施工进度计划，应按照合同约定确定工期延误的责任，并由责任方按照合同约定承担不利后果，包括但不限于承担由此增加的费用和（或）工期延误的责任。施工进度计划同时也是发包人进行建设资金安排的重要依据，发包人应结合工程进度计划合理安排项目建设资金。

发包人在收到承包人的施工进度计划后，应当根据工程的实际情况，并结合监理人的建议，可以要求承包人提供更详细的分部分项工程的进度计划，或周（日）工作进度计划，以便于更好的控制工期计划。

另外，发包人和承包人应注意在专用合同条款中约定详细施工进度计划和施工方案的内容和提交期限，以及监理人的审批期限，避免因约定不明影响与合同进度计划有关的管理目标的实现。

【使用指引】

合同当事人在使用本条款约定时应注意以下事项：

1. 承包人编制进度计划应充分考虑工程的特点、规模、技术难度、施工环境等因素，符合合同对工期或节点工期的约定。进度计划不能与工程实施的实际情况相脱离，也不能任意迎合发包人的工期要求而违背科学和现实条件，且不得压缩合理工期。合理工期的理解可以参照当地建设行政主管部门或有关专业机构编制的工期定额来确定。

2. 发包人对承包人提交的施工进度计划应在约定期限内予以审批，没有约定期限的应及时审批，以便承包人可以尽快按照经审批的进度计划组织施工。

【法条索引】

《建筑施工组织设计规范》（GB 50502-2009）第5.3条款【施工进度计划】：

5.3.1　单位工程施工进度计划应按照施工部署的安排进行编制。

5.3.2　施工进度计划可采用网络图或横道图表示，并附必要说明；对于工程规模较大或较复杂的工程，宜采用网络图表示。

7.2.2　施工进度计划的修订

施工进度计划不符合合同要求或与工程的实际进度不一致的，承包人应向监理人提交经修订的施工进度计划，并附具有关措施和相关资料，监理人同时应将经修订的施工进度计划报送发包人。除专用合同条款另有约定外，发包人和监理人应在收到修订的施工进度计划后7天内作出审核、批准或提出修改意见。发包人和监理人对承包人提交的施工进度计划的确认，不能减轻或免除承包人根据法律规定和合同约定应承担的任何责任或义务。

【条文目的】

鉴于建设工程周期长且技术复杂，工程建设过程中，施工进度计划与实际施工进度不一致的情形十分常见。通常情况下，为了保证施工进度计划对进度控制的指导作用，需要适时修订施工计划。本条款明确了施工进度计划的修订程序，以科学合理安排工期，推进工程建设的顺利开展。

【条文释义】

首先，本条款虽然约定了施工进度计划不符合合同要求或与工程的实际进度不一致时，承包人应提交经修订的施工进度计划，但并非要求，只要施工进度计划不符合合同要求或与工程实际进度不一致，承包人均需修订施工进度计划。一般来说，承包人应先行通过采取合理措施，确保实际进度尽量符合施工进度计划的要求，因进度发生变化引起的赶工费用等由责任人承担。

其次，承包人提交经修订的施工进度计划应满足合同关于工期的要求，特别强调，未经发包人同意，不得修改合同关于工期的要求。承包人提交的施工进度计划，应同时附具有关措施和相关资料，并应向监理人提交，由监理人从其专业角度出具意见后提交发包人，发包人和监理人应在监理人收到修订的施工进度计划后7天内作出审核、批准或提出修改意见，以便于承包人尽快按照修订后施工进度计划调整工序或采取赶工措施，赶工的费用由责任方承担。如果修订后的施工进度计划不能满足合同关于工期要求的，由责任方承担延误的工期及增加的费用。

再次，鉴于施工进度计划是承包人编制并指导其施工的依据，属于专业技术文件，发包人和监理人对修改后的施工进度计划的审查和确认，更多地是从工期管理角度出发，其审查和确认不应减轻和免除承包人对施工进度计划所应承担的责任和义务。

另外，合同当事人应注意本条款提及的施工进度计划与投标时施工进度计划的关系。在工程实践中，开工前承包人提交的施工进度计划往往与工程实际情况存在差异，故需要承包人在进场后另行提交更为详细并符合工程实际的施工进度计划，以指导工程实施。

【使用指引】

合同当事人在使用本条款约定时应注意以下事项：

1. 发包人或监理人应在合同约定的期限内完成对修订的施工进度计划的审批，双方可以在专用合同条款中约定不同于本条款审批期限的期限。

2. 鉴于按照合同约定完工是承包人的主要义务之一，因此发包人同意承包人所提出的经修订的施工进度的，并不减轻或免除承包人应当承担的责任和义务，承包人不能以发包人的同意作为免责的理由，不能以此认为合同当事人对于合同工期进行了变更。

【条文索引】

《菲迪克（FIDIC）施工合同条件》（1999版红皮书）：

8.3 承包商应及时将未来可能对工作造成不利影响、增加合同价格或延误工程施工的事件或情况，向工程师发出通知。工程师可要求承包商提交此类未来事件或情况预期影响的估计，和（或）根据第13.3欲【变更成程序】的规定提出建议。如果任何时候工程师向承包商发出通知，指出进度计划（在指明的范围）不符合合同要求，或与实际进度和承包商提出的意向不一致时，承包商应按照本款向工程师提交一份修订进度计划。

7.3 开工

7.3.1 开工准备

除专用合同条款另有约定外，承包人应按照第7.1款【施工组织设计】约定的期限，向监理人提交工程开工报审表，经监理人报发包人批准后执行。开工报审表应详细说明按施工进度计划正常施工所需的施工道路、临时设施、材料、工程设备、施工设备、施工人员等落实情况以及工程的进度安排。

除专用合同条款另有约定外，合同当事人应按约定完成开工准备工作。

【条文目的】

开工准备工作是工程施工的重要阶段，开工准备工作是否充分，直接影响工程的质量、安全、进度以及合法合规性，因此有必要对合同当事人的开工准备工作提出要求。与1999版施工合同相比，本条款的规定属于新增内容。

【条文释义】

根据《中华人民共和国建筑法》和《建筑工程施工许可管理办法》的有关规定，项目开工前，发包人应当办妥工程开工所需的各项审批许可手续，例如获得项目立项许可、建设用地规划许可证、土地使用权证、建设工程规划许可证、征地拆迁、施工图设计图纸审批、建设工程施工许可证等证件或批件，并落实建设资金。另外，发包人还应向承包人提交图纸、基础资料，移交施工现场，负责完成招投标文件或合同约定应由其提供的施工条件。其中对《中华人民共和国建筑法》第8条中的建设资金落实的理解，可以参照《建筑施工许可管理办法》第4条规定进行理解，"建设工期不足1年的，到位资金原则上不得少于工程合同价的50%，建设工期超过1年的；到位资金原则上不导少于工程合同价的30%。建设单位应当提供银行出具的到位资金证明，有条件的可以实行银行付款保函或者其他第三方担保。"因发包人未做好开工准备工作，导致工期延误的，应承担由此增加的费用和（或）延误的工期，并向承包人支付合理的利润。

承包人应按照合同规定的时间尽量提前做好施工组织设计编制、图纸审查及深化等工作外，还应备好开工所需的材料、工程设备，做好劳动力安排，另外还应负责完成由其修建的施工道路、临时设施等。因承包人未做好开工准备工作，导致工期延误的，由承包人承担由此增加的费用，且工期不予顺延。

承包人应按照施工组织设计规定的时间节点向监理人提交开工报审表，并由监理人报发包人审批。开工报审表应详细说明按施工进度计划正常施工所需的施工道路、临时设施、材料、工程设备、施工人员等的落实情况以及工程的进度安排，以便于监理人和发包人审批。

【使用指引】

合同当事人在使用本条款约定时应注意以下事项：

1. 发包人应积极落实开工所需的准备工作，尤其是获得开工所需的各项行政审批和许可手续，避免因工程建设手续的欠缺，影响工程合法性。

2. 承包人在合同签订后，应积极准备各项开工准备工作，签订材料、工程设备、周转材料等的采购合同，确定劳动力、材料、机械的进场安排，避免因准备不足，影响正常开工。

【法条索引】

1. 《中华人民共和国建筑法》第8条：申请领取施工许可证，应当具备下列条件：

（一）已经办理该建筑工程用地批准手续；

（二）在城市规划区的建筑工程，已经取得规划许可证；

（三）需要拆迁的，其拆迁进度符合施工要求；

（四）已经确定建筑施工企业；

（五）有满足施工需要的施工图纸及技术资料；

（六）有保证工程质量和安全的具体措施；

（七）建设资金已经落实；

（八）法律、行政法规规定的其他条件。

建设行政主管部门应当自收到申请之日起15日内，对符合条件的申请颁发施工许可证。

2. 《建筑工程施工许可管理办法》（建设部令第71号）第4条：建设单位申请领取施工许可证，应当具备下列条件，并提交相应的证明文件：……（八）建设资金已经落实。建设工期不足1年的，到位资金原则上不得少于工程合同价的50%，建设工期超过1年的，到位资金原则上不导少于工程合同价的30%。建设单位应当提供银行出具的到位资金证明，有条件的可以实行银行付款保函或者其他第三方担保……

3. 《建筑工程施工许可管理办法》（建设部令第71号）第8条：建设单位应当自领取施工许可证之日起3个月内开工。因故不能按期开工的，应当在期满前向发证机关申请延期，并说明理由；延期以两次为限，每次不超过3个月。既不开工又不申请延期或者超过延期次数、时限的，施工许可证自行废止。

4. 《建设工程安全生产管理条例》第6条：建设单位应当向施工单位提供施工现场及毗邻区域内供水、排水、供电、供气、供热、通信、广播电视等地下管线资料，气象和水文观测资料，相邻建筑物和构筑物、地下工程的有关资料，并保证资料的真实、准确、完整。建设单位因建设工程需要，向有关部门或者单位查询前款规定的资料时，有关部门或者单位应当及时提供。

7.3.2 开工通知

监理人应在计划开工日期前7天向承包人发出开工通知，工期自开工通知中载明的开工日期起算。

除专用合同条款另有约定外，因发包人原因造成监理人未能在计划开工日期之日起90天内发出开工通知的，承包人有权提出价格调整的要求，或者要求解除合同。发包人应当承担由此增加的费用和（或）延误的工期，并应向承包人支付合理利润。

【条文目的】

开工日期是计算工期的始点，对于计算工期具有重要意义。建设项目开工之前，发包人和承包人均应做好开工准备工作，开工准备工作完成情况决定着工程能否顺利进行。本条款的规定明确了开工程序，与1999版施工合同相比，本条款约定更为详细和具体，其中因发包人原因逾期开工90天以上情形的处理属于新增内容。

【条文释义】

工程的实际开工日期以开工通知中载明的开工日期为准，是计算工期的起始点。监理人在发出开工通知前应征得发包人的同意，且发出开工通知的前提是发包人已经取得了工程开工所需的全部行政审批或许可，否则在不具备法定开工条件的前提下，监理人发出开工通知，承包人有权拒绝。

合同签订后，承包人一般会根据合同约定的计划开工日期准备开工所需的人员、材料、机械设备及其他开工条件，如果监理人迟迟不下达开工通知，且超过合同计划开工日期的，通常会造成承包人无法按照合同计划组织生产，从而导致承包人费用增加。尤其是在通知开工日期严重滞后于合同计划开工日期的情况下，合同订立时所依据的前提条件和客观环境、市场条件可能发生超出承包人订约时合理预见范围的重大变化，例如人工、材料、设备价格暴涨，在此种情况下，承包人有权要求发包人对合同价款作出调整，合同当事人无法对调价达成一致的，承包人也可以主张解除合同。

因发包人原因造成监理人未能在计划开工日期之日起90天内发出开工通知的情况下，此时由于迟延开工的时间长达90日，已经客观造成多数项目的投标人投标报价有效期基本上均已经超过，2013版施工合同在此赋予了承包人可以提出调整价格的权利，其中价格调整的内容包含因迟延开工导致的承包人费用增加。发包人不同意调整合同价格的，则承包人可以主张解除合同，并要求赔偿由此造成的费用和利润的损失。

工程实践中，关于利润损失的计算是一个比较复杂的问题，其关键在于如何认定是否存在利润损失以及利润损失的计算标准。本条款约定因长时间迟延开工可解除合同的实质是发包人违反合同约定不能如期开工达到90天以上，对于该种违约造成的损失，合同当事人有约定时从约定，没有约定则执行合同法规定的损害赔偿原则。通常应当包括实际损失和预期利益，实际损失可以包括承包人由于不能按照计划开工日期开工而产生的费用，包括前期投入、人员窝工、机械费用、材料积压、现场管理投入等方面；预期利益则按照合同法的规定，应当是合同当事人在订立合同时可以预见的合同正常履行后获得的利益，对于施工合同而言，投标报价或预算书中如果已经标明项目的利润率或取费，则可以按照该投标时或预算报价时费率计取。如果在投标文件或预算书中没有相关的费率表明其预期收益，可以参照社会平均水平的利润率进行计算。但不应超过发包人订立合同预见到或应当预见到的因违反合同可能造成的损失。

【使用指引】

合同当事人在使用本条款约定时应注意以下事项：

1. 发包人在计划开工日期前无法完成开工准备工作的，应通知承包人，以便于承包人及时调整开工准备工作，减少因迟延开工所可能造成的损失。

2. 在发包人无法按照合同约定完成开工准备工作的情况下，承包人应采取有效措施，避免损失的扩大。

3. 因发包人原因迟延开工达到90天以上的，合同当事人应先行就合同价格调整协商，达成一致的应签订补充协议或备忘录。无法达成一致的，承包人有权解除合同，合同解除后的清算按照第16.1.4项【因发包人违约解除合同后的付款】执行，退场参照第13.6款【竣工退场】处理。合同当事人可以在专用条款中对因发包人原因延期开工致使承包人有权提出价格调整或解除合同的期限，作出不同于通用条款期限的约定。

4. 监理人发出开工通知后，因发包人原因不能按时开工的，应以实际具备开工条件日为开工日期并顺延竣工日期；因为承包人原因不能按时开工的，应以开工通知载明的开工日期为开工日。

【法条索引】

1.《建设工程安全生产管理条例》第6条：建设单位应当向施工单位提供施工现场及毗邻区域内供水、排水、供电、供气、供热、通信、广播电视等地下管线资料，气象和水文观测资料，相邻建筑物和构筑物、地下工程的有关资料，并保证资料的真实、准确、完整。建设单位因建设工程需要，向有关部门或者单位查询前款规定的资料时，有关部门或者单位应当及时提供。

2.《建筑工程施工许可管理办法》（建设部令第71号）第8条：建设单位应当自领取施工许可证之日起3个月内开工。因故不能按期开工的，应当在期满前向发证机关申请延期，并说明理由；延期以两次为限，每次不超过3个月。既不开工又不申请延期或者超过延期次数、时限的，施工许可证自行废止。

3.《菲迪克（FIDIC）施工合同条件》（1999版红皮书）：

8.1 除非合同协议书另有说明：工程师应在不少于7天前向承包商发出开工日期的通知；除非专用条件中另有说明，开工日期应在承包商收到中标函后42天内。承包商应在开工日期后，在合理可能的情况下尽早开始工程的实施，随后应以正当速度，不拖延地进行工程施工。

7.4 测量放线

7.4.1 除专用合同条款另有约定外，发包人应在至迟不得晚于第7.3.2项【开工通知】载明的开工日期前7天通过监理人向承包人提供测量基准点、基准线和水准点及其书面资料。发包人应对其提供的测量基准点、基准线和水准点及其书面资料的真实性、准确性和完整性负责。

承包人发现发包人提供的测量基准点、基准线和水准点及其书面资料存在错误或疏漏的，应及时通知监理人。监理人应及时报告发包人，并会同发包人和承包人予以核实。发包人应就如何处理和是否继续施工作出决定，并通知监理人和承包人。

7.4.2 承包人应配备具有相应资质的人员，配置合格的仪器、设备和其他物品以负责施工过程中的全部施工测量放线工作。承包人应矫正工程位置、标高、尺寸或准线出现的任何差错，并对工程各部分的定位负责。

施工过程中对施工现场内水准点等测量标志物的保护工作由承包人负责。

【条文目的】

测量放线是工程施工的前提条件，测量放线的准确与否将直接影响工程的质量、安全。本条款明确了发包人和承包人在工程测量放线工作中的权利义务，发包人负责提供基准资料和现场条件，承包人负责实施测量放线、保护基准设施，监理人负责监督管理。1999版施工合同未涉及测量问题，本条款为2013版施工合同的新增内容。

【条文释义】

测量放线的目的是将图纸上设计的建筑物的平面位置、形状和高程标定在施工现场的地面上，并在施工过程中指导施工，使工程严格按照设计的要求进行建设。建筑工程施工测量工作不仅是工程建设的前提，而且直接决定了工程质量。近些年随着许多外观造型复杂的超大超高建筑物的产生，在这些建筑工程施工过程中，测量工作显得尤为重要。

发包人应向承包人提供测量基准点、基准线和水准点及其书面资料。承包人发现发包人资料错误的，应及时通知监理人、发包人，并根据其指示采取下一步工作。发包人未在开工通知所载日期7天前提供上述资料，或提供的资料不真实、完整、准确的，承包人有权根据7.5.1项【因发包人原因导致工期延误】提出工期、费用以及合理利润索赔。

承包人应配备具有相应资质的人员，配置合格的仪器、设备和其他物品，按照建设工程测量规范完成施工过程中的全部施工测量放线工作，并对测量放线的准确性负责。另外，施工过程中对施工现场内水准点等测量标志物的保护工作由承包人负责，因未尽到合理的保护义务导致水准点等测量标志物毁损的，由承包人承担责任。

【使用指引】

合同当事人在使用本条款约定时要注意以下事项：

1. 发包人应及时提供测量基准点、基准线和水准点及其书面资料，并对其真实性、准确性和完整性负责，承包人应根据其专业知识和经验对发包人提供的资料进行复核，并将发现的错误及时通知监理人，便于及时纠正错误，避免对工程实施造成不利影响。

2. 对于发包人提供的测量基准点、基准线和水准点存在错误，承包人应当发现而未发现或虽然发现但没有及时指出的，承包人也应承担相应责任，合同当事人可在专用合同条款中对此进行具体约定。

3. 承包人应当根据国家测绘基准、测绘系统和工程测量技术规范，按照合同和基准资料要求进行测量，并报监理人批准。监理人有权监督承包人的测量工作，可以要求承包人进行复测、修正、补测。

【条文索引】

《菲迪克（FIDIC）施工合同条件》（1999版红皮书）：

4.7 承包商应根据合同中规定的原始基准点、基准线和基准标高，给工程放线。承包商应负责对工程的所有部分正确定位，并应纠正在工程的位置、标高、尺寸或定线中的任何错误。

7.5 工期延误

7.5.1 因发包人原因导致工期延误

在合同履行过程中，因下列情况导致工期延误和（或）费用增加的，由发包人承担由此延误的工期和（或）增加的费用，且发包人应支付承包人合理的利润：

（1）发包人未能按合同约定提供图纸或所提供图纸不符合合同约定的；

（2）发包人未能按合同约定提供施工现场、施工条件、基础资料、许可、批准等开工条件的；

（3）发包人提供的测量基准点、基准线和水准点及其书面资料存在错误或疏漏的；

（4）发包人未能在计划开工日期之日起7天内同意下达开工通知的；

（5）发包人未能按合同约定日期支付工程预付款、进度款或竣工结算款的；

（6）监理人未按合同约定发出指示、批准等文件的；

（7）专用合同条款中约定的其他情形。

因发包人原因未按计划开工日期开工的，发包人应按实际开工日期顺延竣工日期，确保实际工期不低于合同约定的工期总日历天数。因发包人原因导致工期延误需要修订施工进度计划的，按照第7.2.2项【施工进度计划的修订】执行。

7.5.2 因承包人原因导致工期延误

因承包人原因造成工期延误的，可以在专用合同条款中约定逾期竣工违约金的计算方法和逾期竣工违约金的上限。承包人支付逾期竣工违约金后，不免除承包人继续完成工程及修补缺陷的义务。

【条文目的】

工期是建设工程施工合同的实质性条款，工期延误是施工合同履行过程中的常见现象，其对合同当事人的权利义务产生重大影响。1999版施工合同仅规定了发包人引起的工期延误，而2013版施工合同则对工期延误的责任进行了区分，并约定了相应的处理规则。

【条文释义】

工期延误可分为发包人引起的延误、承包人引起的延误、不可归责于合同当事人的情况引起的延误三种情形，其中发包人引起的工期延误的情形，一般表现为发包人迟延取得工程施工所需的许可或批准、未能按约提供施工场地、图纸、提供的基础资料等文件错误、建设资金支付不到位、迟延批复承包人的文件、发包人提供的材料、设备未能按期提供等。承包人引起的工期延误的原因则通常是因其劳动力、材料、设备和资金的组织以及对分包单位的管理不到位，因施工质量、安全问题被责令返工、停工等。不可归责于合同当事人引起的工期延误的原因较为复杂，包括不可抗力、异常恶劣的气候条件、不利物质条件等因素。

不同的原因导致工期延误的责任承担方式不同。因发包人原因导致工期延误的，发包人应承担由此增加的费用和（或）延误的工期，并向承包人支付合理利润；因承包人原因导致工期延误的，承包人应采取合理的赶工措施并自行承担由此增加的费用，工期不予顺延，约定节点工期违约责任的，还应承担违约责任，但如果实际工期符合合同约定的，通常无需承担违约责任；因不可归责于合同当事人的原因导致工期延误的损失，需要结合不同的情况具体分析确定。

另外，因工期延误导致实际进度与施工进度计划不符的，承包人应修订施工进度计划并提交发包人和监理人批准，发包人应合理调整资金计划，保证工程后续施工资金。

【使用指引】

合同当事人在使用本条款约定时应注意以下事项：

1. 发包人应依据合同约定完成应由其承担的开工准备工作，提供工程施工所需的图纸、基础资料等，并及时办理工程施工相关的指示、批复、证件，落实工程建设资金，严格按照合同约定支付合同价款，避免因其自身原因延误工期。

2. 合同当事人应明确监理人发出指示、批准的程序及时限，发包人应督促监理人按照合同的约定及时发出指示、批准，以避免监理人不依照合同约定发出指示、批准致使工期受延误。

3. 承包人应编制科学合理的施工组织设计，并严格按照施工进度计划组织施工，做好人员、材料、设备、资金等各要素的搭接，落实质量和安全管理措施，加强对分包单位的管理，避免因自身原因导致工期延误。

【法条索引】

1. 《最高人民法院关于审理建设工程施工合同纠纷案件适用法律问题的解释》（法释【2004】第14号）第14条：当事人对建设工程实际竣工日期有争议的，按照以下情形分别处理：（1）建设工程经竣工验收合格的，以竣工验收合格之日为竣工日期；（2）承包人已经提交竣工验收报告，发包人拖延验收的，以承包人提交验收报告之日为竣工日期；（3）建设工程未经竣工验收，发包人擅自使用的，以转移占有建设工程之日为竣工日期。

2. 《菲迪克（FIDIC）施工合同条件》（1999版红皮书）：

2.1 如果雇主未能及时给承包商上述进入和占用的权利，使承包商遭受延误和（或）招致增加费用，承包商应向雇主发出通知，根据第20.1款【承包商的索赔】的规定有权要求：（a）根据第8.4款【竣工时间的延长】的规定，如果竣工已或将受到延误，对任何此类延误给予延长期；（b）任何此类费用加合理利润应加入合同价格，给予支付。

7.6 不利物质条件

不利物质条件是指有经验的承包人在施工现场遇到的不可预见的自然物质条件、非自然的物质障碍和污染物，包括地表以下物质条件和水文条件以及专用合同条款约定的其他情形，但不包括气候条件。

承包人遇到不利物质条件时，应采取克服不利物质条件的合理措施继续施工，并及时通知发包人和监理人。通知应载明不利物质条件的内容以及承包人认为不可预见的理由。监理人经发包人同意后应当及时发出指示，指示构成变更的，按第10条【变更】约定执行。承包人因采取合理措施而增加的费用和（或）延误的工期由发包人承担。

【条文目的】

除合同当事人原因引起工期延误外，合同履行过程中，因遭遇不可预见的客观自然情况也有可能导致工期延误，尤其是对于尚未构成不可抗力的客观障碍，合同当事人经常对于工期延误的责任承担产生分歧，本条款通过约定不利物质条件及由此增加费用和延误工期的约定，以解决前述问题。与1999版施工合同相比，本条款为新增条款。

【条文释义】

不利物质条件是指有经验的承包人在施工现场遇到的不可预见的自然物质条件、非自然的物质障碍和污染物，包括地表以下物质条件和水文条件以及合同当事人在专用合同条款中约定其他条件，如埋藏于地下的未引爆炸弹、地勘过程中未发现的特殊岩层构造、地下管道、有毒的土壤或异常的地下水位，但不包括气候条件。

关于不利物质条件的认定应把握两个标准：一是不利物质条件在客观上属于承包人在施工现场遭遇到不利自然物质条件、非自然的物质障碍和污染物，包括地表以下物质条件和水文条件等。二是不利物质条件在主观上属于承包人在签订合同时无法预见，判断承包人是否能够预见应以"有经验的承包人"作为标准。需要强调的是对于异常恶劣的气候条件，并不属于本条款的不利物质条件，应按第7.7款【异常恶劣的气候条件】的约定执行。

虽然不利物质条件与不可抗力均属于承包人在签订合同时所无法预见的，但两者存在根本的区别，不可抗力是无法避免、无法克服的事件，而不利物质条件通常是可以克服的，只是需付出额外的费用和时间。基于发包人为工程最终的所有人和受益人，以及建设工程合同源于承揽合同的法律属性，本条款将克服不利物质条件而增加费用和延误的工期的风险规定由发包人负担。当不利物质条件出现时，承包人负有采取积极、有效措施克服障碍继续施工的义务，考虑到不利物质条件属于客观情况，发包人对此并无过错，所以承包人索赔的事项为处理不利物质条件而增加的费用和工期，发包人无需支付承包人的利润。

另外，当不利物质条件发生时，承包人具有以下义务：一是采取合理措施继续施工，若承包人未履行减损义务，则无权就损失扩大部分获得补偿；二是及时通知监理人和发包人，并在通知中明确描述不利物质条件的内容，以及其无法预见的理由，若发包人采纳承包人意见，则监理人可发出合同变更指令，若发包人不认可承包人意见的，则按照第19条【争议解决】约定处理。

【使用指引】

合同当事人在使用本条款时应注意以下事项：

1. 为避免"不利物质条件"认定的困难，发包人和承包人可以结合项目性质、地域特点等，在合同专用条款中直接列明"不利物质条件"的内容。例如可约定地勘资料未涉及的地下管道、地雷、岩层等障碍物。

2. 承包人需注意收集与"不利物质条件"有关的证据资料，如岩层构造资料、水文地质资料，以便在争议发生时，更好地维护己方权益。

3. 承包人在遭遇不利物质条件后，应及时通知发包人和监理人，并立即采取措施避免损失扩大。发包人应尽快组织检验、核查，确认构成"不利物质条件"的，应通过监理人发出变更指示，并按变更程序核定承包人发生的费用和应予顺延的工期。

4. 为减少"不利物质条件"对工程进度和费用的影响，发包人和承包人可以在合同专用条款中约定承包人遭遇"不利物质条件"时的通知期限、发包人核定的期限及监理人发出指示的期限。

【法条索引】

《菲迪克（FIDIC）施工合同条件》（1999版红皮书）：

4.12 不可预见的物质条件

本条款中的"物质条件"系指承包商在现场施工时遇到的自然物质条件、人为的及其他物质障碍和污染物，包括地下和水文条件，但不包括气候条件。

如果承包商遇到他认为不可预见的不利物质条件，应尽快通知工程师。

此通知应说明物质条件，以便工程师进行检验，并应提出承包商为何认为不可预见的理由。承包商应采取适应物质条件的合理措施继续施工，并应遵循工程师可能给出的任何指示。如某项指示构成变更时，应按照第13条【变更和调整】的规定办理。

如果承包商遇到不可预见的物质条件并发出此项通知，且因这些条件达到遭受延误和（或）增加费用的程度，承包商应有权根据第20.1款【承包商的索赔】的规定，要求：

（a）根据第8.4款【竣工时间的延长】的规定，如竣工已或将受到延误，对任何此类延误给予延长期，以及

（b）任何此类费用应计入合同价格，给予支付。

工程师收到此类通知并对该物质条件进行检验和（或）研究后，应按照第3.5款【确定】的规定，进行商定或确定：（i）此类物质条件是否不可预见，（如果是）此类物质条件不可预见的程度，以及（ii）与此程度有关的上诉（a）和（b）项所述的事项。

但是，根据上述（ii）中最终商定或确定给予增加费用前，工程师还可以审查工程类似部分（如果有）其他物质条件是否比承包商提交招标书时能合理预见的更为有利。如果达到遇见这些更为有利条件的程度，工程师可按照第3.5款【确定】的规定，商定或确定因这些条件引起的费用减少额，并（作为扣减额）计入合同价格和付款证书。但对工程类似部分遇到的所有物质条件根据（b）项做出的所有调整和所有这些减少额的净作用，不应造成合同价格净减少的结果。

7.7 异常恶劣的气候条件

异常恶劣的气候条件是指在施工过程中遇到的，有经验的承包人在签订合同时不可预

见的，对合同履行造成实质性影响的，但尚未构成不可抗力事件的恶劣气候条件。合同当事人可以在专用合同条款中约定异常恶劣的气候条件的具体情形。

承包人应采取克服异常恶劣的气候条件的合理措施继续施工，并及时通知发包人和监理人。监理人经发包人同意后应当及时发出指示，指示构成变更的，按第10条【变更】约定办理。承包人因采取合理措施而增加的费用和（或）延误的工期由发包人承担。

【条文目的】

本条款明确了异常恶劣的气候条件的认定标准以由异常恶劣的气候条件引起的合同履行后果的责任承担规则。与1999版施工合同相比，本条款为新增内容。

【条文释义】

异常恶劣的气候条件是有经验的承包人在合同签订时无法预见的，即便在合同履行过程中，有迹象表明可能发生此气候事件，也不影响其被认定为本条款所称的异常恶劣的气候条件。异常恶劣的气候条件不同于不可抗力，无须达到无法克服的程度，只要克服该等气候条件需要承包人采取的措施超出了其在签订合同时所能合理预见的范围，导致费用增加，并对合同的履行造成重大影响的，都有可能被认定为本条款所称的异常恶劣的气候条件。

构成异常恶劣的气候条件应符合以下两个标准：一是客观上发生了对合同履行产生实际影响的异常恶劣的气候条件；二是主观上有经验的承包人在签订合同时无法预见。因异常恶劣的气候条件属于不可归责于合同当事人的客观事件，2013版施工合同约定由发包人承担由异常恶劣的气候条件所引致的风险和不利后果。考虑到异常恶劣气候条件属于客观情况，发包人对此并无过错，所以承包人索赔的事项为处理异常恶劣气候条件而增加的费用和工期，发包人无需支付承包人的利润。

如异常恶劣的气候条件发生于因承包人的原因引起工期延误之后，承包人无权要求发包人赔偿其工期及费用损失。因为若承包人未延误工期，则合同的履行不可能遭遇异常恶劣的气候条件影响的。

另外，当异常恶劣的气候条件发生时，承包人负有以下义务：一是采取合理措施继续施工，若承包人未履行减损义务，则无权就损失扩大部分获得补偿；二是及时通知监理人和发包人，并在通知中明确描述异常恶劣的气候条件或异常恶劣的气候条件的内容，以及其无法预见的理由，若发包人采纳承包人意见，则监理人可发出合同变更指令，若发包人不认可承包人意见，则按照第19条【争议解决】约定处理。

【使用指引】

合同当事人在使用本条款时应注意以下事项：

1. 为便于准确认定"异常恶劣的气候条件"，避免承发包双方因异常恶劣的气候条件的认定发生争议，发包人和承包人可以结合项目性质、地域特点等在专用合同条款中直接约定哪些情况属于"异常恶劣的气候条件"，例如可约定24小时内降水量达50.0～99.9mm的暴雨，风速达到8级的台风，日气温超过38度或低于零下10度等。因不同的地区气候条件不同，建议双方参考工程所在地的历史气象资料约定具体的气象数据。

2. 在发生异常恶劣气候时，承包人需注意收集相关证据材料，如当地气象资料，并及时向发包人主张权益，避免因资料的欠缺或现场情况的灭失，导致合同当事人产生争议。

另外，在发生异常恶劣气候时，承包人应采取措施避免损失扩大，否则对于扩大损失部分无权要求补偿。

3. 为减少"异常恶劣气候条件"对工程进度和费用的影响，发包人和承包人可以在合同专用条款中约定承包人遭遇"异常恶劣气候条件"时的通知期限、发包人核定的期限及监理人发出指示的期限。

【法条索引】

《中华人民共和国合同法》第119条：当事人一方违约后，对方应当采取适当措施防止损失的扩大；没有采取适当措施致使损失扩大的，不得就扩大的损失要求赔偿。当事人因防止损失扩大而支出的合理费用，由违约方承担。

7.8 暂停施工

7.8.1 发包人原因引起的暂停施工

因发包人原因引起暂停施工的，监理人经发包人同意后，应及时下达暂停施工指示。情况紧急且监理人未及时下达暂停施工指示的，按照第7.8.4项【紧急情况下的暂停施工】执行。

因发包人原因引起的暂停施工，发包人应承担由此增加的费用和（或）延误的工期，并支付承包人合理的利润。

7.8.2 承包人原因引起的暂停施工

因承包人原因引起的暂停施工，承包人应承担由此增加的费用和（或）延误的工期，且承包人在收到监理人复工指示后84天内仍未复工的，视为第16.2.1项【承包人违约的情形】第（7）目约定的承包人无法继续履行合同的情形。

【条文目的】

因工程建设项目的周期长、技术复杂、参与主体众多，在工程实施过程中，经常出现暂停施工的情形，从而对工程的进度、质量和安全等产生重大影响，并进一步影响到合同当事人的权益。针对暂停施工中出现的问题，1999版施工合同仅一般性的规定了监理人认为需要指示暂停的情形，2013版施工合同对于常见的暂停施工的各种情形以及程序处理进行了较全面的规范，以明确暂停施工责任的负担，保证工程建设的顺利进行。

【条文释义】

暂停施工又称中止施工，引起暂停施工的原因比较复杂，通常而言，可以分为因发包人原因导致的暂停施工、因承包人原因导致的暂停施工以及因不可抗力等不可归责于合同当事人的原因导致的暂停施工。

关于因发包人原因引起的暂停施工，通常包括发包人违法、发包人违约、发包人提出变更等情形。对于发包人违法与违约的，从合同法第66条和第67条规定的合同履行抗辩权的角度分析，承包人应当据此获得相应的停工抗辩权，但是抗辩权的行使理应符合合同法的原则和条件。2013版施工合同第16.1.1项【发包人违约的情形】中规定："在合同履行过程中发生的下列情形，属于发包人违约：

（1）因发包人原因未能在计划开工日期前7天内下达开工通知的；

（2）因发包人原因未能按合同约定支付合同价款的；

（3）发包人违反第10.1款【变更的范围】第（2）项约定，自行实施被取消的工作或转由他人实施的；

（4）发包人提供的材料、工程设备的规格、数量或质量不符合合同约定，或因发包人原因导致交货日期延误或交货地点变更等情况的；

（5）因发包人违反合同约定造成暂停施工的；

（6）发包人无正当理由没有在约定期限内发出复工指示，导致承包人无法复工的；

（7）发包人明确表示或者以其行为表明不履行合同主要义务的；

（8）发包人未能按照合同约定履行其他义务的。

发包人发生除本条款第（7）目以外的违约情况时，承包人可向发包人发出通知，要求发包人采取有效措施纠正违约行为。发包人收到承包人通知后28天内仍不纠正违约行为的，承包人有权暂停相应部位工程施工，并通知监理人。"

2013版施工合同针对承包人因发包人违约行使停工权的程序进行了明确的约定，即从通知、合理期限改正、不予纠正直至相应部位的停工，完全符合合同法的诚实信用和减少损失的原则。从该程序约定可以看出，2013版施工合同在建立停工机制的同时，为了减少该机制被滥用的风险，对于停工权的行使规定了递进程序，一方面为了督促合同当事人纠正违约行为，减少停工损失，另一方面也体现了合理经济的履约原则。

关于因发生变更而不得不发生的停工，尽管不能简单的认定发包人变更亦为违法或违约，但如发包人基于对整体工程功能使用等各方面的原因提出了变更，2013版施工合同规定可以通过监理人作出技术判断是否需要暂停施工，如果的确需要，则由监理人及时发出指示，避免产生更大的损失。在此情形下，由于暂停施工引起的承包人的损失，除增加的全部费用外，还应向承包人支付合理的利润，并顺延工期。

关于因暂停施工造成的损失，一般包括停窝工损失、机械台班损失、赶工的费用增加、冬季措施费的增加、继续施工的涨价损失等方面，其中涨价损失的计算最为复杂，一般需要有完整的施工组织设计、进度计划和现场实际管理记录等方面的资料方可完成，因此需要承包人在项目管理过程中预留相应的记录和文件资料。

关于因承包人原因引起的暂停施工，一般主要是指因承包人违法与违约的情形，按照合同法以及合同当事人的约定，承包人应当承担因此增加的费用和（或）延误的工期，并应按照发包人和监理人要求，积极采取复工措施。因承包人原因暂停施工，且承包人收到监理人复工指示84天内仍未复工的，视为承包人无法继续履行合同，《根据合同法》第94条的规定，可以认定承包人构成根本违约，发包人即可主张解除合同，并另行委托第三方完成未完工程的施工。

【使用指引】

合同当事人在使用本条款时应注意以下事项：

1. 鉴于停工对工程建设将产生重大影响，行使停工权需十分谨慎。发包人和承包人均应当按照合同约定的程序和书面文件往来要求，慎重的对待停工的启动。行使停工权必须有合同依据或法律依据，无合同依据或法律依据的停工将构成违约。

2. 关于停工期间的费用损失计算问题。停工期间的费用通常涉及项目现场人员和施工机械设备的闲置费、现场和总部管理费，停工期间费用的计算通常以承包人的投标报价作为计算标准，但由于停工期间设备和人员仅是闲置，并未实际投入工作，发包人一般不会同意按照工作时的费率来支付闲置费。为了保证停工期间的损失能够得到最终认定，承包人应做好停工期间各项的资源投入的实际数量、价格和实际支出记录，并争取得到监理人或发包人的确认，以作为将来索赔的依据。承包人要特别注意2013版施工合同对索赔期限的约定，避免逾期丧失停工索赔权利，停工期限较长的应分阶段发出停工索赔报告。为了避免争议，双方也可以在合同中约定设备和人员闲置费的补偿标准。

3. 关于承包人擅自停工，且收到监理人通知后84天内仍未复工问题。该种情形参照合同法第94条的规定，即当事人一方迟延履行主要债务，经催告后在合理期限内仍未履行的，视为承包人构成根本违约，发包人有权按照16.2.1项承包人违约情形的约定提出解除合同。当然，如果合同当事人认为84天的时间过长或过短，也可以就此期限在专用合同条款中作出其他特别约定。

【法条索引】

1. 《中华人民共和国合同法》第66条：当事人互负债务，没有先后履行顺序的，应当同时履行。一方在对方履行之前有权拒绝其履行要求。一方在对方履行债务不符合约定时，有权拒绝其相应的履行要求。

2. 《中华人民共和国合同法》第67条：当事人互负债务，有先后履行顺序，先履行一方未履行的，后履行一方有权拒绝其履行要求。先履行一方履行债务不符合约定的，后履行一方有权拒绝其相应的履行要求。

3. 《中华人民共和国合同法》第68条：应当先履行债务的当事人，有确切证据证明对方有下列情形之一的，可以中止履行：（1）经营状况严重恶化；（2）转移财产、抽逃资金，以逃避债务；（3）丧失商业信誉；（4）有丧失或者可能丧失履行债务能力的其他情形。当事人没有确切证据中止履行的，应当承担违约责任。

4. 《菲迪克（FIDIC）施工合同条件》（1999版红皮书）：

8.8 暂时停工

工程师可以随时指示承包商暂停工程某一部分或全部的施工。在暂停期间，承包商应保护、保管、并保证该部分或全部工程不致产生任何变质、损失或损害。工程师还应通知停工原因。如果是已通知了原因，而且是由于承包商的职责造成的情况，则下列第8.9、8.10和8.11款应不适用。

7.8.3 指示暂停施工

监理人认为有必要时，并经发包人批准后，可向承包人作出暂停施工的指示，承包人应按监理人指示暂停施工。

7.8.4 紧急情况下的暂停施工

因紧急情况需暂停施工，且监理人未及时下达暂停施工指示的，承包人可先暂停施工，并及时通知监理人。监理人应在接到通知后24小时内发出指示，逾期未发出指示，视为同意承包人暂停施工。监理人不同意承包人暂停施工的，应说明理由，承包人对监理人的答复有异议，按照第20条【争议解决】约定处理。

【条文目的】

本条款对监理人指示停工和紧急情况下的暂停施工进行了规范。与1999版施工合同相比，紧急情况下暂停施工的约定是2013版施工合同新增条款。

【条文释义】

关于第7.8.3项【指示暂停施工】。通常情况下，监理人发出暂停施工前，应获得发包人的批准，但在特殊或紧急情况下，基于监理人对工程质量、安全负有监督管理职责，如不立即暂停施工将影响工程质量、安全时，监理人应先行发出暂停施工指示，但应在合理的时间内通知发包人，并获得发包人同意。发包人不同意暂停施工的，监理人应指示复工，但发包人复工的要求将影响工程质量和安全时，监理人应予以拒绝。监理人的暂停施工指示，应以书面形式做出，并送达承包人，承包人应按照监理人的指示暂停施工。

监理人指示暂停施工的原因，可以是发包人原因、也可以是承包人原因或因不可归责于合同当事人的其他原因。因监理人指示暂停施工的责任，按照引起暂停施工的不同原因进行区分。其中因发包人原因引起的暂停施工，发包人除承担因暂停施工增加的费用外，还向应承包人支付合理的利润，并顺延工期；因承包人原因引起的暂停施工，承包人应承担因此增加的费用和（或）延误的工期，并应按照发包人和监理人要求，积极采取复工措施。

关于第7.8.4项【紧急情况下的暂停施工】，暂停施工的指示原则上应由监理人发出，但在出现不利物质条件、异常恶劣的气候条件、不可抗力等危及工程质量和安全的紧急情况，需要立即暂停施工，且无充足的时间通知监理人的，2013版施工合同赋予了承包人可以先行暂停施工的权利，然后再行通知监理人。监理人在接到通知24小时内未发出指示的，视为同意承包人暂停施工，由发包人承担工期延误的损失并支付由此增加的费用；监理人在24小时内发出不同意停工的指示，且承包人不同意的，合同当事人可按照争议解决条款处理。

【使用指引】

合同当事人在使用本条款时应注意以下事项：

1. 发包人应当在监理合同和专用合同条款中对监理人指示暂停施工的权利进行约定。

2. 承包人必须在客观条件符合行使本条款所规定的紧急情况下的停工权的标准时，才可以行使该项权利，否则，承包人擅自停工需承担由此导致的不利后果。

3. 监理人收到承包人紧急停工通知后，应尽快答复，否则逾期未答复，则视其已同意承包人停工。

【条文索引】

《菲迪克（FIDIC）施工合同条件》（1999版红皮书）：

8.8 暂时停工

工程师可以随时指示承包商暂停工程某一部分或全部的施工。在暂停期间，承包商应保护、保管、并保证该部分或全部工程不致产生任何变质、损失或损害。工程师还应通知停工原因。如果是已通知了原因，而且是由于承包商的职责造成的情况，则下列第8.9、8.10和8.11款应不适用。

7.8.5 暂停施工后的复工

暂停施工后，发包人和承包人应采取有效措施积极消除暂停施工的影响。在工程复工前，监理人会同发包人和承包人确定因暂停施工造成的损失，并确定工程复工条件。当工程具备复工条件时，监理人应经发包人批准后向承包人发出复工通知，承包人应按照复工通知要求复工。

承包人无故拖延和拒绝复工的，承包人承担由此增加的费用和（或）延误的工期；因发包人原因无法按时复工的，按照第7.5.1项【因发包人原因导致工期延误】约定办理。

7.8.6 暂停施工持续56天以上

监理人发出暂停施工指示后56天内未向承包人发出复工通知，除该项停工属于第7.8.2项【承包人原因引起的暂停施工】及第17条【不可抗力】约定的情形外，承包人可向发包人提交书面通知，要求发包人在收到书面通知后28天内准许已暂停施工的部分或全部工程继续施工。发包人逾期不予批准的，则承包人可以通知发包人，将工程受影响的部分视为按第10.1款【变更的范围】第（2）项的可取消工作。

暂停施工持续84天以上不复工的，且不属于第7.8.2项【承包人原因引起的暂停施工】及第17条【不可抗力】约定的情形，并影响到整个工程以及合同目的实现的，承包人有权提出价格调整要求，或者解除合同。解除合同的，按照第16.1.3项【因发包人违约解除合同】执行。

【条文目的】

长期暂停施工，将导致工程无法及时发挥其经济和社会效益，工程成本明显增加，情况严重的，将导致合同目的的落空，损害合同当事人的权益，因此有必要通过约定复工条款以督促合同当事人尽快消除暂停施工的影响，推动工程建设。另外，确实因特殊情况导致工程长期暂停施工的，应赋予合同当事人救济的权利，以解决工程长期悬而未决导致合同当事人的损失扩大。与1999版施工合同相比，2013版施工合同对于暂停施工后的复工进行了更为细致和明确的规定。

【条文释义】

首先，关于暂停施工后的复工问题。暂停施工后，合同当事人应积极采取有效措施消除暂停施工的影响；具备复工条件的，监理人应发出复工通知。工程复工前，发包人、承包人、监理人应共同确定停工期间的损失和复工条件。复工通知发出后，因承包人原因导致无法按期复工，承包人应承担复工通知后工期延误和费用损失，因发包人原因导致无法按期复工，发包人应顺延工期并赔偿承包人费用和利润损失。该部分内容参照了《菲迪克（FIDIC）施工合同条件》（1999版红皮书）8.12的相关约定。

其次，关于暂停施工持续56天以上时的处理，如该长期停工事件因发包人引起，无论是发包人违约引起的承包人停工，还是发包人自主决定停工，承包人均有权以书面形式通知发包人在收到通知后28天内准许复工，发包人逾期不批准，承包人有权取消受影响部分的工作。若停工影响到整个工程，承包人有权提出价格调整或解约。若该长期暂停施工是由承包人引起的，则发包人有权按7.8.2【承包人原因引起的暂停施工】解除合同。

另外，暂停施工超过84天的，如该长期暂停施工是由不可抗力引起的，则按16.4【因不可抗力解除合同】处理，即因不可抗力导致合同无法履行连续超过84天或累计超过140天的，发包人和承包人均有权解除合同，并按照合同约定和法律规定分担损失。由于长期停工可能造成承包人因材料上涨而受损失等不利结果，故如长期停工是由不可抗力或承包人以外因素引起的，且该停工影响到整个工程以及合同目的实现的，承包人据此有权要求调整合同价格。合同当事人对价格调整协商不成的，承包人还获得了解除合同的权利。

【使用指引】

合同当事人应注意，复工前，承包人应在发包人或监理人或其他见证方在场的情况下，对受影响的工程、工程设备和材料等进行检查和确认，需要采取补救措施的，承包人还应当进行补救，相关费用由引起停工的责任人承担。

【法条索引】

1.《中华人民共和国合同法》第69条：当事人依照本法第68条的规定中止履行的，应当及时通知对方。对方提供适当担保时，应当恢复履行。中止履行后，对方在合理期限内未恢复履行能力并且未提供适当担保的，中止履行的一方可以解除合同。

2.《菲迪克（FIDIC）施工合同条件》（1999版红皮书）：

8.12 在发出继续施工的许可或指示后，承包商和工程师应共同对受暂停影响的工程、生产设备和材料进行检查。承包商应负责修复在暂停期间发生的工程、生产设备或材料中的任何变质、缺陷或损失。

7.8.7 暂停施工期间的工程照管

暂停施工期间，承包人应负责妥善照管工程并提供安全保障，由此增加的费用由责任方承担。

7.8.8 暂停施工的措施

暂停施工期间，发包人和承包人均应采取必要的措施确保工程质量及安全，防止因暂停施工扩大损失。

【条文目的】

暂停施工后，发包人和承包人应采取措施，防止损失扩大。以上条文明确了承包人在停工后的照顾、看管、保护义务，以及停工期间发包人和承包商人采取措施确保工程质量和安全的义务。与1999版施工合同相比，2013版施工合同对暂停施工期间的工程照管、安保措施及费用承担进行了更为详细的规定。

【条文释义】

首先，关于第7.8.7项【暂停施工期间的工程照管】，暂停施工后，施工合同并未解除，合同当事人仍需按照施工合同约定履行合同义务。承包人仍然为项目总承包方，因此承包人仍应按照《中华人民共和国建筑法》第45条和有关法律规定以及合同约定负责工程的照管，避免因暂停施工影响工程安全或受到破坏，承包人由此发生的照管费用由造成暂停施工的责任方承担。

其次，关于第7.8.8项【暂停施工的措施】，暂停施工期间，合同当事人均有义务采取必要的措施保证工程质量安全，防止暂停施工扩大损失。

合同当事人在使用本条款时应注意以下事项：

1. 即使非因承包人过错引起停工，根据诚实信用原则，承包人也应当积极主动地履行工程照顾义务。若承包人未尽照顾保护义务，则无权要求责任方补偿因此支出的费用，同时需承担扩大部分的损失。

2. 根据建筑法规定，实行施工总承包的，总承包单位应负责施工现场安全，因此总承包人不能免除停工后的工程照顾、看管、保护义务。

3. 因工程质量、安全或减损需要，应由发包人配合的事务，发包人应积极配合完成，否则应对扩大部分的损失承担责任。

【法条索引】

《中华人民共和国建筑法》第45条：施工现场安全由建筑施工企业负责。实行施工总承包的，由总承包单位负责。分包单位向总承包单位负责，服从总承包单位对施工现场的安全生产管理。

7.9 提前竣工

7.9.1 发包人要求承包人提前竣工的，发包人应通过监理人向承包人下达提前竣工指示，承包人应向发包人和监理人提交提前竣工建议书，提前竣工建议书应包括实施的方案、缩短的时间、增加的合同价格等内容。发包人接受该提前竣工建议书的，监理人应与发包人和承包人协商采取加快工程进度的措施，并修订施工进度计划，由此增加的费用由发包人承担。承包人认为提前竣工指示无法执行的，应向监理人和发包人提出书面异议，发包人和监理人应在收到异议后7天内予以答复。任何情况下，发包人不得压缩合理工期。

7.9.2 发包人要求承包人提前竣工，或承包人提出提前竣工的建议能够给发包人带来效益的，合同当事人可以在专用合同条款中约定提前竣工的奖励。

【条文目的】

工程实践中，发包人基于一定的经营目的，可能要求承包人提前竣工。但并非任何情况下提前竣工必定符合发包人的合同目的和管理目的。另外，合同当事人为了提前竣工，有时会出现不合理的压缩工期的情形，进而产生工程质量和安全问题，因此有必要对提前竣工的行为在一定范围内予以限制，以保证工程质量和安全。与1999版施工合同相比，2013版施工合同对提前竣工的程序、费用承担进行了更为详细的规定。

【条文释义】

通常而言，提前竣工的原因涉及两种情形：一是发包人要求承包人提前竣工，二是承包人主动提出提前竣工建议。但无论哪种情形，提前竣工往往要求承包人采取投入更多的人力、材料、机械设备，加强现场的管理，优化施工工序等措施，所以提前竣工通常会增加费用。一般而言，发包人要求提前竣工的，由此增加的费用应由发包人承担；承包人主动提出提前竣工建议的，如发包人同意且给发包人带来利益的，由此增加的费用应由合同当事人合理分担，如果未经发包人同意，承包人提前竣工增加了发包人负担的，应由承包人承担由此增加的费用，合同当事人也可以在专用合同条款约定提前竣工增加的费用的承担方式，以及是否给予承包人提前竣工奖励和具体的奖励标准。

发包人要求提前竣工的，应通过监理人下达提前竣工指示，承包人应根据实际情况，结合发包人要求，合理评估提前竣工的可行性。如果承包人同意提前竣工的，应提交提前竣工建议书，明确赶工实施方案，并报发包人同意，由此增加的费用应由发包人承担，如果承包人认为提前竣工指示无法执行的，应向发包人和监理人提出异议，由发包人和监理人予以答复。

另外，承包人建议提前竣工的，也应当提交提前竣工建议书。发包人同意提前竣工方案的，发包人、承包人、监理人三方应共同协商确定费用承担方式、赶工措施、修订施工进度计划。

【使用指引】

合同当事人在使用本条款时应注意以下事项：

1. 合同当事人约定提前竣工的，需就提前竣工的费用承担、工期调整以及提前竣工奖励等事项签订补充协议，便于合同当事人遵照执行。

2. 合同当事人不得通过提前竣工的约定，任意压缩合理工期。合理工期可以参照当地政府主管部门或行业机构颁布的工期定额或标准确定。合理工期被任意压缩，将扩大工程质量问题、安全隐患或导致质量、安全事故的发生。

3. 承包人应注意，即便是由发包人提出提前竣工，只要承包人同意，则承包人不得以此为由减轻或免除其按照合同约定应承担的责任和义务。

【法条索引】

《建设工程安全生产管理条例》第7条：建设单位不得对勘察、设计、施工、工程监理等单位提出不符合建设工程安全生产法律、法规和强制性标准规定的要求，不得压缩合同约定的工期。

8 材料与设备

8.1 发包人供应材料与工程设备

发包人自行供应材料、工程设备的，应在签订合同时在专用合同条款的附件《发包人供应材料设备一览表》中明确材料、工程设备的品种、规格、型号、数量、单价、质量等级和送达地点。

承包人应提前30天通过监理人以书面形式通知发包人供应材料与工程设备进场。承包人按照第7.2.2项【施工进度计划的修订】约定修订施工进度计划时，需同时提交经修订后的发包人供应材料与工程设备的进场计划。

【条文目的】

本条款是关于发包人供应材料与工程设备的规定，2013版施工合同增加了承包人提前30天书面通知进场的内容，对甲供材料进场程序及双方的责任承担进行了明确，以保证甲供材料的供应节奏与工程施工进度保持相对一致，推进工程的顺利实施。

【条文释义】

如合同约定由发包人供应材料和工程设备的，则合同当事人应在专用合同条款附件《发包人供应材料设备一览表》中就材料和工程设备的品种、规格、型号、数量、单价、质量等级和送达的地点作出明确的约定。

在使用发包人供应的材料和工程设备之前，承包人应当提前30天通过监理人以书面的形式通知发包人将材料与工程设备供至施工现场，以保证发包人有合理的时间准备和供应材料及工程设备。如果承包人按照合同第7.2.2项约定修订施工进度计划时，需同时提交修订后的发包人供应材料与工程设备的进场计划，以便于发包人就供货计划作出调整。

【使用指引】

合同当事人在使用本条款时应注意以下事项：

1. 对于发包人供应材料和工程设备，双方应当在专用合同条款中就材料、工程设备的品种、规格、型号、数量、单价、质量等级和送达的地点及其他合同当事人认为必要的事项作出明确的约定，以及约定发包人逾期供货应当承担的责任。

2. 在发包人供货之前，承包人应提前通过监理人通知发包人及时供货，如果因承包人不及时通知由此造成费用增加或工期延误，则应由承包人承担责任，反之，则应由发包人承担责任。如果合同当事人认为本条款规定的承包人提前通知期30天过长或过短，可以在合同专用条款中根据工程特点、甲供材料的具体情况作出特别约定。

3. 如果承包人依据合同第7.2.2项约定修订施工进度计划时，需同时提交修订后的发包人供应材料与工程设备的进场计划，以便于发包人就供货计划作出调整。如果修订进场计划因承包人原因，且由此造成发包人费用增加，承包人应承担责任。

【法条索引】

《中华人民共和国建筑法》第25条：按照合同约定，建筑材料、建筑构配件和设备由工程承包单位采购的，发包单位不得指定承包单位购入用于工程的建筑材料、建筑构配件和设备或者指定生产厂、供应商。

8.2 承包人采购材料与工程设备

承包人负责采购材料、工程设备的，应按照设计和有关标准要求采购，并提供产品合格证明及出厂证明，对材料、工程设备质量负责。合同约定由承包人采购的材料、工程设备，发包人不得指定生产厂家或供应商，发包人违反本款约定指定生产厂家或供应商的，承包人有权拒绝，并由发包人承担相应责任。

【条文目的】

本条款旨在规定承包人供应材料、工程设备的质量标准和责任及发包人不得指定生产厂或供应商。发包人违反本款约定指定生产厂家或供应商的，2013版施工合同对此明确，承包人有权对此拒绝，由此引发的费用及工期损失均由发包人承担。

【条文释义】

合同约定由承包人负责采购的材料、工程设备，承包人应当严格按照设计和有关标准及合同约定采购，并提供产品合格证明及出厂证明，并对材料、工程设备质量负责。虽然《中华人民共和国建筑法》第25条和1999版施工合同均限制发包人指定生产厂家或供应商的权利，但未释明发包人违反规定指定生产厂或供应商应承担的法律责任，对于合同约定由承包人采购的材料和工程设备，如果发包人指定生产厂家和供应商，承包人有权拒绝，并由发包人承担由此增加的费用和延误的工期。如果承包人明知且继续履行的，不免除承包人应对材料和工程设备质量承担的责任。发包人的指定有过错的，比如指定的生产厂或供应商不具备生产该产品或设备所需的安全生产许可证或生产许可证过期或被吊销的，发包人应对其过错承担责任。

【使用指引】

合同当事人在使用本条款时应注意以下事项：

1. 对于应由承包人采购的材料和工程设备，承包人应当严格按照设计和有关标准采购，并对质量负责，发包人不得指定厂家和供应商。

2. 对于应由承包人采购的材料和工程设备，发包人指定厂家和供应商的，承包人有权拒绝，如承包人未予拒绝并使用发包人指定材料和工程设备，在出现因指定的材料和工程设备供应商原因导致工程质量安全事故时，不能免除承包人的责任，发包人在其过错程度内也应当承担相应的责任。

【法条索引】

1. 《中华人民共和国建筑法》第25条：按照合同约定，建筑材料、建筑构配件和设备由工程承包单位采购的，发包单位不得指定承包单位购入用于工程的建筑材料、建筑构配件和设备或者指定生产厂、供应商。

2. 《中华人民共和国建筑法》第74条：建筑施工企业在施工中偷工减料的，使用不合格的建筑材料、建筑构配件和设备的，或者有其他不按照工程设计图纸或者施工技术标准施工的行为的，责令改正，处以罚款；情节严重的，责令停业整顿，降低资质等级或者吊销资质证书；造成建筑工程质量不符合规定的质量标准的，负责返工、修理，并赔偿因此造成的损失；构成犯罪的，依法追究刑事责任。

8.3　材料与工程设备的接收与拒收

8.3.1　发包人应按《发包人供应材料设备一览表》约定的内容提供材料和工程设备，并向承包人提供产品合格证明及出厂证明，对其质量负责。发包人应提前24小时以书面形式通知承包人、监理人材料和工程设备到货时间，承包人负责材料和工程设备的清点、检验和接收。

发包人提供的材料和工程设备的规格、数量或质量不符合合同约定的，或因发包人原因导致交货日期延误或交货地点变更等情况的，按照第16.1款【发包人违约】约定办理。

【条文目的】

本条款旨在对发包人供应材料和工程设备的质量和供货行为作出要求。与1999版施工合同相比，2013版施工合同细化了发包人供应材料和工程设备的程序和具体内容。

【条文释义】

与承包人采购材料和工程设备一样，发包人提供材料和工程设备，应当提供产品合格证明及出厂证明，对其质量负责。为保证承包人和监理人有足够的时间做好材料和设备的清点、检验和接收准备工作，发包人在供货前，至少应当提前24小时以书面形式通知承包人和监理人材料设备到货的时间。

发包人提供的材料和工程设备由承包人进行清点和接收，有效避免仅有供应商而没有发包人在场的情况下，承包人单方无法进行清点和接收的不利局面。

如果发包人供应的材料设备质量不符合设计和有关标准以及合同的约定，供货行为不符合合同的约定，由此造成费用的增加或工期的延误，则由发包人承担违约责任。承包人对于发包人供应的材料或设备在使用前负有检验义务，如承包人未经检验或检验方式方法不符合合同约定或虽经检验存在问题仍然使用的，承包人应对由此造成的质量、安全风险承担相应责任。

【使用指引】

合同当事人在使用本条款时应注意以下事项：

1. 对于发包人供应的材料和工程设备，发包人应当对质量负责，但承包人也应当依据法律规定和合同约定对材料履行清点、检验和接收工作负责。尤其是对检验工作负责，如果发包人供应的材料设备本身不合格而承包人未尽到合理的检验义务，导致不合格的发包人材料和工程设备被用于工程，除发包人应对质量负责外，承包人也应当承担相应的责任。

2. 对于发包人的供货行为，如果不符合合同约定，由此造成承包人费用增加或工期延误，发包人应当承担违约责任。为避免因违约责任的标准产生争议，当事人应当在专用合同条款中就违约责任的标准作出明确的约定。

【法条索引】

1. 《中华人民共和国建筑法》第34条：工程监理单位应当在其资质等级许可的监理范围内，承担工程监理业务。

工程监理单位应当根据建设单位的委托，客观、公正地执行监理任务。

工程监理单位与被监理工程的承包单位以及建筑材料、建筑构配件和设备供应单位不得有隶属关系或者其他利害关系。工程监理单位不得转让工程监理业务。

2. 《建设工程质量管理条例》第14条：按照合同约定，由建设单位采购建筑材料、建筑构配件和设备的，建设单位应当保证建筑材料、建筑构配件和设备符合设计文件和合同要求。

8.3.2 承包人采购的材料和工程设备，应保证产品质量合格，承包人应在材料和工程设备到货前24小时通知监理人检验。承包人进行永久设备、材料的制造和生产的，应符合相关质量标准，向监理人提交材料的样本以及有关资料，并应在使用该材料或工程设备之前获得监理人同意。

承包人采购的材料和工程设备不符合设计或有关标准要求时，承包人应在监理人要求的合理期限内将不符合设计或有关标准要求的材料、工程设备运出施工现场，并重新采购符合要求的材料、工程设备，由此增加的费用和（或）延误的工期，由承包人承担。

【条文目的】

本条款旨在对承包人采购材料和工程设备的质量和供货行为作出要求。与1999版施工合同相比，2013版施工合同增加了承包人进行永久设备、材料的制造和生产，应满足的质量要求及其使用的程序性规定。

【条文释义】

为保证承包人材料和工程设备符合设计和有关标准及合同约定，本款规定，承包人采购的材料和工程设备，应保证产品质量合格，承包人应在材料和工程设备到货前24小时通知监理人检验。承包人进行永久设备、材料的制造和生产的，应符合相关质量标准，接受监理人到承包人制造或生产现场的监督查验，并向监理人提交材料的样本以及有关资料，并应在使用该材料或工程设备之前获得监理人同意。

如果承包人采购的材料和工程设备不符合设计和有关标准及合同约定，承包人应在监理人要求的合理期限内将不符合设计和有关标准及合同约定的材料运离施工现场，并重新采购，由此造成费用增加或工期延误，由承包人承担责任。

【使用指引】

合同当事人在使用本条款时应注意：

1. 承包人应对由其采购的材料和工程设备的质量负责，无论该材料和设备是否通过监理人检验，均不免除承包人的质量责任。因此，承包人应当保证采购的材料和工程设备或制造、生产的设备和材料符合设计要求、国家标准及合同约定。

2. 对于监理人，需严格按照设计要求和有关标准以及合同约定的标准对承包人材料和工程设备进行检验，如果监理人未能尽到合理的检验义务，导致承包人供应的不合格材料和设备被用于工程，监理人也应当承担相应责任。

【法条索引】

1. 《中华人民共和国建筑法》第56条：建筑工程的勘察、设计单位必须对其勘察、设计的质量负责。勘察、设计文件应当符合有关法律、行政法规的规定和建筑工程质量、安全标准、建筑工程勘察、设计技术规范以及合同的约定。设计文件选用的建筑材料、建筑构配件和设备，应当注明其规格、型号、性能等技术指标，其质量要求必须符合国家规定的标准。

2. 《中华人民共和国建筑法》第59条：建筑施工企业必须按照工程设计要求、施工技术标准和合同的约定，对建筑材料、建筑构配件和设备进行检验，不合格的不得使用。

3. 《中华人民共和国建筑法》第74条：建筑施工企业在施工中偷工减料的，使用不合格的建筑材料、建筑构配件和设备的，或者有其他不按照工程设计图纸或者施工技术标准施工的行为的，责令改正，处以罚款；情节严重的，责令停业整顿，降低资质等级或者吊销资质证书；造成建筑工程质量不符合规定的质量标准的，负责返工、修理，并赔偿因此造成的损失；构成犯罪的，依法追究刑事责任。

8.4 材料与工程设备的保管与使用

8.4.1 发包人供应材料与工程设备的保管与使用

发包人供应的材料和工程设备，承包人清点后由承包人妥善保管，保管费用由发包人承担，但已标价工程量清单或预算书已经列支或专用合同条款另有约定除外。因承包人原因发生丢失毁损的，由承包人负责赔偿；监理人未通知承包人清点的，承包人不负责材料和工程设备的保管，由此导致丢失毁损的由发包人负责。

发包人供应的材料和工程设备使用前，由承包人负责检验，检验费用由发包人承担，不合格的不得使用。

8.4.2 承包人采购材料与工程设备的保管与使用

承包人采购的材料和工程设备由承包人妥善保管，保管费用由承包人承担。法律规定材料和工程设备使用前必须进行检验或试验的，承包人应按监理人的要求进行检验或试验，检验或试验费用由承包人承担，不合格的不得使用。

发包人或监理人发现承包人使用不符合设计或有关标准要求的材料和工程设备时，有权要求承包人进行修复、拆除或重新采购，由此增加的费用和（或）延误的工期，由承包人承担。

【条文目的】

本条款旨在规定到达施工现场的材料和工程设备的保管义务，并对材料和工程设备的使用要求进行了规范，与1999版施工合同相比，2013版施工合同将保管与使用单独列出，强调了相关义务和责任。

【条文释义】

对于发包人供应的材料和工程设备，承包人清点后由承包人妥善保管，保管费用由发包人承担，但已标价工程量清单或预算书已经列支或专用合同条款另有约定除外；而承包人采购的材料和工程设备由承包人保管，保管费用由承包人承担。对于发包人供应的材料和工程设备，未通知承包人清点的，承包人不承担保管义务。

发包人供应的材料和工程设备使用前，由承包人负责检验，检验费用由发包人承担；承包人采购的材料和工程设备，法律规定使用前必须进行检验或试验的，承包人应按监理人的要求进行检验或试验，检验或试验费用由承包人承担。

当发包人或监理人发现承包人采购并使用的材料和工程设备不符合设计要求和有关标准或合同约定时，有权要求承包人纠正违约行为，由此增加的费用和工期由承包人承担。

【使用指引】

合同当事人在使用本条款时应注意以下事项：

1. 无论是发包人还是承包人采购的材料和工程设备，采购方均应当对材料和工程设备的使用负责。

2. 发包人或监理人要求承包人进行修复、拆除或重新采购的标准为"不符合设计或有关标准要求"，合同当事人可在合同专用条款中对承包人提供的材料及设备应符合的标准进行明确，避免就此产生争议。

【法条索引】

《中华人民共和国建筑法》第59条：建筑施工企业必须按照工程设计要求、施工技术标准和合同的约定，对建筑材料、建筑构配件和设备进行检验，不合格的不得使用。

8.5 禁止使用不合格的材料和工程设备

8.5.1 监理人有权拒绝承包人提供的不合格材料或工程设备，并要求承包人立即进行更换。监理人应在更换后再次进行检查和检验，由此增加的费用和（或）延误的工期由承包人承担。

8.5.2 监理人发现承包人使用了不合格的材料和工程设备，承包人应按照监理人的指示立即改正，并禁止在工程中继续使用不合格的材料和工程设备。

8.5.3 发包人提供的材料或工程设备不符合合同要求的，承包人有权拒绝，并可要求发包人更换，由此增加的费用和（或）延误的工期由发包人承担，并支付承包人合理的利润。

【条文目的】

不合格材料和设备的使用，直接影响到工程的质量、安全或使用功能。与1999版施工合同相比，2013版施工合同对不合格材料和设备的使用进行了细化，本条款分别从发包人、监理人、承包人的角度，作出了禁止将不合格的材料和工程设备用于工程的规定，旨在彻底杜绝不合格材料和设备的使用。

【条文释义】

衡量材料或工程设备的质量是否合格，一般应当以国家标准和行业标准、设计要求为标准，标准中一般包含有定义、技术要求、规格、试验方法、检验规则、标志、包装、运输、贮存和标志等方面内容，其中任何一项内容或指标不能达到标准要求，都有可能产生质量不合格的后果。如《难燃中密度纤维板》（GB/T 18958-2003）规定了难燃中密度纤维板的定义、技术要求、试验方法、检验规则、标志、包装、运输、贮存和标志。因此，2013版施工合同对于禁止使用不合格材料或工程设备作出了明确的规定。

根据《中华人民共和国建筑法》第25条规定，按照合同约定，建筑材料、建筑构配件和设备由工程承包单位采购的，发包单位不得指定承包单位购入用于工程的建筑材料、建筑构配件和设备或者指定生产厂、供应商。因此发包人提供的材料或工程设备，首先应当是在合同中有明确约定的种类和数量，发包人不得干预承包人建筑材料的采购。

如果发包人提供的材料或设备质量不合格，将禁止用于工程建设，该种质量不合格的情形包括材料性能指标、规格指标、试验指标、保管方式、运输中破损等方面。提供不合格的材料或设备的，属于违约行为，该种违约行为产生损失的，应当由发包人向承包人承担相应的违约责任，如工期延误、损害赔偿直至合理的利润。

根据《建设工程质量管理条例》第37条的规定，未经监理工程师签字，建筑材料、建筑构配件和设备不得在工程上使用或者安装，施工单位不得进行下一道工序的施工。因此，如果由承包人供应的材料和工程设备不合格，监理人则有权予以拒绝接受，同时承包人应当立即予以更换或改正，同时承包人承担由此造成的延误工期和损失。

此外，对于发包人提供不合格材料和工程设备且拒绝改正的，则承包人有权就相应部位予以停工，因停工增加的费用由发包人承担，工期予以顺延。停工导致施工合同目的无法实现的，根据最高人民法院《关于审理建设工程施工合同纠纷案件适用法律问题的解释》第9条的规定，发包人提供的主要建筑材料、建筑构配件和设备不符合强制性标准，致使承包人无法施工，且在催告的合理期限内仍未履行相应义务，承包人请求解除建设工程施工合同的，应予支持。对于因不合格材料和工程设备所增加的费用或延误的工期，由提供不合格产品方承担相应的违约责任，如果是发包人违约，还应向承包人支付合理利润。

【使用指引】

合同当事人在使用本条款时应注意以下事项：

1. 对于质量不合格的材料和工程设备，由采购方负责。但如果监督管理方不严格履行相应的监督管理义务，从而导致不合格的材料和设备被用于工程，则也应当承担相应的民事责任、行政责任直至刑事责任。

2. 无论是发包人、承包人还是监理人，均应当在自身责任范围内做好材料和工程设备的质量监督管理工作，严格履行质量责任和义务，以保证建设工程的质量。

3. 如承包人明知发包人提供的材料设备质量不合格而仍然使用的，承包人应对其过错承担相应的违约责任。

【法条索引】

1.《中华人民共和国建筑法》第74条：建筑施工企业在施工中偷工减料的，使用不合格的建筑材料、建筑构配件和设备的，或者有其他不按照工程设计图纸或者施工技术标准施工的行为的，责令改正，处以罚款；情节严重的，责令停业整顿，降低资质等级或者吊销资质证书；造成建筑工程质量不符合规定的质量标准的，负责返工、修理，并赔偿因此造成的损失；构成犯罪的，依法追究刑事责任。

2.《中华人民共和国建筑法》第67条：工程监理单位有下列行为之一的，责令改正，处50万元以上100万元以下的罚款，降低资质等级或者吊销资质证书；有违法所得的，予以没收；造成损失的，承担连带赔偿责任：

（1）与建设单位或者施工单位串通，弄虚作假、降低工程质量的；

（2）将不合格的建设工程、建筑材料、建筑构配件和设备按照合格签字的。

3.《建设工程质量管理条例》第14条：按照合同约定，由建设单位采购建筑材料、建筑构配件和设备的，建设单位应当保证建筑材料、建筑构配件和设备符合设计文件和合同要求。建设单位不得明示或者暗示施工单位使用不合格的建筑材料、建筑构配件和设备。

4.《建设工程监理规范》第5.4.6条：专业监理工程师应对承包单位报送的拟进场工程材料、构配件和设备的工程材料、构配件、设备报审表及其质量证明资料进行审核，并对进场的实物按照委托监理合同约定或有关工程质量管理文件规定的比例采用平行检验或见证取样方式进行抽检。

对未经监理人员验收或验收不合格的工程材料、构配件、设备，监理人员应拒绝签认，并应签发监理工程师通知单，书面通知承包单位限期将不合格的工程材料、构配件、设备撤出现场。

8.6 样品

8.6.1 样品的报送与封存

需要承包人报送样品的材料或工程设备，样品的种类、名称、规格、数量等要求均应在专用合同条款中约定。样品的报送程序如下：

（1）承包人应在计划采购前28天向监理人报送样品。承包人报送的样品均应来自供应材料的实际生产地，且提供的样品的规格、数量足以表明材料或工程设备的质量、型号、颜色、表面处理、质地、误差和其他要求的特征。

（2）承包人每次报送样品时应随附申报单，申报单应载明报送样品的相关数据和资料，并标明每件样品对应的图纸号，预留监理人批复意见栏。监理人应在收到承包人报送的样品后7天向承包人回复经发包人签认的样品审批意见。

（3）经发包人和监理人审批确认的样品应按约定的方法封样，封存的样品作为检验工程相关部分的标准之一。承包人在施工过程中不得使用与样品不符的材料或工程设备。

（4）发包人和监理人对样品的审批确认仅为确认相关材料或工程设备的特征或用途，不得被理解为对合同的修改或改变，也并不减轻或免除承包人任何的责任和义务。如果封存的样品修改或改变了合同约定，合同当事人应当以书面协议予以确认。

8.6.2 样品的保管

经批准的样品应由监理人负责封存于现场，承包人应在现场为保存样品提供适当和固定的场所并保持适当和良好的存储环境条件。

【条文目的】

本条款是关于对材料和工程设备的样品报送与保管的规定，旨在解决承包人提供的材料和工程设备与样品不一致以及与样品有关的合同履行问题。与1999版施工合同相比，本条款为新增条款。

【条文释义】

样品的提供是为了更好的确保工程材料和设备能够达到工程设计和合同约定标准要求的一种更为直观和便捷的方式。2013版施工合同借鉴了《菲迪克（FIDIC）施工合同条件》（1999版红皮书）第7.1条的相关规定，对样品提供和保管等事项均进行新的规范。

为了保证承包人提供的材料和工程设备符合工程设计和合同约定的标准，同时因通用合同条款无法列出对工程项目所需的所有样品种类明细，因此需要合同当事人在专用合同条款中对于需要承包人报送样品的材料或工程设备的种类、名称、规格、数量等要求予以明确。

如果需要承包人报送样品，则应当遵照以下程序提供样品：1. 承包人应在计划采购前28天向监理人报送样品。承包人报送的样品均应来自供应材料的实际生产地，且提供的样品的规格、数量足以表明材料或工程设备的质量、型号、颜色、表面处理、质地、误差和其他要求的特征。2. 承包人每次报送样品时应随附申报单，申报单应载明报送样品的相关数据和资料，并标明每件样品对应的图纸号，预留监理人批复意见栏。监理人应在收到承包人报送的样品后7天向承包人回复经发包人签认的样品审批意见。3. 经发包人和监理人审批确认的样品作为检验工程相关部分的标准之一。承包人在施工过程中不得使用与样品不符的材料或工程设备。4. 发包人和监理人对样品的审批确认仅为确认相关材料或工程设备的特征或用途，不得被理解为对合同的修改或改变，也并不减轻或免除承包人任何的责任和义务。

对于经批准的样品的保管，应由合同当事人对样品封存位置进行盖章签字确认并进行封存，并于封存处标明产品的名称、种类、型号、规格、色彩等技术指标，承包人应在现场为保存样品提供适当和固定的场所并保持适当和良好的存储环境条件，以保证样品的品质不因转移和存储环境的变化发生变化。需要强调的是，无论监理人还是发包人是否对材料和工程设备与样品是否一致予以确认，均不应免除承包人对材料和工程设备质量应承担的责任。

此外，合同当事人需要注意的是，发包人和监理人对样品的封存或其他样品的审批确认仅为确认相关材料或工程设备的特征或用途，并不表明也不能理解为对施工合同的改变，更不构成变更，最终也并不减轻或免除承包人应当承担的责任和义务，除非有书面文件说明需要对合同进行变更。当然，如果发包人或监理人未能尽到合理的审查确认义务，或者明知材料或工程设备不符合样品的要求，甚至明示承包人使用与样品不符的质量不合格的材料和工程设备，由此造成质量事故的，发包人也应当在过错范围内承担责任，承包人对此负有举证责任。

【使用指引】

合同当事人在使用本条款时应注意以下事项：

1. 因样品是用来确定材料和工程设备的特征和用途，因此，无论是承包人还是监理人均应当重视样品品质的确认和保管，以避免因样品品质不确定或不稳定从而导致合同争议。尚需强调的是，单凭样品不足以改变合同，如需调整合同，应当作出特别的约定。

2. 为避免争议，发包人与承包人应当在专用合同条款中就样品的确认和保管作出进一步的详细且易操作的约定，必要时可以委托由发包人与承包人共同选定的第三方对样品进行保管。如果样品的品质发生变化，则应当由承包人重新报送样品，由此增减的费用或延误的工期，由责任方承担。

【法条索引】

《菲迪克（FIDIC）施工合同条件》（1999版红皮书）：

7.2 样品

承包商应在工程中或为工程使用材料前，向工程师提交以下材料样品和有关资料，以取得其同意：

（a）制造商的材料准样品和合同规定的样品，均由承包商自费提供；以及

（b）工程师指示的作为变更的附加样品。

每种样品均应标明其原产地和在工程中的拟定用途。

8.7 材料与工程设备的替代

8.7.1 出现下列情况需要使用替代材料和工程设备的，承包人应按照第8.7.2项约定的程序执行：

（1）基准日期后生效的法律规定禁止使用的；

（2）发包人要求使用替代品的；

（3）因其他原因必须使用替代品的。

8.7.2 承包人应在使用替代材料和工程设备前28天书面通知监理人，并附下列文件：

（1）被替代的材料和工程设备的名称、数量、规格、型号、品牌、性能、价格及其他相关资料；

（2）替代品的名称、数量、规格、型号、品牌、性能、价格及其他相关资料；

（3）替代品与被替代产品之间的差异以及使用替代品可能对工程产生的影响；

（4）替代品与被替代产品的价格差异；

（5）使用替代品的理由和原因说明；

（6）监理人要求的其他文件。

监理人应在收到通知后14天内向承包人发出经发包人签认的书面指示；监理人逾期发出书面指示的，视为发包人和监理人同意使用替代品。

8.7.3 发包人认可使用替代材料和工程设备的，替代材料和工程设备的价格，按照已标价工程量清单或预算书相同项目的价格认定；无相同项目的，参考相似项目价格认定；既无相同项目也无相似项目的，按照合理的成本与利润构成的原则，由合同当事人按照第4.4款【商定或确定】确定价格。

【条文目的】

本条款是关于材料和工程设备替代品及其价款的确定的规定，旨在解决什么情况下可以使用替代材料和工程设备替代品、使用的程序及其价格确定的问题。与1999版施工合同相比，本条款在1999版施工合同基础上对替代品的使用条件、程序以及估价等方面进行了补充和完善。

【条文释义】

采用替代品的实质为变更法定或合同约定情形，承包人擅自使用替代品构成违约。

在出现下列情形时，承包人方可按照合同约定使用替代品：1. 对于在基准日后生效的法律规定禁止使用的；2. 发包人要求使用替代品的；3. 因其他原因无法使用合同约定的材料和工程设备。在必须使用替代品的情况下，承包人应在使用替代材料和工程设备前28天书面通知监理人，并附具被替代品和替代品详细信息文件，以及被替代品和替代品的价格及差异比对。监理人应在收到通知后14天内向承包人发出经发包人签认的书面指示；监理人逾期发出书面指示的，视为发包人和监理人同意使用替代品。使用的替代品同样必须符合设计要求和国家标准，发包人与承包人均不得通过使用替代品擅自降低工程建设质量标准。发包人对于使用替代品的同意，并不免除和减轻承包人对替代品应承担的质量和安全保证责任。

对于发包人认可使用替代材料和工程设备的，合同当事人应确定替代材料和工程设备的价格，具体可以按照如下标准确定：1. 按照已标价工程量清单或预算书相同项目的价格认定；2. 无相同项目的，参考相似项目价格认定；3. 无相同项目，且无相似项目的，由合同当事人按照合理成本与利润的原则，并按照第4.4款【商定或确定】原则进行估价确定。需要注意的是，2013版施工合同关于替代品的估价原则与变更的估价原则是一致的。

【使用指引】

合同当事人在使用本条款时应注意以下事项：

1. 对于材料和工程设备的替代，承包人应当以确有需要为原则。在确需使用材料和工程设备的替代品的情况下，承包人应在使用替代材料和工程设备前28天书面通知监理人，通常应附替代品和被替代品的详细信息文件。

2. 对于替代品的使用条件、程序，使用替代品的提前通知期，监理人发出指示的期限，合同当事人可以在合同专用条款根据工程具体情况作出进一步的易于操作的约定。

【法条索引】

1.《中华人民共和国建筑法》第67条：工程监理单位有下列行为之一的，责令改正，处50万元以上100万元以下的罚款，降低资质等级或者吊销资质证书；有违法所得的，予以没收；造成损失的，承担连带赔偿责任：

（1）与建设单位或者施工单位串通，弄虚作假、降低工程质量的；

（2）将不合格的建设工程、建筑材料、建筑构配件和设备按照合格签字的。

2.《建设工程质量管理条例》第56条：建筑工程的勘察、设计单位必须对其勘察、设计的质量负责。勘察、设计文件应当符合有关法律、行政法规的规定和建筑工程质量、安全标准、建筑工程勘察、设计技术规范以及合同的约定。设计文件选用的建筑材料、建筑构配件和设备，应当注明其规格、型号、性能等技术指标，其质量要求必须符合国家规定的标准。

8.8 施工设备和临时设施

8.8.1 承包人提供的施工设备和临时设施

承包人应按合同进度计划的要求，及时配置施工设备和修建临时设施。进入施工场地的承包人设备需经监理人核查后才能投入使用。承包人更换合同约定的承包人设备的，应报监理人批准。

除专用合同条款另有约定外，承包人应自行承担修建临时设施的费用，需要临时占地的，应由发包人办理申请手续并承担相应费用。

8.8.2 发包人提供的施工设备和临时设施

发包人提供的施工设备或临时设施在专用合同条款中约定。

8.8.3 要求承包人增加或更换施工设备

承包人使用的施工设备不能满足合同进度计划和（或）质量要求时，监理人有权要求承包人增加或更换施工设备，承包人应及时增加或更换，由此增加的费用和（或）延误的工期由承包人承担。

【条文目的】

在工程建设过程中，鉴于施工设备和临时设施的不可或缺性关系到工程能否顺利实施，尤其是施工设备直接影响到工程的质量和安全，故本条款对施工设备和临时设施作了规定。本条款旨在就施工设备和临时设施的提供和责任提出要求，并赋予监理人对承包人提供施工设备一定的监管管理权。与1999版施工合同相比，本条款为新增条款。

为保证施工合同及时顺利履行，承包人应按合同进度计划的要求，及时配置施工设备和修建临时设施。为保证施工质量和安全，承包人进入施工场地的设备需经监理人核查后才能投入使用。承包人更换合同约定的承包人设备的，也应报监理人批准。

除专用合同条款另有约定外，承包人应自行承担修建临时设施的费用，需要临时占地的，应由发包人办理申请手续并承担相应费用。如果约定由发包人提供施工设备和临时设施的，当事人应当在专用合同条款中作出明确的约定。

此外，如果承包人使用的施工设备不能满足合同进度计划和质量要求，承包人应主动更换或在监理人要求下更换或增加，以保证施工满足合同进度计划和质量要求。对于监理人要求更换和增加，承包人不得拒绝。由此所增加的费用和延误的工期，应由承包人自己承担。

【使用指引】

合同当事人在使用本条款时应注意以下事项：

1. 对于施工设备和临时设施，如果约定由发包人提供，则合同当事人应当在专用合同条款中对发包人提供的施工设备或临时设施的种类、规格、型号、质量、期限、验收等作出明确的约定，并约定发包人不能提供应当承担的责任。为保证施工安全，承包人提供的临时设施和施工设备，应当接受监理人的核查。

2. 如果承包人提供的施工设备不能满足合同约定的施工进度需要，为保证施工按合同计划进行，承包人应当主动更换或增加施工设备，监理人也有权要求承包人更换或增加，在监理人要求更换或增加的情况下，如果承包人没有合理的解释和适当的理由使发包人和监理人相信承包人施工进度和质量满足合同约定的要求，或实际上施工进度已经延误、施工设备已经影响了工程质量的，则承包人应当予以更换或增加。由此增加的费用或延误的工期，则由承包人承担。

3. 国家对于特种设备类的施工设备如塔吊、吊篮等的安装和使用均有特别规定，除了安装单位需具备相应资质，承包人在安装和使用这类施工设备前，需向建设行政主管机关申请备案或审批，未办理相应备案或审批手续的，即使通过了发包人或监理人的审核，也不能投入使用。

【条文索引】

《菲迪克（FIDIC）施工合同条件》（1999版红皮书）：

4.1 承包商应提供合同规定的生产设备和承包商文件，以及此项设计、施工、竣工和修补缺陷所需的所有临时性或永久性的承包商人员、货物、消耗品及其他物品和服务。

8.9 材料与设备专用要求

承包人运入施工现场的材料、工程设备、施工设备以及在施工场地建设的临时设施，包括备品备件、安装工具与资料，必须专用于工程。未经发包人批准，承包人不得运出施工现场或挪作他用；经发包人批准，承包人可以根据施工进度计划撤走闲置的施工设备和其他物品。

【条文目的】

为避免承包人运至现场的材料与设备用于其他工程，影响工程进度，有必要对运至现场的材料和设备及临时设施专用于工程作出约定。本条款旨在要求承包人运入施工现场的材料、工程设备、施工设备以及在施工场地建设的临时设施，包括备品备件、安装工具与资料必须专用于工程。与1999版施工合同相比，本条款为新增条款。

【条文释义】

参考《菲迪克（FIDIC）施工合同条件》（1999版红皮书）第7.7条【生产设备和材料的所有权】，通常情况下只要符合当地国的法律，生产设备和材料运至现场时即已经成为雇主的财产。参考类似合同的规定，2013版施工合同对于承包人运入施工现场的材料、工程设备、施工设备以及在施工场地建设的临时设施，包括备品备件、安装工具与资料等，尽管未直接规定其物权所属，但是作出了必须专用于工程的规定，以保证按合同约定进度计划实施工程的需要。

基于材料和设备专用的要求，未经发包人批准，承包人不得将前述已经运入施工现场的材料、工程设备、施工设备以及在施工场地建设的临时设施等运出施工现场或挪作他用。对于闲置或工程建设不再需要的施工设备或其他物品，承包人可以根据施工进度计划向发包人申请撤走，但未经发包人批准，承包人不得擅自将其运离现场。

【使用指引】

合同当事人在使用本条款时应注意：

虽然基于材料与设备的专用要求，未经发包人批准，承包人不得撤走施工现场的材料、设备、物品等，但出现特定情况下坚守本条款约定可能造成施工成本增加或损失扩大的，双方应对本条约定灵活适用，比如因发包人原因或其他发包人应当承担责任的事由，导致承包人较长时间窝工或停工的，毫无疑问会造成承包人设施设备闲置，如果仍然坚持承包人的设施设备需经发包人批准才能运离现场，则发包人将面临承担设施设备闲置费不断扩大的风险。为此，只要承包人施工进度和质量满足合同约定，则基于节约成本的考虑或避免损失扩大，发包人和承包人可在专用条款中对于设施设备专用于工程及特殊情况的处理作出更为详细、合理的约定。

【条文索引】

《菲迪克（FIDIC）施工合同条件》（1999版红皮书）：

7.7 生产设备和材料的所有权

从下列二者中较早的时间起，在符合工程所在国法律规定的范围内，每项生产设备和材料都应无抵押权和其他阻碍的成为雇主的财产：

（a）当上述生产设备和材料运至现场时；

（b）当根据第8.10款【暂停时对生产设备和材料的付款】的规定，承包商有权得到按生产设备和材料价值的付款时。

9 试验与检验

9.1 试验设备与试验人员

9.1.1 承包人根据合同约定或监理人指示进行的现场材料试验，应由承包人提供试验场所、试验人员、试验设备以及其他必要的试验条件。监理人在必要时可以使用承包人提供的试验场所、试验设备以及其他试验条件，进行以工程质量检查为目的的材料复核试验，承包人应予以协助。

9.1.2 承包人应按专用合同条款的约定提供试验设备、取样装置、试验场所和试验条件，并向监理人提交相应进场计划表。

承包人配置的试验设备要符合相应试验规程的要求并经过具有资质的检测单位检测，且在正式使用该试验设备前，需要经过监理人与承包人共同校定。

9.1.3 承包人应向监理人提交试验人员的名单及其岗位、资格等证明资料，试验人员必须能够熟练进行相应的检测试验，承包人对试验人员的试验程序和试验结果的正确性负责。

【条文目的】

建设工程施工过程中，试验与检验直接影响着工程质量，只有通过合法与科学的试验与检验手段才能为建设工程质量评价提供准确的、科学的依据。在工程监理过程中，试验与检验是一项重要的环节，也是对工程施工质量实施有效控制的重要手段之一。在实践中出现的工程事故大多由于偷工减料和对工程粗制滥造所导致，因此，必须加强对于材料、设备和工程各部分和整体工程的性能进行检验和试验。

工程的试验和检验包括在施工过程中对于材料、设备、构件和分部分项工程性能的检验和试验，也包括工程竣工验收以及工程竣工后的试验。在试验与检验过程中，合同当事人与监理人应当履行各自的义务和责任。本条款明确了承包人在提供试验设备与试验人员方面的义务。与1999版施工合同相比，2013版施工合同对该项义务规定更为详细具体。

【条文释义】

本条款约定了承包人在提供试验设备与试验人员方面的义务。根据我国《建筑法》、《建设工程质量管理条例》、《建设工程质量检测管理办法》等规定，承包人在试验设备与试验人员方面的义务包括：

1. 提供试验场所与试验设备，即按专用合同条款的约定提供试验设备、取样装置、试验场所和试验条件，并且试验设备应当符合要求并经过检测，在正式使用前，还必须经过监理人与承包人共同校定。

2. 编制试验计划，即承包人应当编制并向监理人提交相应进场检验和试验的计划表。

3. 提供或选择检验机构和人员，根据《建设工程质量检测管理办法》的规定，承包人应当向监理人提交能够进行检验和试验的机构名单和熟练进行相应检测试验的试验人员的名单及其岗位、资格等证明资料。承包人可以选择有资格能力的检验检测机构进行试验和检验，也可以自行开展检验试验，但承包人自行进行检验和试验的，同样必须按照法律法规的规定，具备法律法规对机构和人员的资格和能力设备等方面的要求。同时，承包人对试验程序和试验结果的准确性和完整性负责。

4. 为监理人试验提供协助，即监理人如果需要使用承包人提供的试验场所、试验设备以及其他试验条件，进行材料复核试验，承包人应予以协助。

5. 本条款规定，监理人有权利使用承包人提供的试验场所、试验设备以及其他试验条件，进行以工程质量检查为目的的材料复核试验。同时，监理人对于试验程序和试验结果的正确性不承担责任。当然，承包人在提供了相应的试验设备、试验人员、进场计划表，并做好了试验准备之后，监理人必须及时参加试验。

【使用指引】

合同当事人在使用本条款时应注意以下事项：

1. 本条款第9.1.2项中规定："承包人应按专用合同条款的约定提供试验设备、取样装置、试验场所和试验条件，并向监理人提交相应进场计划表。"专用合同条款第9.1.2项也设置了相应的空格供合同当事人对施工现场需要配置的试验场所、试验设备、其他试验条件作出具体、明确的约定。合同当事人应当相应的在专用合同条款中对需要由承包商在施工现场配置的试验场所、试验设备和其他试验条件以及对于这些试验场所、试验设备和其他试验条件的具体要求作出明确的约定。该事项为本条款使用过程中的重点，合同当事人务必对此作出尽可能具体明确的约定，以避免在施工过程中产生不必要的争议。

2. 本条款规定，承包人应向监理人提交试验设备、取样装置、试验场所和试验条件的"相应进场计划表"，及试验人员的"名单及其岗位、资格等证明材料"，但未同时明确规定承包人提交这些材料的时间要求，合同当事人在签订合同时应当注意该问题并作出明确约定。

3. 合同当事人需要注意的是，对于承包人提供的材料，其检验试验费用通常由承包人承担并已包括在合同价格中。对于发包人提供的材料，承包人仍应按照合同约定的标准进行检验试验，符合要求的方可使用，但检验试验费用一般应由发包人承担。

4. 试验人员必须要具备相应的资格，能够熟练操作相应的检测试验，试验人员要对试验程序的正确性负责。本条款约定的检测机构应当是具备相应的资格和能力的工程质量检测机构。

【法条索引】

1.《中华人民共和国建筑法》第59条：建筑施工企业必须按照工程设计要求、施工技术标准和合同的约定，对建筑材料、建筑构配件和设备进行检验，不合格的不得使用。

2.《建设工程质量管理条例》第29条：施工单位必须按照工程设计要求、施工技术标准和合同约定，对建筑材料、建筑构配件、设备和商品混凝土进行检验，检验应当有书面记录和专人签字；未经检验或者检验不合格的，不得使用。

3.《建设工程质量管理条例》第65条：违反本条例规定，施工单位未对建筑材料、建筑构配件、设备和商品混凝土进行检验，或者未对涉及结构安全的试块、试件以及有关材料取样检测的，责令改正，处10万元以上20万元以下的罚款；情节严重的，责令停业整顿，降低资质等级或者吊销资质证书；造成损失的，依法承担赔偿责任。

4.《建设工程质量检测管理办法》第2条：申请从事对涉及建筑物、构筑物结构安全的试块、试件以及有关材料检测的工程质量检测机构资质，实施对建设工程质量检测活动的监督管理，应当遵守本办法。本办法所称建设工程质量检测（以下简称质量检测），是指工程质量检测机构（以下简称检测机构）接受委托，依据国家有关法律、法规和工程建设强制性标准，对涉及结构安全项目的抽样检测和对进入施工现场的建筑材料、构配件的见证取样检测。

5.《菲迪克（FIDIC）施工合同条件》（1999版红皮书）：

7.4 试验

为有效进行规定的试验，承包商应提供所需的所有仪器、帮助、文件和其他资料、电力、装备、燃料、消耗品、工具、劳力、材料，以及具有适当资质和经验的工作人员。

9.2 取样

试验属于自检性质的，承包人可以单独取样。试验属于监理人抽检性质的，可由监理人取样，也可由承包人的试验人员在监理人的监督下取样。

【条文目的】

在施工过程中，对于建筑用原材料、半成品和成品，如水泥、水泥制品、砖瓦、墙体保温材料、墙体材料、钢筋等进行质量检验时，既要对其出厂合格证等随附资料和产品外观进行检查，也需要对产品本身抽样送检，以确定其质量是否符合国家标准和合同要求。在取样时，取样的方法和数量应当符合要求。本条款即是对于取样环节进行的具体规范。与1999版施工合同相比，本条款为新增条款。

【条文释义】

所谓取样，是按照有关技术标准、规范的规定，从检验（检测）对象中抽取实验样品的过程，取样是工程质量检测的首要环节，其真实性和代表性直接影响到检测数据的公正性。工程实践中，部分施工企业的现场取样缺少必要的监督管理制度，滋生了由于试验取样的不规范行为，以及少数单位弄虚作假而出现样品合格但工程实体质量不合格的现象，使试验和检验手段失去对工程质量的控制作用，因此，需要对取样问题进行严格规范。根据《建设工程质量检测管理办法》的规定，"质量检测试样的取样应当严格执行有关工程建设标准和国家有关规定，在建设单位或者工程监理单位监督下现场取样。提供质量检测试样的单位和个人，应当对试样的真实性负责"。2013版施工合同中对于试验和检验的取样包括了两种情况：一是承包人自检取样；二是监理人抽检取样。前者由承包人自行单独取样；后者可由监理人取样或者在监理人的监督下由承包人取样。

根据《房屋建筑工程和市政基础设施工程实行见证取样和送检的规定》的规定，参加见证取样的人员应由建设单位或该工程的监理单位具备建筑施工试验知识的专业技术人员担任，并应由建设单位或该工程的监理单位书面通知施工单位、检测单位和负责该项工程的质量监督机构。2013版施工合同考虑到建设单位作为发包人的投资人属性，在通用合同条款中仅约定见证取样的人员为监理人，同时监理人也可以自行取样。如合同当事人约定建设单位亦应参加的，可以另行在专用合同条款中约定补充。

施工过程中，见证人员应按照见证取样和送检计划，对施工现场的取样和送检进行见证，取样人员应在试样或其包装上作出标识、封志。标识和封志应标明工程名称、取样部位、取样日期、样品名称和样品数量，并由见证人员和取样人员签字。见证人员应制作见证记录，并将见证记录归入施工技术档案。见证人员和取样人员应对试样的代表性和真实性负责。见证取样检测的检测报告中应当注明见证人单位及姓名。见证取样的试块、试件和材料送检时间，应由送检单位填写委托单，委托单应有见证人员和送检人员签字。检测单位应检查委托单及试样上的标识和封志，确认无误后方可进行检测。

【使用指引】

合同当事人在使用本条款时应注意以下事项：

1. 合同当事人应注意取样见证人员应具备相应的资格和能力，并保证取样见证的程序符合法律的规定，尤其是《房屋建筑工程和市政基础设施工程实行见证取样和送检的规定》的相关规定。

2. 关于不同产品和项目的取样国家一般都有明确的规范或要求，因此本条款关于取样的规定比较简要。如果发包人对此有特殊要求，需要进行具体规定时，应当在专用合同条款中予以明确约定。

【法条索引】

1. 《建设工程质量管理条例》第31条：施工人员对涉及结构安全的试块、试件以及有关材料，应当在建设单位或者工程监理单位监督下现场取样，并送具有相应资质等级的质量检测单位进行检测。

2. 《建设工程质量管理条例》第65条：违反本条例规定，施工单位未对建筑材料，建筑构、配件，设备和商品混凝土进行检验，或者未对涉及结构安全的试块、试件以及有关材料取样检测的，责令改正，处10万元以上20万元以下的罚款；情节严重的，责令停业整顿，降低资质等级或者吊销资质证书；造成损失的，依法承担赔偿责任。

3. 《建设工程质量检测管理办法》（建设部令第141号）第13条：质量检测试样的取样应当严格执行有关工程建设标准和国家有关规定，在建设单位或者工程监理单位监督下现场取样。提供质量检测试样的单位和个人，应当对试样的真实性负责。

4. 《建设工程质量检测管理办法》（建设部令第141号）第14条：检测机构完成检测业务后，应当及时出具检测报告。检测报告经检测人员签字、检测机构法定代表人或者其授权的签字人签署，并加盖检测机构公章或者检测专用章后方可生效。检测报告经建设单位或者工程监理单位确认后，由施工单位归档。

5. 《房屋建筑工程和市政基础设施工程实行见证取样和送检的规定》（建建【2000】211号）第5条：涉及结构安全的试块、试件和材料见证取样和送检的比例不得低于有关技术标准中规定应取样数量的30%。

6. 《房屋建筑工程和市政基础设施工程实行见证取样和送检的规定》（建建【2000】211号）第7条：见证人员应由建设单位或该工程的监理单位具备建筑施工试验知识的专业技术人员担任，并应由建设单位或该工程的监理单位书面通知施工单位、检测单位和负责该项工程的质量监督机构。

7. 《房屋建筑工程和市政基础设施工程实行见证取样和送检的规定》（建建【2000】211号）第8条：在施工过程中，见证人员应按照见证取样和送检计划，对施工现场的取样和送检进行见证，取样人员应在试样或其包装上作出标识、封志。标识和封志应标明工程名称、取样部位、取样日期、样品名称和样品数量，并由见证人员和取样人员签字。见证人员应制作见证记录，并将见证记录归入施工技术档案。见证人员和取样人员应对试样的代表性和真实性负责。见证取样检测的检测报告中应当注明见证人单位及姓名。

8.《房屋建筑工程和市政基础设施工程实行见证取样和送检的规定》（建建【2000】211号）第9条：见证取样的试块、试件和材料送检时，应由送检单位填写委托单，委托单应有见证人员和送检人员签字。检测单位应检查委托单及试样上的标识和封志，确认无误后方可进行检测。

9.3 材料、工程设备和工程的试验和检验

9.3.1 承包人应按合同约定进行材料、工程设备和工程的试验和检验，并为监理人对上述材料、工程设备和工程的质量检查提供必要的试验资料和原始记录。按合同约定应由监理人与承包人共同进行试验和检验的，由承包人负责提供必要的试验资料和原始记录。

9.3.2 试验属于自检性质的，承包人可以单独进行试验。试验属于监理人抽检性质的，监理人可以单独进行试验，也可由承包人与监理人共同进行。承包人对由监理人单独进行的试验结果有异议的，可以申请重新共同进行试验。约定共同进行试验的，监理人未按照约定参加试验的，承包人可自行试验，并将试验结果报送监理人，监理人应承认该试验结果。

9.3.3 监理人对承包人的试验和检验结果有异议的，或为查清承包人试验和检验成果的可靠性要求承包人重新试验和检验的，可由监理人与承包人共同进行。重新试验和检验的结果证明该项材料、工程设备或工程的质量不符合合同要求的，由此增加的费用和（或）延误的工期由承包人承担；重新试验和检验结果证明该项材料、工程设备和工程符合合同要求的，由此增加的费用和（或）延误的工期由发包人承担。

【条文目的】

试验与检验的程序问题对于确保试验与检验结果的客观公正具有非常重要的作用，而1999版施工合同对于试验和检验的程序和要求未进行细致的规定，当事人往往对于试验和检验结果的客观准确性发生争议。故本条款基于此考虑，对于建筑材料、工程设备和工程的检验的具体要求进行了规定。

【条文释义】

试验与检验的程序问题对于确保试验与检验结果的客观公正具有非常重要的作用，甚至是决定性的作用。在以往的工程实践中，在确保试验与检验结果的客观公正问题上，比较强调试验与检验方法的科学性，而忽视试验与检验程序合规性，由此不仅导致试验与检验结果的偏离，严重的还会导致工程质量的不合格。

本条款是对材料、工程设备、工程的试验和检验的具体要求的规定，主要包括如下三个方面的内容：

首先，关于材料、工程设备和工程的试验和检验的一般要求，包括承包人应按合同约定进行材料、工程设备和工程的试验和检验；监理人有权对材料、工程设备和工程进行质量检查。

其次，关于试验和检验的几种不同情况的处理。承包人自检的，由承包人单独进行试验，不需要通知监理人到场参与；监理人抽检的，监理人可以单独进行试验，也可与承包人共同实施；承包人对由监理人单独实施的试验结果有异议，可以申请重新共同进行试

验；约定承包人与监理人共同进行试验而监理人没有参加试验的，承包人可自行试验，并将试验结果报送监理人，监理人不能以没有参见检验与试验为由拒绝承认试验结果。

再次，重新试验和检验及后果承担。根据2013版施工合同第9.3.3项的规定，如果监理人对承包人的试验和检验结果有异议或为查清承包人结果的可靠性要求重新试验和检验的，由监理人与承包人共同进行。关于重新试验和检验的费用，本条款规定作了较为公平的责任分配：重新试验和检验证明该项材料、工程设备或工程的质量不符合合同要求的，增加的费用和（或）延误的工期由承包人承担；重新试验和检验结果证明该项材料、工程设备和工程的质量符合合同要求的，由此增加的费用和（或）延误的工期由发包人承担。

【使用指引】

合同当事人在使用本条款时应注意以下事项：

1. 对于材料、工程设备和工程的试验和检验的具体范围，由法律、法规、规章和工程规范等规定以及合同约定，对于没有规定和约定的，不需要进行材料、工程设备和工程的试验和检验。

2. 如果发包人或监理人指示的检验和试验范围超出法律与合同约定的范围，承包人应当实施，但是，由此增加的费用和延误的工期，由发包人承担。

3. 合同当事人可以在专用合同条款增加试验通知义务、通知时限、通知内容等以及相关时间要求，如第9.3.1项中承包人提供必要的试验资料和原始记录的时间要求、第9.3.2项中承包人有异议申请重新共同进行试验的时间要求及承包人自检后将试验结果报送监理人的时间要求等方面的条款内容，以保证其可操作性。

【法条索引】

1. 《中华人民共和国建筑法》第59条：建筑施工企业必须按照工程设计要求、施工技术标准和合同的约定，对建筑材料、建筑构配件和设备进行检验，不合格的不得使用。

2. 《建设工程质量管理条例》第29条：施工单位必须按照工程设计要求、施工技术标准和合同约定，对建筑材料、建筑构配件、设备和商品混凝土进行检验，检验应当有书面记录和专人签字；未经检验或者检验不合格的，不得使用。

3. 《建设工程质量管理条例》第31条：施工人员对涉及结构安全的试块、试件以及有关材料，应当在建设单位或者工程监理单位监督下现场取样，并送具有相应资质等级的质量检测单位进行检测。

9.4 现场工艺试验

承包人应按合同约定或监理人指示进行现场工艺试验。对大型的现场工艺试验，监理人认为必要时，承包人应根据监理人提出的工艺试验要求，编制工艺试验措施计划，报送监理人审查。

【条文目的】

为了验证工程技术方法的可行性或者取得某些数据参数，保证工程质量和安全，需要在现场对用于工程施工的施工方法和技术进行试验，然后再予实施或使用，本条款即是对于现场工艺试验的规定。与1999版施工合同相比，2013版施工合同的现场工艺试验不再局限于"特殊工艺"的范围，体现了对工程质量的重视与严格要求。

【条文释义】

工艺是劳动者利用生产工具对各种原材料、半成品进行增值加工或处理，最终使之成为制成品的方法与过程。本条款所称施工工艺即施工方法和技术，现场工艺试验的目的在于确定工程上所使用的施工工艺是否成熟、安全、实用、可行。现场工艺试验可分为两种，一种是常规的现场工艺试验，即在国家或行业的规程、规范中规定的工艺试验或为进行某项成熟的工艺所必须进行的试验；另一种是特殊的、大型的现场工艺试验，这种情况下，通常需要编制专项工艺试验措施计划并报监理人批准后实施。

【使用指引】

合同当事人在使用本条款时应注意以下事项：

1. 法律规定或合同约定的工艺试验，承包人应当根据要求实施，并且由承包人承担相应的费用和工期。如果不是上述情况，而是监理人要求的工艺试验，承包人也应当实施，但是，工艺试验的费用和工期应当由发包人承担。

2. 发包人对于超出法律强制性规定的工艺试验，应当在专用合同条款中予以明确约定，以免事后发生纠纷。

3. 对于监理人超出法律规定和合同约定要求实施的工艺试验，承包人也应当实施，但是，承包人应当按照合同关于索赔的规定，及时索赔由于实施工艺试验而增加的相应费用和工期。

【法条索引】

1. 《建设工程质量管理条例》第29条：施工单位必须按照工程设计要求、施工技术标准和合同约定，对建筑材料、建筑构配件、设备和商品混凝土进行检验，检验应当有书面记录和专人签字；未经检验或者检验不合格的，不得使用。

2. 《菲迪克（FIDIC）施工合同条件》（1999版红皮书）：

7.1　实施方法

承包商应按以下方法进行生产设备的制造，材料的生产加工，以及工程的所有其他实施作业：

（a）按照合同约定的方法（如果有）；

（b）按照公认的良好惯例，使用恰当、精巧和仔细的方法；以及

（c）除合同另有规定外，使用适当配备的设施和无危险的材料。

7.3　检验

雇主人员应在所有合理的时间内：

（a）有充分机会进入现场的所有部分以及获得天然材料的所有地点；

（b）有权在生产、加工和施工期间（在现场和其他地方），检查、检验、测量和试验所用材料和工艺，检查生产设备的制造和材料的生产加工的进度。

承包商应为雇主人员进行上述活动提供一切机会，包括提供进入条件、设施、许可和安全装备。此类活动不应解除承包商的任何义务或职责。

每当任何工作已经做好，在覆盖、掩蔽、包装以便储存或运输前，承包商应通知工程

师。这时，工程师应及时进行检查、检验、测量或试验，不得无故拖延，或立即通知承包商无需进行这些工作。如果承包商没有发出此类通知，而当工程师提出要求时，承包商应除去物件上的覆盖，并在随后恢复完好，全部费用由承包商承担。

7.5 拒收

如果检查、检验、测量或试验结果，发现任何生产设备、材料或工艺有缺陷，或不符合合同要求，工程师可向承包商发出通知，并说明理由，拒收该生产设备、材料或工艺。承包商应迅速修复缺陷，并保证上述被拒收的项目符合合同约定。

如果工程师要求对上述生产设备、材料或工艺再次进行试验，这些试验应按相同的条款和条件重新进行。如果此项拒收和再次试验使雇主增加了费用，承包商应按照第2.5款【雇主的索赔】的规定，向雇主支付这笔费用。

10 变更

10.1 变更的范围

除专用合同条款另有约定外，合同履行过程中发生以下情形的，应按照本条约定进行变更：

（1）增加或减少合同中任何工作，或追加额外的工作；
（2）取消合同中任何工作，但转由他人实施的工作除外；
（3）改变合同中任何工作的质量标准或其他特性；
（4）改变工程的基线、标高、位置和尺寸；
（5）改变工程的时间安排或实施顺序。

【条文目的】

变更是施工合同履行过程中常见的现象，也是合同当事人极易引起合同履行争议引发合同履行障碍的活动。与合同法规定的合同变更的内容不同的是，合同法规定的合同变更可以包括除合同主体之外的任何变化，而2013版施工合同中规定的变更的范围存在一定的限制，主要是从长期以来的施工合同实践和国内外施工合同对变更的处理惯例出发，对变更的范围进行了规范，这也是2013版施工合同出台的本意，即从施工合同履行的正当性和实用性出发，为工程建设实践提供规范和标准。该条文同时是第10条其他变更条款的基础。与1999版施工合同相比，本条款对相关概念和内容进行了完善。

【条文释义】

在2013版施工合同征求意见的过程中，有专家提出应当在合同定义中增加"工程签证"的概念，并在变更条款中增加签证手续的程序和形式内容的规定；也有专家提出应当将"变更"条文改为"变更与调整"。

关于变更的概念问题，根据《建设工程工程量清单计价规范》（GB 50500-2013）中关于工程变更的定义，即指"合同工程实施过程中由发包人提出或由承包人提出经发包人批准的合同工程任何一项工作的增、减、取消或施工工艺、顺序、时间的改变；设计图纸的修改；施工条件的改变；招标工程量清单的错漏从而引起合同条件的改变或工程量的增减变化。"从前述概念可以看出，施工合同中的变更事项有可能来自设计变化，也有可能来自于实际履行，亦即导致在国内工程合同履行实践中确实存在"变更单、洽商单、签证单、工作联系单"等多种形式的文件，这些文件主要是针对合同履行过程中的具体事项而言，有可能交叉混用，衡量其文件性质，主要是从其文件内容载明的事实和信息来判断。从规范合同管理和合同文本体例格式的角度，只要其管理对象不发生实质性变化，仅仅是发包人或承包人内部管理流程的不同，或者形式的不同，一般不建议建立新的合同术语或概念，可以并入相关概念予以规范，以免造成不必要的管理程序，或引起合同结构失衡或合同理解歧义。鉴于合同履行过程中无论是签证，还是洽商，其内容基本上都可以纳入变更的范畴，且最终均需要经过发包人和监理人审核与批准程序，因此在2013版施工合同中并未引入洽商或签证概念。

在借鉴《菲迪克（FIDIC）施工合同条件》（1999版红皮书）和九部委《标准施工招标文件》通用合同条款的基础上，2013版施工合同在变更条文中增加了第10.1【变更的范围】，与原1999版施工合同相比更为明确。

关于将【变更】改为【变更与调整】的意见，2013版施工合同借鉴了九部委《标准施工招标文件》通用合同条款的方式，采用了将【价格调整】条款单独列出作为一个条文，以便于将价格调整事项与变更事项进行区分，同时也便于理解和操作。

关于变更的范围。2013版施工合同在通用合同条款中对变更范围作出了一般性规定，但明确指出可以根据具体项目情况在专用合同条款中另行约定。该种安排主要考虑施工合同履行过程中的特殊情形，给合同当事人预留另行约定的空间。

2013版施工合同对于通常情况下合同产生变更的具体情形进行了列举，主要包括合同内工作的增减，合同外追加额外工作，取消合同中工作，改变合同工作的履行和检验标准，改变合同标的的基线、标高、位置和尺寸等工程基础特征，改变工程的实施时间或其他进度安排等。其中需要注意的是，对于取消合同中的任何工作，应当排除发包人自行实施或由其他第三人实施的情形，否则就不是简单的变更行为，而属于发包人违反合同订立时的约定，将原本在承包人合同承包范围内的事项取消，交由他人实施，该行为一方面违反合同约定，二则违反诚实信用，三则有可能涉及直接发包或肢解发包的问题。至于发包人自行实施在条文中并未直接指明，其原因与由他人实施同理，均属于违反合同约定的行为，可以同比类推即可。

2013版施工合同在1999版施工合同的基础上，借鉴了FIDIC合同和九部委《标准施工招标文件》对于变更范围的具体规定，综合了众多专家的意见后予以确定。

在征求意见过程中，各方未对该变更的范围提出修改意见。但最终送审稿中仍然对该款进行了较大的修改和调整，一方面体现在最终送审稿中明确赋予当事人可在专用合同条款中对变更的范围作出另有约定，另一方面体现在最终送审稿对征求意见稿中的变更范围进行了修改和完善。

另外，需要引起注意的一个问题是，即如合同履行过程中的变更导致了合同价格和工期等方面的变化时，该变更是否合法的问题。2013版施工合同中的"变更"，强调的是合同履行过程中发生的变化，且该种变化的发生与订立合同过程中发生变化在法律适用上是不同的。根据我国《招标投标法》的规定，通过招标发包的工程，招标人和中标人不得再另行订立背离合同实质性内容的其他协议。合同的标的、价款、质量、履行期限等主要条款应当与招标文件和中标人的投标文件的内容一致。招标投标法的规定，主要是为了规范合同订立过程中的行为，鉴于工程项目的建设受到众多因素的影响，在符合合同交易规则的前提下，应该是允许的，否则对于重大工程项目建设投资行为，不允许发包人就有关交易行为和交易内容进行变更不符合市场经济的特点，也非立法的价值追求。当然，该合同变更应当符合工程建设领域的有关法律规定履行相应的程序和承担相应的合同责任后果。

【使用指引】

合同当事人在使用本条款时应注意以下事项：

1. 变更发生的时间应当为合同履行过程中，而非发生在订立合同阶段。

2. 严格控制变更的范围，尤其是取消工作的变更事项，不得出现由发包人自行实施或交由其他第三人实施的情形，并同时符合法律的其他规定。

3. 结合具体工程的情况，明确在专用合同条款中是否需要对变更范围进行调整和补充。

4. 对于涉及到需要前往当地建设行政主管部门进行备案监管的变更事项，如北京市建设行政主管部门规定，当涉及到工程的规模变化、主体结构变化、重大工期变化、功能调整等方面的内容时，应当遵循当地建设行政主管部门的规定要求，前往当地主管部门进行备案。

【法条索引】

1.《中华人民共和国招标投标法》第19条：招标人应当根据招标项目的特点和需要编制招标文件。招标文件应当包括招标项目的技术要求、对投标人资格审查的标准、投标报价要求和评标标准等所有实质性要求和条件以及拟签订合同的主要条款。

国家对招标项目的技术、标准有规定的，招标人应当按照其规定在招标文件中提出相应要求。招标项目需要划分标段、确定工期的，招标人应当合理划分标段、确定工期，并在招标文件中载明。

2.《中华人民共和国招标投标法实施条例》第57条：招标人和中标人应当依照招标投标法和本条例的规定签订书面合同，合同的标的、价款、质量、履行期限等主要条款应当与招标文件和中标人的投标文件的内容一致。招标人和中标人不得再行订立背离合同实质性内容的其他协议。

招标人最迟应当在书面合同签订后5日内向中标人和未中标的投标人退还投标保证金及银行同期存款利息。

3.《中华人民共和国招标投标法实施条例》第82条：依法必须进行招标的项目的招标投标活动违反招标投标法和本条例的规定，对中标结果造成实质性影响，且不能采取补救措施予以纠正的，招标、投标、中标无效，应当依法重新招标或者评标。

4.《菲迪克（FIDIC）施工合同条件》（1999版红皮书）：

13.1　变更权

在颁发工程接收证书前的任何时间，工程师可通过发布指示或要求承包商提交建议书的方式，提出变更。

承包商应遵守并执行每项变更，除非承包商迅速向工程师发出通知，说明（附详细根据）承包商难以取得就变更所需的货物。工程师接到此类通知后，应取消、确认或改变原指示。

每项变更可包括：

（a）合同中包括的任何工作内容的数量的改变（但此类改变不一定构成变更）；

（b）任何工作内容的质量或其他特性的改变；

（c）任何部分工程的标高、位置和（或）尺寸的改变；

（d）任何工作的删减，但要交他人实施的工作除外；

（e）永久工程所需的任何附加工作、生产设备、材料或服务，包括任何有关的竣工试验、钻孔和其他试验和勘探工作；或

（f）实施工程的顺序或时间安排的改变。

除非并直到工程师指示或批准了变更，承包商不得对永久工程作任何改变和（或）修改。

10.2 变更权

发包人和监理人均可以提出变更。变更指示均通过监理人发出，监理人发出变更指示前应征得发包人同意。承包人收到经发包人签认的变更指示后，方可实施变更。未经许可，承包人不得擅自对工程的任何部分进行变更。

涉及设计变更的，应由设计人提供变更后的图纸和说明。如变更超过原设计标准或批准的建设规模时，发包人应及时办理规划、设计变更等审批手续。

【条文目的】

施工合同履行过程中经常出现多方主体提出变更的主张或请求，导致合同履行过程中的混乱和权责不清。为确保工程变更有序高效的提出并获得实施，本条款在1999版施工合同的基础上单独增加的一条，对变更的发起和变更权的权利主体以及行使方式等进行了规范，并对超过原设计标准或建设规模的变更管理，作出了进一步的明确，目的主要为了方便合同当事人准确理解和实践变更权。

【条文释义】

变更权按照权利的分类可以归于请求权，一方面包括了请求人的权利，如发起变更的主体，提出变更的权利等，另一方面也规定了对于变更的审批，应当严格按照有权批准相关事项的主体完成审核与批准。

通常情形下，施工合同中变更的发起一般包括4种情形：第一种为发包人基于对工程的功能使用、规模标准等方面提出新的调整要求提出变更；第二种是设计人基于设计文件的修改提出变更，并以设计变更文件的形式提出；第三种是监理人认为施工合同履行过程中有关技术经济事项的处理不合适，提出针对原合同内容的调整；第四种是由承包人提出合理化建议，该建议获得监理人和发包人的同意后可以变更形式发出。第四种情形在2013版施工合同的第10.5款作出了专门的规定。在前述提到的4种发起情形的基础上，对于变更的提出，则只能是发包人或监理人提出变更建议。

关于变更的分类问题，根据变更的内容不同，一般可以分为两类，一类为设计变更，该类变更需要经过设计人审查并出具设计变更文件；第二类为经过监理人和发包人直接审核并批准的为其他变更，即不需要设计人审查，仅需要监理人和发包人审核批准的情形，包括产品型号、规格、工期变化等方面。

但是无论如何，施工合同中所指的变更权的最终决定权仍然集中于发包人，即需要发包人进行批准，只是在向承包人发出指示的环节上表现为均通过监理人向承包人发出书面指示而已。

2013版施工合同征求意见过程中，有专家认为，"关于变更的提出，发包人当然有权

利单独提出变更，而不仅仅是行使批准权"，还有专家认为，"变更程序设定应当区分不同变更类型，如涉及到主体结构部分的变更，应由设计院提供变更图纸，有时还需办理其他前期审批手续。"

2013版施工合同基本上借鉴和吸收了九部委《标准施工招标文件》通用合同条款第15.2款【变更权】和《菲迪克（FIDIC）施工合同条件》（1999版红皮书）第13.1款【变更权】中的相关规定，并作了部分修改和调整。2013版施工合同在最终版本中增加了发包人可以提出变更建议的内容，对于"涉及设计变更"情形下应该如何行使变更权的问题，统一在设计变更的形式和程序中进行规范，而非专指某类主体结构等。

如与九部委《标准施工招标文件》通用合同条款第15.2款【变更权】相比，2013版施工合同第10.2款规定发包人和监理人均可提出变更，但变更指示均需通过监理人发出，而九部委《标准施工招标文件》通用合同条款第15.2款中仅规定监理人经发包人同意可按第15.3款约定的变更程序向承包人作出变更指示，但未明确规定发包人是否可直接向承包人发出变更指示。此外，2013版施工合同第10.2款中还增加了设计变更需经设计人审批，以及变更超过原设计标准或批准的建设规模时发包人应办理规划、设计变更审批手续的规定，内容上更加完善、严谨。

总之，变更权的形成还需注意以下问题：第一，监理人向承包人发出变更指示前，需征得发包人的同意；第二，变更超过原设计标准或批准的建设规模时，发包人应及时向原设计审批主管部门办理相应的设计变更审批手续，此亦为规划设计部门对重大设计变更的行政批准权，应当引起重视。发包人擅自进行的对原设计文件的修改，影响到质量安全等方面的，根据《建筑法》第54条规定，建设单位不得以任何理由，要求建筑设计单位或者建筑施工企业在工程设计或者施工作业中，违反法律、行政法规和建筑工程质量、安全标准，降低工程质量。建筑设计单位和建筑施工企业对建设单位违反前款规定提出的降低工程质量的要求，应当予以拒绝。

【使用指引】

该条文在使用本条款时应注意以下事项：

1. 鉴于发包人为工程的投资主体，且并非为专业工程技术人员的法律定位，从控制投资总额，顺利推进项目，实现工期目标等出发，发包人首先应当谨慎使用变更权。其次在行使变更权时，应当充分征询设计人、监理人、承包人的意见，尽量确保变更在最小限度内影响工程造价和工期的变化。

2. 发包人在批准变更之前，应当对变更引起的造价调整、工期变化等方面有充分的估算，以便与承包人尽快达成变更估价的一致，促使承包人尽快实施变更。

3. 发包人在批准变更后，应敦促和告知监理人应当尽快向承包人发出指示，并在相应的监理合同中对监理人的履约义务进行约束。

4. 对于涉及重大的设计变更事项，尤其是法律法规规定需要到有关规划设计管理部门进行审批核准的重大设计变更，设计人应当予以释明，发包人需要完成该审批事项的报批。

5. 承包人在接受变更指示时，严格把握以收到监理人出具的经发包人签认的变更文件为准。实践过程中，经常有承包人反映，施工过程中就同一事项会收到来自发包人、监理人和设计人的不同指令或指示，导致不知如何适用的境地。2013版施工合同的这条规定，解决了变更事项指令不统一的问题。

6. 承包人在任何情况下，不得擅自变更，也不得未经许可，擅自实施变更。

【法条索引】

1. 《中华人民共和国建筑法》第58条：建筑施工企业对工程的施工质量负责。

建筑施工企业必须按照工程设计图纸和施工技术标准施工，不得偷工减料。工程设计的修改由原设计单位负责，建筑施工企业不得擅自修改工程设计。

2. 《中华人民共和国建筑法》第54条：建设单位不得以任何理由，要求建筑设计单位或者建筑施工企业在工程设计或者施工作业中，违反法律、行政法规和建筑工程质量、安全标准，降低工程质量。

建筑设计单位和建筑施工企业对建设单位违反前款规定提出的降低工程质量的要求，应当予以拒绝。

3. 《建设工程勘察设计管理条例》第28条：建设单位、施工单位、监理单位不得修改建设工程勘察、设计文件；确需修改建设工程勘察、设计文件的，应当由原建设工程勘察、设计单位修改。经原建设工程勘察、设计单位书面同意，建设单位也可以委托其他具有相应资质的建设工程勘察、设计单位修改。修改单位对修改的勘察、设计文件承担相应责任。施工单位、监理单位发现建设工程勘察、设计文件不符合工程建设强制性标准、合同约定的质量要求的，应当报告建设单位，建设单位有权要求建设工程勘察、设计单位对建设工程勘察、设计文件进行补充、修改。建设工程勘察、设计文件内容需要作重大修改的，建设单位应当报经原审批机关批准后，方可修改。

4. 《菲迪克（FIDIC）施工合同条件》（1999版）

13.1 变更权

在颁发工程接收证书前的任何时间，工程师可通过发布指示或要求承包商提交建议书的方式，提出变更。

承包商应遵守并执行每项变更，除非承包商迅速向工程师发出通知，说明（附详细根据）承包商难以取得就变更所需的货物。工程师接到此类通知后，应取消、确认或改变原指示。

每项变更可包括：

（a）合同中包括的任何工作内容的数量的改变（但此类改变不一定构成变更）；

（b）任何工作内容的质量或其他特性的改变；

（c）任何部分工程的标高、位置和（或）尺寸的改变；

（d）任何工作的删减，但要交他人实施的工作除外；

（e）永久工程所需的任何附加工作、生产设备、材料或服务，包括任何有关的竣工试验、钻孔和其他试验和勘探工作；或

（f）实施工程的顺序或时间安排的改变。

除非并直到工程师指示或批准了变更，承包商不得对永久工程作任何改变和（或）修改。

10.3 变更程序

10.3.1 发包人提出变更

发包人提出变更的，应通过监理人向承包人发出变更指示，变更指示应说明计划变更的工程范围和变更的内容。

10.3.2 监理人提出变更建议

监理人提出变更建议的，需要向发包人以书面形式提出变更计划，说明计划变更工程范围和变更的内容、理由，以及实施该变更对合同价格和工期的影响。发包人同意变更的，由监理人向承包人发出变更指示。发包人不同意变更的，监理人无权擅自发出变更指示。

10.3.3 变更执行

承包人收到监理人下达的变更指示后，认为不能执行，应立即提出不能执行该变更指示的理由。承包人认为可以执行变更的，应当书面说明实施该变更指示对合同价格和工期的影响，且合同当事人应当按照第10.4款【变更估价】约定确定变更估价。

【条文目的】

本条款主要对发包人提出变更、监理人提出变更建议以及变更的执行提出了规范要求，以便合同当事人准确理解和实践。

【条文释义】

2013版施工合同第10.2款【变更权】中仅对有权提出变更的主体进行了规定，从变更的操作程序来看，还需要对变更的程序和变更的执行等问题作出相应的规定。本条款第10.3.1项、第10.3.2项即为变更相关程序的具体和细化。

发包人提出变更的，应通过监理人向承包人发出变更指示，该变更指示应指明变更事项的工程范围和变更的内容。条文中使用了"计划变更"术语，其含义是指如承包人实施并执行变更，则为实际变更事项，如承包人提出异议或不能执行的理由，且最终承包人异议得到认可的，则变更不予执行，因此本条款使用了"计划变更"一词。

承包人在收到变更指示后，认可不能执行的，首先强调的是"立即"提出不能执行的理由，该理由原则上应当附上有关图纸文件和技术标准以及其他依据，并且应当以勤勉和谨慎的态度对待变更的发生，并及时反馈至监理人和发包人。在征求意见过程中，有专家认为，"发包人有权对建设工程进行变更，且变更时不需要与承包人进行协商。"2013版施工合同在坚持发包人作为变更权批准主体的前提下，从解决和实施变更事项的经济性和高效性及诚信守约的角度出发，认为承包人作为有经验一方，在提出不能执行理由的同时，也可凭其专业经验向监理人提出合理化的建议，尽量采用最经济合理的方式实现发包人的变更目的，以最终实现施工合同目的。发包人亦应在承包人的配合下，考虑到承包人的贡献，给予承包人一定的合理回报。

监理人提出变更建议的，因尚需获得发包人的批准，因此在此称其为"变更建议"，该变更建议需要提交书面形式，并列明计划变更工程范围和变更的内容与理由，以及实施该变更对合同价格和工期的影响。监理人的变更建议是具体和可操作的，应当具体到图纸、标准、范围、数量、价格等方面，尤其应该测算对合同工期变化的影响。

发包人同意监理人变更建议后，监理人方可向承包人发出变更指示，发包人不同意变更的，监理人当然无权向承包人发出变更指示。

工程实践中经常出现的情形是，在确定变更工程量与变更估价之前，承包人不予执行变更工作。2013版施工合同藉此单列第10.3.3款【变更执行】专门进行了规范，对承包人提出了要求，即承包人在收到监理人下达的变更指示后，承包人认为变更指示可以执行的，应当书面说明实施该变更指示对合同价格和工期的影响，且合同当事人应当按照第10.4款的约定确定变更估价。鉴于变更的发生容易引起合同价格的增减与工期的变化，因此在变更估价过程中，承包人当然也需要在其书面说明中明确该变更是否包含价格与工期等方面的内容。对于变更估价的原则和程序，本条款则直接指向了第10.4款【变更估价】，在该条款中明确指出，承包人应在收到变更指示后14天内，向监理人提交变更估价申请。监理人应在收到承包人提交的变更估价申请后7天内审查完毕并报送发包人。发包人应在承包人提交变更估价申请后14天内审批完毕。因此最长也就是14天内发包人审批完成，发包人逾期未完成审批或未提出异议的，视为认可承包人提交的变更估价申请。

【使用指引】

该项条文在使用本条款时应注意以下事项：

1. 第10.3.1项的标题虽然为发包人提出变更，实际上包含了设计人发起和发包人单独发起等情形，也包含了提出和执行变更过程中的要求。作为发包人一方，应当注意的是其变更文件应该是清晰、明确、具体的文件，否则容易引起变更过程中的争议。

2. 本条款强调变更指示由监理人发出经发包人签认的文件，其用意为尽管是发包人同意的文件，但依然考虑监理人作为"文件传递中心"的合同管理地位，以实现合同管理的高效集约，同时也为监理人实践其法定义务和约定义务提供可行性基础。

3. 承包人收到变更指示后，应当即刻安排人员认真分析，并作出是否立即执行的决定。如果变更存在不合理性或错误，承包人应立即提出异议，并附加合理化建议或不能执行的技术资料、详细说明等。

4. 承包人接受变更指示且准备执行的，应当及时将与变更有关的估价、工期影响、现场安排、技术措施等方面内容提交书面报告至监理人和发包人，发包人和监理人收到承包人关于变更估算的报告后，应当及时予以审核批复，并与当期工程款一并予以支付。

5. 合同当事人在执行本条款条文时，可以在专用合同条款中具体约定相关程序的时限要求及逾期的法律后果和责任等，如承包人提出不能执行该变更指示理由的期限或书面说明实施该变更指示对合同价格和工期影响的期限等方面。

【条文索引】

《菲迪克（FIDIC）施工合同条件》（1999版）

13.3 变更程序

如果工程师在发出变更指示前要求承包商提出一份建议书，承包商应尽快做出书面回应，或提出他不能照办的理由（如果情况如此），或提交：

（a）对建议要完成的工作的说明，以及实施的进度计划；

（b）根据第8.3款【进度计划】和竣工时间的要求，承包商对进度计划做出必要修改的建议书；以及

（c）承包商对变更估价的建议书。

工程师收到此类（根据第13.2款【价值工程】的规定或其他规定提出的）建议书后，应尽快给予批准、不批准或提出意见的回复。在等待答复期间，承包商不应延误任何工作。

应由工程师向承包商发出执行每项变更并附做好各项费用记录的任何要求的指示，承包商应确认收到该指示。

除非工程师按照本条另有指示或批准，每项变更应按照第12条【测量和估价】的规定进行估价。

10.4 变更估价

10.4.1 变更估价原则

除专用合同条款另有约定外，变更估价按照本款约定处理：

（1）已标价工程量清单或预算书有相同项目的，按照相同项目单价认定；

（2）已标价工程量清单或预算书中无相同项目，但有类似项目的，参照类似项目的单价认定；

（3）变更导致实际完成的变更工程量与已标价工程量清单或预算书中列明的该项目工程量的变化幅度超过15%的，或已标价工程量清单或预算书中无相同项目及类似项目单价的，按照合理的成本与利润构成的原则，由合同当事人按照第4.4款【商定或确定】确定变更工作的单价。

10.4.2 变更估价程序

承包人应在收到变更指示后14天内，向监理人提交变更估价申请。监理人应在收到承包人提交的变更估价申请后7天内审查完毕并报送发包人，监理人对变更估价申请有异议，通知承包人修改后重新提交。发包人应在承包人提交变更估价申请后14天内审批完毕。发包人逾期未完成审批或未提出异议的，视为认可承包人提交的变更估价申请。

因变更引起的价格调整应计入最近一期的进度款中支付。

【条文目的】

变更事项处理过程中最为常见的问题即为变更估价问题，本条款对变更估价原则、变更估价的申请、提交、审核与审批以及逾期提交等程序性事项进行了规范，以便于施工合同变更的实施。与1999版施工合同相比，进一步细化了无相同项目或无类似项目变更的估价原则、变更的程序与变更的执行、对于合理解决变更估价问题起到进一步的促进作用。

【条文释义】

通常情况下，变更的产生有可能会影响到合同价格、工期、项目资源组织等方面的变化，因此变更的估价直接影响到变更事项的实施和合同目的的实现，对变更估价的处理也成为工程合同常见的争议问题。对于实行工程量清单计价和定额计价的施工合同来说，比较容易解决变更估价问题。根据国内国际的施工合同实践，2013版施工合同结合编制原则和惯例，在1999版施工合同对变更估价规定的基础上明确了以下变更估价原则，亦称变更估价三原则：

1. 已标价工程量清单或预算书有相同项目的，按照相同项目单价认定；

2. 已标价工程量清单或预算书中无相同项目，但有类似项目的，参照类似项目的单价认定；

3. 变更导致实际完成的变更工程量与已标价工程量清单或预算书中列明的该项目工程量的变化幅度超过15%的，或已标价工程量清单或预算书中无相同项目及类似项目单价的，按照合理的成本与利润构成的原则，由合同当事人按照第4.4款【商定或确定】确定变更工作的单价。

前两个估价原则为1999版施工合同即已明确的，而第三个原则为2013版施工合同确定的新原则，其目的是为了解决单个项目工程量变化较大以及新项目出现后如何估价的问题。在编制该原则时，考虑了变更带来单个项目工程量变化的幅度超过15%时情形，以及完全属于新项目出现的情形，在前述两种情形出现的情况下，变更采用合理的成本与利润构成的估价原则。该规定以原则的方式提出，正是基于实践中大量出现的变更估价争议，如发包人在估价时出现采用市场价或现款价估价方式、承包人预报高价等现象。但是如何理解"合理的成本与利润"却是一个无法回避的难题。

首先关于"合理成本"的含义，一般包括两个含义，其一为社会平均成本，其二为企业个别成本，即消耗成本。2013版施工合同在这里的所指的是社会平均成本是比较适当的，实践中判断社会平均成本的依据，人工和物质材料设备的价格通常是采用建设行政主管部门颁发的工程造价信息，如果在建设行政主管部门颁发的工程造价信息中没有相应价格信息的，可以采用合同当事人均认可的向社会公开的有关价格信息。但是对于成本构成中的措施费、管理费等，则应当结合工程项目的个别性，评估其措施和管理的合理性与科学性等方面内容后做出估价。

其次关于"合理利润"的理解，一般是指参考相应社会平均水平的利润，即当地定额规定的利润取费水平，但亦应结合在合同订立时当事人双方确认的利润取费比例和建筑市场的收益惯例水平来进行确定。

关于变更估价的确定，即使明确了估价原则，仍然在实践中还会出现较多的争议，为了避免合同当事人产生不必要的分歧，影响工程进度以及合同履行，2013版施工合同条文中启动了合同的商定确定机制，即按照第4.4款【商定或确定】的规定以确定变更工作的价格。这个机制对于容易引起争议事项的合同管理活动来说，是一个促进合同履行的安排，同时对于总监理工程师提出了解决合同争议的更高要求，并进一步要求争议双方必须按照总监理工程师的决定先行履行，在双方保留对总监理工程师决定的异议的前提下，最终按照争议解决的结果执行。

关于第10.4.2【变更估价程序】的理解，需要注意的是，变更估价与变更执行的关系。通常认为，变更构成新的意思表示，在合同当事人就合同履行过程中新的意思表示未达成一致时，新合同尚未生效，无关乎履行。因此，按照一般规则，变更估价与变更执行的关系存在程序上的先后顺序。首先，承包人应确认变更是否可以执行，如果可行，在收到监理人发出的变更指示后14天内，编制变更估价申请，附具有关变更估价的具体资料，向监理人提交变更估价申请。其次，监理人应在收到承包人提交的变更估价申请后7天内审查其合理性，并提出审核意见。如对承包人提交的变更估价申请有异议的，应立即回复承包人进行相应修改后重新提交。第三，发包人应在承包人提交变更估价申请后14天内审批完毕。发包人逾期未完成审批且未提出异议的，2013版施工合同即启动默示条文规范，即视为发包人以沉默的方式认可承包人提交的变更估价申请。

征求意见的过程中，有观点认为，"非承包人原因的工程变更，引起措施项目发生变化，造成施工组织设计或施工方案变更，原措施费中已有的措施项目，按原措施费的组价方法调整；原措施费中没有的措施项目，由承包人根据措施项目变更情况，提出适当的措施费变更，经发包人确认后调整。"

关于工程变更引起措施项目发生变化产生的组价问题，应该归于措施项目计价的问题，因措施项目本身的计量与计价类似于总价项目的计量与计价，实践中经常将措施项目进行分解，分解之后的措施项目组价一般可以通过变更估价三原则解决，因此2013版施工合同的最终稿在处理该问题时没有单独提及措施项目的变化。

鉴于法律和行政法规并未对变更估价作出明确规定，有关国内外施工合同示范文本中均对变更估价问题作出具体明确的约定。如《菲迪克（FIDIC）施工合同条件》（1999版红皮书）第12.3款【估价】规定中提到，如（i）该项工作测出的数量变化超过工程量表或其他资料表中所列数量的10%以上；（ii）此数量变化与该项工作上述规定的费率的乘积，超过中标合同金额的0.01%；（iii）此数量变化直接改变该项工作的单位成本超过1%；以及（iv）合同中没有规定该项工作为"固定费率项目"时，则宜对有关工作内容采用新的费率或价格，新的费率或价格应考虑该项中描述的有关事项对合同中相关费率或价格加以合理调整后得出，如果没有相关的费率或价格可供推算新的费率或价格，应根据实施该项工作的合理成本和合理利润，并考虑其他相关事项后得出。

总之，在借鉴有关国内外工程合同文本的基础上，对于变更估价提出了2013版施工合同的估价基本原则，以及有关具体估价的程序。

【使用指引】

该条文在使用本条款时应注意以下事项：

1. 监理人在发出变更指示时，应当进行初步估价，便于及时评估承包人的报价和其他方面的影响，进行判断鉴于发包人为工程的投资主体，且并非为专业工程技术人员的法律定位，从控制投资总额，顺利推进项目工期实现等目标出发，发包人首先应当谨慎使用变更权。其次在行使变更权时，应当充分征询设计人、监理人、承包人的意见，尽量确保变更在最小限度内影响工程造价和工期的变化。

2. 发包人在批准变更前，应当对变更引起的估价、工期变化等方面作出充分的估算，以便与承包人尽快达成变更估价的一致，并促使承包人尽快实施变更。

3. 发包人在批准变更之后，应敦促和告知监理人应当尽快向承包人发出指示，并在相应的监理合同中对监理人的履约义务进行约束。

【条文索引】

《菲迪克（FIDIC）施工合同条件》（1999版红皮书）：

13.3 变更程序

如果工程师在发出变更指示前要求承包商提出一份建议书，承包商应尽快做出书面回应，或提出他不能照办的理由（如果情况如此），或提交：

（a）对建议要完成的工作的说明，以及实施的进度计划；

（b）根据第8.3款【进度计划】和竣工时间的要求，承包商对进度计划做出必要修改的建议书；

（c）承包商对变更估价的建议书。

工程师收到此类（根据第13.2款【价值工程】的规定或其他规定提出的）建议书后，应尽快给予批准、不批准或提出意见的回复。在等待答复期间，承包商不应延误任何工作。

应由工程师向承包商发出执行每项变更并附做好各项费用记录的任何要求的指示，承包商应确认收到该指示。

除非工程师按照本条另有指示或批准，每项变更应按照第12条【测量和估价】的规定进行估价。

10.5 承包人的合理化建议

承包人提出合理化建议的，应向监理人提交合理化建议说明，说明建议的内容和理由，以及实施该建议对合同价格和工期的影响。

除专用合同条款另有约定外，监理人应在收到承包人提交的合理化建议后7天内审查完毕并报送发包人，发现其中存在技术上的缺陷，应通知承包人修改。发包人应在收到监理人报送的合理化建议后7天内审批完毕。合理化建议经发包人批准的，监理人应及时发出变更指示，由此引起的合同价格调整按照第10.4款【变更估价】约定执行。发包人不同意变更的，监理人应书面通知承包人。

合理化建议降低了合同价格或者提高了工程经济效益的，发包人可对承包人给予奖励，奖励的方法和金额在专用合同条款中约定。

【条文目的】

为了鼓励实现工程项目建设的价值最大化，2013版施工合同对于承包人的合理化建议给予了一定的程序和具体内容的安排，以促进工程项目集约高效目的的实现。与1999版施工合同相比，对于承包人合理化建议的程序进行了完善。

【条文释义】

承包人作为具备专业知识并富有经验的施工企业，出于对设计、现场条件和预期目标的合理化认识，提出改进或完善技术方案的建议，该"建议"可以是设计变更、产品优化、施工图深化、技术措施、工序进度调整等方面，其"合理"的判断依据为是否能够推进施工合同进度，是否能够实现工程建设的经济性指标，是否能够全面合理地实现合同目的。承包人根据工程项目建设的实践经验及项目具体特点及实际需求，提出一些合理化建议，可能会降低成本、加快施工进度，从而为发包人带来良好的经济效益和社会效益，同时也能不断促进承包人提高管理水平，增加收入，有利于创造发包人和承包人"共赢"的局面，这也是2013版施工合同修订的重要指导思想。

在承包人提交合理化建议时，应当注意以下问题：第一，承包人提交合理化建议的对象为监理人，但最终审批人仍然为发包人；第二，提交的合理化建议的内容应当包括建议的具体内容、技术方案、附图说明和理由，以及实施该建议对合同价格和工期的影响，其说明应该是具体的、可量化的内容。第三，监理人收到承包人提交的合理化建议后，应当按照约定的程序进行审查，并于7天内审查完毕报送发包人，发现其中存在技术上的缺陷，应通知承包人修改。发包人应在收到监理人报送的合理化建议后7天内审批完毕。第四，合理化建议只有在获得发包人批准的情况下，且符合施工合同文本中关于变更的约定时，方可由监理人根据合理化建议的内容及时发出相应的变更指示，并按照该变更的发生原因调整合同价格和合同工期，相应变更引发的合同价格的调整应按照第10.4款【变更估价】的约定执行。发包人不同意变更的，监理人应书面通知承包人。第五，关于合理化建议的审批时间等程序性事项，2013版施工合同在此给出了可以在专用合同条款进行约定的协商空间。

在合理化建议降低了合同价格或者提高了工程经济效益的前提下，2013版施工合同给出了一个奖励机制，即由发包人根据合理化建议的贡献程度给予承包人一定的奖励，确定是否给予奖励、奖励的幅度、奖励的金额以及奖励的方式等为发包人的权利，具体内容可以在专用合同条款中约定。该奖励制度的关键即在于让承包人与发包人一起分享承包人提出的合理化建议所带来的利益，亦即承包人的合理化建议被发包人采纳并给发包人带来利益时，发包人应从集约增效的角度，鼓励承包人提高创新生产。

【使用指引】

该条文在使用本条款时应注意以下事项：

第一，承包人作为有专业经验一方，应当积极研究工程建设项目的特点和具体施工环境及施工条件，从价值工程的角度出发，提供最有利于项目建设和最大化经济效益的方案和建议，尤其对于明显存在的设计缺陷和发包人要求，应当提出合理化建议。

第二，当事人双方均应当注意对于承包人提出的合理化建议，如果各方意见不一致，必要时，可以组织设计、监理、工程造价等各方面的专家进行论证，以实现最优方案。一旦承包人建议获得认可，承包人应当对其提出的方案承担相应的责任。

第三，对于不能按照2013版施工合同通用合同条款中约定的时间完成合理化建议审批时，当事人双方应当注意在专用合同条款中协商约定可以实现的时间。

【条文索引】

《菲迪克（FIDIC）施工合同条件》（1999版红皮书）：

13.2 价值工程：

承包商可随时向工程师提交书面建议，提出（他认为）采纳后将：（i）加快竣工，（ii）降低雇主的工程施工、维护或运行的费用，（iii）提高雇主的竣工工程的效率或价值，或（iv）给雇主带来其他利益的建议。

此类建议书应由承包商自费编制，并应包括第13.3款【变更程序】所列内容。

如经工程师批准的建议书中包括部分永久工程设计的改变，则除非经双方同意：

（a）承包商应设计这一部分；

（b）应按照第4.1款【承包商的一般义务】中的（a）至（d）项办理；以及

（c）如此项改变导致该部分的合同价值减少，工程师应按照第3.5款【确定】的规定，商定或确定应包括在合同价格内的费用。此项费用应为以下两项金额之差的一半（50%）：

（i）由此项改变引起的合同价值的此类减少，不包括根据第13.7款【因法律改变的调整】和第13.8款【因成本改变的调整】的规定做出的调整；和

（ii）改变后的工程由于任何质量、预期寿命或运行效率的降低，对雇主的价值的减少（如果有）。

但是，如（i）中金额小于（ii）中金额，则不应有此项费用。

10.6 变更引起的工期调整

因变更引起工期变化的，合同当事人均可要求调整合同工期，由合同当事人按照第4.4款【商定或确定】并参考工程所在地的工期定额标准确定增减工期天数。

【条文目的】

鉴于变更的发生经常容易引发合同工期的变化，对于工期调整的方式进行一定规范非常必要，本条款确定了关于变更引发工期调整的机制。

【条文释义】

施工合同履行过程中出现变更时，有可能引起的变化主要指价格和时间，因此从发包人和承包人的角度看，工期的变化将对合同当事人的权利义务产生非常重要的影响，如对承包人而言，因变更导致工期延长，发包人不顺延工期的，承包人可能会因工期延误而向发包人承担工期延误违约责任。

需要注意的是，并非每个变更均会引发工期的变化，从工期管理的理论来看，只有在变更引起工序安排中的关键线路上总时差的变化时，工期才应当产生调整的可能。因此，研究工期变化的影响与工程项目进度网络管理紧密相关。

本条款的含义表明，首先因变更引起工期变化时，合同当事人均有权主张调整合同工期，此处合同工期指的是合同协议书中作出的工期约定。但是关于如何确定，则引入了2013版施工合同第4.4款【商定或确定】机制，意思即为由合同当事人双方协商，不能协商达成一致的，由总监理工程师确定，仍有争议的，按照争议解决机制处理。具体商定或确定过程中应当适用的标准，2013版施工合同则提出参考工程所在地的工期定额标准确定增减工期天数。

工期定额，是指在具有普遍意义的生产技术和自然环境状态下，完成某单位工程或群体工程平均需用的标准天数。工期定额包括建设工期定额和施工工期定额两个层次。建设工期是指从建设单位的角度理解，即从开工建设起到全部建成投产或交付使用时止所经历的时间，因不可抗拒的自然灾害或重大设计变更造成的停工等，经合同当事人确认后，工期应当予以顺延。施工工期则是指正式开工至完成合同约定全部施工内容并达到国家验收标准的时间，施工工期是建设工期的一部分。鉴于各地方相应主管机构发布工期定额文件的效力层级所限，也鉴于工期的确定需要依赖于项目管理资源和工程施工条件等众多因素，因此确定工期是一个复杂的问题，不能完全根据定额来确定。如合同当事人需要根据工程所在地的工期定额处理变更引起的工期调整，则需要在施工合同中作出明确约定。

总之，在分析和解决变更引起的工期调整问题时，需要根据工期定额、项目管理现状、具体的施工条件等众多因素进行综合衡量，以免失于偏差。

【使用指引】

该条文在使用本条款时应注意以下事项：

1. 鉴于变更引发工期调整的分析，往往容易引发合同当事人的争议，从发包人的角度，应当在签认变更时预判其对工期的影响，当然发包人需要委托监理人和设计人以及其他专家提供专业意见。

2. 承包人作为有经验一方，应当做好工程项目的进度管理和技术管理。在目前的国内工程实践过程中，承包人往往不能做到对工程建设的资源和工序做到细致完善的计划，同时在施工过程中又不能根据变更和工作计划的调整进行相应的进度调整，造成工程管理粗放，经常出现赶工、窝工、材料浪费等现象，从一定程度上加大了承包人不必要的投入，经济效益受到严重影响，处理整改不当的，恶性循环，最终造成巨大亏损。因此，只有做好项目管理，才有可能对变更引起的工期调整提出客观事实依据，进而确保发包人了解其主张以及其主张的依据，并最终同意合同价格和工期调整的主张。

3. 承包人应当在项目管理的基础上，针对工期调整做好详细的资料准备工作，并提供计算依据和相应的佐证附件，具体包括变更单、进度计划网络图、变更工程量计算明细、工期调整计算明细、工期调整引发合同价格调整的说明等方面内容。

4. 合同当事人如对变更引起的工期调整中的调整依据、提出期限及逾期提出后果等方面内容，有专门约定的，可以另行补充约定。

【法条索引】

《建设工程质量管理条例》第10条：建设工程发包单位不得迫使承包方以低于成本的价格竞标，不得任意压缩合理工期。

10.7 暂估价

暂估价专业分包工程、服务、材料和工程设备的明细由合同当事人在专用合同条款中约定。

10.7.1 依法必须招标的暂估价项目

对于依法必须招标的暂估价项目，采取以下第1种方式确定。合同当事人也可以在专用合同条款中选择其他招标方式。

第1种方式：对于依法必须招标的暂估价项目，由承包人招标，对该暂估价项目的确认和批准按照以下约定执行：

（1）承包人应当根据施工进度计划，在招标工作启动前14天将招标方案通过监理人报送发包人审查，发包人应当在收到承包人报送的招标方案后7天内批准或提出修改意见。承包人应当按照经过发包人批准的招标方案开展招标工作；

（2）承包人应当根据施工进度计划，提前14天将招标文件通过监理人报送发包人审批，发包人应当在收到承包人报送的相关文件后7天内完成审批或提出修改意见；发包人有权确定招标控制价并按照法律规定参加评标；

（3）承包人与供应商、分包人在签订暂估价合同前，应当提前7天将确定的中标候选供应商或中标候选分包人的资料报送发包人，发包人应在收到资料后3天内与承包人共同确定中标人；承包人应当在签订合同后7天内，将暂估价合同副本报送发包人留存。

第2种方式：对于依法必须招标的暂估价项目，由发包人和承包人共同招标确定暂估价供应商或分包人的，承包人应按照施工进度计划，在招标工作启动前14天通知发包人，并提交暂估价招标方案和工作分工。发包人应在收到后7天内确认。确定中标人后，由发包人、承包人与中标人共同签订暂估价合同。

10.7.2 不属于依法必须招标的暂估价项目

除专用合同条款另有约定外，对于不属于依法必须招标的暂估价项目，采取以下第1种方式确定：

第1种方式：对于不属于依法必须招标的暂估价项目，按本项约定确认和批准：

（1）承包人应根据施工进度计划，在签订暂估价项目的采购合同、分包合同前28天向监理人提出书面申请。监理人应当在收到申请后3天内报送发包人，发包人应当在收到申请后14天内给予批准或提出修改意见，发包人逾期未予批准或提出修改意见的，视为该书面申请已获得同意；

（2）发包人认为承包人确定的供应商、分包人无法满足工程质量或合同要求的，发包人可以要求承包人重新确定暂估价项目的供应商、分包人；

（3）承包人应当在签订暂估价合同后7天内，将暂估价合同副本报送发包人留存。

第2种方式：承包人按照第10.7.1项【依法必须招标的暂估价项目】约定的第1种方式确定暂估价项目。

第3种方式：承包人直接实施的暂估价项目。

承包人具备实施暂估价项目的资格和条件的，经发包人和承包人协商一致后，可由承包人自行实施暂估价项目，合同当事人可以在专用合同条款约定具体事项。

10.7.3 因发包人原因导致暂估价合同订立和履行迟延的，由此增加的费用和（或）延误的工期由发包人承担，并支付承包人合理的利润。因承包人原因导致暂估价合同订立和履行迟延的，由此增加的费用和（或）延误的工期由承包人承担。

【条文目的】

暂估价是指发包人在工程量清单或预算书中提供的用于支付必然发生但暂时不能确定价格的材料、工程设备的单价、专业工程以及服务工作的金额。发包人在工程量清单或预算书中确定的暂估价项目作为具有不确定因素的合同要素，也是项目管理活动中重要的管理要素。鉴于《招标投标法实施条例》对暂估价作出了专门规定，同时为避免引起暂估价项目的操作混乱和合同纠纷，本条款针对不同暂估价项目分别予以规范，与1999版施工合同相比为新增条款。

【条文释义】

首先需要说明的是，暂估价项目包括了暂估价工程、暂估价材料设备、暂估价服务3大类，通常在施工合同中暂估价服务比较少见，但不能完全排除该类项目。2013版施工合同中首先约定，暂估价项目的具体内容和明细应当由双方合同当事人在专用合同条款中列明，招标发包的项目，在招标文件中即已经列明暂估价项目明细，直接发包的项目，则应当在预算书中列明暂估价项目明细。

根据《招标投标法实施条例》第29条的规定，以暂估价形式包括在总承包范围内的工程、货物、服务属于依法必须进行招标的项目范围且达到国家规定规模标准的，应当依法进行招标。因此2013版施工合同将暂估价项目在施工合同中的管理分为了两大类，一类是依法必须招标的暂估价项目，另一类是不属于依法必须招标的暂估价项目。

对于依法必须招标的暂估价项目，2013版施工合同提供了两种招标方式，第一种为由承包人组织招标，发包人审批招标方案、中标候选人等方式；第二种是由发包人和承包人共同招标选择的方式，此外合同当事人也可以在专用合同条款中另行约定其他可以选择的方式，但应符合法律的规定。

根据《招标投标法实施条例》的要求，条例并未限制发包人和承包人共同招标的情形，但是从推行施工总承包管理，且管理主体一元化的角度出发，鉴于暂估价项目已经进入总承包人的承包范围，因此选择由承包人组织进行暂估价招标较为妥当，因此2013版施工合同的通用合同条款中推荐第1种方式，即由承包人组织进行暂估价项目招标。具体对该暂估价项目的确认和批准按照以下约定执行：（1）承包人应当根据施工进度计划，在招标工作启动前14天将招标方案通过监理人报送发包人审查，发包人应当在收到承包人报送的招标方案后7天内批准或提出修改意见。承包人应当按照经过发包人批准的招标方案开展招标工作；（2）承包人应当根据施工进度计划，提前14天将招标文件通过监理人报送发包人审批，发包人应当在收到承包人报送的相关文件后7天内完成审批或提出修改意见；发包人有权确定招标控制价并委派评标委员会成员；（3）承包人与供应商、分包人在签订暂估价合同前，应当提前7天将确定的中标候选供应商或中标候选分包人的资料报送发包人，发包人应在收到资料后3天内与承包人共同确定中标人；承包人应当在签订合同后7天内，将暂估价合同副本报送发包人留存。

根据《工程建设项目货物招标投标办法》（七部委27号令）第5条的规定，"工程建设项目招标人对项目实行总承包招标时，以暂估价形式包括在总承包范围内的货物达到国家规定规模标准的，应当由总承包中标人和工程建设项目招标人共同依法组织招标。合同当事人的风险和责任承担由合同约定。"

同时根据《建设工程工程量清单计价规范》（GB 50500-2013）第9.9.4项的规定，"发包人在招标工程量清单中给定暂估价的专业工程，依法必须招标的，应当由发承包双方组织招标选择专业分包人，接受有管辖权的建设工程招标投标管理机构的监督"，据此，2013版通用合同条款中还给出了第2种方式，即对于依法必须招标的暂估价项目，发包人和承包人可以在专用合同条款中约定通过共同招标的方式确定暂估价供应商或分包人。共同招标的方式，需要先由承包人按照施工进度计划，在招标工作启动前14天通知发包人，并提交暂估价招标方案和工作分工。发包人应在收到后7天内确认。确定中标人后，由发包人、承包人与中标人共同签订暂估价项目合同。

对于第二类不属于依法必须招标的暂估价项目，不存在法定选择方式的约束，因此根据实践情况，本条款10.7.2项规定了3种方式。2013版施工合同推荐且默认的是第1种方式，具体约定的确认和批准程序是：

（1）承包人应根据施工进度计划，在签订暂估价项目的采购合同、分包合同前28天向监理人提出书面申请。监理人应当在收到申请后3天内报送发包人，发包人应当在收到申请后14天内给予批准或提出修改意见，发包人逾期未予批准或提出修改意见的，视为该书面申请已获得同意；（2）发包人认为承包人确定的供应商、分包人无法满足工程质量或合同要求的，发包人可以要求承包人重新确定暂估价项目的供应商、分包人；（3）承包人应当在签订暂估价合同后7天内，将暂估价合同副本报送发包人留存。

另外，通用合同条款为了方便当事人采用其他方式选择暂估价项目实施，还提供了另外两种方式，第一种方式为承包人按照第10.7.1项【依法必须招标的暂估价项目】约定的第1种方式确定暂估价项目，即由承包人组织进行招标的方式；第二种方式为直接委托承包人实施暂估价项目。承包人具备实施暂估价项目的资格和条件的，经发包人和承包人协商一致后，可由承包人自行实施暂估价项目，合同当事人可以在专用合同条款约定具体事项。此时，合同当事人就承包人如何实施暂估价项目还有若干事宜需要明确，因此需要在专用合同条款中明确约定价格和其他要求。

需要注意的是，鉴于暂估价项目的实施在工程实践中极易引发纠纷，2013版施工合同的第10.7.3项又针对因发包人原因导致暂估价合同订立和履行迟延的情形作出了规范，即由此原因增加承包人的费用和（或）延误工期的，由发包人负责承担，另外还需支付承包人合理的利润。反之，因承包人原因导致暂估价合同订立和履行迟延的，由此增加的费用和（或）延误的工期则由承包人承担。

与其他合同文本相比，2013版施工合同第10.7款中对确定暂估价项目实施单位的方式和程序作了更具体、详细的规定，并提供了更多的方式供合同当事人选择，既保证了确定方式的合法性和可操作性，又充分尊重了合同当事人的意思自治。

【使用指引】

该条文在使用本条款时应注意以下事项：

1. 发包人在招标投标和订立合同过程中，应当首先确定其工程项目是否存在暂估价项目，按照国家法律规定，其规定的暂估价项目应当符合当地建设主管部门规定，包括项目内容、金额、重要性程度等，如北京市规定暂估价项目金额不得超过合同价格的30%等。

2. 发包人确定暂估价项目之后，应当区分暂估价项目中的依法必须招标的项目和非依法必须招标的项目，继而确定相应暂估价项目的具体实施方式。

3. 发包人应当在其招标文件或合同文件中明确约定其暂估价的具体实施方式，如是否委托承包人组织招标、选择招标代理机构等。

4. 承包人应当根据发包人确定的暂估价明细和具体实施方式，在投标阶段合理报价，并在组织暂估价项目的实施过程中，尽到提示、告知、谨慎的合作义务，合理安排或约定各方当事人的正当义务与权利，避免因发包人主观而出现的招标失误、流标以及后期项目管理失控的局面。

【法条索引】

1.《招标投标法实施条例》第29条：招标人可以依法对工程以及与工程建设有关的货物、服务全部或者部分实行总承包招标。以暂估价形式包括在总承包范围内的工程、货物、服务属于依法必须进行招标的项目范围且达到国家规定规模标准的，应当依法进行招标。前款所称暂估价，是指总承包招标时不能确定价格而由招标人在招标文件中暂时估定的工程、货物、服务的金额。

2.《工程建设项目货物招标投标办法》（七部委27号令）第5条：工程建设项目招标人对项目实行总承包招标时，以暂估价形式包括在总承包范围内的货物达到国家规定规模标准的，应当由总承包中标人和工程建设项目招标人共同依法组织招标。合同当事人的风险和责任承担由合同约定。

3.《建设工程工程量清单计价规范》（GB 50500-2013）第9.9.1项：发包人在招标工程量清单中给定暂估价的材料、工程设备属于依法必须招标的，应当由发承包双方以招标方式选择供应商，确定价格，并应以此为依据取代暂估价，调整合同价款。

4.《建设工程工程量清单计价规范》（GB 50500-2013）第9.9.4项：发包人在招标工程量清单中给定暂估价的专业工程，依法必须招标的，应当由发承包双方组织招标选择专业分包人，接受有管辖权的建设工程招标投标管理机构的监督，还应符合以下要求：

（1）除合同另有约定外，承包人不参加投标的专业工程发包投标，应有承包人作为招标人，但拟定的招标文件、评标工作、评标结果应报送发包人批准。与组织招标工作有关的费用应当被认为已经包括在承包人的签约合同价（投标总报价）中。

（2）承包人参加投标的专业工程发包招标，应由发包人作为招标人，与组织招标工作有关的费用由发包人承担。同等条件下，应优先选择承包人中标。

（3）应以专业工程发包人中标价作为依据取代专业工程暂估价，调整合同价款。

10.8　暂列金额

暂列金额应按照发包人的要求使用，发包人的要求应通过监理人发出。合同当事人可以在专用合同条款中协商确定有关事项。

10.9　计日工

需要采用计日工方式的，经发包人同意后，由监理人通知承包人以计日工计价方式实施相应的工作，其价款按列入已标价工程量清单或预算书中的计日工计价项目及其单价进行计算；已标价工程量清单或预算书中无相应的计日工单价的，按照合理的成本与利润构成的原则，由合同当事人按照第4.4款【商定或确定】确定变更工作的单价。

采用计日工计价的任何一项工作，承包人应在该项工作实施过程中，每天提交以下报表和有关凭证报送监理人审查：

（1）工作名称、内容和数量；

（2）投入该工作的所有人员的姓名、专业、工种、级别和耗用工时；

（3）投入该工作的材料类别和数量；

（4）投入该工作的施工设备型号、台数和耗用台时；

（5）其他有关资料和凭证。

计日工由承包人汇总后，列入最近一期进度付款申请单，由监理人审查并经发包人批准后列入进度付款。

【条文目的】

本条款对暂列金额和计日工的适用作出了程序和具体内容方面的约定，旨在规范合同当事人准确理解和实践。与1999版施工合同相比，本条款文为2013版施工合同的新增条款。

【条文释义】

暂列金额与暂估价不同，根据《建设工程工程量清单计价规范》（GB 50500-2013）的规定，暂列金额是指招标人在工程量清单中暂定并包括在合同价款中的一笔款项。用于工程合同签订时尚未确定或者不可预见的所需材料、工程设备、服务的采购，施工中可能发生的工程变更、合同约定调整因素出现时的合同价款调整以及发生的索赔、现场签证等确认的费用。暂列金额相当于业主的备用金，其所有权属于业主。

关于第10.8款【暂列金额】，根据2013版施工合同对暂列金额的定义，并参考工程量清单计价规范的有关规定，暂列金额应按照发包人的要求使用，发包人的要求应通过监理人发出。通常情况下，暂列金额可以用于支付变更价款、暂估价项目价款、计日工价款等事先不确定项目的费用支出。同时，2013版施工合同提出了明确了暂列金额使用应按发包人要求并通过监理人发出，再次强调了监理人的文件传递中心的地位。

计日工主要是用于合同履行过程中的零星用工的计量计价，有可能新增零星工作，也有可能涉及到变更。鉴于施工合同履行过程中经常遇到计日工问题，对于计日工如何计价、计量、价款支付等问题，2013版施工合同在通用合同条款第10.9款的【计日工】中对其进行了明确的约定。

首先，关于计日工的采用，取决于发包人认为是否有必要，有必要时其指令监理人通知承包人以计日工计价方式实施，其价款按列入已标价工程量清单或预算书中的计日工计价项目及其单价进行计算；已标价工程量清单或预算书中无相应的计日工单价的，按照合理的成本与利润构成的原则，由合同当事人按照第4.4款【商定或确定】确定变更工作的单价。

第二，关于计日工的审查批准。采用计日工计价的任何一项工作，承包人应在该项工作实施过程中，每天提交以下报表和有关凭证报送监理人审查：（1）工作名称、内容和数量；（2）投入该工作的所有人员的姓名、专业、工种、级别和耗用工时；（3）投入该工作的材料类别和数量；（4）投入该工作的施工设备型号、台数和耗用台时；（5）其他有关资料和凭证。计日工由承包人汇总后，列入最近一期进度付款申请单，该约定即决定了计日工当期支付的原则。需要注意的是，付款金额的批准权最终由监理人审查并经发包人批准后列入进度付款。

关于计日工的支付审批与指示发出，2013版施工合同的处理与《菲迪克（FIDIC）施工合同条件》（1999版红皮书）的【13.5 暂列金额】和【13.6计日工作】中的规定不同，2013版施工合同最终采用经发包人同意由监理人通知的方式，也是比较符合国内工程施工合同履行的惯例的。

另外，关于计日工的规定还应当注意的问题是：第一，无相应计日工单价的工作，与变更计价原则类似，均采用合理的成本与利润构成的原则，并启动商定或确定机制来确定变更工作的计日工。第二，采用计日工操作的大部分为零星工作，应当做到当期发生、当期计量、当期支付，方可防范无谓的争议。

【使用指引】

该条文在使用本条款时应注意以下事项：

1. 发包人关于零星工作或其他使用暂列金额的项目应当在招标文件或专用合同条款中明确约定，以免造成合同价格重复计算。其发包人要求应当明确具体。

2. 鉴于本条款中关于计日工的计价规则约定，合同当事人应当在已标价工程量清单或预算书中列明相应的计日工单价，或者在采用计日工计价方式实施某项工作之前，确定相应的计日工单价，以避免出现无相应的计日工单价而导致双方在确定计日工价款问题上产生争议。

3. 采用计日工计价方式实施的大部分工作为零星工作或变更，从合理与公平的角度出发，应当做到当期发生、当期计量。为此，合同当事人在签订合同时需要注意明确规定监理人和发包人审查、批准的期限，包括监理人对承包人每天提交的资料的审查期限，以及监理人、发包人对承包人汇总的计日工价款的审查、批准期限。

4. 关于计日工的支付，鉴于计日工的零星用工特点，通常与工人的结账需要比较快捷，因此，合同当事人应当做到支付及时，以免造成迟延支付零工工资而产生其他社会问题。

【法条索引】

1. 《建设工程工程量清单计价规范》（GB 50500-2013）第2.0.18项暂列金额：

招标人在工程量清单中暂定并包括在合同价款中的一笔款项。用于工程合同签订时尚未确定或者不可预见的所需材料、工程设备、服务的采购，施工中可能发生的工程变更、合同约定调整因素出现时的合同价款调整以及发生的索赔、现场签证确认等的费用。

2.《建设工程工程量清单计价规范》（GB 50500-2013）第2.0.20项计日工：

在施工过程中，承包人完成发包人提出的工程合同范围以外的零星项目或工作，按合同中约定的单价计价的一种方式。

3.《菲迪克（FIDIC）施工合同条件》（1999版红皮书）：

13.5 暂列金额

每笔暂列金额只应按照工程师的指示全部或部分地使用，合同价格应相应进行调整。付给承包商的总金额只应包括工程师已指示的，与暂列金额有关的工作、供货或服务的应付款项。对于每笔暂列金额，工程师可指示用于下列支付：

（a）根据第13.3款[变更程序]的规定进行估价的、要由承包商实施的工作（包括要提供的生产设备、材料或服务）；或/或

（b）应包括在合同价格中的，要由承包商从指定的分包商（按第5条[指定的分包商]的定义）或其他单位购买的生产设备、材料或服务，所需的下列费用：

（i）承包商已付（或应付）的实际金额；和

（ii）以相应资料表规定的有关百分率（如果有）计算的，这些实际金额的一个百分比，作为管理费和利润的金额。如无此类百分率，应采用投标书附录中的百分率。

当工程师要求时，承包商应出示报价单、发票、凭证以及账单或收据等证明。

13.6 计日工作

对于一些小的或附带性的工作，工程师可以指示按计日工作实施变更。这时，工作应按照包括在合同中的计日工作计划表进行估价，并应施用下述程序。如果合同中未包括计日工作计划表，则本款不适用。

在为工作订购货物前，承包商应向工程师提交报价单。当申请支付时，承包商应提交各种货物的发票、凭证，以及账单或收据。

除计日工作计划表中规定不应支付的任何项目外，承包商应向工程师提交每日的精确报表，一式两份，报表应包括前一日工作中使用的各项资源的详细资料：

（a）承包商人员的姓名、职业和使用时间；

（b）承包商设备和临时工程的标识、型号和使用时间；以及

（c）所用的生产设备和材料的数量和型号。

报表如果正确或经同意，将由工程师签署并退回承包商一份。承包商应在将它们纳入其后根据第14.3款[期中付款证书的申请]的规定提交的报表前，先向工程师提交关于这些资源的估价报表。

11 价格调整

11.1 市场价格波动引起的调整

除专用合同条款另有约定外，市场价格波动超过合同当事人约定的范围，合同价格应当调整。合同当事人可以在专用合同条款中约定选择以下一种方式对合同价格进行调整：

第1种方式：采用价格指数进行价格调整。

（1）价格调整公式

因人工、材料和设备等价格波动影响合同价格时，根据专用合同条款中约定的数据，按以下公式计算差额并调整合同价格：

$$\Delta P = P_0 \left[A + \left(B_1 \times \frac{F_{t1}}{F_{01}} + B_2 \times \frac{F_{t2}}{F_{02}} + B_3 \times \frac{F_{t3}}{F_{03}} + \cdots + B_n \times \frac{F_{tn}}{F_{0n}} \right) - 1 \right]$$

公式中：　　　　　ΔP——需调整的价格差额；

　　　　　　　　　P_0——约定的付款证书中承包人应得到的已完成工程量的金额。此项金额应不包括价格调整、不计质量保证金的扣留和支付、预付款的支付和扣回。约定的变更及其他金额已按现行价格计价的，也不计在内；

　　　　　　　　　A——定值权重（即不调部分的权重）；

B_1；B_2；B_3……B_n——各可调因子的变值权重（即可调部分的权重），为各可调因子在签约合同价中所占的比例；

F_{t1}；F_{t2}；F_{t3}……F_{tn}——各可调因子的现行价格指数，指约定的付款证书相关周期最后一天的前42天的各可调因子的价格指数；

F_{01}；F_{02}；F_{03}……F_{0n}——各可调因子的基本价格指数，指基准日期的各可调因子的价格指数。

以上价格调整公式中的各可调因子、定值和变值权重，以及基本价格指数及其来源在投标函附录价格指数和权重表中约定，非招标订立的合同，由合同当事人在专用合同条款中约定。价格指数应首先采用工程造价管理机构发布的价格指数，无前述价格指数时，可采用工程造价管理机构发布的价格代替。

（2）暂时确定调整差额

在计算调整差额时无现行价格指数的，合同当事人同意暂用前次价格指数计算。实际价格指数有调整的，合同当事人进行相应调整。

（3）权重的调整

因变更导致合同约定的权重不合理时，按照第4.4款【商定或确定】执行。

（4）因承包人原因工期延误后的价格调整

因承包人原因未按期竣工的，对合同约定的竣工日期后继续施工的工程，在使用价格调整公式时，应采用计划竣工日期与实际竣工日期的两个价格指数中较低的一个作为现行价格指数。

第2种方式：采用造价信息进行价格调整。

合同履行期间，因人工、材料、工程设备和机械台班价格波动影响合同价格时，人工、机械使用费按照国家或省、自治区、直辖市建设行政管理部门、行业建设管理部门或其授权的工程造价管理机构发布的人工、机械使用费系数进行调整；需要进行价格调整的材料，其单价和采购数量应由发包人审批，发包人确认需调整的材料单价及数量，作为调整合同价格的依据。

（1）人工单价发生变化且符合省级或行业建设主管部门发布的人工费调整规定，合同当事人应按省级或行业建设主管部门或其授权的工程造价管理机构发布的人工费等文件调整合同价格，但承包人对人工费或人工单价的报价高于发布价格的除外。

（2）材料、工程设备价格变化的价款调整按照发包人提供的基准价格，按以下风险范围规定执行：

①承包人在已标价工程量清单或预算书中载明材料单价低于基准价格的：除专用合同条款另有约定外，合同履行期间材料单价涨幅以基准价格为基础超过5%时，或材料单价跌幅以在已标价工程量清单或预算书中载明材料单价为基础超过5%时，其超过部分据实调整。

②承包人在已标价工程量清单或预算书中载明材料单价高于基准价格的：除专用合同条款另有约定外，合同履行期间材料单价跌幅以基准价格为基础超过5%时，材料单价涨幅以在已标价工程量清单或预算书中载明材料单价为基础超过5%时，其超过部分据实调整。

③承包人在已标价工程量清单或预算书中载明材料单价等于基准价格的：除专用合同条款另有约定外，合同履行期间材料单价涨跌幅以基准价格为基础超过±5%时，其超过部分据实调整。

④承包人应在采购材料前将采购数量和新的材料单价报发包人核对，发包人确认用于工程时，发包人应确认采购材料的数量和单价。发包人在收到承包人报送的确认资料后5天内不予答复的视为认可，作为调整合同价格的依据。未经发包人事先核对，承包人自行采购材料的，发包人有权不予调整合同价格。发包人同意的，可以调整合同价格。

前述基准价格是指由发包人在招标文件或专用合同条款中给定的材料、工程设备的价格，该价格原则上应当按照省级或行业建设主管部门或其授权的工程造价管理机构发布的信息价编制。

（3）施工机械台班单价或施工机械使用费发生变化超过省级或行业建设主管部门或其授权的工程造价管理机构规定的范围时，按规定调整合同价格。

第3种方式：专用合同条款约定的其他方式。

【条文目的】

针对施工合同履行过程中经常出现价格调整的现象，因施工合同履行时间往往较长，合同履行过程中经常出现人工、材料、工程设备和机械台班等市场价格起伏或法律变化引起价格波动的现象，该种变化一般会造成承包人施工成本的增加或减少，进而影响到合同价格调整，最终影响到合同当事人的权益。为避免合同当事人在出现市场价格波动时就合同价格调整问题产生争议，2013版施工合同通用合同条款规定了因市场价格波动引起的合同价格调整的条件与前提，与1999版施工合同相比，本条款为新增条款。

【条文释义】

外界因素变化时，尤其是生产要素的价格变动时，将引起施工成本的增减变动，对于承包人来说，将面临如何主张合同价格调整，对于发包人来说，则面临是否必须进行合同价格调整或如何进行合同价格调整的问题，无论如何都将对合同当事人的权利义务产生重大影响，处理不当，势必引起合同当事人的争议和纠纷。外界因素引起施工成本变化的内容非常之多，但是从客观性分析，其原因可主要归于市场价格波动和法律变化，因此2013版施工合同第11条从前述两个角度为如何进行合同价格调整提供了通用的操作方式。

合同价格是否进行调整，需要衡量的首要问题是合同当事人约定的合同价格形式。鉴于各类合同的价格形式不同，决定了不同的价格调整机制。2013版施工合同在通用合同条款中对此规范如下：

如市场价格波动超过合同当事人约定的范围，合同价格应当调整。合同当事人可以在专用合同条款中约定选择具体方式对合同价格进行调整，通用合同条款提供了两种方式：

第1种方式为采用价格指数调整价格差额。因人工、材料和设备等价格波动影响合同价格时，根据专用合同条款中约定的数据，按照通用合同条款给定的公式计算差额并调整合同价格。其中价格调整公式中的各可调因子、定值和变值权重，以及基本价格指数及其来源等数值，应当在投标报价时投标函附录价格指数和权重表中约定。对于直接发包订立的合同，由合同当事人在专用合同条款中直接约定前述数值。

关于价格指数的确定，应首先采用各地工程造价管理机构发布的价格指数，如地方造价管理机构未发布相关价格指数时，可采用工程造价管理机构发布的价格代替。

需要注意的是，第一，在计算调整差额时无现行价格指数的，合同当事人可以暂用前次价格指数计算，最终结算时，合同当事人按照发布的实际价格指数进行相应调整。第二，关于权重的调整，因变更导致合同约定的权重不合理时，2013版施工合同约定合同当事人可以再次启动第4.4款的【商定或确定】机制，最大限度地保证公平与合理。第三，由于承包人原因导致工期延误后出现合同价格调整的，如未按期竣工，且在合同约定的竣工日期后继续施工的，在使用价格调整公式时，应采用计划竣工日期与实际竣工日期所对应两个价格指数中较低的一个作为现行价格指数。

第2种方式为比较常见的采用造价信息调整价格差额。合同履行期间，因人工、材料、工程设备和机械台班价格波动影响合同价格时，人工、机械使用费按照国家或省、自治区、直辖市建设行政管理部门、行业建设管理部门或其授权的工程造价管理机构发布的人工信息、机械台班单价或机械使用费系数进行调整；需要进行价格调整的材料，其单价和采购数应由发包人审批，发包人确认需调整的材料单价及数量，作为调整合同价格差额的依据。

需要注意的是，第一，关于人工费的调整，人工单价发生变化且符合省级或行业建设主管部门发布的人工费调整规定，合同当事人应按省级或行业建设主管部门或其授权的工程造价管理机构发布的人工费等文件调整合同价格，但承包人对人工费或人工单价的报价高于发布价格的除外。此处人工单价变化引发人工费的调整，并未直接确定波动幅度，而是直接按照地方工程造价管理机构的人工费调整文件的规定进行调整。第二，关于材料或设备价格的调整，即材料、工程设备价格变化的价款调整应根据发包人提供的基准价格，按有关风险范围的规定执行，通用合同条款默认的涨跌风险幅度按照5%考虑，具体包括3种情形：

第1种情形：承包人在已标价工程量清单或预算书中载明材料单价低于基准价格的：除专用合同条款另有约定外，合同履行期间材料单价涨幅超过基准价格的5%时，或材料单价跌幅超过已标价工程量清单或预算书中载明材料单价的5%时，其超过部分据实调整。在此特别提示，涨跌过程中的基础价格标准是不同的。

第2种情形：承包人在已标价工程量清单或预算书中载明材料单价高于基准价格的：除专用合同条款另有约定外，合同履行期间材料单价跌幅超过基准价格5%时，材料单价涨幅超过已标价工程量清单或预算书中载明材料单价5%时，其超过部分据实调整。在此特别提示，涨跌过程中的基础价格标准是不同的。

第3种情形：承包人在已标价工程量清单或预算书中载明材料单价等于基准价格的：除专用合同条款另有约定外，合同履行期间材料单价涨跌幅以基准价格为基础超过±5%

时，其超过部分据实调整。

另外，在按照造价信息价格调整合同价格时，关于数量和单价的核对，承包人应在采购材料前将采购数量和新的材料单价报发包人，发包人确认属于工程使用范围时，发包人应确认采购材料的数量和单价。发包人在收到承包人报送的确认资料后5天内不予答复的，2013版施工合同在此约定了一个默示条款，即视为发包人认可，并作为调整合同价格的依据。未经发包人事先核对，承包人自行采购材料的，发包人有权不予调整合同价格。发包人确认同意的，当然可以调整合同价格。

前述基准价格是指由发包人在招标文件或专用合同条款中给定的材料、工程设备的价格，该价格原则上应当按照省级或行业建设主管部门或其授权的工程造价管理机构发布的信息价编制。

第三，关于施工机械台班单价或施工机械使用费的价格调整。如施工机械台班单价或施工机械使用费发生变化，且超过省级或行业建设主管部门或其授权的工程造价管理机构规定的范围时，按相应的规定调整合同价格。

第3种方式为专用合同条款约定的其他方式。除了按照价格指数和造价信息价格等两种方式调整合同价格外，合同当事人也可以在专用合同条款中另行约定其他的方式调整合同价格。

无论是总价合同还是单价合同，因我国法律并未对价格上涨或下跌超出多大幅度可认定为明显不公作出明确规定，如施工合同中也未约定市场价格的合理涨跌幅度时，受到不利影响一方当事人据此请求认定合同价格"显失公平"具有相当的难度，并且需要承担较重的举证责任。

《最高人民法院关于适用<中华人民共和国合同法>若干问题的解释（二）》（法释【2009】5号）第26条确立了"情势变更原则"，该条规定："合同成立以后客观情况发生了当事人在订立合同时无法预见的、非不可抗力造成的不属于商业风险的重大变化，继续履行合同对于一方当事人明显不公平或者不能实现合同目的，当事人请求人民法院变更或者解除合同的，人民法院应当根据公平原则，并结合案件的实际情况确定是否变更或者解除。"按照该条规定，施工合同履行过程中，如人工、材料、工程设备及机械台班等市场价格出现异常波动的情况，受到不利影响的一方当事人可依据该条以"情形变更"为由请求人民法院变更或者解除合同。但适用该规则，一方面必须通过诉讼的方式请求人民法院变更或者解除合同，时间和经济成本很高，且导致双方处于激烈对抗；另一方面，人民法院在适用该规则时也需要"根据公平原则，并结合案件的实际情况"确定是否变更或者解除合同。《最高人民法院关于正确适用<中华人民共和国合同法>若干问题的解释（二）服务党和国家的工作大局的通知》（法【2009】165号）中规定对于合同法司法解释（二）第26条，各级人民法院务必正确理解、慎重适用，如果根据案件的特殊情况，确需在个案中适用的，应当由高级人民法院审核，必要时应报请最高人民法院审核。可见，简单的以出现"情势变更"为由通过诉讼主张变更价格或者解除合同的难度非常大。

在适用法律及司法解释对解决市场价格波动引起的合同价格调整难度较大的情况下，通过2013版施工合同的制定可以较好地规范工程建设项目里的价格风险问题，并在使用过程中可以逐渐形成并确认成为解决该类问题的行业交易习惯，进而推动价格纠纷争议的解决。

此外，工程实践中，虽然各地建设行政主管部门在建筑材料等市场价格异常波动期间会出台一些文件规范建筑材料等价差调整问题，但因该类文件通常规章以下的行政规范性文件，存在法律适用层级问题，且通过行政手段调整解决施工合同当事人之间的权利义务关系，终非市场经济和合同自由原则的体现。

综上所述，如果合同当事人未在施工合同中明确约定因市场价格波动引起的合同价格调整问题，根据我国现有法律法规及司法实践，在解决此类争议和纠纷的过程中将会出现既无法律和行政法规规定，又无合同约定的尴尬境地，不利于及时、有效解决此类争议和纠纷。

1999版施工合同中并未规定因市场价格波动引起的合同价格调整问题。而国内外成熟的施工合同文本中均具体详细规定了因市场价格波动引起的合同价格调整问题。如《菲迪克（FIDIC）施工合同条件》（1999版红皮书）第13.8款【因成本改变的调整】中具体详细规定了合同价格因劳动力、货物和其他投入的成本的涨落而调整及具体的调整方式。九部委《标准施工招标文件》通用合同条款第16.1款【物价波动引起的价格调整】中也具体详细规定了合同价格因物价波动而调整及具体的调整方式。

在此背景下，2010年12月由《建设工程施工合同（示范文本）》修订工作课题组完成的《建设工程施工合同（示范文本）》（征求意见稿）在第9条【变更】中规定了"9.9价格波动引起的调整"，但该款规定的内容非常原则和简单："如果工程施工期内市场价格波动超出一定幅度，应按合同专用条款约定调整工程价款；合同专用条款没有约定的，应按工程所在地省级人民政府或行业建设主管部门或其授权的工程造价管理机构的规定调整"。

在征求意见过程中，各方对该条提出了多条意见，包括建议增加部分内容，如：（1）增加因风险引起的价格调整；（2）由于承包人原因未在约定的工期内竣工的，则对原预定竣工日期后继续施工的工程，应采用原预定进度与实际进度的两个价格指数（或造价系数）中较低的一个作为现行价格指数。也有涉及体例调整问题的意见，如要求将9.9款并入第10条【计量与支付】中。最终的送审稿中采纳了上述合理意见，包括将"市场价格波动引起的调整"和"法律变化引起的调整"两款单列出来组成独立的一条，即2013版施工合同通用合同条款第11条【价格调整】，体现出2013版施工合同在体例上更加重视因市场价格波动和法律变化而引起的合同价格调整问题。

2013版施工合同第11.1款【市场价格波动引起的调整】借鉴和吸收了《菲迪克（FIDIC）施工合同条件》（1999版红皮书）第13.8款【因成本改变的调整】及九部委《标准施工招标文件》通用合同条款第16.1款【物价波动引起的价格调整】中的相关规定，并在此基础上增加了很多内容，如九部委《标准施工招标文件》通用合同条款中对"采用造价信息调整价格差额"的规定就较为简单，而2013版施工合同第11.1款中则用大量篇幅非常详细地规定了人工、材料、工程设备和机械台班价格调整的具体方式。在实际使用2013版施工合同第11.1款时，既需要注意2013版施工合同第11.1款对之前国内外施工合同示范文本相关规定的借鉴和吸收之处，更需要注意2013版施工合同第11.1款与之前国内外施工合同示范文本相关规定的不同或创新之处。

【使用指引】

该条文在使用本条款时应注意以下事项：

1. 发包人应当首先确定合同价格的调整机制，需要研究分析的问题包括中标签约价与合同价格形式的关系、拟建工程招标中最高投标限价的合理性、市场近期价格波动状况、工程技术难易程度等方面，继而确定是否采用价格调整机制，以及如果采用该种机制，选用何种调价方式、如何确定市场价格波动幅度、以及是否需要采用专用合同条款约定的其他方式等，对于招标发包的项目，这些事项应当在招标文件中先行确定。

2. 承包人在招标投标和合同订立阶段，应当非常谨慎的对待合同中约定的价格调整条款的规定，并针对混淆与不清晰之处及时提出澄清请求。合同履行过程中，应当严格遵守合同约定，及时收集与调整价格有关的信息与资料，并及时提交监理人和发包人。

【法条索引】

《最高人民法院关于适用<中华人民共和国合同法>若干问题的解释（二）》第26条：合同成立以后客观情况发生了当事人在订立合同时无法预见的、非不可抗力造成的不属于商业风险的重大变化，继续履行合同对于一方当事人明显不公平或者不能实现合同目的，当事人请求人民法院变更或者解除合同的，人民法院应当根据公平原则，并结合案件的实际情况确定是否变更或者解除。

11.2 法律变化引起的调整

基准日期后，法律变化导致承包人在合同履行过程中所需要的费用发生除第11.1款【市场价格波动引起的调整】约定以外的增加时，由发包人承担由此增加的费用；减少时，应从合同价格中予以扣减。基准日期后，因法律变化造成工期延误时，工期应予以顺延。

因法律变化引起的合同价格和工期调整，合同当事人无法达成一致的，由总监理工程师按第4.4款【商定或确定】的约定处理。

因承包人原因造成工期延误，在工期延误期间出现法律变化的，由此增加的费用和（或）延误的工期由承包人承担。

【条文目的】

针对施工合同履行过程中经常出现法律变化引起的合同价格调整的问题，2013版施工合同对衡量法律变化的界定、对工期和价格的影响以及相应的处理机制进行了明确的规定，有利于合同的履行。与1999版施工合同相比，本条款为新增条款。

【条文释义】

另一类引起合同价格调整变化的情形为法律变化，本条款即解决因法律变化是否进行合同价格调整的问题。首先，法律是指按照2013版施工合同中第1.3款关于法律的解释中约定的相关法律规范性文件，即合同所称法律是指中华人民共和国法律、行政法规、部门规章，以及工程所在地的地方性法规、自治条例、单行条例和地方政府规章等。因此，在专用合同条款没有其他特别约定的情形下，法律的变化即指前述法律规范的变化，可见其范围是非常大的。

除了前述关于法律范围的解释以外，实际应用中还涉及到法律规范的起算时间问题，因此2013版合同在借鉴国内外合同规定的基础上，规定以基准日期作为标志，自基准日期以后的法律变化导致承包人在合同履行过程中所需要的费用发生增加时，由发包人承担由此增加的费用；减少时，应从合同价格中予以扣减。该条规定需要注意的是，第一，对于招标发包的工程，基准日期为投标截止日期前第28天，直接发包的工程，基准日期为合同签订前第28天。该日期的确定综合考虑了招标投标的具体活动或订约前谈判协商的时间。

第二，因法律变化引起的合同价格的变动为双向的，或增或减，均应相应调整合同价格。

第三，增加的费用由发包人承担是合理和妥当的，实践中有很多项目施工合同中约定，如发生任何法律变化，合同价格不可调整。该类合同条款实际在"法律变化"这个要素上已经变成绝对风险固定条款，且该绝对风险条款是有失公允的。众所周知，在我国开展工程建设活动，无论是发包人还是承包人，都需要执行合同中所称"法律"的约束，合同中规定的法律还包括了规章等法律规定，其中有相当的内容涉及到行政事业性收费、有关税费规定等，一般均属于承包人无法预见的范畴，因此将该等法律规范变化的风险转移至承包人承担不合理。据此，2013版施工合同在1999版施工合同的基础上增加了本条款内容。

当然引起合同价格调整的法律变化是有条件的，基准日期以后，因法律变化导致承包人在合同履行中所需要的费用发生除第11.1款约定的市场价格波动引起价格调整情形以外的增加时，由发包人承担由此增加的费用。相应费用减少时，应从合同价格中予以扣减。当然，法律的变换经常还会造成的另一个影响就是对工期的影响，2013版施工合同中规定是可以顺延工期的，当然由于顺延工期产生的费用增加同样适用【11.2 法律变化引起的调整】中第一款的规定，即由发包人承担。但因承包人原因造成工期延误，在工期延误期间出现法律变化的，由此增加的费用和（或）延误的工期则就由承包人承担。

关于因法律变化引起的费用增减如何计算，可以按照或参照《建设工程工程量清单计价规范》（GB 50500-2013）第9.2.1条的规定，即应按省级或行业建设主管部门或其授权的工程造价管理机构发布的规定调整合同价款。

如合同当事人在商议有关合同价格和工期调整时无法达成一致的，2013版施工合同启动由总监理工程师按照第4.4款【商定或确定】执行的机制。

【使用指引】

该条文在使用本条款时应注意以下事项：

1. 发包人应当首先确定哪些为合同约定的"法律"，以及还需要在专用合同条款作出哪些约定，以便于确定合同价格的法律风险范围，当然在确定"法律"的范围时，应当以合理的、承包人可以预见为前提进行"法律"风险的分担。实际上，《建设工程工程量清单计价规范》（GB 50500-2013）中关于包干"所有风险"的条文是禁止的，而且还是强制性条文规定。

2. 对于法律变化引起的价格调整，需要合同当事人引起重视的是必须收集截止基准日期之前的相关法律规定与文件资料，尤其是承包人，在编制投标文件时和合同履行时，需要及时与基准日期之前的法律文件相比，提出有依据的主张方可适用价格调整。

12 合同价格、计量与支付

12.1 合同价格形式

发包人和承包人应在合同协议书中选择下列一种合同价格形式：

1. 单价合同

单价合同是指合同当事人约定以工程量清单及其综合单价进行合同价格计算、调整和确认的建设工程施工合同，在约定的范围内合同单价不作调整。合同当事人应在专用合同条款中约定综合单价包含的风险范围和风险费用的计算方法，并约定风险范围以外的合同价格的调整方法，其中因市场价格波动引起的调整按第11.1款【市场价格波动引起的调整】约定执行。

2. 总价合同

总价合同是指合同当事人约定以施工图、已标价工程量清单或预算书及有关条件进行合同价格计算、调整和确认的建设工程施工合同，在约定的范围内合同总价不作调整。合同当事人应在专用合同条款中约定总价包含的风险范围和风险费用的计算方法，并约定风险范围以外的合同价格的调整方法，其中因市场价格波动引起的调整按第11.1款【市场价格波动引起的调整】、因法律变化引起的调整按第11.2款【法律变化引起的调整】约定执行。

3. 其他价格形式

合同当事人可在专用合同条款中约定其他合同价格形式。

【条文目的】

本条款基于工程实践惯例，对施工合同的常用的价格形式进行了归纳和总结，旨在规范合同当事人的理解和运用，并在1999版施工合同的基础上进行了适当调整。

【条文释义】

首先，关于合同形式，法律上可以理解为书面形式、口头形式和其他形式，但是本条款是从合同价格的计价和风险模式上予以规范的。1999版施工合同中规定的3种合同价款方式为固定价格合同、可调价格合同、成本加酬金合同的表述，在实际运用过程中带来了以下问题：第一，带有"固定"字眼的价格，容易造成价格绝对固定、永远固定的理解；第二，"固定价格合同"不能区分最终是固定单价合同，还是固定总价合同；第三，可调价格合同原本不是一类单独的合同价格形式，一般施工合同的价格并非永远不可调整，因此没有绝对的固定价格，当然不宜将可调合同价格作为相对应的一类合同价格形式单列；第四，成本加酬金的价格形式在工程实践中非常少见，因此单列一类意义不大；第五，采用定额计价形式的施工合同还是比较常见的，因此在分类上，可以将成本加酬金与定额计价等合同类型列入其他价格形式合同比较好。

因此，2013版施工合同将合同价格形式修改为3类，即单价合同、总价合同、其他价格形式合同。其中单价合同的含义是单价相对固定，仅在约定的范围内合同单价不作调整。同时列明，合同当事人应在专用合同条款中约定综合单价包含的风险范围和风险费用的计算方法，并约定风险范围以外的合同价格的调整方法，其中因市场价格波动引起的调整按第11.1款【市场价格波动引起的调整】约定执行。

总价合同则是指合同当事人约定以施工图、已标价工程量清单或预算书及有关条件进行合同价格计算、调整和确认的建设工程施工合同，在约定的范围内合同总价不作调整。具体总价包含的风险范围和风险费用的计算方法，以及风险范围以外合同价格的调整方法等均应在专用合同条款中明确约定，其中因市场价格波动引起的调整按第11.1款【市场价格波动引起的调整】、因法律变化引起的调整按第11.2款【法律变化引起的调整】约定执行。

如采用除上述单价合同和总价合同以外其他价格形式合同的，合同当事人应当在专用合同条款中约定具体的合同价格计算和确定等方面内容。

【使用指引】

1. 使用过程中，应当注意拟建项目的合同价格形式以及具体约定的内涵，对于单价合同，尤其要注意风险范围的界定，特别对于法律变化引起的合同价格的调整，在第11条中即应该进行明确规定。

2. 无论是单价合同形式，还是总价合同形式，除非极少数技术简单和规模偏小的项目，合同结算价格一般均与签约合同价格不同，因此凡是引起合同价格变化的因素，在合同履行过程中均应当引起重视，并保留完整的工程资料，便于确定工程造价和控制工程成本。

【法条索引】

1.《中华人民共和国建筑法》第18条：建筑工程造价应当按照国家有关规定，由发包单位与承包单位在合同中约定。公开招标发包的，其造价的约定，须遵守招标投标法律的规定。

2.《建设工程工程量清单计价规范》（GB 50500-2013）第7.1.3项：实行工程量清单计价的工程，应采用单价合同；建设规模较小，工期较短，且施工图设计已审查批准的建设工程可采用总价合同；紧急抢险、救灾以及施工技术特别复杂的建设工程可采用成本加酬金合同。

12.2 预付款

12.2.1 预付款的支付

预付款的支付按照专用合同条款约定执行，但至迟应在开工通知载明的开工日期7天前支付。预付款应当用于材料、工程设备、施工设备的采购及修建临时工程、组织施工队伍进场等。

除专用合同条款另有约定外，预付款在进度付款中同比例扣回。在颁发工程接收证书前，提前解除合同的，尚未扣完的预付款应与合同价款一并结算。

发包人逾期支付预付款超过7天的，承包人有权向发包人发出要求预付的催告通知，发包人收到通知后7天内仍未支付的，承包人有权暂停施工，并按第16.1.1项【发包人违约的情形】执行。

12.2.2 预付款担保

发包人要求承包人提供预付款担保的，承包人应在发包人支付预付款7天前提供预付款担保，专用合同条款另有约定除外。预付款担保可采用银行保函、担保公司担保等形式，具体由合同当事人在专用合同条款中约定。在预付款完全扣回之前，承包人应保证预付款担保持续有效。

发包人在工程款中逐期扣回预付款后，预付款担保额度应相应减少，但剩余的预付款担保金额不得低于未被扣回的预付款金额。

【条文目的】

本条款对工程预付款的支付时间、使用范围、扣回方式、逾期支付的责任及承包人的预付款担保等方面问题进行了规范。

【条文释义】

本条款包括两个方面的内容，一是关于预付款的支付，二是关于预付款的担保。

预付款的作用主要是应当用于承包人进行材料、工程设备、施工设备的采购及修建临时工程、组织施工队伍进场等方面。按照《建筑工程施工许可管理办法》的规定，"建设工程不足1年的，到位资金原则上不少于工程合同价的50%，建设工期超过1年，到位资金原则上不少于工程合同价的30%"，该规定对于发包人的资金到位情况进行了规定，在发包人资金到位的情况下，有必要向承包人支付预付款，以合理推进工程进度。但是在目前的国内工程实践中，有相当的项目没有预付款，实际上造成了承包人需要垫付一定的资金用于施工准备工作。

2013版施工合同的通用合同条款规定，如果发包人同意支付预付款的，应当在专用合同条款中明确预付款的支付比例、支付时间等具体细节，但通用合同条款给出的默认的支付时间至迟应在开工通知载明的开工日期7天前。

随着工程进度的推进，预付款所对应的工程量已经计量在进度付款中，因此预付款即存在抵扣的问题，2013版施工合同约定，除非专用合同条款另有约定，预付款的抵扣按照其支付比例在每笔进度款中扣回。在颁发工程接收证书前，提前解除合同的，尚未扣完的预付款应与合同价款一并结算。

在合同约定需要支付预付款的情况下，发包人逾期支付预付款超过7天的，2013版施工合同在此建立了催告机制，以充分体现合同履行的诚实信用原则以及避免扩大损失的原则，即此时承包人有权向发包人发出要求预付的催告通知，发包人收到通知后7天内仍未支付的，亦即发包人有错不纠的，承包人有权暂停施工，并按第16.1.1项【发包人违约的情形】执行。

关于预付款担保，是否需要提交预付款担保首先是一个由发包人自行决策的问题，该担保的价值在于发包人基于担保向承包人提出确保预付款用于拟建工程项目建设的要求。承包人提交预付款担保的形式可以采用银行保函、担保公司担保等多种形式，具体由合同当事人在专用合同条款中约定。在预付款完全扣回之前，承包人应保证预付款担保持续有效。

发包人在工程款中逐期扣回预付款后，预付款担保额度应相应减少，但剩余的预付款担保金额不得低于未被扣回的预付款金额。

【使用指引】

合同当事人在使用本条款时应注意以下事项：

1. 如采用预付款担保，则需要在工程进度款中抵扣预付款后，相应减少预付款担保的金额，尤其是如果采用保函方式，应当前往保函出具方处完善相关的手续。

2. 在签订施工合同时还应注意在专用合同条款中对以下事项作出具体、明确的约定，以增强该款的可操作性和执行性，减少不必要的争议和纠纷：

（1）发包人是否支付预付款，预付款的支付比例或金额，预付款的支付时间，需注意所约定的预付款支付时间应满足"至迟应在开工通知载明的开工日期前7天前支付"的要求。

（2）预付款是否抵扣以及预付款扣回的具体方式。

（3）是否需要承包人提供预付款担保，如需要的，承包人提供预付款担保的时间、预付款担保的形式等内容均需明确。

3. 如发包人没有按约定支付预付款，承包人基于合同履行的诚实信用原则，应当先行催告，如发包人经催告后仍未支付预付款的，承包人有权在催告后合理时间内行使抗辩权。

【法条索引】

1. 《建筑工程施工许可管理办法》（建设部令第71号）第4条：建设单位申请领取施工许可证，应当具备下列条件，并提交相应的证明文件：

（1）已经办理该建筑工程用地批准手续。

（2）在城市规划区的建筑工程，已经取得建设工程规划许可证。

（3）施工场地已经基本具备施工条件，需要使其拆迁进度符合施工要求。

（4）已经确定施工企业。按照规定应该招标的工程没有招标，应该公开招标的工程没有公开招标，或者肢解发包工程，以及将工程发包给不具备相应资质条件的，所确定的施工企业无效。

（5）已满足施工需要的施工图纸及技术资料，施工图设计文件已按规定进行了审查。

（6）有保证工程质量和安全的具体措施。施工企业编制的施工组织设计中有根据建筑工程特点制定的相应质量、安全技术措施，专业性较强的工程项目编制的专项质量、安全施工组织设计，并按照规定办理了工程质量、安全监督手续。

（7）按照规定应该委托监理的工程已委托监理。

（8）建设资金已经落实。建设工期不足1年的，到位资金原则上不得少于工程合同价的50%，建设工期超过1年的，到位资金原则上不导少于工程合同价的30%。建设单位应当提供银行出具的到位资金证明，有条件的可以实行银行付款保函或者其他第三方担保。

（9）法律、行政法规规定的其他条件。

2. 《建设工程价款结算暂行办法》（财建【2004】369号）第12条：工程预付款结算应符合下列规定：

（一）包工包料工程的预付款按合同约定拨付，原则上预付比例不低于合同金额的10%，不高于合同金额的30%，对重大工程项目，按年度工程计划逐年预付。计价执行《建设工程工程量清单计价规范》（GB 50500-2003）的工程，实体性消耗和非实体性消耗部分应在合同中分别约定预付款比例。

（二）在具备施工条件的前提下，发包人应在双方签订合同后的1个月内或不迟于约定的开工日期前的7天内预付工程款，发包人不按约定预付，承包人应在预付时间到期后10天内向发包人发出要求预付的通知，发包人收到通知后仍不按要求预付，承包人可在发出通知14天后停止施工，发包人应从约定应付之日起向承包人支付应付款的利息（利率按同期银行贷款利率计），并承担违约责任。

（三）预付的工程款必须在合同中约定抵扣方式，并在工程进度款中进行抵扣。

（四）凡是没有签订合同或不具备施工条件的工程，发包人不得预付工程款，不得以预付款为名转移资金。

3. 《菲迪克（FIDIC）施工合同条件》（1999版红皮书）：

14.2 预付款

当承包商按照本款提交保函后，雇主应支付一笔预付款，作为用于动员的无息贷款。预付款总额、分期预付的次数与时间安排（如次数多于一次），以及适用的货币和比例，应按投标书附录中的规定。

除非和直到雇主收到此保函，或如果投标书附录中未列明预付款总额，本款应不适用。

工程师应在收到（根据第14.3款【期中付款证书的申请】规定的）报表，以及雇主收到（i）按照第4.2款【履约担保】要求提交的履约担保，和（ii）由雇主批准的国家（或其他司法管辖区）的实体，按专用条件所附格式或雇主批准的其他格式签发的，金额和货币种类与预付款一致的保函后，为首次分期付款发出期中付款证书。

在还清预付款前，承包商应确保此保函一直有效并可执行，但其总额可根据付款证书列明的承包商付还的金额逐渐减少。如果保函条款中规定了期满日期，而在期满日期前28天预付款尚未还清时，承包商应将保函有效期延至预付款还清为止。

预付款应通过付款证书中按百分比扣减的方式付还。除非投标书附录中规定了其他百分比：

（a）扣减应从确认的期中付款（不包括预付款、扣减额和保留金的付还）累计额超过中标合同金额减去暂列金额后余额的百分之十（10%）时的付款证书开始；以及

（b）扣减应按每次付款证书中金额（不包括预付款、扣减额和保留金的付还）的1/4（25%）的摊还比率，并按预付款的货币和比例计算，直到预付款还清时为止。

如果在颁发工程接收证书前，或根据第15条【由雇主终止】、第16条【由承包商暂停和终止】或第19条【不可抗力】（视情况而定）的规定终止前，预付款尚未还清，则全部余额应立即成为承包商对雇主的到期应付款。

12.3 计量

12.3.1 计量原则

工程量计量按照合同约定的工程量计算规则、图纸及变更指示等进行计量。工程量计算规则应以相关的国家标准、行业标准等为依据，由合同当事人在专用合同条款中约定。

12.3.2 计量周期

除专用合同条款另有约定外，工程量的计量按月进行。

12.3.3 单价合同的计量

除专用合同条款另有约定外，单价合同的计量按照本项约定执行：

（1）承包人应于每月25日向监理人报送上月20日至当月19日已完成的工程量报告，并附具进度付款申请单、已完成工程量报表和有关资料。

（2）监理人应在收到承包人提交的工程量报告后7天内完成对承包人提交的工程量报表的审核并报送发包人，以确定当月实际完成的工程量。监理人对工程量有异议的，有权要求承包人进行共同复核或抽样复测。承包人应协助监理人进行复核或抽样复测，并按监理人要求提供补充计量资料。承包人未按监理人要求参加复核或抽样复测的，监理人复核或修正的工程量视为承包人实际完成的工程量。

（3）监理人未在收到承包人提交的工程量报表后的7天内完成审核的，承包人报送的工程量报告中的工程量视为承包人实际完成的工程量，据此计算工程价款。

12.3.4 总价合同的计量

除专用合同条款另有约定外，按月计量支付的总价合同，按照本项约定执行：

（1）承包人应于每月25日向监理人报送上月20日至当月19日已完成的工程量报告，并附具进度付款申请单、已完成工程量报表和有关资料。

（2）监理人应在收到承包人提交的工程量报告后7天内完成对承包人提交的工程量报表的审核并报送发包人，以确定当月实际完成的工程量。监理人对工程量有异议的，有权要求承包人进行共同复核或抽样复测。承包人应协助监理人进行复核或抽样复测并按监理人要求提供补充计量资料。承包人未按监理人要求参加复核或抽样复测的，监理人审核或修正的工程量视为承包人实际完成的工程量。

（3）监理人未在收到承包人提交的工程量报表后的7天内完成复核的，承包人提交的工程量报告中的工程量视为承包人实际完成的工程量。

12.3.5 总价合同采用支付分解表计量支付的，可以按照第12.3.4项【总价合同的计量】约定进行计量，但合同价款按照支付分解表进行支付。

12.3.6 其他价格形式合同的计量

合同当事人可在专用合同条款中约定其他价格形式合同的计量方式和程序。

【条文目的】

施工合同价格的确定与实际完成的工作量紧密相关。计量即为对工程实体工作量作出正确的计算，并以一定的计量单位表述的管理活动。本条款重点对施工合同中工程的计量原则、计量周期、计量程序等方面进行了规范，与1999版施工合同相比，进行了梳理和完善。

【条文释义】

计量是确定施工合同价格和支付合同价款的基础和依据，也是经常容易出现争议的工程活动，规范计量首先需要明确其工程量计量规则。2013版施工合同约定，首先应当按法律规定和合同约定的工程量计算规则、图纸及变更指示进行计量。工程量计算规则应以相关的国家标准、行业标准等为依据，具体可以由合同当事人在专用合同条款中约定。

关于计量周期，2013版施工合同默认的为按月进行计量。

关于计量的具体内容，2013版施工合同分单价合同和总价合同两类分别进行了程序性约定，其中需要注意的是，第一，计量约定的周期，应当考虑编制报送日期与截至日期的间距，否则无法实施；第二，监理人对工程量有异议的，有权要求承包人进行共同复核或抽样复测。承包人有协助义务，并按监理人要求提供补充计量资料。承包人未协助完成复核或抽样复测的，监理人复核或修正的工程量视为承包人实际完成的工程量。第三，注意默示规则，即监理人未在收到承包人提交的工程量报表后的7天内完成审核的，视为认可承包人报送的工程量。第四，总价合同采用支付分解表计量支付的，可以按照第12.3.4项约定进行计量，但合同价款按照支付分解表进行支付。第五，对于其他价格形式合同的计量，合同当事人可在专用合同条款中约定其他价格形式合同的计量方式和程序。

另外，特别需要提示的是，在不同的合同价格形式下，工程计量的作用不同。2013版施工合同中关于单价合同的计量是比较简单的，即按照实际计量的结果计价支付。但是对于总价合同的计量活动则分为两种情形，一种为第12.3.4项【总价合同的计量】中采用计量支付方式的，另一种为第12.3.5项规定的按照支付分解表支付方式下的计量，即"总价合同采用支付分解表计量支付的，可以按照第12.3.4项【总价合同的计量】约定进行计量，但合同价款按照支付分解表进行支付。"总价合同支付方式的区别决定其计量活动作用的重要性，但是无论采用哪种方式，其计量规则是统一按照第12.3.4项【总价合同的计量】进行的。

【使用指引】

该条文在使用本条款时应注意以下事项：

第一，计量工作与分部分项验收紧密相关，发包人和承包人均应确保质量验收与计量的及时性，否则相关工作量不便于检测和复测。尤其是对隐蔽工程的计量，隐蔽工程在施工完成并经验收合格后需要进行覆盖，而一旦覆盖，就会失去对其进行工程计量的条件，因此对隐蔽工程的计量，必须在隐蔽工程覆盖之前完成。

第二，2013版施工合同在通用合同条款中对于计量程序和规则进行了一般性约定，但合同当事人仍然可以自行在专用合同条款中针对不同项目的情况，特别约定其计量工作事项，主要有：

（1）工程量计算规则所依据的相关国家标准、行业标准、地方标准等；

（2）工程计量的周期；

（3）单价合同计量的具体方式和程序；

（4）总价合同计量的具体方式和程序；

（5）如双方采用其他价格形式合同的，其他价格形式合同计量的具体方式和程序。

（6）其他在计量中需要特别约定的事项。

12.4 工程进度款支付

12.4.1 付款周期

除专用合同条款另有约定外，付款周期应按照第12.3.2项【计量周期】的约定与计量周期保持一致。

12.4.2 进度付款申请单的编制

除专用合同条款另有约定外，进度付款申请单应包括下列内容：

（1）截至本次付款周期已完成工作对应的金额；

（2）根据第10条【变更】应增加和扣减的变更金额；

（3）根据第12.2款【预付款】约定应支付的预付款和扣减的返还预付款；

（4）根据第15.3款【质量保证金】约定应扣减的质量保证金；

（5）根据第19条【索赔】应增加和扣减的索赔金额；

（6）对已签发的进度款支付证书中出现错误的修正，应在本次进度付款中支付或扣除的金额；

（7）根据合同约定应增加和扣减的其他金额。

12.4.3 进度付款申请单的提交

（1）单价合同进度付款申请单的提交

单价合同的进度付款申请单，按照第12.3.3项【单价合同的计量】约定的时间按月向监理人提交，并附上已完成工程量报表和有关资料。单价合同中的总价项目按月进行支付分解，并汇总列入当期进度付款申请单。

（2）总价合同进度付款申请单的提交

总价合同按月计量支付的，承包人按照第12.3.4项【总价合同的计量】约定的时间按月向监理人提交进度付款申请单，并附上已完成工程量报表和有关资料。

总价合同按支付分解表支付的，承包人应按照第12.4.6项【支付分解表】及第12.4.2项

【进度付款申请单的编制】的约定向监理人提交进度付款申请单。

（3）其他价格形式合同的进度付款申请单的提交

合同当事人可在专用合同条款中约定其他价格形式合同的进度付款申请单的编制和提交程序。

12.4.4 进度款审核和支付

（1）除专用合同条款另有约定外，监理人应在收到承包人进度付款申请单以及相关资料后7天内完成审查并报送发包人，发包人应在收到后7天内完成审批并签发进度款支付证书。发包人逾期未完成审批且未提出异议的，视为已签发进度款支付证书。

发包人和监理人对承包人的进度付款申请单有异议的，有权要求承包人修正和提供补充资料，承包人应提交修正后的进度付款申请单。监理人应在收到承包人修正后的进度付款申请单及相关资料后7天内完成审查并报送发包人，发包人应在收到监理人报送的进度付款申请单及相关资料后7天内，向承包人签发无异议部分的临时进度款支付证书。存在争议的部分，按照第20条【争议解决】的约定处理。

（2）除专用合同条款另有约定外，发包人应在进度款支付证书或临时进度款支付证书签发后14天内完成支付，发包人逾期支付进度款的，应按照中国人民银行发布的同期同类贷款基准利率支付违约金。

（3）发包人签发进度款支付证书或临时进度款支付证书，不表明发包人已同意、批准或接受了承包人完成的相应部分的工作。

12.4.5 进度付款的修正

在对已签发的进度款支付证书进行阶段汇总和复核中发现错误、遗漏或重复的，发包人和承包人均有权提出修正申请。经发包人和承包人同意的修正，应在下期进度付款中支付或扣除。

12.4.6 支付分解表

1. 支付分解表的编制要求

（1）支付分解表中所列的每期付款金额，应为第12.4.2项【进度付款申请单的编制】第（1）目的估算金额；

（2）实际进度与施工进度计划不一致的，合同当事人可按照第4.4款【商定或确定】修改支付分解表；

（3）不采用支付分解表的，承包人应向发包人和监理人提交按季度编制的支付估算分解表，用于支付参考。

2. 总价合同支付分解表的编制与审批

（1）除专用合同条款另有约定外，承包人应根据第7.2款【施工进度计划】约定的施工进度计划、签约合同价和工程量等因素对总价合同按月进行分解，编制支付分解表。承包人应当在收到监理人和发包人批准的施工进度计划后7天内，将支付分解表及编制支付分解表的支持性资料报送监理人。

（2）监理人应在收到支付分解表后7天内完成审核并报送发包人。发包人应在收到经监理人审核的支付分解表后7天内完成审批，经发包人批准的支付分解表为有约束力的支付分解表。

（3）发包人逾期未完成支付分解表审查的，也未及时要求承包人进行修正和提供补充资料的，则承包人提交的支付分解表视为已经获得发包人批准。

3. 单价合同的总价项目支付分解表的编制与审批

除专用合同条款另有约定外，单价合同的总价项目，由承包人根据施工进度计划和总价项目的总价构成、费用性质、计划发生时间和相应工程量等因素按月进行分解，形成支付分解表，其编制与审批参照总价合同支付分解表的编制与审批执行。

【条文目的】

通常在施工合同履行过程中，发包人需要按照一定的规则，定期或不定期的向承包人支付一定过程中的工程款，亦称工程进度款。工程进度款的支付在工程施工实践中具有非常重要的作用，特别是对承包人来说，如工程进度款支付比例过低或支付不及时，将会给承包人带来非常大的资金压力，甚至于无法正常施工。施工合同中应当对工程进度款的支付作出具体、明确的约定。

本条款对工程进度款的计量周期与支付周期、支付流程、支付分解表的编制等方面进行了规范，与1999版施工合同相比，细化了相关内容。

【条文释义】

关于进度款的支付，首先需要解决的是确定进度款的金额，其次是确定付款周期，再次是明确付款程序。

2013版施工合同在通用合同条款中默认的付款周期与计量周期一致，并约定按照第12.3.2款【计量周期】的约定，即按月支付。合同当事人可以在专用合同条款中约定其他付款周期。

需要注意的是，在进度付款申请单编制的过程中，应当确保进度付款申请单的内容完整全面，以避免遗漏造成利益的损失，一般应包含的内容有：截至本次付款周期已完成工作对应的金额；根据第10条【变更】应增加和扣减的变更金额；根据第12.2款【预付款】约定应支付的预付款和扣减的返还预付款；根据第15.3款【质量保证金】约定应扣减的质量保证金；根据第19条【索赔】应增加和扣减的索赔金额；对已签发的进度款支付证书中出现错误的修正，应在本次进度付款中支付或扣除的金额；根据合同约定应增加和扣减的其他金额。

关于单价合同进度付款申请单提交的金额，一般采用计量计价确定支付金额，如存在单价合同的总价项目，在没有其他专用合同条款特别约定的情况下，通用合同条款规定应当按月对总价项目进行支付分解，并汇总列入当期进度付款申请单。

关于总价合同进度付款申请单提交的金额，分两种情况进行付款金额的计算，第一种是总价合同按实际完成工程量计量支付的，承包人按照第12.3.4项【总价合同的计量】约定的时间按月向监理人提交进度付款申请单，并附上已完成工程量报表和有关资料。第二种是总价合同按支付分解表支付的，承包人应按照第12.4.6项【支付分解表】及第12.4.2项【进度付款申请单的编制】的约定向监理人提交进度付款申请单。

对于采用其他价格形式合同的，且合同当事人采用不同于以上方式的，可在专用合同条款中约定其进度付款申请单的编制和提交程序。

关于进度款的审核和支付程序，除专用合同条款另有约定外，应当按照2013版施工合同中约定的程序完成审核与支付。

另外需要注意的问题有，第一，对于审核人怠于审核批复的，2013版施工合同设立了默示机制。第二，对于合同当事人对进度付款金额有异议的，建立了无异议部分临时付款证书机制，最大限度减少拖欠工程款。第三，对于发包人逾期支付进度款的，应按照中国人民银行发布的同期同类贷款基准利率支付违约金。第四，对于付款修正，即对已签发的进度款支付证书进行阶段汇总和复核中发现错误、遗漏或重复的，发包人和承包人均有权提出修正申请。经发包人和承包人同意的修正，应在下期进度付款中支付或扣除。第五，发包人签发付款证书的法律保留，即发包人签发进度款支付证书或临时进度款支付证书，不表明发包人已同意、批准或接受了承包人完成的相应部分的工作。

最后，关于支付分解表，作为重要的支付管理和资金管理手段，有以下问题需要理解：第一，总价合同支付分解表的编制应当注意，2013版施工合同默认的方式为，承包人应根据第7.2款【施工进度计划】约定的施工进度计划、签约合同价和工程量等因素对总价合同按月进行分解，编制支付分解表，并将支付分解表及编制支付分解表的支持性资料报送监理人。第二，支付分解表的审核流转监理人和发包人审核批准后，方为有约束力的支付分解表。第三，默示规则，发包人逾期未完成支付分解表审查的，也未及时要求承包人进行修正和提供补充资料的，则承包人提交的支付分解表视为已经获得发包人批准。第四，单价合同中的总价项目也存在支付分解表的编制与审批，2013版施工合同默认的方式为，由承包人根据施工进度计划和总价项目的总价构成、费用性质、计划发生时间和相应工程量等因素按月进行分解，形成支付分解表，其后程序同总价合同。第五，启动商定或确定机制，当实际进度与施工进度计划不一致的，合同当事人可按照第4.4款【商定或确定】修改支付分解表；不采用支付分解表的，承包人应向发包人和监理人提交按季度编制的支付估算分解表，用于支付参考。

【使用指引】

该条文在使用本条款时应注意以下事项：

1. 应当了解和熟悉该款与之前国内外施工合同示范文本相关规定的不同或创新之处，包括：（1）对于发包人怠于审查承包人进度付款申请单的，该款设立了默示机制，即发包人逾期未完成审查且未提出异议的，视为已签发进度款支付证书。（2）对于合同当事人对进度付款金额有异议的，建立了对无异议部分签发临时付款证书的机制，最大限度减少拖欠工程款。（3）发包人逾期支付进度款，需按银行同期同类贷款基准利率的两倍支付违约金。在合同履行过程中，各方应当充分利用上述创新之处维护自身的利益。

2. 应当注意支付周期的约定，实际上可以采用按月支付，也可以采用按节点或按形象进度进行进度款的支付，合同当事人可以在专用合同条款中另行约定。

3. 鉴于支付分解表对资金管理计划和支付的重要作用，因此承包人编制支付分解表应当结合相应的项目管理文件全面仔细的测算，发包人和监理人亦应认真核对相关支付分解的依据性资料，做到与进度计划、资源投入相匹配。

4. 支付分解表应当与进度计划和施工组织设计同步修订，方可作为支付进度款的依据。

5. 注意支付的审批，2013版施工合同在迟延支付进度款条文中设立了迟延支付利息的制度。

6. 合同当事人在签订施工合同时还应注意在专用合同条款中对以下事项作出具体、明确的约定，以增强该款的操作性和执行性，减少不必要的争议和纠纷：

（1）工程进度款的付款周期；

（2）进度付款申请单应当包括的内容；

（3）如双方采用其他价格形式合同的，其他价格形式合同的进度付款申请单的编制和提交程序；

（4）监理人、发包人收到承包人进度付款申请单以及相关资料后的审查（并报送）、审批（并签发进度款付款证书）的期限要求；

（5）发包人支付工程进度款的期限要求，以及发包人逾期支付进度款时的违约责任；

（6）总价合同支付分解表的编制与审批要求，支付分解表应当与进度计划和施工组织设计的同步修订，方可作为支付进度款的依据；

（7）单价合同的总价项目支付分解表的编制与审批要求，其中需特别注意支付的审批，2013版施工合同在迟延支付进度款条文中设立了迟延支付利息的制度。

【法条索引】

1.《最高人民法院关于审理建设工程施工合同纠纷案件适用法律问题的解释》（法释【2004】14号）第9条：发包人具有下列情形之一，致使承包人无法施工，且在催告的合理期限内仍未履行相应义务，承包人请求解除建设工程施工合同的，应予支持：

（一）未按约定支付工程价款的；

（二）提供的主要建筑材料、建筑构配件和设备不符合强制性标准的；

（三）不履行合同约定的协助义务的。

2.《最高人民法院关于审理建设工程施工合同纠纷案件适用法律问题的解释》（法释【2004】14号）第17条：当事人对欠付工程价款利息计付标准有约定的，按照约定处理；没有约定的，按照中国人民银行发布的同期同类贷款利率计息。

3.《菲迪克（FIDIC）施工合同条件》（1999版红皮书）：

14.3　期中付款证书的申请

承包商应在每个月末后，按工程师批准的格式向工程师提交报表，一式6份，详细说明承包商自己认为有权得到的款额，同时提交包括按第4.21款【进度报告】的规定编制的相关进度报告在内的证明文件。

适用时，该报表应包括下列项目，以合同价格应付的各种货币表示，并按下列顺序排列：

（a）截至月末已实施的工程和已提出的承包商文件的估算合同价值[包括各项变更，但不包括以下（b）至（g）项所列项目]；

（b）按照第13.7款【因法律改变的调整】和第13.8款【因成本改变的调整】的规定，由于法律改变和成本改变，应增减的任何款额；

（c）至雇主提取的保留金额达到投标书附录中规定的保留金限额（如果有）前，用投标书附录中规定的保留金百分比乘以上述款项总额计算的应扣减的任何保留金额；

（d）按照第14.2款【预付款】的规定，因预付款的支付和付还，应增加和扣减的任何款额；

（e）按照第14.5款【拟用于工程的生产设备和材料】的规定，为生产设备和材料应增加和扣减的任何款额；

（f）根据合同或包括第20条【索赔、争端和仲裁】规定等其他理由，应付的任何其他增加或扣减额；以及

（g）所有以前付款证书中确认的扣减额。

14.4 付款计划表

如果合同包括对合同价格的支付规定了分期支付的付款计划表，除非该表中另有规定：

（a）该付款计划表所列分期付款额，应是为了应对第14.3款【期中付款证书的申请】中（a）项，估算的合同价值；

（b）第14.5款【拟用于工程的生产设备和材料】的规定应不适用；以及

（c）如果分期付款额不是参照工程实施达到的实际进度确定，且发现实际进度比付款计划表依据的进度落后时，工程师可按照第3.5款【确定】的要求进行商定或确定，修改分期付款额，这种修改应考虑实际进度落后于该分期付款额原依据的进度的程度。

如果合同未包括付款计划表，承包商应每个季度提交他预计应付的无约束性估算付款额。第一次估算应在开工日期后42天内提交。直到颁发工程接收证书前，应按季度提交修正的估算。

14.6 期中付款证书的颁发

在雇主收到并认可履约担保前，不确认后办理付款。其后，工程师应在收到有关报表和证明文件后28天内，向雇主发出期中付款证书，说明工程师公正地确定的应付金额，并附支持资料。

但在颁发工程接收证书前，工程师无需签发金额（扣除保留金和其他应扣款项后）少于投标书附录中期中付款证书的最低额（如果有）的期中付款证书。在此情况下，工程师应相应通知承包商。

虽然存在以上情况，对期中付款证书不应因任何其他原因予以扣发：

（a）如果承包商供应的任何物品或完成的工作不符合合同要求，在完成修正和更换前，可以扣发该修正和更换所需费用；和（或）

（b）如果承包商未能按照合同要求履行任何工作或义务，且工程师已曾为此发出通知时，可在该项工作或义务完成前，扣发该工作或义务的价值。

工程师可在任一次付款证书中，对以前任何付款证书作出任何正当的改正或修改。付款证书不应被视为表明工程师的接受、批准、同意或满意。

14.7 付款

雇主应向承包商支付：

（a）首期预付款，支付时间在中标函颁发后42天，或在收到按照第4.2款【履约担保】和第14.2款【预付款】规定提交的文件后21天，二者中较晚的日期内；

（b）各期中付款证书确认的金额，支付时间在工程师收到报表和证明文件后56天内；以及

（c）最终付款证书确认的金额，支付时间在雇主收到该付款证书后56天内。

每种货币的应付款额应汇入合同（为此货币）指定的付款国境内的承包商指定的银行账户。

14.8 延误的付款

如果承包商没有在按照第14.7款【付款】规定的时间收到付款，承包商应有权就未付款额按月计算复利，收取延误期的融资费用。该延误期应视为从第14.7款【付款】规定的支付日期算起，而不考虑［如该款（b）项的情况］颁发任何期中付款证书的日期。

除非专用条件中另有规定，上述融资费用应以高出支付货币所在国中央银行的贴现率3个百分点的年利率进行计算，并应用同种货币支付。

承包商应有权得到上述付款，无需正式通知或证明，且不损害他的任何其他权利或补偿。

12.5 支付账户

发包人应将合同价款支付至合同协议书中约定的承包人账户。

【条文目的】

本条款的目的主要是明确承包人的收款账户，以确保合同价款专款专用且支付到位，避免因转包挂靠或付款不当等行为发生资金支付纠纷。本条款为2013版施工合同的新增条款。

【条文释义】

施工实践中，发包人和承包人应当在合同协议书中明确约定发包人支付工程价款至承包人的账户信息，但是合同履行过程中，经常发生发包人未将合同价款支付至承包人协议书中约定账户，而支付至承包人指定的其他账户，或发包人与承包人共同认可的其他账户。

首先，按照工程价款专款专用的使用要求，应当将工程价款支付至承包人账户，该账户可以是承包人名下的基本账户，也可以是承包人名下的其他转账账户，合同当事人可以在签订合同协议书时明确。

其次，合同履行过程中，承包人发生资金账户管理活动的变化，可以变更其支付账户信息，但是亦应当为承包人自身的账户，除非法院予以强制执行的债务偿付。承包人与第三人约定的债务履行行为，如承包人或发包人提出将工程款项直接支付至供应商或分包商时，应当由承包人出具相关的书面委托支付申请，并经发包人与承包人确认相关事项后方可予以支付，该相关事项包括收款发票的出具、相关税金的承担、收款人单位账户信息、联系人信息等方面的内容。

另外，根据中国人民银行令【2003】第5号令《人民币银行结算账户管理办法》中第39条规定，"个人银行结算账户用于办理个人转账收付和现金存取，下列款项可以转入个人银行结算账户：（一）工资、奖金收入。（二）稿费、演出费等劳务收入。（三）债券、期货、信托等投资的本金和收益。（四）个人债权或产权转让收益。（五）个人贷款转存。（六）证券交易结算资金和期货交易保证金。（七）继承、赠与款项。（八）保险理赔、保费退还等款项。（九）纳税退还。（十）农、副、矿产品销售收入。（十一）其他合法款项。"由此可以看出，如承包人项目经理提出要求将款项支付至个人时，无论该个人为何种身份，发包人均应遵守法律规定，且原则上不建议将工程款项直接支付至个人。

实践中，因发包人合同价款支付制度不完善、转包挂靠项目、承包人实行内部承包责任制等原因，有时会出现付款主体与合同主体不对应的情形，甚至出现向承包人的项目经理或其他人员个人支付合同价款的现象。伴随前述付款行为的后果是经常出现个人私自挪用工程价款的行为，不仅无法保障工程款的专款使用，而且承包人亦可能不认可发包人的支付行为，更为严重的是，一旦因相关人员私自挪用工程款等而出现承包人拖欠农民工工资问题，此时尽管发包人已向相关人员支付了工程款，但仍可能会承担相关责任。

因此，发包人将工程款直接支付给承包人项目经理或其他人员，对发包人、承包人双方来说风险都非常大。1999施工合同中未规定发包人需将工程款支付至承包人账户。《菲迪克（FIDIC）施工合同条件》（1999版红皮书）第14.7款【付款】中规定："每种货币的应付款额应汇入合同（为此货币）指定的付款国境内的承包商指定的银行账户。"最终2013版施工合同增加了该规定。

【使用指引】

该条文在使用本条款时应注意以下事项：

1. 合同当事人应当在合同协议书中明确承包人账户，具体包括开户单位名称、开户银行、账户号码等内容。

2. 对于由承包人分公司或其他事业部等机构组织实施的项目，发包人应当对承包人账户的确认严格按照签约主体执行，避免出现付款错误或其他欺诈行为的发生，继而引发法律纠纷。

3. 承包人如因经营需要将工程款项支付至其他指定单位账号时，应当提出书面申请，并将委托收款人的账号全部信息提供给发包人，并由承包人单位法定代表人或授权代表签字并盖章后方可。

4. 在实际适用该款规定时，除了需要在合同协议书中明确承包人的收款账户之外，还应对发包人违反该款规定的合同价款支付方式应承担的责任和后果作出明确约定。

【条文索引】

《菲迪克（FIDIC）施工合同条件》（1999版红皮书）：

14.7 付款 每种货币的应付款额应汇入合同（为此货币）指定的付款国境内的承包商指定的银行账户。

13 验收和工程试车

13.1 分部分项工程验收

13.1.1 分部分项工程质量应符合国家有关工程施工验收规范、标准及合同约定，承包人应按照施工组织设计的要求完成分部分项工程施工。

13.1.2 除专用合同条款另有约定外，分部分项工程经承包人自检合格并具备验收条件的，承包人应提前48小时通知监理人进行验收。监理人不能按时进行验收的，应在验收前24小时向承包人提交书面延期要求，但延期不能超过48小时。监理人未按时进行验收，也未提出延期要求的，承包人有权自行验收，监理人应认可验收结果。分部分项工程未经验收的，不得进入下一道工序施工。

分部分项工程的验收资料应当作为竣工资料的组成部分。

【条文目的】

分部分项工程验收是整体工程验收合格的前提，也是整体工程质量合理的前提。只有做好分部分项工程的验收，整体工程质量才更有保障。1999版施工合同仅约定了"隐蔽工程和中间验收"，2013版施工合同除了在第5.3款【隐蔽工程检查】条款中单独约定隐蔽工程验收检查外，还将整个分部分项工程验收单列且明确将分部分项工程的验收作为竣工验收的组成部分，以强调过程验收中分部分项工程的重要性，从而进一步保障整体工程的验收质量。

【条文释义】

建设工程应当打造过程精品，就是要求要注重在施工过程中的质量管理，其中分部分项工程的质量验收是过程质量管理的关键环节。因此，合同当事人除了要注重工程竣工验收以外，应当同样重视工程建设过程中分部分项工程的质量验收，严格按照法律、规范与合同约定的要求实施。

本条款明确了分部分项工程质量标准和验收程序，且强调了对各分部分项工程验收作为进行下部工序施工的必要条件。其中，分部分项工程的验收标准应当符合国家有关工程施工验收的规范和标准以及合同约定；分部分项工程的验收程序应遵循承包人先自检，再由监理人进行验收的程序，即在施工过程中，承包人应按照施工组织设计的要求完成分部分项工程的施工，且承包人自检合格后，才能提请监理人验收。分部分项工程验收是施工过程中的必经程序，分部分项工程未经验收的，不得进入下一道工序施工。

根据本条款约定，分部分项工程在具备验收条件后，承包人应提前48小时通知监理人进行验收。监理人不能按时进行验收的，应当在验收前24小时向承包人书面提出延期要求，但延期不能超过48小时。监理人未按时进行验收，也未提出延期要求的，承包人有权自行验收，监理人应当认可验收结果。当然合同当事人可以在专用合同条款另行就分部分项工程的验收进行约定。

本条款还特别约定分部分项工程的验收资料应当作为竣工资料的组成部分，以督促合同当事人做好各分部分项的验收资料的保存归档工作，有利于缩短工程整体竣工验收的时间，而且在竣工验收过程中发现质量问题时，还能及时明确责任。

【使用指引】

合同当事人在使用本条款时应当注意以下事项：

1. 在分部分项工程验收过程中，合同当事人以及监理人应严格按照国家有关工程施工验收规范、标准及合同约定进行分部分项工程的验收。

2. 分部分项工程未经验收合格不得允许进入下一道工序施工，否则应承担相应的法律责任，造成安全事故或质量事故的，还应承担行政责任，乃至于刑事责任。

3. 承包人须在自检合格的基础上，通知监理人验收，监理人未参与验收，应认可承包人自验结果，作为下道工序施工的依据。

【法条索引】

1. 《建设工程质量管理条例》第30条：施工单位必须建立、健全施工质量的检验制度，严格工序管理，做好隐蔽工程的质量检查和记录。隐蔽工程在隐蔽前，施工单位应当通知建设单位和建设工程质量监督机构。

2. 《建设工程质量管理条例》第32条：施工单位对施工中出现质量问题的建设工程或者竣工验收不合格的建设工程，应当负责返修。

3. 《建设工程质量管理条例》第36条：工程监理单位应当依照法律、法规以及有关技术标准、设计文件和建设工程承包合同，代表建设单位对施工质量实施监理，并对施工质量承担监理责任。

4. 《建设工程质量管理条例》第37条：工程监理单位应当选派具备相应资格的总监理工程师和监理工程师进驻施工现场。未经监理工程师签字，建筑材料、建筑构配件和设备不得在工程上使用或者安装，施工单位不得进行下一道工序的施工。未经总监理工程师签字。建设单位不拨付工程款，不进行竣工验收。

13.2 竣工验收

13.2.1 竣工验收条件

工程具备以下条件的，承包人可以申请竣工验收：

（1）除发包人同意的甩项工作和缺陷修补工作外，合同范围内的全部工程以及有关工作，包括合同要求的试验、试运行以及检验均已完成，并符合合同要求；

（2）已按合同约定编制了甩项工作和缺陷修补工作清单以及相应的施工计划；

（3）已按合同约定的内容和份数备齐竣工资料。

13.2.2 竣工验收程序

除专用合同条款另有约定外，承包人申请竣工验收的，应当按照以下程序进行：

（1）承包人向监理人报送竣工验收申请报告，监理人应在收到竣工验收申请报告后14天内完成审查并报送发包人。监理人审查后认为尚不具备验收条件的，应通知承包人在竣工验收前承包人还需完成的工作内容，承包人应在完成监理人通知的全部工作内容后，再次提交竣工验收申请报告。

（2）监理人审查后认为已具备竣工验收条件的，应将竣工验收申请报告提交发包人，发包人应在收到经监理人审核的竣工验收申请报告后28天内审核完毕并组织监理人、承包人、设计人等相关单位完成竣工验收。

（3）竣工验收合格的，发包人应在验收合格后14天内向承包人签发工程接收证书。发包人无正当理由逾期不颁发工程接收证书的，自验收合格后第15天起视为已颁发工程接收证书。

（4）竣工验收不合格的，监理人应按照验收意见发出指示，要求承包人对不合格工程返工、修复或采取其他补救措施，由此增加的费用和（或）延误的工期由承包人承担。承包人在完成不合格工程的返工、修复或采取其他补救措施后，应重新提交竣工验收申请报告，并按本项约定的程序重新进行验收。

（5）工程未经验收或验收不合格，发包人擅自使用的，应在转移占有工程后7天内向承包人颁发工程接收证书；发包人无正当理由逾期不颁发工程接收证书的，自转移占有后第15天起视为已颁发工程接收证书。

除专用合同条款另有约定外，发包人不按照本项约定组织竣工验收、颁发工程接收证书的，每逾期1天，应以签约合同价为基数，按照中国人民银行发布的同期同类贷款基准利率支付违约金。

【条文目的】

竣工验收，是全面检验工程建设是否符合设计要求和施工质量的重要环节。根据法律规定，所有完工的新建工程、技术改造工程、扩建工程以及装饰装修工程等都必须进行竣工验收，否则不能投入使用。竣工验收是确定工程安全性、可靠性的最关键环节，决定着工程能否如期发挥其经济效益和社会效益，竣工验收合格与否直接影响着合同目的的实现。本条款明确了竣工验收的条件和程序，以确保工程验收的合法合规，以及竣工验收结果的真实性和合法性。此外，本条款还增加了接收证书及拒绝接收交付的违约责任，以减少或避免相关矛盾与纠纷。

【条文释义】

本条款是关于竣工验收的系列条款，包括竣工验收的条件、竣工验收的程序、竣工验收证书的签发、逾期验收的责任，其中验收合格签发接收证书及逾期验收的责任，是2013版施工合同的新增内容。

根据第13.2.1项规定，承包人在提请竣工验收前必须完成以下工作：一是承包人按照合同约定完成了合同范围内的全部工作，包括完成合同要求的试验、试运行以及检验，但除发包人同意的甩项工程和缺陷修补工作外；二是承包人完成竣工资料的整理，即承包人已按建设工程文件归档整理的要求及合同约定备齐了竣工资料；三是甩项工作与缺陷修补工作已安排妥当，即承包人已经按合同要求，编制了甩项工作和缺陷修补工作的清单及施工计划，并已经发包人的同意。

在承包人完成第13.2.1款的准备工作后，可以向监理人报送竣工验收申请报告，监理人在收到报告后一定期限内完成审查，审查合格的再报送发包人审查。此处相对于1999版施工合同，不仅增加了监理人的预先审核程序，而且缩短了发包人竣工验收审核时间，同时还增加了发包人在工程竣工验收合格后向承包人颁发工程接受证书的时间。这不仅有利于提高验收质量、节省验收时间，而且还能进一步督促监理人履行工程监理责任。

除合同当事人在专用合同条款中对竣工验收程序另有约定外，各方应当按照第13.2.2项规定的程序进行验收：

（1）监理人和发包人审核竣工验收申请报告。监理人应在收到申请后14天内完成审查，认为具备竣工验收条件的，应当报送发包人；认为尚不具备验收条件的，应通知承包人需要完成的工作内容，承包人在完成通知工作后，再次提交竣工验收申请；发包人在收到监理人审核后的竣工验收申请后28天内审核完毕并组织监理人、承包人、设计人等四方完成竣工验收；

（2）工程竣工验收合格的，发包人应在验收合格后14天内向承包人签发工程接收证书，发包人无正当理由逾期不颁发工程接收证书的，自验收合格后第15天起视为已颁发工程接收证书。竣工验收不合格的，监理人应按照验收意见发出指示，要求承包人对不合格工程返工、修复或采取其他补救措施，由此增加的费用和（或）延误的工期由承包人承担。承包人在完成不合格工程的返工、修复或采取其他补救措施后，应重新提交竣工验收申请报告，并按第13.2.2项约定的程序重新进行验收。

为督促及时组织竣工验收以及颁发工程接收证书，2013版施工合同还约定了发包人不按照本条款约定组织竣工验收、颁发工程接收证书的，每逾期一天，应以签约合同价为基数，按照中国人民银行发布的同期同类贷款基准利率支付违约金。当然，合同当事人可以在专用合同条款另行约定发包人逾期组织竣工验收或颁发工程接收证书的违约责任。

【使用指引】

合同当事人在使用本条款时应当注意以下事项：

1. 工程存在部分扫尾工程未完工或缺陷修补未完，在发包人同意甩项竣工验收的情况下，不影响工程的竣工验收。承包人应当对于扫尾工程或缺陷修补的完工编制施工计划并限期完成，合同当事人可在专用合同条款中对于甩项工作进行具体约定。

2. 在承包人提交竣工验收申请报告后，监理人和发包人应当及时进行审核，认为尚不具备验收条件的，应及时提出整改意见，认为具备验收条件的，应及时组织竣工验收。否则人，发包人如在监理人收到承包人提交的竣工验收申请报告后42天内，无合理理由未完成工程竣工验收且未颁发工程接收证书的，以提交竣工验收申请报告的日期为实际竣工日期。

3. 工程移交并不意味着承包人义务的全部完成。工程竣工验收合格和移交，标志着承包人的主要合同义务已经完成，对承发包双方约定甩项验收的扫尾工程、缺陷修补工程，应按约定的进度计划继续履行约定义务，同时按照法律与合同约定对工程进行保修的义务等。

4. 根据法律的规定，建设工程的保修期自竣工验收合格之日起计算。在当事人签订合同时，在专用条款中对保修期起算时间以及缺陷责任期、保修期加以具体约定。要注意的是工程保修期的约定不得低于法律规定保修金返还的期限不同于保修期，这是2013版施工合同设定的条款。

5. 如果当事人对于工程竣工验收或移交有特殊要求的在专用条款中约定，比如，合同当事人对于竣工验收程序和发包人不按照约定组织竣工验收颁发工程接收证书、发包人未按合同约定接收工程、承包人未按时移交工程时违约金的计算方法等有不同于合同通用条款的其他约定，应当在合同专用条款中具体约定。

【法条索引】

1. 《建设工程质量管理条例》第16条：建设单位收到建设工程竣工报告后，应当组织设计、施工、工程监理等有关单位进行竣工验收。

建设工程竣工验收应当具备下列条件：

（1）完成建设工程设计和合同约定的各项内容；

（2）有完整的技术档案和施工管理资料；

（3）有工程使用的主要建筑材料、建筑构配件和设备的进场试验报告；

（4）有勘察、设计、施工、工程监理等单位分别签署的质量合格文件；

（5）有施工单位签署的工程保修书。

建设工程经验收合格的，方可交付使用。

2. 《建设工程质量管理条例》第49条：建设单位应当自建设工程竣工验收合格之日起15日内，将建设工程竣工验收报告和规划、公安消防、环保等部门出具的认可文件或者准许使用文件报建设行政主管部门或者其他有关部门备案。

建设行政主管部门或者其他有关部门发现建设单位在竣工验收过程中有违反国家有关建设工程质量管理规定行为的，责令停止使用，重新组织竣工验收。

13.2.3 竣工日期

工程经竣工验收合格的，以承包人提交竣工验收申请报告之日为实际竣工日期，并在工程接收证书中载明；因发包人原因，未在监理人收到承包人提交的竣工验收申请报告42

天内完成竣工验收，或完成竣工验收不予签发工程接收证书的，以提交竣工验收申请报告的日期为实际竣工日期；工程未经竣工验收，发包人擅自使用的，以转移占有工程之日为实际竣工日期。

【条文目的】

竣工日期是判断工程是否如期竣工的依据，且确定建设工程实际竣工日期的法律意义涉及给付工程款的本金及利息起算时间、计算逾期付款违约金的起算时间等诸多问题，对于合同当事人的权利义务有重大影响。在实践中，因对竣工日期的认识不一致，产生大量的纠纷。本条款通过界定实际竣工日期，以明确工期计算截止点，便于判断工程是否如期竣工，以明确合同当事人的工期责任，同时也有助于确定缺陷责任期的起算点。

【条文释义】

本条款的竣工日期是指实际竣工日期。根据实际开工日期和实际竣工日期计算所得的工期总日历天数为承包人完成工程的实际工期总日历天数，实际工期总日历天数与合同协议书第2条载明的工期总日历天数的差额，即为工期提前或延误的天数。

本条款的竣工日期分为3种情形：一是工程经竣工验收合格的，以承包人提交竣工验收申请报告之日为实际竣工日期，并在工程接收证书中载明，而不是工程竣工验收合格之日作为竣工日期；二是因发包人原因，未在监理人收到承包人提交的竣工验收申请报告42天内完成验收的，以提交竣工验收申请报告的日期为实际竣工日期；三是工程未经竣工验收，发包人擅自使用的，以转移占有工程之日为实际竣工日期。

【使用指引】

合同当事人在使用本条款时应当注意以下事项：

1. 发包人和监理人在收到承包人提交的竣工验收申请报告后应及时进行审查并予以答复，对于尚不具备竣工验收条件的，应当及时通知承包人予以整改，以利于及时完成工程竣工验收。

2. 承包人不同意发包人和监理人的审查意见或答复，可以向发包人和监理人提出异议，异议成立的，发包人和监理人应当修改审查意见或答复，具备验收条件的，应当及时组织完成竣工验收；异议不成立的，承包人应当按照审查意见或答复，进行整改。

【法条索引】

《最高人民法院关于审理建设工程施工合同纠纷案件适用法律问题的解释》（法释【2004】14号）第14条：当事人对建设工程实际竣工日期有争议的，按照以下情形分别处理：

（一）建设工程经竣工验收合格的，以竣工验收合格之日为竣工日期；

（二）承包人已经提交竣工验收报告，发包人拖延验收的，以承包人提交验收报告之日为竣工日期；

（三）建设工程未经竣工验收，发包人擅自使用的，以转移占有建设工程之日为竣工日期。

13.2.4 拒绝接收全部或部分工程

对于竣工验收不合格的工程，承包人完成整改后，应当重新进行竣工验收，经重新组织验收仍不合格的且无法采取措施补救的，则发包人可以拒绝接收不合格工程，因不合格工程导致其他工程不能正常使用的，承包人应采取措施确保相关工程的正常使用，由此增加的费用和（或）延误的工期由承包人承担。

【条文目的】

交付合格的工程是承包人的主要合同义务，是合同目的所在。如果承包人交付的工程无法通过竣工验收，将导致合同目的落空，因此，在此情况下发包人有权要求承包人按照法律规定及合同约定进行整改直至通过竣工验收。但在实践中，不排除存在无法通过整改修补质量缺陷，以至于工程无法通过验收的情形，因此有必要明确在出现此类情况时的处理方式和责任承担主体。

【条文释义】

根据《中华人民共和国合同法》第279条，"建设工程竣工后，发包人应当根据施工图纸及说明书、国家颁发的施工验收规范和质量检验标准及时进行验收。验收合格的，发包人应当按照约定支付价款，并接收该建设工程。建设工程竣工经验收合格后，方可交付使用；未经验收或者验收不合格的，不得交付使用"，可见承包人交付合格的工程是发包人支付合同价款的基本前提。如果工程或者部分工程竣工验收不合格，承包人在整改后重新进行竣工验收仍不合格，并且无法采取措施补救的，则发包人可以拒绝接收全部或者部分不合格工程，并有权拒绝支付合同价款，由此增加的费用和（或）延误的工期责任由承包人承担人。

【使用指引】

合同当事人在使用本条款时应当注意以下事项：

1. 合同当事人可以约定承包人整改的次数，避免无休止地整改，导致合同当事人权利义务长期悬而未决，影响合同目的的实现。

2. 发包人和监理人可以对承包人整改的期限作出要求，但该期限应不短于承包人整改所需的合理时间。

3. 承包人未能在发包人和监理人指定的期限内完成整改，或经整改后，工程仍未能通过竣工验收的，则发包人有权委托第三方代为修缮，由此增加的费用和（或）延误的工期应由承包人承担。

4. 如果工程无法达到合同约定的标准的，合同当事人可以协商降低质量标准，并相应扣减合同价款，但降低之后的质量标准不能低于强制性标准和要求。

13.2.5 移交、接收全部与部分工程

除专用合同条款另有约定外，合同当事人应当在颁发工程接收证书后7天内完成工程的移交。

发包人无正当理由不接收工程的，发包人自应当接收工程之日起，承担工程照管、成品保护、保管等与工程有关的各项费用，合同当事人可以在专用合同条款中另行约定发包

人逾期接收工程的违约责任。

承包人无正当理由不移交工程的，承包人应承担工程照管、成品保护、保管等与工程有关的各项费用，合同当事人可以在专用合同条款中另行约定承包人无正当理由不移交工程的违约责任。

【条文目的】

工程移交和接收意味着工程风险的转移。工程的移交即是建设工程标的物的转移，随着工程移交的完成，工程的照管责任和工程风险也随之由承包人转移给发包人。明确工程移交和接收的程序和责任，有助于合理界定合同当事人的风险范围。

【条文释义】

首先，本条款明确了移交工程的期限，即除合同当事人在专用合同条中另有约定外，合同当事人应当在颁发工程接收证书后7天内完成工程的移交。

其次，本条款明确了拒绝接收或者拒绝移交工程的违约责任。根据本条款规定，如果发包人无正当理由不接收工程，发包人应承担自其应接收工程之日起的工程照管、成品保护、保管等与工程有关的各项费用。如果承包人无正当理由拒不移交工程，承包人应当承担工程照管、成品保护、保管等与工程有关的各项费用。

此外，合同当事人可以在专用合同条款中，另行约定发包人无正当理由拒绝接收工程，或承包人拒绝移交工程的违约责任。

【使用指引】

1. 工程移交并不意味着承包人义务的全部完成。工程竣工验收合格和移交，标志着承包人的主要合同义务已经完成，但是，并不意味着承包人的全部合同义务都已经完成。在完成工程移交后，承包人还应当承担未完成的扫尾工程实施义务、按照法律与合同约定对工程进行保修的义务等。

2. 如果当事人对于工程竣工验收或移交有特殊要求，比如，合同当事人对于竣工验收程序和发包人不按照约定组织竣工验收颁发工程接收证书、发包人未按合同约定接收工程、承包人未按时移交工程时违约金的计算方法等有不同于通用合同条款的其他约定，应当在专用合同条款中具体约定。

【法条索引】

1. 《中华人民共和国合同法》第279条：建设工程竣工后，发包人应当根据施工图纸及说明书、国家颁发的施工验收规范和质量检验标准及时进行验收。验收合格的，发包人应当按照约定支付价款，并接收该建设工程。建设工程竣工经验收合格后，方可交付使用；未经验收或者验收不合格的，不得交付使用。

2. 《中华人民共和国建筑法》第61条：交付竣工验收的建筑工程，必须符合规定的建筑工程质量标准，有完整的工程技术经济资料和经签署的工程保修书，并具备国家规定的其他竣工条件。

建筑工程竣工经验收合格后，方可交付使用；未经验收或者验收不合格的，不得交付使用。

13.3　工程试车

13.3.1　试车程序

工程需要试车的，除专用合同条款另有约定外，试车内容应与承包人承包范围相一致，试车费用由承包人承担。工程试车应按如下程序进行：

（1）具备单机无负荷试车条件，承包人组织试车，并在试车前48小时书面通知监理人，通知中应载明试车内容、时间、地点。承包人准备试车记录，发包人根据承包人要求为试车提供必要条件。试车合格的，监理人在试车记录上签字。监理人在试车合格后不在试车记录上签字，自试车结束满24小时后视为监理人已经认可试车记录，承包人可继续施工或办理竣工验收手续。

监理人不能按时参加试车，应在试车前24小时以书面形式向承包人提出延期要求，但延期不能超过48小时，由此导致工期延误的，工期应予以顺延。监理人未能在前述期限内提出延期要求，又不参加试车的，视为认可试车记录。

（2）具备无负荷联动试车条件，发包人组织试车，并在试车前48小时以书面形式通知承包人。通知中应载明试车内容、时间、地点和对承包人的要求，承包人按要求做好准备工作。试车合格，合同当事人在试车记录上签字。承包人无正当理由不参加试车的，视为认可试车记录。

13.3.2　试车中的责任

因设计原因导致试车达不到验收要求，发包人应要求设计人修改设计，承包人按修改后的设计重新安装。发包人承担修改设计、拆除及重新安装的全部费用，工期相应顺延。因承包人原因导致试车达不到验收要求，承包人按监理人要求重新安装和试车，并承担重新安装和试车的费用，工期不予顺延。

因工程设备制造原因导致试车达不到验收要求的，由采购该工程设备的合同当事人负责重新购置或修理，承包人负责拆除和重新安装，由此增加的修理、重新购置、拆除及重新安装的费用及延误的工期由采购该工程设备的合同当事人承担。

【条文目的】

工程试车是指工程在竣工阶段对设备、电路、管线等系统的试运行，以判断其是否运转正常，是否满足设计及规范的要求。工程试车是验证建设工程是否能够达到设计和规范要求的性能与稳定性、安全性的重要方法，特别是在设备占主要部分的工业项目和基础设施项目中，工程试车更具有非常重要的意义，因此，本条款对于工程试车的程序、内容、费用承担及试车达不到验收要求时的责任承担进行了专门规定。

【条文释义】

根据本条款的规定，工程试车包括两种情况：一是单机无负荷试车，在工程竣工验收前进行；二是无负荷联动试车，也在工程竣工验收前进行，本条款规定了工程试车的程序、工程试车的责任等内容。

首先，单机无负荷试车通常在工程施工过程中进行。根据第13.3.1项的规定，具备单机无负荷试车条件的，由承包人组织试车，并在试车前48小时书面通知监理人，发包人为试车提供必要条件。试车合格的，监理人在试车记录上签字；监理人不签字的，自试车结束满24小时后视为监理人认可试车记录。监理人不能按时参加试车的，应提前24小时向承包人提出延期要求，但延期不能超过48小时，由此导致工期延误的，工期应予以顺延。监理人无故缺席试车的，视为认可试车记录。

其次，无负荷联动试车通常在工程完成后，竣工验收之前进行。根据第13.3.1项的规定，具备无负荷联动试车条件的，由发包人组织试车，并在试车前48小时通知承包人，承包人按要求做好准备工作。试车合格，合同当事人在试车记录上签字。承包人无故缺席试车，视为认可试车记录。

此外，本条款约定还明确了合同当事人在试车中单机无负荷试车和无负荷联动试车中的责任，包括设计责任、施工责任、设备安装质量责任，其中设计责任由发包人承担修改设计、拆除及重新安装的全部费用，工期相应顺延，承包人按修改后的设计重新施工安装；施工责任由承包人承担，承包人应当按照监理人的要求重新施工安装和试车，并承担重新施工安装和试车的费用，工期不予顺延；设备责任由负责设备采购的一方承担，承包人负责拆除和重新安装，由此增加的修理、重新购置、拆除及重新安装的费用及延误的工期由负责采购该工程设备的合同当事人承担。

【使用指引】

合同当事人在使用本条款时应注意以下事项：

1. 为了清楚界定合同当事人在工程试车中的义务、责任和费用承担，合同当事人应当在专用合同条款中对于工程试车进行更为明确的约定，内容包括工程试车的具体内容、合同价格是否包含工程试车费用、试车过程当事人各自的责任和义务等。

2. 合同当事人及监理人应及时参加工程试车，否则如无正当理由拖延验收，应承担由此导致的不利后果。

3. 合同当事人在签署设计合同、设备采购合同、技术服务合同时注意与本条款关于工程试车的衔接。

13.3.3　投料试车

如需进行投料试车的，发包人应在工程竣工验收后组织投料试车。发包人要求在工程竣工验收前进行或需要承包人配合时，应征得承包人同意，并在专用合同条款中约定有关事项。

投料试车合格的，费用由发包人承担；因承包人原因造成投料试车不合格的，承包人应按照发包人要求进行整改，由此产生的整改费用由承包人承担；非因承包人原因导致投料试车不合格的，如发包人要求承包人进行整改的，由此产生的费用由发包人承担。

【条文目的】

在土建和设备工程安装工程完成后，要进行分段，分部试运行，在全部正常运转后，整条生产线要进行整体试运行，加入生产原料整条生产线的试运行称为投料试车，是验证生产线可以正常投产的最后一个步骤。考虑到工业项目的特殊要求，本条款对投料试车的程序和责任进行了规定，以规范投料试车。

【条文释义】

投料试车是指在工程竣工验收后，为验证工程能否发挥正常的生产功能以及与设计要求的匹配性，而由发包人负责组织实施的试车。通常情况下，投料试车应在竣工验收合格后由发包人自行组织进行，但考虑到具体的工程情况，如发包人要求在工程竣工验收前进行或需要承包人配合时，应征得承包人同意，并就投料试车的时间、费用承担等事项另行签订补充协议。

本条款同时针对不同的投料试车结果，约定了不同的责任承担方式。投料试车合格的，费用由发包人承担；因承包人原因造成投料试车不合格的，承包人应按照发包人要求进行整改，由此产生的整改费用由承包人承担；非因承包人原因导致投料试车不合格的，承包人按照发包人要求进行整改，但由此产生的费用和延误的工期由发包人承担。

【使用指引】

合同当事人在使用本条款时应注意以下事项：

1. 如果根据具体工程项目情况，需要在工程竣工验收前进行投料试车的，合同当事人应专用合同条款予以明确。

2. 如果根据具体工程项目情况，不需要进行投料试车的，则本条款规定不适用，合同当事人应在专用合同条款予以明确。

13.4 提前交付单位工程的验收

13.4.1 发包人需要在工程竣工前使用单位工程的，或承包人提出提前交付已经竣工的单位工程且经发包人同意的，可进行单位工程验收，验收的程序按照第13.2款【竣工验收】的约定进行。

验收合格后，由监理人向承包人出具经发包人签认的单位工程接收证书。已签发单位工程接收证书的单位工程由发包人负责照管。单位工程的验收成果和结论作为整体工程竣工验收申请报告的附件。

13.4.2 发包人要求在工程竣工前交付单位工程，由此导致承包人费用增加和（或）工期延误的，由发包人承担由此增加的费用和（或）延误的工期责任，并支付承包人合理的利润。

【条文目的】

通常情况下，工程项目作为整体在竣工验收合格后方移交发包人。但在实践中，考虑到提前发挥工程的经济和社会价值，发包人常常会要求承包人提前交付单位工程，由此往往会增加费用，甚至影响承包人的施工。此外，在实践中，也存在承包人因提前竣工需要提前交付单位工程的情形，由此增加了发包人照管费用。因此有必要对提前验收交付单位工程进行专门约定，以规范提前交付单位工程的行为。与1999版施工合同相比，本条款为新增内容。

【条文释义】

本条款主要从3个方面对提前交付单位工程进行了约定，即单位工程的验收程序、单位工程的接收与增加费用和延误工期的承担。

首先，根据第13.4.1项的规定，提前验收单位工程，可以由发包人提出也可以由承包人提出经发包人同意，单位工程的验收程序则按照第13.2款的规定进行。

其次，根据第13.4.1项的规定，单位工程验收合格后，监理人应当颁发经发包人签认的单位工程接收证书。已签发单位工程接收证书的单位工程由发包人负责照管。单位工程的验收文件作为整体工程竣工验收申请报告的附件。

再次，根据第13.4.2项的规定，发包人要求提前交付单位工程，导致承包人费用增加和（或）工期延误的，由发包人承担由此增加的费用和（或）延误的工期责任，并支付承包人合理的利润。此外，本条款约定虽然没有约定承包人提前交付单位工程的费用和工期承担，但从公平角度出发，如果是承包人提出提前交付单位工程，导致费用增加和（或）工期延误的，原则上应由发包人承担由此增加的费用和（或）延误的工期责任，当然如果发包人从提前交付单位工程中受益的，应自其受益范围内合理分担因提前交付增加的费用和（或）延误的工期。

【使用指引】

合同当事人在使用本条款时应注意以下事项：

1. 交付单位工程应当符合法律要求，对于法律规定不能单独交付的单位工程，则不应当提前验收交付。

2. 对于当事人在签约时同意对单位工程提前进行验收交付的，应当在合同的专用合同条款中，对于提前交付的单位工程、交付后协助维护照管等问题予以明确约定。

3. 提前交付单位工程的，该单位工程的保修期和相应的质保金的退还期限，从单位工程竣工验收合格时起算。

【法条索引】

1. 《建设工程质量管理条例》第16条：建设单位收到建设工程竣工报告后，应当组织设计、施工、工程监理等有关单位进行竣工验收。

建设工程竣工验收应当具备下列条件：

（一）完成建设工程设计和合同约定的各项内容；

（二）有完整的技术档案和施工管理资料；

（三）有工程使用的主要建筑材料、建筑构配件和设备的进场试验报告；

（四）有勘察、设计、施工、工程监理等单位分别签署的质量合格文件；

（五）有施工单位签署的工程保修书。

建设工程经验收合格的，方可交付使用。

2. 《建设工程质量管理条例》第49条：建设单位应当自建设工程竣工验收合格之日起15日内，将建设工程竣工验收报告和规划、公安消防、环保等部门出具的认可文件或者准许使用文件报建设行政主管部门或者其他有关部门备案。

建设行政主管部门或者其他有关部门发现建设单位在竣工验收过程中有违反国家有关建设工程质量管理规定行为的，责令停止使用，重新组织竣工验收。

13.5 施工期运行

13.5.1 施工期运行是指合同工程尚未全部竣工，其中某项或某几项单位工程或工程设备安装已竣工，根据专用合同条款约定，需要投入施工期运行的，经发包人按第13.4款【提前交付单位工程的验收】的约定验收合格，证明能确保安全后，才能在施工期投入运行。

13.5.2 在施工期运行中发现工程或工程设备损坏或存在缺陷的,由承包人按第15.2款【缺陷责任期】约定进行修复。

【条文目的】

通常情况下,工程在整体竣工验收合格之后,方可交付使用。但在实践中,考虑到不同工程项目的特殊情况,在法律允许的范围内,在工程整体竣工验收合格之前,发包人也可以要求将其中已经竣工的某项或某几项单位工程或工程设备提前投入运行使用。本条款针对施工期间对部分工程经过竣工验收后提前交付运行,以及运行期间缺陷责任承担进行了约定。

【条文释义】

首先,根据第13.5.1项的规定,施工期运行是在整体工程竣工前对部分工程或设备提前投产使用,提前运行必须符合下列条件:一是提前运行的某项或某几项单位工程或工程设备安装已经竣工;二是单位工程或工程设备经发包人按第13.4款的规定验收合格,证明能确保安全。

其次,根据第13.5.2项的规定,在施工期运行中出现的正常的工程或工程设备的损坏或缺陷,应当由承包人按照缺陷责任进行修复,即承包人从单位工程或工程设备实际竣工日期开始承担缺陷保修义务。

再次,需要施工期运行的单位工程或工程设备应由合同当事人在专用合同条款中予以明确,原则上施工期运行的单位工程或设备以不影响承包人的后续施工,否则应由发包人承担由此增加的费用和(或)延误的工期责任,专用合同条款就施工期运行增加的费用和(或)延误的费用另有约定的除外。

【使用指引】

合同当事人在使用本条款时应注意以下事项:

1. 施工期运行必须确保工程安全,如果影响工程安全,发包人不能要求提前运行部分工程或工程设备。

2. 合同当事人在专用合同条款中明确,进行施工期运行的单位工程或者工程设备的范围,以及由此增加的费用和(或)延误的工期责任的承担方式。

13.6 竣工退场

13.6.1 竣工退场

颁发工程接收证书后,承包人应按以下要求对施工现场进行清理:

(1)施工现场内残留的垃圾已全部清除出场;

(2)临时工程已拆除,场地已进行清理、平整或复原;

(3)按合同约定应撤离的人员、承包人施工设备和剩余的材料,包括废弃的施工设备和材料,已按计划撤离施工现场;

(4)施工现场周边及其附近道路、河道的施工堆积物,已全部清理;

(5)施工现场其他场地清理工作已全部完成。

施工现场的竣工退场费用由承包人承担。承包人应在专用合同条款约定的期限内完成竣工退场，逾期未完成的，发包人有权出售或另行处理承包人遗留的物品，由此支出的费用由承包人承担，发包人出售承包人遗留物品所得款项在扣除必要费用后应返还承包人。

13.6.2　地表还原

承包人应按发包人要求恢复临时占地及清理场地，承包人未按发包人的要求恢复临时占地，或者场地清理未达到合同约定要求的，发包人有权委托其他人恢复或清理，所发生的费用由承包人承担。

【条文目的】

在实践中，因合同当事人就合同价款结算等事项未能达成一致，导致承包人长期占有施工现场，致使双方损失的扩大和矛盾的积累，本条款对竣工退场的程序和责任进行了明确，以规范合同当事人竣工退场的行为，建立良好的市场秩序。与1999版施工合同相比，本条款为新增内容。

【条文释义】

竣工退场，是指承包人在完成工程施工并且发包人颁发接收证书后，承包人按照合同要求清理现场留存的临时建筑物、剩余的建筑材料、施工设备、垃圾等，并将现场移交给发包人或发包人指定的第三人的行为。施工合同提前解除情形下的退场，也可参照本条款约定执行。

关于竣工退场后的现场清理，2013版施工合同借鉴了《菲迪克（ΓIDIC）施工合同条件》（1999版红皮书）中有关规定，并进一步在第13.6.1项中明确，在发包人颁发接收证书之后，承包人应当对施工现场进行清理，费用由承包人承担。其中，承包人现场清理的范围通常包括：现场垃圾的清理、临建与场地的拆除和复原、人员、施工设备和剩余材料撤离现场、清理现场周边施工堆积物及其他场地，施工退场的费用已包含在签约合同价中。

同时第13.6.1项还约定，承包人逾期未完成的，发包人有权出售或另行处理承包人遗留的物品，由此支出的费用由承包人承担，发包人出售承包人遗留物品所得款项在扣除必要费用后应返还承包人。

关于竣工退场后的地表还原问题，随着对建设工程环境和卫生要求的进一步提高，2013版施工合同第13.6.2项专门对退场时的地表还原作出了规定，即承包人应按发包人要求恢复临时占地及清理场地，承包人未按发包人的要求恢复临时占地，或者场地清理未达到合同约定要求的，发包人有权委托其他人恢复或清理，所发生的费用由承包人承担。

【使用指引】

合同当事人在使用本条款时应注意以下事项：

1. 通用合同条款没有规定承包人完成竣工退场的具体期限，该期限由合同当事人在专用合同条款中结合具体工程特点予以约定。

2. 承包人应当保留为完成甩尾工作和保修工作的必要的人员、工程设备和设施，发包人应当为承包人履行这些后续义务、进出和占用现场提供方便和协助。

3. 在承包人逾期退场，发包人处理承包人遗留在现场的物品时应当慎重。原则上，发包人应首先通知承包人自行处理，承包人在指定的合理期限内仍不处理的，发包人有权出售或另行处理，包括进行拍卖、提存等。

《菲迪克（FIDIC）施工合同条件》（1999版红皮书）：

11.11　现场的清理

在接到履约证书以后，承包商应从现场运走任何剩余的承包商的设备、剩余材料、残物、垃圾或临时工程。

若在雇主接到履约证书副本后28天内上述物品还未被运走，则雇主可对此留下的任何物品予以出售或另作处理。雇主应有权获得为此类出售或处理及整理现场所发生的或有关的费用的支付。

此类出售的所有余额应归还承包商。若出售所得少于雇主的费用支出，则承包商应向雇主支付不足部分的款项。

14　竣工结算

14.1　竣工结算申请

除专用合同条款另有约定外，承包人应在工程竣工验收合格后28天内向发包人和监理人提交竣工结算申请单，并提交完整的结算资料，有关竣工结算申请单的资料清单和份数等要求由合同当事人在专用合同条款中约定。

除专用合同条款另有约定外，竣工结算申请单应包括以下内容：

（1）竣工结算合同价格；

（2）发包人已支付承包人的款项；

（3）应扣留的质量保证金；

（4）发包人应支付承包人的合同价款。

【条文目的】

建设工程竣工结算涉及合同目的的实现与合同利益的获得，为施工合同的重要条款。工程实践中，结算工作也是极易发生争议、矛盾、纠纷的环节，通常表现为计量争议、变更估价争议、工程结算确认争议、工程结算审计争议、工期延误争议、质量争议、索赔争议等内容。为确保工程结算及时顺利完成，2013版施工合同加强了对结算时限、程序等的约定，以规范结算行为，促进合同的顺利履行。

【条文释义】

根据《建设工程工程量清单计价规范》（GB 50500-2013）第2.0.44的规定，"工程结算是指发承包双方根据合同约定，对合同工程在实施中、终止时、已完工后进行的合同价款计算、调整和确认。"从竣工结算的目的考虑，竣工结算的范围应当包括施工合同项下全部工作的计量与计价直至全部债权债务的清算，根据《建设工程价款结算暂行办法》（财建【2004】第369号）以及相关法律法规的规定，2013版施工合同中所称的竣工结算是指的"大结算"概念，即包括工程造价、违约金、赔偿金等全部合同履行相关工作事项的总结算。

竣工结算文件资料应由承包人编制，承包人提交竣工结算申请单应在工程竣工验收合格后28天内，同时工程质量验收必须合格的，如果工程质量不合格，承包人无权主张工程价款。竣工结算申请单的内容通常应包括竣工结算合同价格、发包人已支付承包人的款项、应扣留的质量保证金、发包人应支付承包人的合同价款以及专用合同条款约定的其他内容。

与其他工程文件和往来函件的报送方式不同的是，合同当事人应注意，竣工结算申请单应同时报送发包人和监理人。发包人可以自行审查竣工结算申请单，也可以委托专业的造价咨询机构审查，竣工结算文件经承包人和发包人共同确认后，竣工结算即已完成。

容易出现的问题是，监理人或发包人委托其他造价咨询人签认的竣工结算文件是否具有代表发包人的效力问题。该问题取决于发包人对竣工结算文件确认的权限分配，按照现有的2013版施工合同的通用合同条款的规定，竣工结算文件是需要发包人和承包人共同签认的，也符合一般工程建设项目的交易习惯。但如发包人愿意将其批准权委托监理人或其他第三方行使，法律并不禁止。因此，发包人在专用合同条款中对其委托的第三方的授权非常重要，直接影响到合同文件的效力。另外，合同当事人还需要注意法律规定的表见代理问题。

【使用指引】

合同当事人在使用本条款时应注意以下事项：

1. 承包人应在合同约定的时限内及时提交竣工结算申请。合同当事人可以根据工程性质、规模在专用条款中约定具体时间，因承包人原因迟延提交竣工结算资料的，应承担不利后果。

2. 承包人申请竣工结算时需提交竣工结算申请单和完整的结算资料。合同当事人也可以在专用合同条款中约定结算资料的内容，包括符合合同约定的索赔资料。

3. 工程竣工结算报告由承包人编制，承包人编制结算报告，尽可能详尽、齐全，特别是索赔价款，包括逾期付款违约金、工期赔偿金等。任何内容的疏漏，一旦结算被双方确认后难以调整。

4. 承包人在施工过程中，应做好工程资料的整理归档工作，以便于为编制竣工结算申请单和结算资料提供基础资料，避免因资料缺失，影响合同当事人对工程竣工结算的产生分歧。

【法条索引】

1.《建设工程价款结算暂行办法》（财建【2004】第369号）第14条：工程完工后，双方应按照约定的合同价款及合同价款调整内容以及索赔事项，进行工程竣工结算……承包人应在合同约定期限内完成项目竣工结算编制工作，未在规定期限内完成的并且提不出正当理由延期的，责任自负。

2.《建设工程价款结算暂行办法》（财建【2004】第369号）第21条：工程竣工后，发、承包双方应及时办清工程竣工结算，否则，工程不得交付使用，有关部门不予办理权属登记。

14.2　竣工结算审核

（1）除专用合同条款另有约定外，监理人应在收到竣工结算申请单后14天内完成核查并报送发包人。发包人应在收到监理人提交的经审核的竣工结算申请单后14天内完成审批，并由监理人向承包人签发经发包人签认的竣工付款证书。监理人或发包人对竣工结算申请单有异议的，有权要求承包人进行修正和提供补充资料，承包人应提交修正后的竣工结算申请单。

发包人在收到承包人提交竣工结算申请书后28天未完成审批且未提出异议的，视为发包人认可承包人提交的竣工结算申请单，并自发包人收到承包人提交的竣工结算申请单后第29天起视为已签发竣工付款证书。

（2）除专用合同条款另有约定外，发包人应在签发竣工付款证书后的14天内，完成对承包人的竣工付款。发包人逾期支付的，按照中国人民银行发布的同期同类贷款基准利率支付违约金；逾期支付超过56天的，按照中国人民银行发布的同期同类贷款基准利率的两倍支付违约金。

（3）承包人对发包人签认的竣工付款证书有异议的，对于有异议部分应在收到发包人签认的竣工付款证书后7天内提出异议，并由合同当事人按照专用合同条款约定的方式和程序进行复核，或按照第20条【争议解决】约定处理，对于无异议部分，发包人应签发临时竣工付款证书，并按本款第（2）项完成付款。承包人逾期未提出异议的，视为认可发包人的审批结果。

【条文目的】

本条款明确了竣工结算的审批、支付以及异议程序，规定了发包人的及时审批义务，新增临时付款证书、双倍贷款利息的规定，以规范工程竣工结算，解决长期存在的拖延结算和欠付工程款纠纷。

【条文释义】

首先，为了促使发包人尽快完成竣工结算的审核，发包人和监理人应在合同约定的28天时限内完成竣工结算审核，一般情况下监理人应在收到承包人竣工结算申请后14天内完成核查。发包人应在收到监理人审核后的竣工结算申请单后14天内完成审核；如果工程复杂，当事人可以在专用合同条款中对竣工结算设置更长的期限。需要注意的是，对于发包人逾期审核竣工结算申请单的行为，因其直接影响到合同价款的支付，2013版施工合同为了防范发包人拖延结算，启用了默示条款机制，即发包人在收到承包人提交竣工结算申请书后28天未完成审核且未提出异议的，视为发包人认可承包人提交的竣工结算申请单，并自发包人收到承包人提交的竣工结算申请单后第29天起视为已签发竣工付款证书。该默示条款包括了两个内容，其一是对竣工结算单的认可，其二是视为签发竣工付款证书。该两个默示条款意义重大，发包人应当予以高度重视。

其次，合同当事人应注意，发包人在签发竣工付款证书后，应当及时付款，否则逾期支付超过14天的，需按照同期同类贷款利率支付违约金，逾期超过56天，应按照同期同类贷款利率的双倍支付违约金。本条款约定的双倍利息违约金的约定带有惩罚性质，目的是督促发包人尽快完成工程款支付义务。

另外，承包人对发包人签认的竣工付款证书有异议的，对于有异议部分应在收到发包人签认的竣工付款证书后7天内提出异议，承包人逾期未提出异议的，视为认可发包人的审批结果，具体的复核程序由合同当事人在专用合同条款中予以约定，合同当事人也可以直接按照第20条约定处理。

同时，与1999版施工合同相比，2013版施工合同中还设立了一个无争议付款机制，即对于结算申请中无异议部分，发包人应签发临时竣工付款证书，并在临时付款证书签发后14天内完成无异议部分付款。

【使用指引】

合同当事人在使用本条款时应注意以下事项：

1. 发包人收到承包人竣工结算申请后，应在审核期限内完成审核并通知承包人审核结果，怠于行使审批签证义务的，即视为同意对方的申请内容。

2. 对于无争议申请的部分，发包人应及时签发临时竣工付款证书；对申请材料有不同意见的，发包人应及时通知承包人，要求其提交补充材料，并及时审核承包人提交的补充申请。

3. 竣工付款证书签发后，发包人应在约定时限内付款，未在规定时限付款的，需承担支付相应利息的不利后果，合同当事人也可以在专用合同条款中另行约定逾期付款的违约责任。

4. 发包人既可以自己审查竣工结算，也可以委托具有相应资质的工程造价咨询机构进行审查，但发包人的内部审计不得作为发包人迟延付款或者修改结算协议的依据。

【法条索引】

1. 《建设工程价款结算暂行办法》（财建【2004】第369号）第16条：发包人收到竣工结算报告及完整的结算资料后，在本办法规定或合同约定期限内，对结算报告及资料没有提出意见，则视同认可。

承包人如未在规定时间内提供完整的工程竣工结算资料，经发包人催促后14天内仍未提供或没有明确答复，发包人有权根据已有资料进行审查，责任由承包人自负。

根据确认的竣工结算报告，承包人向发包人申请支付工程竣工结算款。发包人应在收到申请后15天内支付结算款，到期没有支付的应承担违约责任。承包人可以催告发包人支付结算价款，如达成延期支付协议，承包人应按同期银行贷款利率支付拖欠工程价款的利息。如未达成延期支付协议，承包人可以与发包人协商将该工程折价，或申请人民法院将该工程依法拍卖，承包人就该工程折价或者拍卖的价款优先受偿。

2. 《最高人民法院关于审理建设工程施工合同纠纷案件适用法律问题的解释》（法释【2004】第14号）第20条：当事人约定，发包人收到竣工结算文件后，在约定期限内不予答复，视为认可竣工结算文件的，按照约定处理。承包人请求按照竣工结算文件结算工程价款的，应予支持。

14.3 甩项竣工协议

发包人要求甩项竣工的，合同当事人应签订甩项竣工协议。在甩项竣工协议中应明确，合同当事人按照第14.1款【竣工结算申请】及14.2款【竣工结算审核】的约定，对已完合格工程进行结算，并支付相应合同价款。

【条文目的】

甩项竣工是建设工程实践中的常见现象，极易产生合同履行的结算纠纷和工期纠纷，本条款规定了甩项工程的竣工与结算，以规范甩项竣工行为。与1999版施工合同相比，本条款为新增内容。

【条文释义】

通常而言，甩项竣工为工程合同施工内容并未全部完成，但发包人需要使用已完工程，且不影响已完工程具备单位工程使用功能，发包人要求承包人先完成部分工程并进行结算。根据本条款规定，发包人要求甩项竣工的，合同当事人应当就甩项工作产生的影响进行分析，并就工作范围、工期、造价等协商，签订甩项竣工协议。

甩项竣工的实质为合同变更，本条款没有进行规范的，可以适用【第10条 变更】条款。同时，甩项竣工验收应当符合法律行政法规的强制性规定，甩项竣工应当以完成主体结构工程为前提，甩项的工作内容不应包括主体结构和重要的功能与设备工程，同时甩项工作应以不影响工程整体的正常使用为前提。

【使用指引】

合同当事人在使用本条款时应注意以下事项：

1. 合同当事人确定的甩项工程应以不影响工程的正常使用为前提，即甩项工程应是零星工程、辅助性工程，不会对工程整体的正常使用产生不利影响，如仅是辅助性工程。

2. 发包人在作出甩项竣工的决定时，应当评估甩项竣工对移交使用、工期、竣工结算、竣工验收等方面的影响，保证项目建设的可操作性并减少合同履行的纠纷。

3. 对于承包人，发包人提出甩项竣工符合法律规定的，承包人应当予以协助和配合完成甩项竣工，以适时的实现合同目的。承包人应当衡量甩项竣工对其合同履行的影响，并从专业的角度提出其实施的建议。

4. 鉴于甩项竣工属于合同的重大变更，甩项竣工协议中应当详细约定已完工程结算、甩项工程合同价格、已完工程价款支付、工期、照管责任、保修责任等内容。

14.4 最终结清

14.4.1 最终结清申请单

（1）除专用合同条款另有约定外，承包人应在缺陷责任期终止证书颁发后7天内，按专用合同条款约定的份数向发包人提交最终结清申请单，并提供相关证明材料。

除专用合同条款另有约定外，最终结清申请单应列明质量保证金、应扣除的质量保证金、缺陷责任期内发生的增减费用。

（2）发包人对最终结清申请单内容有异议的，有权要求承包人进行修正和提供补充资料，承包人应向发包人提交修正后的最终结清申请单。

14.4.2 最终结清证书和支付

（1）除专用合同条款另有约定外，发包人应在收到承包人提交的最终结清申请单后14天内完成审批并向承包人颁发最终结清证书。发包人逾期未完成审批，又未提出修改意见的，视为发包人同意承包人提交的最终结清申请单，且自发包人收到承包人提交的最终结清申请单后15天起视为已颁发最终结清证书。

（2）除专用合同条款另有约定外，发包人应在颁发最终结清证书后7天内完成支付。发包人逾期支付的，按照中国人民银行发布的同期同类贷款基准利率支付违约金；逾期支付超过56天的，按照中国人民银行发布的同期同类贷款基准利率的两倍支付违约金。

（3）承包人对发包人颁发的最终结清证书有异议的，按第20条【争议解决】的约定办理。

【条文目的】

缺陷责任期满后，对工程款项需要进行最终结清的清算，合同款项需要进行最终结清，尤其是关于质量保证金的退还问题。本条款规定了最终结清的条件、程序、逾期支付的程序。与1999版施工合同相比，本条款为2013版施工合同的新增条款。

【条文释义】

最终结清是合同当事人在缺陷责任期终止证书颁发后，就质量保证金、维修费用等款项进行的结算和支付。与竣工结算不同，考虑到缺陷责任期满后，监理人工作通常已经结束，因此本条款约定最终结算申请应直接向发包人提交，不再通过监理人。

发包人应在14天内完成审核并发放最终结清证书，逾期未审批准或提出异议的，视为接受承包人的申请，发包人应在最终结清证书颁发后7天内完成支付。相对于竣工结算而言，最终结清的事项较为简单，因此为了促使合同当事人及时完成最终结清工作，相应的结算期限进行了缩减。

发包人应在最终结清证书颁发后7天内完成付款，否则逾期支付超过7天的，需按照中国人民银行公布的同期同类贷款基准利率支付违约金，逾期超过56天，应双倍支付利息违约金。合同当事人可以在专用合同条款中另行约定最终结清的时间和发包人逾期付款的违约责任。

最终结清认证书是表明发包人已经履行完其合同义务的证明文件，它与缺陷责任终止证书一样，是具有重要法律意义的文件，若承包人对最终结清认证书有异议，可以协商解决，也可以按照第20条争议解决条款处理。

【使用指引】

合同当事人在使用本条款时应注意以下事项：

1. 缺陷责任期满后，发包人应及时确认是否存在未完成的缺陷责任事项以及就该未完事项与承包人约定后续维修责任及费用承担问题。

2. 承包人应在合同约定时限内提出最终结清申请，承包人在申请单中应列明质量保证金、应扣除的保证金、缺陷责任期发生的增减费用。发包人应在合同约定时限内完成结清申请审核并通知承包人，双方可以专用合同条款中约定不同于14天的时限。若发包人14天内未予答复或提出修改意见的，视为认可承包人结清申请。

3. 最终结清证书签发后，发包人应在合同约定时限内完成支付，合同双方可以根据工程项目的规模、难度和有关变更的多少等具体情况，在专用合同条款中约定其他合理时限。逾期支付的，需承担迟延支付双倍违约金的不利后果。

15 缺陷责任与保修

15.1 工程保修的原则

在工程移交发包人后，因承包人原因产生的质量缺陷，承包人应承担质量缺陷责任和保修义务。缺陷责任期届满，承包人仍应按合同约定的工程各部位保修年限承担保修义务。

【条文目的】

承包人完成工程施工、经竣工验收合格并将工程移交发包人后，根据《建筑法》和《建设工程质量管理条例》等法律法规的规定，承包人还必须承担工程的质量缺陷修复义务和保修义务。本条款即是对承包人保修阶段的义务所进行的原则性规定。

【条文释义】

1999版施工合同在质量保修条款中规定，承包人应按法律、行政法规或国家关于工程质量保修的有关规定，对交付发包人使用的工程在质量保修期内承担质量保修责任，并要求承包人均要提供质量保证金，但对于质量保证金的返还时间却并未明确。工程实践中，经常存在将保修年限与质量保证金返还时间直接联系挂钩的情况。根据《建设工程质量管理条例》规定，建设工程的保修范围包括地基基础工程、主体结构工程、屋面防水工程和其他土建工程，以及电气管线、上下水管线的安装工程，供热、供冷系统工程等项目，其中每部分的法定最低保修期限是不同的，如屋面防水工程的最低保修期限为5年，地基基础工程、主体结构工程部分的保修期限为设计的合理使用年限，住宅工程则长达50年。鉴于此，实践中经常出现发包人将质量保证金返还时间约定为"保修期满后返还"，如严格遵循法定最低保修年限的规定，则可以得出主体结构的质量保证金需要等到50年后返还的结论。显然该种推定的结论不符合基本的公平原则和市场存在，最终成为拖欠工程款的理由。

2004年，为解决建设领域拖欠工程款和农民工工资问题，原建设部下发《国务院办公厅转发建设部等部门关于进一步解决建设领域拖欠工程款问题意见的通知》，该通知第18条规定："完善工程质量保证金制度。要进一步规范工程质量保证金制度，建设单位要按规定合理收取工程质量保证金，确定扣留时间和方式等，杜绝建设单位以扣留工程质量保证金的名义变相拖欠工程款。" 2005年，为了进一步规范建设工程质量保证金管理，落实工程在缺陷责任期内的维修责任，原建设部和财政部共同制定了《建设工程质量保证金管理暂行办法》。

2013版施工合同在1999版施工合同质量保修条款的基础上，根据《建设工程质量保证金管理暂行办法》（建质【2005】7号）的规定，参考了九部委《标准施工招标文件》通用合同条款和《菲迪克（FIDIC）施工合同条件》（1999版红皮书）的有关规定，引入了"质量缺陷责任制度"，增加了"缺陷责任期"的规定。

本条款作为原则性的规定，应注意对"缺陷责任期"和"质量保修期"概念进行区别，并将两者进行衔接，明确承包人提供质量保证金是用以保证承包人在缺陷责任期内对建设工程出现的缺陷进行维修，缺陷责任期届满，发包人应返还质量保证金，承包人则仍应按合同约定的工程各部位保修年限承担保修义务。

【使用指引】

合同当事人在使用本条款时应注意以下事项：

1. 应当正确理解质量缺陷修复义务与保修义务。工程保修阶段包括缺陷责任期与工程保修期。在缺陷责任期限内，承包人当然承担保修义务，即缺陷责任期内，承包人的保修责任与缺陷修复责任是重合的。

2. 应当区别质量保证金与保修费用。质量保证金不是保修费用，而是为了保证承包人履行质量缺陷修复责任而提供的保证金。因此，该金额虽然由发包人预先扣留，但仍属于承包人所有。如果承包人经通知不履行缺陷修复义务，则发包人可以委托他人修复，并从中扣除修复费用，在缺陷责任期届满后将剩余部分退还承包人。

【法条索引】

1. 《中华人民共和国合同法》第281条：因施工人的原因致使建设工程质量不符合约定的，发包人有权要求施工人在合理期限内无偿修理或者返工、改建。经过修理或者返工、改建后，造成逾期交付的，施工人应当承担违约责任。

2. 《建设工程质量管理条例》第39条：建设工程实行质量保修制度。

建设工程承包单位在向建设单位提交工程竣工验收报告时，应当向建设单位出具质量保修书。质量保修书中应当明确建设工程的保修范围、保修期限和保修责任等。

15.2 缺陷责任期

15.2.1 缺陷责任期自实际竣工日期起计算，合同当事人应在专用合同条款约定缺陷责任期的具体期限，但该期限最长不超过24个月。

单位工程先于全部工程进行验收，经验收合格并交付使用的，该单位工程缺陷责任期自单位工程验收合格之日起算。因发包人原因导致工程无法按合同约定期限进行竣工验收的，缺陷责任期自承包人提交竣工验收申请报告之日起开始计算；发包人未经竣工验收擅自使用工程的，缺陷责任期自工程转移占有之日起开始计算。

15.2.2 工程竣工验收合格后，因承包人原因导致的缺陷或损坏致使工程、单位工程或某项主要设备不能按原定目的使用的，则发包人有权要求承包人延长缺陷责任期，并应在原缺陷责任期届满前发出延长通知，但缺陷责任期最长不能超过24个月。

15.2.3 任何一项缺陷或损坏修复后，经检查证明其影响了工程或工程设备的使用性能，承包人应重新进行合同约定的试验和试运行，试验和试运行的全部费用应由责任方承担。

15.2.4 除专用合同条款另有约定外，承包人应于缺陷责任期届满后7天内向发包人发出缺陷责任期届满通知，发包人应在收到缺陷责任期满通知后14天内核实承包人是否履行缺陷修复义务，承包人未能履行缺陷修复义务的，发包人有权扣除相应金额的维修费用。发包人应在收到缺陷责任期届满通知后14天内，向承包人颁发缺陷责任期终止证书。

【条文目的】

根据《建设工程质量管理条例》的规定，质量保修期的法定最低年限普遍较长，如地基基础和主体结构工程为设计文件规定的该工程的合理使用年限、防水工程为5年，实践中发包人常常以工程质量保修期未届满为由，迟迟不退还承包人的质量保证金。为了有效地解决工程保修期和质量保证金返还之间的矛盾，2013版施工合同对缺陷责任期的有关具体操作进行了规范，本条款为新增条款。

【条文释义】

缺陷责任期是指承包人按照合同约定承担缺陷修补义务，且发包人扣留质量保证金的期限，自工程实际竣工日期起计算。合同当事人可以协商确定缺陷责任期，法律并没有强制性规定，并且可以约定期限延长，但缺陷责任期最长不超过24个月。

缺陷责任期内，由承包人原因造成的缺陷，承包人应负责维修，并承担鉴定及维修费用。如承包人未履行缺陷维修义务，则发包人可以按照合同约定扣除质量保证金，并由承包人承担相应的违约责任。非承包人原因造成的缺陷，发包人负责维修并承担费用，经承包人同意的，也可以由承包人负责维修，但应支付相应费用。

本条款还约定了关于缺陷责任期延长的规定。通常而言，并不是所有的缺陷责任都会导致缺陷责任期的延长，根据本条款规定，只有同时具备以下两个条件，才能延长缺陷责任期限：一是由于质量缺陷或损坏致使工程、单位工程或某项主要设备不能按原定目的使用；二是质量缺陷或损坏是由承包人原因导致的。

另外，缺陷责任期满后发包人应当退还质量保证金。根据法律与通用合同条款规定，缺陷责任期届满后，发包人颁发缺陷责任期终止证书，并按照合同约定退还质量保证金。

【使用指引】

合同当事人在使用本条款时应注意以下事项：

1. 合同当事人应当在专用合同条款中约定具体的缺陷责任期。在通用合同条款中，并没有约定具体的缺陷责任期，只是提出了最低年限的要求，因此，合同当事人需根据工程项目的具体情况，约定具体的缺陷责任期限，但该期限最长不得超过24个月。

2. 缺陷责任期延长的条件。合同当事人应当注意，并不是所有的缺陷责任都会导致缺陷责任期的延长。

【法条索引】

1. 《建设工程质量管理条例》第53条：任何单位和个人对建设工程的质量事故、质量缺陷都有权检举、控告、投诉。

2. 《建设工程质量保证金管理暂行办法》（建质【2005】第7号）第2条第3款：缺陷责任期一般为6个月、12个月或24个月，具体可由发、承包双方在合同中约定。

3. 《房屋建筑工程质量保修办法》（建设部令第80号）第3条：本办法所称房屋建筑工程质量保修，是指对房屋建筑工程竣工验收后在保修期限内出现的质量缺陷，予以修复。

本办法所称质量缺陷，是指房屋建筑工程的质量不符合工程建设强制性标准以及合同的约定。

4. 《房屋建筑工程质量保修办法》（建设部令第80号）第7条：在正常使用下，房屋建筑工程的最低保修期限为：一、地基基础和主体结构工程，为设计文件规定的该工程的合理使用年限；二、屋面防水工程、有防水要求的卫生间、房间和外墙面的防渗漏，为5年；三、供热与供冷系统，为2个采暖期、供冷期；四、电气系统、给排水管道、设备安装为2年；五、装修工程为2年。其他项目的保修期限由建设单位和施工单位约定。

15.3 质量保证金

经合同当事人协商一致扣留质量保证金的，应在专用合同条款中予以明确。

15.3.1 承包人提供质量保证金的方式

承包人提供质量保证金有以下3种方式：

（1）质量保证金保函；

（2）相应比例的工程款；

（3）双方约定的其他方式。

除专用合同条款另有约定外，质量保证金原则上采用上述第（1）种方式。

15.3.2　质量保证金的扣留

质量保证金的扣留有以下3种方式：

（1）在支付工程进度款时逐次扣留，在此情形下，质量保证金的计算基数不包括预付款的支付、扣回以及价格调整的金额；

（2）工程竣工结算时一次性扣留质量保证金；

（3）双方约定的其他扣留方式。

除专用合同条款另有约定外，质量保证金的扣留原则上采用上述第（1）种方式。

发包人累计扣留的质量保证金不得超过结算合同价格的5%，如承包人在发包人签发竣工付款证书后28天内提交质量保证金保函，发包人应同时退还扣留的作为质量保证金的工程价款。

15.3.3　质量保证金的退还

发包人应按14.4款【最终结清】的约定退还质量保证金。

【条文目的】

本条款从质量保证金是否需要提交、提交的形式，以及相应的比例和有关返还等方面予以了规范，与1999版施工合同相比，本条款为新增条款。

【条文释义】

首先，需要明确的是，法律并未规定一定需要承包人提供质量保证金，由合同当事人协商确定是否需要扣留质量保证金，需要扣留质量保证金的，合同当事人应在专用合同条款中予以明确。缺陷责任期届满后，发包人应退还质量保证金。

其次，质量保证金是一种担保形式，它可以保函方式，也可以通过资金形式扣留，还可以以其他担保形式替代。根据第15.3.1项的规定，质量保证金的形式主要包括3种：质量保证金保函、相应比例的工程款、双方约定的其他形式。如果专用合同条款没有另行约定，则根据通用合同条款的本条款规定，默认的方式为承包人采用保函形式提交。

再次，根据第15.3.2项的规定，质量保证金的比例最高为结算合同价格的5%，也就是说发包人累计扣留的质量保证金不得超过合同结算价款的5%，承包人可以在监理人出具发包人签认的竣工付款证书后28天内提交质量保证金保函，替换发包人扣留的质量保证金。

此外，关于质量保证金的扣留方式，根据第15.3.2项的规定，共有以下3种方式：（1）逐次扣留，即发包人在支付工程进度款时按比例逐次扣留。（2）一次性扣留，即发包人在工程竣工结算时一次性扣留质量保证金。（3）其他扣留方式，即双方约定的其他扣留方式。如果合同当事人在专用合同条款没有约定扣留方式，则适用通用合同条款的规定的第（1）种方式，即在支付工程进度款时逐次扣留。通常情况，质量保证金在施工过程中由发包人在支付进度款时按比例进行扣留，在工程竣工验收合格后，承包人则以保函形式替换。

【使用指引】

合同当事人在使用本条款时应注意以下事项：

1. 合同当事人经协商确定扣留质量保证金的，应在专用合同条款中予以明确，如未予以明确则发包人不能适用本条款约定扣留质量保证金。

2. 合同当事人经协商确定扣留质量保证金，应在专用合同条款中约定质量保证金的形式，以及需要扣留的金额或者比例。

3. 在缺陷责任期限届满后，发包人应当按照合同约定退还质量保证金，逾期退还的，应承担相应的违约责任。

【法条索引】

1. 《中华人民共和国建筑法》第62条：建筑工程实行质量保修制度。建筑工程的保修范围应当包括地基基础工程、主体结构工程、屋面防水工程和其他土建工程，以及电气管线、上下水管线的安装工程，供热、供冷系统工程等项目；保修的期限应当按照保证建筑物合理寿命年限内正常使用，维护使用者合法权益的原则确定。具体的保修范围和最低保修期限由国务院规定。

2. 《建设工程质量管理条例》第39条：建设工程实行质量保修制度。建设工程承包单位在向建设单位提交工程竣工验收报告时，应当向建设单位出具质量保修书。质量保修书中应当明确建设工程的保修范围、保修期限和保修责任等。

3. 《建设工程质量保证金管理办法》（建质【2005】第7号）第9条：缺陷责任期内，承包人认真履行合同约定的责任，到期后，承包人向发包人申请返还保证金。

15.4 保修

15.4.1 保修责任

工程保修期从工程竣工验收合格之日起算，具体分部分项工程的保修期由合同当事人在专用合同条款中约定，但不得低于法定最低保修年限。在工程保修期内，承包人应当根据有关法律规定以及合同约定承担保修责任。

发包人未经竣工验收擅自使用工程的，保修期自转移占有之日起算。

15.4.2 修复费用

保修期内，修复的费用按照以下约定处理：

（1）保修期内，因承包人原因造成工程的缺陷、损坏，承包人应负责修复，并承担修复的费用以及因工程的缺陷、损坏造成的人身伤害和财产损失；

（2）保修期内，因发包人使用不当造成工程的缺陷、损坏，可以委托承包人修复，但发包人应承担修复的费用，并支付承包人合理利润；

（3）因其他原因造成工程的缺陷、损坏，可以委托承包人修复，发包人应承担修复的费用，并支付承包人合理的利润，因工程的缺陷、损坏造成的人身伤害和财产损失由责任方承担。

15.4.3 修复通知

在保修期内，发包人在使用过程中，发现已接收的工程存在缺陷或损坏的，应书面通知承包人予以修复，但情况紧急必须立即修复缺陷或损坏的，发包人可以口头通知承包人并在口头通知后48小时内书面确认，承包人应在专用合同条款约定的合理期限内到达工程现场并修复缺陷或损坏。

15.4.4　未能修复

因承包人原因造成工程的缺陷或损坏，承包人拒绝维修或未能在合理期限内修复缺陷或损坏，且经发包人书面催告后仍未修复的，发包人有权自行修复或委托第三方修复，所需费用由承包人承担。但修复范围超出缺陷或损坏范围的，超出范围部分的修复费用由发包人承担。

15.4.5　承包人出入权

在保修期内，为了修复缺陷或损坏，承包人有权出入工程现场，除情况紧急必须立即修复缺陷或损坏外，承包人应提前24小时通知发包人进场修复的时间。承包人进入工程现场前应获得发包人同意，且不应影响发包人正常的生产经营，并应遵守发包人有关保安和保密等规定。

【条文目的】

建设工程竣工交付后将在其合理使用年限内长期使用，建设工程的质量，不但关系到生产经营活动的正常运行，也关系到人民生命财产安全。我国长期以来实行建设工程质量保修制度，该制度对于确保工程的安全使用，充分发挥使用功能是十分必要的。本条款明确质量保修期限内合同当事人的权力义务。与1999版施工合同相比，本条款进行了全面修订。

【条文释义】

首先，关于保修期限的问题，根据第15.4.1项的规定，具体工程的保修期由合同当事人在专用合同条款中约定，但不得低于法定最低保修年限。因此，承包人承担的保修期限包括两种：法定期限和约定期限。法定期限是法律规定的最低期限，但合同当事人约定的保修期限可以高于但是不能低于法定期限。如果合同没有规定，则按照法律规定的期限执行。

其次，关于修复费用的承担方式问题，第15.4.2项明确了以下内容：一是因承包人原因造成的工程质量缺陷或损坏，承包人负责修复，并承担修复费用及由此造成其他人身伤害和财产损失；二是因发包人原因造成的工程质量缺陷或损坏，委托承包人修复的，承包人应当修复，由发包人承担修复费用及合理利润；三是因其他原因导致的工程修复，委托承包人修复的，承包人应当修复，由发包人承担修复费用及合理利润，由此导致的人身伤害和财产损失由责任方承担。

再次，关于修复通知问题，根据第15.4.3项的规定，发包人要求修复缺陷的还应当向承包人发送修复通知。情况紧急必须立即修复的，发包人可以口头通知承包人并在48小时内书面确认，合同当事人可以在专用合同条款中约定实施修复的合理期限。通常而言，如发包人未向承包人发送修复通知就自行委托第三方进行修复而产生的费用和造成的损失，应由发包人自行承担。一般情况下，发包人及其另行委托的第三人对于工程的熟悉程度不如承包人，易导致增加额外的修复费用以及损失的扩大。

此外，关于承包人拒绝修复问题，根据第15.4.4项的规定，因承包人原因导致的修复，承包人拒绝维修或未能在合理期限内修复，且经发包人书面催告后仍未修复的，发包人有权自行修复或委托第三方修复，由承包人承担修复的费用。

最后，关于修复的出入现场问题，根据第15.4.5项的规定，在保修期内，承包人为修复缺陷或损坏，有权出入工程现场，但除情况紧急外，应提前通知发包人进场时间，获得发包人同意，并且不应影响发包人正常的生产经营，遵守发包人的相关规定。

【使用指引】

合同当事人在使用本条款时应注意以下事项：

1. 合同当事人应在专用合同条款中具体约定工程或分部分项工程的保修期，保修期不得低于法定最低保修年限，如果没有约定，则适用法律法规的相关规定。

2. 合同当事人应当在专用合同条款中约定承包人收到保修通知并到达工程现场的合理时间。该时间的长短应当根据工程具体情况确定，不宜过短或过长。

3. 在保修期内，发包人如果发现工程存在缺陷或损坏，需要修复，应通知承包人予以修复，而不应自行修复或者直接委托第三人修复，否则，承包人将不承担修复的费用。

4. 承包人收到维修通知，不及时维修或未能在合理期限修复的，发包人可委托第三方维修，维修费用由承包人承担。

【法条索引】

1. 《中华人民共和国建筑法》第60条：建筑物在合理使用寿命内，必须确保地基基础工程和主体结构的质量。

建筑工程竣工时，屋顶、墙面不得留有渗漏、开裂等质量缺陷；对已发现的质量缺陷，建筑施工企业应当修复。

2. 《中华人民共和国建筑法》第62条：建筑工程实行质量保修制度。建筑工程的保修范围应当包括地基基础工程、主体结构工程、屋面防水工程和其他土建工程，以及电气管线、上下水管线的安装工程，供热、供冷系统工程等项目；保修的期限应当按照保证建筑物合理寿命年限内正常使用，维护使用者合法权益的原则确定。具体的保修范围和最低保修期限由国务院规定。

3. 《建设工程质量管理条例》第39条：建设工程实行质量保修制度。建设工程承包单位在向建设单位提交工程竣工验收报告时，应当向建设单位出具质量保修书。质量保修书中应当明确建设工程的保修范围、保修期限和保修责任等。

4. 《建设工程质量管理条例》第40条：在正常使用条件下，建设工程的最低保修期限为：

（1）基础设施工程、房屋建筑的地基基础工程和主体结构工程，为设计文件规定的该工程的合理使用年限；

（2）屋面防水工程、有防水要求的卫生间、房间和外墙面的防渗漏为5年；

（3）供热与供冷系统，为2个采暖期、供冷期；

（4）电气管线、给排水管道、设备安装和装修工程，为2年。

其他项目的保修期限由发包方与承包方约定。

建设工程的保修期，自竣工验收合格之日起计算。

5. 《建设工程质量管理条例》第41条：建设工程在保修范围和保修期限内发生质量问题的，施工单位应当履行保修义务，并对造成的损失承担赔偿责任。

16 违约

16.1 发包人违约

16.1.1 发包人违约的情形

在合同履行过程中发生的下列情形，属于发包人违约：

（1）因发包人原因未能在计划开工日期前7天内下达开工通知的；

（2）因发包人原因未能按合同约定支付合同价款的；

（3）发包人违反第10.1款【变更的范围】第（2）项约定，自行实施被取消的工作或转由他人实施的；

（4）发包人提供的材料、工程设备的规格、数量或质量不符合合同约定，或因发包人原因导致交货日期延误或交货地点变更等情况的；

（5）因发包人违反合同约定造成暂停施工的；

（6）发包人无正当理由没有在约定期限内发出复工指示，导致承包人无法复工的；

（7）发包人明确表示或者以其行为表明不履行合同主要义务的；

（8）发包人未能按照合同约定履行其他义务的。

发包人发生除本项第（7）目以外的违约情况时，承包人可向发包人发出通知，要求发包人采取有效措施纠正违约行为。发包人收到承包人通知后28天内仍不纠正违约行为的，承包人有权暂停相应部位工程施工，并通知监理人。

16.1.2 发包人违约的责任

发包人应承担因其违约给承包人增加的费用和（或）延误的工期，并支付承包人合理的利润。此外，合同当事人可在专用合同条款中另行约定发包人违约责任的承担方式和计算方法。

【条文目的】

本条款目的在于通过约定发包人违约情形、违约处理措施以及发包人的违约责任，来督促发包人及时履行合同义务，促进合同的顺利履行。与1999版施工合同相比，2013版施工合同细化了发包人违约情形和有关责任的约定，特别是在违约责任中新增了承担支付合理利润的内容，以加重发包人的违约责任

【条文释义】

发包人未按照合同约定履行其义务，即构成违约。本条款列举了发包人8种主要的违约情形，包括迟延下达开工通知、迟延付款、提供的材料及工程设备不合格等对工程质量、工期、安全等产生直接影响的违约情形。第7种是关于根本违约的定义，第8种是兜底条款，包括发包人未能按照合同约定履行其他义务的。此外，鉴于发包人违约可能存在其他情形，2013版施工合同在此允许合同当事人在专用合同条款另行补充其他常见的或易产生纠纷的违约情形。

承包人在发现发包人存在违约行为时，应及时通知发包人，以督促发包人纠正其违约行为。如果发包人在收到通知后28天内仍未纠正的，承包人有权暂停相应部位的工程施工，并应通知监理人。

发包人应承担其违约给承包人增加的费用，并支付承包人合理的利润，此外，造成工

期延误的，工期应当顺延。此外，合同当事人可以在专用合同条款中约定具体违约事项的违约责任，如延期付款的违约金等。

【使用指引】

合同当事人在使用本条款时应该注意以下事项：

1. 合同当事人可以在专用合同条款中列举发包人其他违约行为，并可以在专用合同条款第16.1.2项【发包人违约的责任】中约定违约责任方式，如一定比例的违约金。

2. 在发包人拒不纠正其违约行为的情况下，本条款赋予了承包人相应的停工权，但该停工权的行使应受发包人违约行为的性质、范围和严重程度的制约。如发包人自行提供的门窗质量不合格，经承包人书面通知后28天内仍未纠正的，承包人仅有权暂停门窗的安装工作，但不得以此为由暂停其他工作，如暂停全部工程等，否则由此造成工期延误的，承包人仍需承担相应责任。

3. 合同当事人可以在专用合同条款中逐项约定具体的违约行为的违约责任承担方式和违约金计算方式，但关于违约金的约定应符合法律规定。

4. 合同履行过程中，不论哪方发生违约情形，都应及时收集和整理有关证明资料，且应及时对违约行为进行纠正，以定纷止争及促成合同的顺利履行。

【法条索引】

《最高人民法院关于审理建设工程施工合同纠纷案件适用法律问题的解释》（法释【2004】第14号）第9条：发包人具有下列情形之一，致使承包人无法施工，且在催告的合理期限内仍未履行相应义务，承包人请求解除建设工程施工合同的，应予支持：（1）未按约定支付工程价款的；（2）提供的主要建筑材料、建筑构配件和设备不符合强制性标准的；（3）不履行合同约定的协助义务的。

16.1.3　因发包人违约解除合同

除专用合同条款另有约定外，承包人按第16.1.1项【发包人违约的情形】约定暂停施工满28天后，发包人仍不纠正其违约行为并致使合同目的不能实现的，或出现第16.1.1项【发包人违约的情形】第（7）目约定的违约情况，承包人有权解除合同，发包人应承担由此增加的费用，并支付承包人合理的利润。

16.1.4　因发包人违约解除合同后的付款

承包人按照本款约定解除合同的，发包人应在解除合同后28天内支付下列款项，并解除履约担保：

（1）合同解除前所完成工作的价款；

（2）承包人为工程施工订购并已付款的材料、工程设备和其他物品的价款；

（3）承包人撤离施工现场以及遣散承包人人员的款项；

（4）按照合同约定在合同解除前应支付的违约金；

（5）按照合同约定应当支付给承包人的其他款项；

（6）按照合同约定应退还的质量保证金；

（7）因解除合同给承包人造成的损失。

合同当事人未能就解除合同后的结清达成一致的，按照第20条【争议解决】的约定处理。

承包人应妥善做好已完工程和与工程有关的已购材料、工程设备的保护和移交工作，并将施工设备和人员撤出施工现场，发包人应为承包人撤出提供必要条件。

【条文目的】

在发包人严重违约导致合同目的无法实现时，应赋予承包人解除合同的权利，施工合同解除后，发包人应及时结算已完合格工程的价款，承包人应及时退场以防止双方损失的扩大。与1999版施工合同相比，本条款为新增条款。

【条文释义】

首先，在发包人出现第16.1.1项【发包人违约的情形】第（7）目情形时，由于合同的目的无法实现，因而承包人有权随时解除合同，发包人应承担由此增加的费用，并支付承包人合理的利润。

其次，在发包人出现其他违约行为，且经承包人按第16.1.1项暂停施工满28天后发包人仍不纠正其违约行为并致使合同目的不能实现的，承包人有权解除合同，发包人应承担由此增加的费用，并支付承包人合理的利润。

再次，承包人解除合同的通知自到达发包人时生效，施工合同解除，合同解除后，合同当事人需结清履行合同过程中产生的款项，并就工程有关的材料、设备以及工程本身的移交和照管进行妥善处理，以避免合同当事人之间就此产生纠纷，也便于工程后续建设的顺利衔接，早日发挥工程的经济和社会价值。

【使用指引】

承包人按照本条款约定解除合同时，应注意以下几点：

1. 承包人应对发包人违约是否足以致使合同目的不能实现承担证明责任，如果承包人无法提供有效证明资料予以佐证，则需要承担违约解除合同的不利后果。

2. 承包人解除合同的通知应以书面形式送达发包人，不送达发包人的，不产生解除合同的法律效果，承包人应按照施工合同约定的送达地址和送达方式送达发包人，如果没有约定地址的，应该按照发包人的注册地址或办公地址送达。

3. 解除合同后，合同当事人应及时核对已完成工程量以及各项应付款项，尤其是承包人应及时统计各项费用及损失，并准备相应的证明资料。对于核对无误的款项，发包人应及时予以支付，对于存在争议的款项，可以在总监理工程师组织下协商确定，也可以自行协商解决或按第20条争议解决处理。

4. 发包人按照本条款约定支付应付款项的同时，还应退还质量保证金、解除履约担保，但有权要求承包人支付应由其承担的各种款项，如应承担的水电费、违约金等。

16.2 承包人违约

16.2.1 承包人违约的情形

在合同履行过程中发生的下列情形，属于承包人违约：

（1）承包人违反合同约定进行转包或违法分包的；

（2）承包人违反合同约定采购和使用不合格的材料和工程设备的；

（3）因承包人原因导致工程质量不符合合同要求的；

（4）承包人违反第8.9款【材料与设备专用于工程】的约定，未经批准，私自将已按照合同约定进入施工现场的材料或设备撤离施工现场的；

（5）承包人未能按施工进度计划及时完成合同约定的工作，造成工期延误的；

（6）承包人在缺陷责任期及保修期内，未能在合理期限对工程缺陷进行修复，或拒绝按发包人要求进行修复的；

（7）承包人明确表示或者以其行为表明不履行合同主要义务的；

（8）承包人未能按照合同约定履行其他义务的。

承包人发生除本项第（7）目约定以外的其他违约情况时，监理人可向承包人发出整改通知，要求其在指定的期限内改正。

16.2.2　承包人违约的责任

承包人应承担因其违约行为而增加的费用和（或）延误的工期。此外，合同当事人可在专用合同条款中另行约定承包人违约责任的承担方式和计算方法。

【条文目的】

本条款的目的在于通过约定承包人主要违约情形、违约处理措施及违约责任，促进承包人及时履行合同义务，保证工程建设的正常推进。与1999版施工合同相比，2013版施工合同细化了承包人违约的情形和有关责任。

【条文释义】

承包人未按照合同约定履行义务，即构成违约，主要的违约情形包括工期违约、质量不合格、违法转包等。本条款列举了8种承包人的典型违约情形，合同当事人也可以在专用合同条款中另行补充其他常见的或易产生纠纷的违约情形。

承包人发生除本条款第（7）目约定以外的其他违约情况时，监理人可向承包人发出整改通知，要求其在指定的期限内改正。承包人应承担其违约行为而增加的费用，工期不予顺延。此外，合同当事人可以在专用合同条款中约定具体的违约责任承担方式，如工期延误的违约金及损失的计算方法等。

【使用指引】

合同当事人在使用本条款时应注意以下事项：

1. 合同当事人可以在专用合同条款中列举承包人其他违约行为，并可以在专用合同条款第16.2.2项约定违约责任承担方式，如一定比例的违约金。

2. 除第（7）目提及的违约情形外，承包人应按照监理人的整改通知，积极纠正违约行为，避免损失的扩大。监理人的整改通知应当载明违约事项、整改期限及要求，并要求承包人予以签收，整改完成后，监理人和承包人应进行复核。

3. 合同当事人可以在专用合同条款中逐项约定具体违约行为的违约责任承担方式和违约金计算方式，但关于违约金的约定应当符合法律规定。

【法条索引】

《中华人民共和国合同法》第281条：因施工人的原因致使建设工程质量不符合约定的，发包人有权要求施工人在合理期限内无偿修理或者返工、改建。经过修理或者返工、改建后，造成逾期交付的，施工人应当承担违约责任。

16.2.3　因承包人违约解除合同

除专用合同条款另有约定外，出现第16.2.1项【承包人违约的情形】第（7）目约定的违约情况时，或监理人发出整改通知后，承包人在指定的合理期限内仍不纠正违约行为并致使合同目的不能实现的，发包人有权解除合同。合同解除后，因继续完成工程的需要，发包人有权使用承包人在施工现场的材料、设备、临时工程、承包人文件和由承包人或以其名义编制的其他文件，合同当事人应在专用合同条款约定相应费用的承担方式。发包人继续使用的行为不免除或减轻承包人应承担的违约责任。

16.2.4　因承包人违约解除合同后的处理

因承包人原因导致合同解除的，则合同当事人应在合同解除后28天内完成估价、付款和清算，并按以下约定执行：

（1）合同解除后，按第4.4款【商定或确定】商定或确定承包人实际完成工作对应的合同价款，以及承包人已提供的材料、工程设备、施工设备和临时工程等的价值；

（2）合同解除后，承包人应支付的违约金；

（3）合同解除后，因解除合同给发包人造成的损失；

（4）合同解除后，承包人应按照发包人要求和监理人的指示完成现场的清理和撤离；

（5）发包人和承包人应在合同解除后进行清算，出具最终结清付款证书，结清全部款项。

因承包人违约解除合同的，发包人有权暂停对承包人的付款，查清各项付款和已扣款项。发包人和承包人未能就合同解除后的清算和款项支付达成一致的，按照第20条【争议解决】的约定处理。

【条文目的】

在承包人违法或严重违约导致合同目的无法实现时，应赋予发包人解除合同的权利，以减少合同当事人的损失，并有利于后续工程建设任务的完成，及早发挥工程经济和社会价值。与1999版施工合同相比，本条款为新增条款。

【条文释义】

根据《合同法》和《最高人民法院关于审理建设工程施工合同纠纷案件适用法律问题的解释》（法释【2004】第14号）第8条规定，2013版施工合同约定，在承包人出现第16.2.1项【承包人违约的情形】第（7）目情形时，发包人有权解除合同，承包人应承担由此增加的费用，并承担相应的违约责任。

在承包人出现其他违约行为，且经监理人发出整改通知后，承包人在指定的合理期限内仍不纠正违约行为并致使合同目的不能实现的，发包人有权解除合同。合同解除后，因继续完成工程的需要，发包人有权使用承包人在施工现场的材料、设备、临时工程、承包人文件和由承包人或以其名义编制的其他文件，以便于工程继续建设，减少发包人的损失。无论发包人是否采取以上措施，承包人均需承担相应的违约责任，不能以发包人采取以上措施为由免除或减轻承包人的责任，当然发包人同意免除或减轻的除外。

另外，解除合同的通知自到达承包人时生效，施工合同解除。合同解除后28天内，合同当事人应当就已完工程与合同工作事项完成估价、付款和清算事宜。在进行估价和付款清算过程中发生异议时，合同当事人按照第4.4款【商定或确定】机制解决。如仍然无法达成一致的，则按照第20条【争议解决】的约定处理。合同解除后，合同当事人还应就工程有关的材料、设备以及工程本身的移交和照管进行妥善处理，以避免合同当事人之间就此产生纠纷，也便于工程后续建设的顺利衔接。

【使用指引】

发包人按照本条款约定解除合同时，应注意以下几点：

1. 发包人应对承包人违约是否足以致使合同目的不能实现承担证明的责任，如果发包人无法提供有效证明资料予以佐证，则需要承担违约解除合同的不利后果。

2. 发包人解除合同的通知应以书面形式送达承包人，不送达承包人的，不产生解除合同的法律效果。

3. 发包人为了工程的继续施工需要，有权使用承包人在现场的材料、工程设备、施工设备以及承包人文件等，但应当支付相应对价，且不免除承包人按照合同约定应承担的违约责任。

4. 解除合同后，合同当事人应及时核对已完成工程量以及各项应付款项，并收集整理相应的文件资料。对于核对无误的款项，合同当事人应及时结清；对于存在争议的款项，可以在总监理工程师组织下协商确定，也可以按第20条争议解决方法解决。

5. 合同解除后，发包人还应退还质量保证金保函、履约保函，当然就提前竣工验收合格的单位工程的质量保证金可以按照法律或质量保修书约定扣留。

【法条索引】

《最高人民法院关于审理建设工程施工合同纠纷案件适用法律问题的解释》（法释【2004】第14号）第8条："承包人具有下列情形之一，发包人请求解除建设工程施工合同的，应予以支持：（1）明确表示或者以行为表示不履行合同主要义务的；（2）合同约定的期限内没有完工的，且在发包人催告的合理期限内仍未完工的；（3）已经完成的建设工程质量不合格，并拒绝修复的；（4）将承包的建设工程非法转包、违法分包。"

16.2.5 采购合同权益转让

因承包人违约解除合同的，发包人有权要求承包人将其为实施合同而签订的材料和设备的采购合同的权益转让给发包人，承包人应在收到解除合同通知后14天内，协助发包人与采购合同的供应商达成相关的转让协议。

【条文目的】

为了避免损失的扩大，以及尽快推进工程后续建设，本条款约定了因承包人违约解除合同后，承包人应按照发包人要求将为实施合同而签订的材料和设备的采购合同的权益转让给发包人。与1999版施工合同相比，本条款为新增条款。

【条文释义】

承包人为了实施合同需要会签订一系列的材料和设备采购合同，在提前解除合同的情况下，为了尽快推进工程后续建设，使用承包人已经采购的材料和设备可以有效节约时间。因此本条款约定，发包人有权要求承包人将其为实施合同而签订的材料和设备的采购合同的权益转让给发包人，承包人应在收到解除合同通知后14天内协助发包人与采购合同的供应商达成相关的转让协议。

【使用指引】

合同当事人在使用本条款时应该注意以下事项：

1. 合同当事人应本着诚实信用原则，积极妥善处理合同解除后的后续事项，避免损失的扩大。

2. 发包人要求承包人转让采购合同权益的，应向承包人提出明确的要求，并限定合理的期限，承包人应遵照执行，但如果因此增加承包人费用，应由发包人在合理范围内予以支付。

16.3　第三人造成的违约

在履行合同过程中，一方当事人因第三人的原因造成违约的，应当要求对方当事人承担违约责任。一方当事人和第三人之间的纠纷，依照法律规定或者按照约定解决。

【条文目的】

本条款在处理第三人违约时进一步强调了合同的相对性，目的在于督促合同当事人及时履行合同义务，在出现违约行为时，应先行按照合同约定承担违约责任，再向第三人追偿。与1999版施工合同相比，本条款为新增条款。

【条文释义】

施工合同履行过程中，经常会发生第三人违约，导致合同一方违约的情形。根据合同的相对性原理，一方当事人因第三人原因造成违约的，应先行按照合同约定承担违约责任，再行向第三人追偿，不得以第三人违约为由，拒绝承担相应的义务。

【使用指引】

合同当事人按照合同约定向合同对方当事人承担违约责任，而不能直接追索合同相对方以外第三人的违约责任。

合同当事人受到相对方追索的同时，应积极收集第三人造成违约的相关文件、资料，以便于向第三人追偿。

【法条索引】

《中华人民共和国合同法》第121条：当事人一方因第三人的原因造成违约的，应当向对方承担违约责任。当事人一方和第三人之间的纠纷，依照法律规定或者按照约定解决。

17　不可抗力

17.1　不可抗力的确认

不可抗力是指合同当事人在签订合同时不可预见，在合同履行过程中不可避免且不能克服的自然灾害和社会性突发事件，如地震、海啸、瘟疫、骚乱、戒严、暴动、战争和专用合同条款中约定的其他情形。

不可抗力发生后，发包人和承包人应收集证明不可抗力发生及不可抗力造成损失的证据，并及时认真统计所造成的损失。合同当事人对是否属于不可抗力或其损失的意见不一致的，由监理人按第4.4款【商定或确定】的约定处理。发生争议时，按第20条【争议解决】的约定处理。

【条文目的】

本条款明确了不可抗力的含义，并约定了合同当事人有义务收集能证明不可抗力发生及造成损失的证据，以及争议解决程序。

【条文释义】

本条款首先明确了不可抗力的含义并举出典型事件进行说明，与1999版施工合同相比，2013版施工合同特别赋予合同当事人可以在专用合同条款中约定其他属于不可抗力的情形，便于合同当事人对哪些情形属于不可抗力进行明确，避免产生争议。

关于不可抗力的含义，根据本条款约定，不可抗力需要满足三个条件，即不可预见，不可避免，不能克服。这与法律对不可抗力规定的含义基本一致，如《民法通则》第153条规定："本法所称的不可抗力，是指不能预见、不能避免并不能克服的客观情况。"《合同法》第117条第2款也有类似规定。

对于不可抗力的概念，学理上的见解主要有客观说、主观说和折中说3种不同观点。客观说认为，不可抗力的发生及损害，基于其事件的性质，或其出现的压力或其不可预见而为不可避免的，为不可抗力。该说认为不可抗力的实质要素须为外部的，量的要素须为重大且显著的；不可抗力应以事件的性质及外部特征为标准，凡属一般人无法抗御的重大的外来力量均为不可抗力。持客观说的学者代表为史尚宽、黄立等。主观说主张不可抗力应以当事人的预见能力和预防能力为标准，认为虽以最大之注意尚不能防止其发生的事件为不可抗力。折中说认为可认知而不可预见其发生的事件，其损害后果，虽以周到的注意措施，尚不能避免的为不可抗力。换言之，凡属于外来的因素而发生，当事人以最大的谨慎和最大努力仍不能防止的事件为不可抗力。根据《民法通则》和《合同法》对不可抗力的定义，通说认为此规定在理论渊源上属于折中说。

不可抗力的发生原因有两种：一是自然原因，如洪水、暴风、地震、干旱、暴风雪等人类无法控制的大自然力量所引起的灾害事故；二是社会原因，如战争、罢工、政府禁止令等引起的社会性突发事件。

构成不可抗力须具备以下要件：一是不能预见的偶然性。这主要是指从主观方面说的，不可抗力所指的事件必须是当事人在订立合同时不能预见的事件，它在合同订立后的发生纯属偶然。二是不能避免、不能克服的客观性。合同当事人作为一般的民事主体对于构成不可抗力的事件，除了不能预见，还必须不能避免或不能克服。生活中不能预见的突发偶然事件很多，但是并不是所有的偶然事件都是不能避免或者不能克服的，如果突发交通事故，也是不能预见的，但是对于一般性的交通事故造成履行合同的障碍合同当事人可以克服，就不能认定为不可抗力。

合同当事人有义务收集能证明不可抗力发生及造成损失的证据，便于合同当事人对不可抗力事实进行认定，对是否属于不可抗力造成的损失进行确认，避免发生不必要的纠纷。在合同当事人对不可抗力及损失的认定产生争议时，2013版施工合同约定当事人解决争议的途径。虽然《合同法》和《民法通则》对不可抗力规定了一般性的含义及认定标准，但是生活实践中，发生的不可预测的事件纷繁复杂，对于什么具体情形能认定为不可抗力，什么损失属于由不可抗力造成，当事人仍然可能产生争议，这种争议如果通过当事人协商解决固然好，如果不能，也可通过监理人的商定程序解决，直至通过第20条约定的诉讼或仲裁程序解决。

【使用指引】

合同当事人在使用本条款时应注意以下事项：

1. 合同当事人可以在专用合同条款中约定不可抗力情形的范围。不可抗力事件的不可预见性和偶然性决定了人们不可能列举出全部外延，所以，尽管世界各国都承认不可抗力可以免责，但是没有一个国家能够确切地规定不可抗力的范围，而且由于习惯和法律意识不同，各国对不可抗力的范围理解也不同。一般来说，把自然现象及瘟疫、动乱、战争等看成不可抗力事件基本是一致的，而对上述事件以外的人为障碍，如政府干预、不颁发许可证、罢工、市场行情的剧烈波动，以及政府禁令、禁运及政府行为等是否归入不可抗力事件常引起争议。

因此，当事人在签订合同时可以具体约定不可抗力的范围。自行约定不可抗力的范围实际上等于自订免责条款。当事人订立这类条款的方法一般有3种：第一种是概括式，即在合同中只概括地规定不可抗力事件的含义，不具体罗列可能发生的事件。第二种是列举式，即在合同中把属于不可抗力的事件一一罗列出来，凡是发生了所罗列的事件即构成不可抗力，凡是发生了合同中未列举的事件，即不构成不可抗力事件；第三种是综合式，即在合同中既概括不可抗力的具体含义，又列举属于不可抗力事件的范围。2013版示范合同就是采用的第三种约定方式，除了在通用合同条款中约定了常见的不可抗力情形外，还可由合同当事人在专用合同条款中约定不可抗力的其他情形，如火灾、洪水、飓风、政府征用等情形。合同当事人亦可以在专用合同条款中对不可抗力的认定标准进行进一步细化，如对造成工期延误和工程破坏的不可抗力的自然灾害作出具体规定，包括持续×日气温高于×度；当地烈度×度以上的地震；×年一遇的大雨、大雪等等。

2. 在不可抗力合同条款的约定和适用上，还有一些问题值得注意：

（1）合同中是否约定不可抗力条款，不影响直接援引法律规定，因而即使当事人在合同中没有约定不可抗力条款，但是由于不可抗力属于法定免责事由，所以当发生不可抗力情形时，仍可直接适用法律规定；

（2）如果合同条款约定不可抗力范围如小于法定范围，当发生法定范围的不可抗力事件时，当事人仍可免责；如大于法定范围，超出部分应视为另外成立了免责条款，但是这种免责条款必须有效，不能违反法律的强制性规定，如对于人身伤害免责的条款就属于无效；

（3）不可抗力作为免责条款具有强制性，当事人不得约定将不可抗力排除在免责事由之外，即不得在专用合同条款中将法定的不可抗力事件排除在外。

3. 关于不可抗力及损失的证明。不可抗力事件发生后，由于不可抗力事件本身的认定会出现争议，所以对于不可抗力事件证据的收集就很重要，在提供不可抗力及损失证明时应注意以下问题：

（1）当事人可以在专用合同条款中约定提交出具不可抗力事件证明的机构，如政府部门、公证机关等；

（2）对于不可抗力事件证明的提交期限在专用合同条款中明确约定，避免事件发生后长期不能提供不可抗力发生的证明而引发纠纷；

（3）对于不可抗力事件造成的损失证明，除了提交相关损失证据外，还要提供该损失与不可抗力之间的关联性，证明该损失与不可抗力之间存在必然的因果关系。

【法条索引】

1.《中华人民共和国合同法》第94条：有下列情形之一的，当事人可以解除合同：

（一）因不可抗力致使不能实现合同目的；

（二）在履行期限届满之前，当事人一方明确表示或者以自己的行为表明不履行主要债务；

（三）当事人一方迟延履行主要债务，经催告后在合理期限内仍未履行；

（四）当事人一方迟延履行债务或者有其他违约行为致使不能实现合同目的；

（五）法律规定的其他情形。

2.《菲迪克（FIDIC）施工合同条件》（1999版红皮书）：

19.1　不可抗力的定义

在本条中，"不可抗力"系指某种特殊事件或情况：

（a）一方无法控制的；

（b）该方在签订合同前，不能对之进行合理防备的；

（c）发生后，该方不能合理避免或克服的；以及

（d）不主要归因于他方的。

只要满足上述（a）至（d）项条件，不可抗力可包括但不限于下列各种特殊事件或情况：

（i）战争、敌对行动（不论宣战与否）、入侵、外敌行为；

（ii）叛乱、恐怖主义、革命、暴动、军事政变或篡夺政权，或内战；

（iii）承包商人员和承包商及其分包商的其他雇员以外的人员的骚动、暄闹、混乱、罢工或停工；

（iv）战争军火、爆炸物资、电离辐射或放射性污染，但可能因承包商使用此类军火、炸药、辐射或放射性引起的除外；以及

（v）自然灾害，如地震、飓风、台风或火山活动。

17.2　不可抗力的通知

合同一方当事人遇到不可抗力事件，使其履行合同义务受到阻碍时，应立即通知合同另一方当事人和监理人，书面说明不可抗力和受阻碍的详细情况，并提供必要的证明。

不可抗力持续发生的，合同一方当事人应及时向合同另一方当事人和监理人提交中间报告，说明不可抗力和履行合同受阻的情况，并于不可抗力事件结束后28天内提交最终报告及有关资料。

【条文目的】

本条款规定不可抗力的通知义务，目的是避免因不可抗力事件给合同方当事人造成更大的损失。特别是对持续发生的不可抗力事件，由于持续时间比较长，对合同当事人造成的潜在危害更大，所以，遭遇不可抗力事件的当事人更有义务及时通知事件的进展情况，通知可以采取中间报告的形式，或者合同当事人约定采用的其他方式。

【条文释义】

根据《合同法》第118条规定，"当事人一方因不可抗力不能履行合同的，应当及时通知对方，以减轻可能给对方造成的损失，并应当在合理期限内提供证明。"当不可抗力发生后，当事人一方有通知对方的义务，并在合理时间内提供必要的证明文件，以减轻可能给另一方造成的损失。因而，不可抗力事件的通知义务既是一项合同义务，也是法定义务，当事人必须履行，否则，即使是发生了不可抗力事件，由于没有及时通知造成另一方的损失，遭受不可抗力事件的一方仍有赔偿损失的义务。

【使用指引】

合同当事人在使用本条款时应注意以下事项：

1. 为防止争议发生，合同当事人应在专用合同条款中明确约定具体的通知方式、地址，以及提交证明文件的期限和方式。

2. 合同当事人收到不可抗力的通知及证明文件后，应当及时对对方所称不可抗力事实以及该事实与损害后果之间的联系进行核实、取证，以免时过境迁后难以收集证据。无论同意与否，都应及时回复。对于另一方当事人回复的方式、期限以及送达的地址也应明确约定，避免产生纠纷。

【条文索引】

《中华人民共和国合同法》第118条：当事人一方因不可抗力不能履行合同的，应当及时通知对方，以减轻可能给对方造成的损失，并应当在合理期限内提供证明。

17.3 不可抗力后果的承担

17.3.1 不可抗力引起的后果及造成的损失由合同当事人按照法律规定及合同约定各自承担。不可抗力发生前已完成的工程应当按照合同约定进行计量支付。

17.3.2 不可抗力导致的人员伤亡、财产损失、费用增加和（或）工期延误等后果，由合同当事人按以下原则承担：

（1）永久工程、已运至施工现场的材料和工程设备的损坏，以及因工程损坏造成的第三人人员伤亡和财产损失由发包人承担；

（2）承包人施工设备的损坏由承包人承担；

（3）发包人和承包人承担各自人员伤亡和财产的损失；

（4）因不可抗力影响承包人履行合同约定的义务，已经引起或将引起工期延误的，应当顺延工期，由此导致承包人停工的费用损失由发包人和承包人合理分担，停工期间必须支付的工人工资由发包人承担；

（5）因不可抗力引起或将引起工期延误，发包人要求赶工的，由此增加的赶工费用由发包人承担；

（6）承包人在停工期间按照发包人要求照管、清理和修复工程的费用由发包人承担。

不可抗力发生后，合同当事人均应采取措施尽量避免和减少损失的扩大，任何一方当事人没有采取有效措施导致损失扩大的，应对扩大的损失承担责任。

因合同一方迟延履行合同义务，在迟延履行期间遭遇不可抗力的，不免除其违约责任。

【条文目的】

本条款主要约定了不可抗力发生后，合同当事人对损失分担的基本原则，有利于明确合同当事人对损失分担的范围。

【条文释义】

在不可抗力发生前，合同当事人按照合同的约定对已完工程进行计量支付。

在不可抗力发生后，对于不可抗力造成的损失如何分担，是本条款约定的重要内容。由于合同当事人对不可抗力事件的发生均没有过错，一般自行承担各自损失，但是由于工程属于发包人所有，发包人对工程拥有物权，所以在本条款约定中，发包人承担损失的义务就重一些，例如，对于"永久工程、已运至施工现场的材料和工程设备的损坏，以及因工程损坏造成的第三人人员伤亡和财产损失由发包人承担"。因为永久工程虽然承包人并没有移交给发包人，但是在法律上在建的永久工程已经属于发包人所有，发包人可以用在建工程抵押贷款便是最好的例证，所以对于永久工程的损失自然由发包人承担。已运至施工现场的材料和工程设备损失由发包人承担也基于同一道理。另外，不可抗力发生后，对于工期延误的损失也由发包人承担，都体现了发包人作为工程的所有者，对于不可抗力造成的损失承担较多的责任。

不可抗力发生后合同当事人均有义务及时采取措施，避免损失的扩大，这是基于合同履行的附随义务，也是诚实守信的表现。如果一方当事人坐视不可抗力不管不问，造成损失扩大，应该对扩大的损失承担责任，这符合公平合理的法律原则，这也保护了社会财产避免遭受不必要的损失。

对于合同一方迟延履行义务期间发生不可抗力的，不免除其违约责任。由于迟延履行一方当事人过错在先，在其过错期间发生不可抗力，仍需承担违约责任，赔偿守约方损失。

【使用指引】

合同当事人在使用本条款时应注意以下事项：

1. 本条款约定了不可抗力发生的损失分担原则，合同当事人应该按照这个基本原则承担损失，对于本条款中没有涉及的内容，可以在专用合同条款中进行约定。

2. 合同当事人在确认不可抗力事件发生后，应该及时确认不可抗力造成的损失范围，对不可抗力事件发生前工程进行计量，并对不可抗力事件造成的具体损失进行统计。

3. 当事人还应该及时评估不可抗力造成影响的大小，不可抗力对工程施工的影响程度，是否致使工程施工无法进行还是仅仅只需暂停部分施工，据此对合同后期的履行作出安排。

【法条索引】

1. 《中华人民共和国民法通则》第107条：因不可抗力不能履行合同或者造成他人损害的，不承担民事责任，法律另有规定的除外。

2. 《中华人民共和国合同法》第117条：因不可抗力不能履行合同的，根据不可抗力的影响，部分或者全部免除责任，但法律另有规定的除外。当事人迟延履行后发生不可抗力的，不能免除责任。

本法所称不可抗力，是指不能预见、不能避免并不能克服的客观情况。

3. 《菲迪克（FIDIC）施工合同条件》（1999版红皮书）：

19.4 不可抗力的后果

如果承包商因已根据第19.2款[不可抗力的通知]的规定发出通知的不可抗力，妨碍其履行合同规定的任何义务，使其遭受延误和（或）招致增加费用，承包商应有权根据第20.1款[承包商的索赔]的规定要求：

（a）根据第8.4款[竣工时间的延长]的规定，如竣工已经或将受到延误，对任何此类延误给予延长期；以及

（b）如果是第19.1款[不可抗力的定义]中第（i）至（iv）目所述的事件或情况，且第（ii）至（iv）目所述事件或情况发生在工程所在国时，对任何此类费用给予支付。

工程师收到此通知后，应按照第3.5款[确定]的规定，对这些事项进行商定或确定。

17.4 因不可抗力解除合同

因不可抗力导致合同无法履行连续超过84天或累计超过140天的，发包人和承包人均有权解除合同。合同解除后，由合同当事人按照第4.4款[商定或确定]商定或确定发包人应支付的款项，该款项包括：

（1）合同解除前承包人已完成工作的价款；

（2）承包人为工程订购的并已交付给承包人，或承包人有责任接受交付的材料、工程设备和其他物品的价款；

（3）发包人要求承包人退货或解除订货合同而产生的费用，或因不能退货或解除合同而产生的损失；

（4）承包人撤离施工现场以及遣散承包人人员的费用；

（5）按照合同约定在合同解除前应支付给承包人的其他款项；

（6）扣减承包人按照合同约定应向发包人支付的款项；

（7）双方商定或确定的其他款项。

除专用合同条款另有约定外，合同解除后，发包人应在商定或确定上述款项后28天内完成上述款项的支付。

【条文目的】

本条款为新增条款，约定了不可抗力造成合同解除情形下，如何处理发包人与承包人之间的合同款项。由于不可抗力造成合同当事人无法继续履行合同，或者继续履行合同将造成更大的损失，解除双方之间的合同可以避免更大的损失发生，在合同解除后，对双方之间的债权债务要进行处理，由于发包人主要义务就是支付承包人工程款项，所以本条款

约定发包人需要支付的工程款项的范围以及支付的时限。

【条文释义】

关于双方解除合同的权利，本条款约定了两种情形：一种是合同无法继续履行连续超过84天的；另一种是累计超过140天的。

本条款约定赋予合同当事人解除合同的权利，主要是从不可抗力影响的时间长短来讲的，没有约定不可抗力造成损失的大小对合同当事人解除合同的影响。考虑到如果不可抗力造成合同无法履行的时间较长，实际上对合同履行必将造成较大损失，或者实际履行合同的意义不大，所以赋予合同当事人解除合同的权利。

关于合同解除后发包人应支付款项问题，对于承包人已完工程，发包人应当支付，但是工程的质量必须合格或者已经过发包人的验收；由于承包人已经购买的材料、设备或者正在交付的材料、设备是为了实施本工程所需，所以发包人同样应当向承包人承担上述材料、设备的款项。

【使用指引】

合同当事人在使用本条款时应注意以下事项：

1. 在不可抗力事件的影响造成合同解除的情形下，合同当事人应该做出明确解除合同的意思，并有效送达对方，根据该约定，只要一方当事人解除合同的通知到达对方，便发生解除合同的效力。解除合同的通知应该是书面的，并按照约定的地址送达对方，另一方接受该通知后，应该予以回复。

2. 对于发包人应该支付的款项，双方首先应该按照第4.4款商定或确定，除了本条款约定的6种款项，当事人还可以在专用合同条款中约定其他款项。

3. 对于发包人支付款项的时间，一般为28天，如果当事人有其他约定，可以在专用合同条款中约定，但是时间不宜约定太长。

【法条索引】

1.《中华人民共和国合同法》第94条：有下列情形之一的，当事人可以解除合同：（一）因不可抗力致使不能实现合同目的；……

2.《菲迪克（FIDIC）施工合同条件》（1999版红皮书）：

19.6　自主选择终止，付款和解除

如果因已根据第19.2款[不可抗力的通知]的规定发出通知的不可抗力，使基本上全部进展中的工程实施受到阻碍已连续84天，或由于同一通知的不可抗力断续阻碍几个期间累计超过140天，任何一方可向他方发出终止合同的通知，在此情况下，终止应在该通知发出7天后生效，承包商应按照第16.3款[停止工作和承包商设备的撤离]的规定进行。

在此类终止的情况下，工程师应确定已完成工作的价值，并发出包括以下各项的付款证书：

（a）已完成的、合同中有价格规定的任何工作的应付款额；

（b）为工程订购的、已交付给承包商或承包商有责任接受交付的生产设备和材料的费用：当雇主支付上述费用后，此项生产设备和材料应成为雇主的财产（风险也由其承担），承包商应将其交由雇主处理；

（c）在承包商原预期要完成工程的情况下，合理导致的任何其他费用或债务；

（d）将临时工程和承包商设备撤离现场，并运回承包商本国工作地点的费用（或运往任何其他目的地，但其费用不得超过）；以及

（e）将终止日期时完全为工程雇用的承包商的员工返回国的费用。

18　保险

18.1　工程保险

除专用合同条款另有约定外，发包人应投保建筑工程一切险或安装工程一切险；发包人委托承包人投保的，因投保产生的保险费和其他相关费用由发包人承担。

18.2　工伤保险

18.2.1　发包人应依照法律规定参加工伤保险，并为在施工现场的全部员工办理工伤保险，缴纳工伤保险费，并要求监理人及由发包人为履行合同聘请的第三方依法参加工伤保险。

18.2.2　承包人应依照法律规定参加工伤保险，并为其履行合同的全部员工办理工伤保险，缴纳工伤保险费，并要求分包人及由承包人为履行合同聘请的第三方依法参加工伤保险。

18.3　其他保险

发包人和承包人可以为其施工现场的全部人员办理意外伤害保险并支付保险费，包括其员工及为履行合同聘请的第三方的人员，具体事项由合同当事人在专用合同条款约定。

除专用合同条款另有约定外，承包人应为其施工设备等办理财产保险。

【条文目的】

与保险有关的第18.1【工程保险】、第18.2【工伤保险】以及第18.3【其他保险】条款的设立，旨在明确发包人和承包人在施工合同中承担工程保险和工伤保险的权利与义务。基于财产险、人身险以及相关法律规定的意外伤害险的法律性质，前述三个条款对于工程险、工伤险和其他保险进行了明确的约定，从而尽可能的保证工程的顺利实施。对于保险过程中的有关具体事项，允许合同当事人在专用合同条款中明确。保险条款的深化，可以在实现施工合同目的的同时也最大限度的保护施工人员的合法权益。与1999版施工合同相比，新版施工合同进行了细化与完善，并增补了相应内容。

【条文释义】

通常情况下，建筑工程一切险是对于各类民用、工业和公用事业建筑工程项目，包括房屋、道路、水坝、桥梁、港埠等，在建造过程中因自然灾害或意外事故而引起的一切损失的险种。

根据《保险法》的规定，工程一切险归于财产险范畴的险种，其法律主体包括投保人、保险人和被保险人。其中投保人是指与保险人订立保险合同，并按照合同约定负有支付保险费义务的人。保险人是指与投保人订立保险合同，并按照合同约定承担赔偿或者给

付保险金责任的保险公司。被保险人是指其财产或者人身受保险合同保障，享有保险金请求权的人。投保人可以为被保险人。财产保险的被保险人在保险事故发生时，对保险标的应当具有保险利益。鉴于发包人是工程的所有权人，从保险利益的归属出发，发包人有义务投保工程一切险，因此2013版施工合同中约定建筑工程一切险和安装工程一切险的投保人为发包人。发包人也可以委托承包人投保，但相应保险费用以及相关费用等应当由发包人承担。合同当事人也可以在专用合同条款中约定有关投保和投保费用事宜。工程一切险的被保险人可以是发包人、承包人、分包人以及为工程贷款的银行等。实践中，因保险合同获得的保险利益也可以进行转让。

工程一切险的责任范围主要包括工程本身的物质损失，其物质损失范围包括因自然灾害和意外事故所造成的被保险人的物质损失以及因物质损失而产生的费用。自然灾害主要指地震、海啸、雷电、飓风、台风、龙卷风。风暴、暴雨、洪水、水灾、冻灾、冰雹、地崩、山崩、雪崩、火山爆发、地面下陷下沉及其他人力不可抗拒的破坏力巨大的自然现象。意外事故主要指不可预料的以及被保险人无法控制并造成物质损失或人身伤亡的突发性事件，包括火灾和爆炸。

第三者责任险的保险责任范围是指因发生与本保险所承保工程直接相关的意外事故引起工地内及邻近区域的第三者人身伤亡、疾病或财产损失，依法应由被保险人承担的经济赔偿责任。但是下列内容不属于保险范围：（1）工程所有人、承包人或其他关系方或他们所雇用的在工地现场从事与工程有关工作的职员、工人以及他们的家庭成员的人身伤亡或疾病；（2）工程所有人、承包人或其他关系方或他们所雇用的职员、工人所有的或由其照管、控制的财产发生的损失；（3）领有公共运输行驶执照的车辆、船舶、飞机造成的事故。通过承保第三者责任险，通常可以规避有关保险事件或发包人原因引发的相关责任赔偿。

关于工伤保险，根据《工伤保险条例》的规定，中国境内的企业、事业单位、民办非企业单位等组织，包括有雇工的个体工商户等，均应当依照规定参加工伤保险，为单位全部职工缴纳工伤保险费。因此2013版施工合同中约定，由发包人和承包人以及相应施工单位对自己雇佣的人员投保相应的工伤保险，为职工缴纳工伤保险费是用人单位的法定义务，工伤保险是一个强制性的保险，故发包人、承包人以及分包人等均应该为其职工缴纳工伤保险费。

因工程一切险属于商业保险的范围，且不包括对工程所有人、承包人或其他关系方或他们所雇用的在工地现场从事与工程有关工作的职员、工人以及他们的家庭成员的人身伤亡或疾病；故发包人和承包人还有义务为他们雇佣的劳动人员缴纳工伤保险费，工伤保险属于社会保险的一种，属于国家社会保障体系的一部分，不能因投保了工程一切险即拒绝为自己的职工缴纳工伤保险费。同时在工地上工作的员工发生人身伤亡事件时，只能通过工伤保险或其他人身险获得救助，不能获得工程一切险的赔偿。

关于意外伤害保险，根据2011年修定后的《建筑法》第48条规定，建筑施工企业应当依法为职工参加工伤保险缴纳工伤保险费。鼓励企业为从事危险作业的职工办理意外伤害保险，支付保险费。故发包人和承包人据此可以自行选择是否投保意外伤害险，而并非以往的强制性的要求投保，合同当事人可以在专用合同条款中约定相关意外伤害险的具体内容。但是对于从事危险性较大的职工办理意外伤害保险，从商业风险规避的角度来看也是有意义的。

另外，关于工程施工设备，承包人作为施工设备的所有权人，应自行办理相关的财产保险的，防止出险时的损失。

2013版施工合同中约定的工程系列保险制度，借鉴了大部分国内外合同的保险理念，不仅完善了我国工程保险制度，还对今后可能会推行的工程保修保险等制度预留了执行的空间。

【使用指引】

合同当事人在使用本条款时应注意以下事项：

1. 合同当事人可以在专用合同条款中对各方应当投保的保险险种及相关事项作出具体、明确的约定，包括各保险险种的保险范围、保险期间、保险金额（免赔额）、除外责任等与保险相关的事项。

2. 鉴于实践中存在着应投保方无法按合理的商务条件进行投保或续保的情况，合同当事人应在专用合同条款中明确约定此种情况下风险的承担及后续处理方式。

【法条索引】

1.《中华人民共和国保险法》第10条：保险合同是投保人与保险人约定保险权利义务关系的协议。

投保人是指与保险人订立保险合同，并按照合同约定负有支付保险费义务的人。

保险人是指与投保人订立保险合同，并按照合同约定承担赔偿或者给付保险金责任的保险公司。

2.《中华人民共和国保险法》第12条：财产保险的被保险人在保险事故发生时，对保险标的应当具有保险利益。

人身保险是以人的寿命和身体为保险标的的保险。

财产保险是以财产及其有关利益为保险标的的保险。

被保险人是指其财产或者人身受保险合同保障，享有保险金请求权的人。投保人可以为被保险人。

保险利益是指投保人或者被保险人对保险标的具有的法律上承认的利益。

3.《中华人民共和国建筑法》第48条：建筑施工企业应当依法为职工参加工伤保险缴纳工伤保险费。鼓励企业为从事危险作业的职工办理意外伤害保险，支付保险费。

4.《工伤保险条例》第2条：中华人民共和国境内的企业、事业单位、社会团体、民办非企业单位、基金会、律师事务所、会计师事务所等组织和有雇工的个体工商户（以下称用人单位）应当依照本条例规定参加工伤保险，为本单位全部职工或者雇工（以下称职工）缴纳工伤保险费。

5.《菲迪克（FIDIC）施工合同条件》（1999版红皮书）：

18.2 工程和承包商的设备的保险

保险方应为工程、永久设备、材料以及承包商的文件投保，该保险的最低限额应不少于全部复原成本，包括补偿拆除和移走废弃物以及专业服务费和利润。此类保险应自根据第18.1款【有关保险的总体要求】提交证明之日起，至颁发工程的接收证书之日止保持有效。

对于颁发接收证书前发生的由承包商负责的原因以及承包商在进行任何其他作业（包

括第11条【缺陷责任】所规定的作业）过程中造成的损失或损坏，保险方应将此类保险的有效期延至履约证书颁发的日期。

保险方应为承包商的设备投保，该保险的最低限额应不少于全部重置价值（包括运至现场）。对于每项承包商的设备，该保险应保证其运往现场的过程中以及设备停留在现场或附近期间，均处于被保险之中，直至不再将其作为承包商的设备使用为止。

除非专用条件中另有规定，否则本款规定的保险：

（a）应由承包商作为保险方办理并使之保持有效；

（b）应以合同当事人联合的名义投保，联合的合同当事人均有权从承保人处得到支付，仅为修复损失或损害的目的，该支付的款额由合同当事人共同占有或在各方间进行分配；

（c）应补偿除第17.3款【雇主的风险】所列雇主的风险之外的任何原因所导致的所有损失和损害；

（d）还应补偿由于雇主使用或占用工程的另一部分而对工程的某一部分造成的损失或损害，以及第17.3款【雇主的风险】（c）、（g）及（h）段所列雇主的风险所导致的损失或损害（对于每种情况，不包括那些根据商业合理条款不能进行保险的风险），每次发生事故的扣减不大于投标函附录中注明的款额（如果没有注明此类款额，（d）段将不适用）；以及

（e）将不包括下述情况导致的损失、损害，以及将其恢复原状：

工程的某一部分由于其设计、材料或工艺的缺陷而处于不完善的状态（但是保险应包括直接由此类不完善的状态（下述（ii）段中的情况除外）导致的工程的任何其他部分的损失和损害）；

工程的某一部分所遭受的损失或损害是为了修复工程的任何其他部分所致，而此类其他部分由于其设计、材料或工艺的缺陷而处于不完善的状态；

工程的某一部分已移交给雇主，但承包商负责的损失或损害除外；以及

根据第14.5款【用于永久工程的永久设备和材料】，货物还未运抵工程所在国时。

如果在基准日期后超过1年时间，上述（d）段所述保险由于商业合理条件（commercially reasonable terms）而无法再获得，则承包商（作为保险方）应通知雇主，并提交详细证明文件。雇主应该随即（i）有权根据第2.5款【雇主的索赔】，获得款额与此类商业合理条件相等的支付，作为承包商为此类保险本应作出的支付，以及（ii）被认为（除非他依据商业合理条件办理了保险）已经根据第18.1款【有关保险的总体要求】，批准了此类工作的删减。

18.4　持续保险

合同当事人应与保险人保持联系，使保险人能够随时了解工程实施中的变动，并确保按保险合同条款要求持续保险。

【条文目的】

本条款为2013版施工合同的新增条款，旨在提示合同当事人应尽到将工程中出现的变动及时通知保险人的义务，同时提示了合同当事人应注意勿使因保险合同因未及时续约而过期失去相应的保险利益。

由于工程施工期限较长，且施工环境往往复杂多变，导致随着工程的推进，工程的风险因素和事故概率可能会出现动态的变化，保险人有权利了解工程实施中的变动，而合同当事人应尽到通知义务。

合同当事人也应当对工程进行持续保险，以免因工期延长等因素导致原保险合同过期后，合同当事人因事故所受的损失无法得到保险公司的赔付。

【使用指引】

为避免争议，保险合同的合同当事人可以在保险合同中对于通知方式和期限进行约定。施工合同当事人亦可在施工合同的专用条款中对此通知义务的行使方式与分担方式进行更详细的约定。

【条文索引】

《菲迪克（FIDIC）施工合同条件》（1999版红皮书）：

18.1　有关保险的总体要求

每一方都应遵守每份保险单规定的条件。保险方应将工程实施过程中发生的任何有关的变动通知给承保人，并确保保险条件与本条的规定一致。

18.5　保险凭证

合同当事人应及时向另一方当事人提交其已投保的各项保险的凭证和保险单复印件。

【条文目的】

本条款为新增条款，要求合同当事人有互相提供保险凭证的义务。

【条文释义】

保险单为记载保险人与被保险人之间权利义务的书面文件，也是对合同当事人是否已经投保及投保详细情况的最直接证明。为了更好督促合同当事人履行保险合同义务，故本条款规定合同当事人应该向另一方当事人提供保险凭证和保险单的复印件。

【使用指引】

合同当事人在使用本条款时应注意以下事项：

1. 工程工期延长的，合同当事人应顺延保险合同的保险期间。如工程竣工之前，保险提前到期的，合同当事人应该及时续保，并向对方当事人继续通报续保事宜。发包人和承包人也应当互相提醒对方及时续保。

2. 对于保险凭证和保险单据复印件的提交时间，合同当事人可在专用合同条款中明确。

【条文索引】

《菲迪克（FIDIC）施工合同条件》（1999版红皮书）：

18.1　有关保险的总体要求

在投标函附录中规定的各个期限内（从开工日期算起），相应的保险方应向另一方提交：

（a）本条所述的保险已生效的证明；以及

（b）第18.2款【工程和承包商的设备的保险】和第18.3款【人员伤亡和财产损害的保险】所述的保险单的副本。

保险方在支付每一笔保险费后，应将支付证明提交给另一方。在提交此类证明或投保单的同时，保险方还应将此类提交事宜通知工程师。

18.6　未按约定投保的补救

18.6.1　发包人未按合同约定办理保险，或未能使保险持续有效的，则承包人可代为办理，所需费用由发包人承担。发包人未按合同约定办理保险，导致未能得到足额赔偿的，由发包人负责补足。

18.6.2　承包人未按合同约定办理保险，或未能使保险持续有效的，则发包人可代为办理，所需费用由承包人承担。承包人未按合同约定办理保险，导致未能得到足额赔偿的，由承包人负责补足。

【条文目的】

本条款为新增条款，旨在解决合同当事人不按法律规定和合同约定投保的补救办法。

【条文释义】

1999版施工合同没有明确合同当事人未按约定投保的补救措施，如果因投保方拒绝按照合同约定办理某项保险，括使某项保险持续有效的，对方当事人只能通过合同中约定的仲裁或诉讼程序解决，而仲裁或诉讼时间及经济成本过高，且救济效果未必理想。故2013版施工合同约定，在应投保方未按合同约定办理某项保险或未能使某项保险持续有效时，对方当事人即可代为办理，费用由应投保方承担。

发包人或承包人未按合同约定办理保险，导致未能得到足够赔偿的，由责任方负责补足。

【使用指引】

合同当事人在使用本条款时应注意以下事项：

1. 无论发包人或者承包人违约不办理保险的，另一方当事人可以先行提示，如对方仍不办理，承包人或发包人可以根据本条款约定代为办理。

2. 在发包人或者承包人代为办理相应保险后，应保存保险单据、保险凭证和缴费单据，作为要求对方当事人承担保险费用的依据。

【条文索引】

《FIDIC施工合同条件》（1999版红皮书）：

18.1 有关保险的总体要求

如果保险方未能按合同要求办理保险并使之保持有效，或未能按本款要求提供令另一方满意的证明和保险单的副本，则另一方可以（按他自己的决定且不影响任何其他权利或补救的情况下）为此类违约相关的险别办理保险并支付应交的保险费。保险方应向另一方支付此类保险费的款额，同时合同价格应做相应的调整。

18.7 通知义务

除专用合同条款另有约定外，发包人变更除工伤保险之外的保险合同时，应事先征得承包人同意，并通知监理人；承包人变更除工伤保险之外的保险合同时，应事先征得发包人同意，并通知监理人。

保险事故发生时，投保人应按照保险合同规定的条件和期限及时向保险人报告。发包人和承包人应当在知道保险事故发生后及时通知对方。

【条文目的】

本条款为新增条款，旨在规定合同当事人变更保险后的通知义务，以及发生保险事故后的通知义务，便于处理保险事故，保证施工的正常进行。

【条文释义】

合同当事人变更除工伤保险之外的保险合同时，应事先征得另一方当事人的同意，避免了合同当事人随意变更保险合同，以维持保险的持续有效，保障工程的顺利实施。

发包人或者承包人变更保险合同后，要及时通知监理人，便于监理人了解工程保险的变动情况，刘于监理人监督工程的实施，加强对工程合同的监管均有重要作用。

保险事故发生后，发包人和承包人有义务及时通知对方，降低保险事故对工程施工的影响，减少损失的发生，或避免损失的进一步扩大。

【使用指引】

合同当事人在使用本条款时应注意以下事项：

1. 发包人和承包人可以在专用合同条款中约定合同当事人一方可单方变更保险合同的具体范围和内容，以及本条款约定的通知方式和期限。

2. 对于保险事故发生后的通知义务，合同当事人可以在专用合同条款中约定通知方式和期限等内容。

19 索赔

【条文目的】

索赔是合同当事人在施工合同履行过程中的重要权利，也是极易引起合同履行纠纷的管理活动。合同当事人正确的理解和运用索赔，可以准确高效维护自身的权益，有效地避免合同履行争议，保证工程建设顺利进行。与1999版施工合同相比，2013版施工合同完善和规范了合同当事人的索赔行为和索赔程序，此外还新增了合同当事人逾期索赔失权、索赔最终期限的规定等内容。

【条文释义】

索赔是施工合同履行过程中的常见现象。1999版施工合同第1.22定义中规定："索赔是指在合同履行过程中，对于并非自己的过错，而是应由对方承担责任的情况造成的实际损失，向对方提出经济补偿和（或）工期顺延的要求。"该定义中关于补偿的理解有失偏差，通常情况下，无论合同当事人哪一方提出索赔的请求，其请求的金额不限于补偿的范围。关于补偿的法律理解，合同法对此无专门规定，数量上亦未有量化标准，导致如适用"补偿"的规则即金额可大可小，但是施工合同的索赔事件中大量存在违约事件，其损失的主张当然不限于补偿，包括了实际损失和预期利益。

鉴于实践中索赔事件较为复杂，也考虑到合同当事人也有可能以补偿方式提出其索赔请求，因此2013版施工合同不再对"索赔"进行定义，而是在本条款中约定，只要承包人认为"根据合同约定，其有权得到追加付款和（或）延长工期"，或发包人认为"根据合同约定，其有权得到赔付金额和（或）延长缺陷责任期"，即有权向对方索赔。

施工合同索赔事件的成因较为复杂，既有因合同当事人的违约行为产生的索赔，如发包人未及时交付图纸和基础资料、承包人施工质量瑕疵、所使用材料不合格等，也有因不可归责于合同当事人的原因产生的索赔，如合同履行过程中遭遇不可抗力、异常恶劣的气候条件、不利物质条件、市场价格的变化、法律变化等。

不同的索赔事件，直接影响合同当事人所能主张的赔偿内容的不同。通常情况下，对于因一方当事人违约产生的索赔，既可以索赔费用和时间，还可以索赔利润，如因发包人无正当理由迟延提供材料设备导致施工受阻的，承包人除可以要求发包人赔偿费用、延长工期外，还可以要求发包人支付合理的利润。但对于不可归责于合同当事人的原因产生的索赔，仅限于索赔费用和时间，不包括利润，如施工过程中遭遇异常恶劣的气候条件，承包人有权向发包人索赔因采取额外的措施所增加的费用和（或）延误的工期。

施工合同的索赔按照请求的主体分类，包括发包人索赔和承包人索赔；按照索赔的内容分类，包括索赔工期、索赔费用和索赔利润；按照索赔的范围分类，包括合同内索赔和合同外索赔；按照索赔的处理方式分类，包括单项索赔和总索赔。

合同当事人还应注意，索赔作为合同术语出现在施工合同中，来源于长期工程建设实践，在我国的法律中并未对索赔进行定义，相关的部门规章或规范性文件有所涉及，但也并未进行严格的定义，因此在探讨索赔的法律性质时，经常与合同法关于违约责任的规定进行比较，尤其需要理解的是因违约事件引起的索赔和按照合同法主张违约责任的联系与区别。

施工合同索赔与违约责任存着一定的联系，同时亦存在明显的差异：

1. 施工合同索赔机制的建立目的是解决非请求人原因引起请求人损失的求偿问题，是一种典型的合同惯例活动，其特点重在依据合同当事人的约定，包括索赔权利的内容和程序等方面，主要作用亦在于解决争议；而违约责任则是来源于合同法的一种责任承担方式，其归责原则为不问过错，即严格责任原则，主要作用在于弥补损失。

2. 产生索赔的原因较为复杂，既包括合同当事人的违约行为，也包括不可归责于合同当事人的事件，且一般无需在合同中明确约定全部具体事件；而违约责任必须以存在违约事实为前提，且违约责任的承担方式有多种，包括违约金、继续履行、赔偿损失等方面，一般需在合同中予以明确方具有操作性。

3. 索赔和违约责任的表现形式虽然都是由合同一方当事人对另一方进行损失赔偿，但索赔通常仅限于费用、时间和利润的赔偿，而违约责任的形式则较为多样，除支付违约金外，还可以表现为修复、重作、返工等补救措施。

合同当事人还应注意的一个经常争议问题是，关于工期索赔诉讼时效的起算时间问题。

第一种观点认为，工期索赔的诉讼时效应当从索赔事件结束时起计算。按照民事诉讼法的规定，诉讼时效从知道或者应当知道权利被侵害时起计算。索赔事件已经结束，承包人已经能够计算出应当顺延的工期，因此，工期索赔的诉讼时效就应当从索赔事件结束时起计算。工期索赔最迟应当于索赔事件结束之后的两年内提出。

第二种观点认为，工期索赔的诉讼时效应当于工程结算完成之日起计算。理由是建设工程的结算具有整体性。建设工程的特征之一就是周期长，很多施工合同的履行期限远远超过了两年。在施工过程中出现的索赔纠纷，承发包双方能够通过协商达成一致的，即已经解决工期索赔问题，不能达成一致的，一般均留待工程竣工结算时一并处理。不能强求承包方就每一个未能协商一致的索赔请求，都在合同履行期内通过诉讼解决。工程结算时，承发包双方就已经达成一致的部分，可以先行结算，不能达成一致的索赔纠纷，仍然可以在结算以后通过协商或者诉讼的方式继续解决。

因此，工期索赔诉讼时效的起算应当以合同当事人在整个施工合同项下的与工期对应的合同权利被侵害作为判断依据，即应当于工程结算完成之日起算较为合理。主要原因是，施工合同的工期以及与工期有关索赔事件的合同要素活动，一般在竣工验收之后的结算阶段，双方才进入汇总和量化分析，并为合同当事人"知道或应当知道其相应的工期权利被侵害"，而单一的阶段性的工期迟延对于合同当事人的权利并未产生最终的影响。

19.1 承包人的索赔

根据合同约定，承包人认为有权得到追加付款和（或）延长工期的，应按以下程序向发包人提出索赔：

（1）承包人应在知道或应当知道索赔事件发生后28天内，向监理人递交索赔意向通知书，并说明发生索赔事件的事由；承包人未在前述28天内发出索赔意向通知书的，丧失要求追加付款和（或）延长工期的权利；

（2）承包人应在发出索赔意向通知书后28天内，向监理人正式递交索赔报告；索赔报告应详细说明索赔理由以及要求追加的付款金额和（或）延长的工期，并附必要的记录和证明材料；

（3）索赔事件具有持续影响的，承包人应按合理时间间隔继续递交延续索赔通知，说明持续影响的实际情况和记录，列出累计的追加付款金额和（或）工期延长天数；

（4）在索赔事件影响结束后28天内，承包人应向监理人递交最终索赔报告，说明最终要求索赔的追加付款金额和（或）延长的工期，并附必要的记录和证明材料。

【条文目的】

承包人索赔是工程合同履行过程中十分常见的情形，索赔也是承包人的重要权利，承包人及时准确地提出索赔，有助于准确认定索赔事件的真实状况，以保证工程的正常施工和合同的顺利履行。与1999版施工合同相比，2013版施工合同增加了承包人逾期索赔失权的规定。

【条文释义】

1999版施工合同仅简单地约定了索赔的程序，但并未约定合同当事人逾期索赔失权，由于合同当事人怠于进行索赔，因时过境迁以至工作面的灭失和人员的变动，使得索赔事件的真实状况很难复原，而合同当事人往往各执一词，由此引发的合同争端只能通过调解、仲裁或诉讼等方式解决，增加了合同当事人求偿损失的成本。且在此情形下，由于合同当事人提供的资料往往差别较大，严重影响调解人、仲裁员、法官等准确、客观地认识到事件真相，最终处理的效果往往不甚理想。

与1999版施工合同相比，2013版施工合同新增了合同当事人逾期索赔失权的约定，合同当事人未能在知道或应当知道索赔事件发生28天内，提出索赔意向通知书的，则丧失要求赔偿费用、时间或利润的权利，即确定了逾期索赔失权制度，以督促合同当事人及时进行索赔，以在较短的期限内，查明事实，并保存有关资料，以避免合同履行争议，保证工程顺利进行。前述28天索赔期限，应为固定期限，除发生不可抗力导致合同当事人无法及时提出索赔的，索赔期限通常不应延长。

合同当事人如不能在索赔期限内及时进行索赔，索赔期限届满后当事人丧失提出索赔的权利，不能要求另一方进行赔偿。索赔期限制度从法律上讲属于除斥期间，即当事人在一定期间内不行使权利，即丧失该权利，如果承包人在该条约定的期间内不行使索赔的权利，经过28天后，就丧失要求索赔的权利，这样约定是为了当事人对索赔事件及时进行固定并对损失进行确认，避免因索赔事件的发生造成旷日持久的争议或纠纷，严重影响工程施工的进行。

本条款还具体规定了承包人的索赔程序：

在合同履行过程中，承包人认为有权得到追加付款和（或）延长工期的，均可以向发包人提出索赔请求。引起索赔的事件可以是发包人的违约行为，如发包人未能按合同约定提供施工条件、未及时交付图纸、基础资料、施工现场等，也可以是不可归责于承包人的原因，如在施工过程中遭遇异常恶劣的气候条件、不利物质条件、化石文物等。

承包人应在知道或应当知道索赔事件发生后28天内，向监理人递交索赔意向通知书，并说明发生索赔事件的事由。承包人未在前述期限内发出索赔意向通知书的，丧失要求追加付款和（或）延长工期的权利，即视为承包人放弃索赔权利，事后丧失要求发包人就该索赔事件追加付款和（或）延长工期的权利。

承包人还应在发出索赔意向通知书后28天内向监理人正式递交索赔报告。索赔报告应详细说明索赔要求和理由，并附详细证明材料。对于具有持续影响的索赔事件，承包人还应按照合理的时间间隔继续递交索赔通知，其中合理的时间间隔应结合具体索赔事件的特点确定，一般而言，应以有利于准确确认索赔事件的影响和及时准确确认承包人索赔为前提。与逾期提交索赔意向通知书的后果不同的是，承包人逾期提交索赔报告并不导致承包人索赔权利的丧失。但从尽快查明索赔事件，便于发包人及时准确处理承包人索赔和维护承包人合法权益的角度出发，承包人应在最短的时间内递交索赔报告。

承包人应注意索赔意向通知书和索赔报告的内容区别。一般而言，索赔意向通知书仅需载明索赔事件的大致情况、有可能造成的后果及承包人索赔的意思表示即可，无需准确的数据和翔实的证明资料；而索赔报告除了详细说明索赔事件的发生过程和实际所造成的影响外，还应详细列明承包人索赔的具体项目及依据，如索赔事件给承包人造成的损失总额、构成明细、计算依据以及相应的证明资料，必要时候还应附具影音资料。

合同当事人需要注意的是，本条款虽然约定了索赔意向通知书和索赔报告均应首先递交给监理人，但通常而言，如果承包人直接向发包人递交索赔意向通知书和正式索赔报告，与递交监理人具有同等法律效果。另外，如果发包人没有授予监理人处理承包人索赔的权利，则承包人应将索赔意向通知书和索赔报告送达发包人或发包人指定的第三方。

【使用指引】

1. 承包人应及时提交索赔意向通知书及索赔报告，避免逾期失权，同时也便于合同当事人及时准确确认索赔事件的影响和合同当事人的责任，避免因迟延提交导致无法查清事实，进而导致合同当事人产生不必要的争议。

2. 承包人提交的索赔意向通知书应简单准确，所提交的索赔报告应翔实具体，并附具详细的计算过程和计算依据，同时在必要时应会同发包人、监理人共同确认索赔事件所造成的影响。

3. 承包人索赔提出还应必须遵守19.5【提出索赔的期限】的最终期限要求。

【条文索引】

《菲迪克（FIDIC）施工合同条件》（1999版红皮书）：

20.1　承包商的索赔

如果承包商认为，根据本条件任何条款或与合同有关的其他文件，他有权得到竣工时间的任何延长期和（或）任何追加付款，承包商应向工程师发出通知，说明引起索赔的事件或情况。该通知应尽快在承包商察觉或应已察觉该事件或情况后28天内发出。

如果承包商未能在上述28天期限内发出索赔通知，则竣工时间不得延长，承包商应无权获得追加付款，而雇主应免除有关该索赔的全部责任。否则，应适用本款以下规定。

承包商还应提交所有有关此类事件或情况的、合同要求的任何其他通知，以及支持索赔的详细资料。

承包商应在现场或工程师认可的其他地点，保持用以证明任何索赔可能需要的此类同期记录。工程师收到根据本款发出的任何通知后，未承认雇主责任前，可检查记录保持情况，并可指示承包商保持进一步的当时记录。承包商应允许工程师检查所有这些记录，并应向工程师（若有指示要求）提供复印件。

在承包商察觉（或应已察觉）引起索赔的事件或情况后42天内，或在承包商可能建议并经工程师认可的其他期限内，承包商应向工程师递交一份充分详细的索赔报告，包括索赔的依据、要求延长的时间和（或）追加付款的全部详细资料。如果引起索赔的事件或情况具有连续影响，则：

（a）上述充分详细的索赔报告应被视为是中间的；

（b）工程师应按月递交进一步的中间索赔报告，说明累计索赔的延误时间和（或）款额，及工程师可能合理要求的此类进一步详细资料；以及

（c）承包商应在引起索赔的事件或情况产生的影响结束后28天内，或在承包商可能建议并经工程师认可的此类其他期限内，递交一份最终索赔报告。

工程师收到索赔报告或对过去索赔的任何进一步证明资料后42天内，或在工程师可能建议并经承包商认可的此类其他期限内，做出回应，表示批准或不批准并附具体意见。他还可以要求任何必要的进一步资料，但他仍要在上述期限内对索赔的原则做出回应。

每份付款证书应包括已根据合同有关规定，合理证明是有依据的、对任何索赔的此类应付款额。除非并直到提供的详细资料足以证明索赔的全部要求是有依据的以前，承包商

只有权得到索赔中他已能证明有依据部分的付款。

工程师应按照第3.5款【确定】的规定，就以下事项商定或确定：（i）根据第8.4款【竣工时间的延长】的规定，应给予竣工时间（其期满前或后）的延长期（如果有）和（或）（ii）根据合同，承包商有权得到的追加付款（如果有）。

本款各项要求是对适用于索赔的任何其他条款的追加要求。如果承包商未能达到本款或有关任何索赔的其他条款的要求，除非该索赔根据本款第二段的规定被拒绝，对给予任何延长期和（或）追加付款，应考虑承包商此项未达到要求对索赔的彻底调查造成阻碍或影响（如果有）的程度。

19.2 对承包人索赔的处理

对承包人索赔的处理如下：

（1）监理人应在收到索赔报告后14天内完成审查并报送发包人。监理人对索赔报告存在异议的，有权要求承包人提交全部原始记录副本；

（2）发包人应在监理人收到索赔报告或有关索赔的进一步证明材料后的28天内，由监理人向承包人出具经发包人签认的索赔处理结果。发包人逾期答复的，则视为认可承包人的索赔要求；

（3）承包人接受索赔处理结果的，索赔款项在当期进度款中进行支付；承包人不接受索赔处理结果的，按照第20条【争议解决】约定处理。

【条文目的】

本条款规定了发包人处理承包人索赔的程序，并约定了发包人逾期答复承包人索赔，视为认可承包人索赔的默示条款，以督促发包人及时处理承包人索赔，促使合同当事人尽快查清索赔事件。与1999版施工合同相比，2013版施工合同将索赔申请最终审核权赋予发包人，而非监理人，理清了发包人和监理人之间的权限关系。

【条文释义】

监理人应在收到承包人提交正式索赔报告后14天内完成审查并报发包人。鉴于相对于承包人和监理人，发包人在工程专业知识的欠缺，监理人应侧重对承包人索赔报告中的技术性问题进行审查和分析，并向发包人提交具体的审查结论，如承包人索赔是否成立，以及如果成立，则承包人所计算的费用、利润或工期的合理性。在条件允许的情况下，监理人还可以在审查结论中向发包人提出明确的建议，如建议发包人应支付的费用、利润金额或应延长的工期天数，以便于发包人及时准确地作出判断。

发包人应在监理人收到索赔报告之日起28日内完成审批，并将索赔处理结果答复承包人。合同当事人应注意，本条款约定的发包人答复时限的起算点为监理人收到索赔报告之时，而非收到索赔意向通知书之时，也非发包人收到索赔报告之时。

发包人答复可以是同意或部分同意承包人提出的索赔，也可以是明确地拒绝承包人的索赔，但无论何种处理结果，均应及时以书面形式通知承包人，否则，如果发包人逾期答复的，将视为认可承包人的索赔要求。

承包人对于发包人的索赔处理结果不存在异议的，则索赔款项在当期进度款中进行支付。对于发包人拒绝或部分拒绝的索赔处理结果，承包人可以再次提交补充资料，也可以直接按照第20条【争议解决】约定处理。

【使用指引】

合同当事人在使用本条款时应注意以下事项：

1. 发包人在其对监理人的授权范围中应明确是否授予监理人处理承包人索赔的权利，并应明确监理人处理的范围，避免因授权不明产生争议。

2. 发包人需注意其完成审批承包人的索赔报告并答复的期限为在监理人收到承包人索赔报告之日起28日内，而监理人应在收到承包人提交正式索赔报告后14天内完成审查并报发包人，即发包人实际审批时间应不足28天。发包人应在收到索赔报告后首先核实监理人收到时间，尽快完成审批，避免形成逾期答复的不利后果。

3. 发包人对于承包人提交的索赔报告应及时进行处理，并以书面形式答复承包人。承包人对发包人的索赔处理结果不存在异议的，发包人和承包人应及时签订书面确认协议。

19.3　发包人的索赔

根据合同约定，发包人认为有权得到赔付金额和（或）延长缺陷责任期的，监理人应向承包人发出通知并附有详细的证明。

发包人应在知道或应当知道索赔事件发生后28天内通过监理人向承包人提出索赔意向通知书，发包人未在前述28天内发出索赔意向通知书的，丧失要求赔付金额和（或）延长缺陷责任期的权利。发包人应在发出索赔意向通知书后28天内，通过监理人向承包人正式递交索赔报告。

【条文目的】

本条款规定了发包人索赔的程序，与1999版施工合同相比，2013版施工合同新增了发包人28天索赔期限制度，以督促发包人及时主张权利，尽快解决争议。

【条文释义】

相对于承包人索赔的复杂成因，发包人的索赔原因相对较为简单，一般均为可归责于承包人的事件，如因承包人原因导致工期延误、工程质量瑕疵或造成人身财产损害等等。

发包人向承包人索赔的内容为赔付金额和延长缺陷责任期，其中发包人向承包人索赔的赔付金额包括发包人的直接损失和间接损失，但应提供相应的证明资料。发包人要求承包人延长缺陷责任期的，应在原缺陷责任期届满前发出延长通知。

发包人索赔应在其知道或应当知道索赔事件发生后28天内通过监理人向承包人发出索赔意向通知书，否则，逾期提出的，视为发包人放弃索赔的权利，丧失要求承包人赔付金额和（或）延长缺陷责任期的权利。

对于发包人未在28天的索赔期限内提出索赔失权的规定，在2013版施工合同的起草过程中也存在的争议。部分观点认为，鉴于发包人索赔的成因较为单一，且事后较易核实确认，同时因发包人的工程专业知识和专业能力的欠缺，对发包人的索赔无需规定严格的索赔期限制度。但考虑到平衡合同当事人的权利，以及发包人可以聘请监理人、项目管理公司等第三方弥补其自身专业知识和能力的不足，2013版施工合同中仍引入发包人28天的索赔期限制度。

发包人应在发出索赔意向通知书后28天内递交索赔报告，并附具详细的证明，但对于发包人逾期递交索赔报告的，并未约定逾期递交索赔报告的失权后果。索赔报告除了详细说明索赔事件的发生过程和实际所造成的影响外，还应详细列明发包人索赔的具体项目及依据，如索赔事件给发包人造成的损失总额、构成明细、计算依据以及相应的证明资料，必要时候还应附具影音资料。

【使用指引】

合同当事人在使用本条款时应注意以下事项：

1. 发包人应当注意索赔期限，在发生索赔事件后，应及时向承包人发出索赔意向通知书，否则将丧失要求承包人赔付金额和（或）延长缺陷责任期的权利。

2. 发包人提交的索赔意向通知书应简单准确，所提交的索赔报告应翔实具体，并附具详细的计算过程和计算依据，同时在必要时应会同承包人、监理人、第三方共同确认索赔事件所造成的影响。

【条文索引】

《菲迪克（FIDIC）施工合同条件》（1999版红皮书）：

2.5 雇主的索赔

如果雇主认为，根据本条件任何条款，或合同有关的另外事项，他有权得到任何付款，和（或）对缺陷通知期限的任何延长，雇主或工程师应向承包商发出通知，说明细节。但对承包商根据第4.19款【电、水和燃气】或第4.20款【雇主设备和免费供应的材料】规定的到期应付款，或承包商要求的其他服务的应付款，不需发出通知。

通知应在雇主了解引起索赔的事件或情况后尽快发出。关于缺陷通知期限任何延长的通知，应在该期限到期前发出。

通知的细节应说明提出索赔根据的条款或其他依据，还应包括雇主认为根据合同他有权得到的索赔金额和（或）延长期的事实根据。然后，工程师应按照第3.5款【确定】的要求，商定或确定：（i）雇主有权得到承包商支付的金额（如果有）和（或）（ii）按照第11.3款【缺陷通知期限的延长】的规定，得到缺陷通知期限的延长期（如果有）。

上述金额可在合同价格和付款证书中列为扣减额。雇主应仅有权按照本款从付款证书确认的金额中冲销或做任何扣减，或另外对承包商提出索赔。

19.4 对发包人索赔的处理

对发包人索赔的处理如下：

（1）承包人收到发包人提交的索赔报告后，应及时审查索赔报告的内容、查验发包人证明材料；

（2）承包人应在收到索赔报告或有关索赔的进一步证明材料后28天内，将索赔处理结果答复发包人。如果承包人未在上述期限内作出答复的，则视为对发包人索赔要求的认可；

（3）承包人接受索赔处理结果的，发包人可从应支付给承包人的合同价款中扣除赔付的金额或延长缺陷责任期；发包人不接受索赔处理结果的，按第20条【争议解决】约定处理。

【条文目的】

本条款规定了承包人处理发包人索赔的程序，明确了28天的审批答复时限，逾期未答复，视为承包人默认发包人索赔要求，以此督促承包人及时处理发包人索赔，尽快解决合同当事人的争议，保证合同的顺利履行。

【条文释义】

承包人应在收到索赔报告之日起28日内完成审核，并将索赔处理结果答复发包人。合同当事人应注意，本条款约定的承包人答复时限的起算点为承包人收到索赔报告之时，而非收到索赔意向通知书之时。

承包人答复可以是同意或部分同意发包人索赔，也可以是明确地拒绝发包人的索赔，但无论何种处理结果，均应及时以书面形式通知发包人，否则，如果承包人逾期答复的，将视为认可发包人的索赔要求。

发包人对于承包人的索赔处理结果不存在异议的，发包人可从应支付给承包人的合同价款中扣除赔付的金额或延长缺陷责任期。对于承包人拒绝或部分拒绝的索赔处理结果，发包人可以再次提交补充资料，也可以直接按照第20条【争议解决】约定处理。

【使用指引】

合同当事人在使用本条款时应注意以下事项：

1. 承包人需在收到发包人索赔报告后28天内答复发包人，答复内容既可以是同意承包人索赔申请，也可以是不同意索赔申请，无论实质内容如何，在程序上承包人必须限期作出答复，否则视为同意发包人的索赔报告。

2. 发包人对承包人答复的索赔处理结果不存在异议的，合同当事人应及时签订书面确认协议，明确承包人应赔付的金额、需延长的缺陷责任期天数等事项，避免事后产生争议。

19.5 提出索赔的期限

（1）承包人按第14.2款【竣工结算审核】约定接收竣工付款证书后，应被视为已无权再提出在工程接收证书颁发前所发生的任何索赔。

（2）承包人按第14.4款【最终结清】提交的最终结清申请单中，只限于提出工程接收证书颁发后发生的索赔。提出索赔的期限自接受最终结清证书时终止。

【条文目的】

本条款为新增条款，规定了承包人申请索赔的最终期限，目的在于督促承包人及时行使索赔权利，避免因经过时间较长，导致无法还原索赔事件的真实情况，同时也是与竣工结算和最终结清的目的保持一致，即2013版施工合同的竣工结算应是对合同履行结果的整体的结算，包括工程价款、违约金、赔偿金等所有与合同履行相关的价格和责任的清算。

【条文释义】

在接受竣工付款证书之前，承包人可就工程接收证书颁发前所发生的任何索赔事件提出索赔，但应遵守第19.1款【承包人的索赔】约定。在承包人接受竣工付款证书之后，便不得对此前的索赔事件进行索赔。

2013版施工合同的竣工结算为合同当事人就工程接收证书颁发之前的合同履行的整体清算，即对合同当事人的责任和义务进行了全面的清理，而竣工付款证书为体现结算结果的成果文件，承包人接受竣工付款证书的行为，实质上表明合同当事人已经就结算达成一致，合同当事人均应受此约束。因此，如果允许承包人在接受竣工付款证书后再就之前的索赔事件提出索赔，则实质上推翻了合同当事人就竣工结算结果达成的一致意见，一般应不予支持。当然，如果承包人有证据证明发包人存在欺诈、胁迫等强制承包人接受竣工付款证书的违法情形除外。

承包人按第14.4款【最终结清】提交的最终结清申请单中，只限于提出工程接收证书颁发后发生的索赔。承包人就工程接收证书颁发后发生的索赔事件提出索赔的，合同当事人应遵照第19.1款【承包人的索赔】和第19.2款【对承包人索赔的处理】的约定执行，但如果在缺陷责任期内，发包人不再委托监理人的，则监理人的地位和作用应由发包人来代替。

承包人提出索赔的期限自接受最终结清证书时终止，即承包人接受最终结清证书的，视为合同当事人已经就合同履行过程中的权利义务的结算结果达成了一致，承包人的索赔权利消灭。

2013版施工合同之所以未对发包人的索赔约定最终的截止期限，主要原因在于承包人除需履行合同约定的义务外，还需按照法律规定承担终生的质量担保责任以及较长的保修责任，尤其是地基基础工程和主体结构的质量保修期为设计文件规定的工程合理使用年限。

【使用指引】

合同当事人在使用本条款时应注意以下事项：

1. 承包人在合同履行过程中，应及时做好记录和资料保存的工作，发生索赔事件时，应及时进行索赔，避免拖延索赔导致索赔权利的丧失，并引起合同当事人的争议。

2. 合同当事人应做好竣工结算和最终结清工作，尤其是竣工结算应是对囊括工程价款、违约金、赔偿金等合同当事人权利义务的全面清理，并在结算完成后及时完成确认。

20 争议解决

20.1 和解

合同当事人可以就争议自行和解，自行和解达成协议的经双方签字并盖章后作为合同补充文件，双方均应遵照执行。

20.2 调解

合同当事人可以就争议请求建设行政主管部门、行业协会或其他第三方进行调解，调解达成协议的，经双方签字并盖章后作为合同补充文件，双方均应遵照执行。

【条文目的】

2013版施工合同第20.1款【和解】和第20.2款【调解】分别约定了合同当事人解决争

议的两个途径即和解与调解，便于合同当事人在合同履行中发生争议后及时进行协商解决，避免矛盾的进一步激化，有利于保障合同的履行和工程的施工。

【条文释义】

涉及到纠纷解决时，首先应当了解多种纠纷解决机制。从目前国家和最高人民发院的政策法律环境要求看，和解与调解是首选的方式。和解的实质即为协商，即是指合同当事人双方之间就争议内容进行谈判、协商，最终达成一致。如合同当事人之间无法达成一致，可以请求政府建设行政主管部门、行业协会或者其他第三方进行调解。经过和解或者调解后，如果能够达成一致意见，双方应签订和解协议或者调解协议，协议作为施工合同的补充文件，对双方具有法律约束力，双方应遵照执行。

目前在建设工程领域可以适用的调解机构有行政机关下属的具有调解职能的机构、行业协会调解机构、仲裁机构的调解中心、有专业声望的调解员等，如北京市造价管理部门的工程造价经济纠纷调整、中国建筑业协会经营与劳务管理委员会调解中心、北京仲裁委员会调解中心、中国国际经济贸易仲裁委员会调解中心等机构。

【使用指引】

合同当事人在使用本条款时应注意以下事项：

1. 因和解或调解作为民事协商解决争议的方式，有利于双方化解矛盾和避免纠纷的升级，故合同当事人之间发生争议后，应首先选择和解或调解途径解决争议。

2. 合同当事人约定采用调解方式解决争议的，应当在专用合同条款中明确约定其选择的调解机构，或调解员，或调解小组等，并对于实施调解的规则、程序、费用等方面进行详细的约定。

3. 合同当事人和解或调解达成一致后，应该签订协议，如果不签订协议并作为合同的组成部分，当事人达成的协议并没有法定的约束力，合同当事人事后反悔的，协议的内容就无法实际履行。

4. 合同当事人签订的协议具有法律约束力，合同当事人在和解或调解中作出的让步，不能在事后履行中反悔。否则，即按照违反合同约定予以处理。

【法条索引】

《中华人民共和国合同法》第128条：当事人可以通过和解或者调解解决合同争议。

20.3 争议评审

合同当事人在专用合同条款中约定采取争议评审方式解决争议以及评审规则，并按下列约定执行：

20.3.1 争议评审小组的确定

合同当事人可以共同选择1名或3名争议评审员，组成争议评审小组。除专用合同条款另有约定外，合同当事人应当自合同签订后28天内，或者争议发生后14天内，选定争议评审员。

选择1名争议评审员的，由合同当事人共同确定；选择三名争议评审员的，各自选定1名，第3名成员为首席争议评审员，由合同当事人共同确定或由合同当事人委托已选定的争议评审员共同确定，或由专用合同条款约定的评审机构指定第3名首席争议评审员。

除专用合同条款另有约定外，评审员报酬由发包人和承包人各承担一半。

20.3.2　争议评审小组的决定

合同当事人可在任何时间将与合同有关的任何争议共同提请争议评审小组进行评审。争议评审小组应秉持客观、公正原则，充分听取合同当事人的意见，依据相关法律、规范、标准、案例经验及商业惯例等，自收到争议评审申请报告后14天内作出书面决定，并说明理由。合同当事人可以在专用合同条款中对本项事项另行约定。

20.3.3　争议评审小组决定的效力

争议评审小组作出的书面决定经合同当事人签字确认后，对双方具有约束力，双方应遵照执行。

任何一方当事人不接受争议评审小组决定或不履行争议评审小组决定的，双方可选择采用其他争议解决方式。

【条文目的】

1999版施工合同中规定的争议解决方式包括和解、调解、仲裁或诉讼，2013版施工合同借鉴和吸收了九部委的《标准施工招标文件》通用合同条款、《菲迪克（FIDIC）施工合同条件》（1999版红皮书）通用条款中有关"争端裁决委员会"的规定，新增了"争议评审"解决方式。因争议评审解决机制由第三方全过程参与，能够有效地解决传统争议解决方式的专业性不足和效率低下的问题，有利于提高建设工程项目争议解决的专业性及效率，快速定纷止争，以确保项目的经济效益和社会效益。

【条文释义】

目前国内已经出台的争议评审规则中，首推北京仲裁委员会最早于2009年3月即制定并开始执行的《建设工程争议评审规则》，并附有专门的《评审专家手则》与《评审员手册》，鉴于国内实施争议评审机制的案例并不多，因此2013版施工合同在九部委《标准施工招标文件》通用合同条款推出该制度之后，再次引入该机制，并将结合国内的实践不断推广和完善该机制。

本条款并没有强制要求合同当事人采取争议评审解决机制，合同当事人对此有完全的选择权，包括对争议评审的程序、规则、费用承担、评审结论等方面，体现出充分尊重合同当事人的自愿原则。

在争议评审解决机制中，对于争议评审小组评审员的选择和决定，也以合同当事人自愿选择为主，国家行政管理部门不参与，充分尊重合同当事人的选择权，对于评审员的选择程序借鉴了《仲裁法》的相关规定，具有很强的操作性。

为尽快解决争议，同时也为了充分发挥争议评审小组的专业性、高效性，施工合同约定争议评审小组一般应在收到争议评审申请报告后14天内作出书面决定，并说明理由。但如合同当事人认为有关问题比较复杂，需要较多时间的，亦在专用合同条款中对此作出约定。

对于争议评审小组的决定，在目前我国法律中并未对此予以规定，因此不具备法律文书的约束力，如合同当事人同意该决定，应签字确认。争议评审小组作出的书面决定经合同当事人签字确认后，对双方具有合同性质的约束力，双方应遵照执行。

合同当事人在使用本条款时应注意以下事项:

1. 如合同当事人希望采取必须在专用合同条款中约定采取争议评审方式解决争议,如果当事人没有约定,则本条款不适用。

2. 由于争议评审员的范围由合同当事人决定,所以合同当事人在合同签订后或者争议发生后,也可以先对评审员的选择范围作出约定,保证争议评审员的专业性。

3. 由于争议评审小组的决定合同当事人不签字确认的并没有法律约束力,所以如果合同当事人认可该决定的,应该及时签字确认。如果合同当事人不予认可的,也应该及时反馈自己的意见,以便于尽快通过其他途径解决争议。

20.4 仲裁或诉讼

因合同及合同有关事项产生的争议,合同当事人可以在专用合同条款中约定以下一种方式解决争议:

(1) 向约定的仲裁委员会申请仲裁;

(2) 向有管辖权的人民法院起诉。

【条文目的】

本条款约定合同当事人可争议解决的仲裁或诉讼方式,合同当事人在合同中约定争议解决的管辖后,对合同当事人具有约束力。

【条文释义】

关于争议的范围,凡是因为施工合同或者与施工合同有关事项产生的争议都属于仲裁或者诉讼的范围,合同当事人都可以对此约定解决的方式。

仲裁和诉讼是相互排斥的,合同当事人只能选择其中任一种方式,而且必须明确,无论约定仲裁还是诉讼,必须符合《仲裁法》和《民事诉讼法》的规定。

【使用指引】

合同当事人在使用本条款时应注意以下事项:

1. 关于仲裁的约定,应当注意的是明确具体的仲裁机构,仲裁机构的名称要正确,例如北京仲裁委员会,"北京"后面就没有"市",更不能写成"北京的仲裁机构";仲裁的地点也应明确约定,例如北京、上海等,如考虑到仲裁的方便性,仲裁地点可以与仲裁机构不一致。

另外,关于仲裁范围的约定,2013版施工合同明确约定"因合同及合同有关事项产生的争议,"不可任意缩小仲裁的范围,否则将人为增加合同争议解决的复杂性。

2. 关于管辖法院的约定,合同当事人可以约定具体的管辖法院,但应符合《民事诉讼法》的规定,即只能约定原告住所地、被告住所地、合同履行地、合同签订地、标的物所在地的人民法院管辖,同时不得违反级别管辖的规定,特别是各省市高级人民法院对一审法院管辖权的规定不同,故合同当事人在合同中约定具体的管辖法院时,应该了解工程所在地或即将约定的所在地高院关于级别管辖的规定。

【法条索引】

《中华人民共和国合同法》第128条：当事人不愿和解、调解或者和解、调解不成的，可以根据仲裁协议向仲裁机构申请仲裁。涉外合同的当事人可以根据仲裁协议向中国仲裁机构或者其他仲裁机构申请仲裁。当事人没有订立仲裁协议或者仲裁协议无效的，可以向人民法院起诉。当事人应当履行发生法律效力的判决、仲裁裁决、调解书；拒不履行的，对方可以请求人民法院执行。

20.5 争议解决条款效力

合同有关争议解决的条款独立存在，合同的变更、解除、终止、无效或者被撤销均不影响其效力。

【条文目的】

本条款规定了争议解决条款的独立性，以确保在合同的效力状态出现异常时的争议解决问题。

【条文释义】

根据我国《合同法》的规定，合同争议解决条款独立存在，不受合同变更、解除、终止、无效和撤销的影响。合同争议条款的独立存在特点，保障了合同争议发生后合同当事人解决争议的途径和依据。

【使用指引】

合同当事人应该在合同中对争议解决条款作出明确的规定，便于双方遵守。

【法条索引】

《中华人民共和国合同法》第57条：合同无效、被撤销或者终止的，不影响合同中独立存在的有关解决争议方法的条款的效力。

第三部分　专用合同条款

1　一般约定

1.1　词语定义

1.1.1　合同
1.1.1.10　其他合同文件包括：_____
_____。

1.1.2　合同当事人及其他相关方
1.1.2.4　监理人：
名　　称：_____；
资质类别和等级：_____；
联系电话：_____；
电子信箱：_____；
通信地址：_____。
1.1.2.5　设计人：
名　　称：_____；
资质类别和等级：_____；
联系电话：_____；
电子信箱：_____；
通信地址：_____。

1.1.3　工程和设备
1.1.3.7　作为施工现场组成部分的其他场所包括：_____
_____。

1.1.3.9　永久占地包括：_____。
1.1.3.10　临时占地包括：_____。

1.3　法律

适用于合同的其他规范性文件：_____
_____。

1.4　标准和规范

1.4.1　适用于工程的标准规范包括：_____
_____。

1.4.2　发包人提供国外标准、规范的名称：_____
_____；

发包人提供国外标准、规范的份数：_____；
发包人提供国外标准、规范的名称：_____。

1.4.3 发包人对工程的技术标准和功能要求的特殊要求：_____
_____。

1.5 合同文件的优先顺序

合同文件组成及优先顺序为：_____
_____。

1.6 图纸和承包人文件

1.6.1 图纸的提供

发包人向承包人提供图纸的期限：_____；
发包人向承包人提供图纸的数量：_____；
发包人向承包人提供图纸的内容：_____。

1.6.4 承包人文件

需要由承包人提供的文件，包括：_____
_____；

承包人提供的文件的期限为：_____；
承包人提供的文件的数量为：_____；
承包人提供的文件的形式为：_____；
发包人审批承包人文件的期限：_____。

1.6.5 现场图纸准备

关于现场图纸准备的约定：_____。

1.7 联络

1.7.1 发包人和承包人应当在_____天内将与合同有关的通知、批准、证明、证书、指示、指令、要求、请求、同意、意见、确定和决定等书面函件送达对方当事人。

1.7.2 发包人接收文件的地点：_____；
发包人指定的接收人为：_____。
承包人接收文件的地点：_____；
承包人指定的接收人为：_____；
监理人接收文件的地点：_____；
监理人指定的接收人为：_____。

1.10 交通运输

1.10.1 出入现场的权利

关于出入现场的权利的约定：_____
_____。

1.10.3 场内交通

关于场外交通和场内交通的边界的约定：_____
关于发包人向承包人免费提供满足工程施工需要的场内道路和交通设施的约定：
_____。

1.10.4 超大件和超重件的运输

运输超大件或超重件所需的道路和桥梁临时加固改造费用和其他有关费用由_____承担。

1.11 知识产权

1.11.1 关于发包人提供给承包人的图纸、发包人为实施工程自行编制或委托编制的技术规范以及反映发包人关于合同要求或其他类似性质的文件的著作权的归属：

_____。

关于发包人提供的上述文件的使用限制的要求：_____

_____。

1.11.2 关于承包人为实施工程所编制文件的著作权的归属：_____

_____。

关于承包人提供的上述文件的使用限制的要求：_____

_____。

1.11.4 承包人在施工过程中所采用的专利、专有技术、技术秘密的使用费的承担方式：_____。

1.13 工程量清单错误的修正

出现工程量清单错误时，是否调整合同价格：_____。

允许调整合同价格的工程量偏差范围：_____。

2 发包人

2.2 发包人代表

发包人代表：

姓　　名：_____；

身份证号：_____；

职　　务：_____；

联系电话：_____；

电子信箱：_____；

通信地址：_____。

发包人对发包人代表的授权范围如下：_____

_____。

2.4 施工现场、施工条件和基础资料的提供

2.4.1 提供施工现场

关于发包人移交施工现场的期限要求：_____

_____。

2.4.2 提供施工条件

关于发包人应负责提供施工所需要的条件包括：_____

2.5 资金来源证明及支付担保

发包人提供资金来源证明的期限要求：_____。
发包人是否提供支付担保：_____。
发包人提供支付担保的形式：_____。

3 承包人

3.1 承包人的一般义务

（5）承包人提交的竣工资料的内容：_____
_____。
承包人需要提交的竣工资料套数：_____。
承包人提交的竣工资料的费用承担：_____。
承包人提交的竣工资料移交时间：_____。
承包人提交的竣工资料形式要求：_____。
（6）承包人应履行的其他义务：_____
_____。

3.2 项目经理

3.2.1 项目经理：
姓　　名：_____；
身份证号：_____；
建造师执业资格等级：_____；
建造师注册证书号：_____；
建造师执业印章号：_____；
安全生产考核合格证书号：_____；
联系电话：_____；
电子信箱：_____；
通信地址：_____；
承包人对项目经理的授权范围如下：_____
_____。

关于项目经理每月在施工现场的时间要求：_____
_____。

承包人未提交劳动合同，以及没有为项目经理缴纳社会保险证明的违约责任：_____。
项目经理未经批准，擅自离开施工现场的违约责任：_____
_____。

3.2.3 承包人擅自更换项目经理的违约责任：_____
_____。

3.2.4 承包人无正当理由拒绝更换项目经理的违约责任：_____

_____。

3.3 承包人人员

3.3.1 承包人提交项目管理机构及施工现场管理人员安排报告的期限：_____

_____。

3.3.3 承包人无正当理由拒绝撤换主要施工管理人员的违约责任：_____

_____。

3.3.4 承包人主要施工管理人员离开施工现场的批准要求：_____

_____。

3.3.5 承包人擅自更换主要施工管理人员的违约责任：_____

_____。

承包人主要施工管理人员擅自离开施工现场的违约责任：_____

_____。

3.5 分包

3.5.1 分包的一般约定

禁止分包的工程包括：_____。

主体结构、关键性工作的范围：_____

_____。

3.5.2 分包的确定

允许分包的专业工程包括：_____。

其他关于分包的约定：_____。

3.5.4 分包合同价款

关于分包合同价款支付的约定：_____。

3.6 工程照管与成品、半成品保护

承包人负责照管工程及工程相关的材料、工程设备的起始时间：_____

_____。

3.7 履约担保

承包人是否提供履约担保：_____。

承包人提供履约担保的形式、金额及期限：_____。

4 监理人

4.1 监理人的一般规定

关于监理人的监理内容：_____。

关于监理人的监理权限：_____。

关于监理人在施工现场的办公场所、生活场所的提供和费用承担的约定：

4.2 监理人员

总监理工程师：

姓　　名_____；

职　　务：_____；

监理工程师执业资格证书号：_____；

联系电话：_____；

电子信箱：_____；

通信地址：_____；

关于监理人的其他约定：_____。

4.4 商定或确定

在发包人和承包人不能通过协商达成一致意见时，发包人授权监理人对以下事项进行确定：

（1）_____；

（2）_____；

（3）_____。

5 工程质量

5.1 质量要求

5.1.1 特殊质量标准和要求：_____。

关于工程奖项的约定：_____。

5.3 隐蔽工程检查

5.3.2 承包人提前通知监理人隐蔽工程检查的期限的约定：_____。

监理人不能按时进行检查时，应提前_____小时提交书面延期要求。

关于延期最长不得超过：_____小时。

6 安全文明施工与环境保护

6.1 安全文明施工

6.1.1 项目安全生产的达标目标及相应事项的约定：_____。

6.1.4 关于治安保卫的特别约定：_____。

关于编制施工场地治安管理计划的约定：_____。

6.1.5 文明施工

合同当事人对文明施工的要求：_____
_____。

6.1.6 关于安全文明施工费支付比例和支付期限的约定： _____
_____
_____。

7 工期和进度

7.1 施工组织设计

7.1.2 施工组织设计的提交和修改

承包人提交详细施工组织设计的期限的约定：_____
_____
_____。

发包人和监理人在收到详细的施工组织设计后确认或提出修改意见的期限：_____
_____
_____。

7.2 施工进度计划

7.2.2 施工进度计划的修订

发包人和监理人在收到修订的施工进度计划后确认或提出修改意见的期限：_____
_____
_____。

7.3 开工

7.3.1 开工准备

关于承包人提交工程开工报审表的期限：_____
_____
_____。

关于发包人应完成的其他开工准备工作及期限：_____
_____
_____。

关于承包人应完成的其他开工准备工作及期限：_____
_____
_____。

7.3.2 开工通知

因发包人原因造成监理人未能在计划开工日期之日起____天内发出开工通知的，承包人有权提出价格调整要求，或者解除合同。

7.4 测量放线

7.4.1 发包人通过监理人向承包人提供测量基准点、基准线和水准点及其书面资料的期限：_____
_____
_____。

7.5 工期延误

7.5.1 因发包人原因导致工期延误

（7）因发包人原因导致工期延误的其他情形：_____

7.5.2 因承包人原因导致工期延误

因承包人原因造成工期延误，逾期竣工违约金的计算方法为：＿＿＿＿＿＿＿＿＿＿

＿＿＿＿＿＿＿＿＿＿＿＿＿＿＿＿＿＿＿＿＿＿＿＿＿＿＿＿＿＿＿＿＿＿＿＿＿。

因承包人原因造成工期延误，逾期竣工违约金的上限：＿＿＿＿＿＿＿＿＿＿＿＿

＿＿＿＿＿＿＿＿＿＿＿＿＿＿＿＿＿＿＿＿＿＿＿＿＿＿＿＿＿＿＿＿＿＿＿＿＿。

7.6 不利物质条件

不利物质条件的其他情形和有关约定：＿＿＿＿＿＿＿＿＿＿＿＿＿＿＿＿＿＿＿

＿＿＿＿＿＿＿＿＿＿＿＿＿＿＿＿＿＿＿＿＿＿＿＿＿＿＿＿＿＿＿＿＿＿＿＿＿。

7.7 异常恶劣的气候条件

发包人和承包人同意以下情形视为异常恶劣的气候条件：
（1）＿＿＿＿＿＿＿＿＿＿＿＿＿＿＿＿＿＿＿＿＿＿＿＿＿；
（2）＿＿＿＿＿＿＿＿＿＿＿＿＿＿＿＿＿＿＿＿＿＿＿＿＿；
（3）＿＿＿＿＿＿＿＿＿＿＿＿＿＿＿＿＿＿＿＿＿＿＿＿＿。

7.9 提前竣工的奖励

7.9.2 提前竣工的奖励：＿＿＿＿＿＿＿＿＿＿＿＿＿＿＿＿＿＿＿＿＿＿＿

＿＿＿＿＿＿＿＿＿＿＿＿＿＿＿＿＿＿＿＿＿＿＿＿＿＿＿＿＿＿＿＿＿＿＿＿＿。

8 材料与设备

8.4 材料与工程设备的保管与使用

8.4.1 发包人供应的材料设备的保管费用的承担：＿＿＿＿＿＿＿＿＿＿＿＿＿

＿＿＿＿＿＿＿＿＿＿＿＿＿＿＿＿＿＿＿＿＿＿＿＿＿＿＿＿＿＿＿＿＿＿＿＿＿。

8.6 样品

8.6.1 样品的报送与封存
需要承包人报送样品的材料或工程设备，样品的种类、名称、规格、数量要求：

＿＿＿＿＿＿＿＿＿＿＿＿＿＿＿＿＿＿＿＿＿＿＿＿＿＿＿＿＿＿＿＿＿＿＿＿＿。

8.8 施工设备和临时设施

8.8.1 承包人提供的施工设备和临时设施
关于修建临时设施费用承担的约定：＿＿＿＿＿＿＿＿＿＿＿＿＿＿＿＿＿＿＿＿。

9 试验与检验

9.1 试验设备与试验人员

9.1.2 试验设备
施工现场需要配置的试验场所：＿＿＿＿＿＿＿＿＿＿＿＿＿＿＿＿＿＿＿＿＿＿。
施工现场需要配备的试验设备：＿＿＿＿＿＿＿＿＿＿＿＿＿＿＿＿＿＿＿＿＿＿。

施工现场需要具备的其他试验条件：_____。

9.4　现场工艺试验

现场工艺试验的有关约定：_____

_____。

10　变更

10.1　变更的范围

关于变更的范围的约定：_____

_____。

10.4　变更估价

10.4.1　变更估价原则
关于变更估价的约定：_____

_____。

10.5　承包人的合理化建议

监理人审查承包人合理化建议的期限：_____。
发包人审批承包人合理化建议的期限：_____。
承包人提出的合理化建议降低了合同价格或者提高了工程经济效益的奖励的方法和金
额为：_____。

10.7　暂估价

暂估价材料和工程设备的明细详见附件11：《暂估价一览表》
10.7.1　依法必须招标的暂估价项目
对于依法必须招标的暂估价项目的确认和批准采取第_____种方式确定。
10.7.2　不属于依法必须招标的暂估价项目
对于不属于依法必须招标的暂估价项目的确认和批准采取第_____种方式确定。
第3种方式：承包人直接实施的暂估价项目
承包人直接实施的暂估价项目的约定：_____

_____。

10.8　暂列金额

合同当事人关于暂列金额使用的约定：_____。

11　价格调整

11.1　市场价格波动引起的调整

市场价格波动是否调整合同价格的约定：_____。

因市场价格波动调整合同价格，采用以下第_____种方式对合同价格进行调整：

第1种方式：采用价格指数进行价格调整。

关于各可调因子、定值和变值权重，以及基本价格指数及其来源的约定：

_____；

第2种方式：采用造价信息进行价格调整。

（2）关于基准价格的约定：_____。

专用合同条款①承包人在已标价工程量清单或预算书中载明的材料单价低于基准价格的：专用合同条款合同履行期间材料单价涨幅以基准价格为基础超过_____%时，或材料单价跌幅以已标价工程量清单或预算书中载明材料单价为基础超过_____%时，其超过部分据实调整。

②承包人在已标价工程量清单或预算书中载明的材料单价高于基准价格的：专用合同条款合同履行期间材料单价跌幅以基准价格为基础超过_____%时，材料单价涨幅以已标价工程量清单或预算书中载明材料单价为基础超过_____%时，其超过部分据实调整。

③承包人在已标价工程量清单或预算书中载明的材料单价等于基准单价的：专用合同条款合同履行期间材料单价涨跌幅以基准单价为基础超过±_____%时，其超过部分据实调整。

第3种方式：其他价格调整方式：_____

_____。

12　合同价格、计量与支付

12.1　合同价格形式

1. 单价合同。

综合单价包含的风险范围：_____

_____。

风险费用的计算方法：_____

_____。

风险范围以外合同价格的调整方法：_____

_____。

2. 总价合同。

总价包含的风险范围：_____。

风险费用的计算方法：_____。

风险范围以外合同价格的调整方法：_____。

3. 其他价格方式：_____。

12.2　预付款

12.2.1　预付款的支付

预付款支付比例或金额：_____。

预付款支付期限：_____。

预付款扣回的方式：_____。

12.2.2　预付款担保

承包人提交预付款担保的期限：_____。

预付款担保的形式为：_____。

12.3　计量

12.3.1　计量原则

工程量计算规则：_____。

12.3.2　计量周期

关于计量周期的约定：_____。

12.3.3　单价合同的计量

关于单价合同计量的约定：_____。

12.3.4　总价合同的计量

关于总价合同计量的约定：_____。

12.3.5　总价合同采用支付分解表计量支付的，是否适用第12.3.4项【总价合同的计量】约定进行计量：_____。

12.3.6　其他价格形式合同的计量

其他价格形式的计量方式和程序：_____

_____。

12.4　工程进度款支付

12.4.1　付款周期

关于付款周期的约定：_____。

12.4.2　进度付款申请单的编制

关于进度付款申请单编制的约定：_____。

12.4.3　进度付款申请单的提交

（1）单价合同进度付款申请单提交的约定：_____。

（2）总价合同进度付款申请单提交的约定：_____。

（3）其他价格形式合同进度付款申请单提交的约定：_____

_____。

12.4.4　进度款审核和支付

（1）监理人审查并报送发包人的期限：_____。

发包人完成审批并签发进度款支付证书的期限：_____。

（2）发包人支付进度款的期限：_____。

发包人逾期支付进度款的违约金的计算方式：_____。

12.4.6　支付分解表的编制

2. 总价合同支付分解表的编制与审批：_____

_____。

3. 单价合同的总价项目支付分解表的编制与审批：_____

_____。

13 验收和工程试车

13.1 分部分项工程验收

13.1.2 监理人不能按时进行验收时，应提前_____小时提交书面延期要求。
关于延期最长不得超过：_____小时。

13.2 竣工验收

13.2.2 竣工验收程序
关于竣工验收程序的约定：_____
_____。
发包人不按照本条款约定组织竣工验收、颁发工程接收证书的违约金的计算方法：
_____。

13.2.5 移交、接收全部与部分工程
承包人向发包人移交工程的期限：_____。
发包人未按本合同约定接收全部或部分工程的，违约金的计算方法为：_____
_____。

承包人未按时移交工程的，违约金的计算方法为：_____
_____。

13.3 工程试车

13.3.1 试车程序
工程试车内容：_____
_____。
（1）单机无负荷试车费用由_____承担；
（2）无负荷联动试车费用由_____承担。

13.3.3 投料试车
关于投料试车相关事项的约定：_____
_____。

13.6 竣工退场

13.6.1 竣工退场
承包人完成竣工退场的期限：_____。

14 竣工结算

14.1 竣工付款申请

承包人提交竣工付款申请单的期限：_____。
竣工付款申请单应包括的内容：_____。

14.2 竣工结算审核

发包人审批竣工付款申请单的期限：_____。
发包人完成竣工付款的期限：_____。
关于竣工付款证书异议部分审核的方式和程度：_____。

14.4 最终结清

14.4.1 最终结清申请单
承包人提交最终结清申请单的份数：_____。
承包人提交最终结算申请单的期限：_____。

14.4.2 最终结清证书和支付
（1）发包人完成最终结清申请单的审批并颁发最终结清证书的期限_____。
（2）发包人完成支付的期限：_____。

15 缺陷责任期与保修

15.2 缺陷责任期
缺陷责任期的具体期限：_____。

15.3 质量保证金
关于是否扣留质量保证金的约定：_____。

15.3.1 承包人提供质量保证金的方式
质量保证金采用以下第_____种方式：
（1）质量保证金保函，保证金额为：_____；
（2）_____%的工程款；
（3）其他方式：_____。

15.3.2 质量保证金的扣留
质量保证金的扣留采取以下第_____种方式：
（1）在支付工程进度款时逐次扣留，在此情形下，质量保证金的计算基数不包括预付款的支付、扣回以及价格调整的金额；
（2）工程竣工结算时一次性扣留质量保证金；
（3）其他扣留方式：_____。
关于质量保证金的补充约定：_____。

15.4 保修

15.4.1 保修责任
工程保修期为：_____。

15.4.3 修复通知
承包人收到保修通知并到达工程现场的合理时间：_____。

16 违约

16.1 发包人违约

16.1.1 发包人违约的情形

发包人违约的其他情形：_____。

16.1.2 发包人违约的责任

发包人违约责任的承担方式和计算方法：

（1）因发包人原因未能在计划开工日期前7天内下达开工通知的违约责任：

_____。

（2）因发包人原因未能按合同约定支付合同价款的违约责任：_____

_____。

（3）发包人违反第10.1款[变更的范围]第（2）项约定，自行实施被取消的工作或转由他人实施的违约责任：_____

_____。

（4）发包人提供的材料、工程设备的规格、数量或质量不符合合同约定，或因发包人原因导致交货日期延误或交货地点变更等情况的违约责任：_____

_____。

（5）因发包人违反合同约定造成暂停施工的违约责任：_____

_____。

（6）发包人无正当理由没有在约定期限内发出复工指示，导致承包人无法复工的违约责任：_____。

（7）其他：_____。

16.1.3 因发包人违约解除合同

承包人按16.1.1项[发包人违约的情形]约定暂停施工满____天后发包人仍不纠正其违约行为并致使合同目的不能实现的，承包人有权解除合同。

16.2 承包人违约

16.2.1 承包人违约的情形

承包人违约的其他情形：_____。

16.2.2 承包人违约的责任

承包人违约责任的承担方式和计算方法：_____

_____。

16.2.3 因承包人违约解除合同

关于承包人违约解除合同的特别约定：_____。

发包人继续使用承包人在施工现场的材料、设备、临时工程、承包人文件和由承包人或以其名义编制的其他文件的费用承担方式：_____。

17 不可抗力

17.1 不可抗力的确认

除通用合同条款约定的不可抗力事件之外，视为不可抗力的其他情形：_____
_____。

17.4 因不可抗力解除合同

合同解除后，发包人应在商定或确定发包人应支付款项后____天内完成款项的支付。

18 保险

18.1 工程保险

关于工程保险的特别约定：_____。

18.3 其他保险

关于其他保险的约定：_____。
承包人是否应为其施工设备等办理财产保险：_____
_____。

18.7 通知义务

关于变更保险合同时的通知义务的约定：_____
_____。

20 争议解决

20.3 争议评审

合同当事人是否同意将工程争议提交争议评审小组决定：_____
_____。

20.3.1 争议评审小组的确定

争议评审小组成员的确定：_____。
选定争议评审员的期限：_____。
争议评审小组成员的报酬承担方式：_____。
其他事项的约定：_____。

20.3.2 争议评审小组的决定

合同当事人关于本条款的约定：_____。

20.4 仲裁或诉讼

因合同及合同有关事项发生的争议，按下列第_____种方式解决：
（1）向_____仲裁委员会申请仲裁；
（2）向_____人民法院起诉。

附件

附件1：

承包人承揽工程项目一览表

单位工程名称	建设规模	建筑面积（m²）	结构形式	层数	生产能力	设备安装内容	合同价（元）	开工日期	竣工日期

附件2：

发包人供应材料设备一览表

序号	材料、设备品种	规格型号	单位	数量	单价（元）	质量等级	供应时间	送达地点	备注

工程质量保修书

发包人（全称）：＿＿＿＿＿＿＿＿＿＿＿＿＿＿

承包人（全称）：＿＿＿＿＿＿＿＿＿＿＿＿＿＿

发包人和承包人根据《中华人民共和国建筑法》和《建设工程质量管理条例》，经协商一致就＿＿＿＿＿＿＿（工程全称）签订工程质量保修书。

一、工程质量保修范围和内容

承包人在质量保修期内，按照有关法律规定和合同约定，承担工程质量保修责任。

质量保修范围包括地基基础工程、主体结构工程，屋面防水工程、有防水要求的卫生间、房间和外墙面的防渗漏，供热与供冷系统，电气管线、给排水管道、设备安装和装修工程，以及双方约定的其他项目。具体保修的内容，双方约定如下：

＿＿＿＿＿＿＿＿＿＿＿＿＿＿＿＿＿＿＿＿＿＿＿＿＿＿＿＿＿＿＿＿＿＿＿＿＿＿

＿＿＿＿＿＿＿＿＿＿＿＿＿＿＿＿＿＿＿＿＿＿＿＿＿＿＿＿＿＿＿＿＿＿＿＿。

二、质量保修期

根据《建设工程质量管理条例》及有关规定，工程的质量保修期如下：

1. 地基基础工程和主体结构工程为设计文件规定的工程合理使用年限；

2. 屋面防水工程、有防水要求的卫生间、房间和外墙面的防渗为＿＿＿＿年；

3. 装修工程为＿＿＿＿年；

4. 电气管线、给排水管道、设备安装工程为＿＿＿＿年；

5. 供热与供冷系统为＿＿＿＿个采暖期、供冷期；

6. 住宅小区内的给排水设施、道路等配套工程为＿＿＿＿年；

7. 其他项目保修期限约定如下：

＿＿＿＿＿＿＿＿＿＿＿＿＿＿＿＿＿＿＿＿＿＿＿＿＿＿＿＿＿＿＿＿＿＿＿＿＿＿

＿＿＿＿＿＿＿＿＿＿＿＿＿＿＿＿＿＿＿＿＿＿＿＿＿＿＿＿＿＿＿＿＿＿＿＿。

质量保修期自工程竣工验收合格之日起计算。

三、缺陷责任期

工程缺陷责任期为＿＿＿＿＿个月，缺陷责任期自工程实际竣工之日起计算。单位工程先于全部工程进行验收，单位工程缺陷责任期自单位工程验收合格之日起算。

缺陷责任期终止后，发包人应退还剩余的质量保证金。

四、质量保修责任

1. 属于保修范围、内容的项目，承包人应当在接到保修通知之日起7天内派人保修。承包人不在约定期限内派人保修的，发包人可以委托他人修理。

2. 发生紧急事故需抢修的，承包人在接到事故通知后，应当立即到达事故现场抢修。

3．对于涉及结构安全的质量问题，应当按照《建设工程质量管理条例》的规定，立即向当地建设行政主管部门和有关部门报告，采取安全防范措施，并由原设计人或者具有相应资质等级的设计人提出保修方案，承包人实施保修。

4．质量保修完成后，由发包人组织验收。

五、保修费用

保修费用由造成质量缺陷的责任方承担。

六、双方约定的其他工程质量保修事项：

_____

_____

_____。

工程质量保修书由发包人、承包人在工程竣工验收前共同签署，作为施工合同附件，其有效期限至保修期满。

发包人（公章）：_____　　　承包人（公章）：_____

地　　址：_____　　　地　　址：_____

法定代表人（签字）：_____　　　法定代表人（签字）：_____

委托代理人（签字）：_____　　　委托代理人（签字）：_____

电　　话：_____　　　电　　话：_____

传　　真：_____　　　传　　真：_____

开户银行：_____　　　开户银行：_____

账　　号：_____　　　账　　号：_____

邮政编码：_____　　　邮政编码：_____

附件4：

主要建设工程文件目录

文件名称	套数	费用（元）	质量	移交时间	责任人

附件5：

承包人用于本工程施工的机械设备表

序号	机械或设备名称	规格型号	数量	产地	制造年份	额定功率 (kW)	生产能力	备注

承包人主要施工管理人员表

名　称	姓名	职务	职称	主要资历、经验及承担过的项目
一、总部人员				
项目主管				
其他人员				
二、现场人员				
项目经理				
项目副经理				
技术负责人				
造价管理				
质量管理				
材料管理				
计划管理				
安全管理				
其他人员				

分包人主要施工管理人员表

名　称	姓名	职务	职称	主要资历、经验及承担过的项目
一、总部人员				
项目主管				
其他人员				
二、现场人员				
项目经理				
项目副经理				
技术负责人				
造价管理				
质量管理				
材料管理				
计划管理				
安全管理				
其他人员				

履约担保

_____（发包人名称）：

鉴于_____（发包人名称，以下简称"发包人"）与_____（承包人名称）（以下称"承包人"）于_____年____月____日就_____（工程名称）施工及有关事项协商一致共同签订《建设工程施工合同》。我方愿意无条件地、不可撤销地就承包人履行与你方签订的合同，向你方提供连带责任担保。

1. 担保金额人民币（大写）_____元（¥_____）。

2. 担保有效期自发包人与承包人签订的合同生效之日起至发包人签发或应签发工程接收证书之日止。

3. 在本担保有效期内，因承包人违反合同约定的义务给你方造成经济损失时，我方在收到你方以书面形式提出的在担保金额内的赔偿要求后，在7天内无条件支付。

4. 发包人和承包人按合同约定变更合同时，我方承担本担保规定的义务不变。

5. 因本保函发生的纠纷，可由双方协商解决，协商不成的，任何一方均可提请_____仲裁委员会仲裁。

6. 本保函自我方法定代表人（或其授权代理人）签字并加盖公章之日起生效。

担　保　人：_____（盖单位章）
法定代表人或其委托代理人：_____（签字）
地　　　址：_____
邮政编码：_____
电　　话：_____
传　　真：_____

_____年____月____日

预付款担保

_____（发包人名称）：

根据_____（承包人名称）（以下称"承包人"）与_____（发包人名称）（以下简称"发包人"）于_____年_____月_____日签订的_____（工程名称）《建设工程施工合同》，承包人按约定的金额向发包人提交一份预付款担保，即有权得到发包人支付相等金额的预付款。我方愿意就你方提供给承包人的预付款提供连带责任担保。

1. 担保金额人民币（大写）_____元（¥_____）。
2. 担保有效期自预付款支付给承包人起生效，至发包人签发的进度款支付证书说明已完全扣清止。
3. 在本保函有效期内，因承包人违反合同约定的义务而要求收回预付款时，我方在收到你方的书面通知后，在7天内无条件支付。但本保函的担保金额，在任何时候不应超过预付款金额减去发包人按合同约定在向承包人签发的进度款支付证书中扣除的金额。
4. 发包人和承包人按合同约定变更合同时，我方承担本保函规定的义务不变。
5. 因本保函发生的纠纷，可由双方协商解决，协商不成的，任何一方均可提请____仲裁委员会仲裁。
6. 本保函自我方法定代表人（或其授权代理人）签字并加盖公章之日起生效。

担　保　人：_____（盖单位章）
法定代表人或其委托代理人：_____（签字）
地　　　址：_____
邮政编码：_____
电　　　话：_____
传　　　真：_____

_____年____月____日

附件10:

支付担保

_____（承包人）：

鉴于你方作为承包人已经与_____（发包人名称）（以下称"发包人"）于_____年_____月_____日签订了_____（工程名称）《建设工程施工合同》（以下称"主合同"），应发包人的申请，我方愿就发包人履行主合同约定的工程款支付义务以保证的方式向你方提供如下担保：

一、保证的范围及保证金额

1. 我方的保证范围是主合同约定的工程款。

2. 本保函所称主合同约定的工程款是指主合同约定的除工程质量保证金以外的合同价款。

3. 我方保证的金额是主合同约定的工程款的_____%，数额最高不超过人民币元（大写：_____）。

二、保证的方式及保证期间

1. 我方保证的方式为：连带责任保证。

2. 我方保证的期间为：自本合同生效之日起至主合同约定的工程款支付完毕之日后_____日内。

3. 你方与发包人协议变更工程款支付日期的，经我方书面同意后，保证期间按照变更后的支付日期做相应调整。

三、承担保证责任的形式

我方承担保证责任的形式是代为支付。发包人未按主合同约定向你方支付工程款的，由我方在保证金额内代为支付。

四、代偿的安排

1. 你方要求我方承担保证责任的，应向我方发出书面索赔通知及发包人未支付主合同约定工程款的证明材料。索赔通知应写明要求索赔的金额，支付款项应到达的账号。

2. 在出现你方与发包人因工程质量发生争议，发包人拒绝向你方支付工程款的情形时，你方要求我方履行保证责任代为支付的，需提供符合相应条件要求的工程质量检测机构出具的质量说明材料。

3. 我方收到你方的书面索赔通知及相应的证明材料后 7 天内无条件支付。

五、保证责任的解除

1. 在本保函承诺的保证期间内，你方未书面向我方主张保证责任的，自保证期间届满次日起，我方保证责任解除。

2. 发包人按主合同约定履行了工程款的全部支付义务的，自本保函承诺的保证期间届满次日起，我方保证责任解除。

3. 我方按照本保函向你方履行保证责任所支付金额达到本保函保证金额时，自我方向你方支付（支付款项从我方账户划出）之日起，保证责任即解除。

4. 按照法律法规的规定或出现应解除我方保证责任的其他情形的，我方在本保函项下的保证责任亦解除。

5. 我方解除保证责任后，你方应自我方保证责任解除之日起____个工作日内，将本保函原件返还我方。

六、免责条款

1. 因你方违约致使发包人不能履行义务的，我方不承担保证责任。

2. 依照法律法规的规定或你方与发包人的另行约定，免除发包人部分或全部义务的，我方亦免除其相应的保证责任。

3. 你方与发包人协议变更主合同的，如加重发包人责任致使我方保证责任加重的，需征得我方书面同意，否则我方不再承担因此而加重部分的保证责任，但主合同第10条[变更]约定的变更不受本条款限制。

4. 因不可抗力造成发包人不能履行义务的，我方不承担保证责任。

七、争议解决

因本保函或本保函相关事项发生的纠纷，可由双方协商解决，协商不成的，按以下第_____种方式解决：

（1）向_____仲裁委员会申请仲裁；

（2）向_____人民法院起诉。

八、保函的生效

本保函自我方法定代表人（或其授权代理人）签字并加盖公章之日起生效。

担　保　人：_____（盖单位章）

法定代表人或其委托代理人：_____（签字）

地　　　址：_____

邮政编码：_____

电　　　话：_____

传　　　真：_____

_____年____月____日

附件11：

11-1：材料暂估价表

序号	名称	单位	数量	单价（元）	合价（元）	备注

附件11：

11-1：材料暂估价表

11-2：工程设备暂估价表

序号	名称	单位	数量	单价（元）	合价（元）	备注

11-3：专业工程暂估价表

序号	专业工程名称	工程内容	金额
小计：			

1999版施工合同与2013版施工合同
主要条款对比表

一、修订背景

由建设部、国家工商行政管理局于1999年联合发布的《建设工程施工合同(示范文本)》（GF-1999-0201，以下简称"1999版施工合同"）为我国现行应用最广泛的建设工程类合同范本，该合同文本充分借鉴了国际上广泛使用的FIDIC土木工程施工合同条款，对于促进我国建设工程市场的快速有序发展起到了巨大的作用。但随着建设工程市场的不断孕育和发展，以及一系列建设工程领域法律法规的颁布和实施，建设工程领域普遍存在的阴阳合同、违法分包、转包、挂靠、拖欠工程款等问题，亟须对该合同范本的体例设置和内容安排进行完善和改进。

为规范建设工程施工合同管理，从制度上指导合同当事人防范因合同条款粗放、风险预防不明确、相关法律法规调整等因素产生合同纠纷，以及遏制阴阳合同、违法分包、转包、挂靠等普遍存在的违法违规行为，住房城乡建设部2009年启动了新版《建设工程施工合同（示范文本）》（GF-2013-0201，以下简称"2013版施工合同"）的起草工作，经过三年的不懈努力，最终于2013年4月完成了2013版施工合同起草工作。

合同协议书主要条款对比表

1999版施工合同	2013版施工合同
依照《中华人民共和国合同法》、《中华人民共和国建筑法》及其他有关法律、行政法规，遵循平等、自愿、公平和诚实信用的原则，双方就本建设工程施工事项协商一致，共同达成如下协议订立本合同：	根据《中华人民共和国合同法》、《中华人民共和国建筑法》及有关法律规定，遵循平等、自愿、公平和诚实信用的原则，双方就＿＿＿＿＿＿＿＿工程施工及有关事项协商一致共同达成如下协议：
一、工程概况 工程名称：＿＿＿＿＿＿＿＿ 工程地点：＿＿＿＿＿＿＿＿ 工程内容：＿＿＿＿＿＿＿＿ 群体工程应附承包人承揽工程项目一览表（附件1） 工程立项批准文号：＿＿＿＿＿＿＿＿ 资金来源：＿＿＿＿＿＿＿＿	**一、工程概况** 1.工程名称：＿＿＿＿＿＿＿＿。 2.工程地点：＿＿＿＿＿＿＿＿。 3.工程立项批准文号：＿＿＿＿＿＿＿＿。 4.资金来源：＿＿＿＿＿＿＿＿。 5.工程内容：＿＿＿＿＿＿＿＿。 群体工程应附《承包人承揽工程项目一览表》（附件1）。

1999版施工合同	2013版施工合同
二、工程承包范围 承包范围：_____	6.工程承包范围：_____。
三、合同工期 开工日期：_____ 竣工日期：_____ 合同工期总日历天数_____天。 **四、质量标准** 工程质量标准：_____	**二、合同工期** 计划开工日期：_____年___月___日。 计划竣工日期：_____年___月___日。 工期总日历天数：_____天。工期总日历天数与根据前述计划开竣工日期计算的工期天数不一致的，以工期总日历天数为准。 **三、质量标准** 工程质量符合_____标准
五、合同价款 金额（大写）：_____元（人民币） ¥：_____元	**四、签约合同价与合同价格形式** 1.签约合同价为： 人民币（大写）_____ （¥_____元）； 其中： （1）安全文明施工费： 人民币（大写）_____ （¥_____元）； （2）材料和工程设备暂估价金额： 人民币（大写）_____ （¥_____元）； （3）专业工程暂估价金额： 人民币（大写）_____ （¥_____元）； （4）暂列金额： 人民币（大写）_____ （¥_____元）； 2.合同价格形式：_____。
	五、项目经理 承包人项目经理：_____。
六、组成合同的文件 组成本合同的文件包括： 1.本合同协议书 2.中标通知书 3.投标书及其附件 4.本合同专用条款 5.本合同通用条款	**六、合同文件构成** 本协议书与下列文件一起构成合同文件： （1）中标通知书（如果有）； （2）投标函及其附录（如果有）； （3）专用合同条款及其附件； （4）通用合同条款； （5）技术标准和要求；

1999版施工合同	2013版施工合同
6．标准、规范及有关技术文件 7．图纸 8．工程量清单 9．工程报价单或预算书 　双方有关工程的洽商、变更等书面协议或文件视为本合同的组成部分。	（6）图纸； （7）已标价工程量清单或预算书； （8）其他合同文件。 　在合同订立及履行过程中形成的与合同有关的文件均构成合同文件组成部分。 　上述各项合同文件包括合同当事人就该项合同文件所作出的补充和修改，属于同一类内容的文件，应以最新签署的为准。专用合同条款及其附件须经合同当事人签字或盖章。
八、承包人向发包人承诺按照合同约定进行施工、竣工并在质量保修期内承担工程质量保修责任。 　九、发包人向承包人承诺按照合同约定的期限和方式支付合同价款及其他应当支付的款项。	七、承诺 　1．发包人承诺按照法律规定履行项目审批手续、筹集工程建设资金并按照合同约定的期限和方式支付合同价款。 　2．承包人承诺按照法律规定及合同约定组织完成工程施工，确保工程质量和安全，不进行转包及违法分包，并在缺陷责任期及保修期内承担相应的工程维修责任。 　3．发包人和承包人通过招投标形式签订合同的，双方理解并承诺不再就同一工程另行签订与合同实质性内容相背离的协议。
七、本协议书中有关词语含义本合同第二部分《通用条款》中分别赋予它们的定义相同。	八、词语含义 　本协议书中词语含义与第二部分通用合同条款中赋予的含义相同。
十、合同生效 　合同订立时间：_____年____月____日 　合同订立地点：_____ 　本合同双方约定_____后生效 　**47. 补充条款** 　双方根据有关法律、行政法规规定，结合工程实际经协商一致后，可对本通用条款内容具体化、补充或修改，在专用条款内约定。 　**46. 合同份数** 　**46.1**　本合同正本两份，具有同等效力，由发包人承包人分别保存一份。 　**46.2**　本合同副本份数，由双方根据需要在专用条款内约定。	九、签订时间 　本合同于_____年____月____日签订。 　十、签订地点 　本合同在_____签订。 　十一、补充协议 　合同未尽事宜，合同当事人另行签订补充协议，补充协议是合同的组成部分。 　十二、合同生效 　本合同自_____生效。 　十三、合同份数 　本合同一式_____份，均具有同等法律效力，发包人执_____份，承包人执_____份。

1999版施工合同合同范本	2013版施工合同合同范本
一、词语定义及合同文件 **1　词语定义** 　　下列词语除专用条款另有约定外，应具有本条所赋予的定义：	**1　一般约定** **1.1　词语定义与解释** 　　合同协议书、通用合同条款、专用合同条款中的下列词语具有本款所赋予的含义：
1.1　通用条款：是根据法律、行政法规规定及建设工程施工的需要订立，通用于建设工程施工的条款。 　　**1.2　专用条款**：是发包人与承包人根据法律、行政法规规定，结合具体工程实际，经协商达成一致意见的条款，是对通用条款的具体化、补充或修改。	**1.1.1　合同** 　　**1.1.1.1　合同**：是指根据法律规定和合同当事人约定具有约束力的文件，构成合同的文件包括合同协议书、中标通知书（如果有）、投标函及其附录（如果有）、专用合同条款及其附件、通用合同条款、技术标准和要求、图纸、已标价工程量清单或预算书以及其他合同文件。 　　**1.1.1.2　合同协议书**：是指构成合同的由发包人和承包人共同签署的称为"合同协议书"的书面文件。 　　**1.1.1.3　中标通知书**：是指构成合同的由发包人通知承包人中标的书面文件。 　　**1.1.1.4　投标函**：是指构成合同的由承包人填写并签署的用于投标的称为"投标函"的文件。 　　**1.1.1.5　投标函附录**：是指构成合同的附在投标函后的称为"投标函附录"的文件。 　　**1.1.1.6　技术标准和要求**：是指构成合同的施工应当遵守的或指导施工的国家、行业或地方的技术标准和要求，以及合同约定的技术标准和要求。
1.17　图纸：指由发包人提供或由承包人提供并经发包人批准，满足承包人施工需要的所有图纸（包括配套说明和有关资料）。	**1.1.1.7　图纸**：是指构成合同的图纸，包括由发包人按照合同约定提供或经发包人批准的设计文件、施工图、鸟瞰图及模型等，以及在合同履行过程中形成的图纸文件。图纸应当按照法律规定审查合格。
	1.1.1.8　已标价工程量清单：是指构成合同的由承包人按照规定的格式和要求填写并标明价格的工程量清单，包括说明和表格。 　　**1.1.1.9　预算书**：是指构成合同的由承包人按照发包人规定的格式和要求编制的工程预算文件。 　　**1.1.1.10　其他合同文件**：是指经合同当事人约定的与工程施工有关的具有合同约束力的文件或书面协议。合同当事人可以在专用合同条款中进行约定。
	1.1.2　合同当事人及其他相关方 　　**1.1.2.1　合同当事人**：是指发包人和（或）承包人。

1999版施工合同合同范本	2013版施工合同合同范本
1.7 监理单位：指发包人委托的负责本工程监理并取得相应工程监理资质等级证书的单位。 **1.6** 设计单位：指发包人委托的负责本工程设计并取得相应工程设计资质等级证书的单位。	**1.1.2.4** 监理人：是指在专用合同条款中指明的，受发包人委托按照法律规定进行工程监督管理的法人或其他组织。 **1.1.2.5** 设计人：是指在专用合同条款中指明的，受发包人委托负责工程设计并具备相应工程设计资质的法人或其他组织。
	1.1.2.6 分包人：是指按照法律规定和合同约定，分包部分工程或工作，并与承包人签订分包合同的具有相应资质的法人。 **1.1.2.7** 发包人代表：是指由发包人任命并派驻施工现场在发包人授权范围内行使发包人权利的人。
1.8 工程师：指本工程监理单位委派的总监理工程师或发包人指定的履行本合同的代表，其具体身份和职权由发包人承包人在专用条款中约定。	**1.1.2.9** 总监理工程师：是指由监理人任命并派驻施工现场进行工程监理的总负责人。
1.10 工程：指发包人承包人在协议书中约定的承包范围内的工程。	**1.1.3** 工程和设备 **1.1.3.1** 工程：是指与合同协议书中工程承包范围对应的永久工程和（或）临时工程。 **1.1.3.2** 永久工程：是指按合同约定建造并移交给发包人的工程，包括工程设备。 **1.1.3.3** 临时工程：是指为完成合同约定的永久工程所修建的各类临时性工程，不包括施工设备。 **1.1.3.4** 单位工程：是指在合同协议书中指明的，具备独立施工条件并能形成独立使用功能的永久工程。
	1.1.3.5 工程设备：是指构成永久工程的机电设备、金属结构设备、仪器及其他类似的设备和装置。 **1.1.3.6** 施工设备：是指为完成合同约定的各项工作所需的设备、器具和其他物品，但不包括工程设备、临时工程和材料。
1.18 施工场地：指由发包人提供的用于工程施工的场所以及发包人在图纸中具体指定的供施工使用的任何其他场所。	**1.1.3.7** 施工现场：是指用于工程施工的场所，以及在专用合同条款中指明作为施工场所组成部分的其他场所，包括永久占地和临时占地。 **1.1.3.8** 临时设施：是指为完成合同约定的各项工作所服务的临时性生产和生活设施。 **1.1.3.9** 永久占地：是指专用合同条款中指明为实施工程需永久占用的土地。 **1.1.3.10** 临时占地：是指专用合同条款中指明为实施工程需要临时占用的土地。

1999版施工合同合同范本	2013版施工合同合同范本
1.15 开工日期：指发包人承包人在协议书中约定，承包人开始施工的绝对或相对的日期。 **1.16** 竣工日期：指发包人承包人在协议书约定，承包人完成承包范围内工程的绝对或相对的日期。 **1.14** 工期：指发包人承包人在协议书中约定，按总日历天数（包括法定节假日）计算的承包天数。 **1.23** 小时或天：本合同中规定按小时计算时间的，从事件有效开始时计算（不扣除休息时间）；规定按天计算时间的，开始当天不计入，从次日开始计算。时限的最后一天是休息日或者其他法定节假日的，以节假日次日为时限的最后一天，但竣工日期除外。时限的最后一天的截止时间为当日24时。	**1.1.4** 日期和期限 **1.1.4.1** 开工日期：包括计划开工日期和实际开工日期。计划开工日期是指合同协议书约定的开工日期；实际开工日期是指监理人按照第7.3.2项【开工通知】约定发出的符合法律规定的开工通知中载明的开工日期。 **1.1.4.2** 竣工日期：包括计划竣工日期和实际竣工日期。计划竣工日期是指合同协议书约定的竣工日期；实际竣工日期按照第13.2.3项【竣工日期】的约定确定。 **1.1.4.3** 工期：是指在合同协议书约定的承包人完成工程所需的期限，包括按照合同约定所作的期限变更。 **1.1.4.4** 缺陷责任期：是指承包人按照合同约定承担缺陷修复义务，且发包人预留质量保证金的期限，自工程实际竣工日期起计算。 **1.1.4.5** 保修期：是指承包人按照合同约定对工程承担保修责任的期限，从工程竣工验收合格之日起计算。 **1.1.4.6** 基准日期：招标发包的工程以投标截止日前28天的日期为基准日期，直接发包的工程以合同签订日前28天的日期为基准日期。 **1.1.4.7** 天：除特别指明外，均指日历天。合同中按天计算时间的，开始当天不计入，从次日开始计算，期限最后一天的截止时间为当天24：00时。
1.11 合同价款：指发包人承包人在协议书中约定，发包人用以支付承包人按照合同约定完成承包范围内全部工程并承担质量保修责任的款项。 **1.12** 追加合同价款：指在合同履行中发生需要增加合同价款的情况，经发包人确认后按计算合同价款的方法增加的合同价款。 **1.13** 费用：指不包含在合同价款之内的应当由发包人或承包人承担的经济支出。	**1.1.5** 合同价格和费用 **1.1.5.1** 签约合同价：是指发包人和承包人在合同协议书中确定的总金额，包括安全文明施工费、暂估价及暂列金额等。 **1.1.5.2** 合同价格：是指发包人用于支付承包人按照合同约定完成承包范围内全部工作的金额，包括合同履行过程中按合同约定发生的价格变化。 **1.1.5.3** 费用：是指为履行合同所发生的或将要发生的所有必需的开支，包括管理费和应分摊的其他费用，但不包括利润。 **1.1.5.4** 暂估价：是指发包人在工程量清单或预算书中提供的用于支付必然发生但暂时不能确定价格的材料、工程设备的单价、专业工程以及服务工作的金额。 **1.1.5.5** 暂列金额：是指发包人在工程量清单或预算书中暂定并包括在合同价格中的一笔款项，用于工程合同签订时尚未确定或者不可预见的所需材料、工程设备、服务的采购，施工中可能发生的工程变更、合同约定调整因素出现时的合同价格调整以及发生的索赔、现场签证确认等的费用。 **1.1.5.6** 计日工：是指合同履行过程中，承包人完成发包人提出的零星工作或需要采用计日工计价的变更工作时，按合同中约定的单价计价的一种方式。

1999版施工合同合同范本	2013版施工合同合同范本
	1.1.5.7 质量保证金：是指按照第15.3款【质量保证金】约定承包人用于保证其在缺陷责任期内履行缺陷修补义务的担保。 **1.1.5.8 总价项目**：是指在现行国家、行业以及地方的计量规则中无工程量计算规则，在已标价工程量清单或预算书中以总价或以费率形式计算的项目。
3.2 适用法律和法规 本合同文件适用国家的法律和行政法规。需要明示的法律、行政法规，由双方在专用条款中约定。	**1.3 法律** 合同所称法律是指中华人民共和国法律、行政法规、部门规章，以及工程所在地的地方性法规、自治条例、单行条例和地方政府规章等。 合同当事人可以在专用合同条款中约定合同适用的其他规范性文件。
3.3 适用标准、规范 双方在专用条款内约定适用国家标准、规范的名称；没有国家标准、规范但有行业标准、规范的，约定适用行业标准、规范的名称；没有国家和行业标准、规范的，约定适用工程所在地地方标准、规范的名称。发包人应按专用条款约定的时间向承包人提供一式两份约定的标准、规范。 国内没有相应标准、规范的，由发包人按专用条款约定的时间向承包人提出施工技术要求，承包人按约定的时间和要求提出施工工艺，经发包人认可后执行。发包人要求使用国外标准、规范的，应负责提供中文译本。 本条所发生的购买、翻译标准、规范或制定施工工艺的费用，由发包人承担。	**1.4 标准和规范** **1.4.1** 适用于工程的国家标准、行业标准、工程所在地的地方性标准，以及相应的规范、规程等，合同当事人有特别要求的，应在专用合同条款中约定。 **1.4.2** 发包人要求使用国外标准、规范的，发包人负责提供原文版本和中文译本，并在专用合同条款中约定提供标准规范的名称、份数和时间。 **1.4.3** 发包人对工程的技术标准、功能要求高于或严于现行国家、行业或地方标准的，应当在专用合同条款中予以明确。除专用合同条款另有约定外，应视为承包人在签订合同前已充分预见前述技术标准和功能要求的复杂程度，签约合同价中已包含由此产生的费用。
2 合同文件及解释顺序 **2.1** 合同文件应能相互解释，互为说明。除专用条款另有约定外，组成本合同的文件及优先解释顺序如下： （1）本合同协议书 （2）中标通知书 （3）投标书及其附件 （4）本合同专用条款 （5）本合同通用条款 （6）标准、规范及有关技术文件 （7）图纸 （8）工程量清单	**1.5 合同文件的优先顺序** 组成合同的各项文件应互相解释，互为说明。除专用合同条款另有约定外，解释合同文件的优先顺序如下： （1）合同协议书； （2）中标通知书（如果有）； （3）投标函及其附录（如果有）； （4）专用合同条款及其附件； （5）通用合同条款； （6）技术标准和要求； （7）图纸； （8）已标价工程量清单或预算书； （9）其他合同文件。

1999版施工合同合同范本	2013版施工合同合同范本
（9）工程报价单或预算书 合同履行中，发包人承包人有关工程的洽商、变更等书面协议或文件视为本合同的组成部分。 2.2 当合同文件内容含糊不清或不相一致时，在不影响工程正常进行的情况下，由发包人承包人协商解决。双方也可以提请负责监理的工程师作出解释。双方协商不成或不同意负责监理的工程师作出解释。双方协商不成或不同意负责监理的工程师的解释时，按本通用条款第37条关于争议的约定处理。	上述各项合同文件包括合同当事人就该项合同文件所作出的补充和修改，属于同一类内容的文件，应以最新签署的为准。 在合同订立及履行过程中形成的与合同有关的文件均构成合同文件组成部分，并根据其性质确定优先解释顺序。
4 图纸 4.1 发包人应按专用条款约定的日期和套数，向承包人提供图纸。承包人需要增加图纸套数的，发包人应代为复制，复制费用由承包人承担。发包人对工程有保密要求的，应在专用条款中提出保密要求，保密措施费用由发包人承担，承包人在约定保密期限内履行保密义务。 4.2 承包人未经发包人同意，不得将本工程图纸转给第三人。工程质量保修期满后，除承包人存档需要的图纸外，应将全部图纸退还给发包人。 4.3 承包人应在施工现场保留一套完整图纸，供工程师及有关人员进行工程检查时使用。	**1.6 图纸和承包人文件** **1.6.1 图纸的提供和交底** 发包人应按照专用合同条款约定的期限、数量和内容向承包人免费提供图纸，并组织承包人、监理人和设计人进行图纸会审和设计交底。发包人至迟不得晚于第7.3.2项【开工通知】载明的开工日期前14天向承包人提供图纸。 **1.6.2 图纸的错误** 承包人在收到发包人提供的图纸后，发现图纸存在差错、遗漏或缺陷的，应及时通知监理人。监理人接到该通知后，应附具相关意见并立即报送发包人，发包人应在收到监理人报送的通知后的合理时间内作出决定。合理时间是指发包人在收到监理人的报送通知后，尽其努力且不懈怠地完成图纸修改补充所需的时间。 **1.6.3 图纸的修改和补充** 图纸需要修改和补充的，应经图纸原设计人及审批部门同意，并由监理人在工程或工程相应部位施工前将修改后的图纸或补充图纸提交给承包人，承包人应按修改或补充后的图纸施工。 **1.6.4 承包人文件** 承包人应按照专用合同条款的约定提供应当由其编制的与工程施工有关的文件，并按照专用合同条款约定的期限、数量和形式提交监理人，并由监理人报送发包人。 除专用合同条款另有约定外，监理人应在收到承包人文件后7天内审查完毕，监理人对承包人文件有异议的，承包人应予以修改，并重新报送监理人。监理人的审查并不减轻或免除承包人根据合同约定应当承担的责任。 **1.6.5 图纸和承包人文件的保管** 除专用合同条款另有约定外，承包人应在施工现场另外保存一套完整的图纸和承包人文件，供发包人、监理人及有关人员进行工程检查时使用。

1999版施工合同合同范本	2013版施工合同合同范本
	1.7　联络 **1.7.1**　与合同有关的通知、批准、证明、证书、指示、指令、要求、请求、同意、意见、确定和决定等，均应采用书面形式，并应在合同约定的期限内送达接收人和送达地点。 **1.7.2**　发包人和承包人应在专用合同条款中约定各自的送达接收人和送达地点。任何一方合同当事人指定的接收人或送达地点发生变动的，应提前3天以书面形式通知对方。 **1.7.3**　发包人和承包人应当及时签收另一方送达至送达地点和指定接收人的来往信函。拒不签收的，由此增加的费用和（或）延误的工期由拒绝接收一方承担。
	1.8　严禁贿赂 合同当事人不得以贿赂或变相贿赂的方式，谋取非法利益或损害对方权益。因一方合同当事人的贿赂造成对方损失的，应赔偿损失，并承担相应的法律责任。 承包人不得与监理人或发包人聘请的第三方串通损害发包人利益。未经发包人书面同意，承包人不得为监理人提供合同约定以外的通信设备、交通工具及其他任何形式的利益，不得向监理人支付报酬。
	1.10　交通运输 除专用合同条款另有约定外，发包人应根据施工需要，负责取得出入施工现场所需的批准手续和全部权利，以及取得因施工所需修建道路、桥梁以及其他基础设施的权利，并承担相关手续费用和建设费用。承包人应协助发包人办理修建场内外道路、桥梁以及其他基础设施的手续。 承包人应在订立合同前查勘施工现场，并根据工程规模及技术参数合理预见工程施工所需的进出施工现场的方式、手段、路径等。因承包人未合理预见所增加的费用和（或）延误的工期由承包人承担。 **1.10.2　场外交通** 发包人应提供场外交通设施的技术参数和具体条件，承包人应遵守有关交通法规，严格按照道路和桥梁的限制荷载行驶，执行有关道路限速、限行、禁止超载的规定，并配合交通管理部门的监督和检查。场外交通设施无法满足工程施工需要的，由发包人负责完善并承担相关费用。 **1.10.3　场内交通** 发包人应提供场内交通设施的技术参数和具体条件，并应按照专用合同条款的约定向承包人免费提供满足工程施工所需的场内道路和交通设施。因承包人原因造成上述道路或交通设施损坏的，承包人负责修复并承担由此增加的费用。

1999版施工合同合同范本	2013版施工合同合同范本
	除发包人按照合同约定提供的场内道路和交通设施外，承包人负责修建、维修、养护和管理施工所需的其他场内临时道路和交通设施。发包人和监理人可以为实现合同目的使用承包人修建的场内临时道路和交通设施。 场外交通和场内交通的边界由合同当事人在专用合同条款中约定。 **1.10.4　超大件和超重件的运输** 由承包人负责运输的超大件或超重件，应由承包人负责向交通管理部门办理申请手续，发包人给予协助。运输超大件或超重件所需的道路和桥梁临时加固改造费用和其他有关费用，由承包人承担，但专用合同条款另有约定除外。 **1.10.5　道路和桥梁的损坏责任** 因承包人运输造成施工场地内外公共道路和桥梁损坏的，由承包人承担修复损坏的全部费用和可能引起的赔偿。 **1.10.6　水路和航空运输** 本款前述各项的内容适用于水路运输和航空运输，其中"道路"一词的涵义包括河道、航线、船闸、机场、码头、堤防以及水路或航空运输中其他相似结构物；"车辆"一词的涵义包括船舶和飞机等。
42．专利技术及特殊工艺 **42.1**　发包人要求使用专利技术或特殊工艺，就负责办理相应的申报手续，承担申报、试验、使用等费用；承包人提出使用专利技术或特殊工艺，应取得工程师认可，承包人负责办理申报手续并承担有关费用。 **42.2**　擅自使用专利技术侵犯他人专利权的，责任者依法承担相应责任。	**1.11　知识产权** **1.11.1**　除专用合同条款另有约定外，发包人提供给承包人的图纸、发包人为实施工程自行编制或委托编制的技术规范以及反映发包人要求的或其他类似性质的文件的著作权属于发包人，承包人可以为实现合同目的而复制、使用此类文件，但不能用于与合同无关的其他事项。未经发包人书面同意，承包人不得为了合同以外的目的而复制、使用上述文件或将之提供给任何第三方。 **1.11.2**　除专用合同条款另有约定外，承包人为实施工程所编制的文件，除署名权以外的著作权属于发包人，承包人可因实施工程的运行、调试、维修、改造等目的而复制、使用此类文件，但不能用于与合同无关的其他事项。未经发包人书面同意，承包人不得为了合同以外的目的而复制、使用上述文件或将之提供给任何第三方。 **1.11.3**　合同当事人保证在履行合同过程中不侵犯对方及第三方的知识产权。承包人在使用材料、施工设备、工程设备或采用施工工艺时，因侵犯他人的专利权或其他知识产权所引起的责任，由承包人承担；因发包人提供的材料、施工设备、工程设备或施工工艺导致侵权的，由发包人承担责任。 **1.11.4**　除专用合同条款另有约定外，承包人在合同签订前和签订时已确定采用的专利、专有技术、技术秘密的使用费已包含在签约合同价中。

1999版施工合同合同范本	2013版施工合同合同范本
4.1 发包人应按专用条款约定的日期和套数向承包人提供图纸。承包人需要增加图纸套数的，发包人应代为复制，复制费用由承包人承担。发包人对工程有保密要求的，应在专用条款中提出保密要求，保密措施费用由发包人承担，承包人在约定保密期限内履行保密义务。	**1.12 保密** 除法律规定或合同另有约定外，未经发包人同意，承包人不得将发包人提供的图纸、文件以及声明需要保密的资料信息等商业秘密泄露给第三方。 除法律规定或合同另有约定外，未经承包人同意，发包人不得将承包人提供的技术秘密及声明需要保密的资料信息等商业秘密泄露给第三方。
	1.13 工程量清单错误的修正 除专用合同条款另有约定外，发包人提供的工程量清单，应被认为是准确的和完整的。出现下列情形之一时，发包人应予以修正，并相应调整合同价格： （1）工程量清单存在缺项、漏项的； （2）工程量清单偏差超出专用合同条款约定的工程量偏差范围的； （3）未按照国家现行计量规范强制性规定计量的。
8 发包人工作 **8.1** 发包人按专用条款约定的内容和时间完成以下工作： （1）办理土地征用、拆迁补偿、平整施工场地等工作，使施工场地具备施工条件，在开工后继续负责解决以上事项遗留问题； （2）将施工所需水、电、电信线路从施工场地外部接至专用条款约定地点，保证施工期间的需要； （3）开通施工场地与城乡公共道路的通道，以及专用条款约定的施工场地内的主要道路，满足施工运输的需要，保证施工期间的畅通； （4）向承包人提供施工场地的工程地质和地下管线资料，对资料的真实准确性负责； （5）办理施工许可证及其他施工所需证件、批件和临时用地、停水、停电、中断道路交通、爆破作业等的申请批准手续（证明承包人自身资质的证件除外）； （6）确定水准点与坐标控制点，以书面形式交给承包人，进行现场交验； （7）组织承包人和设计单位进行图纸会审和设计交底；	**2 发包人** **2.1 许可或批准** 发包人应遵守法律，并办理法律规定由其办理的许可、批准或备案，包括但不限于建设用地规划许可证、建设工程规划许可证、建设工程施工许可证、施工所需临时用水、临时用电、中断道路交通、临时占用土地等许可和批准。发包人应协助承包人办理法律规定的有关施工证件和批件。 因发包人原因未能及时办理完毕前述许可、批准或备案，由发包人承担由此增加的费用和（或）延误的工期，并支付承包人合理的利润。 **2.2 发包人代表** 发包人应在专用合同条款中明确其派驻施工现场的发包人代表的姓名、职务、联系方式及授权范围等事项。发包人代表在发包人的授权范围内，负责处理合同履行过程中与发包人有关的具体事宜。发包人代表在授权范围内的行为由发包人承担法律责任。发包人更换发包人代表的，应提前7天书面通知承包人。 发包人代表不能按照合同约定履行其职责及义务，并导致合同无法继续正常履行的，承包人可以要求发包人撤换发包人代表。 不属于法定必须监理的工程，监理人的职权可以由发包人代表或发包人指定的其他人员行使。

1999版施工合同合同范本	2013版施工合同合同范本
（8）协调处理施工场地周围地下管线和邻近建筑物、构筑物（包括文物保护建筑）、古树名木的保护工作、承担有关费用； （9）发包人应做的其他工作，双方在专用条款内约定。 8.2 发包人可以将8.1款部分工作委托承包人办理，双方在专用条款内约定，其费用由发包人承担。 8.3 发包人未能履行8.1款各项义务，导致工期延误或给承包人造成损失的，发包人赔偿承包人有关损失，顺延延误的工期。	**2.3 发包人人员** 发包人应要求在施工现场的发包人人员遵守法律及有关安全、质量、环境保护、文明施工等规定，并保障承包人免于承受因发包人人员未遵守上述要求给承包人造成的损失和责任。 发包人人员包括发包人代表及其他由发包人派驻施工现场的人员。 **2.4 施工现场、施工条件和基础资料的提供** **2.4.1 提供施工现场** 除专用合同条款另有约定外，发包人应最迟于开工日期7天前向承包人移交施工现场。 **2.4.2 提供施工条件** 除专用合同条款另有约定外，发包人应负责提供施工所需要的条件，包括： （1）将施工用水、电力、通信线路等施工所必需的条件接至施工现场内； （2）保证向承包人提供正常施工所需要的进入施工现场的交通条件； （3）协调处理施工场地周围地下管线和邻近建筑物、构筑物、古树名木的保护工作，并承担相关费用； （4）按照专用合同条款约定应提供的其他设施和条件。 **2.4.3 提供基础资料** 发包人应当在移交施工现场前向承包人提供施工现场及工程施工所必需的毗邻区域内供水、排水、供电、供气、供热、通信、广播电视等地下管线资料，气象和水文观测资料，地质勘察资料，相邻建筑物、构筑物和地下工程等有关基础资料，并对所提供资料的真实性、准确性和完整性负责。 按照法律规定确需在开工后方能提供的基础资料，发包人应尽其努力及时地在相应工程施工前的合理期限内提供，合理期限应以不影响承包人的正常施工为限。 **2.4.4 逾期提供的责任** 因发包人原因未能按合同约定及时向承包人提供施工现场、施工条件、基础资料的，由发包人承担由此增加的费用和（或）延误的工期。 **2.5 资金来源证明及支付担保** 除专用合同条款另有约定外，发包人应在收到承包人要求提供资金来源证明的书面通知后28天内，向承包人提供能够按照合同约定支付合同价款的相应资金来源证明。 除专用合同条款另有约定外，发包人要求承包人提供履约担保的，发包人应当向承包人提供支付担保。支付担保可以采用银

1999版施工合同合同范本	2013版施工合同合同范本
	行保函或担保公司担保等形式，具体由合同当事人在专用合同条款中约定。 **2.6 支付合同价款** 发包人应按合同约定向承包人及时支付合同价款。 **2.7 组织竣工验收** 发包人应按合同约定及时组织竣工验收。 **2.8 现场统一管理协议** 发包人应与承包人、由发包人直接发包的专业工程的承包人签订施工现场统一管理协议，明确各方的权利义务。施工现场统一管理协议作为专用合同条款的附件。
9 承包人工作 9.1 承包人按专用条款约定的内容和时间完成以下工作： （1）根据发包人委托，在其设计资质等级和业务允许的范围内，完成施工图设计或与工程配套的设计，经工程师确认后使用，发包人承担由此发生的费用； （2）向工程师提供年、季、月度工程进度计划及相应进度统计报表； （3）根据工程需要，提供和维修非夜间施工使用的照明、围栏设施，负责安全保卫； （4）按专用条款约定的数量和要求，向发包人提供施工场地办公和生活的房屋及设施，发包人承担由此发生的费用； （5）遵守政府有关主管部门对施工场地交通、施工噪声以及环境保护和安全生产等的管理规定，按规定办理有关手续，并以书面形式通知发包人，发包人承担由此发生的费用，因承包人责任造成的罚款除外； （6）已竣工工程未交付发包人之前，承包人按专用条款约定负责已完工程的保护工作，保护期间发生损坏，承包人自费予以修复；发包人要求承包人采取特殊措施保护的工程部位和相应的追加合同价款，双方在专用条款内约定； （7）按专用条款约定做好施工场地地下管线和邻近建筑物、构筑物（包括文物保护建筑）、古树名木的保护工作；	**3 承包人** 3.1 **承包人的一般义务** 承包人在履行合同过程中应遵守法律和工程建设标准规范，并履行以下义务： （1）办理法律规定应由承包人办理的许可和批准，并将办理结果书面报送发包人留存； （2）按法律规定和合同约定完成工程，并在保修期内承担保修义务； （3）按法律规定和合同约定采取施工安全和环境保护措施，办理工伤保险，确保工程及人员、材料、设备和设施的安全； （4）按合同约定的工作内容和施工进度要求，编制施工组织设计和施工措施计划，并对所有施工作业和施工方法的完备性和安全可靠性负责； （5）在进行合同约定的各项工作时，不得侵害发包人与他人使用公用道路、水源、市政管网等公共设施的权利，避免对邻近的公共设施产生干扰。承包人占用或使用他人的施工场地，影响他人作业或生活的，应承担相应责任； （6）按照第6.3款【环境保护】约定负责施工场地及其周边环境与生态的保护工作； （7）按第6.1款【安全文明施工】约定采取施工安全措施，确保工程及其人员、材料、设备和设施的安全，防止因工程施工造成的人身伤害和财产损失； （8）将发包人按合同约定支付的各项价款专用于合同工程，且应及时支付其雇用人员工资，并及时向分包人支付合同价款； （9）按照法律规定和合同约定编制竣工资料，完成竣工资料立卷及归档，并按专用合同条款约定的竣工资料的套数、内容、时间等要求移交发包人； （10）应履行的其他义务。

1999版施工合同合同范本	2013版施工合同合同范本
（8）保证施工场地清洁符合环境卫生管理的有关规定，交工前清理现场达到专用条款约定的要求，承担因自身原因违反有关规定造成的损失和罚款； （9）承包人应做的其他工作，双方在专用条款内约定。 **9.2** 承包人未能履行9.1款各项义务，造成发包人损失的，承包人赔偿发包人有关损失。	
7 项目经理 **7.1** 项目经理的姓名、职务在专用条款内写明。 **7.2** 承包人依据合同发出的通知，以书面形式由项目经理签字后送交工程师，工程师在回执上签署姓名和收到时间后生效。 **7.3** 项目经理按发包人认可的施工组织设计（施工方案）和工程师依据合同发出的指令组织施工。在情况紧急且无法与工程师联系时，项目经理应当采取保证人员生命和工程、财产安全的紧急措施，并在采取措施后48小时内向工程师补交报告。责任在发包人或第三人，由发包人承担由此发生的追加合同价款，相应顺延工期；责任在承包人，由承包人承担费用，不顺延工期。 **7.4** 承包人如需要更换项目经理，应至少提前7天以书面形式通知发包人，并征得发包人同意。后任继续行使合同文件约定的前任的职权，履行前任的义务。 **7.5** 发包人可以与承包人协商，建议更换其认为不称职的项目经理。	**3.2 项目经理** **3.2.1** 项目经理应为合同当事人所确认的人选，并在专用合同条款中明确项目经理的姓名、职称、注册执业证书编号、联系方式及授权范围等事项，项目经理经承包人授权后代表承包人负责履行合同。项目经理应是承包人正式聘用的员工，承包人应向发包人提交项目经理与承包人之间的劳动合同，以及承包人为项目经理缴纳社会保险的有效证明。承包人不提交上述文件的，项目经理无权履行职责，发包人有权要求更换项目经理，由此增加的费用和（或）延误的工期由承包人承担。 项目经理应常驻施工现场，且每月在施工现场时间不得少于专用合同条款约定的天数。项目经理不得同时担任其他项目的项目经理。项目经理确需离开施工现场时，应事先通知监理人，并取得发包人的书面同意。项目经理的通知中应当载明临时代行其职责的人员的注册执业资格、管理经验等资料，该人员应具备履行相应职责的能力。 承包人违反上述约定的，应按照专用合同条款的约定，承担违约责任。 **3.2.2** 项目经理按合同约定组织工程实施。在紧急情况下为确保施工安全和人员安全，在无法与发包人代表和总监理工程师及时取得联系时，项目经理有权采取必要的措施保证与工程有关的人身、财产和工程的安全，但应在48小时内向发包人代表和总监理工程师提交书面报告。 **3.2.3** 承包人需要更换项目经理的，应提前14天书面通知发包人和监理人，并征得发包人书面同意。通知中应当载明继任项目经理的注册执业资格、管理经验等资料，继任项目经理继续履行第3.2.1项约定的职责。未经发包人书面同意，承包人不得擅自更换项目经理。承包人擅自更换项目经理的，应按照专用合同条款的约定承担违约责任。

1999版施工合同合同范本	2013版施工合同合同范本
	3.2.4 发包人有权书面通知承包人更换其认为不称职的项目经理，通知中应当载明要求更换的理由。承包人应在接到更换通知后14天内向发包人提出书面的改进报告。发包人收到改进报告后仍要求更换的，承包人应在接到第二次更换通知的28天内进行更换，并将新任命的项目经理的注册执业资格、管理经验等资料书面通知发包人。继任项目经理继续履行第3.2.1项约定的职责。承包人无正当理由拒绝更换项目经理的，应按照专用合同条款的约定承担违约责任。 **3.2.5** 项目经理因特殊情况授权其下属人员履行其某项工作职责的，该下属人员应具备履行相应职责的能力，并应提前7天将上述人员的姓名和授权范围书面通知监理人，并征得发包人书面同意。 **3.3 承包人人员** **3.3.1** 除专用合同条款另有约定外，承包人应在接到开工通知后7天内，向监理人提交承包人项目管理机构及施工现场人员安排的报告，其内容应包括合同管理、施工、技术、材料、质量、安全、财务等主要施工管理人员名单及其岗位、注册执业资格等，以及各工种技术工人的安排情况，并同时提交主要施工管理人员与承包人之间的劳动关系证明和缴纳社会保险的有效证明。 **3.3.2** 承包人派驻到施工现场的主要施工管理人员应相对稳定。施工过程中如有变动，承包人应及时向监理人提交施工现场人员变动情况的报告。承包人更换主要施工管理人员时，应提前7天书面通知监理人，并征得发包人书面同意。通知中应当载明继任人员的注册执业资格、管理经验等资料。 特殊工种作业人员均应持有相应的资格证明，监理人可以随时检查。 **3.3.3** 发包人对于承包人主要施工管理人员的资格或能力有异议的，承包人应提供资料证明被质疑人员有能力完成其岗位工作或不存在发包人所质疑的情形。发包人要求撤换不能按照合同约定履行职责及义务的主要施工管理人员的，承包人应当撤换。承包人无正当理由拒绝撤换的，应按照专用合同条款的约定承担违约责任。 **3.3.4** 除专用合同条款另有约定外，承包人的主要施工管理人员离开施工现场每月累计不超过5天的，应报监理人同意；离开施工现场每月累计超过5天的，应通知监理人，并征得发包人书面同意。主要施工管理人员离开施工现场前应指定一名有经验的人员临时代行其职责，该人员应具备履行相应职责的资格和能力，且应征得监理人或发包人的同意。

1999版施工合同合同范本	2013版施工合同合同范本
	3.3.5 承包人擅自更换主要施工管理人员，或前述人员未经监理人或发包人同意擅自离开施工现场的，应按照专用合同条款约定承担违约责任。 **3.4 承包人现场查勘** 承包人应对基于发包人按照第2.4.3项【提供基础资料】提交的基础资料所做出的解释和推断负责，但因基础资料存在错误、遗漏导致承包人解释或推断失实的，由发包人承担责任。 承包人应对施工现场和施工条件进行查勘，并充分了解工程所在地的气象条件、交通条件、风俗习惯以及其他与完成合同工作有关的其他资料。因承包人未能充分查勘、了解前述情况或未能充分估计前述情况所可能产生后果的，承包人承担由此增加的费用和（或）延误的工期。
38　工程分包 **38.1** 承包人按专用条款的约定分包所承包的部分工程，并与分包单位签订分包合同。非经发包人同意，承包人不得将承包工程的任何部分分包。 **38.2** 承包人不得将其承包的全部工程转包给他人，也不得将其承包的全部工程肢解以后以分包的名义分别转包给他人。 **38.3** 工程分包不能解除承包人任何责任与义务。承包人应在分包场地派驻相应管理人员，保证本合同的履行。分包单位的任何违约行为或疏忽导致工程损害或给发包人造成其他损失，承包人承担连带责任。 **38.4** 分包工程价款由承包人与分包单位结算。发包人未经承包人同意不得以任何形式向分包单位支付各种工程款项。	**3.5 分包** **3.5.1 分包的一般约定** 承包人不得将其承包的全部工程转包给第三人，或将其承包的全部工程肢解后以分包的名义转包给第三人。承包人不得将工程主体结构、关键性工作及专用合同条款中禁止分包的专业工程分包给第三人，主体结构、关键性工作的范围由合同当事人按照法律规定在专用合同条款中予以明确。 承包人不得以劳务分包的名义转包或违法分包工程。 **3.5.2 分包的确定** 承包人应按专用合同条款的约定进行分包，确定分包人。已标价工程量清单或预算书中给定暂估价的专业工程，按照第10.7款【暂估价】确定分包人。按照合同约定进行分包的，承包人应确保分包人具有相应的资质和能力。工程分包不减轻或免除承包人的责任和义务，承包人和分包人就分包工程向发包人承担连带责任。除合同另有约定外，承包人应在分包合同签订后7天内向发包人和监理人提交分包合同副本。 **3.5.3 分包管理** 承包人应向监理人提交分包人的主要施工管理人员表，并对分包人的施工人员进行实名制管理，包括但不限于进出场管理、登记造册以及各种证照的办理。 **3.5.4 分包合同价款** （1）除本项第（2）目约定的情况或专用合同条款另有约定外，分包合同价款由承包人与分包人结算，未经承包人同意，发包人不得向分包人支付分包工程价款； （2）生效法律文书要求发包人向分包人支付分包合同价款的，发包人有权从应付承包人工程款中扣除该部分款项。

1999版施工合同合同范本	2013版施工合同合同范本
	3.5.5 分包合同权益的转让 分包人在分包合同项下的义务持续到缺陷责任期届满以后的，发包人有权在缺陷责任期届满前，要求承包人将其在分包合同项下的权益转让给发包人，承包人应当转让。除转让合同另有约定外，转让合同生效后，由分包人向发包人履行义务。
9 承包人工作 **9.1** 承包人按专用条款约定的内容和时间完成以下工作： （6）已竣工工程未交付发包人之前，承包人按专用条款约定负责已完工程的保护工作，保护期间发生损坏，承包人自费予以修复；发包人要求承包人采取特殊措施保护的工程部位和相应的追加合同价款，双方在专用条款内约定；	**3.6 工程照管与成品、半成品保护** （1）除专用合同条款另有约定外，自发包人向承包人移交施工现场之日起，承包人应负责照管工程及工程相关的材料、工程设备，直到颁发工程接收证书之日止。 （2）在承包人负责照管期间，因承包人原因造成工程、材料、工程设备损坏的，由承包人负责修复或更换，并承担由此增加的费用和（或）延误的工期。 （3）对合同内分期完成的成品和半成品，在工程接收证书颁发前，由承包人承担保护责任。因承包人原因造成成品或半成品损坏的，由承包人负责修复或更换，并承担由此增加的费用和（或）延误的工期。
41 担保 **41.1** 发包人承包人为了全面履行合同，应互相提供以下担保： （1）发包人向承包人提供履约担保，按合同约定支付工程价款及履行合同约定的其他义务。 （2）承包人向发包人提供履约担保，按合同约定履行自己的各项义务。 **41.2** 一方违约后，另一方可要求提供担保的第三人承担相应责任。 **41.3** 提供担保的内容、方式和相关责任，发包人承包人除在专用条款中约定外，被担保方与担保方还应签订担保合同，作为本合同附件。	**3.7 履约担保** 发包人需要承包人提供履约担保的，由合同当事人在专用合同条款中约定履约担保的方式、金额及期限等。履约担保可以采用银行保函或担保公司担保等形式，具体由合同当事人在专用合同条款中约定。 因承包人原因导致工期延长的，继续提供履约担保所增加的费用由承包人承担；非因承包人原因导致工期延长的，继续提供履约担保所增加的费用由发包人承担。
二、双方一般权利和义务 **5 工程师** **5.1** 实行工程监理的，发包人应在实施监理前将委托的监理单位名称、监理内容及监理权限以书面形式通知承包人。 **5.2** 监理单位委派的总监理工程师在本合同中称工程师，其姓名、职务、职权由发包人承包人在专用条款内写明。工程师按合同约定行使职	**4 监理人** **4.1 监理人的一般规定** 工程实行监理的，发包人和承包人应在专用合同条款中明确监理人的监理内容及监理权限等事项。监理人应当根据发包人授权及法律规定，代表发包人对工程施工相关事项进行检查、查验、审核、验收，并签发相关指示，但监理人无权修改合同，且无权减轻或免除合同约定的承包人的任何责任与义务。 除专用合同条款另有约定外，监理人在施工现场的办公场所、生活场所由承包人提供，所发生的费用由发包人承担。

1999版施工合同合同范本	2013版施工合同合同范本
权，发包人在专用条款内要求工程师在行使某些职权前需要征得发包人批准的，工程师应征得发包人批准。 5.3　发包人派驻施工场地履行合同的代表在本合同中也称工程师，其姓名、职务、职权由发包人在专用条款内写明，但职权不得与监理单位委派的总监理工程师职权相互交叉。双方职权发生交叉或不明确时，由发包人予以明确，并以书面形式通知承包人。 6.4　如需更换工程师，发包人应至少提前7天以书面形式通知承包人，后任继续行使合同文件约定的前任的职权，履行前任的义务。 5.4　合同履行中，发生影响发包人承包人双方权利或义务的事件时，负责监理的工程师应依据合同在其职权范围内客观公正地进行处理。一方对工程师的处理有异议时，按本通用条款第37条关于争议的约定处理。 5.5　除合同内有明确约定或经发包人同意外，负责监理的工程师无权解除本合同约定的承包人的任何权利与义务。 5.6　不实行工程监理的，本合同中工程师专指发包人派驻施工场地履行合同的代表，其具体职权由发包人在专用条款内写明。 **6　工程师的委派和指令** 6.1　工程师可委派工程师代表，行使合同约定的自己的职权，并可在认为必要时撤回委派。委派和撤回均应提前7天以书面形式通知承包人，负责监理的工程师还应将委派和撤回通知发包人。委派书和撤回通知作为本合同附件。 工程师代表在工程师授权范围内向承包人发出的任何书面形式的函件，与工程师发出的函件具有同等效力。承包人对工程师代表向其发出的任何书面形式的函件有疑问时，可将此函件提交工程师，工程师应进行确认。工程师代表发出指令有失误时，工程师应进行纠正。 除工程师或工程师代表外，发包人派驻工地的其他人员均无权向承包人发出任何指令。	**4.2　监理人员** 发包人授予监理人对工程实施监理的权利由监理人派驻施工现场的监理人员行使，监理人员包括总监理工程师及监理工程师。监理人应将授权的总监理工程师和监理工程师的姓名及授权范围以书面形式提前通知承包人。更换总监理工程师的，监理人应提前7天书面通知承包人；更换其他监理人员，监理人应提前48小时书面通知承包人。 **4.3　监理人的指示** 监理人应按照发包人的授权发出监理指示。监理人的指示应采用书面形式，并经其授权的监理人员签字。紧急情况下，为了保证施工人员的安全或避免工程受损，监理人员可以口头形式发出指示，该指示与书面形式的指示具有同等法律效力，但必须在发出口头指示后24小时内补发书面监理指示，补发的书面监理指示应与口头指示一致。 监理人发出的指示应送达承包人项目经理或经项目经理授权接收的人员。因监理人未能按合同约定发出指示、指示延误或发出了错误指示而导致承包人费用增加和（或）工期延误的，由发包人承担相应责任。除专用合同条款另有约定外，总监理工程师不应将第4.4款【商定或确定】约定应由总监理工程师作出确定的权力授权或委托给其他监理人员。 承包人对监理人发出的指示有疑问的，应向监理人提出书面异议，监理人应在48小时内对该指示予以确认、更改或撤销，监理人逾期未回复的，承包人有权拒绝执行上述指示。 监理人对承包人的任何工作、工程或其采用的材料和工程设备未在约定的或合理期限内提出意见的，视为批准，但不免除或减轻承包人对该工作、工程、材料、工程设备等应承担的责任和义务。 **4.4　商定或确定** 合同当事人进行商定或确定时，总监理工程师应当会同合同当事人尽量通过协商达成一致，不能达成一致的，由总监理工程师按照合同约定审慎做出公正的确定。 总监理工程师应将确定以书面形式通知发包人和承包人，并附详细依据。合同当事人对总监理工程师的确定没有异议的，按照总监理工程师的确定执行。任何一方合同当事人有异议，按照第20条【争议解决】约定处理。争议解决前，合同当事人暂按总监理工程师的确定执行；争议解决后，争议解决的结果与总监理工程师的确定不一致的，按照争议解决的结果执行，由此造成的损失由责任人承担。

1999版施工合同合同范本	2013版施工合同合同范本
6.2　工程师的指令、通知由其本人签字后，以书面形式交给项目经理，项目经理在回执上签署姓名和收到时间后生效。确有必要时，工程师可发出口头指令，并在48小时内给予书面确认，承包人对工程师的指令应予执行。工程师不能及时给予书面确认的，承包人应于工程师发出口头指令后7天内提出书面确认要求。工程师在承包人提出确认要求后48小时内不予答复的，视为口头指令已被确认。 　　承包人认为工程师指令不合理，应在收到指令后24小时内向工程师提出修改指令的书面报告，工程师在收到承包人报告后24小时内作出修改指令或继续执行原指令的决定，并以书面形式通知承包人。紧急情况下，工程师要求承包人立即执行的指令或承包人虽有异议，但工程师决定仍继续执行的指令，承包人应予执行。因指令错误发生的追加合同价款和给承包人造成的损失由发包人承担，延误的工期相应顺延。 　　本款规定同样适用于由工程师代表发出的指令、通知。 　　6.3　工程师应按合同约定，及时向承包人提供所需指令、批准并履行约定的其他义务。由于工程师未能按合同约定履行义务造成工期延误，发包人应承担延误造成的追加合同价款，并赔偿承包人有关损失，顺延延误的工期。	
四、质量与检验 　**15　工程质量** 　　15.1　工程质量应当达到协议书约定的质量标准，质量标准的评定以国家或行业的质量检验评定标准为依据。因承包人原因工程质量达不到约定的质量标准，承包人承担违约责任。 　　15.2　双方对工程质量有争议，由双方同意的工程质量检测机构鉴定，所需费用及因此造成的损失，由责任方承担。双方均有责任，由双方根据其责任分别承担。	**5　工程质量** 　**5.1　质量要求** 　　5.1.1　工程质量标准必须符合现行国家有关工程施工质量验收规范和标准的要求。有关工程质量的特殊标准或要求由合同当事人在专用合同条款中约定。 　　5.1.2　因发包人原因造成工程质量未达到合同约定标准的，由发包人承担由此增加的费用和（或）延误的工期，并支付承包人合理的利润。 　　5.1.3　因承包人原因造成工程质量未达到合同约定标准的，发包人有权要求承包人返工直至工程质量达到合同约定的标准为止，并由承包人承担由此增加的费用和（或）延误的工期。

1999版施工合同合同范本	2013版施工合同合同范本
16　检查和返工 **16.1**　承包人应认真按照标准、规范和设计图纸要求以及工程师依据合同发出的指令施工，随时接受工程师的检查检验，为检查检验提供便利条件。 **16.2**　工程质量达不到约定标准的部分，工程师的要求拆除和重新施工，直到符合约定标准。因承包人原因达不到约定标准，由承包人承担拆除和重新施工的费用，工期不予顺延。 **16.3**　工程师的检查检验不应影响施工正常进行。如影响施工正常进行，检查检验不合格时，影响正常施工的费用由承包人承担。除此之外影响正常施工的追加合同价款由发包人承担，相应顺延工期。 **16.4**　因工程师指令失误或其他非承包人原因发生的追加合同价款，由发包人承担。	**5.2　质量保证措施** **5.2.1　发包人的质量管理** 发包人应按照法律规定及合同约定完成与工程质量有关的各项工作。 **5.2.2　承包人的质量管理** 承包人按照第7.1款【施工组织设计】约定向发包人和监理人提交工程质量保证体系及措施文件，建立完善的质量检查制度，并提交相应的工程质量文件。对于发包人和监理人违反法律规定和合同约定的错误指示，承包人有权拒绝实施。 承包人应对施工人员进行质量教育和技术培训，定期考核施工人员的劳动技能，严格执行施工规范和操作规程。 承包人应按照法律规定和发包人的要求，对材料、工程设备以及工程的所有部位及其施工工艺进行全过程的质量检查和检验，并作详细记录，编制工程质量报表，报送监理人审查。此外，承包人还应按照法律规定和发包人的要求，进行施工现场取样试验、工程复核测量和设备性能检测，提供试验样品、提交试验报告和测量成果以及其他工作。 **5.2.3　监理人的质量检查和检验** 监理人按照法律规定和发包人授权对工程的所有部位及其施工工艺、材料和工程设备进行检查和检验。承包人应为监理人的检查和检验提供方便，包括监理人到施工现场，或制造、加工地点，或合同约定的其他地方进行察看和查阅施工原始记录。监理人为此进行的检查和检验，不免除或减轻承包人按照合同约定应当承担的责任。 监理人的检查和检验不应影响施工正常进行。监理人的检查和检验影响施工正常进行的，且经检查检验不合格的，影响正常施工的费用由承包人承担，工期不予顺延；经检查检验合格的，由此增加的费用和（或）延误的工期由发包人承担。
17　隐蔽工程和中间验收 **17.1**　工程具备隐蔽条件或达到专用条款约定的中间验收部位，承包人进行自检，并在隐蔽或中间验收前48小时以书面形式通知工程师验收。通知包括隐蔽和中间验收的内容、验收时间和地点。承包人准备验收记录，验收合格，工程师在验收记录上签字后，承包人可进行隐蔽和继续施工。验收不合格，承包人在工程师限定的时间内修改后重新验收。	**5.3　隐蔽工程检查** **5.3.1　承包人自检** 承包人应当对工程隐蔽部位进行自检，并经自检确认是否具备覆盖条件。 **5.3.2　检查程序** 除专用合同条款另有约定外，工程隐蔽部位经承包人自检确认具备覆盖条件的，承包人应在共同检查前48小时书面通知监理人检查，通知中应载明隐蔽检查的内容、时间和地点，并应附有自检记录和必要的检查资料。

1999版施工合同合同范本	2013版施工合同合同范本
17.2 工程师不能按时进行验收，应在验收前24小时以书面形式向承包人提出延期要求，延期不能超过48小时。工程师未能按以上时间提出延期要求，不进行验收，承包人可自行组织验收，工程师应承认验收记录。 **17.3** 经工程师验收，工程质量符合标准、规范和设计图纸等要求，验收24小时后，工程师不在验收记录上签字，视为工程师已经认可验收记录，承包人可进行隐蔽或继续施工。	监理人应按时到场并对隐蔽工程及其施工工艺、材料和工程设备进行检查。经监理人检查确认质量符合隐蔽要求，并在验收记录上签字后，承包人才能进行覆盖。经监理人检查质量不合格的，承包人应在监理人指示的时间内完成修复，并由监理人重新检查，由此增加的费用和（或）延误的工期由承包人承担。 除专用合同条款另有约定外，监理人不能按时进行检查的，应在检查前24小时向承包人提交书面延期要求，但延期不能超过48小时，由此导致工期延误的，工期应予以顺延。监理人未按时进行检查，也未提出延期要求的，视为隐蔽工程检查合格，承包人可自行完成覆盖工作，并作相应记录报送监理人，监理人应签字确认。监理人事后对检查记录有疑问的，可按第5.3.3项【重新检查】的约定重新检查。
18　重新检验 　　无论工程师是否进行验收，当其要求对已经隐蔽的工程重新检验时，承包人应按要求进行剥离或开孔，并在检验后重新覆盖或修复。检验合格，发包人承担由此发生的全部追加合同价款，赔偿承包人损失，并相应顺延工期。检验不合格，承包人承担发生的全部费用，工期不予顺延。	**5.3.3　重新检查** 　　承包人覆盖工程隐蔽部位后，发包人或监理人对质量有疑问的，可要求承包人对已覆盖的部位进行钻孔探测或揭开重新检查，承包人应遵照执行，并在检查后重新覆盖恢复原状。经检查证明工程质量符合合同要求的，由发包人承担由此增加的费用和（或）延误的工期，并支付承包人合理的利润；经检查证明工程质量不符合合同要求的，由此增加的费用和（或）延误的工期由承包人承担。 **5.3.4　承包人私自覆盖** 　　承包人未通知监理人到场检查，私自将工程隐蔽部位覆盖的，监理人有权指示承包人钻孔探测或揭开检查，无论工程隐蔽部位质量是否合格，由此增加的费用和（或）延误的工期均由承包人承担。
	5.4　不合格工程的处理 　　**5.4.1** 因承包人原因造成工程不合格的，发包人有权随时要求承包人采取补救措施，直至达到合同要求的质量标准，由此增加的费用和（或）延误的工期由承包人承担。无法补救的，按照第13.2.4项【拒绝接收全部或部分工程】约定执行。 　　**5.4.2** 因发包人原因造成工程不合格的，由此增加的费用和（或）延误的工期由发包人承担，并支付承包人合理的利润。
	5.5　质量争议检测 　　合同当事人对工程质量有争议的，由双方协商确定的工程质量检测机构鉴定，由此产生的费用及因此造成的损失，由责任方承担。 　　合同当事人均有责任的，由双方根据其责任分别承担。合同当事人无法达成一致的，按照第4.4款【商定或确定】执行。

1999版施工合同合同范本	2013版施工合同合同范本
五、安全施工 **20 安全施工与检查** 20.1 承包人应遵守工程建设安全生产有关管理规定，严格按安全标准组织施工，并随时接受行业安全检查人员依法实施的监督检查，采取必要的安全防护措施，消除事故隐患。由于承包人安全措施不力造成事故的责任和因此发生的费用，由承包人承担。	**6 安全文明施工与环境保护** **6.1 安全文明施工** **6.1.1 安全生产要求** 合同履行期间，合同当事人均应当遵守国家和工程所在地有关安全生产的要求，合同当事人有特别要求的，应在专用合同条款中明确施工项目安全生产标准化达标目标及相应事项。承包人有权拒绝发包人及监理人强令承包人违章作业、冒险施工的任何指示。 在施工过程中，如遇到突发的地质变动、事先未知的地下施工障碍等影响施工安全的紧急情况，承包人应及时报告监理人和发包人，发包人应当及时下令停工并报政府有关行政管理部门采取应急措施。 因安全生产需要暂停施工的，按照第7.8款【暂停施工】的约定执行。
20.2 发包人应对其在施工场地的工作人员进行安全教育，并对他们的安全负责。发包人不得要求承包人违反安全管理的规定进行施工。因发包人原因导致的安全事故，由发包人承担相应责任及发生的费用。 **21 安全防护** 21.1 承包人在动力设备、输电线路、地下管道、密封防震车间、易燃易爆地段以及临街交通要道附近施工时，施工开始前应向工程师提出安全防护措施，经工程师认可后实施，防护措施费用由发包人承担。 21.2 实施爆破作业，在放射、毒害性环境中施工（含储存、运输、使用）及使用毒害性、腐蚀性物品施工时，承包人应在施工前14天以书面通知工程师，并提出相应的安全防护措施，经工程师认可后实施，由发包人承担安全防护措施费用。	**6.1.2 安全生产保证措施** 承包人应当按照有关规定编制安全技术措施或者专项施工方案，建立安全生产责任制度、治安保卫制度及安全生产教育培训制度，并按安全生产法律规定及合同约定履行安全职责，如实编制工程安全生产的有关记录，接受发包人、监理人及政府安全监督部门的检查与监督。 **6.1.3 特别安全生产事项** 承包人应按照法律规定进行施工，开工前做好安全技术交底工作，施工过程中做好各项安全防护措施。承包人为实施合同而雇用的特殊工种的人员应受过专门的培训并已取得政府有关管理机构颁发的上岗证书。 承包人在动力设备、输电线路、地下管道、密封防震车间、易燃易爆地段以及临街交通要道附近施工时，施工开始前应向发包人和监理人提出安全防护措施，经发包人认可后实施。 实施爆破作业，在放射、毒害性环境中施工（含储存、运输、使用）及使用毒害性、腐蚀性物品施工时，承包人应在施工前7天以书面通知发包人和监理人，并报送相应的安全防护措施，经发包人认可后实施。 需单独编制危险性较大分部分项专项工程施工方案的，及要求进行专家论证的超过一定规模的危险性较大的分部分项工程，承包人应及时编制和组织论证。
9 承包人工作 9.1 承包人按专用条款约定的内容和时间完成以下工作： （3）根据工程需要，提供和维修非夜间施工使用的照明、围栏设施，负责安全保卫；	**6.1.4 治安保卫** 除专用合同条款另有约定外，发包人应与当地公安部门协商，在现场建立治安管理机构或联防组织，统一管理施工场地的治安保卫事项，履行合同工程的治安保卫职责。

1999版施工合同合同范本	2013版施工合同合同范本
	发包人和承包人除应协助现场治安管理机构或联防组织维护施工场地的社会治安外，还应做好包括生活区在内的各自管辖区的治安保卫工作。 除专用合同条款另有约定外，发包人和承包人应在工程开工后7天内共同编制施工场地治安管理计划，并制定应对突发治安事件的紧急预案。在工程施工过程中，发生暴乱、爆炸等恐怖事件，以及群殴、械斗等群体性突发治安事件的，发包人和承包人应立即向当地政府报告。发包人和承包人应积极协助当地有关部门采取措施平息事态，防止事态扩大，尽量避免人员伤亡和财产损失。
	6.1.5 文明施工 承包人在工程施工期间，应当采取措施保持施工现场平整，物料堆放整齐。工程所在地有关政府行政管理部门有特殊要求的，按照其要求执行。合同当事人对文明施工有其他要求的，可以在专用合同条款中明确。 在工程移交之前，承包人应当从施工现场清除承包人的全部工程设备、多余材料、垃圾和各种临时工程，并保持施工现场清洁整齐。经发包人书面同意，承包人可在发包人指定的地点保留承包人履行保修期内的各项义务所需要的材料、施工设备和临时工程。 **6.1.6 安全文明施工费** 安全文明施工费由发包人承担，发包人不得以任何形式扣减该部分费用。因基准日期后合同所适用的法律或政府有关规定发生变化，增加的安全文明施工费由发包人承担。 承包人经发包人同意采取合同约定以外的安全措施所产生的费用，由发包人承担。未经发包人同意的，如果该措施避免了发包人的损失，则发包人在避免损失的额度内承担该措施费。如果该措施避免了承包人的损失，由承包人承担该措施费。 除专用合同条款另有约定外，发包人应在开工后28天内预付安全文明施工费总额的50%，其余部分与进度款同期支付。发包人逾期支付安全文明施工费超过7天的，承包人有权向发包人发出要求预付的催告通知，发包人收到通知后7天内仍未支付的，承包人有权暂停施工，并按第16.1.1项【发包人违约的情形】执行。 承包人对安全文明施工费应专款专用，承包人应在财务账目中单独列项备查，不得挪作他用，否则发包人有权责令其限期改正；逾期未改正的，可以责令其暂停施工，由此增加的费用和（或）延误的工期由承包人承担。

1999版施工合同合同范本	2013版施工合同合同范本
	6.1.7　紧急情况处理 　　在工程实施期间或缺陷责任期内发生危及工程安全的事件，监理人通知承包人进行抢救，承包人声明无能力或不愿立即执行的，发包人有权雇佣其他人员进行抢救。此类抢救按合同约定属于承包人义务的，由此增加的费用和（或）延误的工期由承包人承担。
	6.1.9　安全生产责任 **6.1.9.1　发包人的安全责任** 　　发包人应负责赔偿以下各种情况造成的损失： 　　（1）工程或工程的任何部分对土地的占用所造成的第三者财产损失； 　　（2）由于发包人原因在施工场地及其毗邻地带造成的第三者人身伤亡和财产损失； 　　（3）由于发包人原因对承包人、监理人造成的人员人身伤亡和财产损失； 　　（4）由于发包人原因造成的发包人自身人员的人身伤害以及财产损失。 **6.1.9.2　承包人的安全责任** 　　由于承包人原因在施工场地内及其毗邻地带造成的发包人、监理人以及第三者人员伤亡和财产损失，由承包人负责赔偿。
	6.2　职业健康 **6.2.1　劳动保护** 　　承包人应按照法律规定安排现场施工人员的劳动和休息时间，保障劳动者的休息时间，并支付合理的报酬和费用。承包人应依法为其履行合同所雇用的人员办理必要的证件、许可、保险和注册等，承包人应督促其分包人为分包人所雇用的人员办理必要的证件、许可、保险和注册等。 　　承包人应按照法律规定保障现场施工人员的劳动安全，并提供劳动保护，并应按国家有关劳动保护的规定，采取有效的防止粉尘、降低噪声、控制有害气体和保障高温、高寒、高空作业安全等劳动保护措施。承包人雇佣人员在施工中受到伤害的，承包人应立即采取有效措施进行抢救和治疗。 　　承包人应按法律规定安排工作时间，保证其雇佣人员享有休息和休假的权利。因工程施工的特殊需要占用休假日或延长工作时间的，应不超过法律规定的限度，并按法律规定给予补休或付酬。 **6.2.2　生活条件** 　　承包人应为其履行合同所雇用的人员提供必要的膳宿条件和生活环境；承包人应采取有效措施预防传染病，保证施工人员的健康，并定期对施工现场、施工人员生活基地和工程进行防疫和卫生的专业检查和处理，在远离城镇的施工场地，还应配备必要的伤病防治和急救的医务人员与医疗设施。

1999版施工合同合同范本	2013版施工合同合同范本
9　承包人工作 9.1　承包人按专用条款约定的内容和时间完成以下工作： （5）遵守政府有关主管部门对施工场地交通、施工噪声以及环境保护和安全生产等的管理规定，按规定办理有关手续，并以书面形式通知发包人，发包人承担由此发生的费用，因承包人责任造成的罚款除外；	**6.3　环境保护** 承包人应在施工组织设计中列明环境保护的具体措施。在合同履行期间，承包人应采取合理措施保护施工现场环境。对施工作业过程中可能引起的大气、水、噪声以及固体废物污染采取具体可行的防范措施。 承包人应当承担因其原因引起的环境污染侵权损害赔偿责任，因上述环境污染引起纠纷而导致暂停施工的，由此增加的费用和（或）延误的工期由承包人承担。
三、施工组织设计和工期 **10　进度计划** 10.1　承包人应按专用条款约定的日期，将施工组织设计和工程进度计划提交修改意见，逾期不确认也不提出书面意见的，视为同意。 10.2　群体工程中单位工程分期进行施工的，承包人应按照发包人提供图纸及有关资料的时间，按单位工程编制进度计划，其具体内容双方在专用条款中约定。 10.3　承包人必须按工程师确认的进度计划组织施工，接受工程师对进度的检查、监督。工程实际进度与经确认的进度计划不符时，承包人应按工程师的要求提出改进措施，经工程师确认后执行。因承包人的原因导致实际进度与进度计划不符，承包人无权就改进措施提出追加合同价款。	**7　工期和进度** **7.1　施工组织设计** **7.1.1　施工组织设计的内容** 施工组织设计应包含以下内容： （1）施工方案； （2）施工现场平面布置图； （3）施工进度计划和保证措施； （4）劳动力及材料供应计划； （5）施工机械设备的选用； （6）质量保证体系及措施； （7）安全生产、文明施工措施； （8）环境保护、成本控制措施； （9）合同当事人约定的其他内容。 **7.1.2　施工组织设计的提交和修改** 除专用合同条款另有约定外，承包人应在合同签订后14天内，但至迟不得晚于第7.3.2项【开工通知】载明的开工日期前7天，向监理人提交详细的施工组织设计，并由监理人报送发包人。除专用合同条款另有约定外，发包人和监理人应在监理人收到施工组织设计后7天内确认或提出修改意见。对发包人和监理人提出的合理意见和要求，承包人应自费修改完善。根据工程实际情况需要修改施工组织设计的，承包人应向发包人和监理人提交修改后的施工组织设计。 施工进度计划的编制和修改按照第7.2款【施工进度计划】执行。 **7.2　施工进度计划** **7.2.1　施工进度计划的编制** 承包人应按照第7.1款【施工组织设计】约定提交详细的施工进度计划，施工进度计划的编制应当符合国家法律规定和一般工程实践惯例，施工进度计划经发包人批准后实施。施工进度计划是控制工程进度的依据，发包人和监理人有权按照施工进度计划检查工程进度情况。

1999版施工合同合同范本	2013版施工合同合同范本
	7.2.2 施工进度计划的修订 施工进度计划不符合合同要求或与工程的实际进度不一致的，承包人应向监理人提交修订的施工进度计划，并附具有关措施和相关资料，由监理人报送发包人。除专用合同条款另有约定外，发包人和监理人应在收到修订的施工进度计划后7天内完成审核和批准或提出修改意见。发包人和监理人对承包人提交的施工进度计划的确认，不能减轻或免除承包人根据法律规定和合同约定应承担的任何责任或义务。
11 开工及延期开工 **11.1** 承包人应当按照协议书约定的开工日期开工。承包人不能按时开工，应当不迟于协议书约定的开工日期前7天，以书面形式向工程师提出延期开工的理由和要求。工程师应当在接到延期开工申请后48小时内以书面形式答复承包人。工程师在接到延期开工申请后48小时内不答复，视为同意承包人要求，工期相应顺延。工程师不同意延期要求或承包人未在规定时间内提出延期开工要求，工期不予顺延。 **11.2** 因发包人原因不能按照协议书约定的开工日期开工，工程师应以书面形式通知承包人，推迟开工日期。发包人赔偿承包人因延期开工造成的损失，并相应顺延工期。	**7.3 开工** **7.3.1 开工准备** 除专用合同条款另有约定外，承包人应按照第7.1款【施工组织设计】约定的期限，向监理人提交工程开工报审表，经监理人报发包人批准后执行。开工报审表应详细说明按施工进度计划正常施工所需的施工道路、临时设施、材料、工程设备、施工设备、施工人员等落实情况以及工程的进度安排。 除专用合同条款另有约定外，合同当事人应按约定完成开工准备工作。 **7.3.2 开工通知** 发包人应按照法律规定获得工程施工所需的许可。经发包人同意后，监理人发出的开工通知应符合法律规定。监理人应在计划开工日期7天前向承包人发出开工通知，工期自开工通知中载明的开工日期起算。 除专用合同条款另有约定外，因发包人原因造成监理人未能在计划开工日期之日起90天内发出开工通知的，承包人有权提出价格调整要求，或者解除合同。发包人应当承担由此增加的费用和（或）延误的工期，并向承包人支付合理利润。
	7.4 测量放线 **7.4.1** 除专用合同条款另有约定外，发包人应在至迟不得晚于第7.3.2项【开工通知】载明的开工日期前7天通过监理人向承包人提供测量基准点、基准线和水准点及其书面资料。发包人应对其提供的测量基准点、基准线和水准点及其书面资料的真实性、准确性和完整性负责。 承包人发现发包人提供的测量基准点、基准线和水准点及其书面资料存在错误或疏漏的，应及时通知监理人。监理人应及时报告发包人，并会同发包人和承包人予以核实。发包人应就如何处理和是否继续施工作出决定，并通知监理人和承包人。 **7.4.2** 承包人负责施工过程中的全部施工测量放线工作，并配置具有相应资质的人员、合格的仪器、设备和其他物品。承包人应矫正工程的位置、标高、尺寸或准线中出现的任何差错，并对工程各部分的定位负责。 施工过程中对施工现场内水准点等测量标志物的保护工作由承包人负责。

1999版施工合同合同范本	2013版施工合同合同范本
13 工期延误 **13.1** 因以下原因造成工期延误，经工程师确认，工期相应顺延： （1）发包人未能按专用条款的约定提供图纸及开工条件； （2）发包人未能按约定日期支付工程预付款、进度款，致使施工不能正常进行； （3）工程师未按合同约定提供所需指令、批准等，致使施工不能正常进行； （4）设计变更和工程量增加； （5）一周内非承包人原因停水、停电、停气造成停工累计超过8小时； （6）不可抗力； （7）专用条款中约定或工程师同意工期顺延的其他情况。 **13.2** 承包人在13.1款情况发生后14天内，就延误的工期以书面形式向工程师提出报告。工程师在收到报告后14天内予以确认，逾期不予确认也不提出修改意见，视为同意顺延工期。 **14 工程竣工** **14.1** 承包人必须按照协议书约定的竣工日期或工程师同意顺延的工期竣工。 **14.2** 因承包人原因不能按照协议书约定的竣工日期或工程师同意顺延的工期竣工的，承包人承担违约责任。	**7.5 工期延误** **7.5.1 因发包人原因导致工期延误** 在合同履行过程中，因下列情况导致工期延误和（或）费用增加的，由发包人承担由此延误的工期和（或）增加的费用，且发包人应支付承包人合理的利润： （1）发包人未能按合同约定提供图纸或所提供图纸不符合合同约定的； （2）发包人未能按合同约定提供施工现场、施工条件、基础资料、许可、批准等开工条件的； （3）发包人提供的测量基准点、基准线和水准点及其书面资料存在错误或疏漏的； （4）发包人未能在计划开工日期之日起7天内同意下达开工通知的； （5）发包人未能按合同约定日期支付工程预付款、进度款或竣工结算款的； （6）监理人未按合同约定发出指示、批准等文件的； （7）专用合同条款中约定的其他情形。 因发包人原因未按计划开工日期开工的，发包人应按实际开工日期顺延竣工日期，确保实际工期不低于合同约定的工期总日历天数。因发包人原因导致工期延误需要修订施工进度计划的，按照第7.2.2项【施工进度计划的修订】执行。 **7.5.2 因承包人原因导致工期延误** 因承包人原因造成工期延误的，可以在专用合同条款中约定逾期竣工违约金的计算方法和逾期竣工违约金的上限。承包人支付逾期竣工违约金后，不免除承包人继续完成工程及修补缺陷的义务。
13 工期延误 **13.1** 因以下原因造成工期延误，经工程师确认，工期相应顺延： （5）一周内非承包人原因停水、停电、停气造成停工累计超过8小时； （6）不可抗力；	**7.6 不利物质条件** 不利物质条件是指有经验的承包人在施工现场遇到的不可预见的自然物质条件、非自然的物质障碍和污染物，包括地表以下物质条件和水文条件以及专用合同条款约定的其他情形，但不包括气候条件。 承包人遇到不利物质条件时，应采取克服不利物质条件的合理措施继续施工，并及时通知发包人和监理人。通知应载明不利物质条件的内容以及承包人认为不可预见的理由。监理人经发包人同意后应当及时发出指示，指示构成变更的，按第10条【变更】约定执行。承包人因采取合理措施而增加的费用和（或）延误的工期由发包人承担。

1999版施工合同合同范本	2013版施工合同合同范本
	7.7　异常恶劣的气候条件 异常恶劣的气候条件是指在施工过程中遇到的，有经验的承包人在签订合同时不可预见的，对合同履行造成实质性影响的，但尚未构成不可抗力事件的恶劣气候条件。合同当事人可以在专用合同条款中约定异常恶劣的气候条件的具体情形。 承包人应采取克服异常恶劣的气候条件的合理措施继续施工，并及时通知发包人和监理人。监理人经发包人同意后应当及时发出指示，指示构成变更的，按第10条【变更】约定办理。承包人因采取合理措施而增加的费用和（或）延误的工期由发包人承担。
12　暂停施工 工程师认为确有必要暂停施工时，应当以书面形式要求承包人暂停施工，并在提出要求后48小时内提出书面处理意见。承包人应当按工程师要求停止施工，并妥善保护已完工程。承包人实施工程师作出的处理意见后，可以书面形式提出复工要求，工程师作出的处理意见后，可以书面形式提出复工要求，工程师应当在48小时内给予答复。工程师未能在规定时间内提出处理意见，或收到承包人复工要求后48小时内未予答复，承包人可自行复工。因发包人原因造成停工的，由发包人承担所发生的追加合同价款，赔偿承包人由此造成的损失，相应顺延工期；因承包人原因造成停工的，由承包人承担发生的费用，工期不予顺延。	**7.8　暂停施工** **7.8.1　发包人原因引起的暂停施工** 因发包人原因引起暂停施工的，监理人经发包人同意后，应及时下达暂停施工指示。情况紧急且监理人未及时下达暂停施工指示的，按照第7.8.4项【紧急情况下的暂停施工】执行。 因发包人原因引起的暂停施工，发包人应承担由此增加的费用和（或）延误的工期，并支付承包人合理的利润。 **7.8.2　承包人原因引起的暂停施工** 因承包人原因引起的暂停施工，承包人应承担由此增加的费用和（或）延误的工期，且承包人在收到监理人复工指示后84天内仍未复工的，视为第16.2.1项【承包人违约的情形】第（7）目约定的承包人无法继续履行合同的情形。 **7.8.3　指示暂停施工** 监理人认为有必要时，并经发包人批准后，可向承包人作出暂停施工的指示，承包人应按监理人指示暂停施工。 **7.8.4　紧急情况下的暂停施工** 因紧急情况需暂停施工，且监理人未及时下达暂停施工指示的，承包人可先暂停施工，并及时通知监理人。监理人应在接到通知后24小时内发出指示，逾期未发出指示，视为同意承包人暂停施工。监理人不同意承包人暂停施工的，应说明理由，承包人对监理人的答复有异议，按照第20条【争议解决】约定处理。 **7.8.5　暂停施工后的复工** 暂停施工后，发包人和承包人应采取有效措施积极消除暂停施工的影响。在工程复工前，监理人会同发包人和承包人确定因暂停施工造成的损失，并确定工程复工条件。当工程具备复工条件时，监理人应经发包人批准后向承包人发出复工通知，承包人应按照复工通知要求复工。 承包人无故拖延和拒绝复工的，承包人承担由此增加的费用和（或）延误的工期；因发包人原因无法按时复工的，按照第7.5.1项【因发包人原因导致工期延误】约定办理。

1999版施工合同合同范本	2013版施工合同合同范本
	7.8.6 暂停施工持续56天以上 监理人发出暂停施工指示后56天内未向承包人发出复工通知，除该项停工属于第7.8.2项【承包人原因引起的暂停施工】及第17条【不可抗力】约定的情形外，承包人可向发包人提交书面通知，要求发包人在收到书面通知后28天内准许已暂停施工的部分或全部工程继续施工。发包人逾期不予批准的，则承包人可以通知发包人，将工程受影响的部分视为按第10.1款【变更的范围】第（2）项的可取消工作。 暂停施工持续84天以上不复工的，且不属于第7.8.2项【承包人原因引起的暂停施工】及第17条【不可抗力】约定的情形，并影响到整个工程以及合同目的实现的，承包人有权提出价格调整要求，或者解除合同。解除合同的，按照第16.1.3项【因发包人违约解除合同】执行。 **7.8.7** 暂停施工期间的工程照管 暂停施工期间，承包人应负责妥善照管工程并提供安全保障，由此增加的费用由责任方承担。 **7.8.8** 暂停施工的措施 暂停施工期间，发包人和承包人均应采取必要的措施确保工程质量及安全，防止因暂停施工扩大损失。
14.3 施工中发包人如需提前竣工，双方协商一致后应签订提前竣工协议，作为合同文件组成部分。提前竣工协议应包括承包人为保证工程质量和安全采取的措施、发包人为提前竣工提供的条件以及提前竣工所需的追加合同价款等内容。	**7.9 提前竣工** **7.9.1** 发包人要求承包人提前竣工的，发包人应通过监理人向承包人下达提前竣工指示，承包人应向发包人和监理人提交提前竣工建议书，提前竣工建议书应包括实施的方案、缩短的时间、增加的合同价格等内容。发包人接受该提前竣工建议书的，监理人应与发包人和承包人协商采取加快工程进度的措施，并修订施工进度计划，由此增加的费用由发包人承担。承包人认为提前竣工指示无法执行的，应向监理人和发包人提出书面异议，发包人和监理人应在收到异议后7天内予以答复。任何情况下，发包人不得压缩合理工期。 **7.9.2** 发包人要求承包人提前竣工，或承包人提出提前竣工的建议能够给发包人带来效益的，合同当事人可以在专用合同条款中约定提前竣工的奖励。
七、材料设备供应 **27 发包人供应材料设备** **27.1** 实行发包人供应材料设备的，双方应当约定发包人供应材料设备的一览表，作为本合同附件（附件2）。一览表包括发包人供应材	**8 材料与设备** **8.1 发包人供应材料与工程设备** 发包人自行供应材料、工程设备的，应在签订合同时在专用合同条款的附件《发包人供应材料设备一览表》中明确材料、工程设备的品种、规格、型号、数量、单价、质量等级和送达地点。

1999版施工合同合同范本	2013版施工合同合同范本
料设备的品种、规格、型号、数量、单价、质量等级、提供时间和地点。	承包人应提前30天通过监理人以书面形式通知发包人供应材料与工程设备进场。承包人按照第7.2.2项【施工进度计划的修订】约定修订施工进度计划时，需同时提交经修订后的发包人供应材料与工程设备的进场计划。

1999版施工合同合同范本（续）

　　27.2　发包人按一览表约定的内容提供材料设备，并向承包人提供产品合格证明，对其质量负责。发包人在所供材料设备到货前24小时，以书面形式通知承包人，由承包人派人与发包人共同清点。

　　27.3　发包人供应的材料设备，承包人派人参加清点后由承包人妥善保管，发包人支付相应保管费用。因承包人原因发生丢失损坏，由承包人负责赔偿。

　　发包人未通知承包人清点，承包人不负责材料设备的保管，丢失损坏由发包人负责。

　　27.4　发包人供应的材料设备与一览表不符时，发包人承担有关责任。发包人应承担责任的具体内容，双方根据下列情况在专用条款内约定：

　　（1）材料设备单价与一览表不符，由发包人承担所有价差；

　　（2）材料设备的品种、规格、型号、质量等级与一览表不符，承包人可拒绝接收保管，由发包人运出施工场地并重新采购；

　　（3）发包人供应的材料规格、型号与一览表不符，经发包人同意，承包人可代为调剂串换，由发包人承担相应费用；

　　（4）到货地点与一览表不符，由发包人负责运至一览表指定地点；

　　（5）供应数量少于一览表约定的数量时，由发包人补齐，多于一览表约定数量时，发包人负责将多出部分运出施工场地；

　　（6）到货时间早于一览表约定时间，由发包人承担因此发生的保管费用；到货时间迟于一览表约定的供应时间，发包人赔偿由此造成的承包人损失，造成工期延误的，相应顺延工期；

　　27.5　发包人供应的材料设备使用前，由承包人负责检验或试验，不合格的不得使用，检验或试验费用由发包人承担。

　　27.6　发包人供应材料设备的结算方法，双方在专用条款内约定。

2013版施工合同合同范本（续）

　　8.2　**承包人采购材料与工程设备**

　　承包人负责采购材料、工程设备的，应按照设计和有关标准要求采购，并提供产品合格证明及出厂证明，对材料、工程设备质量负责。合同约定由承包人采购的材料、工程设备，发包人不得指定生产厂家或供应商，发包人违反本款约定指定生产厂家或供应商的，承包人有权拒绝，并由发包人承担相应责任。

　　8.3　**材料与工程设备的接收与拒收**

　　8.3.1　发包人应按《发包人供应材料设备一览表》约定的内容提供材料和工程设备，并向承包人提供产品合格证明及出厂证明，对其质量负责。发包人应提前24小时以书面形式通知承包人、监理人材料和工程设备到货时间，承包人负责材料和工程设备的清点、检验和接收。

　　发包人提供的材料和工程设备的规格、数量或质量不符合合同约定的，或因发包人原因导致交货日期延误或交货地点变更等情况的，按照第16.1款【发包人违约】约定办理。

　　8.3.2　承包人采购的材料和工程设备，应保证产品质量合格，承包人应在材料和工程设备到货前24小时通知监理人检验。承包人进行永久设备、材料的制造和生产的，应符合相关质量标准，并向监理人提交材料的样本以及有关资料，并应在使用该材料或工程设备之前获得监理人同意。

　　承包人采购的材料和工程设备不符合设计或有关标准要求时，承包人应在监理人要求的合理期限内将不符合设计或有关标准要求的材料、工程设备运出施工现场，并重新采购符合要求的材料、工程设备，由此增加的费用和（或）延误的工期，由承包人承担。

　　8.4　**材料与工程设备的保管与使用**

　　8.4.1　发包人供应材料与工程设备的保管与使用

　　发包人供应的材料和工程设备，承包人清点后由承包人妥善保管，保管费用由发包人承担，但已标价工程量清单或预算书已经列支或专用合同条款另有约定除外。因承包人原因发生丢失毁损的，由承包人负责赔偿；监理人未通知承包人清点的，承包人不负责材料和工程设备的保管，由此导致丢失毁损的由发包人负责。

　　发包人供应的材料和工程设备使用前，由承包人负责检验，检验费用由发包人承担，不合格的不得使用。

1999版施工合同合同范本	2013版施工合同合同范本
28 承包人采购材料设备 **28.1** 承包人负责采购材料设备的，应按照专用条款约定及设计和有关标准要求采购，并提供产品合格证明，对材料设备质量负责。承包人在材料设备到货前24小时通知工程师清点。 **28.2** 承包人采购的材料设备与设计标准要求不符时，承包人应按工程师要求的时间运出施工场地，重新采购符合要求的产品，承担由此发生的费用，由此延误的工期不予顺延。 **28.3** 承包人采购的材料设备在使用前，承包人应按工程师的要求进行检验或试验，不合格的不得使用，检验或试验费用由承包人承担。 **28.4** 工程师发现承包人采购并使用不符合设计和标准要求的材料设备时，应要求承包人负责修复、拆除或重新采购，由承包人承担发生的费用，由此延误的工期不予顺延。 **28.5** 承包人需要使用代用材料时，应经工程师认可后才能使用，由此增减的合同价款双方以书面形式议定。 **28.6** 由承包人采购的材料设备，发包人不得指定生产厂或供应商。	**8.4.2 承包人采购材料与工程设备的保管与使用** 承包人采购的材料和工程设备由承包人妥善保管，保管费用由承包人承担。法律规定材料和工程设备使用前必须进行检验或试验的，承包人应按监理人的要求进行检验或试验，检验或试验费用由承包人承担，不合格的不得使用。 发包人或监理人发现承包人使用不符合设计或有关标准要求的材料和工程设备时，有权要求承包人进行修复、拆除或重新采购，由此增加的费用和（或）延误的工期，由承包人承担。
	8.5 禁止使用不合格的材料和工程设备 **8.5.1** 监理人有权拒绝承包人提供的不合格材料或工程设备，并要求承包人立即进行更换。监理人应在更换后再次进行检查和检验，由此增加的费用和（或）延误的工期由承包人承担。 **8.5.2** 监理人发现承包人使用了不合格的材料和工程设备，承包人应按照监理人的指示立即改正，并禁止在工程中继续使用不合格的材料和工程设备。 **8.5.3** 发包人提供的材料或工程设备不符合合同要求的，承包人有权拒绝，并可要求发包人更换，由此增加的费用和（或）延误的工期由发包人承担，并支付承包人合理的利润。
	8.6 样品 **8.6.1 样品的报送与封存** 需要承包人报送样品的材料或工程设备，样品的种类、名称、规格、数量等要求均应在专用合同条款中约定。样品的报送程序如下： （1）承包人应在计划采购前28天向监理人报送样品。承包人报送的样品均应来自供应材料的实际生产地，且提供的样品的规格、数量足以表明材料或工程设备的质量、型号、颜色、表面处理、质地、误差和其他要求的特征。

1999版施工合同合同范本	2013版施工合同合同范本
	（2）承包人每次报送样品时应随附申报单，申报单应载明报送样品的相关数据和资料，并标明每件样品对应的图纸号，预留监理人批复意见栏。监理人应在收到承包人报送的样品后7天向承包人回复经发包人签认的样品审批意见。 （3）经发包人和监理人审批确认的样品应按约定的方法封样，封存的样品作为检验工程相关部分的标准之一。承包人在施工过程中不得使用与样品不符的材料或工程设备。 （4）发包人和监理人对样品的审批确认仅为确认相关材料或工程设备的特征或用途，不得被理解为对合同的修改或改变，也并不减轻或免除承包人任何的责任和义务。如果封存的样品修改或改变了合同约定，合同当事人应当以书面协议予以确认。 **8.6.2 样品的保管** 经批准的样品应由监理人负责封存于现场，承包人应在现场为保存样品提供适当和固定的场所并保持适当和良好的存储环境条件。
	8.7 材料与工程设备的替代 **8.7.1** 出现下列情况需要使用替代材料和工程设备的，承包人应按照第8.7.2项约定的程序执行： （1）基准日期后生效的法律规定禁止使用的； （2）发包人要求使用替代品的； （3）因其他原因必须使用替代品的。 **8.7.2** 承包人应在使用替代材料和工程设备28天前书面通知监理人，并附下列文件： （1）被替代的材料和工程设备的名称、数量、规格、型号、品牌、性能、价格及其他相关资料； （2）替代品的名称、数量、规格、型号、品牌、性能、价格及其他相关资料； （3）替代品与被替代产品之间的差异以及使用替代品可能对工程产生的影响； （4）替代品与被替代产品的价格差异； （5）使用替代品的理由和原因说明； （6）监理人要求的其他文件。 监理人应在收到通知后14天内向承包人发出经发包人签认的书面指示；监理人逾期发出书面指示的，视为发包人和监理人同意使用替代品。 **8.7.3** 发包人认可使用替代材料和工程设备的，替代材料和工程设备的价格，按照已标价工程量清单或预算书相同项目的价格认定；无相同项目的，参考相似项目价格认定；既无相同项目也无相似项目的，按照合理的成本与利润构成的原则，由合同当事人按照第4.4款【商定或确定】确定价格。

1999版施工合同合同范本	2013版施工合同合同范本
	8.8 施工设备和临时设施 **8.8.1 承包人提供的施工设备和临时设施** 承包人应按合同进度计划的要求，及时配置施工设备和修建临时设施。进入施工场地的承包人设备需经监理人核查后才能投入使用。承包人更换合同约定的承包人设备的，应报监理人批准。 除专用合同条款另有约定外，承包人应自行承担修建临时设施的费用，需要临时占地的，应由发包人办理申请手续并承担相应费用。 **8.8.2 发包人提供的施工设备和临时设施** 发包人提供的施工设备或临时设施在专用合同条款中约定。 **8.8.3 要求承包人增加或更换施工设备** 承包人使用的施工设备不能满足合同进度计划和（或）质量要求时，监理人有权要求承包人增加或更换施工设备，承包人应及时增加或更换，由此增加的费用和（或）延误的工期由承包人承担。
	8.9 材料与设备专用要求 承包人运入施工现场的材料、工程设备、施工设备以及在施工场地建设的临时设施，包括备品备件、安装工具与资料，必须专用于工程。未经发包人批准，承包人不得运出施工现场或挪作他用；经发包人批准，承包人可以根据施工进度计划撤走闲置的施工设备和其他物品。
	9 试验与检验 **9.1 试验设备与试验人员** **9.1.1** 承包人根据合同约定或监理人指示进行的现场材料试验，应由承包人提供试验场所、试验人员、试验设备以及其他必要的试验条件。监理人在必要时可以使用承包人提供的试验场所、试验设备以及其他试验条件，进行以工程质量检查为目的的材料复核试验，承包人应予以协助。 **9.1.2** 承包人应按专用合同条款的约定提供试验设备、取样装置、试验场所和试验条件，并向监理人提交相应进场计划表。 承包人配置的试验设备要符合相应试验规程的要求并经过具有资质的检测单位检测，且在正式使用该试验设备前，需要经过监理人与承包人共同校定。 **9.1.3** 承包人应向监理人提交试验人员的名单及其岗位、资格等证明资料，试验人员必须能够熟练进行相应的检测试验，承包人对试验人员的试验程序和试验结果的正确性负责。

1999版施工合同合同范本	2013版施工合同合同范本
	9.2　取样 试验属于自检性质的，承包人可以单独取样。试验属于监理人抽检性质的，可由监理人取样，也可由承包人的试验人员在监理人的监督下取样。 **9.3　材料、工程设备和工程的试验和检验** **9.3.1**　承包人应按合同约定进行材料、工程设备和工程的试验和检验，并为监理人对上述材料、工程设备和工程的质量检查提供必要的试验资料和原始记录。按合同约定应由监理人与承包人共同进行试验和检验的，由承包人负责提供必要的试验资料和原始记录。 **9.3.2**　试验属于自检性质的，承包人可以单独进行试验。试验属于监理人抽检性质的，监理人可以单独进行试验，也可由承包人与监理人共同进行。承包人对由监理人单独进行的试验结果有异议的，可以申请重新共同进行试验。约定共同进行试验的，监理人未按照约定参加试验的，承包人可自行试验，并将试验结果报送监理人，监理人应承认该试验结果。 **9.3.3**　监理人对承包人的试验和检验结果有异议的，或为查清承包人试验和检验成果的可靠性要求承包人重新试验和检验的，可由监理人与承包人共同进行。重新试验和检验的结果证明该项材料、工程设备或工程的质量不符合合同要求的，由此增加的费用和（或）延误的工期由承包人承担；重新试验和检验结果证明该项材料、工程设备和工程符合合同要求的，由此增加的费用和（或）延误的工期由发包人承担。 **9.4　现场工艺试验** 承包人应按合同约定或监理人指示进行现场工艺试验。对大型的现场工艺试验，监理人认为必要时，承包人应根据监理人提出的工艺试验要求，编制工艺试验措施计划，报送监理人审查。
八、工程变更 **29　工程设计变更** **29.1**　施工中发包人需对原工程设计变更，应提前14天以书面形式向承包人发出变更通知。变更超过原设计标准或批准的建设规模时，发包人应报规划管理部门和其他有关部门重新审查批准，并由原设计单位提供变更的相应图纸和说明。承包人按照工程师发出的变更通知及有关要求，进行下列需要的变更： （1）更改工程有关部分的标高、基线、位置和尺寸；	**10　变更** **10.1　变更的范围** 除专用合同条款另有约定外，合同履行过程中发生以下情形的，应按照本条约定进行变更： （1）增加或减少合同中任何工作，或追加额外的工作； （2）取消合同中任何工作，但转由他人实施的工作除外； （3）改变合同中任何工作的质量标准或其他特性； （4）改变工程的基线、标高、位置和尺寸； （5）改变工程的时间安排或实施顺序。 **10.2　变更权** 发包人和监理人均可以提出变更。变更指示均通过监理人发出，监理人发出变更指示前应征得发包人同意。承包人收到经发

1999版施工合同合同范本	2013版施工合同合同范本
（2）增减合同中约定的工程量； （3）改变有关工程的施工时间和顺序； （4）其他有关工程变更需要的附加工作。 因变更导致合同价款的增减及造成的承包人损失，由发包人承担，延误的工期相应顺延。 **29.2** 施工中承包人不得对原工程设计进行变更。因承包人擅自变更设计发生的费用和由此导致发包人的直接损失，由承包人承担，延误的工期不予顺延。 **29.3** 承包人在施工中提出的合理化建议涉及到对设计图纸或施工组织设计的更改及对材料、设备的换用，须经工程师同意。未经同意擅自更改或换用时，承包人承担由此发生的费用，并赔偿发包人的有关损失，延误的工期不予顺延。 工程师同意采用承包人合理化建议，所发生的费用和获得的收益，发包人承包人另行约定分担或分享。 **30 其他变更** 合同履行中发包人要求变更工程质量标准及发生其他实质性变更，由双方协商解决。 **31 确定变更价款** **31.1** 承包人在工程变更确定后14天内，提出变更工程价款的报告，经工程师确认后调整合同价款。变更合同价款按下列方法进行： （1）合同中已有适用于变更工程的价格，按合同已有的价格变更合同价款； （2）合同中只有类似于变更工程的价格，可以参照类似价格变更合同价款； （3）合同中没有适用或类似于变更工程的价格，由承包人提出适当的变更价格，经工程师确认后执行。 **31.2** 承包人在双方确定变更后14天内不向工程师提出变更工程价款报告时，视为该项变更不涉及合同价款的变更。 **31.3** 工程师应在收到变更工程价款报告之日起14天内予以确认，工程师无正当理由不确认时，自变更工程价款报告送达之日起14天后视为变更工程价款报告已被确认。 **31.4** 工程师不同意承包人提出的变更价款，按本通用条款第37条关于争议的约定处理。	包人签认的变更指示后，方可实施变更。未经许可，承包人不得擅自对工程的任何部分进行变更。 涉及设计变更的，应由设计人提供变更后的图纸和说明。如变更超过原设计标准或批准的建设规模时，发包人应及时办理规划、设计变更等审批手续。 **10.3 变更程序** **10.3.1 发包人提出变更** 发包人提出变更的，应通过监理人向承包人发出变更指示，变更指示应说明计划变更的工程范围和变更的内容。 **10.3.2 监理人提出变更建议** 监理人提出变更建议的，需要向发包人以书面形式提出变更计划，说明计划变更工程范围和变更的内容、理由，以及实施该变更对合同价格和工期的影响。发包人同意变更的，由监理人向承包人发出变更指示。发包人不同意变更的，监理人无权擅自发出变更指示。 **10.3.3 变更执行** 承包人收到监理人下达的变更指示后，认为不能执行，应立即提出不能执行该变更指示的理由。承包人认为可以执行变更的，应当书面说明实施该变更指示对合同价格和工期的影响，且合同当事人应当按照第10.4款【变更估价】约定确定变更估价。 **10.4 变更估价** **10.4.1 变更估价原则** 除专用合同条款另有约定外，变更估价按照本款约定处理： （1）已标价工程量清单或预算书有相同项目的，按照相同项目单价认定； （2）已标价工程量清单或预算书中无相同项目，但有类似项目的，参照类似项目的单价认定； （3）变更导致实际完成的变更工程量与已标价工程量清单或预算书中列明的该项目工程量的变化幅度超过15%的，或已标价工程量清单或预算书中无相同项目及类似项目单价的，按照合理的成本与利润构成的原则，由合同当事人按照第4.4款【商定或确定】确定变更工作的单价。 **10.4.2 变更估价程序** 承包人应在收到变更指示后14天内，向监理人提交变更估价申请。监理人应在收到承包人提交的变更估价申请后7天内审查完毕并报送发包人，监理人对变更估价申请有异议，通知承包人修改后重新提交。发包人应在承包人提交变更估价申请后14天内审批完毕。发包人逾期未完成审批或未提出异议的，视为认可承包人提交的变更估价申请。 因变更引起的价格调整应计入最近一期的进度款中支付。

1999版施工合同合同范本	2013版施工合同合同范本
31.5 工程师确认增加的工程变更价款作为追加合同价款，与工程款同期支付。 31.6 因承包人自身原因导致的工程变更，承包人无权要求追加合同价款。	**10.5 承包人的合理化建议** 承包人提出合理化建议的，应向监理人提交合理化建议说明，说明建议的内容和理由，以及实施该建议对合同价格和工期的影响。 除专用合同条款另有约定外，监理人应在收到承包人提交的合理化建议后7天内审查完毕并报送发包人，发现其中存在技术上的缺陷，应通知承包人修改。发包人应在收到监理人报送的合理化建议后7天内审批完毕。合理化建议经发包人批准的，监理人应及时发出变更指示，由此引起的合同价格调整按照第10.4款【变更估价】约定执行。发包人不同意变更的，监理人应书面通知承包人。 合理化建议降低了合同价格或者提高了工程经济效益的，发包人可对承包人给予奖励，奖励的方法和金额在专用合同条款中约定。 **10.6 变更引起的工期调整** 因变更引起工期变化的，合同当事人均可要求调整合同工期，由合同当事人按照第4.4款【商定或确定】并参考工程所在地的工期定额标准确定增减工期天数。 **10.7 暂估价** 暂估价专业分包工程、服务、材料和工程设备的明细由合同当事人在专用合同条款中约定。 10.7.1 依法必须招标的暂估价项目 对于依法必须招标的暂估价项目，采取以下第1种方式确定。合同当事人也可以在专用合同条款中选择其他招标方式。 第1种方式：对于依法必须招标的暂估价项目，由承包人招标，对该暂估价项目的确认和批准按照以下约定执行： （1）承包人应当根据施工进度计划，在招标工作启动前14天将招标方案通过监理人报送发包人审查，发包人应当在收到承包人报送的招标方案后7天内批准或提出修改意见。承包人应当按照经过发包人批准的招标方案开展招标工作； （2）承包人应当根据施工进度计划，提前14天将招标文件通过监理人报送发包人审批，发包人应当在收到承包人报送的相关文件后7天内完成审批或提出修改意见；发包人有权确定招标控制价并按照法律规定参加评标； （3）承包人与供应商、分包人在签订暂估价合同前，应当提前7天将确定的中标候选供应商或中标候选分包人的资料报送发包人，发包人应在收到资料后3天内与承包人共同确定中标人；承包人应当在签订合同后7天内，将暂估价合同副本报送发包人留存。 第2种方式：对于依法必须招标的暂估价项目，由发包人和承

1999版施工合同合同范本	2013版施工合同合同范本
	包人共同招标确定暂估价供应商或分包人的，承包人应按照施工进度计划，在招标工作启动前14天通知发包人，并提交暂估价招标方案和工作分工。发包人应在收到后7天内确认。确定中标人后，由发包人、承包人与中标人共同签订暂估价合同。 **10.7.2** 不属于依法必须招标的暂估价项目 除专用合同条款另有约定外，对于不属于依法必须招标的暂估价项目，采取以下第1种方式确定： 第1种方式：对于不属于依法必须招标的暂估价项目，按本项约定确认和批准： （1）承包人应根据施工进度计划，在签订暂估价项目的采购合同、分包合同前28天向监理人提出书面申请。监理人应当在收到申请后3天内报送发包人，发包人应当在收到申请后14天内给予批准或提出修改意见，发包人逾期未予批准或提出修改意见的，视为该书面申请已获得同意； （2）发包人认为承包人确定的供应商、分包人无法满足工程质量或合同要求的，发包人可以要求承包人重新确定暂估价项目的供应商、分包人； （3）承包人应当在签订暂估价合同后7天内，将暂估价合同副本报送发包人留存。 第2种方式：承包人按照第10.7.1项【依法必须招标的暂估价项目】约定的第1种方式确定暂估价项目。 第3种方式：承包人直接实施的暂估价项目 承包人具备实施暂估价项目的资格和条件的，经发包人和承包人协商一致后，可由承包人自行实施暂估价项目，合同当事人可以在专用合同条款约定具体事项。 **10.7.3** 因发包人原因导致暂估价合同订立和履行迟延的，由此增加的费用和（或）延误的工期由发包人承担，并支付承包人合理的利润。因承包人原因导致暂估价合同订立和履行迟延的，由此增加的费用和（或）延误的工期由承包人承担。 **10.8 暂列金额** 暂列金额应按照发包人的要求使用，发包人的要求应通过监理人发出。合同当事人可以在专用合同条款中协商确定有关事项。 **10.9 计日工** 需要采用计日工方式的，经发包人同意后，由监理人通知承包人以计日工计价方式实施相应的工作，其价款按列入已标价工程量清单或预算书中的计日工计价项目及其单价进行计算；已标价工程量清单或预算书中无相应的计日工单价的，按照合理的成本与利润构成的原则，由合同当事人按照第4.4款【商定或确定】确定变更工作的单价。

1999版施工合同合同范本	2013版施工合同合同范本
	采用计日工计价的任何一项工作，承包人应在该项工作实施过程中，每天提交以下报表和有关凭证报送监理人审查： （1）工作名称、内容和数量； （2）投入该工作的所有人员的姓名、专业、工种、级别和耗用工时； （3）投入该工作的材料类别和数量； （4）投入该工作的施工设备型号、台数和耗用台时； （5）其他有关资料和凭证。 计日工由承包人汇总后，列入最近一期进度付款申请单，由监理人审查并经发包人批准后列入进度付款。
六、合同价款与支付 **23　合同价款及调整** 23.3　可调价格合同中合同价款的调整因素包括： （1）法律、行政法规和国家有关政策变化影响合同价款； （2）工程造价管理部门公布的价格调整； （3）一周内非承包人原因停水、停电、停气造成停工累计超过8小时； （4）双方约定的其他因素。 23.4　承包人应当在23.3款情况发生后14天内，将调整原因、金额以书面形式通知工程师，工程师确认调整金额后作为追加合同价款，与工程款同期支付。工程师收到承包人通知后14天内不予确认也不提出修改意见，视为已经同意该项调整。	**11　价格调整** **11.1　市场价格波动引起的调整** 除专用合同条款另有约定外，市场价格波动超过合同当事人约定的范围，合同价格应当调整。合同当事人可以在专用合同条款中约定选择以下一种方式对合同价格进行调整： 第1种方式：采用价格指数进行价格调整。 （1）价格调整公式 因人工、材料和设备等价格波动影响合同价格时，根据专用合同条款中约定的数据，按以下公式计算差额并调整合同价格： $$\Delta P = P_0 \left[A + \left(B_1 \times \frac{F_{t1}}{F_{01}} + B_2 \times \frac{F_{t2}}{F_{02}} + B_3 \times \frac{F_{t3}}{F_{03}} + \cdots + B_n \times \frac{F_{tn}}{F_{0n}} \right) - 1 \right]$$ 公式中：ΔP——需调整的价格差额； P_0——约定的付款证书中承包人应得到的已完成工程量的金额。此项金额应不包括价格调整、不计质量保证金的扣留和支付、预付款的支付和扣回。约定的变更及其他金额已按现行价格计价的，也不计在内； A——定值权重（即不调部分的权重）； B_1；B_2；B_3……B_n——各可调因子的变值权重（即可调部分的权重），为各可调因子在签约合同价中所占的比例； F_{t1}；F_{t2}；F_{t3}……F_{tn}——各可调因子的现行价格指数，指约定的付款证书相关周期最后一天的前42天的各可调因子的价格指数； F_{01}；F_{02}；F_{03}……F_{0n}——各可调因子的基本价格指数，指基准日期的各可调因子的价格指数。 以上价格调整公式中的各可调因子、定值和变值权重，以及基本价格指数及其来源在投标函附录价格指数和权重表中约定，非招标订立的合同，由合同当事人在专用合同条款中约定。价格指数应首先采用工程造价管理机构发布的价格指数，无前述价格指数时，可采用工程造价管理机构发布的价格代替。

1999版施工合同合同范本	2013版施工合同合同范本
	（2）暂时确定调整差额 在计算调整差额时无现行价格指数的，合同当事人同意暂用前次价格指数计算。实际价格指数有调整的，合同当事人进行相应调整。 （3）权重的调整 因变更导致合同约定的权重不合理时，按照第4.4款【商定或确定】执行。 （4）因承包人原因工期延误后的价格调整 因承包人原因未按期竣工的，对合同约定的竣工日期后继续施工的工程，在使用价格调整公式时，应采用计划竣工日期与实际竣工日期的两个价格指数中较低的一个作为现行价格指数。 第2种方式：采用造价信息进行价格调整。 合同履行期间，因人工、材料、工程设备和机械台班价格波动影响合同价格时，人工、机械使用费按照国家或省、自治区、直辖市建设行政管理部门、行业建设管理部门或其授权的工程造价管理机构发布的人工、机械使用费系数进行调整；需要进行价格调整的材料，其单价和采购数量应由发包人审批，发包人确认需调整的材料单价及数量，作为调整合同价格的依据。 （1）人工单价发生变化且符合省级或行业建设主管部门发布的人工费调整规定，合同当事人应按省级或行业建设主管部门或其授权的工程造价管理机构发布的人工费等文件调整合同价格，但承包人对人工费或人工单价的报价高于发布价格的除外。 （2）材料、工程设备价格变化的价款调整按照发包人提供的基准价格，按以下风险范围规定执行： ①承包人在已标价工程量清单或预算书中载明材料单价低于基准价格的：除专用合同条款另有约定外，合同履行期间材料单价涨幅以基准价格为基础超过5%时，或材料单价跌幅以在已标价工程量清单或预算书中载明材料单价为基础超过5%时，其超过部分据实调整。 ②承包人在已标价工程量清单或预算书中载明材料单价高于基准价格的：除专用合同条款另有约定外，合同履行期间材料单价跌幅以基准价格为基础超过5%时，材料单价涨幅以在已标价工程量清单或预算书中载明材料单价为基础超过5%时，其超过部分据实调整。 ③承包人在已标价工程量清单或预算书中载明材料单价等于基准价格的：除专用合同条款另有约定外，合同履行期间材料单价涨跌幅以基准价格为基础超过±5%时，其超过部分据实调整。 ④承包人应在采购材料前将采购数量和新的材料单价报发包人核对，发包人确认用于工程时，发包人应确认采购材料的数量

1999版施工合同合同范本	2013版施工合同合同范本
	和单价。发包人在收到承包人报送的确认资料后5天内不予答复的视为认可，作为调整合同价格的依据。未经发包人事先核对，承包人自行采购材料的，发包人有权不予调整合同价格。发包人同意的，可以调整合同价格。 前述基准价格是指由发包人在招标文件或专用合同条款中给定的材料、工程设备的价格，该价格原则上应当按照省级或行业建设主管部门或其授权的工程造价管理机构发布的信息价编制。 （3）施工机械台班单价或施工机械使用费发生变化超过省级或行业建设主管部门或其授权的工程造价管理机构规定的范围时，按规定调整合同价格。 第3种方式：专用合同条款约定的其他方式。 **11.2　法律变化引起的调整** 基准日期后，法律变化导致承包人在合同履行过程中所需要的费用发生除第11.1款【市场价格波动引起的调整】约定以外的增加时，由发包人承担由此增加的费用；减少时，应从合同价格中予以扣减。基准日期后，因法律变化造成工期延误时，工期应予以顺延。 因法律变化引起的合同价格和工期调整，合同当事人无法达成一致的，由总监理工程师按第4.4款【商定或确定】的约定处理。 因承包人原因造成工期延误，在工期延误期间出现法律变化的，由此增加的费用和（或）延误的工期由承包人承担。
23.2　合同价款在协议书内约定后，任何一方不得擅自改变。下列三种确定合同价款的方式，双方可在专用条款内约定采用其中一种： （1）固定价格合同。双方在专用条款内约定合同价款包含的风险范围和风险费用的计算方法，在约定的风险范围内合同价款不再调整。风险范围以外的合同价款调整方法。应当在专用条款内约定。 （2）可调价格合同。合同价款可根据双方的约定而调整，双方在专用条款内约定合同价款调整方法。 （3）成本加酬金合同。合同价款包括成本和酬金两部分，双方在专用条款内约定成本构成和酬金的计算方法。	**12　合同价格、计量与支付** **12.1　合同价格形式** 发包人和承包人应在合同协议书中选择下列一种合同价格形式： 1. 单价合同 单价合同是指合同当事人约定以工程量清单及其综合单价进行合同价格计算、调整和确认的建设工程施工合同，在约定的范围内合同单价不作调整。合同当事人应在专用合同条款中约定综合单价包含的风险范围和风险费用的计算方法，并约定风险范围以外的合同价格的调整方法，其中因市场价格波动引起的调整按第11.1款【市场价格波动引起的调整】约定执行。 2. 总价合同 总价合同是指合同当事人约定以施工图、已标价工程量清单或预算书及有关条件进行合同价格计算、调整和确认的建设工程施工合同，在约定的范围内合同总价不作调整。合同当事人应在专用合同条款中约定总价包含的风险范围和风险费用的计算方法，并约定风险范围以外的合同价格的调整方法，其中因市场价

1999版施工合同合同范本	2013版施工合同合同范本
	格波动引起的调整按第11.1款【市场价格波动引起的调整】、因法律变化引起的调整按第11.2款【法律变化引起的调整】约定执行。 3.其他价格形式 合同当事人可在专用合同条款中约定其他合同价格形式。
24 工程预付款 实行工程预付款的，双方应当在专用条款内约定发包人向承包人预付工程款的时间和数额，开工后按约定的时间和比例逐次扣回。预付时间应不迟于约定的开工日期前7天。发包人不按约定预付，承包人在约定预付时间7天后向发包人发出要求预付的通知，发包人收到通知后仍不能按要求预付，承包人可在发出通知后7天停止施工，发包人应从约定应付之日起向承包人支付应付款的贷款利息，并承担违约责任。	**12.2 预付款** **12.2.1 预付款的支付** 预付款的支付按照专用合同条款约定执行，但至迟应在开工通知载明的开工日期7天前支付。预付款应当用于材料、工程设备、施工设备的采购及修建临时工程、组织施工队伍进场等。 除专用合同条款另有约定外，预付款在进度付款中同比例扣回。在颁发工程接收证书前，提前解除合同的，尚未扣完的预付款应与合同价款一并结算。 发包人逾期支付预付款超过7天的，承包人有权向发包人发出要求预付的催告通知，发包人收到通知后7天内仍未支付的，承包人有权暂停施工，并按第16.1.1项【发包人违约的情形】执行。 **12.2.2 预付款担保** 发包人要求承包人提供预付款担保的，承包人应在发包人支付预付款7天前提供预付款担保，专用合同条款另有约定除外。预付款担保可采用银行保函、担保公司担保等形式，具体由合同当事人在专用合同条款中约定。在预付款完全扣回之前，承包人应保证预付款担保持续有效。 发包人在工程款中逐期扣回预付款后，预付款担保额度应相应减少，但剩余的预付款担保金额不得低于未被扣回的预付款金额。
25 工程量的确认 **25.1** 承包人应按专用条款约定的时间，向工程师提交已完工程量的报告。工程师接到报告后7天内按设计图纸核实已完工程量（以下称计量），并在计量前24小时通知承包人，承包人为计量提供便利条件并派人参加。承包人收到通知后不参加计量，计量结果有效，作为工程价款支付的依据。 **25.2** 工程师收到承包人报告后7天内未进行计量，从第8天起，承包人报告中开列的工程量即视为被确认，作为工程价款支付的依据。工程师不按约定时间通知承包人，致承包人未能参加计量，计量结果无效。	**12.3 计量** **12.3.1 计量原则** 工程量计量按照合同约定的工程量计算规则、图纸及变更指示等进行计量。工程量计算规则应以相关的国家标准、行业标准等为依据，由合同当事人在专用合同条款中约定。 **12.3.2 计量周期** 除专用合同条款另有约定外，工程量的计量按月进行。 **12.3.3 单价合同的计量** 除专用合同条款另有约定外，单价合同的计量按照本项约定执行： （1）承包人应于每月25日向监理人报送上月20日至当月19日已完成的工程量报告，并附具进度付款申请单、已完成工程量报表和有关资料。

1999版施工合同合同范本	2013版施工合同合同范本
25.3 对承包人超出设计图纸范围和因承包人原因造成返工的工程量，工程师不予计量。	（2）监理人应在收到承包人提交的工程量报告后7天内完成对承包人提交的工程量报表的审核并报送发包人，以确定当月实际完成的工程量。监理人对工程量有异议的，有权要求承包人进行共同复核或抽样复测。承包人应协助监理人进行复核或抽样复测，并按监理人要求提供补充计量资料。承包人未按监理人要求参加复核或抽样复测的，监理人复核或修正的工程量视为承包人实际完成的工程量。 （3）监理人未在收到承包人提交的工程量报表后的7天内完成审核的，承包人报送的工程量报告中的工程量视为承包人实际完成的工程量，据此计算工程价款。 **12.3.4 总价合同的计量** 除专用合同条款另有约定外，按月计量支付的总价合同，按照本项约定执行： （1）承包人应于每月25日向监理人报送上月20日至当月19日已完成的工程量报告，并附具进度付款申请单、已完成工程量报表和有关资料。 （2）监理人应在收到承包人提交的工程量报告后7天内完成对承包人提交的工程量报表的审核并报送发包人，以确定当月实际完成的工程量。监理人对工程量有异议的，有权要求承包人进行共同复核或抽样复测。承包人应协助监理人进行复核或抽样复测并按监理人要求提供补充计量资料。承包人未按监理人要求参加复核或抽样复测的，监理人审核或修正的工程量视为承包人实际完成的工程量。 （3）监理人未在收到承包人提交的工程量报表后的7天内完成复核的，承包人提交的工程量报告中的工程量视为承包人实际完成的工程量。 **12.3.5** 总价合同采用支付分解表计量支付的，可以按照第12.3.4项【总价合同的计量】约定进行计量，但合同价款按照支付分解表进行支付。 **12.3.6 其他价格形式合同的计量** 合同当事人可在专用合同条款中约定其他价格形式合同的计量方式和程序。
26 工程款（进度款）支付 **26.1** 在确认计量结果后14天内，发包人应向承包人支付工程款（进度款）。按约定时间发包人应扣回的预付款，与工程款（进度款）同期结算。	**12.4 工程进度款支付** **12.4.1 付款周期** 除专用合同条款另有约定外，付款周期应按照第12.3.2项【计量周期】的约定与计量周期保持一致。 除专用合同条款另有约定外，进度付款申请单应包括下列内容：

1999版施工合同合同范本	2013版施工合同合同范本
26.2 本通用条款第23条确定调整的合同价款，第31条工程变更调整的合同价款及其他条款中约定的追加合同价款，应与工程款（进度款）同期调整支付。 **26.3** 发包人超过约定的支付时间不支付工程款（进度款），承包人可向发包人发出要求付款的通知，发包人收到承包人通知后仍不能按要求付款，可与承包人协商签订延期付款协议，经承包人同意后可延期支付。协议应明确延期支付的时间和从计量结果确认后第15天起应付款的贷款利息。 **26.4** 发包人不按合同约定支付工程款（进度款），双方又未达成延期付款协议，导致施工无法进行，承包人可停止施工，由发包人承担违约责任。	（1）截至本次付款周期已完成工作对应的金额； （2）根据第10条【变更】应增加和扣减的变更金额； （3）根据第12.2款【预付款】约定应支付的预付款和扣减的返还预付款； （4）根据第15.3款【质量保证金】约定应扣减的质量保证金； （5）根据第19条【索赔】应增加和扣减的索赔金额； （6）对已签发的进度款支付证书中出现错误的修正，应在本次进度付款中支付或扣除的金额； （7）根据合同约定应增加和扣减的其他金额。 **12.4.3** 进度付款申请单的提交 （1）单价合同进度付款申请单的提交 单价合同的进度付款申请单，按照第12.3.3项【单价合同的计量】约定的时间按月向监理人提交，并附上已完成工程量报表和有关资料。单价合同中的总价项目按月进行支付分解，并汇总列入当期进度付款申请单。 （2）总价合同进度付款申请单的提交 总价合同按月计量支付的，承包人按照第12.3.4项【总价合同的计量】约定的时间按月向监理人提交进度付款申请单，并附上已完成工程量报表和有关资料。 总价合同按支付分解表支付的，承包人应按照第12.4.6项【支付分解表】及第12.4.2项【进度付款申请单的编制】的约定向监理人提交进度付款申请单。 （3）其他价格形式合同的进度付款申请单的提交 合同当事人可在专用合同条款中约定其他价格形式合同的进度付款申请单的编制和提交程序。 **12.4.4** 进度款审核和支付 （1）除专用合同条款另有约定外，监理人应在收到承包人进度付款申请单以及相关资料后7天内完成审查并报送发包人，发包人应在收到后7天内完成审批并签发进度款支付证书。发包人逾期未完成审批且未提出异议的，视为已签发进度款支付证书。 发包人和监理人对承包人的进度付款申请单有异议的，有权要求承包人修正和提供补充资料，承包人应提交修正后的进度付款申请单。监理人应在收到承包人修正后的进度付款申请单及相关资料后7天内完成审查并报送发包人，发包人应在收到监理人报送的进度付款申请单及相关资料后7天内，向承包人签发无异议部分的临时进度款支付证书。存在争议的部分，按照第20条【争议解决】的约定处理。

1999版施工合同合同范本	2013版施工合同合同范本
	（2）除专用合同条款另有约定外，发包人应在进度款支付证书或临时进度款支付证书签发后14天内完成支付，发包人逾期支付进度款的，应按照中国人民银行发布的同期同类贷款基准利率支付违约金。 （3）发包人签发进度款支付证书或临时进度款支付证书，不表明发包人已同意、批准或接受了承包人完成的相应部分的工作。 **12.4.5　进度付款的修正** 在对已签发的进度款支付证书进行阶段汇总和复核中发现错误、遗漏或重复的，发包人和承包人均有权提出修正申请。经发包人和承包人同意的修正，应在下期进度付款中支付或扣除。 **12.4.6　支付分解表** 1. 支付分解表的编制要求 （1）支付分解表中所列的每期付款金额，应为第12.4.2项【进度付款申请单的编制】第（1）目的估算金额； （2）实际进度与施工进度计划不一致的，合同当事人可按照第4.4款【商定或确定】修改支付分解表； （3）不采用支付分解表的，承包人应向发包人和监理人提交按季度编制的支付估算分解表，用于支付参考。 2. 总价合同支付分解表的编制与审批 （1）除专用合同条款另有约定外，承包人应根据第7.2款【施工进度计划】约定的施工进度计划、签约合同价和工程量等因素对总价合同按月进行分解，编制支付分解表。承包人应当在收到监理人和发包人批准的施工进度计划后7天内，将支付分解表及编制支付分解表的支持性资料报送监理人。 （2）监理人应在收到支付分解表后7天内完成审核并报送发包人。发包人应在收到经监理人审核的支付分解表后7天内完成审批，经发包人批准的支付分解表为有约束力的支付分解表。 （3）发包人逾期未完成支付分解表审批的，也未及时要求承包人进行修正和提供补充资料的，则承包人提交的支付分解表视为已经获得发包人批准。 3. 单价合同的总价项目支付分解表的编制与审批 除专用合同条款另有约定外，单价合同的总价项目，由承包人根据施工进度计划和总价项目的总价构成、费用性质、计划发生时间和相应工程量等因素按月进行分解，形成支付分解表，其编制与审批参照总价合同支付分解表的编制与审批执行。
	12.5　支付账户 发包人应将合同价款支付至合同协议书中约定的承包人账户。

1999版施工合同合同范本	2013版施工合同合同范本
17 隐蔽工程和中间验收 **17.1** 工程具备隐蔽条件或达到专用条款约定的中间验收部位，承包人进行自检，并在隐蔽或中间验收前48小时以书面形式通知工程师验收。通知包括隐蔽和中间验收的内容、验收时间和地点。承包人准备验收记录，验收合格，工程师在验收记录上签字后，承包人可进行隐蔽和继续施工。验收不合格，承包人在工程师限定的时间内修改后重新验收。 **17.2** 工程师不能按时进行验收，应在验收前24小时以书面形式向承包人提出延期要求，延期不能超过48小时。工程师未能按以上时间提出延期要求，不进行验收，承包人可自行组织验收，工程师应承认验收记录。 **17.3** 经工程师验收，工程质量符合标准、规范和设计图纸等要求，验收24小时后，工程师不在验收记录上签字，视为工程师已经认可验收记录，承包人可进行隐蔽或继续施工。	**13 验收和工程试车** **13.1 分部分项工程验收** **13.1.1** 分部分项工程质量应符合国家有关工程施工验收规范、标准及合同约定，承包人应按照施工组织设计的要求完成分部分项工程施工。 **13.1.2** 除专用合同条款另有约定外，分部分项工程经承包人自检合格并具备验收条件的，承包人应提前48小时通知监理人进行验收。监理人不能按时进行验收的，应在验收前24小时向承包人提交书面延期要求，但延期不能超过48小时。监理人未按时进行验收，也未提出延期要求的，承包人有权自行验收，监理人应认可验收结果。分部分项工程未经验收的，不得进入下一道工序施工。 分部分项工程的验收资料应当作为竣工资料的组成部分。
九、竣工验收与结算 **32 竣工验收** **32.1** 工程具备竣工验收条件，承包人按国家工程竣工验收有关规定，向发包人提供完整竣工资料及竣工验收报告。双方约定由承包人提供竣工图的，应当在专用条款内约定提供的日期和份数。 **32.2** 发包人收到竣工验收报告后28天内组织有关单位验收，并在验收后14天内给予认可或提出修改意见。承包人按要求修改，并承担由自身原因造成修改的费用。 **32.3** 发包人收到承包人送交的竣工验收报告后28天内不组织验收，或验收后14天内不提出修改意见，视为竣工验收报告已被认可。 **32.5** 发包人收到承包人竣工验收报告后28天内不组织验收，从第29天起承担工程保管及一切意外责任。	**13.2 竣工验收** **13.2.1 竣工验收条件** 工程具备以下条件的，承包人可以申请竣工验收： （1）除发包人同意的甩项工作和缺陷修补工作外，合同范围内的全部工程以及有关工作，包括合同要求的试验、试运行以及检验均已完成，并符合合同要求； （2）已按合同约定编制了甩项工作和缺陷修补工作清单以及相应的施工计划； （3）已按合同约定的内容和份数备齐竣工资料。 **13.2.2 竣工验收程序** 除专用合同条款另有约定外，承包人申请竣工验收的，应当按照以下程序进行： （1）承包人向监理人报送竣工验收申请报告，监理人应在收到竣工验收申请报告后14天内完成审查并报送发包人。监理人审查后认为尚不具备验收条件的，应通知承包人在竣工验收前承包人还需完成的工作内容，承包人应在完成监理人通知的全部工作内容后，再次提交竣工验收申请报告。 （2）监理人审查后认为已具备竣工验收条件的，应将竣工验收申请报告提交发包人，发包人应在收到经监理人审核的竣工验收申请报告后28天内审核完毕并组织监理人、承包人、设计人等相关单位完成竣工验收。

1999版施工合同合同范本	2013版施工合同合同范本
	（3）竣工验收合格的，发包人应在验收合格后14天内向承包人签发工程接收证书。发包人无正当理由逾期不颁发工程接收证书的，自验收合格后第15天起视为已颁发工程接收证书。 （4）竣工验收不合格的，监理人应按照验收意见发出指示，要求承包人对不合格工程返工、修复或采取其他补救措施，由此增加的费用和（或）延误的工期由承包人承担。承包人在完成不合格工程的返工、修复或采取其他补救措施后，应重新提交竣工验收申请报告，并按本项约定的程序重新进行验收。 （5）工程未经验收或验收不合格，发包人擅自使用的，应在转移占有工程后7天内向承包人颁发工程接收证书；发包人无正当理由逾期不颁发工程接收证书的，自转移占有后第15天起视为已颁发工程接收证书。 除专用合同条款另有约定外，发包人不按照本项约定组织竣工验收、颁发工程接收证书的，每逾期一天，应以签约合同价为基数，按照中国人民银行发布的同期同类贷款基准利率支付违约金。
32.4 工程竣工验收通过，承包人送交竣工验收报告的日期为实际竣工日期。工程按发包人要求修改后通过竣工验收的，实际竣工日期为承包人修改后提请发包人验收的日期。 **32.8** 工程未经竣工验收或竣工验收未通过的，发包人不得使用。发包人强行使用时，由此发生的质量问题及其他问题，由发包人承担责任。	**13.2.3 竣工日期** 工程经竣工验收合格的，以承包人提交竣工验收申请报告之日为实际竣工日期，并在工程接收证书中载明；因发包人原因，未在监理人收到承包人提交的竣工验收申请报告42天内竣工验收或完成竣工验收不予签发工程接收证书的，以提交竣工验收申请报告的日期为实际竣工日期；工程未经竣工验收，发包人擅自使用的，以转移占有工程之日为实际竣工日期。 **13.2.4 拒绝接收全部或部分工程** 对于竣工验收不合格的工程，承包人完成整改后，应当重新进行竣工验收，经重新组织验收仍不合格的且无法采取措施补救的，则发包人可以拒绝接收不合格工程，因不合格工程导致其他工程不能正常使用的，承包人应采取措施确保相关工程的正常使用，由此增加的费用和（或）延误的工期由承包人承担。 **13.2.5 移交、接收全部与部分工程** 除专用合同条款另有约定外，合同当事人应当在颁发工程接收证书后7天内完成工程的移交。 发包人无正当理由不接收工程的，发包人自应当接收工程之日起，承担工程照管、成品保护、保管等与工程有关的各项费用，合同当事人可以在专用合同条款中另行约定发包人逾期接收工程的违约责任。 承包人无正当理由不移交工程的，承包人应承担工程照管、成品保护、保管等与工程有关的各项费用，合同当事人可以在专用合同条款中另行约定承包人无正当理由不移交工程的违约责任。

1999版施工合同合同范本	2013版施工合同合同范本
32.6 中间交工工程的范围和竣工时间，双方在专用条款内约定，其验收程序按本通用条款32.1款至32.4款办理。	**13.4 提前交付单位工程的验收** **13.4.1** 发包人需要在工程竣工前使用单位工程的，或承包人提出提前交付已经竣工的单位工程且经发包人同意的，可进行单位工程验收，验收的程序按照第13.2款【竣工验收】的约定进行。 验收合格后，由监理人向承包人出具经发包人签认的单位工程接收证书。已签发单位工程接收证书的单位工程由发包人负责照管。单位工程的验收成果和结论作为整体工程竣工验收申请报告的附件。 **13.4.2** 发包人要求在工程竣工前交付单位工程，由此导致承包人费用增加和（或）工期延误的，由发包人承担由此增加的费用和（或）延误的工期，并支付承包人合理的利润。
	13.5 施工期运行 **13.5.1** 施工期运行是指合同工程尚未全部竣工，其中某项或某几项单位工程或工程设备安装已竣工，根据专用合同条款约定，需要投入施工期运行的，经发包人按第13.4款【提前交付单位工程的验收】的约定验收合格，证明能确保安全后，才能在施工期投入运行。 **13.5.2** 在施工期运行中发现工程或工程设备损坏或存在缺陷的，由承包人按第15.2款【缺陷责任期】约定进行修复。
	13.6 竣工退场 **13.6.1 竣工退场** 颁发工程接收证书后，承包人应按以下要求对施工现场进行清理： （1）施工现场内残留的垃圾已全部清除出场； （2）临时工程已拆除，场地已进行清理、平整或复原； （3）按合同约定应撤离的人员、承包人施工设备和剩余的材料，包括废弃的施工设备和材料，已按计划撤离施工现场； （4）施工现场周边及其附近道路、河道的施工堆积物，已全部清理； （5）施工现场其他场地清理工作已全部完成。 施工现场的竣工退场费用由承包人承担。承包人应在专用合同条款约定的期限内完成竣工退场，逾期未完成的，发包人有权出售或另行处理承包人遗留的物品，由此支出的费用由承包人承担，发包人出售承包人遗留物品所得款项在扣除必要费用后应返还承包人。 **13.6.2 地表还原** 承包人应按发包人要求恢复临时占地及清理场地，承包人未按发包人的要求恢复临时占地，或者场地清理未达到合同约定要求的，发包人有权委托其他人恢复或清理，所发生的费用由承包人承担。

1999版施工合同合同范本	2013版施工合同合同范本
33 竣工结算 **33.1** 工程竣工验收报告经发包人认可后28天内，承包人向发包人递交竣工结算报告及完整的结算资料，双方按照协议书约定的合同价款及专用条款约定的合同价款调整内容，进行工程竣工结算。	**14 竣工结算** **14.1 竣工结算申请** 除专用合同条款另有约定外，承包人应在工程竣工验收合格后28天内向发包人和监理人提交竣工结算申请单，并提交完整的结算资料，有关竣工结算申请单的资料清单和份数等要求由合同当事人在专用合同条款中约定。 除专用合同条款另有约定外，竣工结算申请单应包括以下内容： （1）竣工结算合同价格； （2）发包人已支付承包人的款项； （3）应扣留的质量保证金； （4）发包人应支付承包人的合同价款。
33.2 发包人收到承包人递交的竣工结算报告及结算资料后28天内进行核实，给予确认或者提出修改意见。发包人确认竣工结算报告通知经办银行向承包人支付工程竣工结算价款。承包人收到竣工结算价款后14天内将竣工工程交付发包人。 **33.3** 发包人收到竣工结算报告及结算资料后28天内无正当理由不支付工程竣工结算价款，从第29天起按承包人同期向银行贷款利率支付拖欠工程价款的利息，并承担违约责任。 **33.6** 发包人承包人对工程竣工结算价款发生争议时，按本通用条款第37条关于争议的约定处理。 **33.4** 发包人收到竣工结算报告及结算资料后28天内不支付工程竣工结算价款，承包人可以催告发包人支付结算价款。发包人在收到竣工结算报告及结算资料后56天内仍不支付的，承包人可以与发包人协议将该工程折价，也可以由承包人申请人民法院将该工程依法拍卖，承包人就该工程折价或者拍卖的价款优先受偿。 **33.5** 工程竣工验收报告经发包人认可后28天内，承包人未能向发包人递交竣工结算报告及完整的结算资料，造成工程竣工结算不能正常进行或工程竣工结算价款不能及时支付，发包人要求交付工程的，承包人应当交付；发包人不要求交付工程的，承包人承担保管责任。	**14.2 竣工结算审核** （1）除专用合同条款另有约定外，监理人应在收到竣工结算申请单后14天内完成核查并报送发包人。发包人应在收到监理人提交的经审核的竣工结算申请单后14天内完成审批，并由监理人向承包人签发经发包人签认的竣工付款证书。监理人或发包人对竣工结算申请单有异议的，有权要求承包人进行修正和提供补充资料，承包人应提交修正后的竣工结算申请单。 发包人在收到承包人提交竣工结算申请书后28天内未完成审批且未提出异议的，视为发包人认可承包人提交的竣工结算申请单，并自发包人收到承包人提交的竣工结算申请单后第29天起视为已签发竣工付款证书。 （2）除专用合同条款另有约定外，发包人应在签发竣工付款证书后的14天内，完成对承包人的竣工付款。发包人逾期支付的，按照中国人民银行发布的同期同类贷款基准利率支付违约金；逾期支付超过56天的，按照中国人民银行发布的同期同类贷款基准利率的两倍支付违约金。 （3）承包人对发包人签认的竣工付款证书有异议的，对于有异议部分应在收到发包人签认的竣工付款证书后7天内提出异议，并由合同当事人按照专用合同条款约定的方式和程序进行复核，或按照第20条【争议解决】约定处理，承包人逾期未提出异议的，视为认可发包人的审批结果。对于无异议部分，发包人应签发临时竣工付款证书，并按本款第（2）项完成付款。

1999版施工合同合同范本	2013版施工合同合同范本
32.7 因特殊原因，发包人要求部分单位工程或工程部位甩项竣工的，双方另行签订甩项竣工协议，明确双方责任和工程价款的支付方法。	**14.3 甩项竣工协议** 发包人要求甩项竣工的，合同当事人应签订甩项竣工协议。在甩项竣工协议中应明确，合同当事人按照第14.1款【竣工结算申请】及14.2款【竣工结算审核】的约定，对已完合格工程进行结算，并支付相应合同价款。
	14.4 最终结清 **14.4.1 最终结清申请单** （1）除专用合同条款另有约定外，承包人应在缺陷责任期终止证书颁发后7天内，按专用合同条款约定的份数向发包人提交最终结清申请单，并提供相关证明材料。 除专用合同条款另有约定外，最终结清申请单应列明质量保证金、应扣除的质量保证金、缺陷责任期内发生的增减费用。 （2）发包人对最终结清申请单内容有异议的，有权要求承包人进行修正和提供补充资料，承包人应向发包人提交修正后的最终结清申请单。 **14.4.2 最终结清证书和支付** （1）除专用合同条款另有约定外，发包人应在收到承包人提交的最终结清申请单后14天内完成审批并向承包人颁发最终结清证书。发包人逾期未完成审批，又未提出修改意见的，视为发包人同意承包人提交的最终结清申请单，且自发包人收到承包人提交的最终结清申请单后15天起视为已颁发最终结清证书。 （2）除专用合同条款另有约定外，发包人应在颁发最终结清证书后7天内完成支付。发包人逾期支付的，按照中国人民银行发布的同期同类贷款基准利率支付违约金；逾期支付超过56天的，按照中国人民银行发布的同期同类贷款基准利率的两倍支付违约金。 （3）承包人对发包人颁发的最终结清证书有异议的，按第20条【争议解决】的约定办理。
34 质量保修 **34.1** 承包人应按法律、行政法规或国家关于工程质量保修的相关规定，对交付发包人使用的工程在质量保修期内承担质量保修责任。 **34.2** 质量保修工作的实施。承包人应在工程竣工验收之前，与发包人签订质量保修书，作为本合同附件（附件3略）。 **34.3** 质量保修书的主要内容包括： （1）质量保修项目内容及范围； （2）质量保修期； （3）质量保修责任； （4）质量保修金的支付方法。	**15 缺陷责任与保修** **15.1 工程保修的原则** 在工程移交发包人后，因承包人原因产生的质量缺陷，承包人应承担质量缺陷责任和保修义务。缺陷责任期届满，承包人仍应按合同约定的工程各部位保修年限承担保修义务。

1999版施工合同合同范本	2013版施工合同合同范本
	15.2 缺陷责任期 **15.2.1** 缺陷责任期自实际竣工日期起计算，合同当事人应在专用合同条款约定缺陷责任期的具体期限，但该期限最长不超过24个月。 单位工程先于全部工程进行验收，经验收合格并交付使用的，该单位工程缺陷责任期自单位工程验收合格之日起算。因发包人原因导致工程无法按合同约定期限进行竣工验收的，缺陷责任期自承包人提交竣工验收申请报告之日起开始计算；发包人未经竣工验收擅自使用工程的，缺陷责任期自工程转移占有之日起开始计算。 **15.2.2** 工程竣工验收合格后，因承包人原因导致的缺陷或损坏致使工程、单位工程或某项主要设备不能按原定目的使用的，则发包人有权要求承包人延长缺陷责任期，并应在原缺陷责任期届满前发出延长通知，但缺陷责任期最长不能超过24个月。 **15.2.3** 任何一项缺陷或损坏修复后，经检查证明其影响了工程或工程设备的使用性能，承包人应重新进行合同约定的试验和试运行，试验和试运行的全部费用应由责任方承担。 **15.2.4** 除专用合同条款另有约定外，承包人应于缺陷责任期届满后7天内向发包人发出缺陷责任期届满通知，发包人应在收到缺陷责任期满通知后14天内核实承包人是否履行缺陷修复义务，承包人未能履行缺陷修复义务的，发包人有权扣除相应金额的维修费用。发包人应在收到缺陷责任期届满通知后14天内，向承包人颁发缺陷责任期终止证书。
	15.3 质量保证金 经合同当事人协商一致扣留质量保证金的，应在专用合同条款中予以明确。 **15.3.1 承包人提供质量保证金的方式** 承包人提供质量保证金有以下3种方式： （1）质量保证金保函； （2）相应比例的工程款； （3）双方约定的其他方式。 除专用合同条款另有约定外，质量保证金原则上采用上述第（1）种方式。 **15.3.2 质量保证金的扣留** 质量保证金的扣留有以下3种方式： （1）在支付工程进度款时逐次扣留，在此情形下，质量保证金的计算基数不包括预付款的支付、扣回以及价格调整的金额； （2）工程竣工结算时一次性扣留质量保证金； （3）双方约定的其他扣留方式。

1999版施工合同合同范本	2013版施工合同合同范本
	除专用合同条款另有约定外，质量保证金的扣留原则上采用上述第（1）种方式。
	发包人累计扣留的质量保证金不得超过结算合同价格的5%，如承包人在发包人签发竣工付款证书后28天内提交质量保证金保函，发包人应同时退还扣留的作为质量保证金的工程价款。
	15.3.3 质量保证金的退还
	发包人应按14.4款【最终结清】的约定退还质量保证金。
	15.4 保修
	15.4.1 保修责任
	工程保修期从工程竣工验收合格之日起算，具体分部分项工程的保修期由合同当事人在专用合同条款中约定，但不得低于法定最低保修年限。在工程保修期内，承包人应当根据有关法律规定以及合同约定承担保修责任。
	发包人未经竣工验收擅自使用工程的，保修期自转移占有之日起算。
	15.4.2 修复费用
	保修期内，修复的费用按照以下约定处理：
	（1）保修期内，因承包人原因造成工程的缺陷、损坏，承包人应负责修复，并承担修复的费用以及因工程的缺陷、损坏造成的人身伤害和财产损失；
	（2）保修期内，因发包人使用不当造成工程的缺陷、损坏，可以委托承包人修复，但发包人应承担修复的费用，并支付承包人合理利润；
	（3）因其他原因造成工程的缺陷、损坏，可以委托承包人修复，发包人应承担修复的费用，并支付承包人合理的利润，因工程的缺陷、损坏造成的人身伤害和财产损失由责任方承担。
	15.4.3 修复通知
	在保修期内，发包人在使用过程中，发现已接收的工程存在缺陷或损坏的，应书面通知承包人予以修复，但情况紧急必须立即修复缺陷或损坏的，发包人可以口头通知承包人并在口头通知后48小时内书面确认，承包人应在专用合同条款约定的合理期限内到达工程现场并修复缺陷或损坏。
	15.4.4 未能修复
	因承包人原因造成工程的缺陷或损坏，承包人拒绝维修或未能在合理期限内修复缺陷或损坏，且经发包人书面催告后仍未修复的，发包人有权自行修复或委托第三方修复，所需费用由承包人承担。但修复范围超出缺陷或损坏范围的，超出范围部分的修复费用由发包人承担。

1999版施工合同合同范本	2013版施工合同合同范本
	15.4.5　承包人出入权 在保修期内，为了修复缺陷或损坏，承包人有权出入工程现场，除情况紧急必须立即修复缺陷或损坏外，承包人应提前24小时通知发包人进场修复的时间。承包人进入工程现场前应获得发包人同意，且不应影响发包人正常的生产经营，并应遵守发包人有关保安和保密等规定。
十、违约、索赔和争议 **35　违约** **35.1**　发包人违约。当发生下列情况时： （1）本通用条款第24条提到的发包人不按时支付工程预付款； （2）本通用条款第26.4款提到的发包人不按合同约定支付工程款，导致施工无法进行； （3）本通用条款第33.3款提到的发包人无正当理由不支付工程竣工结算价款； （4）发包人不履行合同义务或不按合同约定履行义务的其他情况。 发包人承担违约责任，赔偿因其违约给承包人造成的经济损失，顺延延误的工期。双方在专用条款内约定发包人赔偿承包人损失的计算方法或者发包人应当支付违约金的数额或计算方法。	**16　违约** **16.1　发包人违约** **16.1.1　发包人违约的情形** 在合同履行过程中发生的下列情形，属于发包人违约： （1）因发包人原因未能在计划开工日期前7天内下达开工通知的； （2）因发包人原因未能按合同约定支付合同价款的； （3）发包人违反第10.1款【变更的范围】第（2）项约定，自行实施被取消的工作或转由他人实施的； （4）发包人提供的材料、工程设备的规格、数量或质量不符合合同约定，或因发包人原因导致交货日期延误或交货地点变更等情况的； （5）因发包人违反合同约定造成暂停施工的； （6）发包人无正当理由没有在约定期限内发出复工指示，导致承包人无法复工的； （7）发包人明确表示或者以其行为表明不履行合同主要义务的； （8）发包人未能按照合同约定履行其他义务的。 发包人发生除本项第（7）目以外的违约情况时，承包人可向发包人发出通知，要求发包人采取有效措施纠正违约行为。发包人收到承包人通知后28天内仍不纠正违约行为的，承包人有权暂停相应部位工程施工，并通知监理人。 **16.1.2　发包人违约的责任** 发包人应承担因其违约给承包人增加的费用和（或）延误的工期，并支付承包人合理的利润。此外，合同当事人可在专用合同条款中另行约定发包人违约责任的承担方式和计算方法。 **16.1.3　因发包人违约解除合同** 除专用合同条款另有约定外，承包人按第16.1.1项【发包人违约的情形】约定暂停施工满28天后，发包人仍不纠正其违约行为并致使合同目的不能实现的，或出现第16.1.1项【发包人违约的情形】第（7）目约定的违约情况，承包人有权解除合同，发包人应承担由此增加的费用，并支付承包人合理的利润。

1999版施工合同合同范本	2013版施工合同合同范本
	16.1.4 因发包人违约解除合同后的付款 承包人按照本款约定解除合同的，发包人应在解除合同后28天内支付下列款项，并解除履约担保： （1）合同解除前所完成工作的价款； （2）承包人为工程施工订购并已付款的材料、工程设备和其他物品的价款； （3）承包人撤离施工现场以及遣散承包人人员的款项； （4）按照合同约定在合同解除前应支付的违约金； （5）按照合同约定应当支付给承包人的其他款项； （6）按照合同约定应退还的质量保证金； （7）因解除合同给承包人造成的损失。 合同当事人未能就解除合同后的结清达成一致的，按照第20条【争议解决】的约定处理。 承包人应妥善做好已完工程和与工程有关的已购材料、工程设备的保护和移交工作，并将施工设备和人员撤出施工现场，发包人应为承包人撤出提供必要条件。
35.2 承包人违约。当发生下列情况时： （1）本通用条款第14.2款提到的因承包人原因不能按照协议书约定的竣工日期或工程师同意顺延的工期竣工； （2）本通用条款第15.1款提到的因承包人原因工程质量达不到协议书约定的质量标准； （3）承包人不履行合同义务或不按合同约定履行义务的其他情况。 承包人承担违约责任，赔偿因其违约给发包人造成的损失。双方在专用条款内约定承包人赔偿发包人损失的计算方法或者承包人应当支付违约金的数额和计算方法。 **35.3** 一方违约后，另一方要求违约方继续履行合同时，违约方承担上述违约责任后仍应继续履行合同。	**16.2 承包人违约** **16.2.1 承包人违约的情形** 在合同履行过程中发生的下列情形，属于承包人违约： （1）承包人违反合同约定进行转包或违法分包的； （2）承包人违反合同约定采购和使用不合格的材料和工程设备的； （3）因承包人原因导致工程质量不符合合同要求的； （4）承包人违反第8.9款【材料与设备专用要求】的约定，未经批准，私自将已按照合同约定进入施工现场的材料或设备撤离施工现场的； （5）承包人未能按施工进度计划及时完成合同约定的工作，造成工期延误的； （6）承包人在缺陷责任期及保修期内，未能在合理期限对工程缺陷进行修复，或拒绝按发包人要求进行修复的； （7）承包人明确表示或者以其行为表明不履行合同主要义务的； （8）承包人未能按照合同约定履行其他义务的。 承包人发生除本项第（7）目约定以外的其他违约情况时，监理人可向承包人发出整改通知，要求其在指定的期限内改正。 **16.2.2 承包人违约的责任** 承包人应承担因其违约行为而增加的费用和（或）延误的工期。此外，合同当事人可在专用合同条款中另行约定承包人违约责任的承担方式和计算方法。

1999版施工合同合同范本	2013版施工合同合同范本
	16.2.3 因承包人违约解除合同 除专用合同条款另有约定外，出现第16.2.1项【承包人违约的情形】第（7）目约定的违约情况时，或监理人发出整改通知后，承包人在指定的合理期限内仍不纠正违约行为并致使合同目的不能实现的，发包人有权解除合同。合同解除后，因继续完成工程的需要，发包人有权使用承包人在施工现场的材料、设备、临时工程、承包人文件和由承包人或以其名义编制的其他文件，合同当事人应在专用合同条款约定相应费用的承担方式。发包人继续使用的行为不免除或减轻承包人应承担的违约责任。 **16.2.4 因承包人违约解除合同后的处理** 因承包人原因导致合同解除的，则合同当事人应在合同解除后28天内完成估价、付款和清算，并按以下约定执行： （1）合同解除后，按第4.4款【商定或确定】商定或确定承包人实际完成工作对应的合同价款，以及承包人已提供的材料、工程设备、施工设备和临时工程等的价值； （2）合同解除后，承包人应支付的违约金； （3）合同解除后，因解除合同给发包人造成的损失； （4）合同解除后，承包人应按照发包人要求和监理人的指示完成现场的清理和撤离； （5）发包人和承包人应在合同解除后进行清算，出具最终结清付款证书，结清全部款项。 因承包人违约解除合同的，发包人有权暂停对承包人的付款，查清各项付款和已扣款项。发包人和承包人未能就合同解除后的清算和款项支付达成一致的，按照第20条【争议解决】的约定处理。 **16.2.5 采购合同权益转让** 因承包人违约解除合同的，发包人有权要求承包人将其为实施合同而签订的材料和设备的采购合同的权益转让给发包人，承包人应在收到解除合同通知后14天内，协助发包人与采购合同的供应商达成相关的转让协议。
	16.3 第三人造成的违约 在履行合同过程中，一方当事人因第三人的原因造成违约的，应当向对方当事人承担违约责任。一方当事人和第三人之间的纠纷，依照法律规定或者按照约定解决。
39 不可抗力 39.1 不可抗力包括因战争、动乱、空中飞行物体坠落或其他非发包人承包人责任造成的爆	**17 不可抗力** **17.1 不可抗力的确认** 不可抗力是指合同当事人在签订合同时不可预见，在合同履

1999版施工合同合同范本	2013版施工合同合同范本
炸、火灾，以及专用条款约定的风雨、雪、洪水、地震等自然灾害。 **39.2** 不可抗力事件发生后，承包人应立即通知工程师，和力所能及的条件下迅速采取措施，尽力减少损失，发包人应协助承包人采取措施。不可抗力事件结束后48小时内承包人向工程师通报受害情况和损失情况，及预计清理和修复的费用。不可抗事件持续发生，承包人应每隔7天向工程师报告一次受害情况。不可抗力事件结束后14天内，承包人向工程师提交清理和修复费用的正式报告及有关资料。 **39.3** 因不可抗力事件导致的费用及延误的工期由双方按以下方法分别承担： （1）工程本身的损害、因工程损害导致第三人人员伤亡和财产损失以及运至施工场地用于施工的材料和待安装的设备的损害，由发包人承担； （2）发包人承包人人员伤亡由其所在单位负责，并承担相应费用； （3）承包人机械设备损坏及停工损失，由承包人承担； （4）停工期间，承包人应工程师要求留在施工场地的必要的管理人员及保卫人员的费用由发包人承担； （5）工程所需清理、修复费用，由发包人承担； （6）延误的工期相应顺延。 **39.4** 因合同一方迟延履行合同后发生不可抗力的，不能免除迟延履行方的相应责任。	行过程中不可避免且不能克服的自然灾害和社会性突发事件，如地震、海啸、瘟疫、骚乱、戒严、暴动、战争和专用合同条款中约定的其他情形。 不可抗力发生后，发包人和承包人应收集证明不可抗力发生及不可抗力造成损失的证据，并及时认真统计所造成的损失。合同当事人对是否属于不可抗力或其损失的意见不一致的，由监理人按第4.4款【商定或确定】的约定处理。发生争议时，按第20条【争议解决】的约定处理。 **17.2 不可抗力的通知** 合同一方当事人遇到不可抗力事件，使其履行合同义务受到阻碍时，应立即通知合同另一方当事人和监理人，书面说明不可抗力和受阻碍的详细情况，并提供必要的证明。 不可抗力持续发生的，合同一方当事人应及时向合同另一方当事人和监理人提交中间报告，说明不可抗力和履行合同受阻的情况，并于不可抗力事件结束后28天内提交最终报告及有关资料。 **17.3 不可抗力后果的承担** **17.3.1** 不可抗力引起的后果及造成的损失由合同当事人按照法律规定及合同约定各自承担。不可抗力发生前已完成的工程应当按照合同约定进行计量支付。 **17.3.2** 不可抗力导致的人员伤亡、财产损失、费用增加和（或）工期延误等后果，由合同当事人按以下原则承担： （1）永久工程、已运至施工现场的材料和工程设备的损坏，以及因工程损坏造成的第三人人员伤亡和财产损失由发包人承担； （2）承包人施工设备的损坏由承包人承担； （3）发包人和承包人承担各自人员伤亡和财产的损失； （4）因不可抗力影响承包人履行合同约定的义务，已经引起或将引起工期延误的，应当顺延工期，由此导致承包人停工的费用损失由发包人和承包人合理分担，停工期间必须支付的工人工资由发包人承担； （5）因不可抗力引起或将引起工期延误，发包人要求赶工的，由此增加的赶工费用由发包人承担； （6）承包人在停工期间按照发包人要求照管、清理和修复工程的费用由发包人承担。 不可抗力发生后，合同当事人均应采取措施尽量避免和减少损失的扩大，任何一方当事人没有采取有效措施导致损失扩大的，应对扩大的损失承担责任。 因合同一方迟延履行合同义务，在迟延履行期间遭遇不可抗力的，不免除其违约责任。

1999版施工合同合同范本	2013版施工合同合同范本
	17.4 因不可抗力解除合同 因不可抗力导致合同无法履行连续超过84天或累计超过140天的，发包人和承包人均有权解除合同。合同解除后，由双方当事人按照第4.4款【商定或确定】商定或确定发包人应支付的款项，该款项包括： （1）合同解除前承包人已完成工作的价款； （2）承包人为工程订购的并已交付给承包人，或承包人有责任接受交付的材料、工程设备和其他物品的价款； （3）发包人要求承包人退货或解除订货合同而产生的费用，或因不能退货或解除合同而产生的损失； （4）承包人撤离施工现场以及遣散承包人人员的费用； （5）按照合同约定在合同解除前应支付给承包人的其他款项； （6）扣减承包人按照合同约定应向发包人支付的款项； （7）双方商定或确定的其他款项。 除专用合同条款另有约定外，合同解除后，发包人应在商定或确定上述款项后28天内完成上述款项的支付。
40 保险 **40.1** 工程开工前，发包人为建设工程和施工场内的自有人员及第三人人员生命财产办理保险，支付保险费用。 **40.2** 运至施工场地内用于工程的材料和待安装设备，由发包人办理保险，并支付保险费用。 **40.3** 发包人可以将有关保险事项委托承包人办理，费用由发包人承担。 **40.4** 承包从必须为从事危险作业的职工办理意外伤害保险，并为施工场地内自有人员生命财产和施工机械设备办理保险，支付保险费用。 **40.5** 保险事故发生时，发包人承包人有责任尽力采取必要的措施，防止或者减少损失。 **40.6** 具体投保内容和相关责任，发包人承包人在专用条款中约定。	**18 保险** **18.1 工程保险** 除专用合同条款另有约定外，发包人应投保建筑工程一切险或安装工程一切险；发包人委托承包人投保的，因投保产生的保险费和其他相关费用由发包人承担。 **18.2 工伤保险** **18.2.1** 发包人应依照法律规定参加工伤保险，并为在施工现场的全部员工办理工伤保险，缴纳工伤保险费，并要求监理人及由发包人为履行合同聘请的第三方依法参加工伤保险。 **18.2.2** 承包人应依照法律规定参加工伤保险，并为其履行合同的全部员工办理工伤保险，缴纳工伤保险费，并要求分包人及由承包人为履行合同聘请的第三方依法参加工伤保险。 **18.3 其他保险** 发包人和承包人可以为其施工现场的全部人员办理意外伤害保险并支付保险费，包括其员工及为履行合同聘请的第三方的人员，具体事项由合同当事人在专用合同条款约定。 除专用合同条款另有约定外，承包人应为其施工设备等办理财产保险。 **18.4 持续保险** 合同当事人应与保险人保持联系，使保险人能够随时了解工程实施中的变动，并确保按保险合同条款要求持续保险。

1999版施工合同合同范本	2013版施工合同合同范本
	18.5　保险凭证 合同当事人应及时向另一方当事人提交其已投保的各项保险的凭证和保险单复印件。 **18.6　未按约定投保的补救** **18.6.1**　发包人未按合同约定办理保险，或未能使保险持续有效的，则承包人可代为办理，所需费用由发包人承担。发包人未按合同约定办理保险，导致未能得到足额赔偿的，由发包人负责补足。 **18.6.2**　承包人未按合同约定办理保险，或未能使保险持续有效的，则发包人可代为办理，所需费用由承包人承担。承包人未按合同约定办理保险，导致未能得到足额赔偿的，由承包人负责补足。 **18.7　通知义务** 除专用合同条款另有约定外，发包人变更除工伤保险之外的保险合同时，应事先征得承包人同意，并通知监理人；承包人变更除工伤保险之外的保险合同时，应事先征得发包人同意，并通知监理人。 保险事故发生时，投保人应按照保险合同规定的条件和期限及时向保险人报告。发包人和承包人应当在知道保险事故发生后及时通知对方。
36　索赔 **36.1**　当一方向另一方提出索赔时，要有正当索赔理由，且有索赔事件发生时的有效证据。 **36.2**　发包人未能按合同约定履行自己的各项义务或发生错误以及应由发包人承担责任的其他情况，造成工期延误和（或）承包人不能及时得到合同价款及承包人的其他经济损失，承包人可按下列程序以书面形式向发包人索赔： （1）索赔事件发生后28天内，向工程师发出索赔意向通知； （2）发出索赔意向通知后28天内，向工程师提出延长工期和（或）补偿经济损失的索赔报告及有关资料； （3）工程师在收到承包人送交的索赔报告和有关资料后，于28天内给予答复，或要求承包人进一步补充索赔理由和证据； （4）工程师在收到承包人送交的索赔报告和有关资料后28天内未予答复或未对承包人作进一步要求，视为该项索赔已经认可；	**19　索赔** **19.1　承包人的索赔** 根据合同约定，承包人认为有权得到追加付款和（或）延长工期的，应按以下程序向发包人提出索赔： （1）承包人应在知道或应当知道索赔事件发生后28天内，向监理人递交索赔意向通知书，并说明发生索赔事件的事由；承包人未在前述28天内发出索赔意向通知书的，丧失要求追加付款和（或）延长工期的权利； （2）承包人应在发出索赔意向通知书后28天内，向监理人正式递交索赔报告；索赔报告应详细说明索赔理由以及要求追加的付款金额和（或）延长的工期，并附必要的记录和证明材料； （3）索赔事件具有持续影响的，承包人应按合理时间间隔继续递交延续索赔通知，说明持续影响的实际情况和记录，列出累计的追加付款金额和（或）工期延长天数； （4）在索赔事件影响结束后28天内，承包人应向监理人递交最终索赔报告，说明最终要求索赔的追加付款金额和（或）延长的工期，并附必要的记录和证明材料。 **19.2　对承包人索赔的处理** 对承包人索赔的处理如下：

1999版施工合同合同范本	2013版施工合同合同范本
（5）当该索赔事件持续进行时，承包人应当阶段性向工程师发出索赔意向，在索赔事件终了后28天内，向工程师送交索赔的有关资料和最终索赔报告。索赔答复程序与（3）、（4）规定相同。	（1）监理人应在收到索赔报告后14天内完成审查并报送发包人。监理人对索赔报告存在异议的，有权要求承包人提交全部原始记录副本； （2）发包人应在监理人收到索赔报告或有关索赔的进一步证明材料后的28天内，由监理人向承包人出具经发包人签认的索赔处理结果。发包人逾期答复的，则视为认可承包人的索赔要求； （3）承包人接受索赔处理结果的，索赔款项在当期进度款中进行支付；承包人不接受索赔处理结果的，按照第20条【争议解决】约定处理。
36.3 承包人未能按合同约定履行自己的各项义务或发生错误，给发包人造成经济损失，发包人可按36.2款确定的时限向承包人提出索赔。	**19.3 发包人的索赔** 根据合同约定，发包人认为有权得到赔付金额和（或）延长缺陷责任期的，监理人应向承包人发出通知并附有详细的证明。 发包人应在知道或应当知道索赔事件发生后28天内通过监理人向承包人提出索赔意向通知书，发包人未在前述28天内发出索赔意向通知书的，丧失要求赔付金额和（或）延长缺陷责任期的权利。发包人应在发出索赔意向通知书后28天内，通过监理人向承包人正式递交索赔报告。 **19.4 对发包人索赔的处理** 对发包人索赔的处理如下： （1）承包人收到发包人提交的索赔报告后，应及时审查索赔报告的内容、查验发包人证明材料； （2）承包人应在收到索赔报告或有关索赔的进一步证明材料后28天内，将索赔处理结果答复发包人。如果承包人未在上述期限内作出答复的，则视为对发包人索赔要求的认可； （3）承包人接受索赔处理结果的，发包人可从应支付给承包人的合同价款中扣除赔付的金额或延长缺陷责任期；发包人不接受索赔处理结果的，按第20条【争议解决】约定处理。
	19.5 提出索赔的期限 （1）承包人按第14.2款【竣工结算审核】约定接收竣工付款证书后，应被视为已无权再提出在工程接收证书颁发前所发生的任何索赔。 （2）承包人按第14.4款【最终结清】提交的最终结清申请单中，只限于提出工程接收证书颁发后发生的索赔。提出索赔的期限自接受最终结清证书时终止。

1999版施工合同合同范本	2013版施工合同合同范本
37 争议 **37.1** 发包人承包人在履行合同时发生争议,可以和解或者要求有关主管部门调解。当事人不愿和解、调解或者和解、调解不成的,双方可以在专用条款内约定以下一种方式解决争议: 第一种解决方式:双方达成仲裁协议,向约定的仲裁委员会申请仲裁; 第二种解决方式:向有管辖权的人民法院起诉。 **37.2** 发生争议后,除非出现下列情况的,双方都应继续履行合同,保持施工连续,保护好已完工程: (1)单方违约导致合同确已无法履行,双方协议停止施工; (2)调解要求停止施工,且为双方接受; (3)仲裁机构要求停止施工; (4)法院要求停止施工。	**20 争议解决** **20.1 和解** 合同当事人可以就争议自行和解,自行和解达成协议的经双方签字并盖章后作为合同补充文件,双方均应遵照执行。 **20.2 调解** 合同当事人可以就争议请求建设行政主管部门、行业协会或其他第三方进行调解,调解达成协议的,经双方签字并盖章后作为合同补充文件,双方均应遵照执行。 **20.3 争议评审** 合同当事人在专用合同条款中约定采取争议评审方式解决争议以及评审规则,并按下列约定执行: **20.3.1 争议评审小组的确定** 合同当事人可以共同选择一名或三名争议评审员,组成争议评审小组。除专用合同条款另有约定外,合同当事人应当自合同签订后28天内,或者争议发生后14天内,选定争议评审员。 选择一名争议评审员的,由合同当事人共同确定;选择三名争议评审员的,各自选定一名,第三名成员为首席争议评审员,由合同当事人共同确定或由合同当事人委托已选定的争议评审员共同确定,或由专用合同条款约定的评审机构指定第3名首席争议评审员。 除专用合同条款另有约定外,评审员报酬由发包人和承包人各承担一半。 **20.3.2 争议评审小组的决定** 合同当事人可在任何时间将与合同有关的任何争议共同提请争议评审小组进行评审。争议评审小组应秉持客观、公正原则,充分听取合同当事人的意见,依据相关法律、规范、标准、案例经验及商业惯例等,自收到争议评审申请报告后14天内作出书面决定,并说明理由。合同当事人可以在专用合同条款中对本项事项另行约定。 **20.3.3 争议评审小组决定的效力** 争议评审小组作出的书面决定经合同当事人签字确认后,对双方具有约束力,双方应遵照执行。 任何一方当事人不接受争议评审小组决定或不履行争议评审小组决定的,双方可选择采用其他争议解决方式。 **20.4 仲裁或诉讼** 因合同及合同有关事项产生的争议,合同当事人可以在专用合同条款中约定以下一种方式解决争议: (1)向约定的仲裁委员会申请仲裁; (2)向有管辖权的人民法院起诉。 **20.5 争议解决条款效力** 合同有关争议解决的条款独立存在,合同的变更、解除、终止、无效或者被撤销均不影响其效力。

合同附件主要条款对比表

1999版施工合同合同范本	2013版施工合同合同范本
附件1：承包人承揽工程项目一览表	合同协议书附件
附件2：发包人供应材料设备一览表	附件1：承包人承揽工程项目一览表
附件3：工 程 质 量 保 修 书	专用合同条款附件：
	附件2：发包人供应材料设备一览表
	附件3：工程质量保修书
	附件4：主要建设工程文件目录
	附件5：承包人用于本工程施工的机械设备表
	附件6：承包人主要施工管理人员表
	附件7：分包人主要施工管理人员表
	附件8：履约担保格式
	附件9：预付款担保格式
	附件10：支付担保格式
	附件11：暂估价一览表

相关法律规范

中华人民共和国建筑法

中华人民共和国主席令

第四十六号

《全国人民代表大会常务委员会关于修改〈中华人民共和国建筑法〉的决定》已由中华人民共和国第十一届全国人民代表大会常务委员会第二十次会议于2011年4月22日通过，现予公布，自2011年7月1日起施行。

中华人民共和国主席　胡锦涛

2011年4月22日

第一章　总　　则

第一条　为了加强对建筑活动的监督管理，维护建筑市场秩序，保证建筑工程的质量和安全，促进建筑业健康发展，制定本法。

第二条　在中华人民共和国境内从事建筑活动，实施对建筑活动的监督管理，应当遵守本法。

本法所称建筑活动，是指各类房屋建筑及其附属设施的建造和与其配套的线路、管道、设备的安装活动。

第三条　建筑活动应当确保建筑工程质量和安全，符合国家的建筑工程安全标准。

第四条　国家扶持建筑业的发展，支持建筑科学技术研究，提高房屋建筑设计水平，鼓励节约能源和保护环境，提倡采用先进技术、先进设备、先进工艺、新型建筑材料和现代管理方式。

第五条　从事建筑活动应当遵守法律、法规，不得损害社会公共利益和他人的合法权益。

任何单位和个人都不得妨碍和阻挠依法进行的建筑活动。

第六条　国务院建设行政主管部门对全国的建筑活动实施统一监督管理。

第二章　建筑许可

第一节　建筑工程施工许可

第七条　建筑工程开工前，建设单位应当按照国家有关规定向工程所在地县级以上人民政府建设行政主管部门申请领取施工许可证；但是，国务院建设行政主管部门确定的限额以下的小型工程除外。

按照国务院规定的权限和程序批准开工报告的建筑工程，不再领取施工许可证。

第八条　申请领取施工许可证，应当具备下列条件：

（一）已经办理该建筑工程用地批准手续；

（二）在城市规划区的建筑工程，已经取得规划许可证；

（三）需要拆迁的，其拆迁进度符合施工要求；

（四）已经确定建筑施工企业；

（五）有满足施工需要的施工图纸及技术资料；

（六）有保证工程质量和安全的具体措施；

（七）建设资金已经落实；

（八）法律、行政法规规定的其他条件。

建设行政主管部门应当自收到申请之日起十五日内，对符合条件的申请颁发施工许可证。

第九条 建设单位应当自领取施工许可证之日起三个月内开工。因故不能按期开工的，应当向发证机关申请延期；延期以两次为限，每次不超过三个月。既不开工又不申请延期或者超过延期时限的，施工许可证自行废止。

第十条 在建的建筑工程因故中止施工的，建设单位应当自中止施工之日起一个月内，向发证机关报告，并按照规定做好建筑工程的维护管理工作。

建筑工程恢复施工时，应当向发证机关报告；中止施工满一年的工程恢复施工前，建设单位应当报发证机关核验施工许可证。

第十一条 按照国务院有关规定批准开工报告的建筑工程，因故不能按期开工或者中止施工的，应当及时向批准机关报告情况。因故不能按期开工超过六个月的，应当重新办理开工报告的批准手续。

第二节 从业资格

第十二条 从事建筑活动的建筑施工企业、勘察单位、设计单位和工程监理单位，应当具备下列条件：

（一）有符合国家规定的注册资本；

（二）有与其从事的建筑活动相适应的具有法定执业资格的专业技术人员；

（三）有从事相关建筑活动所应有的技术装备；

（四）法律、行政法规规定的其他条件。

第十三条 从事建筑活动的建筑施工企业、勘察单位、设计单位和工程监理单位，按照其拥有的注册资本、专业技术人员、技术装备和已完成的建筑工程业绩等资质条件，划分为不同的资质等级，经资质审查合格，取得相应等级的资质证书后，方可在其资质等级许可的范围内从事建筑活动。

第十四条 从事建筑活动的专业技术人员，应当依法取得相应的执业资格证书，并在执业资格证书许可的范围内从事建筑活动。

第三章 建筑工程发包与承包

第一节 一般规定

第十五条 建筑工程的发包单位与承包单位应当依法订立书面合同，明确双方的权利和义务。

发包单位和承包单位应当全面履行合同约定的义务。不按照合同约定履行义务的，依法承担违约责任。

第十六条 建筑工程发包与承包的招标投标活动，应当遵循公开、公正、平等竞争的原则，择优选择承包单位。

建筑工程的招标投标，本法没有规定的，适用有关招标投标法律的规定。

第十七条 发包单位及其工作人员在建筑工程发包中不得收受贿赂、回扣或者索取其他好处。

承包单位及其工作人员不得利用向发包单位及其工作人员行贿、提供回扣或者给予其他好处等不正当手段承揽工程。

第十八条 建筑工程造价应当按照国家有关规定，由发包单位与承包单位在合同中约定。公开招标发包的，其造价的约定，须遵守招标投标法律的规定。

发包单位应当按照合同的约定，及时拨付工程款项。

第二节 发 包

第十九条 建筑工程依法实行招标发包，对不适于招标发包的可以直接发包。

第二十条 建筑工程实行公开招标的，发包单位应当依照法定程序和方式，发布招标公告，提供载有招标工程的主要技术要求、主要的合同条款、评标的标准和方法以及开标、评标、定标的程序等内容的招标文件。

开标应当在招标文件规定的时间、地点公开进行。开标后应当按照招标文件规定的评标标准和程序对标书进行评价、比较，在具备相应资质条件的投标者中，择优选定中标者。

第二十一条 建筑工程招标的开标、评标、定标由建设单位依法组织实施，并接受有关行政主管部门的监督。

第二十二条 建筑工程实行招标发包的，发包单位应当将建筑工程发包给依法中标的承包单位。建筑工程实行直接发包的，发包单位应当将建筑工程发包给具有相应资质条件的承包单位。

第二十三条 政府及其所属部门不得滥用行政权力，限定发包单位将招标发包的建筑工程发包给指定的承包单位。

第二十四条 提倡对建筑工程实行总承包，禁止将建筑工程肢解发包。

建筑工程的发包单位可以将建筑工程的勘察、设计、施工、设备采购一并发包给一个工程总承包单位，也可以将建筑工程勘察、设计、施工、设备采购的一项或者多项发包给一个工程总承包单位；但是，不得将应当由一个承包单位完成的建筑工程肢解成若干部分发包给几个承包单位。

第二十五条 按照合同约定，建筑材料、建筑构配件和设备由工程承包单位采购的，发包单位不得指定承包单位购入用于工程的建筑材料、建筑构配件和设备或者指定生产厂、供应商。

第三节 承 包

第二十六条 承包建筑工程的单位应当持有依法取得的资质证书，并在其资质等级许可的业务范围内承揽工程。

禁止建筑施工企业超越本企业资质等级许可的业务范围或者以任何形式用其他建筑施

工企业的名义承揽工程。禁止建筑施工企业以任何形式允许其他单位或者个人使用本企业的资质证书、营业执照，以本企业的名义承揽工程。

第二十七条 大型建筑工程或者结构复杂的建筑工程，可以由两个以上的承包单位联合共同承包。共同承包的各方对承包合同的履行承担连带责任。

两个以上不同资质等级的单位实行联合共同承包的，应当按照资质等级低的单位的业务许可范围承揽工程。

第二十八条 禁止承包单位将其承包的全部建筑工程转包给他人，禁止承包单位将其承包的全部建筑工程肢解以后以分包的名义分别转包给他人。

第二十九条 建筑工程总承包单位可以将承包工程中的部分工程发包给具有相应资质条件的分包单位；但是，除总承包合同中约定的分包外，必须经建设单位认可。施工总承包的，建筑工程主体结构的施工必须由总承包单位自行完成。

建筑工程总承包单位按照总承包合同的约定对建设单位负责；分包单位按照分包合同的约定对总承包单位负责。总承包单位和分包单位就分包工程对建设单位承担连带责任。

禁止总承包单位将工程分包给不具备相应资质条件的单位。禁止分包单位将其承包的工程再分包。

第四章 建筑工程监理

第三十条 国家推行建筑工程监理制定。

国务院可以规定实行强制监理的建筑工程的范围。

第三十一条 实行监理的建筑工程，由建设单位委托具有相应资质条件的工程监理单位监理。建设单位与其委托的工程监理单位应当订立书面委托监理合同。

第三十二条 建筑工程监理应当依照法律、行政法规及有关的技术标准、设计文件和建筑工程承包合同，对承包单位在施工质量、建设工期和建设资金使用等方面，代表建设单位实施监督。

工程监理人员认为工程施工不符合工程设计要求、施工技术标准和合同约定的，有权要求建筑施工企业改正。

工程监理人员发现工程设计不符合建筑工程质量标准或者合同约定的质量要求的，应当报告建设单位要求设计单位改正。

第三十三条 实施建筑工程监理前，建设单位应当将委托的工程监理单位、监理的内容及监理权限，书面通知被监理的建筑施工企业。

第三十四条 工程监理单位应当在其资质等级许可的监理范围内，承担工程监理业务。

工程监理单位应当根据建设单位的委托，客观、公正地执行监理任务。

工程监理单位与被监理工程的承包单位以及建筑材料、建筑构配件和设备供应单位不得有隶属关系或者其他利害关系。

工程监理单位不得转让工程监理业务。

第三十五条 工程监理单位不按照委托监理合同的约定履行监理义务，对应当监督检查的项目不检查或者不按照规定检查，给建设单位造成损失的，应当承担相应的赔偿责任。

工程监理单位与承包单位串通，为承包单位谋取非法利益，给建设单位造成损失的，应当与承包单位承担连带赔偿责任。

第五章 建筑安全生产管理

第三十六条 建筑工程安全生产管理必须坚持"安全第一、预防为主"的方针，建立健全安全生产的责任制度和群防群治制度。

第三十七条 建筑工程设计应当符合按照国家规定制定的建筑安全规程和技术规范，保证工程的安全性能。

第三十八条 建筑施工企业在编制施工组织设计时，应当根据建筑工程的特点制定相应的安全技术措施；对专业性较强的工程项目，应当编制专项安全施工组织设计，并采取安全技术措施。

第三十九条 建筑施工企业应当在施工现场采取维护安全、防范危险、预防火灾等措施；有条件的，应当对施工现场实行封闭管理。

施工现场对毗邻的建筑物、构筑物和特殊作业环境可能造成损害的，建筑施工企业应当采取安全防护措施。

第四十条 建设单位应当向建筑施工企业提供与施工现场相关的地下管线资料，建筑施工企业应当采取措施加以保护。

第四十一条 建筑施工企业应当遵守有关环境保护和安全生产的法律、法规的规定，采取控制和处理施工现场的各种粉尘、废气、废水、固体废物以及噪声、振动对环境的污染和危害的措施。

第四十二条 有下列情形之一的，建设单位应当按照国家有关规定办理申请批准手续：

（一）需要临时占用规划批准范围以外场地的；

（二）可能损坏道路、管线、电力、邮电通信等公共设施的；

（三）需要临时停水、停电、中断道路交通的；

（四）需要进行爆破作业的；

（五）法律、法规规定需要办理报批手续的其他情形。

第四十三条 建设行政主管部门负责建筑安全生产的管理，并依法接受劳动行政主管部门对建筑安全生产的指导和监督。

第四十四条 建筑施工企业必须依法加强对建筑安全生产的管理，执行安全生产责任制度，采取有效措施，防止伤亡和其他安全生产事故的发生。

建筑施工企业的法定代表人对本企业的安全生产负责。

第四十五条 施工现场安全由建筑施工企业负责。实行施工总承包的，由总承包单位负责。分包单位向总承包单位负责，服从总承包单位对施工现场的安全生产管理。

第四十六条 建筑施工企业应当建立健全劳动安全生产教育培训制度，加强对职工安全生产的教育培训；未经安全生产教育培训的人员，不得上岗作业。

第四十七条 建筑施工企业和作业人员在施工过程中，应当遵守有关安全生产的法律、法规和建筑行业安全规章、规程，不得违章指挥或者违章作业。作业人员有权对影响人身健康的作业程序和作业条件提出改进意见，有权获得安全生产所需的防护用品。作业人员对危及生命安全和人身健康的行为有权提出批评、检举和控告。

第四十八条 建筑施工企业应当依法为职工参加工伤保险缴纳工伤保险费。鼓励企业为从事危险作业的职工办理意外伤害保险，支付保险费。

第四十九条　涉及建筑主体和承重结构变动的装修工程，建设单位应当在施工前委托原设计单位或者具有相应资质条件的设计单位提出设计方案；没有设计方案的，不得施工。

第五十条　房屋拆除应当由具备保证安全条件的建筑施工单位承担，由建筑施工单位负责人对安全负责。

第五十一条　施工中发生事故时，建筑施工企业应当采取紧急措施减少人员伤亡和事故损失，并按照国家有关规定及时向有关部门报告。

第六章　建筑工程质量管理

第五十二条　建筑工程勘察、设计、施工的质量必须符合国家有关建筑工程安全标准的要求，具体管理办法由国务院规定。

有关建筑工程安全的国家标准不能适应确保建筑安全的要求时，应当及时修订。

第五十三条　国家对从事建筑活动的单位推行质量体系认证制度。从事建筑活动的单位根据自愿原则可以向国务院产品质量监督管理部门或者国务院产品质量监督管理部门授权的部门认可的认证机构申请质量体系认证。经认证合格的，由认证机构颁发质量体系认证证书。

第五十四条　建设单位不得以任何理由，要求建筑设计单位或者建筑施工企业在工程设计或者施工作业中，违反法律、行政法规和建筑工程质量、安全标准，降低工程质量。

建筑设计单位和建筑施工企业对建设单位违反前款规定提出的降低工程质量的要求，应当予以拒绝。

第五十五条　建筑工程实行总承包的，工程质量由工程总承包单位负责，总承包单位将建筑工程分包给其他单位的，应当对分包工程的质量与分包单位承担连带责任。分包单位应当接受总承包单位的质量管理。

第五十六条　建筑工程的勘察、设计单位必须对其勘察、设计的质量负责。勘察、设计文件应当符合有关法律、行政法规的规定和建筑工程质量、安全标准、建筑工程勘察、设计技术规范以及合同的约定。设计文件选用的建筑材料、建筑构配件和设备，应当注明其规格、型号、性能等技术指标，其质量要求必须符合国家规定的标准。

第五十七条　建筑设计单位对设计文件选用的建筑材料、建筑构配件和设备，不得指定生产厂、供应商。

第五十八条　建筑施工企业对工程的施工质量负责。

建筑施工企业必须按照工程设计图纸和施工技术标准施工，不得偷工减料。工程设计的修改由原设计单位负责，建筑施工企业不得擅自修改工程设计。

第五十九条　建筑施工企业必须按照工程设计要求、施工技术标准和合同的约定，对建筑材料、建筑构配件和设备进行检验，不合格的不得使用。

第六十条　建筑物在合理使用寿命内，必须确保地基基础工程和主体结构的质量。

建筑工程竣工时，屋顶、墙面不得留有渗漏、开裂等质量缺陷；对已发现的质量缺陷，建筑施工企业应当修复。

第六十一条　交付竣工验收的建筑工程，必须符合规定的建筑工程质量标准，有完整的工程技术经济资料和经签署的工程保修书，并具备国家规定的其他竣工条件。

建筑工程竣工经验收合格后，方可交付使用；未经验收或者验收不合格的，不得交付使用。

第六十二条　建筑工程实行质量保修制度。

建筑工程的保修范围应当包括地基基础工程、主体结构工程、屋面防水工程和其他土建工程，以及电气管线、上下水管线的安装工程，供热、供冷系统工程等项目；保修的期限应当按照保证建筑物合理寿命年限内正常使用，维护使用者合法权益的原则确定。具体的保修范围和最低保修期限由国务院规定。

第六十三条　任何单位和个人对建筑工程的质量事故、质量缺陷都有权向建设行政主管部门或者其他有关部门进行检举、控告、投诉。

第七章　法律责任

第六十四条　违反本法规定，未取得施工许可证或者开工报告未经批准擅自施工的，责令改正，对不符合开工条件的责令停止施工，可以处以罚款。

第六十五条　发包单位将工程发包给不具有相应资质条件的承包单位的，或者违反本法规定将建筑工程肢解发包的，责令改正，处以罚款。

超越本单位资质等级承揽工程的，责令停止违法行为，处以罚款，可以责令停业整顿，降低资质等级；情节严重的，吊销资质证书；有违法所得的，予以没收。

未取得资质证书承揽工程的，予以取缔，并处罚款；有违法所得的，予以没收。

以欺骗手段取得资质证书的，吊销资质证书，处以罚款；构成犯罪的，依法追究刑事责任。

第六十六条　建筑施工企业转让、出借资质证书或者以其他方式允许他人以本企业的名义承揽工程的，责令改正，没收违法所得，并处罚款，可以责令停业整顿，降低资质等级；情节严重的，吊销资质证书。对因该项承揽工程不符合规定的质量标准造成的损失，建筑施工企业与使用本企业名义的单位或者个人承担连带赔偿责任。

第六十七条　承包单位将承包的工程转包的，或者违反本法规定进行分包的，责令改正，没收违法所得，并处罚款，可以责令停业整顿，降低资质等级；情节严重的，吊销资质证书。

承包单位有前款规定的违法行为的，对因转包工程或者违法分包的工程不符合规定的质量标准造成的损失，与接受转包或者分包的单位承担连带赔偿责任。

第六十八条　在工程发包与承包中索贿、受贿、行贿，构成犯罪的，依法追究刑事责任；不构成犯罪的，分别处以罚款，没收贿赂的财物，对直接负责的主管人员和其他直接责任人员给予处分。

对在工程承包中行贿的承包单位，除依照前款规定处罚外，可以责令停业整顿，降低资质等级或者吊销资质证书。

第六十九条　工程监理单位与建设单位或者建筑施工企业串通，弄虚作假、降低工程质量的，责令改正，处以罚款，降低资质等级或者吊销资质证书；有违法所得的，予以没收；造成损失的，承担连带赔偿责任；构成犯罪的，依法追究刑事责任。

工程监理单位转让监理业务的，责令改正，没收违法所得，可以责令停业整顿，降低资质等级；情节严重的，吊销资质证书。

第七十条　违反本法规定，涉及建筑主体或者承重结构变动的装修工程擅自施工的，责令改正，处以罚款；造成损失的，承担赔偿责任；构成犯罪的，依法追究刑事责任。

第七十一条 建筑施工企业违反本法规定，对建筑安全事故隐患不采取措施予以消除的，责令改正，可以处以罚款；情节严重的，责令停业整顿，降低资质等级或者吊销资质证书；构成犯罪的，依法追究刑事责任。

建筑施工企业的管理人员违章指挥、强令职工冒险作业，因而发生重大伤亡事故或者造成其他严重后果的，依法追究刑事责任。

第七十二条 建设单位违反本法规定，要求建筑设计单位或者建筑施工企业违反建筑工程质量、安全标准，降低工程质量的，责令改正，可以处以罚款；构成犯罪的，依法追究刑事责任。

第七十三条 建筑设计单位不按照建筑工程质量、安全标准进行设计的，责令改正，处以罚款；造成工程质量事故的，责令停业整顿，降低资质等级或者吊销资质证书，没收违法所得，并处罚款；造成损失的，承担赔偿责任；构成犯罪的，依法追究刑事责任。

第七十四条 建筑施工企业在施工中偷工减料的，使用不合格的建筑材料、建筑构配件和设备的，或者有其他不按照工程设计图纸或者施工技术标准施工的行为的，责令改正，处以罚款；情节严重的，责令停业整顿，降低资质等级或者吊销资质证书；造成建筑工程质量不符合规定的质量标准的，负责返工、修理，并赔偿因此造成的损失；构成犯罪的，依法追究刑事责任。

第七十五条 建筑施工企业违反本法规定，不履行保修义务或者拖延履行保修义务的，责令改正，可以处以罚款，并对在保修期内因屋顶、墙面渗漏、开裂等质量缺陷造成的损失，承担赔偿责任。

第七十六条 本法规定的责令停业整顿、降低资质等级和吊销资质证书的行政处罚，由颁发资质证书的机关决定；其他行政处罚，由建设行政主管部门或者有关部门依照法律和国务院规定的职权范围决定。

依照本法规定被吊销资质证书的，由工商行政管理部门吊销其营业执照。

第七十七条 违反本法规定，对不具备相应资质等级条件的单位颁发该等级资质证书的，由其上级机关责令收回所发的资质证书，对直接负责的主管人员和其他直接责任人员给予行政处分；构成犯罪的，依法追究刑事责任。

第七十八条 政府及其所属部门的工作人员违反本法规定，限定发包单位将招标发包的工程发包给指定的承包单位的，由上级机关责令改正；构成犯罪的，依法追究刑事责任。

第七十九条 负责颁发建筑工程施工许可证的部门及其工作人员对不符合施工条件的建筑工程颁发施工许可证的，负责工程质量监督检查或者竣工验收的部门及其工作人员对不合格的建筑工程出具质量合格文件或者按合格工程验收的，由上级机关责令改正，对责任人员给予行政处分；构成犯罪的，依法追究刑事责任；造成损失的，由该部门承担相应的赔偿责任。

第八十条 在建筑物的合理使用寿命内，因建筑工程质量不合格受到损害的，有权向责任者要求赔偿。

第八章 附 则

第八十一条 本法关于施工许可、建筑施工企业资质审查和建筑工程发包、承包、禁止转包，以及建筑工程监理、建筑工程安全和质量管理的规定，适用于其他专业建筑工程的建筑活动，具体办法由国务院规定。

第八十二条 建设行政主管部门和其他有关部门在对建筑活动实施监督管理中，除按照国务院有关规定收取费用外，不得收取其他费用。

第八十三条 省、自治区、直辖市人民政府确定的小型房屋建筑工程的建筑活动，参照本法执行。

依法核定作为文物保护的纪念建筑物和古建筑等的修缮，依照文物保护的有关法律规定执行。

抢险救灾及其他临时性房屋建筑和农民自建低层住宅的建筑活动，不适用本法。

第八十四条 军用房屋建筑工程建筑活动的具体管理办法，由国务院、中央军事委员会依据本法制定。

第八十五条 本法自1998年3月1日起施行。

中华人民共和国招标投标法

中华人民共和国主席令

第二十一号

《中华人民共和国招标投标法》已由中华人民共和国第九届全国人民代表大会常务委员会第十一次会议于1999年8月30日通过，现予公布，自2000年1月1日起施行。

中华人民共和国主席　江泽民

1999年8月30日

第一章　总　　则

第一条　为了规范招标投标活动，保护国家利益、社会公共利益和招标投标活动当事人的合法权益，提高经济效益，保证项目质量，制定本法。

第二条　在中华人民共和国境内进行招标投标活动，适用本法。

第三条　在中华人民共和国境内进行下列工程建设项目包括项目的勘察、设计、施工、监理以及与工程建设有关的重要设备、材料等的采购，必须进行招标：

（一）大型基础设施、公用事业等关系社会公共利益、公众安全的项目；

（二）全部或者部分使用国有资金投资或者国家融资的项目；

（三）使用国际组织或者外国政府贷款、援助资金的项目。

前款所列项目的具体范围和规模标准，由国务院发展计划部门会同国务院有关部门制订，报国务院批准。

法律或者国务院对必须进行招标的其他项目的范围有规定的，依照其规定。

第四条　任何单位和个人不得将依法必须进行招标的项目化整为零或者以其他任何方式规避招标。

第五条　招标投标活动应当遵循公开、公平、公正和诚实信用的原则。

第六条　依法必须进行招标的项目，其招标投标活动不受地区或者部门的限制。任何单位和个人不得违法限制或者排斥本地区、本系统以外的法人或者其他组织参加投标，不得以任何方式非法干涉招标投标活动。

第七条　招标投标活动及其当事人应当接受依法实施的监督。

有关行政监督部门依法对招标投标活动实施监督，依法查处招标投标活动中的违法行为。

对招标投标活动的行政监督及有关部门的具体职权划分，由国务院规定。

第二章　招　　标

第八条　招标人是依照本法规定提出招标项目、进行招标的法人或者其他组织。

第九条　招标项目按照国家有关规定需要履行项目审批手续的，应当先履行审批手续，取得批准。

招标人应当有进行招标项目的相应资金或者资金来源已经落实，并应当在招标文件中如实载明。

第十条 招标分为公开招标和邀请招标。

公开招标，是指招标人以招标公告的方式邀请不特定的法人或者其他组织投标。

邀请招标，是指招标人以投标邀请书的方式邀请特定的法人或者其他组织投标。

第十一条 国务院发展计划部门确定的国家重点项目和省、自治区、直辖市人民政府确定的地方重点项目不适宜公开招标的，经国务院发展计划部门或者省、自治区、直辖市人民政府批准，可以进行邀请招标。

第十二条 招标人有权自行选择招标代理机构，委托其办理招标事宜。任何单位和个人不得以任何方式为招标人指定招标代理机构。

招标人具有编制招标文件和组织评标能力的，可以自行办理招标事宜。任何单位和个人不得强制其委托招标代理机构办理招标事宜。

依法必须进行招标的项目，招标人自行办理招标事宜的，应当向有关行政监督部门备案。

第十三条 招标代理机构是依法设立、从事招标代理业务并提供相关服务的社会中介组织。

招标代理机构应当具备下列条件：

（一）有从事招标代理业务的营业场所和相应资金；

（二）有能够编制招标文件和组织评标的相应专业力量；

（三）有符合本法第三十七条第三款规定条件、可以作为评标委员会成员人选的技术、经济等方面的专家库。

第十四条 从事工程建设项目招标代理业务的招标代理机构，其资格由国务院或者省、自治区、直辖市人民政府的建设行政主管部门认定。具体办法由国务院建设行政主管部门会同国务院有关部门制定。从事其他招标代理业务的招标代理机构，其资格认定的主管部门由国务院规定。

招标代理机构与行政机关和其他国家机关不得存在隶属关系或者其他利益关系。

第十五条 招标代理机构应当在招标人委托的范围内办理招标事宜，并遵守本法关于招标人的规定。

第十六条 招标人采用公开招标方式的，应当发布招标公告。依法必须进行招标的项目的招标公告，应当通过国家指定的报刊、信息网络或者其他媒介发布。

招标公告应当载明招标人的名称和地址、招标项目的性质、数量、实施地点和时间以及获取招标文件的办法等事项。

第十七条 招标人采用邀请招标方式的，应当向三个以上具备承担招标项目的能力、资信良好的特定的法人或者其他组织发出投标邀请书。

投标邀请书应当载明本法第十六条第二款规定的事项。

第十八条 招标人可以根据招标项目本身的要求，在招标公告或者投标邀请书中，要求潜在投标人提供有关资质证明文件和业绩情况，并对潜在投标人进行资格审查；国家对投标人的资格条件有规定的，依照其规定。

招标人不得以不合理的条件限制或者排斥潜在投标人，不得对潜在投标人实行歧视待遇。

第十九条 招标人应当根据招标项目的特点和需要编制招标文件。招标文件应当包括招标项目的技术要求、对投标人资格审查的标准、投标报价要求和评标标准等所有实质性要求和条件以及拟签订合同的主要条款。

国家对招标项目的技术、标准有规定的，招标人应当按照其规定在招标文件中提出相应要求。

招标项目需要划分标段、确定工期的，招标人应当合理划分标段、确定工期，并在招标文件中载明。

第二十条 招标文件不得要求或者标明特定的生产供应者以及含有倾向或者排斥潜在投标人的其他内容。

第二十一条 招标人根据招标项目的具体情况，可以组织潜在投标人踏勘项目现场。

第二十二条 招标人不得向他人透露已获取招标文件的潜在投标人的名称、数量以及可能影响公平竞争的有关招标投标的其他情况。

招标人设有标底的，标底必须保密。

第二十三条 招标人对已发出的招标文件进行必要的澄清或者修改的，应当在招标文件要求提交投标文件截止时间至少十五日前，以书面形式通知所有招标文件收受人。该澄清或者修改的内容为招标文件的组成部分。

第二十四条 招标人应当确定投标人编制投标文件所需要的合理时间；但是，依法必须进行招标的项目，自招标文件开始发出之日起至投标人提交投标文件截止之日止，最短不得少于二十日。

第三章 投 标

第二十五条 投标人是响应招标、参加投标竞争的法人或者其他组织。

依法招标的科研项目允许个人参加投标的，投标的个人适用本法有关投标人的规定。

第二十六条 投标人应当具备承担招标项目的能力；国家有关规定对投标人资格条件或者招标文件对投标人资格条件有规定的，投标人应当具备规定的资格条件。

第二十七条 投标人应当按照招标文件的要求编制投标文件。投标文件应当对招标文件提出的实质性要求和条件作出响应。

招标项目属于建设施工的，投标文件的内容应当包括拟派出的项目经理与主要技术人员的简历、业绩和拟用于完成招标项目的机械设备等。

第二十八条 投标人应当在招标文件要求提交投标文件的截止时间前，将投标文件送达投标地点。招标人收到投标文件后，应当签收保存，不得开启。投标人少于三个的，招标人应当依照本法重新招标。

在招标文件要求提交投标文件的截止时间后送达的投标文件，招标人应当拒收。

第二十九条 投标人在招标文件要求提交投标文件的截止时间前，可以补充、修改或者撤回已提交的投标文件，并书面通知招标人。补充、修改的内容为投标文件的组成部分。

第三十条 投标人根据招标文件载明的项目实际情况，拟在中标后将中标项目的部分非主体、非关键性工作进行分包的，应当在投标文件中载明。

第三十一条 两个以上法人或者其他组织可以组成一个联合体，以一个投标人的身份共同投标。

联合体各方均应当具备承担招标项目的相应能力；国家有关规定或者招标文件对投标

人资格条件有规定的，联合体各方均应当具备规定的相应资格条件。由同一专业的单位组成的联合体，按照资质等级较低的单位确定资质等级。

联合体各方应当签订共同投标协议，明确约定各方拟承担的工作和责任，并将共同投标协议连同投标文件一并提交招标人。联合体中标的，联合体各方应当共同与招标人签订合同，就中标项目向招标人承担连带责任。

招标人不得强制投标人组成联合体共同投标，不得限制投标人之间的竞争。

第三十二条 投标人不得相互串通投标报价，不得排挤其他投标人的公平竞争，损害招标人或者其他投标人的合法权益。

投标人不得与招标人串通投标，损害国家利益、社会公共利益或者他人的合法权益。

禁止投标人以向招标人或者评标委员会成员行贿的手段谋取中标。

第三十三条 投标人不得以低于成本的报价竞标，也不得以他人名义投标或者以其他方式弄虚作假，骗取中标。

第四章　开标、评标和中标

第三十四条 开标应当在招标文件确定的提交投标文件截止时间的同一时间公开进行；开标地点应当为招标文件中预先确定的地点。

第三十五条 开标由招标人主持，邀请所有投标人参加。

第三十六条 开标时，由投标人或者其推选的代表检查投标文件的密封情况，也可以由招标人委托的公证机构检查并公证；经确认无误后，由工作人员当众拆封，宣读投标人名称、投标价格和投标文件的其他主要内容。

招标人在招标文件要求提交投标文件的截止时间前收到的所有投标文件，开标时都应当当众予以拆封、宣读。

开标过程应当记录，并存档备查。

第三十七条 评标由招标人依法组建的评标委员会负责。

依法必须进行招标的项目，其评标委员会由招标人的代表和有关技术、经济等方面的专家组成，成员人数为五人以上单数，其中技术、经济等方面的专家不得少于成员总数的三分之二。

前款专家应当从事相关领域工作满八年并具有高级职称或者具有同等专业水平，由招标人从国务院有关部门或者省、自治区、直辖市人民政府有关部门提供的专家名册或者招标代理机构的专家库内的相关专业的专家名单中确定；一般招标项目可以采取随机抽取方式，特殊招标项目可以由招标人直接确定。

与投标人有利害关系的人不得进入相关项目的评标委员会；已经进入的应当更换。

评标委员会成员的名单在中标结果确定前应当保密。

第三十八条 招标人应当采取必要的措施，保证评标在严格保密的情况下进行。

任何单位和个人不得非法干预、影响评标的过程和结果。

第三十九条 评标委员会可以要求投标人对投标文件中含义不明确的内容作必要的澄清或者说明，但是澄清或者说明不得超出投标文件的范围或者改变投标文件的实质性内容。

第四十条 评标委员会应当按照招标文件确定的评标标准和方法，对投标文件进行评审和比较；设有标底的，应当参考标底。评标委员会完成评标后，应当向招标人提出书面评标报告，并推荐合格的中标候选人。

招标人根据评标委员会提出的书面评标报告和推荐的中标候选人确定中标人。招标人也可以授权评标委员会直接确定中标人。

国务院对特定招标项目的评标有特别规定的，从其规定。

第四十一条 中标人的投标应当符合下列条件之一：

（一）能够最大限度地满足招标文件中规定的各项综合评价标准；

（二）能够满足招标文件的实质性要求，并且经评审的投标价格最低；但是投标价格低于成本的除外。

第四十二条 评标委员会经评审，认为所有投标都不符合招标文件要求的，可以否决所有投标。

依法必须进行招标的项目的所有投标被否决的，招标人应当依照本法重新招标。

第四十三条 在确定中标人前，招标人不得与投标人就投标价格、投标方案等实质性内容进行谈判。

第四十四条 评标委员会成员应当客观、公正地履行职务，遵守职业道德，对所提出的评审意见承担个人责任。

评标委员会成员不得私下接触投标人，不得收受投标人的财物或者其他好处。

评标委员会成员和参与评标的有关工作人员不得透露对投标文件的评审和比较、中标候选人的推荐情况以及与评标有关的其他情况。

第四十五条 中标人确定后，招标人应当向中标人发出中标通知书，并同时将中标结果通知所有未中标的投标人。

中标通知书对招标人和中标人具有法律效力。中标通知书发出后，招标人改变中标结果的，或者中标人放弃中标项目的，应当依法承担法律责任。

第四十六条 招标人和中标人应当自中标通知书发出之日起三十日内，按照招标文件和中标人的投标文件订立书面合同。招标人和中标人不得再行订立背离合同实质性内容的其他协议。

招标文件要求中标人提交履约保证金的，中标人应当提交。

第四十七条 依法必须进行招标的项目，招标人应当自确定中标人之日起十五日内，向有关行政监督部门提交招标投标情况的书面报告。

第四十八条 中标人应当按照合同约定履行义务，完成中标项目。中标人不得向他人转让中标项目，也不得将中标项目肢解后分别向他人转让。

中标人按照合同约定或者经招标人同意，可以将中标项目的部分非主体、非关键性工作分包给他人完成。接受分包的人应当具备相应的资格条件，并不得再次分包。

中标人应当就分包项目向招标人负责，接受分包的人就分包项目承担连带责任。

第五章 法律责任

第四十九条 违反本法规定，必须进行招标的项目而不招标的，将必须进行招标的项目化整为零或者以其他任何方式规避招标的，责令限期改正，可以处项目合同金额千分之五以上千分之十以下的罚款；对全部或者部分使用国有资金的项目，可以暂停项目执行或者暂停资金拨付；对单位直接负责的主管人员和其他直接责任人员依法给予处分。

第五十条 招标代理机构违反本法规定，泄露应当保密的与招标投标活动有关的情况和资料的，或者与招标人、投标人串通损害国家利益、社会公共利益或者他人合法权益的，处五万元以上二十五万元以下的罚款，对单位直接负责的主管人员和其他直接责任人员处单位罚款数额百分之五以上百分之十以下的罚款；有违法所得的，并处没收违法所得；情节严重的，暂停直至取消招标代理资格；构成犯罪的，依法追究刑事责任。给他人造成损失的，依法承担赔偿责任。

前款所列行为影响中标结果的，中标无效。

第五十一条 招标人以不合理的条件限制或者排斥潜在投标人的，对潜在投标人实行歧视待遇的，强制要求投标人组成联合体共同投标的，或者限制投标人之间竞争的，责令改正，可以处一万元以上五万元以下的罚款。

第五十二条 依法必须进行招标的项目的招标人向他人透露已获取招标文件的潜在投标人的名称、数量或者可能影响公平竞争的有关招标投标的其他情况的，或者泄露标底的，给予警告，可以并处一万元以上十万元以下的罚款；对单位直接负责的主管人员和其他直接责任人员依法给予处分；构成犯罪的，依法追究刑事责任。

前款所列行为影响中标结果的，中标无效。

第五十三条 投标人相互串通投标或者与招标人串通投标的，投标人以向招标人或者评标委员会成员行贿的手段谋取中标的，中标无效，处中标项目金额千分之五以上千分之十以下的罚款，对单位直接负责的主管人员和其他直接责任人员处单位罚款数额百分之五以上百分之十以下的罚款；有违法所得的，并处没收违法所得；情节严重的，取消其一年至二年内参加依法必须进行招标的项目的投标资格并予以公告，直至由工商行政管理机关吊销营业执照；构成犯罪的，依法追究刑事责任。给他人造成损失的，依法承担赔偿责任。

第五十四条 投标人以他人名义投标或者以其他方式弄虚作假，骗取中标的，中标无效，给招标人造成损失的，依法承担赔偿责任；构成犯罪的，依法追究刑事责任。

依法必须进行招标的项目的投标人有前款所列行为尚未构成犯罪的，处中标项目金额千分之五以上千分之十以下的罚款，对单位直接负责的主管人员和其他直接责任人员处单位罚款数额百分之五以上百分之十以下的罚款；有违法所得的，并处没收违法所得；情节严重的，取消其一年至三年内参加依法必须进行招标的项目的投标资格并予以公告，直至由工商行政管理机关吊销营业执照。

第五十五条 依法必须进行招标的项目，招标人违反本法规定，与投标人就投标价格、投标方案等实质性内容进行谈判的，给予警告，对单位直接负责的主管人员和其他直接责任人员依法给予处分。

前款所列行为影响中标结果的，中标无效。

第五十六条 评标委员会成员收受投标人的财物或者其他好处的，评标委员会成员或者参加评标的有关工作人员向他人透露对投标文件的评审和比较、中标候选人的推荐以及与评标有关的其他情况的，给予警告，没收收受的财物，可以并处三千元以上五万元以下的罚款，对有所列违法行为的评标委员会成员取消担任评标委员会成员的资格，不得再参加任何依法必须进行招标的项目的评标；构成犯罪的，依法追究刑事责任。

第五十七条 招标人在评标委员会依法推荐的中标候选人以外确定中标人的，依法必须进行招标的项目在所有投标被评标委员会否决后自行确定中标人的，中标无效。责令改正，可以处中标项目金额千分之五以上千分之十以下的罚款；对单位直接负责的主管人员和其他直接责任人员依法给予处分。

第五十八条　中标人将中标项目转让给他人的，将中标项目肢解后分别转让给他人的，违反本法规定将中标项目的部分主体、关键性工作分包给他人的，或者分包人再次分包的，转让、分包无效，处转让、分包项目金额千分之五以上千分之十以下的罚款；有违法所得的，并处没收违法所得；可以责令停业整顿；情节严重的，由工商行政管理机关吊销营业执照。

第五十九条　招标人与中标人不按照招标文件和中标人的投标文件订立合同的，或者招标人、中标人订立背离合同实质性内容的协议的，责令改正；可以处中标项目金额千分之五以上千分之十以下的罚款。

第六十条　中标人不履行与招标人订立的合同的，履约保证金不予退还，给招标人造成的损失超过履约保证金数额的，还应当对超过部分予以赔偿；没有提交履约保证金的，应当对招标人的损失承担赔偿责任。

中标人不按照与招标人订立的合同履行义务，情节严重的，取消其二年至五年内参加依法必须进行招标的项目的投标资格并予以公告，直至由工商行政管理机关吊销营业执照。

因不可抗力不能履行合同的，不适用前两款规定。

第六十一条　本章规定的行政处罚，由国务院规定的有关行政监督部门决定。本法已对实施行政处罚的机关作出规定的除外。

第六十二条　任何单位违反本法规定，限制或者排斥本地区、本系统以外的法人或者其他组织参加投标的，为招标人指定招标代理机构的，强制招标人委托招标代理机构办理招标事宜的，或者以其他方式干涉招标投标活动的，责令改正；对单位直接负责的主管人员和其他直接责任人员依法给予警告、记过、记大过的处分，情节较重的，依法给予降级、撤职、开除的处分。

个人利用职权进行前款违法行为的，依照前款规定追究责任。

第六十三条　对招标投标活动依法负有行政监督职责的国家机关工作人员徇私舞弊、滥用职权或者玩忽职守，构成犯罪的，依法追究刑事责任；不构成犯罪的，依法给予行政处分。

第六十四条　依法必须进行招标的项目违反本法规定，中标无效的，应当依照本法规定的中标条件从其余投标人中重新确定中标人或者依照本法重新进行招标。

第六章　附　　则

第六十五条　投标人和其他利害关系人认为招标投标活动不符合本法有关规定的，有权向招标人提出异议或者依法向有关行政监督部门投诉。

第六十六条　涉及国家安全、国家秘密、抢险救灾或者属于利用扶贫资金实行以工代赈、需要使用农民工等特殊情况，不适宜进行招标的项目，按照国家有关规定可以不进行招标。

第六十七条　使用国际组织或者外国政府贷款、援助资金的项目进行招标，贷款方、资金提供方对招标投标的具体条件和程序有不同规定的，可以适用其规定，但违背中华人民共和国的社会公共利益的除外。

第六十八条　本法自2000年1月1日起施行。

中华人民共和国政府采购法

中华人民共和国主席令

第六十八号

《中华人民共和国政府采购法》已由中华人民共和国第九届全国人民代表大会常务委员会第二十八次会议于2002年6月29日通过，现予公布，自2003年1月1日起施行。

中华人民共和国主席　江泽民

2002年6月29日

第一章　总　　则

第一条　为了规范政府采购行为，提高政府采购资金的使用效益，维护国家利益和社会公共利益，保护政府采购当事人的合法权益，促进廉政建设，制定本法。

第二条　在中华人民共和国境内进行的政府采购适用本法。

本法所称政府采购，是指各级国家机关、事业单位和团体组织，使用财政性资金采购依法制定的集中采购目录以内的或者采购限额标准以上的货物、工程和服务的行为。

政府集中采购目录和采购限额标准依照本法规定的权限制定。

本法所称采购，是指以合同方式有偿取得货物、工程和服务的行为，包括购买、租赁、委托、雇用等。

本法所称货物，是指各种形态和种类的物品，包括原材料、燃料、设备、产品等。

本法所称工程，是指建设工程，包括建筑物和构筑物的新建、改建、扩建、装修、拆除、修缮等。

本法所称服务，是指除货物和工程以外的其他政府采购对象。

第三条　政府采购应当遵循公开透明原则、公平竞争原则、公正原则和诚实信用原则。

第四条　政府采购工程进行招标投标的，适用招标投标法。

第五条　任何单位和个人不得采用任何方式，阻挠和限制供应商自由进入本地区和本行业的政府采购市场。

第六条　政府采购应当严格按照批准的预算执行。

第七条　政府采购实行集中采购和分散采购相结合。集中采购的范围由省级以上人民政府公布的集中采购目录确定。

属于中央预算的政府采购项目，其集中采购目录由国务院确定并公布；属于地方预算的政府采购项目，其集中采购目录由省、自治区、直辖市人民政府或者其授权的机构确定并公布。

纳入集中采购目录的政府采购项目，应当实行集中采购。

第八条　政府采购限额标准，属于中央预算的政府采购项目，由国务院确定并公布；属于地方预算的政府采购项目，由省、自治区、直辖市人民政府或者其授权的机构确定并公布。

第九条 政府采购应当有助于实现国家的经济和社会发展政策目标，包括保护环境，扶持不发达地区和少数民族地区，促进中小企业发展等。

第十条 政府采购应当采购本国货物、工程和服务。但有下列情形之一的除外：

（一）需要采购的货物、工程或者服务在中国境内无法获取或者无法以合理的商业条件获取的；

（二）为在中国境外使用而进行采购的；

（三）其他法律、行政法规另有规定的。

前款所称本国货物、工程和服务的界定，依照国务院有关规定执行。

第十一条 政府采购的信息应当在政府采购监督管理部门指定的媒体上及时向社会公开发布，但涉及商业秘密的除外。

第十二条 在政府采购活动中，采购人员及相关人员与供应商有利害关系的，必须回避。供应商认为采购人员及相关人员与其他供应商有利害关系的，可以申请其回避。

前款所称相关人员，包括招标采购中评标委员会的组成人员，竞争性谈判采购中谈判小组的组成人员，询价采购中询价小组的组成人员等。

第十三条 各级人民政府财政部门是负责政府采购监督管理的部门，依法履行对政府采购活动的监督管理职责。

各级人民政府其他有关部门依法履行与政府采购活动有关的监督管理职责。

第二章 政府采购当事人

第十四条 政府采购当事人是指在政府采购活动中享有权利和承担义务的各类主体，包括采购人、供应商和采购代理机构等。

第十五条 采购人是指依法进行政府采购的国家机关、事业单位、团体组织。

第十六条 集中采购机构为采购代理机构。设区的市、自治州以上人民政府根据本级政府采购项目组织集中采购的需要设立集中采购机构。

集中采购机构是非营利事业法人，根据采购人的委托办理采购事宜。

第十七条 集中采购机构进行政府采购活动，应当符合采购价格低于市场平均价格、采购效率更高、采购质量优良和服务良好的要求。

第十八条 采购人采购纳入集中采购目录的政府采购项目，必须委托集中采购机构代理采购；采购未纳入集中采购目录的政府采购项目，可以自行采购，也可以委托集中采购机构在委托的范围内代理采购。

纳入集中采购目录属于通用的政府采购项目的，应当委托集中采购机构代理采购；属于本部门、本系统有特殊要求的项目，应当实行部门集中采购；属于本单位有特殊要求的项目，经省级以上人民政府批准，可以自行采购。

第十九条 采购人可以委托经国务院有关部门或者省级人民政府有关部门认定资格的采购代理机构，在委托的范围内办理政府采购事宜。

采购人有权自行选择采购代理机构，任何单位和个人不得以任何方式为采购人指定采购代理机构。

第二十条 采购人依法委托采购代理机构办理采购事宜的，应当由采购人与采购代理机构签订委托代理协议，依法确定委托代理的事项，约定双方的权利义务。

第二十一条 供应商是指向采购人提供货物、工程或者服务的法人、其他组织或者自然人。

第二十二条 供应商参加政府采购活动应当具备下列条件：

（一）具有独立承担民事责任的能力；

（二）具有良好的商业信誉和健全的财务会计制度；

（三）具有履行合同所必需的设备和专业技术能力；

（四）有依法缴纳税收和社会保障资金的良好记录；

（五）参加政府采购活动前三年内，在经营活动中没有重大违法记录；

（六）法律、行政法规规定的其他条件。

采购人可以根据采购项目的特殊要求，规定供应商的特定条件，但不得以不合理的条件对供应商实行差别待遇或者歧视待遇。

第二十三条 采购人可以要求参加政府采购的供应商提供有关资质证明文件和业绩情况，并根据本法规定的供应商条件和采购项目对供应商的特定要求，对供应商的资格进行审查。

第二十四条 两个以上的自然人、法人或者其他组织可以组成一个联合体，以一个供应商的身份共同参加政府采购。

以联合体形式进行政府采购的，参加联合体的供应商均应当具备本法第二十二条规定的条件，并应当向采购人提交联合协议，载明联合体各方承担的工作和义务。联合体各方应当共同与采购人签订采购合同，就采购合同约定的事项对采购人承担连带责任。

第二十五条 政府采购当事人不得相互串通损害国家利益、社会公共利益和其他当事人的合法权益；不得以任何手段排斥其他供应商参与竞争。

供应商不得以向采购人、采购代理机构、评标委员会的组成人员、竞争性谈判小组的组成人员、询价小组的组成人员行贿或者采取其他不正当手段谋取中标或者成交。

采购代理机构不得以向采购人行贿或者采取其他不正当手段谋取非法利益。

第三章 政府采购方式

第二十六条 政府采购采用以下方式：

（一）公开招标；

（二）邀请招标；

（三）竞争性谈判；

（四）单一来源采购；

（五）询价；

（六）国务院政府采购监督管理部门认定的其他采购方式。

公开招标应作为政府采购的主要采购方式。

第二十七条 采购人采购货物或者服务应当采用公开招标方式的，其具体数额标准，属于中央预算的政府采购项目，由国务院规定；属于地方预算的政府采购项目，由省、自治区、直辖市人民政府规定；因特殊情况需要采用公开招标以外的采购方式的，应当在采购活动开始前获得设区的市、自治州以上人民政府采购监督管理部门的批准。

第二十八条 采购人不得将应当以公开招标方式采购的货物或者服务化整为零或者以其他任何方式规避公开招标采购。

第二十九条 符合下列情形之一的货物或者服务，可以依照本法采用邀请招标方式采购：

（一）具有特殊性，只能从有限范围的供应商处采购的；

（二）采用公开招标方式的费用占政府采购项目总价值的比例过大的。

第三十条 符合下列情形之一的货物或者服务，可以依照本法采用竞争性谈判方式采购：

（一）招标后没有供应商投标或者没有合格标的或者重新招标未能成立的；

（二）技术复杂或者性质特殊，不能确定详细规格或者具体要求的；

（三）采用招标所需时间不能满足用户紧急需要的；

（四）不能事先计算出价格总额的。

第三十一条 符合下列情形之一的货物或者服务，可以依照本法采用单一来源方式采购：

（一）只能从唯一供应商处采购的；

（二）发生了不可预见的紧急情况不能从其他供应商处采购的；

（三）必须保证原有采购项目一致性或者服务配套的要求，需要继续从原供应商处添购，且添购资金总额不超过原合同采购金额百分之十的。

第三十二条 采购的货物规格、标准统一、现货货源充足且价格变化幅度小的政府采购项目，可以依照本法采用询价方式采购。

第四章 政府采购程序

第三十三条 负有编制部门预算职责的部门在编制下一财政年度部门预算时，应当将该财政年度政府采购的项目及资金预算列出，报本级财政部门汇总。部门预算的审批，按预算管理权限和程序进行。

第三十四条 货物或者服务项目采取邀请招标方式采购的，采购人应当从符合相应资格条件的供应商中，通过随机方式选择三家以上的供应商，并向其发出投标邀请书。

第三十五条 货物和服务项目实行招标方式采购的，自招标文件开始发出之日起至投标人提交投标文件截止之日止，不得少于二十日。

第三十六条 在招标采购中，出现下列情形之一的，应予废标：

（一）符合专业条件的供应商或者对招标文件作实质响应的供应商不足三家的；

（二）出现影响采购公正的违法、违规行为的；

（三）投标人的报价均超过了采购预算，采购人不能支付的；

（四）因重大变故，采购任务取消的。

废标后，采购人应当将废标理由通知所有投标人。

第三十七条 废标后，除采购任务取消情形外，应当重新组织招标；需要采取其他方式采购的，应当在采购活动开始前获得设区的市、自治州以上人民政府采购监督管理部门或者政府有关部门批准。

第三十八条 采用竞争性谈判方式采购的，应当遵循下列程序：

（一）成立谈判小组。谈判小组由采购人的代表和有关专家共三人以上的单数组成，其中专家的人数不得少于成员总数的三分之二。

（二）制定谈判文件。谈判文件应当明确谈判程序、谈判内容、合同草案的条款以及评定成交的标准等事项。

（三）确定邀请参加谈判的供应商名单。谈判小组从符合相应资格条件的供应商名单中确定不少于三家的供应商参加谈判，并向其提供谈判文件。

（四）谈判。谈判小组所有成员集中与单一供应商分别进行谈判。在谈判中，谈判的任何一方不得透露与谈判有关的其他供应商的技术资料、价格和其他信息。谈判文件有实质性变动的，谈判小组应当以书面形式通知所有参加谈判的供应商。

（五）确定成交供应商。谈判结束后，谈判小组应当要求所有参加谈判的供应商在规定时间内进行最后报价，采购人从谈判小组提出的成交候选人中根据符合采购需求、质量和服务相等且报价最低的原则确定成交供应商，并将结果通知所有参加谈判的未成交的供应商。

第三十九条 采取单一来源方式采购的，采购人与供应商应当遵循本法规定的原则，在保证采购项目质量和双方商定合理价格的基础上进行采购。

第四十条 采取询价方式采购的，应当遵循下列程序：

（一）成立询价小组。询价小组由采购人的代表和有关专家共三人以上的单数组成，其中专家的人数不得少于成员总数的三分之二。询价小组应当对采购项目的价格构成和评定成交的标准等事项作出规定。

（二）确定被询价的供应商名单。询价小组根据采购需求，从符合相应资格条件的供应商名单中确定不少于三家的供应商，并向其发出询价通知书让其报价。

（三）询价。询价小组要求被询价的供应商一次报出不得更改的价格。

（四）确定成交供应商。采购人根据符合采购需求、质量和服务相等且报价最低的原则确定成交供应商，并将结果通知所有被询价的未成交的供应商。

第四十一条 采购人或者其委托的采购代理机构应当组织对供应商履约的验收。大型或者复杂的政府采购项目，应当邀请国家认可的质量检测机构参加验收工作。验收方成员应当在验收书上签字，并承担相应的法律责任。

第四十二条 采购人、采购代理机构对政府采购项目每项采购活动的采购文件应当妥善保存，不得伪造、变造、隐匿或者销毁。采购文件的保存期限为从采购结束之日起至少保存十五年。

采购文件包括采购活动记录、采购预算、招标文件、投标文件、评标标准、评估报告、定标文件、合同文本、验收证明、质疑答复、投诉处理决定及其他有关文件、资料。

采购活动记录至少应当包括下列内容：

（一）采购项目类别、名称；

（二）采购项目预算、资金构成和合同价格；

（三）采购方式，采用公开招标以外的采购方式的，应当载明原因；

（四）邀请和选择供应商的条件及原因；

（五）评标标准及确定中标人的原因；

（六）废标的原因；

（七）采用招标以外采购方式的相应记载。

第五章 政府采购合同

第四十三条 政府采购合同适用合同法。采购人和供应商之间的权利和义务，应当按照平等、自愿的原则以合同方式约定。

采购人可以委托采购代理机构代表其与供应商签订政府采购合同。由采购代理机构以采购人名义签订合同的，应当提交采购人的授权委托书，作为合同附件。

第四十四条 政府采购合同应当采用书面形式。

第四十五条 国务院政府采购监督管理部门应当会同国务院有关部门，规定政府采购合同必须具备的条款。

第四十六条 采购人与中标、成交供应商应当在中标、成交通知书发出之日起三十日内，按照采购文件确定的事项签订政府采购合同。

中标、成交通知书对采购人和中标、成交供应商均具有法律效力。中标、成交通知书发出后，采购人改变中标、成交结果的，或者中标、成交供应商放弃中标、成交项目的，应当依法承担法律责任。

第四十七条 政府采购项目的采购合同自签订之日起七个工作日内，采购人应当将合同副本报同级政府采购监督管理部门和有关部门备案。

第四十八条 经采购人同意，中标、成交供应商可以依法采取分包方式履行合同。

政府采购合同分包履行的，中标、成交供应商就采购项目和分包项目向采购人负责，分包供应商就分包项目承担责任。

第四十九条 政府采购合同履行中，采购人需追加与合同标的相同的货物、工程或者服务的，在不改变合同其他条款的前提下，可以与供应商协商签订补充合同，但所有补充合同的采购金额不得超过原合同采购金额的百分之十。

第五十条 政府采购合同的双方当事人不得擅自变更、中止或者终止合同。

政府采购合同继续履行将损害国家利益和社会公共利益的，双方当事人应当变更、中止或者终止合同。有过错的一方应当承担赔偿责任，双方都有过错的，各自承担相应的责任。

第六章 质疑与投诉

第五十一条 供应商对政府采购活动事项有疑问的，可以向采购人提出询问，采购人应当及时作出答复，但答复的内容不得涉及商业秘密。

第五十二条 供应商认为采购文件、采购过程和中标、成交结果使自己的权益受到损害的，可以在知道或者应知其权益受到损害之日起七个工作日内，以书面形式向采购人提出质疑。

第五十三条 采购人应当在收到供应商的书面质疑后七个工作日内作出答复，并以书面形式通知质疑供应商和其他有关供应商，但答复的内容不得涉及商业秘密。

第五十四条 采购人委托采购代理机构采购的，供应商可以向采购代理机构提出询问或者质疑，采购代理机构应当依照本法第五十一条、第五十三条的规定就采购人委托授权范围内的事项作出答复。

第五十五条 质疑供应商对采购人、采购代理机构的答复不满意或者采购人、采购代理机构未在规定的时间内作出答复的，可以在答复期满后十五个工作日内向同级政府采购监督管理部门投诉。

第五十六条 政府采购监督管理部门应当在收到投诉后三十个工作日内，对投诉事项作出处理决定，并以书面形式通知投诉人和与投诉事项有关的当事人。

第五十七条 政府采购监督管理部门在处理投诉事项期间，可以视具体情况书面通知采购人暂停采购活动，但暂停时间最长不得超过三十日。

第五十八条 投诉人对政府采购监督管理部门的投诉处理决定不服或者政府采购监督管理部门逾期未作处理的，可以依法申请行政复议或者向人民法院提起行政诉讼。

第七章 监督检查

第五十九条 政府采购监督管理部门应当加强对政府采购活动及集中采购机构的监督检查。

监督检查的主要内容是：

（一）有关政府采购的法律、行政法规和规章的执行情况；

（二）采购范围、采购方式和采购程序的执行情况；

（三）政府采购人员的职业素质和专业技能。

第六十条 政府采购监督管理部门不得设置集中采购机构，不得参与政府采购项目的采购活动。

采购代理机构与行政机关不得存在隶属关系或者其他利益关系。

第六十一条 集中采购机构应当建立健全内部监督管理制度。采购活动的决策和执行程序应当明确，并相互监督、相互制约。经办采购的人员与负责采购合同审核、验收人员的职责权限应当明确，并相互分离。

第六十二条 集中采购机构的采购人员应当具有相关职业素质和专业技能，符合政府采购监督管理部门规定的专业岗位任职要求。

集中采购机构对其工作人员应当加强教育和培训；对采购人员的专业水平、工作实绩和职业道德状况定期进行考核。采购人员经考核不合格的，不得继续任职。

第六十三条 政府采购项目的采购标准应当公开。

采用本法规定的采购方式的，采购人在采购活动完成后，应当将采购结果予以公布。

第六十四条 采购人必须按照本法规定的采购方式和采购程序进行采购。

任何单位和个人不得违反本法规定，要求采购人或者采购工作人员向其指定的供应商进行采购。

第六十五条 政府采购监督管理部门应当对政府采购项目的采购活动进行检查，政府采购当事人应当如实反映情况，提供有关材料。

第六十六条 政府采购监督管理部门应当对集中采购机构的采购价格、节约资金效果、服务质量、信誉状况、有无违法行为等事项进行考核，并定期如实公布考核结果。

第六十七条 依照法律、行政法规的规定对政府采购负有行政监督职责的政府有关部门，应当按照其职责分工，加强对政府采购活动的监督。

第六十八条 审计机关应当对政府采购进行审计监督。政府采购监督管理部门、政府采购各当事人有关政府采购活动，应当接受审计机关的审计监督。

第六十九条 监察机关应当加强对参与政府采购活动的国家机关、国家公务员和国家行政机关任命的其他人员实施监察。

第七十条 任何单位和个人对政府采购活动中的违法行为，有权控告和检举，有关部门、机关应当依照各自职责及时处理。

第八章 法律责任

第七十一条 采购人、采购代理机构有下列情形之一的，责令限期改正，给予警告，可以并处罚款，对直接负责的主管人员和其他直接责任人员，由其行政主管部门或者有关机关给予处分，并予通报：

（一）应当采用公开招标方式而擅自采用其他方式采购的；

（二）擅自提高采购标准的；

（三）委托不具备政府采购业务代理资格的机构办理采购事务的；

（四）以不合理的条件对供应商实行差别待遇或者歧视待遇的；

（五）在招标采购过程中与投标人进行协商谈判的；

（六）中标、成交通知书发出后不与中标、成交供应商签订采购合同的；

（七）拒绝有关部门依法实施监督检查的。

第七十二条　采购人、采购代理机构及其工作人员有下列情形之一，构成犯罪的，依法追究刑事责任；尚不构成犯罪的，处以罚款，有违法所得的，并处没收违法所得，属于国家机关工作人员的，依法给予行政处分：

（一）与供应商或者采购代理机构恶意串通的；

（二）在采购过程中接受贿赂或者获取其他不正当利益的；

（三）在有关部门依法实施的监督检查中提供虚假情况的；

（四）开标前泄露标底的。

第七十三条　有前两条违法行为之一影响中标、成交结果或者可能影响中标、成交结果的，按下列情况分别处理：

（一）未确定中标、成交供应商的，终止采购活动；

（二）中标、成交供应商已经确定但采购合同尚未履行的，撤销合同，从合格的中标、成交候选人中另行确定中标、成交供应商；

（三）采购合同已经履行的，给采购人、供应商造成损失的，由责任人承担赔偿责任。

第七十四条　采购人对应当实行集中采购的政府采购项目，不委托集中采购机构实行集中采购的，由政府采购监督管理部门责令改正；拒不改正的，停止按预算向其支付资金，由其上级行政主管部门或者有关机关依法给予其直接负责的主管人员和其他直接责任人员处分。

第七十五条　采购人未依法公布政府采购项目的采购标准和采购结果的，责令改正，对直接负责的主管人员依法给予处分。

第七十六条　采购人、采购代理机构违反本法规定隐匿、销毁应当保存的采购文件或者伪造、变造采购文件的，由政府采购监督管理部门处以二万元以上十万元以下的罚款，对其直接负责的主管人员和其他直接责任人员依法给予处分；构成犯罪的，依法追究刑事责任。

第七十七条　供应商有下列情形之一的，处以采购金额千分之五以上千分之十以下的罚款，列入不良行为记录名单，在一至三年内禁止参加政府采购活动，有违法所得的，并处没收违法所得，情节严重的，由工商行政管理机关吊销营业执照；构成犯罪的，依法追究刑事责任：

（一）提供虚假材料谋取中标、成交的；

（二）采取不正当手段诋毁、排挤其他供应商的；

（三）与采购人、其他供应商或者采购代理机构恶意串通的；

（四）向采购人、采购代理机构行贿或者提供其他不正当利益的；

（五）在招标采购过程中与采购人进行协商谈判的；

（六）拒绝有关部门监督检查或者提供虚假情况的。

供应商有前款第（一）至（五）项情形之一的，中标、成交无效。

第七十八条　采购代理机构在代理政府采购业务中有违法行为的，按照有关法律规定处以罚款，可以依法取消其进行相关业务的资格，构成犯罪的，依法追究刑事责任。

第七十九条　政府采购当事人有本法第七十一条、第七十二条、第七十七条违法行为之一，给他人造成损失的，并应依照有关民事法律规定承担民事责任。

第八十条　政府采购监督管理部门的工作人员在实施监督检查中违反本法规定滥用职权，玩忽职守，徇私舞弊的，依法给予行政处分；构成犯罪的，依法追究刑事责任。

第八十一条　政府采购监督管理部门对供应商的投诉逾期未作处理的，给予直接负责的主管人员和其他直接责任人员行政处分。

第八十二条　政府采购监督管理部门对集中采购机构业绩的考核，有虚假陈述，隐瞒真实情况的，或者不作定期考核和公布考核结果的，应当及时纠正，由其上级机关或者监察机关对其负责人进行通报，并对直接负责的人员依法给予行政处分。

集中采购机构在政府采购监督管理部门考核中，虚报业绩，隐瞒真实情况的，处以二万元以上二十万元以下的罚款，并予以通报；情节严重的，取消其代理采购的资格。

第八十三条　任何单位或者个人阻挠和限制供应商进入本地区或者本行业政府采购市场的，责令限期改正；拒不改正的，由该单位、个人的上级行政主管部门或者有关机关给予单位责任人或者个人处分。

第九章　附　　则

第八十四条　使用国际组织和外国政府贷款进行的政府采购，贷款方、资金提供方与中方达成的协议对采购的具体条件另有规定的，可以适用其规定，但不得损害国家利益和社会公共利益。

第八十五条　对因严重自然灾害和其他不可抗力事件所实施的紧急采购和涉及国家安全和秘密的采购，不适用本法。

第八十六条　军事采购法规由中央军事委员会另行制定。

第八十七条　本法实施的具体步骤和办法由国务院规定。

第八十八条　本法自2003年1月1日起施行。

中华人民共和国合同法

中华人民共和国主席令

第十五号

《中华人民共和国合同法》已由中华人民共和国第九届全国人民代表大会第二次会议于1999年3月15日通过，现予公布，自1999年10月1日起施行。

中华人民共和国主席 江泽民

1999年3月15日

总　则

第一章　一般规定

第一条　为了保护合同当事人的合法权益，维护社会经济秩序，促进社会主义现代化建设，制定本法。

第二条　本法所称合同是平等主体的自然人、法人、其他组织之间设立、变更、终止民事权利义务关系的协议。婚姻、收养、监护等有关身份关系的协议，适用其他法律的规定。

第三条　合同当事人的法律地位平等，一方不得将自己的意志强加给另一方。

第四条　当事人依法享有自愿订立合同的权利，任何单位和个人不得非法干预。

第五条　当事人应当遵循公平原则确定各方的权利和义务。

第六条　当事人行使权利、履行义务应当遵循诚实信用原则。

第七条　当事人订立、履行合同，应当遵守法律、行政法规，尊重社会公德，不得扰乱社会经济秩序，损害社会公共利益。

第八条　依法成立的合同，对当事人具有法律约束力。当事人应当按照约定履行自己的义务，不得擅自变更或者解除合同。依法成立的合同，受法律保护。

第二章　合同的订立

第九条　当事人订立合同，应当具有相应的民事权利能力和民事行为能力。当事人依法可以委托代理人订立合同。

第十条　当事人订立合同，有书面形式、口头形式和其他形式。法律、行政法规规定采用书面形式的，应当采用书面形式。当事人约定采用书面形式的，应当采用书面形式。

第十一条　书面形式是指合同书、信件和数据电文（包括电报、电传、传真、电子数据交换和电子邮件）等可以有形地表现所载内容的形式。

第十二条　合同的内容由当事人约定，一般包括以下条款：

（一）当事人的名称或者姓名和住所；

（二）标的；

（三）数量；

（四）质量；

（五）价款或者报酬；

（六）履行期限、地点和方式；

（七）违约责任；

（八）解决争议的方法。当事人可以参照各类合同的2013版施工合同订立合同。

第十三条 当事人订立合同，采取要约、承诺方式。

第十四条 要约是希望和他人订立合同的意思表示，该意思表示应当符合下列规定：

（一）内容具体确定；

（二）表明经受要约人承诺，要约人即受该意思表示约束。

第十五条 要约邀请是希望他人向自己发出要约的意思表示。寄送的价目表、拍卖公告、招标公告、招股说明书、商业广告等为要约邀请。商业广告的内容符合要约规定的，视为要约。

第十六条 要约到达受要约人时生效。

采用数据电文形式订立合同，收件人指定特定系统接收数据电文的，该数据电文进入该特定系统的时间，视为到达时间；未指定特定系统的，该数据电文进入收件人的任何系统的首次时间，视为到达时间。

第十七条 要约可以撤回。撤回要约的通知应当在要约到达受要约人之前或者与要约同时到达受要约人。

第十八条 要约可以撤销。撤销要约的通知应当在受要约人发出承诺通知之前到达受要约人。

第十九条 有下列情形之一的，要约不得撤销：

（一）要约人确定了承诺期限或者以其他形式明示要约不可撤销；

（二）受要约人有理由认为要约是不可撤销的，并已经为履行合同作了准备工作。

第二十条 有下列情形之一的，要约失效：

（一）拒绝要约的通知到达要约人；

（二）要约人依法撤销要约；

（三）承诺期限届满，受要约人未作出承诺；

（四）受要约人对要约的内容作出实质性变更。

第二十一条 承诺是受要约人同意要约的意思表示。

第二十二条 承诺应当以通知的方式作出，但根据交易习惯或者要约表明可以通过行为作出承诺的除外。

第二十三条 承诺应当在要约确定的期限内到达要约人。要约没有确定承诺期限的，承诺应当依照下列规定到达：

（一）要约以对话方式作出的，应当即时作出承诺，但当事人另有约定的除外；

（二）要约以非对话方式作出的，承诺应当在合理期限内到达。

第二十四条 要约以信件或者电报作出的，承诺期限自信件载明的日期或者电报交发之日开始计算。信件未载明日期的，自投寄该信件的邮戳日期开始计算。要约以电话、传真等快速通信方式作出的，承诺期限自要约到达受要约人时开始计算。

第二十五条 承诺生效时合同成立。

第二十六条 承诺通知到达要约人时生效。承诺不需要通知的，根据交易习惯或者要约的要求作出承诺的行为时生效。

采用数据电文形式订立合同的，承诺到达的时间适用本法第十六条第二款的规定。

第二十七条　承诺可以撤回。撤回承诺的通知应当在承诺通知到达要约人之前或者与承诺通知同时到达要约人。

第二十八条　受要约人超过承诺期限发出承诺的，除要约人及时通知受要约人该承诺有效的以外，为新要约。

第二十九条　受要约人在承诺期限内发出承诺，按照通常情形能够及时到达要约人，但因其他原因承诺到达要约人时超过承诺期限的，除要约人及时通知受要约人因承诺超过期限不接受该承诺的以外，该承诺有效。

第三十条　承诺的内容应当与要约的内容一致。受要约人对要约的内容作出实质性变更的，为新要约。有关合同标的、数量、质量、价款或者报酬、履行期限、履行地点和方式、违约责任和解决争议方法等的变更，是对要约内容的实质性变更。

第三十一条　承诺对要约的内容作出非实质性变更的，除要约人及时表示反对或者要约表明承诺不得对要约的内容作出任何变更的以外，该承诺有效，合同的内容以承诺的内容为准。

第三十二条　当事人采用合同书形式订立合同的，自双方当事人签字或者盖章时合同成立。

第三十三条　当事人采用信件、数据电文等形式订立合同的，可以在合同成立之前要求签订确认书。签订确认书时合同成立。

第三十四条　承诺生效的地点为合同成立的地点。

采用数据电文形式订立合同的，收件人的主营业地为合同成立的地点；没有主营业地的，其经常居住地为合同成立的地点。当事人另有约定的，按照其约定。

第三十五条　当事人采用合同书形式订立合同的，双方当事人签字或者盖章的地点为合同成立的地点。

第三十六条　法律、行政法规规定或者当事人约定采用书面形式订立合同，当事人未采用书面形式但一方已经履行主要义务，对方接受的，该合同成立。

第三十七条　采用合同书形式订立合同，在签字或者盖章之前，当事人一方已经履行主要义务，对方接受的，该合同成立。

第三十八条　国家根据需要下达指令性任务或者国家订货任务的，有关法人、其他组织之间应当依照有关法律、行政法规规定的权利和义务订立合同。

第三十九条　采用格式条款订立合同的，提供格式条款的一方应当遵循公平原则确定当事人之间的权利和义务，并采取合理的方式提请对方注意免除或者限制其责任的条款，按照对方的要求，对该条款予以说明。

格式条款是当事人为了重复使用而预先拟定，并在订立合同时未与对方协商的条款。

第四十条　格式条款具有本法第五十二条和第五十三条规定情形的，或者提供格式条款一方免除其责任、加重对方责任、排除对方主要权利的，该条款无效。

第四十一条　对格式条款的理解发生争议的，应当按照通常理解予以解释。对格式条款有两种以上解释的，应当作出不利于提供格式条款一方的解释。格式条款和非格式条款不一致的，应当采用非格式条款。

第四十二条　当事人在订立合同过程中有下列情形之一，给对方造成损失的，应当承担损害赔偿责任：

（一）假借订立合同，恶意进行磋商；

（二）故意隐瞒与订立合同有关的重要事实或者提供虚假情况；

（三）有其他违背诚实信用原则的行为。

第四十三条 当事人在订立合同过程中知悉的商业秘密，无论合同是否成立，不得泄露或者不正当地使用。泄露或者不正当地使用该商业秘密给对方造成损失的，应当承担损害赔偿责任。

第三章 合同的效力

第四十四条 依法成立的合同，自成立时生效。

法律、行政法规规定应当办理批准、登记等手续生效的，依照其规定。

第四十五条 当事人对合同的效力可以约定附条件。附生效条件的合同，自条件成就时生效。附解除条件的合同，自条件成就时失效。

当事人为自己的利益不正当地阻止条件成就的，视为条件已成就；不正当地促成条件成就的，视为条件不成就。

第四十六条 当事人对合同的效力可以约定附期限。附生效期限的合同，自期限届至时生效。附终止期限的合同，自期限届满时失效。

第四十七条 限制民事行为能力人订立的合同，经法定代理人追认后，该合同有效，但纯获利益的合同或者与其年龄、智力、精神健康状况相适应而订立的合同，不必经法定代理人追认。

相对人可以催告法定代理人在一个月内予以追认。法定代理人未作表示的，视为拒绝追认。合同被追认之前，善意相对人有撤销的权利。撤销应当以通知的方式作出。

第四十八条 行为人没有代理权、超越代理权或者代理权终止后以被代理人名义订立的合同，未经被代理人追认，对被代理人不发生效力，由行为人承担责任。

相对人可以催告被代理人在一个月内予以追认。被代理人未作表示的，视为拒绝追认。合同被追认之前，善意相对人有撤销的权利。撤销应当以通知的方式作出。

第四十九条 行为人没有代理权、超越代理权或者代理权终止后以被代理人名义订立合同，相对人有理由相信行为人有代理权的，该代理行为有效。

第五十条 法人或者其他组织的法定代表人、负责人超越权限订立的合同，除相对人知道或者应当知道其超越权限的以外，该代表行为有效。

第五十一条 无处分权的人处分他人财产，经权利人追认或者无处分权的人订立合同后取得处分权的，该合同有效。

第五十二条 有下列情形之一的，合同无效：

（一）一方以欺诈、胁迫的手段订立合同，损害国家利益；

（二）恶意串通，损害国家、集体或者第三人利益；

（三）以合法形式掩盖非法目的；

（四）损害社会公共利益；

（五）违反法律、行政法规的强制性规定。

第五十三条 合同中的下列免责条款无效：

（一）造成对方人身伤害的；

（二）因故意或者重大过失造成对方财产损失的。

第五十四条　下列合同，当事人一方有权请求人民法院或者仲裁机构变更或者撤销：

（一）因重大误解订立的；

（二）在订立合同时显失公平的。

一方以欺诈、胁迫的手段或者乘人之危，使对方在违背真实意思的情况下订立的合同，受损害方有权请求人民法院或者仲裁机构变更或者撤销。

当事人请求变更的，人民法院或者仲裁机构不得撤销。

第五十五条　有下列情形之一的，撤销权消灭：

（一）具有撤销权的当事人自知道或者应当知道撤销事由之日起一年内没有行使撤销权；

（二）具有撤销权的当事人知道撤销事由后明确表示或者以自己的行为放弃撤销权。

第五十六条　无效的合同或者被撤销的合同自始没有法律约束力。合同部分无效，不影响其他部分效力的，其他部分仍然有效。

第五十七条　合同无效、被撤销或者终止的，不影响合同中独立存在的有关解决争议方法的条款的效力。

第五十八条　合同无效或者被撤销后，因该合同取得的财产，应当予以返还；不能返还或者没有必要返还的，应当折价补偿。有过错的一方应当赔偿对方因此所受到的损失，双方都有过错的，应当各自承担相应的责任。

第五十九条　当事人恶意串通，损害国家、集体或者第三人利益的，因此取得的财产收归国家所有或者返还集体、第三人。

第四章　合同的履行

第六十条　当事人应当按照约定全面履行自己的义务。

当事人应当遵循诚实信用原则，根据合同的性质、目的和交易习惯履行通知、协助、保密等义务。

第六十一条　合同生效后，当事人就质量、价款或者报酬、履行地点等内容没有约定或者约定不明确的，可以协议补充；不能达成补充协议的，按照合同有关条款或者交易习惯确定。

第六十二条　当事人就有关合同内容约定不明确，依照本法第六十一条的规定仍不能确定的，适用下列规定：

（一）质量要求不明确的，按照国家标准、行业标准履行；没有国家标准、行业标准的，按照通常标准或者符合合同目的的特定标准履行。

（二）价款或者报酬不明确的，按照订立合同时履行地的市场价格履行；依法应当执行政府定价或者政府指导价的，按照规定履行。

（三）履行地点不明确，给付货币的，在接受货币一方所在地履行；交付不动产的，在不动产所在地履行；其他标的，在履行义务一方所在地履行。

（四）履行期限不明确的，债务人可以随时履行，债权人也可以随时要求履行，但应当给对方必要的准备时间。

（五）履行方式不明确的，按照有利于实现合同目的的方式履行。

（六）履行费用的负担不明确的，由履行义务一方负担。

第六十三条 执行政府定价或者政府指导价的，在合同约定的交付期限内政府价格调整时，按照交付时的价格计价。逾期交付标的物的，遇价格上涨时，按照原价格执行；价格下降时，按照新价格执行。逾期提取标的物或者逾期付款的，遇价格上涨时，按照新价格执行；价格下降时，按照原价格执行。

第六十四条 当事人约定由债务人向第三人履行债务的，债务人未向第三人履行债务或者履行债务不符合约定，应当向债权人承担违约责任。

第六十五条 当事人约定由第三人向债权人履行债务的，第三人不履行债务或者履行债务不符合约定，债务人应当向债权人承担违约责任。

第六十六条 当事人互负债务，没有先后履行顺序的，应当同时履行。一方在对方履行之前有权拒绝其履行要求。一方在对方履行债务不符合约定时，有权拒绝其相应的履行要求。

第六十七条 当事人互负债务，有先后履行顺序，先履行一方未履行的，后履行一方有权拒绝其履行要求。先履行一方履行债务不符合约定的，后履行一方有权拒绝其相应的履行要求。

第六十八条 应当先履行债务的当事人，有确切证据证明对方有下列情形之一的，可以中止履行：

（一）经营状况严重恶化；

（二）转移财产、抽逃资金，以逃避债务；

（三）丧失商业信誉；

（四）有丧失或者可能丧失履行债务能力的其他情形。

当事人没有确切证据中止履行的，应当承担违约责任。

第六十九条 当事人依照本法第六十八条的规定中止履行的，应当及时通知对方。对方提供适当担保时，应当恢复履行。中止履行后，对方在合理期限内未恢复履行能力并且未提供适当担保的，中止履行的一方可以解除合同。

第七十条 债权人分立、合并或者变更住所没有通知债务人，致使履行债务发生困难的，债务人可以中止履行或者将标的物提存。

第七十一条 债权人可以拒绝债务人提前履行债务，但提前履行不损害债权人利益的除外。债务人提前履行债务给债权人增加的费用，由债务人负担。

第七十二条 债权人可以拒绝债务人部分履行债务，但部分履行不损害债权人利益的除外。债务人部分履行债务给债权人增加的费用，由债务人负担。

第七十三条 因债务人怠于行使其到期债权，对债权人造成损害的，债权人可以向人民法院请求以自己的名义代位行使债务人的债权，但该债权专属于债务人自身的除外。

代位权的行使范围以债权人的债权为限。债权人行使代位权的必要费用，由债务人负担。

第七十四条 因债务人放弃其到期债权或者无偿转让财产，对债权人造成损害的，债权人可以请求人民法院撤销债务人的行为。债务人以明显不合理的低价转让财产，对债权人造成损害，并且受让人知道该情形的，债权人也可以请求人民法院撤销债务人的行为。

撤销权的行使范围以债权人的债权为限。债权人行使撤销权的必要费用，由债务人负担。

第七十五条 撤销权自债权人知道或者应当知道撤销事由之日起一年内行使。自债务人的行为发生之日起五年内没有行使撤销权的，该撤销权消灭。

第七十六条 合同生效后，当事人不得因姓名、名称的变更或者法定代表人、负责人、承办人的变动而不履行合同义务。

第五章 合同的变更和转让

第七十七条 当事人协商一致，可以变更合同。

法律、行政法规规定变更合同应当办理批准、登记等手续的，依照其规定。

第七十八条 当事人对合同变更的内容约定不明确的，推定为未变更。

第七十九条 债权人可以将合同的权利全部或者部分转让给第三人，但有下列情形之一的除外：

（一）根据合同性质不得转让；

（二）按照当事人约定不得转让；

（三）依照法律规定不得转让。

第八十条 债权人转让权利的，应当通知债务人。未经通知，该转让对债务人不发生效力。

债权人转让权利的通知不得撤销，但经受让人同意的除外。

第八十一条 债权人转让权利的，受让人取得与债权有关的从权利，但该从权利专属于债权人自身的除外。

第八十二条 债务人接到债权转让通知后，债务人对让与人的抗辩，可以向受让人主张。

第八十三条 债务人接到债权转让通知时，债务人对让与人享有债权，并且债务人的债权先于转让的债权到期或者同时到期的，债务人可以向受让人主张抵销。

第八十四条 债务人将合同的义务全部或者部分转移给第三人的，应当经债权人同意。

第八十五条 债务人转移义务的，新债务人可以主张原债务人对债权人的抗辩。

第八十六条 债务人转移义务的，新债务人应当承担与主债务有关的从债务，但该从债务专属于原债务人自身的除外。

第八十七条 法律、行政法规规定转让权利或者转移义务应当办理批准、登记等手续的，依照其规定。

第八十八条 当事人一方经对方同意，可以将自己在合同中的权利和义务一并转让给第三人。

第八十九条 权利和义务一并转让的，适用本法第七十九条、第八十一条至第八十三条、第八十五条至第八十七条的规定。

第九十条 当事人订立合同后合并的，由合并后的法人或者其他组织行使合同权利，履行合同义务。当事人订立合同后分立的，除债权人和债务人另有约定的以外，由分立的法人或者其他组织对合同的权利和义务享有连带债权，承担连带债务。

第六章 合同的权利义务终止

第九十一条 有下列情形之一的，合同的权利义务终止：

（一）债务已经按照约定履行；

（二）合同解除；

（三）债务相互抵销；

（四）债务人依法将标的物提存；

（五）债权人免除债务；

（六）债权债务同归于一人；

（七）法律规定或者当事人约定终止的其他情形。

第九十二条 合同的权利义务终止后，当事人应当遵循诚实信用原则，根据交易习惯履行通知、协助、保密等义务。

第九十三条 当事人协商一致，可以解除合同。

当事人可以约定一方解除合同的条件。解除合同的条件成就时，解除权人可以解除合同。

第九十四条 有下列情形之一的，当事人可以解除合同：

（一）因不可抗力致使不能实现合同目的；

（二）在履行期限届满之前，当事人一方明确表示或者以自己的行为表明不履行主要债务；

（三）当事人一方迟延履行主要债务，经催告后在合理期限内仍未履行；

（四）当事人一方迟延履行债务或者有其他违约行为致使不能实现合同目的；

（五）法律规定的其他情形。

第九十五条 法律规定或者当事人约定解除权行使期限，期限届满当事人不行使的，该权利消灭。

法律没有规定或者当事人没有约定解除权行使期限，经对方催告后在合理期限内不行使的，该权利消灭。

第九十六条 当事人一方依照本法第九十三条第二款、第九十四条的规定主张解除合同的，应当通知对方。合同自通知到达对方时解除。对方有异议的，可以请求人民法院或者仲裁机构确认解除合同的效力。

法律、行政法规规定解除合同应当办理批准、登记等手续的，依照其规定。

第九十七条 合同解除后，尚未履行的，终止履行；已经履行的，根据履行情况和合同性质，当事人可以要求恢复原状、采取其他补救措施，并有权要求赔偿损失。

第九十八条 合同的权利义务终止，不影响合同中结算和清理条款的效力。

第九十九条 当事人互负到期债务，该债务的标的物种类、品质相同的，任何一方可以将自己的债务与对方的债务抵销，但依照法律规定或者按照合同性质不得抵销的除外。

当事人主张抵销的，应当通知对方。通知自到达对方时生效。抵销不得附条件或者附期限。

第一百条 当事人互负债务，标的物种类、品质不相同的，经双方协商一致，也可以抵销。

第一百零一条 有下列情形之一，难以履行债务的，债务人可以将标的物提存：

（一）债权人无正当理由拒绝受领；

（二）债权人下落不明；

（三）债权人死亡未确定继承人或者丧失民事行为能力未确定监护人；

（四）法律规定的其他情形。

标的物不适于提存或者提存费用过高的，债务人依法可以拍卖或者变卖标的物，提存所得的价款。

第一百零二条 标的物提存后，除债权人下落不明的以外，债务人应当及时通知债权人或者债权人的继承人、监护人。

第一百零三条 标的物提存后，毁损、灭失的风险由债权人承担。提存期间，标的物的孳息归债权人所有。提存费用由债权人负担。

第一百零四条 债权人可以随时领取提存物，但债权人对债务人负有到期债务的，在债权人未履行债务或者提供担保之前，提存部门根据债务人的要求应当拒绝其领取提存物。

债权人领取提存物的权利，自提存之日起五年内不行使而消灭，提存物扣除提存费用后归国家所有。

第一百零五条 债权人免除债务人部分或者全部债务的，合同的权利义务部分或者全部终止。

第一百零六条 债权和债务同归于一人的，合同的权利义务终止，但涉及第三人利益的除外。

第七章　违约责任

第一百零七条 当事人一方不履行合同义务或者履行合同义务不符合约定的，应当承担继续履行、采取补救措施或者赔偿损失等违约责任。

第一百零八条 当事人一方明确表示或者以自己的行为表明不履行合同义务的，对方可以在履行期限届满之前要求其承担违约责任。

第一百零九条 当事人一方未支付价款或者报酬的，对方可以要求其支付价款或者报酬。

第一百一十条 当事人一方不履行非金钱债务或者履行非金钱债务不符合约定的，对方可以要求履行，但有下列情形之一的除外：

（一）法律上或者事实上不能履行；

（二）债务的标的不适于强制履行或者履行费用过高；

（三）债权人在合理期限内未要求履行。

第一百一十一条 质量不符合约定的，应当按照当事人的约定承担违约责任。对违约责任没有约定或者约定不明确，依照本法第六十一条的规定仍不能确定的，受损害方根据标的的性质以及损失的大小，可以合理选择要求对方承担修理、更换、重作、退货、减少价款或者报酬等违约责任。

第一百一十二条 当事人一方不履行合同义务或者履行合同义务不符合约定的，在履行义务或者采取补救措施后，对方还有其他损失的，应当赔偿损失。

第一百一十三条 当事人一方不履行合同义务或者履行合同义务不符合约定，给对方造成损失的，损失赔偿额应当相当于因违约所造成的损失，包括合同履行后可以获得的利益，但不得超过违反合同一方订立合同时预见到或者应当预见到的因违反合同可能造成的损失。

经营者对消费者提供商品或者服务有欺诈行为的，依照《中华人民共和国消费者权益保护法》的规定承担损害赔偿责任。

第一百一十四条 当事人可以约定一方违约时应当根据违约情况向对方支付一定数额的违约金，也可以约定因违约产生的损失赔偿额的计算方法。

约定的违约金低于造成的损失的，当事人可以请求人民法院或者仲裁机构予以增加；约定的违约金过分高于造成的损失的，当事人可以请求人民法院或者仲裁机构予以适当减少。

当事人就迟延履行约定违约金的，违约方支付违约金后，还应当履行债务。

第一百一十五条 当事人可以依照《中华人民共和国担保法》约定一方向对方给付定金作为债权的担保。债务人履行债务后，定金应当抵作价款或者收回。给付定金的一方不履行约定的债务的，无权要求返还定金；收受定金的一方不履行约定的债务的，应当双倍返还定金。

第一百一十六条 当事人既约定违约金，又约定定金的，一方违约时，对方可以选择适用违约金或者定金条款。

第一百一十七条 因不可抗力不能履行合同的，根据不可抗力的影响，部分或者全部免除责任，但法律另有规定的除外。当事人迟延履行后发生不可抗力的，不能免除责任。

本法所称不可抗力，是指不能预见、不能避免并不能克服的客观情况。

第一百一十八条 当事人一方因不可抗力不能履行合同的，应当及时通知对方，以减轻可能给对方造成的损失，并应当在合理期限内提供证明。

第一百一十九条 当事人一方违约后，对方应当采取适当措施防止损失的扩大；没有采取适当措施致使损失扩大的，不得就扩大的损失要求赔偿。

当事人因防止损失扩大而支出的合理费用，由违约方承担。

第一百二十条 当事人双方都违反合同的，应当各自承担相应的责任。

第一百二十一条 当事人一方因第三人的原因造成违约的，应当向对方承担违约责任。当事人一方和第三人之间的纠纷，依照法律规定或者按照约定解决。

第一百二十二条 因当事人一方的违约行为，侵害对方人身、财产权益的，受损害方有权选择依照本法要求其承担违约责任或者依照其他法律要求其承担侵权责任。

第八章 其他规定

第一百二十三条 其他法律对合同另有规定的，依照其规定。

第一百二十四条 本法分则或者其他法律没有明文规定的合同，适用本法总则的规定，并可以参照本法分则或者其他法律最相类似的规定。

第一百二十五条 当事人对合同条款的理解有争议的，应当按照合同所使用的词句、合同的有关条款、合同的目的、交易习惯以及诚实信用原则，确定该条款的真实意思。

合同文本采用两种以上文字订立并约定具有同等效力的，对各文本使用的词句推定具有相同含义。各文本使用的词句不一致的，应当根据合同的目的予以解释。

第一百二十六条 涉外合同的当事人可以选择处理合同争议所适用的法律，但法律另有规定的除外。涉外合同的当事人没有选择的，适用与合同有最密切联系的国家的法律。

在中华人民共和国境内履行的中外合资经营企业合同、中外合作经营企业合同、中外合作勘探开发自然资源合同，适用中华人民共和国法律。

第一百二十七条 工商行政管理部门和其他有关行政主管部门在各自的职权范围内，依照法律、行政法规的规定，对利用合同危害国家利益、社会公共利益的违法行为，负责监督处理；构成犯罪的，依法追究刑事责任。

第一百二十八条 当事人可以通过和解或者调解解决合同争议。

当事人不愿和解、调解或者和解、调解不成的，可以根据仲裁协议向仲裁机构申请仲裁。涉外合同的当事人可以根据仲裁协议向中国仲裁机构或者其他仲裁机构申请仲裁。当事人没有订立仲裁协议或者仲裁协议无效的，可以向人民法院起诉。当事人应当履行发生法律效力的判决、仲裁裁决、调解书；拒不履行的，对方可以请求人民法院执行。

第一百二十九条 因国际货物买卖合同和技术进出口合同争议提起诉讼或者申请仲裁的期限为四年，自当事人知道或者应当知道其权利受到侵害之日起计算。因其他合同争议提起诉讼或者申请仲裁的期限，依照有关法律的规定。

第十六章　建设工程合同

第二百六十九条 建设工程合同是承包人进行工程建设，发包人支付价款的合同。建设工程合同包括工程勘察、设计、施工合同。

第二百七十条 建设工程合同应当采用书面形式。

第二百七十一条 建设工程的招标投标活动，应当依照有关法律的规定公开、公平、公正进行。

第二百七十二条 发包人可以与总承包人订立建设工程合同，也可以分别与勘察人、设计人、施工人订立勘察、设计、施工承包合同。发包人不得将应当由一个承包人完成的建设工程肢解成若干部分发包给几个承包人。

总承包人或者勘察、设计、施工承包人经发包人同意，可以将自己承包的部分工作交由第三人完成。第三人就其完成的工作成果与总承包人或者勘察、设计、施工承包人向发包人承担连带责任。承包人不得将其承包的全部建设工程转包给第三人或者将其承包的全部建设工程肢解以后以分包的名义分别转包给第三人。

禁止承包人将工程分包给不具备相应资质条件的单位。禁止分包单位将其承包的工程再分包。建设工程主体结构的施工必须由承包人自行完成。

第二百七十三条 国家重大建设工程合同，应当按照国家规定的程序和国家批准的投资计划、可行性研究报告等文件订立。

第二百七十四条 勘察、设计合同的内容包括提交有关基础资料和文件（包括概预算）的期限、质量要求、费用以及其他协作条件等条款。

第二百七十五条 施工合同的内容包括工程范围、建设工期、中间交工工程的开工和竣工时间、工程质量、工程造价、技术资料交付时间、材料和设备供应责任、拨款和结算、竣工验收、质量保修范围和质量保证期、双方相互协作等条款。

第二百七十六条 建设工程实行监理的，发包人应当与监理人采用书面形式订立委托监理合同。发包人与监理人的权利和义务以及法律责任，应当依照本法委托合同以及其他有关法律、行政法规的规定。

第二百七十七条 发包人在不妨碍承包人正常作业的情况下，可以随时对作业进度、质量进行检查。

第二百七十八条 隐蔽工程在隐蔽以前，承包人应当通知发包人检查。发包人没有及时检查的，承包人可以顺延工程日期，并有权要求赔偿停工、窝工等损失。

第二百七十九条 建设工程竣工后，发包人应当根据施工图纸及说明书、国家颁发的施工验收规范和质量检验标准及时进行验收。验收合格的，发包人应当按照约定支付价款，并接收该建设工程。建设工程竣工经验收合格后，方可交付使用；未经验收或者验收不合格的，不得交付使用。

第二百八十条　勘察、设计的质量不符合要求或者未按照期限提交勘察、设计文件拖延工期，造成发包人损失的，勘察人、设计人应当继续完善勘察、设计，减收或者免收勘察、设计费并赔偿损失。

第二百八十一条　因施工人的原因致使建设工程质量不符合约定的，发包人有权要求施工人在合理期限内无偿修理或者返工、改建。经过修理或者返工、改建后，造成逾期交付的，施工人应当承担违约责任。

第二百八十二条　因承包人的原因致使建设工程在合理使用期限内造成人身和财产损害的，承包人应当承担损害赔偿责任。

第二百八十三条　发包人未按照约定的时间和要求提供原材料、设备、场地、资金、技术资料的，承包人可以顺延工程日期，并有权要求赔偿停工、窝工等损失。

第二百八十四条　因发包人的原因致使工程中途停建、缓建的，发包人应当采取措施弥补或者减少损失，赔偿承包人因此造成的停工、窝工、倒运、机械设备调迁、材料和构件积压等损失和实际费用。

第二百八十五条　因发包人变更计划，提供的资料不准确，或者未按照期限提供必需的勘察、设计工作条件而造成勘察、设计的返工、停工或者修改设计，发包人应当按照勘察人、设计人实际消耗的工作量增付费用。

第二百八十六条　发包人未按照约定支付价款的，承包人可以催告发包人在合理期限内支付价款。发包人逾期不支付的，除按照建设工程的性质不宜折价、拍卖的以外，承包人可以与发包人协议将该工程折价，也可以申请人民法院将该工程依法拍卖。建设工程的价款就该工程折价或者拍卖的价款优先受偿。

第二百八十七条　本章没有规定的，适用承揽合同的有关规定。

中华人民共和国民法通则

(一九八六年四月十二日第六届全国人民代表大会第四次会议通过
一九八六年四月十二日中华人民共和国主席令第三十七号公布）

第一百三十五条 向人民法院请求保护民事权利的诉讼时效期间为二年，法律另有规定的除外。

第一百五十三条 本法所称的"不可抗力"，是指不能预见、不能避免并不能克服的客观情况。

第一百五十四条 民法所称的期间按照公历年、月、日、小时计算。

规定按照小时计算期间的，从规定时开始计算。规定按照日、月、年计算期间的，开始的当天不算人，从下一天开始计算。

期间的最后一天是星期日或者其他法定休假日的，以休假日的次日为期间的最后一天。

期间的最后一天的截止时间为二十四点。有业务时间的，到停止业务活动的时间截止。

中华人民共和国劳动法

中华人民共和国主席令
第二十八号

《中华人民共和国劳动法》已由中华人民共和国第八届全国人民代表大会常务委员会第八次会议于1994年7月5日通过，现予公布，自1995年1月1日起施行。

中华人民共和国主席　江泽民
1994年7月5日

第三十六条 国家实行劳动者每日工作时间不超过八小时、平均每周工作时间不超过四十四小时的工时制度。

第三十八条 用人单位应当保证劳动者每周至少休息一日。

第四十一条 用人单位由于生产经营需要，经与工会和劳动者协商后可以延长工作时间，一般每日不得超过一小时；因特殊原因需要延长工作时间的，在保障劳动者身体健康的条件下延长工作时间每日不得超过三小时，但是每月不得超过三十六小时。

第四十四条 有下列情形之一的，用人单位应当按照下列标准支付高于劳动者正常工作时间工资的工资报酬：（一）安排劳动者延长工作时间的，支付不低于工资的百分之一百五十的工资报酬；（二）休息日安排劳动者工作又不能安排补休的，支付不低于工资的百分之二百的工资报酬；（三）法定休假日安排劳动者工作的，支付不低于工资的百分之三百的工资报酬。

第五十四条 用人单位必须为劳动者提供符合国家规定的劳动安全卫生条件和必要的劳动防护用品，对从事有职业危害作业的劳动者应当定期进行健康检查。

中华人民共和国专利法

中华人民共和国主席令

第八号

《全国人民代表大会常务委员会关于修改〈中华人民共和国专利法〉的决定》已由中华人民共和国第十一届全国人民代表大会常务委员会第六次会议于2008年12月27日通过，现予公布，自2009年10月1日起施行。

中华人民共和国主席　胡锦涛

2008年12月27日

第二条 本法所称的发明创造是指发明、实用新型和外观设计。发明，是指对产品、方法或者其改进所提出的新的技术方案。实用新型，是指对产品的形状、构造或者其结合所提出的适于实用的新的技术方案。外观设计，是指对产品的形状、图案或者其结合以及色彩与形状、图案的结合所作出的富有美感并适于工业应用的新设计。

第四条 申请专利的发明创造涉及国家安全或者重大利益需要保密的，按照国家有关规定办理。

第十五条 专利申请权或者专利权的共有人对权利的行使有约定的，从其约定。没有约定的，共有人可以单独实施或者以普通许可方式许可他人实施该专利；许可他人实施该专利的，收取的使用费应当在共有人之间分配。

第十九条 在中国没有经常居所或者营业所的外国人、外国企业或者外国其他组织在中国申请专利和办理其他专利事务的，应当委托依法设立的专利代理机构办理。

中国单位或者个人在国内申请专利和办理其他专利事务的，可以委托依法设立的专利代理机构办理。

专利代理机构应当遵守法律、行政法规，按照被代理人的委托办理专利申请或者其他专利事务；对被代理人发明创造的内容，除专利申请已经公布或者公告的以外，负有保密责任。专利代理机构的具体管理办法由国务院规定。

第七十条 为生产经营目的使用、许诺销售或者销售不知道是未经专利权人许可而制造并售出的专利侵权产品，能证明该产品合法来源的，不承担赔偿责任。

第七十一条 违反本法第二十条规定向外国申请专利，泄露国家秘密的，由所在单位或者上级主管机关给予行政处分；构成犯罪的，依法追究刑事责任。

第七十二条 侵夺发明人或者设计人的非职务发明创造专利申请权和本法规定的其他权益的，由所在单位或者上级主管机关给予行政处分。

中华人民共和国著作权法

中华人民共和国主席令

第八十五号

全国人民代表大会常务委员会关于修改〈中华人民共和国著作权法〉的决定》已由中华人民共和国第九届全国人民代表大会常务委员会第二十四次会议于2001年10月27日通过，现予公布，自公布之日起施行。

中华人民共和国主席　江泽民

2001年10月27日

第十条　著作权包括下列人身权和财产权：

（一）发表权，即决定作品是否公之于众的权利；

（二）署名权，即表明作者身份，在作品上署名的权利；

（三）修改权，即修改或者授权他人修改作品的权利；

（四）保护作品完整权，即保护作品不受歪曲、篡改的权利；

（五）复制权，即以印刷、复印、拓印、录音、录像、翻录、翻拍等方式将作品制作一份或者多份的权利；

（六）发行权，即以出售或者赠与方式向公众提供作品的原件或者复制件的权利；

（七）出租权，即有偿许可他人临时使用电影作品和以类似摄制电影的方法创作的作品、计算机软件的权利，计算机软件不是出租的主要标的的除外；

（八）展览权，即公开陈列美术作品、摄影作品的原件或者复制件的权利；

（九）表演权，即公开表演作品，以及用各种手段公开播送作品的表演的权利；

（十）放映权，即通过放映机、幻灯机等技术设备公开再现美术、摄影、电影和以类似摄制电影的方法创作的作品等的权利；

（十一）广播权，即以无线方式公开广播或者传播作品，以有线传播或者转播的方式向公众传播广播的作品，以及通过扩音器或者其他传送符号、声音、图像的类似工具向公众传播广播的作品的权利；

（十二）信息网络传播权，即以有线或者无线方式向公众提供作品，使公众可以在其个人选定的时间和地点获得作品的权利；

（十三）摄制权，即以摄制电影或者以类似摄制电影的方法将作品固定在载体上的权利；

（十四）改编权，即改变作品，创作出具有独创性的新作品的权利；

（十五）翻译权，即将作品从一种语言文字转换成另一种语言文字的权利；

（十六）汇编权，即将作品或者作品的片段通过选择或者编排，汇集成新作品的权利；

（十七）应当由著作权人享有的其他权利。

著作权人可以许可他人行使前款第（五）项至第（十七）项规定的权利，并依照约定或者本法有关规定获得报酬。

著作权人可以全部或者部分转让本条第一款第（五）项至第（十七）项规定的权利，并依照约定或者本法有关规定获得报酬。

第十七条 受委托创作的作品，著作权的归属由委托人和受托人通过合同约定。合同未作明确约定或者没有订立合同的，著作权属于受托人。

中华人民共和国侵权责任法

中华人民共和国主席令

第二十一号

《中华人民共和国侵权责任法》已由中华人民共和国第十一届全国人民代表大会常务委员会第十二次会议于2009年12月26日通过，现予公布，自2010年7月1日起施行。

中华人民共和国主席　胡锦涛

2009年12月26日

第十九条 侵害他人财产的，财产损失按照损失发生时的市场价格或者其他方式计算。

第二十条 侵害他人人身权益造成财产损失的，按照被侵权人因此受到的损失赔偿；被侵权人的损失难以确定，侵权人因此获得利益的，按照其获得的利益赔偿；侵权人因此获得的利益难以确定，被侵权人和侵权人就赔偿数额协商不一致，向人民法院提起诉讼的，由人民法院根据实际情况确定赔偿数额。

第六十五条 因污染环境造成损害的，污染者应当承担侵权责任。

第六十六条 因污染环境发生纠纷，污染者应当就法律规定的不承担责任或者减轻责任的情形及其行为与损害之间不存在因果关系承担举证责任。

中华人民共和国文物保护法

中华人民共和国主席令

第八十四号

《全国人民代表大会常务委员会关于修改〈中华人民共和国文物保护法〉的决定》已由中华人民共和国第十届全国人民代表大会常务委员会第三十一次会议于2007年12月29日通过，现予公布，自公布之日起施行。

中华人民共和国主席　胡锦涛

2007年12月29日

第三十二条　在进行建设工程或者在农业生产中，任何单位或者个人发现文物，应当保护现场，立即报告当地文物行政部门，文物行政部门接到报告后，如无特殊情况，应当在二十四小时内赶赴现场，并在七日内提出处理意见。文物行政部门可以报请当地人民政府通知公安机关协助保护现场；发现重要文物的，应当立即上报国务院文物行政部门，国务院文物行政部门应当在接到报告后十五日内提出处理意见。依照前款规定发现的文物属于国家所有，任何单位或者个人不得哄抢、私分、藏匿。

中华人民共和国刑法

中华人民共和国主席令
第八十三号

《中华人民共和国刑法》已由中华人民共和国第八届全国人民代表大会第五次会议于1997年3月4日修订，现将修订后的《中华人民共和国刑法》公布，自1997年10月1日起施行。

中华人民共和国主席　江泽民
1997年3月14日

第一百三十七条　建设单位、设计单位、施工单位、工程监理单位违反国家规定，降低工程质量标准，造成重大安全事故的，对直接责任人员，处五年以下有期徒刑或者拘役，并处罚金；后果特别严重的，处五年以上十年以下有期徒刑，并处罚金。

中华人民共和国环境保护法

中华人民共和国主席令
第二十二号

《中华人民共和国环境保护法》已由中华人民共和国第七届全国人民代表大会常务委员会第十一次会议于1989年12月26日通过，现予公布，自公布之日施行。

中华人民共和国主席　杨尚昆
1989年12月26日

第六条　一切单位和个人都有保护环境的义务，并有权对污染和破坏环境的单位和个人进行检举和控告。

第十条　国务院环境保护行政主管部门根据国家环境质量标准和国家经济、技术条件，制定国家污染物排放标准。省、自治区、直辖市人民政府对国家污染物排放标准中未作规定的项目，可以制定地方污染物排放标准；对国家污染物排放标准中已作规定的项目，可以制定严于国家污染物排放标准的地方污染物排放标准。地方污染物排放标准须报国务院环境保护行政主管部门备案。凡是向已有地方污染物排放标准的区域排放污染物的，应当执行地方污染物排放标准。

第二十四条 产生环境污染和其他公害的单位，必须把环境保护工作纳入计划，建立环境保护责任制度；采取有效措施，防治在生产建设或者其他活动中产生的废气、废水、废渣、粉尘、恶臭气体、放射性物质以及噪声、振动、电磁波辐射等对环境的污染和危害。

中华人民共和国公路法

中华人民共和国主席令

第八十六号

《中华人民共和国公路法》已由中华人民共和国第八届全国人民代表大会常务委员会第二十六次会议于1997年7月3日通过，现予公布，自1998年1月1日起施行。

中华人民共和国主席　江泽民

1997年7月3日

第五十条 超过公路、公路桥梁、公路隧道或者汽车渡船的限载、限高、限宽、限长标准的车辆，不得在有限定标准的公路、公路桥梁上或者公路隧道内行驶，不得使用汽车渡船。超过公路或者公路桥梁限载标准确需行驶的，必须经县级以上地方人民政府交通主管部门批准，并按要求采取有效的防护措施；运载不可解体的超限物品的，应当按照指定的时间、路线、时速行驶，并悬挂明显标志。

运输单位不能按照前款规定采取防护措施的，由交通主管部门帮助其采取防护措施，所需费用由运输单位承担。

中华人民共和国保守国家秘密法

中华人民共和国主席令

第二十八号

《中华人民共和国保守国家秘密法》已由中华人民共和国第十一届全国人民代表大会常务委员会第十四次会议于2010年4月29日修订通过，现将修订后的《中华人民共和国保守国家秘密法》公布，自2010年10月1日起施行。

中华人民共和国主席　胡锦涛

2010年4月29日

第三条 国家秘密受法律保护。

一切国家机关、武装力量、政党、社会团体、企业事业单位和公民都有保守国家秘密的义务。

任何危害国家秘密安全的行为，都必须受到法律追究。

第四十八条 违反本法规定，有下列行为之一的，依法给予处分；构成犯罪的，依法追究刑事责任：

（1）非法获取、持有国家秘密载体的；

（2）买卖、转送或者私自销毁国家秘密载体的；

（3）通过普通邮政、快递等无保密措施的渠道传递国家秘密载体的；

（4）邮寄、托运国家秘密载体出境，或者未经有关主管部门批准，携带、传递国家秘密载体出境的；

（5）非法复制、记录、存储国家秘密的；

（6）在私人交往和通信中涉及国家秘密的；

（7）在互联网及其他公共信息网络或者未采取保密措施的有线和无线通信中传递国家秘密的；

（8）将涉密计算机、涉密存储设备接入互联网及其他公共信息网络的；

（9）在未采取防护措施的情况下，在涉密信息系统与互联网及其他公共信息网络之间进行信息交换的；

（10）使用非涉密计算机、非涉密存储设备存储、处理国家秘密信息的；

（11）擅自卸载、修改涉密信息系统的安全技术程序、管理程序的；

（12）将未经安全技术处理的退出使用的涉密计算机、涉密存储设备赠送、出售、丢弃或者改作其他用途的。

有前款行为尚不构成犯罪，且不适用处分的人员，由保密行政管理部门督促其所在机关、单位予以处理。

中华人民共和国招标投标法实施条例

中华人民共和国国务院令

第613号

《中华人民共和国招标投标法实施条例》已经2011年11月30日国务院第183次常务会议通过，现予公布，自2012年2月1日起施行。

总　理　温家宝

二〇一一年十二月二十日

第一章　总　则

第一条　为了规范招标投标活动，根据《中华人民共和国招标投标法》（以下简称招标投标法），制定本条例。

第二条　招标投标法第三条所称工程建设项目，是指工程以及与工程建设有关的货物、服务。

前款所称工程，是指建设工程，包括建筑物和构筑物的新建、改建、扩建及其相关的装修、拆除、修缮等；所称与工程建设有关的货物，是指构成工程不可分割的组成部分，且为实现工程基本功能所必需的设备、材料等；所称与工程建设有关的服务，是指为完成工程所需的勘察、设计、监理等服务。

第三条　依法必须进行招标的工程建设项目的具体范围和规模标准，由国务院发展改革部门会同国务院有关部门制订，报国务院批准后公布施行。

第四条　国务院发展改革部门指导和协调全国招标投标工作，对国家重大建设项目的工程招标投标活动实施监督检查。国务院工业和信息化、住房城乡建设、交通运输、铁道、水利、商务等部门，按照规定的职责分工对有关招标投标活动实施监督。

县级以上地方人民政府发展改革部门指导和协调本行政区域的招标投标工作。县级以上地方人民政府有关部门按照规定的职责分工，对招标投标活动实施监督，依法查处招标投标活动中的违法行为。县级以上地方人民政府对其所属部门有关招标投标活动的监督职责分工另有规定的，从其规定。

财政部门依法对实行招标投标的政府采购工程建设项目的预算执行情况和政府采购政策执行情况实施监督。

监察机关依法对与招标投标活动有关的监察对象实施监察。

第五条　设区的市级以上地方人民政府可以根据实际需要，建立统一规范的招标投标交易场所，为招标投标活动提供服务。招标投标交易场所不得与行政监督部门存在隶属关系，不得以营利为目的。

国家鼓励利用信息网络进行电子招标投标。

第六条 禁止国家工作人员以任何方式非法干涉招标投标活动。

第二章 招 标

第七条 按照国家有关规定需要履行项目审批、核准手续的依法必须进行招标的项目，其招标范围、招标方式、招标组织形式应当报项目审批、核准部门审批、核准。项目审批、核准部门应当及时将审批、核准确定的招标范围、招标方式、招标组织形式通报有关行政监督部门。

第八条 国有资金占控股或者主导地位的依法必须进行招标的项目，应当公开招标；但有下列情形之一的，可以邀请招标：

（一）技术复杂、有特殊要求或者受自然环境限制，只有少量潜在投标人可供选择；

（二）采用公开招标方式的费用占项目合同金额的比例过大。

有前款第二项所列情形，属于本条例第七条规定的项目，由项目审批、核准部门在审批、核准项目时作出认定；其他项目由招标人申请有关行政监督部门作出认定。

第九条 除招标投标法第六十六条规定的可以不进行招标的特殊情况外，有下列情形之一的，可以不进行招标：

（一）需要采用不可替代的专利或者专有技术；

（二）采购人依法能够自行建设、生产或者提供；

（三）已通过招标方式选定的特许经营项目投资人依法能够自行建设、生产或者提供；

（四）需要向原中标人采购工程、货物或者服务，否则将影响施工或者功能配套要求；

（五）国家规定的其他特殊情形。

招标人为适用前款规定弄虚作假的，属于招标投标法第四条规定的规避招标。

第十条 招标投标法第十二条第二款规定的招标人具有编制招标文件和组织评标能力，是指招标人具有与招标项目规模和复杂程度相适应的技术、经济等方面的专业人员。

第十一条 招标代理机构的资格依照法律和国务院的规定由有关部门认定。

国务院住房城乡建设、商务、发展改革、工业和信息化等部门，按照规定的职责分工对招标代理机构依法实施监督管理。

第十二条 招标代理机构应当拥有一定数量的取得招标职业资格的专业人员。取得招标职业资格的具体办法由国务院人力资源社会保障部门会同国务院发展改革部门制定。

第十三条 招标代理机构在其资格许可和招标人委托的范围内开展招标代理业务，任何单位和个人不得非法干涉。

招标代理机构代理招标业务，应当遵守招标投标法和本条例关于招标人的规定。招标代理机构不得在所代理的招标项目中投标或者代理投标，也不得为所代理的招标项目的投标人提供咨询。

招标代理机构不得涂改、出租、出借、转让资格证书。

第十四条 招标人应当与被委托的招标代理机构签订书面委托合同，合同约定的收费标准应当符合国家有关规定。

第十五条 公开招标的项目，应当依照招标投标法和本条例的规定发布招标公告、编制招标文件。

招标人采用资格预审办法对潜在投标人进行资格审查的，应当发布资格预审公告、编制资格预审文件。

依法必须进行招标的项目的资格预审公告和招标公告，应当在国务院发展改革部门依法指定的媒介发布。在不同媒介发布的同一招标项目的资格预审公告或者招标公告的内容应当一致。指定媒介发布依法必须进行招标的项目的境内资格预审公告、招标公告，不得收取费用。

编制依法必须进行招标的项目的资格预审文件和招标文件，应当使用国务院发展改革部门会同有关行政监督部门制定的标准文本。

第十六条 招标人应当按照资格预审公告、招标公告或者投标邀请书规定的时间、地点发售资格预审文件或者招标文件。资格预审文件或者招标文件的发售期不得少于5日。

招标人发售资格预审文件、招标文件收取的费用应当限于补偿印刷、邮寄的成本支出，不得以营利为目的。

第十七条 招标人应当合理确定提交资格预审申请文件的时间。依法必须进行招标的项目提交资格预审申请文件的时间，自资格预审文件停止发售之日起不得少于5日。

第十八条 资格预审应当按照资格预审文件载明的标准和方法进行。

国有资金占控股或者主导地位的依法必须进行招标的项目，招标人应当组建资格审查委员会审查资格预审申请文件。资格审查委员会及其成员应当遵守招标投标法和本条例有关评标委员会及其成员的规定。

第十九条 资格预审结束后，招标人应当及时向资格预审申请人发出资格预审结果通知书。未通过资格预审的申请人不具有投标资格。

通过资格预审的申请人少于3个的，应当重新招标。

第二十条 招标人采用资格后审办法对投标人进行资格审查的，应当在开标后由评标委员会按照招标文件规定的标准和方法对投标人的资格进行审查。

第二十一条 招标人可以对已发出的资格预审文件或者招标文件进行必要的澄清或者修改。澄清或者修改的内容可能影响资格预审申请文件或者投标文件编制的，招标人应当在提交资格预审申请文件截止时间至少3日前，或者投标截止时间至少15日前，以书面形式通知所有获取资格预审文件或者招标文件的潜在投标人；不足3日或者15日的，招标人应当顺延提交资格预审申请文件或者投标文件的截止时间。

第二十二条 潜在投标人或者其他利害关系人对资格预审文件有异议的，应当在提交资格预审申请文件截止时间2日前提出；对招标文件有异议的，应当在投标截止时间10日前提出。招标人应当自收到异议之日起3日内作出答复；作出答复前，应当暂停招标投标活动。

第二十三条 招标人编制的资格预审文件、招标文件的内容违反法律、行政法规的强制性规定，违反公开、公平、公正和诚实信用原则，影响资格预审结果或者潜在投标人投标的，依法必须进行招标的项目的招标人应当在修改资格预审文件或者招标文件后重新招标。

第二十四条 招标人对招标项目划分标段的，应当遵守招标投标法的有关规定，不得利用划分标段限制或者排斥潜在投标人。依法必须进行招标的项目的招标人不得利用划分标段规避招标。

第二十五条 招标人应当在招标文件中载明投标有效期。投标有效期从提交投标文件的截止之日起算。

第二十六条 招标人在招标文件中要求投标人提交投标保证金的，投标保证金不得超过招标项目估算价的2%。投标保证金有效期应当与投标有效期一致。

依法必须进行招标的项目的境内投标单位，以现金或者支票形式提交的投标保证金应当从其基本账户转出。

招标人不得挪用投标保证金。

第二十七条 招标人可以自行决定是否编制标底。一个招标项目只能有一个标底。标底必须保密。

接受委托编制标底的中介机构不得参加受托编制标底项目的投标，也不得为该项目的投标人编制投标文件或者提供咨询。

招标人设有最高投标限价的，应当在招标文件中明确最高投标限价或者最高投标限价的计算方法。招标人不得规定最低投标限价。

第二十八条 招标人不得组织单个或者部分潜在投标人踏勘项目现场。

第二十九条 招标人可以依法对工程以及与工程建设有关的货物、服务全部或者部分实行总承包招标。以暂估价形式包括在总承包范围内的工程、货物、服务属于依法必须进行招标的项目范围且达到国家规定规模标准的，应当依法进行招标。

前款所称暂估价，是指总承包招标时不能确定价格而由招标人在招标文件中暂时估定的工程、货物、服务的金额。

第三十条 对技术复杂或者无法精确拟定技术规格的项目，招标人可以分两阶段进行招标。

第一阶段，投标人按照招标公告或者投标邀请书的要求提交不带报价的技术建议，招标人根据投标人提交的技术建议确定技术标准和要求，编制招标文件。

第二阶段，招标人向在第一阶段提交技术建议的投标人提供招标文件，投标人按照招标文件的要求提交包括最终技术方案和投标报价的投标文件。

招标人要求投标人提交投标保证金的，应当在第二阶段提出。

第三十一条 招标人终止招标的，应当及时发布公告，或者以书面形式通知被邀请的或者已经获取资格预审文件、招标文件的潜在投标人。已经发售资格预审文件、招标文件或者已经收取投标保证金的，招标人应当及时退还所收取的资格预审文件、招标文件的费用，以及所收取的投标保证金及银行同期存款利息。

第三十二条 招标人不得以不合理的条件限制、排斥潜在投标人或者投标人。

招标人有下列行为之一的，属于以不合理条件限制、排斥潜在投标人或者投标人：

（一）就同一招标项目向潜在投标人或者投标人提供有差别的项目信息；

（二）设定的资格、技术、商务条件与招标项目的具体特点和实际需要不相适应或者与合同履行无关；

（三）依法必须进行招标的项目以特定行政区域或者特定行业的业绩、奖项作为加分条件或者中标条件；

（四）对潜在投标人或者投标人采取不同的资格审查或者评标标准；

（五）限定或者指定特定的专利、商标、品牌、原产地或者供应商；

（六）依法必须进行招标的项目非法限定潜在投标人或者投标人的所有制形式或者组织形式；

（七）以其他不合理条件限制、排斥潜在投标人或者投标人。

第三章 投　标

第三十三条　投标人参加依法必须进行招标的项目的投标，不受地区或者部门的限制，任何单位和个人不得非法干涉。

第三十四条　与招标人存在利害关系可能影响招标公正性的法人、其他组织或者个人，不得参加投标。

单位负责人为同一人或者存在控股、管理关系的不同单位，不得参加同一标段投标或者未划分标段的同一招标项目投标。

违反前两款规定的，相关投标均无效。

第三十五条　投标人撤回已提交的投标文件，应当在投标截止时间前书面通知招标人。招标人已收取投标保证金的，应当自收到投标人书面撤回通知之日起5日内退还。

投标截止后投标人撤销投标文件的，招标人可以不退还投标保证金。

第三十六条　未通过资格预审的申请人提交的投标文件，以及逾期送达或者不按照招标文件要求密封的投标文件，招标人应当拒收。

招标人应当如实记载投标文件的送达时间和密封情况，并存档备查。

第三十七条　招标人应当在资格预审公告、招标公告或者投标邀请书中载明是否接受联合体投标。

招标人接受联合体投标并进行资格预审的，联合体应当在提交资格预审申请文件前组成。资格预审后联合体增减、更换成员的，其投标无效。

联合体各方在同一招标项目中以自己名义单独投标或者参加其他联合体投标的，相关投标均无效。

第三十八条　投标人发生合并、分立、破产等重大变化的，应当及时书面告知招标人。投标人不再具备资格预审文件、招标文件规定的资格条件或者其投标影响招标公正性的，其投标无效。

第三十九条　禁止投标人相互串通投标。

有下列情形之一的，属于投标人相互串通投标：

（一）投标人之间协商投标报价等投标文件的实质性内容；

（二）投标人之间约定中标人；

（三）投标人之间约定部分投标人放弃投标或者中标；

（四）属于同一集团、协会、商会等组织成员的投标人按照该组织要求协同投标；

（五）投标人之间为谋取中标或者排斥特定投标人而采取的其他联合行动。

第四十条　有下列情形之一的，视为投标人相互串通投标：

（一）不同投标人的投标文件由同一单位或者个人编制；

（二）不同投标人委托同一单位或者个人办理投标事宜；

（三）不同投标人的投标文件载明的项目管理成员为同一人；

（四）不同投标人的投标文件异常一致或者投标报价呈规律性差异；

（五）不同投标人的投标文件相互混装；

（六）不同投标人的投标保证金从同一单位或者个人的账户转出。

第四十一条　禁止招标人与投标人串通投标。

有下列情形之一的，属于招标人与投标人串通投标：

（一）招标人在开标前开启投标文件并将有关信息泄露给其他投标人；

（二）招标人直接或者间接向投标人泄露标底、评标委员会成员等信息；

（三）招标人明示或者暗示投标人压低或者抬高投标报价；

（四）招标人授意投标人撤换、修改投标文件；

（五）招标人明示或者暗示投标人为特定投标人中标提供方便；

（六）招标人与投标人为谋求特定投标人中标而采取的其他串通行为。

第四十二条　使用通过受让或者租借等方式获取的资格、资质证书投标的，属于招标投标法第三十三条规定的以他人名义投标。

投标人有下列情形之一的，属于招标投标法第三十三条规定的以其他方式弄虚作假的行为：

（一）使用伪造、变造的许可证件；

（二）提供虚假的财务状况或者业绩；

（三）提供虚假的项目经理或者主要技术人员简历、劳动关系证明；

（四）提供虚假的信用状况；

（五）其他弄虚作假的行为。

第四十三条　提交资格预审申请文件的申请人应当遵守招标投标法和本条例有关投标人的规定。

第四章　开标、评标和中标

第四十四条　招标人应当按照招标文件规定的时间、地点开标。

投标人少于3个的，不得开标；招标人应当重新招标。

投标人对开标有异议的，应当在开标现场提出，招标人应当当场作出答复，并制作记录。

第四十五条　国家实行统一的评标专家专业分类标准和管理办法。具体标准和办法由国务院发展改革部门会同国务院有关部门制定。

省级人民政府和国务院有关部门应当组建综合评标专家库。

第四十六条　除招标投标法第三十七条第三款规定的特殊招标项目外，依法必须进行招标的项目，其评标委员会的专家成员应当从评标专家库内相关专业的专家名单中以随机抽取方式确定。任何单位和个人不得以明示、暗示等任何方式指定或者变相指定参加评标委员会的专家成员。

依法必须进行招标的项目的招标人非因招标投标法和本条例规定的事由，不得更换依法确定的评标委员会成员。更换评标委员会的专家成员应当依照前款规定进行。

评标委员会成员与投标人有利害关系的，应当主动回避。

有关行政监督部门应当按照规定的职责分工，对评标委员会成员的确定方式、评标专家的抽取和评标活动进行监督。行政监督部门的工作人员不得担任本部门负责监督项目的评标委员会成员。

第四十七条　招标投标法第三十七条第三款所称特殊招标项目，是指技术复杂、专业性强或者国家有特殊要求，采取随机抽取方式确定的专家难以保证胜任评标工作的项目。

第四十八条　招标人应当向评标委员会提供评标所必需的信息，但不得明示或者暗示其倾向或者排斥特定投标人。

招标人应当根据项目规模和技术复杂程度等因素合理确定评标时间。超过三分之一的评标委员会成员认为评标时间不够的，招标人应当适当延长。

评标过程中，评标委员会成员有回避事由、擅离职守或者因健康等原因不能继续评标的，应当及时更换。被更换的评标委员会成员作出的评审结论无效，由更换后的评标委员会成员重新进行评审。

第四十九条 评标委员会成员应当依照招标投标法和本条例的规定，按照招标文件规定的评标标准和方法，客观、公正地对投标文件提出评审意见。招标文件没有规定的评标标准和方法不得作为评标的依据。

评标委员会成员不得私下接触投标人，不得收受投标人给予的财物或者其他好处，不得向招标人征询确定中标人的意向，不得接受任何单位或者个人明示或者暗示提出的倾向或者排斥特定投标人的要求，不得有其他不客观、不公正履行职务的行为。

第五十条 招标项目设有标底的，招标人应当在开标时公布。标底只能作为评标的参考，不得以投标报价是否接近标底作为中标条件，也不得以投标报价超过标底上下浮动范围作为否决投标的条件。

第五十一条 有下列情形之一的，评标委员会应当否决其投标：

（一）投标文件未经投标单位盖章和单位负责人签字；

（二）投标联合体没有提交共同投标协议；

（三）投标人不符合国家或者招标文件规定的资格条件；

（四）同一投标人提交两个以上不同的投标文件或者投标报价，但招标文件要求提交备选投标的除外；

（五）投标报价低于成本或者高于招标文件设定的最高投标限价；

（六）投标文件没有对招标文件的实质性要求和条件作出响应；

（七）投标人有串通投标、弄虚作假、行贿等违法行为。

第五十二条 投标文件中有含义不明确的内容、明显文字或者计算错误，评标委员会认为需要投标人作出必要澄清、说明的，应当书面通知该投标人。投标人的澄清、说明应当采用书面形式，并不得超出投标文件的范围或者改变投标文件的实质性内容。

评标委员会不得暗示或者诱导投标人作出澄清、说明，不得接受投标人主动提出的澄清、说明。

第五十三条 评标完成后，评标委员会应当向招标人提交书面评标报告和中标候选人名单。中标候选人应当不超过3个，并标明排序。

评标报告应当由评标委员会全体成员签字。对评标结果有不同意见的评标委员会成员应当以书面形式说明其不同意见和理由，评标报告应当注明该不同意见。评标委员会成员拒绝在评标报告上签字又不书面说明其不同意见和理由的，视为同意评标结果。

第五十四条 依法必须进行招标的项目，招标人应当自收到评标报告之日起3日内公示中标候选人，公示期不得少于3日。

投标人或者其他利害关系人对依法必须进行招标的项目的评标结果有异议的，应当在中标候选人公示期间提出。招标人应当自收到异议之日起3日内作出答复；作出答复前，应当暂停招标投标活动。

第五十五条 国有资金占控股或者主导地位的依法必须进行招标的项目，招标人应当确定排名第一的中标候选人为中标人。排名第一的中标候选人放弃中标、因不可抗力不能履行合同、不按照招标文件要求提交履约保证金，或者被查实存在影响中标结果的违法行为等情形，不符合中标条件的，招标人可以按照评标委员会提出的中标候选人名单排序依次确定其他中标候选人为中标人，也可以重新招标。

第五十六条 中标候选人的经营、财务状况发生较大变化或者存在违法行为，招标人认为可能影响其履约能力的，应当在发出中标通知书前由原评标委员会按照招标文件规定的标准和方法审查确认。

第五十七条 招标人和中标人应当依照招标投标法和本条例的规定签订书面合同，合同的标的、价款、质量、履行期限等主要条款应当与招标文件和中标人的投标文件的内容一致。招标人和中标人不得再行订立背离合同实质性内容的其他协议。

招标人最迟应当在书面合同签订后5日内向中标人和未中标的投标人退还投标保证金及银行同期存款利息。

第五十八条 招标文件要求中标人提交履约保证金的，中标人应当按照招标文件的要求提交。履约保证金不得超过中标合同金额的10%。

第五十九条 中标人应当按照合同约定履行义务，完成中标项目。中标人不得向他人转让中标项目，也不得将中标项目肢解后分别向他人转让。

中标人按照合同约定或者经招标人同意，可以将中标项目的部分非主体、非关键性工作分包给他人完成。接受分包的人应当具备相应的资格条件，并不得再次分包。

中标人应当就分包项目向招标人负责，接受分包的人就分包项目承担连带责任。

第五章 投诉与处理

第六十条 投标人或者其他利害关系人认为招标投标活动不符合法律、行政法规规定的，可以自知道或者应当知道之日起10日内向有关行政监督部门投诉。投诉应当有明确的请求和必要的证明材料。

就本条例第二十二条、第四十四条、第五十四条规定事项投诉的，应当先向招标人提出异议，异议答复期间不计算在前款规定的期限内。

第六十一条 投诉人就同一事项向两个以上有权受理的行政监督部门投诉的，由最先收到投诉的行政监督部门负责处理。

行政监督部门应当自收到投诉之日起3个工作日内决定是否受理投诉，并自受理投诉之日起30个工作日内作出书面处理决定；需要检验、检测、鉴定、专家评审的，所需时间不计算在内。

投诉人捏造事实、伪造材料或者以非法手段取得证明材料进行投诉的，行政监督部门应当予以驳回。

第六十二条 行政监督部门处理投诉，有权查阅、复制有关文件、资料，调查有关情况，相关单位和人员应当予以配合。必要时，行政监督部门可以责令暂停招标投标活动。

行政监督部门的工作人员对监督检查过程中知悉的国家秘密、商业秘密，应当依法予以保密。

第六章 法律责任

第六十三条 招标人有下列限制或者排斥潜在投标人行为之一的，由有关行政监督部门依照招标投标法第五十一条的规定处罚：

（一）依法应当公开招标的项目不按照规定在指定媒介发布资格预审公告或者招标公告；

（二）在不同媒介发布的同一招标项目的资格预审公告或者招标公告的内容不一致，影响潜在投标人申请资格预审或者投标。

依法必须进行招标的项目的招标人不按照规定发布资格预审公告或者招标公告，构成规避招标的，依照招标投标法第四十九条的规定处罚。

第六十四条 招标人有下列情形之一的，由有关行政监督部门责令改正，可以处10万元以下的罚款：

（一）依法应当公开招标而采用邀请招标；

（二）招标文件、资格预审文件的发售、澄清、修改的时限，或者确定的提交资格预审申请文件、投标文件的时限不符合招标投标法和本条例规定；

（三）接受未通过资格预审的单位或者个人参加投标；

（四）接受应当拒收的投标文件。

招标人有前款第一项、第三项、第四项所列行为之一的，对单位直接负责的主管人员和其他直接责任人员依法给予处分。

第六十五条 招标代理机构在所代理的招标项目中投标、代理投标或者向该项目投标人提供咨询的，接受委托编制标底的中介机构参加受托编制标底项目的投标或者为该项目的投标人编制投标文件、提供咨询的，依照招标投标法第五十条的规定追究法律责任。

第六十六条 招标人超过本条例规定的比例收取投标保证金、履约保证金或者不按照规定退还投标保证金及银行同期存款利息的，由有关行政监督部门责令改正，可以处5万元以下的罚款；给他人造成损失的，依法承担赔偿责任。

第六十七条 投标人相互串通投标或者与招标人串通投标的，投标人向招标人或者评标委员会成员行贿谋取中标的，中标无效；构成犯罪的，依法追究刑事责任；尚不构成犯罪的，依照招标投标法第五十三条的规定处罚。投标人未中标的，对单位的罚款金额按照招标项目合同金额依照招标投标法规定的比例计算。

投标人有下列行为之一的，属于招标投标法第五十三条规定的情节严重行为，由有关行政监督部门取消其1年至2年内参加依法必须进行招标的项目的投标资格：

（一）以行贿谋取中标；

（二）3年内2次以上串通投标；

（三）串通投标行为损害招标人、其他投标人或者国家、集体、公民的合法利益，造成直接经济损失30万元以上；

（四）其他串通投标情节严重的行为。

投标人自本条第二款规定的处罚执行期限届满之日起3年内又有该款所列违法行为之一的，或者串通投标、以行贿谋取中标情节特别严重的，由工商行政管理机关吊销营业执照。

法律、行政法规对串通投标报价行为的处罚另有规定的，从其规定。

第六十八条 投标人以他人名义投标或者以其他方式弄虚作假骗取中标的，中标无效；构成犯罪的，依法追究刑事责任；尚不构成犯罪的，依照招标投标法第五十四条的规定处罚。依法必须进行招标的项目的投标人未中标的，对单位的罚款金额按照招标项目合同金额依照招标投标法规定的比例计算。

投标人有下列行为之一的，属于招标投标法第五十四条规定的情节严重行为，由有关行政监督部门取消其1年至3年内参加依法必须进行招标的项目的投标资格：

（一）伪造、变造资格、资质证书或者其他许可证件骗取中标；

（二）3年内2次以上使用他人名义投标；

（三）弄虚作假骗取中标给招标人造成直接经济损失30万元以上；

（四）其他弄虚作假骗取中标情节严重的行为。

投标人自本条第二款规定的处罚执行期限届满之日起3年内又有该款所列违法行为之一的，或者弄虚作假骗取中标情节特别严重的，由工商行政管理机关吊销营业执照。

第六十九条 出让或者出租资格、资质证书供他人投标的，依照法律、行政法规的规定给予行政处罚；构成犯罪的，依法追究刑事责任。

第七十条 依法必须进行招标的项目的招标人不按照规定组建评标委员会，或者确定、更换评标委员会成员违反招标投标法和本条例规定的，由有关行政监督部门责令改正，可以处10万元以下的罚款，对单位直接负责的主管人员和其他直接责任人员依法给予处分；违法确定或者更换的评标委员会成员作出的评审结论无效，依法重新进行评审。

国家工作人员以任何方式非法干涉选取评标委员会成员的，依照本条例第八十一条的规定追究法律责任。

第七十一条 评标委员会成员有下列行为之一的，由有关行政监督部门责令改正；情节严重的，禁止其在一定期限内参加依法必须进行招标的项目的评标；情节特别严重的，取消其担任评标委员会成员的资格：

（一）应当回避而不回避；

（二）擅离职守；

（三）不按照招标文件规定的评标标准和方法评标；

（四）私下接触投标人；

（五）向招标人征询确定中标人的意向或者接受任何单位或者个人明示或者暗示提出的倾向或者排斥特定投标人的要求；

（六）对依法应当否决的投标不提出否决意见；

（七）暗示或者诱导投标人作出澄清、说明或者接受投标人主动提出的澄清、说明；

（八）其他不客观、不公正履行职务的行为。

第七十二条 评标委员会成员收受投标人的财物或者其他好处的，没收收受的财物，处3000元以上5万元以下的罚款，取消担任评标委员会成员的资格，不得再参加依法必须进行招标的项目的评标；构成犯罪的，依法追究刑事责任。

第七十三条 依法必须进行招标的项目的招标人有下列情形之一的，由有关行政监督部门责令改正，可以处中标项目金额10‰以下的罚款；给他人造成损失的，依法承担赔偿责任；对单位直接负责的主管人员和其他直接责任人员依法给予处分：

（一）无正当理由不发出中标通知书；

（二）不按照规定确定中标人；

（三）中标通知书发出后无正当理由改变中标结果；

（四）无正当理由不与中标人订立合同；

（五）在订立合同时向中标人提出附加条件。

第七十四条 中标人无正当理由不与招标人订立合同，在签订合同时向招标人提出附加条件，或者不按照招标文件要求提交履约保证金的，取消其中标资格，投标保证金不予退还。对依法必须进行招标的项目的中标人，由有关行政监督部门责令改正，可以处中标项目金额10‰以下的罚款。

第七十五条 招标人和中标人不按照招标文件和中标人的投标文件订立合同，合同的主要条款与招标文件、中标人的投标文件的内容不一致，或者招标人、中标人订立背离合同实质性内容的协议的，由有关行政监督部门责令改正，可以处中标项目金额5‰以上10‰以下的罚款。

第七十六条 中标人将中标项目转让给他人的，将中标项目肢解后分别转让给他人的，违反招标投标法和本条例规定将中标项目的部分主体、关键性工作分包给他人的，或者分包人再次分包的，转让、分包无效，处转让、分包项目金额5‰以上10‰以下的罚款；有违法所得的，并处没收违法所得；可以责令停业整顿；情节严重的，由工商行政管理机关吊销营业执照。

第七十七条 投标人或者其他利害关系人捏造事实、伪造材料或者以非法手段取得证明材料进行投诉，给他人造成损失的，依法承担赔偿责任。

招标人不按照规定对异议作出答复，继续进行招标投标活动的，由有关行政监督部门责令改正，拒不改正或者不能改正并影响中标结果的，依照本条例第八十二条的规定处理。

第七十八条 取得招标职业资格的专业人员违反国家有关规定办理招标业务的，责令改正，给予警告；情节严重的，暂停一定期限内从事招标业务；情节特别严重的，取消招标职业资格。

第七十九条 国家建立招标投标信用制度。有关行政监督部门应当依法公告对招标人、招标代理机构、投标人、评标委员会成员等当事人违法行为的行政处理决定。

第八十条 项目审批、核准部门不依法审批、核准项目招标范围、招标方式、招标组织形式的，对单位直接负责的主管人员和其他直接责任人员依法给予处分。

有关行政监督部门不依法履行职责，对违反招标投标法和本条例规定的行为不依法查处，或者不按照规定处理投诉、不依法公告对招标投标当事人违法行为的行政处理决定的，对直接负责的主管人员和其他直接责任人员依法给予处分。

项目审批、核准部门和有关行政监督部门的工作人员徇私舞弊、滥用职权、玩忽职守，构成犯罪的，依法追究刑事责任。

第八十一条 国家工作人员利用职务便利，以直接或者间接、明示或者暗示等任何方式非法干涉招标投标活动，有下列情形之一的，依法给予记过或者记大过处分；情节严重的，依法给予降级或者撤职处分；情节特别严重的，依法给予开除处分；构成犯罪的，依法追究刑事责任：

（一）要求对依法必须进行招标的项目不招标，或者要求对依法应当公开招标的项目不公开招标；

（二）要求评标委员会成员或者招标人以其指定的投标人作为中标候选人或者中标人，或者以其他方式非法干涉评标活动，影响中标结果；

（三）以其他方式非法干涉招标投标活动。

第八十二条 依法必须进行招标的项目的招标投标活动违反招标投标法和本条例的规定，对中标结果造成实质性影响，且不能采取补救措施予以纠正的，招标、投标、中标无效，应当依法重新招标或者评标。

第七章　附　则

第八十三条　招标投标协会按照依法制定的章程开展活动，加强行业自律和服务。

第八十四条　政府采购的法律、行政法规对政府采购货物、服务的招标投标另有规定的，从其规定。

第八十五条　本条例自2012年2月1日起施行。

建设工程质量管理条例

中华人民共和国国务院令

第279号

《建设工程质量管理条例》已经2000年1月10日国务院第25次常务会议通过，现予发布，自发布之日起施行。

总理　朱镕基

2000年1月30日

第一章　总　　则

第一条　为了加强对建设工程质量的管理，保证建设工程质量，保护人民生命和财产安全，根据《中华人民共和国建筑法》，制定本条例。

第二条　凡在中华人民共和国境内从事建设工程的新建、扩建、改建等有关活动及实施对建设工程质量监督管理的，必须遵守本条例。

本条例所称建设工程，是指土木工程、建筑工程、线路管道和设备安装工程及装修工程。

第三条　建设单位、勘察单位、设计单位、施工单位、工程监理单位依法对建设工程质量负责。

第四条　县级以上人民政府建设行政主管部门和其他有关部门应当加强对建设工程质量的监督管理。

第五条　从事建设工程活动，必须严格执行基本建设程序，坚持先勘察、后设计、再施工的原则。

县级以上人民政府及其有关部门不得超越权限审批建设项目或者擅自简化基本建设程序。

第六条　国家鼓励采用先进的科学技术和管理方法，提高建设工程质量。

第二章　建设单位的质量责任和义务

第七条　建设单位应当将工程发包给具有相应资质等级的单位。

建设单位不得将建设工程肢解发包。

第八条　建设单位应当依法对工程建设项目的勘察、设计、施工、监理以及与工程建设有关的重要设备、材料等的采购进行招标。

第九条　建设单位必须向有关的勘察、设计、施工、工程监理等单位提供与建设工程有关的原始资料。

原始资料必须真实、准确、齐全。

第十条　建设工程发包单位不得迫使承包方以低于成本的价格竞标，不得任意压缩合理工期。

建设单位不得明示或者暗示设计单位或者施工单位违反工程建设强制性标准，降低建设工程质量。

第十一条 建设单位应当将施工图设计文件报县级以上人民政府建设行政主管部门或者其他有关部门审查。施工图设计文件审查的具体办法，由国务院建设行政主管部门会同国务院其他有关部门制定。

施工图设计文件未经审查批准的，不得使用。

第十二条 实行监理的建设工程，建设单位应当委托具有相应资质等级的工程监理单位进行监理，也可以委托具有工程监理相应资质等级并与被监理工程的施工承包单位没有隶属关系或者其他利害关系的该工程的设计单位进行监理。

下列建设工程必须实行监理：

（一）国家重点建设工程；

（二）大中型公用事业工程；

（三）成片开发建设的住宅小区工程；

（四）利用外国政府或者国际组织贷款、援助资金的工程；

（五）国家规定必须实行监理的其他工程。

第十三条 建设单位在领取施工许可证或者开工报告前，应当按照国家有关规定办理工程质量监督手续。

第十四条 按照合同约定，由建设单位采购建筑材料、建筑构配件和设备的，建设单位应当保证建筑材料、建筑构配件和设备符合设计文件和合同要求。

建设单位不得明示或者暗示施工单位使用不合格的建筑材料、建筑构配件和设备。

第十五条 涉及建筑主体和承重结构变动的装修工程，建设单位应当在施工前委托原设计单位或者具有相应资质等级的设计单位提出设计方案；没有设计方案的，不得施工。

房屋建筑使用者在装修过程中，不得擅自变动房屋建筑主体和承重结构。

第十六条 建设单位收到建设工程竣工报告后，应当组织设计、施工、工程监理等有关单位进行竣工验收。

建设工程竣工验收应当具备下列条件：

（一）完成建设工程设计和合同约定的各项内容；

（二）有完整的技术档案和施工管理资料；

（三）有工程使用的主要建筑材料、建筑构配件和设备的进场试验报告；

（四）有勘察、设计、施工、工程监理等单位分别签署的质量合格文件；

（五）有施工单位签署的工程保修书。

建设工程经验收合格的，方可交付使用。

第十七条 建设单位应当严格按照国家有关档案管理的规定，及时收集、整理建设项目各环节的文件资料，建立、健全建设项目档案，并在建设工程竣工验收后，及时向建设行政主管部门或者其他有关部门移交建设项目档案。

第三章　勘察、设计单位的质量责任和义务

第十八条 从事建设工程勘察、设计的单位应当依法取得相应等级的资质证书，并在其资质等级许可的范围内承揽工程。

禁止勘察、设计单位超越其资质等级许可的范围或者以其他勘察、设计单位的名义承揽工程。禁止勘察、设计单位允许其他单位或者个人以本单位的名义承揽工程。

勘察、设计单位不得转包或者违法分包所承揽的工程。

第十九条　勘察、设计单位必须按照工程建设强制性标准进行勘察、设计，并对其勘察、设计的质量负责。

注册建筑师、注册结构工程师等注册执业人员应当在设计文件上签字，对设计文件负责。

第二十条　勘察单位提供的地质、测量、水文等勘察成果必须真实、准确。

第二十一条　设计单位应当根据勘察成果文件进行建设工程设计。

设计文件应当符合国家规定的设计深度要求，注明工程合理使用年限。

第二十二条　设计单位在设计文件中选用的建筑材料、建筑构配件和设备，应当注明规格、型号、性能等技术指标，其质量要求必须符合国家规定的标准。

除有特殊要求的建筑材料、专用设备、工艺生产线等外，设计单位不得指定生产厂、供应商。

第二十三条　设计单位应当就审查合格的施工图设计文件向施工单位作出详细说明。

第二十四条　设计单位应当参与建设工程质量事故分析，并对因设计造成的质量事故，提出相应的技术处理方案。

第四章　施工单位的质量责任和义务

第二十五条　施工单位应当依法取得相应等级的资质证书，并在其资质等级许可的范围内承揽工程。

禁止施工单位超越本单位资质等级许可的业务范围或者以其他施工单位的名义承揽工程。禁止施工单位允许其他单位或者个人以本单位的名义承揽工程。

施工单位不得转包或者违法分包工程。

第二十六条　施工单位对建设工程的施工质量负责。

施工单位应当建立质量责任制，确定工程项目的项目经理、技术负责人和施工管理负责人。

建设工程实行总承包的，总承包单位应当对全部建设工程质量负责；建设工程勘察、设计、施工、设备采购的一项或者多项实行总承包的，总承包单位应当对其承包的建设工程或者采购的设备的质量负责。

第二十七条　总承包单位依法将建设工程分包给其他单位的，分包单位应当按照分包合同的约定对其分包工程的质量向总承包单位负责，总承包单位与分包单位对分包工程的质量承担连带责任。

第二十八条　施工单位必须按照工程设计图纸和施工技术标准施工，不得擅自修改工程设计，不得偷工减料。

施工单位在施工过程中发现设计文件和图纸有差错的，应当及时提出意见和建议。

第二十九条　施工单位必须按照工程设计要求、施工技术标准和合同约定，对建筑材料、建筑构配件、设备和商品混凝土进行检验，检验应当有书面记录和专人签字；未经检验或者检验不合格的，不得使用。

第三十条　施工单位必须建立、健全施工质量的检验制度，严格工序管理，作好隐蔽工程的质量检查和记录。隐蔽工程在隐蔽前，施工单位应当通知建设单位和建设工程质量监督机构。

第三十一条　施工人员对涉及结构安全的试块、试件以及有关材料，应当在建设单位或者工程监理单位监督下现场取样，并送具有相应资质等级的质量检测单位进行检测。

第三十二条　施工单位对施工中出现质量问题的建设工程或者竣工验收不合格的建设工程，应当负责返修。

第三十三条　施工单位应当建立、健全教育培训制度，加强对职工的教育培训；未经教育培训或者考核不合格的人员，不得上岗作业。

第五章　工程监理单位的质量责任和义务

第三十四条　工程监理单位应当依法取得相应等级的资质证书，并在其资质等级许可的范围内承担工程监理业务。

禁止工程监理单位超越本单位资质等级许可的范围或者以其他工程监理单位的名义承担工程监理业务。禁止工程监理单位允许其他单位或者个人以本单位的名义承担工程监理业务。

工程监理单位不得转让工程监理业务。

第三十五条　工程监理单位与被监理工程的施工承包单位以及建筑材料、建筑构配件和设备供应单位有隶属关系或者其他利害关系的，不得承担该项建设工程的监理业务。

第三十六条　工程监理单位应当依照法律、法规以及有关技术标准、设计文件和建设工程承包合同，代表建设单位对施工质量实施监理，并对施工质量承担监理责任。

第三十七条　工程监理单位应当选派具备相应资格的总监理工程师和监理工程师进驻施工现场。

未经监理工程师签字，建筑材料、建筑构配件和设备不得在工程上使用或者安装，施工单位不得进行下一道工序的施工。未经总监理工程师签字，建设单位不拨付工程款，不进行竣工验收。

第三十八条　监理工程师应当按照工程监理规范的要求，采取旁站、巡视和平行检验等形式，对建设工程实施监理。

第六章　建设工程质量保修

第三十九条　建设工程实行质量保修制度。

建设工程承包单位在向建设单位提交工程竣工验收报告时，应当向建设单位出具质量保修书。质量保修书中应当明确建设工程的保修范围、保修期限和保修责任等。

第四十条　在正常使用条件下，建设工程的最低保修期限为：

（一）基础设施工程、房屋建筑的地基基础工程和主体结构工程，为设计文件规定的该工程的合理使用年限；

（二）屋面防水工程、有防水要求的卫生间、房间和外墙面的防渗漏，为5年；

（三）供热与供冷系统，为2个采暖期、供冷期；

（四）电气管线、给排水管道、设备安装和装修工程，为2年。

其他项目的保修期限由发包方与承包方约定。

建设工程的保修期，自竣工验收合格之日起计算。

第四十一条　建设工程在保修范围和保修期限内发生质量问题的，施工单位应当履行保修义务，并对造成的损失承担赔偿责任。

第四十二条 建设工程在超过合理使用年限后需要继续使用的,产权所有人应当委托具有相应资质等级的勘察、设计单位鉴定,并根据鉴定结果采取加固、维修等措施,重新界定使用期。

第七章 监督管理

第四十三条 国家实行建设工程质量监督管理制度。

国务院建设行政主管部门对全国的建设工程质量实施统一监督管理。国务院铁路、交通、水利等有关部门按照国务院规定的职责分工,负责对全国的有关专业建设工程质量的监督管理。

县级以上地方人民政府建设行政主管部门对本行政区域内的建设工程质量实施监督管理。县级以上地方人民政府交通、水利等有关部门在各自的职责范围内,负责对本行政区域内的专业建设工程质量的监督管理。

第四十四条 国务院建设行政主管部门和国务院铁路、交通、水利等有关部门应当加强对有关建设工程质量的法律、法规和强制性标准执行情况的监督检查。

第四十五条 国务院发展计划部门按照国务院规定的职责,组织稽察特派员,对国家出资的重大建设项目实施监督检查。

国务院经济贸易主管部门按照国务院规定的职责,对国家重大技术改造项目实施监督检查。

第四十六条 建设工程质量监督管理,可以由建设行政主管部门或者其他有关部门委托的建设工程质量监督机构具体实施。

从事房屋建筑工程和市政基础设施工程质量监督的机构,必须按照国家有关规定经国务院建设行政主管部门或者省、自治区、直辖市人民政府建设行政主管部门考核;从事专业建设工程质量监督的机构,必须按照国家有关规定经国务院有关部门或者省、自治区、直辖市人民政府有关部门考核。经考核合格后,方可实施质量监督。

第四十七条 县级以上地方人民政府建设行政主管部门和其他有关部门应当加强对有关建设工程质量的法律、法规和强制性标准执行情况的监督检查。

第四十八条 县级以上人民政府建设行政主管部门和其他有关部门履行监督检查职责时,有权采取下列措施:

（一）要求被检查的单位提供有关工程质量的文件和资料;

（二）进入被检查单位的施工现场进行检查;

（三）发现有影响工程质量的问题时,责令改正。

第四十九条 建设单位应当自建设工程竣工验收合格之日起15日内,将建设工程竣工验收报告和规划、公安消防、环保等部门出具的认可文件或者准许使用文件报建设行政主管部门或者其他有关部门备案。

建设行政主管部门或者其他有关部门发现建设单位在竣工验收过程中有违反国家有关建设工程质量管理规定行为的,责令停止使用,重新组织竣工验收。

第五十条 有关单位和个人对县级以上人民政府建设行政主管部门和其他有关部门进行的监督检查应当支持与配合,不得拒绝或者阻碍建设工程质量监督检查人员依法执行职务。

第五十一条 供水、供电、供气、公安消防等部门或者单位不得明示或者暗示建设单位、施工单位购买其指定的生产供应单位的建筑材料、建筑构配件和设备。

第五十二条 建设工程发生质量事故，有关单位应当在24小时内向当地建设行政主管部门和其他有关部门报告。对重大质量事故，事故发生地的建设行政主管部门和其他有关部门应当按照事故类别和等级向当地人民政府和上级建设行政主管部门和其他有关部门报告。

特别重大质量事故的调查程序按照国务院有关规定办理。

第五十三条 任何单位和个人对建设工程的质量事故、质量缺陷都有权检举、控告、投诉。

第八章 罚 则

第五十四条 违反本条例规定，建设单位将建设工程发包给不具有相应资质等级的勘察、设计、施工单位或者委托给不具有相应资质等级的工程监理单位的，责令改正，处50万元以上100万元以下的罚款。

第五十五条 违反本条例规定，建设单位将建设工程肢解发包的，责令改正，处工程合同价款百分之零点五以上百分之一以下的罚款；对全部或者部分使用国有资金的项目，并可以暂停项目执行或者暂停资金拨付。

第五十六条 违反本条例规定，建设单位有下列行为之一的，责令改正，处20万元以上50万元以下的罚款：

（一）迫使承包方以低于成本的价格竞标的；

（二）任意压缩合理工期的；

（三）明示或者暗示设计单位或者施工单位违反工程建设强制性标准，降低工程质量的；

（四）施工图设计文件未经审查或者审查不合格，擅自施工的；

（五）建设项目必须实行工程监理而未实行工程监理的；

（六）未按照国家规定办理工程质量监督手续的；

（七）明示或者暗示施工单位使用不合格的建筑材料、建筑构配件和设备的；

（八）未按照国家规定将竣工验收报告、有关认可文件或者准许使用文件报送备案的。

第五十七条 违反本条例规定，建设单位未取得施工许可证或者开工报告未经批准，擅自施工的，责令停止施工，限期改正，处工程合同价款百分之一以上百分之二以下的罚款。

第五十八条 违反本条例规定，建设单位有下列行为之一的，责令改正，处工程合同价款百分之二以上百分之四以下的罚款；造成损失的，依法承担赔偿责任：

（一）未组织竣工验收，擅自交付使用的；

（二）验收不合格，擅自交付使用的；

（三）对不合格的建设工程按照合格工程验收的。

第五十九条 违反本条例规定，建设工程竣工验收后，建设单位未向建设行政主管部门或者其他有关部门移交建设项目档案的，责令改正，处1万元以上10万元以下的罚款。

第六十条 违反本条例规定，勘察、设计、施工、工程监理单位超越本单位资质等级承揽工程的，责令停止违法行为，对勘察、设计单位或者工程监理单位处合同约定的勘察费、设计费或者监理酬金1倍以上2倍以下的罚款；对施工单位处工程合同价款百分之二以上百分之四以下的罚款，可以责令停业整顿，降低资质等级；情节严重的，吊销资质证书；有违法所得的，予以没收。

未取得资质证书承揽工程的，予以取缔，依照前款规定处以罚款；有违法所得的，予以没收。

以欺骗手段取得资质证书承揽工程的，吊销资质证书，依照本条第一款规定处以罚款；有违法所得的，予以没收。

第六十一条 违反本条例规定，勘察、设计、施工、工程监理单位允许其他单位或者个人以本单位名义承揽工程的，责令改正，没收违法所得，对勘察、设计单位和工程监理单位处合同约定的勘察费、设计费和监理酬金1倍以上2倍以下的罚款；对施工单位处工程合同价款百分之二以上百分之四以下的罚款；可以责令停业整顿，降低资质等级；情节严重的，吊销资质证书。

第六十二条 违反本条例规定，承包单位将承包的工程转包或者违法分包的，责令改正，没收违法所得，对勘察、设计单位处合同约定的勘察费、设计费百分之二十五以上百分之五十以下的罚款；对施工单位处工程合同价款百分之零点五以上百分之一以下的罚款；可以责令停业整顿，降低资质等级；情节严重的，吊销资质证书。

工程监理单位转让工程监理业务的，责令改正，没收违法所得，处合同约定的监理酬金百分之二十五以上百分之五十以下的罚款；可以责令停业整顿，降低资质等级；情节严重的，吊销资质证书。

第六十三条 违反本条例规定，有下列行为之一的，责令改正，处10万元以上30万元以下的罚款：

（一）勘察单位未按照工程建设强制性标准进行勘察的；

（二）设计单位未根据勘察成果文件进行工程设计的；

（三）设计单位指定建筑材料、建筑构配件的生产厂、供应商的；

（四）设计单位未按照工程建设强制性标准进行设计的。

有前款所列行为，造成工程质量事故的，责令停业整顿，降低资质等级；情节严重的，吊销资质证书；造成损失的，依法承担赔偿责任。

第六十四条 违反本条例规定，施工单位在施工中偷工减料的，使用不合格的建筑材料、建筑构配件和设备的，或者有不按照工程设计图纸或者施工技术标准施工的其他行为的，责令改正，处工程合同价款百分之二以上百分之四以下的罚款；造成建设工程质量不符合规定的质量标准的，负责返工、修理，并赔偿因此造成的损失；情节严重的，责令停业整顿，降低资质等级或者吊销资质证书。

第六十五条 违反本条例规定，施工单位未对建筑材料、建筑构配件、设备和商品混凝土进行检验，或者未对涉及结构安全的试块、试件以及有关材料取样检测的，责令改正，处10万元以上20万元以下的罚款；情节严重的，责令停业整顿，降低资质等级或者吊销资质证书；造成损失的，依法承担赔偿责任。

第六十六条 违反本条例规定，施工单位不履行保修义务或者拖延履行保修义务的，责令改正，处10万元以上20万元以下的罚款，并对在保修期内因质量缺陷造成的损失承担赔偿责任。

第六十七条 工程监理单位有下列行为之一的，责令改正，处50万元以上100万元以下的罚款，降低资质等级或者吊销资质证书；有违法所得的，予以没收；造成损失的，承担连带赔偿责任：

（一）与建设单位或者施工单位串通，弄虚作假、降低工程质量的；

（二）将不合格的建设工程、建筑材料、建筑构配件和设备按照合格签字的。

第六十八条　违反本条例规定，工程监理单位与被监理工程的施工承包单位以及建筑材料、建筑构配件和设备供应单位有隶属关系或者其他利害关系承担该项建设工程的监理业务的，责令改正，处5万元以上10万元以下的罚款，降低资质等级或者吊销资质证书；有违法所得的，予以没收。

第六十九条　违反本条例规定，涉及建筑主体或者承重结构变动的装修工程，没有设计方案擅自施工的，责令改正，处50万元以上100万元以下的罚款；房屋建筑使用者在装修过程中擅自变动房屋建筑主体和承重结构的，责令改正，处5万元以上10万元以下的罚款。

有前款所列行为，造成损失的，依法承担赔偿责任。

第七十条　发生重大工程质量事故隐瞒不报、谎报或者拖延报告期限的，对直接负责的主管人员和其他责任人员依法给予行政处分。

第七十一条　违反本条例规定，供水、供电、供气、公安消防等部门或者单位明示或者暗示建设单位或者施工单位购买其指定的生产供应单位的建筑材料、建筑构配件和设备的，责令改正。

第七十二条　违反本条例规定，注册建筑师、注册结构工程师、监理工程师等注册执业人员因过错造成质量事故的，责令停止执业1年；造成重大质量事故的，吊销执业资格证书，5年以内不予注册；情节特别恶劣的，终身不予注册。

第七十三条　依照本条例规定，给予单位罚款处罚的，对单位直接负责的主管人员和其他直接责任人员处单位罚款数额百分之五以上百分之十以下的罚款。

第七十四条　建设单位、设计单位、施工单位、工程监理单位违反国家规定，降低工程质量标准，造成重大安全事故，构成犯罪的，对直接责任人员依法追究刑事责任。

第七十五条　本条例规定的责令停业整顿，降低资质等级和吊销资质证书的行政处罚，由颁发资质证书的机关决定；其他行政处罚，由建设行政主管部门或者其他有关部门依照法定职权决定。

依照本条例规定被吊销资质证书的，由工商行政管理部门吊销其营业执照。

第七十六条　国家机关工作人员在建设工程质量监督管理工作中玩忽职守、滥用职权、徇私舞弊，构成犯罪的，依法追究刑事责任；尚不构成犯罪的，依法给予行政处分。

第七十七条　建设、勘察、设计、施工、工程监理单位的工作人员因调动工作、退休等原因离开该单位后，被发现在该单位工作期间违反国家有关建设工程质量管理规定，造成重大工程质量事故的，仍应当依法追究法律责任。

第九章　附　则

第七十八条　本条例所称肢解发包，是指建设单位将应当由一个承包单位完成的建设工程分解成若干部分发包给不同的承包单位的行为。

本条例所称违法分包，是指下列行为：

（一）总承包单位将建设工程分包给不具备相应资质条件的单位的；

（二）建设工程总承包合同中未有约定，又未经建设单位认可，承包单位将其承包的部分建设工程交由其他单位完成的；

（三）施工总承包单位将建设工程主体结构的施工分包给其他单位的；

（四）分包单位将其承包的建设工程再分包的。

本条例所称转包，是指承包单位承包建设工程后，不履行合同约定的责任和义务，将其承包的全部建设工程转给他人或者将其承包的全部建设工程肢解以后以分包的名义分别转给其他单位承包的行为。

第七十九条 本条例规定的罚款和没收的违法所得，必须全部上缴国库。

第八十条 抢险救灾及其他临时性房屋建筑和农民自建低层住宅的建设活动，不适用本条例。

第八十一条 军事建设工程的管理，按照中央军事委员会的有关规定执行。

第八十二条 本条例自发布之日起施行。

建设工程安全生产管理条例

中华人民共和国国务院令

第393号

《建设工程安全生产管理条例》已经2003年11月12日国务院第28次常务会议通过，现予公布，自2004年2月1日起施行。

总理　温家宝

二〇〇三年十一月二十四日

第一章　总　　则

第一条　为了加强建设工程安全生产监督管理，保障人民群众生命和财产安全，根据《中华人民共和国建筑法》、《中华人民共和国安全生产法》，制定本条例。

第二条　在中华人民共和国境内从事建设工程的新建、扩建、改建和拆除等有关活动及实施对建设工程安全生产的监督管理，必须遵守本条例。

本条例所称建设工程，是指土木工程、建筑工程、线路管道和设备安装工程及装修工程。

第三条　建设工程安全生产管理，坚持安全第一、预防为主的方针。

第四条　建设单位、勘察单位、设计单位、施工单位、工程监理单位及其他与建设工程安全生产有关的单位，必须遵守安全生产法律、法规的规定，保证建设工程安全生产，依法承担建设工程安全生产责任。

第五条　国家鼓励建设工程安全生产的科学技术研究和先进技术的推广应用，推进建设工程安全生产的科学管理。

第二章　建设单位的安全责任

第六条　建设单位应当向施工单位提供施工现场及毗邻区域内供水、排水、供电、供气、供热、通信、广播电视等地下管线资料，气象和水文观测资料，相邻建筑物和构筑物、地下工程的有关资料，并保证资料的真实、准确、完整。

建设单位因建设工程需要，向有关部门或者单位查询前款规定的资料时，有关部门或者单位应当及时提供。

第七条　建设单位不得对勘察、设计、施工、工程监理等单位提出不符合建设工程安全生产法律、法规和强制性标准规定的要求，不得压缩合同约定的工期。

第八条　建设单位在编制工程概算时，应当确定建设工程安全作业环境及安全施工措施所需费用。

第九条　建设单位不得明示或者暗示施工单位购买、租赁、使用不符合安全施工要求的安全防护用具、机械设备、施工机具及配件、消防设施和器材。

第十条　建设单位在申请领取施工许可证时，应当提供建设工程有关安全施工措施的资料。

依法批准开工报告的建设工程，建设单位应当自开工报告批准之日起15日内，将保证安全施工的措施报送建设工程所在地的县级以上地方人民政府建设行政主管部门或者其他有关部门备案。

第十一条　建设单位应当将拆除工程发包给具有相应资质等级的施工单位。

建设单位应当在拆除工程施工15日前，将下列资料报送建设工程所在地的县级以上地方人民政府建设行政主管部门或者其他有关部门备案：

（一）施工单位资质等级证明；

（二）拟拆除建筑物、构筑物及可能危及毗邻建筑的说明；

（三）拆除施工组织方案；

（四）堆放、清除废弃物的措施。

实施爆破作业的，应当遵守国家有关民用爆炸物品管理的规定。

第三章　勘察、设计、工程监理及其他有关单位的安全责任

第十二条　勘察单位应当按照法律、法规和工程建设强制性标准进行勘察，提供的勘察文件应当真实、准确，满足建设工程安全生产的需要。

勘察单位在勘察作业时，应当严格执行操作规程，采取措施保证各类管线、设施和周边建筑物、构筑物的安全。

第十三条　设计单位应当按照法律、法规和工程建设强制性标准进行设计，防止因设计不合理导致生产安全事故的发生。

设计单位应当考虑施工安全操作和防护的需要，对涉及施工安全的重点部位和环节在设计文件中注明，并对防范生产安全事故提出指导意见。

采用新结构、新材料、新工艺的建设工程和特殊结构的建设工程，设计单位应当在设计中提出保障施工作业人员安全和预防生产安全事故的措施建议。

设计单位和注册建筑师等注册执业人员应当对其设计负责。

第十四条　工程监理单位应当审查施工组织设计中的安全技术措施或者专项施工方案是否符合工程建设强制性标准。

工程监理单位在实施监理过程中，发现存在安全事故隐患的，应当要求施工单位整改；情况严重的，应当要求施工单位暂时停止施工，并及时报告建设单位。施工单位拒不整改或者不停止施工的，工程监理单位应当及时向有关主管部门报告。

工程监理单位和监理工程师应当按照法律、法规和工程建设强制性标准实施监理，并对建设工程安全生产承担监理责任。

第十五条　为建设工程提供机械设备和配件的单位，应当按照安全施工的要求配备齐全有效的保险、限位等安全设施和装置。

第十六条　出租的机械设备和施工机具及配件，应当具有生产（制造）许可证、产品合格证。

出租单位应当对出租的机械设备和施工机具及配件的安全性能进行检测，在签订租赁协议时，应当出具检测合格证明。

禁止出租检测不合格的机械设备和施工机具及配件。

第十七条　在施工现场安装、拆卸施工起重机械和整体提升脚手架、模板等自升式架设设施，必须由具有相应资质的单位承担。

安装、拆卸施工起重机械和整体提升脚手架、模板等自升式架设设施，应当编制拆装方案、制定安全施工措施，并由专业技术人员现场监督。

施工起重机械和整体提升脚手架、模板等自升式架设设施安装完毕后，安装单位应当自检，出具自检合格证明，并向施工单位进行安全使用说明，办理验收手续并签字。

第十八条 施工起重机械和整体提升脚手架、模板等自升式架设设施的使用达到国家规定的检验检测期限的，必须经具有专业资质的检验检测机构检测。经检测不合格的，不得继续使用。

第十九条 检验检测机构对检测合格的施工起重机械和整体提升脚手架、模板等自升式架设设施，应当出具安全合格证明文件，并对检测结果负责。

第四章 施工单位的安全责任

第二十条 施工单位从事建设工程的新建、扩建、改建和拆除等活动，应当具备国家规定的注册资本、专业技术人员、技术装备和安全生产等条件，依法取得相应等级的资质证书，并在其资质等级许可的范围内承揽工程。

第二十一条 施工单位主要负责人依法对本单位的安全生产工作全面负责。施工单位应当建立健全安全生产责任制度和安全生产教育培训制度，制定安全生产规章制度和操作规程，保证本单位安全生产条件所需资金的投入，对所承担的建设工程进行定期和专项安全检查，并做好安全检查记录。

施工单位的项目经理应当由取得相应执业资格的人员担任，对建设工程项目的安全施工负责，落实安全生产责任制度、安全生产规章制度和操作规程，确保安全生产费用的有效使用，并根据工程的特点组织制定安全施工措施，消除安全事故隐患，及时、如实报告生产安全事故。

第二十二条 施工单位对列入建设工程概算的安全作业环境及安全施工措施所需费用，应当用于施工安全防护用具及设施的采购和更新、安全施工措施的落实、安全生产条件的改善，不得挪作他用。

第二十三条 施工单位应当设立安全生产管理机构，配备专职安全生产管理人员。

专职安全生产管理人员负责对安全生产进行现场监督检查。发现安全事故隐患，应当及时向项目经理和安全生产管理机构报告；对违章指挥、违章操作的，应当立即制止。

专职安全生产管理人员的配备办法由国务院建设行政主管部门会同国务院其他有关部门制定。

第二十四条 建设工程实行施工总承包的，由总承包单位对施工现场的安全生产负总责。

总承包单位应当自行完成建设工程主体结构的施工。

总承包单位依法将建设工程分包给其他单位的，分包合同中应当明确各自的安全生产方面的权利、义务。总承包单位和分包单位对分包工程的安全生产承担连带责任。

分包单位应当服从总承包单位的安全生产管理，分包单位不服从管理导致生产安全事故的，由分包单位承担主要责任。

第二十五条 垂直运输机械作业人员、安装拆卸工、爆破作业人员、起重信号工、登高架设作业人员等特种作业人员，必须按照国家有关规定经过专门的安全作业培训，并取得特种作业操作资格证书后，方可上岗作业。

第二十六条　施工单位应当在施工组织设计中编制安全技术措施和施工现场临时用电方案，对下列达到一定规模的危险性较大的分部分项工程编制专项施工方案，并附具安全验算结果，经施工单位技术负责人、总监理工程师签字后实施，由专职安全生产管理人员进行现场监督：

（一）基坑支护与降水工程；

（二）土方开挖工程；

（三）模板工程；

（四）起重吊装工程；

（五）脚手架工程；

（六）拆除、爆破工程；

（七）国务院建设行政主管部门或者其他有关部门规定的其他危险性较大的工程。

对前款所列工程中涉及深基坑、地下暗挖工程、高大模板工程的专项施工方案，施工单位还应当组织专家进行论证、审查。

本条第一款规定的达到一定规模的危险性较大工程的标准，由国务院建设行政主管部门会同国务院其他有关部门制定。

第二十七条　建设工程施工前，施工单位负责项目管理的技术人员应当对有关安全施工的技术要求向施工作业班组、作业人员作出详细说明，并由双方签字确认。

第二十八条　施工单位应当在施工现场入口处、施工起重机械、临时用电设施、脚手架、出入通道口、楼梯口、电梯井口、孔洞口、桥梁口、隧道口、基坑边沿、爆破物及有害危险气体和液体存放处等危险部位，设置明显的安全警示标志。安全警示标志必须符合国家标准。

施工单位应当根据不同施工阶段和周围环境及季节、气候的变化，在施工现场采取相应的安全施工措施。施工现场暂时停止施工的，施工单位应当做好现场防护，所需费用由责任方承担，或者按照合同约定执行。

第二十九条　施工单位应当将施工现场的办公、生活区与作业区分开设置，并保持安全距离；办公、生活区的选址应当符合安全性要求。职工的膳食、饮水、休息场所等应当符合卫生标准。施工单位不得在尚未竣工的建筑物内设置员工集体宿舍。

施工现场临时搭建的建筑物应当符合安全使用要求。施工现场使用的装配式活动房屋应当具有产品合格证。

第三十条　施工单位对因建设工程施工可能造成损害的毗邻建筑物、构筑物和地下管线等，应当采取专项防护措施。

施工单位应当遵守有关环境保护法律、法规的规定，在施工现场采取措施，防止或者减少粉尘、废气、废水、固体废物、噪声、振动和施工照明对人和环境的危害和污染。

在城市市区内的建设工程，施工单位应当对施工现场实行封闭围挡。

第三十一条　施工单位应当在施工现场建立消防安全责任制度，确定消防安全责任人，制定用火、用电、使用易燃易爆材料等各项消防安全管理制度和操作规程，设置消防通道、消防水源，配备消防设施和灭火器材，并在施工现场入口处设置明显标志。

第三十二条　施工单位应当向作业人员提供安全防护用具和安全防护服装，并书面告知危险岗位的操作规程和违章操作的危害。

作业人员有权对施工现场的作业条件、作业程序和作业方式中存在的安全问题提出批评、检举和控告，有权拒绝违章指挥和强令冒险作业。

在施工中发生危及人身安全的紧急情况时，作业人员有权立即停止作业或者在采取必要的应急措施后撤离危险区域。

第三十三条 作业人员应当遵守安全施工的强制性标准、规章制度和操作规程，正确使用安全防护用具、机械设备等。

第三十四条 施工单位采购、租赁的安全防护用具、机械设备、施工机具及配件，应当具有生产（制造）许可证、产品合格证，并在进入施工现场前进行查验。

施工现场的安全防护用具、机械设备、施工机具及配件必须由专人管理，定期进行检查、维修和保养，建立相应的资料档案，并按照国家有关规定及时报废。

第三十五条 施工单位在使用施工起重机械和整体提升脚手架、模板等自升式架设设施前，应当组织有关单位进行验收，也可以委托具有相应资质的检验检测机构进行验收；使用承租的机械设备和施工机具及配件的，由施工总承包单位、分包单位、出租单位和安装单位共同进行验收。验收合格的方可使用。

《特种设备安全监察条例》规定的施工起重机械，在验收前应当经有相应资质的检验检测机构监督检验合格。

施工单位应当自施工起重机械和整体提升脚手架、模板等自升式架设设施验收合格之日起30日内，向建设行政主管部门或者其他有关部门登记。登记标志应当置于或者附着于该设备的显著位置。

第三十六条 施工单位的主要负责人、项目经理、专职安全生产管理人员应当经建设行政主管部门或者其他有关部门考核合格后方可任职。

施工单位应当对管理人员和作业人员每年至少进行一次安全生产教育培训，其教育培训情况记入个人工作档案。安全生产教育培训考核不合格的人员，不得上岗。

第三十七条 作业人员进入新的岗位或者新的施工现场前，应当接受安全生产教育培训。未经教育培训或者教育培训考核不合格的人员，不得上岗作业。

施工单位在采用新技术、新工艺、新设备、新材料时，应当对作业人员进行相应的安全生产教育培训。

第三十八条 施工单位应当为施工现场从事危险作业的人员办理意外伤害保险。

意外伤害保险费由施工单位支付。实行施工总承包的，由总承包单位支付意外伤害保险费。意外伤害保险期限自建设工程开工之日起至竣工验收合格止。

第五章 监督管理

第三十九条 国务院负责安全生产监督管理的部门依照《中华人民共和国安全生产法》的规定，对全国建设工程安全生产工作实施综合监督管理。

县级以上地方人民政府负责安全生产监督管理的部门依照《中华人民共和国安全生产法》的规定，对本行政区域内建设工程安全生产工作实施综合监督管理。

第四十条 国务院建设行政主管部门对全国的建设工程安全生产实施监督管理。国务院铁路、交通、水利等有关部门按照国务院规定的职责分工，负责有关专业建设工程安全生产的监督管理。

县级以上地方人民政府建设行政主管部门对本行政区域内的建设工程安全生产实施监督管理。县级以上地方人民政府交通、水利等有关部门在各自的职责范围内，负责本行政区域内的专业建设工程安全生产的监督管理。

第四十一条　建设行政主管部门和其他有关部门应当将本条例第十条、第十一条规定的有关资料的主要内容抄送同级负责安全生产监督管理的部门。

第四十二条　建设行政主管部门在审核发放施工许可证时，应当对建设工程是否有安全施工措施进行审查，对没有安全施工措施的，不得颁发施工许可证。

建设行政主管部门或者其他有关部门对建设工程是否有安全施工措施进行审查时，不得收取费用。

第四十三条　县级以上人民政府负有建设工程安全生产监督管理职责的部门在各自的职责范围内履行安全监督检查职责时，有权采取下列措施：

（一）要求被检查单位提供有关建设工程安全生产的文件和资料；

（二）进入被检查单位施工现场进行检查；

（三）纠正施工中违反安全生产要求的行为；

（四）对检查中发现的安全事故隐患，责令立即排除；重大安全事故隐患排除前或者排除过程中无法保证安全的，责令从危险区域内撤出作业人员或者暂时停止施工。

第四十四条　建设行政主管部门或者其他有关部门可以将施工现场的监督检查委托给建设工程安全监督机构具体实施。

第四十五条　国家对严重危及施工安全的工艺、设备、材料实行淘汰制度。具体目录由国务院建设行政主管部门会同国务院其他有关部门制定并公布。

第四十六条　县级以上人民政府建设行政主管部门和其他有关部门应当及时受理对建设工程生产安全事故及安全事故隐患的检举、控告和投诉。

第六章　生产安全事故的应急救援和调查处理

第四十七条　县级以上地方人民政府建设行政主管部门应当根据本级人民政府的要求，制定本行政区域内建设工程特大生产安全事故应急救援预案。

第四十八条　施工单位应当制定本单位生产安全事故应急救援预案，建立应急救援组织或者配备应急救援人员，配备必要的应急救援器材、设备，并定期组织演练。

第四十九条　施工单位应当根据建设工程施工的特点、范围，对施工现场易发生重大事故的部位、环节进行监控，制定施工现场生产安全事故应急救援预案。实行施工总承包的，由总承包单位统一组织编制建设工程生产安全事故应急救援预案，工程总承包单位和分包单位按照应急救援预案，各自建立应急救援组织或者配备应急救援人员，配备救援器材、设备，并定期组织演练。

第五十条　施工单位发生生产安全事故，应当按照国家有关伤亡事故报告和调查处理的规定，及时、如实地向负责安全生产监督管理的部门、建设行政主管部门或者其他有关部门报告；特种设备发生事故的，还应当同时向特种设备安全监督管理部门报告。接到报告的部门应当按照国家有关规定，如实上报。

实行施工总承包的建设工程，由总承包单位负责上报事故。

第五十一条　发生生产安全事故后，施工单位应当采取措施防止事故扩大，保护事故现场。需要移动现场物品时，应当做出标记和书面记录，妥善保管有关证物。

第五十二条　建设工程生产安全事故的调查、对事故责任单位和责任人的处罚与处理，按照有关法律、法规的规定执行。

第七章 法律责任

第五十三条 违反本条例的规定，县级以上人民政府建设行政主管部门或者其他有关行政管理部门的工作人员，有下列行为之一的，给予降级或者撤职的行政处分；构成犯罪的，依照刑法有关规定追究刑事责任：

（一）对不具备安全生产条件的施工单位颁发资质证书的；

（二）对没有安全施工措施的建设工程颁发施工许可证的；

（三）发现违法行为不予查处的；

（四）不依法履行监督管理职责的其他行为。

第五十四条 违反本条例的规定，建设单位未提供建设工程安全生产作业环境及安全施工措施所需费用的，责令限期改正；逾期未改正的，责令该建设工程停止施工。

建设单位未将保证安全施工的措施或者拆除工程的有关资料报送有关部门备案的，责令限期改正，给予警告。

第五十五条 违反本条例的规定，建设单位有下列行为之一的，责令限期改正，处20万元以上50万元以下的罚款；造成重大安全事故，构成犯罪的，对直接责任人员，依照刑法有关规定追究刑事责任；造成损失的，依法承担赔偿责任：

（一）对勘察、设计、施工、工程监理等单位提出不符合安全生产法律、法规和强制性标准规定的要求的；

（二）要求施工单位压缩合同约定的工期的；

（三）将拆除工程发包给不具有相应资质等级的施工单位的。

第五十六条 违反本条例的规定，勘察单位、设计单位有下列行为之一的，责令限期改正，处10万元以上30万元以下的罚款；情节严重的，责令停业整顿，降低资质等级，直至吊销资质证书；造成重大安全事故，构成犯罪的，对直接责任人员，依照刑法有关规定追究刑事责任；造成损失的，依法承担赔偿责任：

（一）未按照法律、法规和工程建设强制性标准进行勘察、设计的；

（二）采用新结构、新材料、新工艺的建设工程和特殊结构的建设工程，设计单位未在设计中提出保障施工作业人员安全和预防生产安全事故的措施建议的。

第五十七条 违反本条例的规定，工程监理单位有下列行为之一的，责令限期改正；逾期未改正的，责令停业整顿，并处10万元以上30万元以下的罚款；情节严重的，降低资质等级，直至吊销资质证书；造成重大安全事故，构成犯罪的，对直接责任人员，依照刑法有关规定追究刑事责任；造成损失的，依法承担赔偿责任：

（一）未对施工组织设计中的安全技术措施或者专项施工方案进行审查的；

（二）发现安全事故隐患未及时要求施工单位整改或者暂时停止施工的；

（三）施工单位拒不整改或者不停止施工，未及时向有关主管部门报告的；

（四）未依照法律、法规和工程建设强制性标准实施监理的。

第五十八条 注册执业人员未执行法律、法规和工程建设强制性标准的，责令停止执业3个月以上1年以下；情节严重的，吊销执业资格证书，5年内不予注册；造成重大安全事故的，终身不予注册；构成犯罪的，依照刑法有关规定追究刑事责任。

第五十九条 违反本条例的规定，为建设工程提供机械设备和配件的单位，未按照安全施工的要求配备齐全有效的保险、限位等安全设施和装置的，责令限期改正，处合同价款1倍以上3倍以下的罚款；造成损失的，依法承担赔偿责任。

第六十条 违反本条例的规定，出租单位出租未经安全性能检测或者经检测不合格的机械设备和施工机具及配件的，责令停业整顿，并处5万元以上10万元以下的罚款；造成损失的，依法承担赔偿责任。

第六十一条 违反本条例的规定，施工起重机械和整体提升脚手架、模板等自升式架设设施安装、拆卸单位有下列行为之一的，责令限期改正，处5万元以上10万元以下的罚款；情节严重的，责令停业整顿，降低资质等级，直至吊销资质证书；造成损失的，依法承担赔偿责任：

（一）未编制拆装方案、制定安全施工措施的；

（二）未由专业技术人员现场监督的；

（三）未出具自检合格证明或者出具虚假证明的；

（四）未向施工单位进行安全使用说明，办理移交手续的。

施工起重机械和整体提升脚手架、模板等自升式架设设施安装、拆卸单位有前款规定的第（一）项、第（三）项行为，经有关部门或者单位职工提出后，对事故隐患仍不采取措施，因而发生重大伤亡事故或者造成其他严重后果，构成犯罪的，对直接责任人员，依照刑法有关规定追究刑事责任。

第六十二条 违反本条例的规定，施工单位有下列行为之一的，责令限期改正；逾期未改正的，责令停业整顿，依照《中华人民共和国安全生产法》的有关规定处以罚款；造成重大安全事故，构成犯罪的，对直接责任人员，依照刑法有关规定追究刑事责任：

（一）未设立安全生产管理机构、配备专职安全生产管理人员或者分部分项工程施工时无专职安全生产管理人员现场监督的；

（二）施工单位的主要负责人、项目经理、专职安全生产管理人员、作业人员或者特种作业人员，未经安全教育培训或者经考核不合格即从事相关工作的；

（三）未在施工现场的危险部位设置明显的安全警示标志，或者未按照国家有关规定在施工现场设置消防通道、消防水源、配备消防设施和灭火器材的；

（四）未向作业人员提供安全防护用具和安全防护服装的；

（五）未按照规定在施工起重机械和整体提升脚手架、模板等自升式架设设施验收合格后登记的；

（六）使用国家明令淘汰、禁止使用的危及施工安全的工艺、设备、材料的。

第六十三条 违反本条例的规定，施工单位挪用列入建设工程概算的安全生产作业环境及安全施工措施所需费用的，责令限期改正，处挪用费用20%以上50%以下的罚款；造成损失的，依法承担赔偿责任。

第六十四条 违反本条例的规定，施工单位有下列行为之一的，责令限期改正；逾期未改正的，责令停业整顿，并处5万元以上10万元以下的罚款；造成重大安全事故，构成犯罪的，对直接责任人员，依照刑法有关规定追究刑事责任：

（一）施工前未对有关安全施工的技术要求作出详细说明的；

（二）未根据不同施工阶段和周围环境及季节、气候的变化，在施工现场采取相应的安全施工措施，或者在城市市区内的建设工程的施工现场未实行封闭围挡的；

（三）在尚未竣工的建筑物内设置员工集体宿舍的；

（四）施工现场临时搭建的建筑物不符合安全使用要求的；

（五）未对因建设工程施工可能造成损害的毗邻建筑物、构筑物和地下管线等采取专项防护措施的。

施工单位有前款规定第（四）项、第（五）项行为，造成损失的，依法承担赔偿责任。

第六十五条 违反本条例的规定，施工单位有下列行为之一的，责令限期改正；逾期未改正的，责令停业整顿，并处10万元以上30万元以下的罚款；情节严重的，降低资质等级，直至吊销资质证书；造成重大安全事故，构成犯罪的，对直接责任人员，依照刑法有关规定追究刑事责任；造成损失的，依法承担赔偿责任：

（一）安全防护用具、机械设备、施工机具及配件在进入施工现场前未经查验或者查验不合格即投入使用的；

（二）使用未经验收或者验收不合格的施工起重机械和整体提升脚手架、模板等自升式架设设施的；

（三）委托不具有相应资质的单位承担施工现场安装、拆卸施工起重机械和整体提升脚手架、模板等自升式架设设施的；

（四）在施工组织设计中未编制安全技术措施、施工现场临时用电方案或者专项施工方案的。

第六十六条 违反本条例的规定，施工单位的主要负责人、项目经理未履行安全生产管理职责的，责令限期改正；逾期未改正的，责令施工单位停业整顿；造成重大安全事故、重大伤亡事故或者其他严重后果，构成犯罪的，依照刑法有关规定追究刑事责任。

作业人员不服管理、违反规章制度和操作规程冒险作业造成重大伤亡事故或者其他严重后果，构成犯罪的，依照刑法有关规定追究刑事责任。

施工单位的主要负责人、项目经理有前款违法行为，尚不够刑事处罚的，处2万元以上20万元以下的罚款或者按照管理权限给予撤职处分；自刑罚执行完毕或者受处分之日起，5年内不得担任任何施工单位的主要负责人、项目经理。

第六十七条 施工单位取得资质证书后，降低安全生产条件的，责令限期改正；经整改仍未达到与其资质等级相适应的安全生产条件的，责令停业整顿，降低其资质等级直至吊销资质证书。

第六十八条 本条例规定的行政处罚，由建设行政主管部门或者其他有关部门依照法定职权决定。

违反消防安全管理规定的行为，由公安消防机构依法处罚。

有关法律、行政法规对建设工程安全生产违法行为的行政处罚决定机关另有规定的，从其规定。

第八章 附 则

第六十九条 抢险救灾和农民自建低层住宅的安全生产管理，不适用本条例。

第七十条 军事建设工程的安全生产管理，按照中央军事委员会的有关规定执行。

第七十一条 本条例自2004年2月1日起施行。

建设工程勘察设计管理条例

中华人民共和国国务院令

第293号

《建设工程勘察设计管理条例》已经2000年9月20日国务院第31次常务会议通过，现予公布施行。

总理　朱镕基

二〇〇〇年九月二十五日

第一章　总　　则

第一条　为了加强对建设工程勘察、设计活动的管理，保证建设工程勘察、设计质量，保护人民生命和财产安全，制定本条例。

第二条　从事建设工程勘察、设计活动，必须遵守本条例。本条例所称建设工程勘察，是指根据建设工程的要求，查明、分析、评价建设场地的地质地理环境特征和岩土工程条件，编制建设工程勘察文件的活动。本条例所称建设工程设计，是指根据建设工程的要求，对建设工程所需的技术、经济、资源、环境等条件进行综合分析、论证，编制建设工程设计文件的活动。

第三条　建设工程勘察、设计应当与社会、经济发展水平相适应，做到经济效益、社会效益和环境效益相统一。

第四条　从事建设工程勘察、设计活动，应当坚持先勘察、后设计、再施工的原则。

第五条　县级以上人民政府建设行政主管部门和交通、水利等有关部门应当依照本条例的规定，加强对建设工程勘察、设计活动的监督管理。建设工程勘察、设计单位必须依法进行建设工程勘察、设计，严格执行工程建设强制性标准，并对建设工程勘察、设计的质量负责。

第六条　国家鼓励在建设工程勘察、设计活动中采用先进技术、先进工艺、先进设备、新型材料和现代管理方法。

第二章　资质资格管理

第七条　国家对从事建设工程勘察、设计活动的单位，实行资质管理制度。具体办法由国务院建设行政主管部门商国务院有关部门制定。

第八条　建设工程勘察、设计单位应当在其资质等级许可的范围内承揽建设工程勘察、设计业务。禁止建设工程勘察、设计单位超越其资质等级许可的范围或者以其他建设工程勘察、设计单位的名义承揽建设工程勘察、设计业务。禁止建设工程勘察、设计单位允许其他单位或者个人以本单位的名义承揽建设工程勘察、设计业务。

第九条　国家对从事建设工程勘察、设计活动的专业技术人员，实行执业资格注册管理制度。未经注册的建设工程勘察、设计人员，不得以注册执业人员的名义从事建设工程勘察、设计活动。

第十条　建设工程勘察、设计注册执业人员和其他专业技术人员只能受聘于一个建设工程勘察、设计单位；未受聘于建设工程勘察、设计单位的，不得从事建设工程的勘察、设计活动。

第十一条　建设工程勘察、设计单位资质证书和执业人员注册证书，由国务院建设行政主管部门统一制作。

第三章　建设工程勘察设计发包与承包

第十二条　建设工程勘察、设计发包依法实行招标发包或者直接发包。

第十三条　建设工程勘察、设计应当依照《中华人民共和国招标投标法》的规定，实行招标发包。

第十四条　建设工程勘察、设计方案评标，应当以投标人的业绩、信誉和勘察、设计人员的能力以及勘察、设计方案的优劣为依据，进行综合评定。

第十五条　建设工程勘察、设计的招标人应当在评标委员会推荐的候选方案中确定中标方案。但是，建设工程勘察、设计的招标人认为评标委员会推荐的候选方案不能最大限度满足招标文件规定的要求的，应当依法重新招标。

第十六条　下列建设工程的勘察、设计，经有关主管部门批准，可以直接发包：

（一）采用特定的专利或者专有技术的；

（二）建筑艺术造型有特殊要求的；

（三）国务院规定的其他建设工程的勘察、设计。

第十七条　发包方不得将建设工程勘察、设计业务发包给不具有相应勘察、设计资质等级的建设工程勘察、设计单位。

第十八条　发包方可以将整个建设工程的勘察、设计发包给一个勘察、设计单位；也可以将建设工程的勘察、设计分别发包给几个勘察、设计单位。

第十九条　除建设工程主体部分的勘察、设计外，经发包方书面同意，承包方可以将建设工程其他部分的勘察、设计再分包给其他具有相应资质等级的建设工程勘察、设计单位。

第二十条　建设工程勘察、设计单位不得将所承揽的建设工程勘察、设计转包。

第二十一条　承包方必须在建设工程勘察、设计资质证书规定的资质等级和业务范围内承揽建设工程的勘察、设计业务。

第二十二条　建设工程勘察、设计的发包方与承包方，应当执行国家规定的建设工程勘察、设计程序。

第二十三条　建设工程勘察、设计的发包方与承包方应当签订建设工程勘察、设计合同。

第二十四条　建设工程勘察、设计发包方与承包方应当执行国家有关建设工程勘察费、设计费的管理规定。

第四章　建设工程勘察设计文件的编制与实施

第二十五条　编制建设工程勘察、设计文件，应当以下列规定为依据：

（一）项目批准文件；

（二）城市规划；

（三）工程建设强制性标准；

（四）国家规定的建设工程勘察、设计深度要求。

铁路、交通、水利等专业建设工程，还应当以专业规划的要求为依据。

第二十六条 编制建设工程勘察文件，应当真实、准确，满足建设工程规划、选址、设计、岩土治理和施工的需要。编制方案设计文件，应当满足编制初步设计文件和控制概算的需要。编制初步设计文件，应当满足编制施工招标文件、主要设备材料订货和编制施工图设计文件的需要。编制施工图设计文件，应当满足设备材料采购、非标准设备制作和施工的需要，并注明建设工程合理使用年限。

第二十七条 设计文件中选用的材料、构配件、设备，应当注明其规格、型号、性能等技术指标，其质量要求必须符合国家规定的标准。除有特殊要求的建筑材料、专用设备和工艺生产线等外，设计单位不得指定生产厂、供应商。

第二十八条 建设单位、施工单位、监理单位不得修改建设工程勘察、设计文件；确需修改建设工程勘察、设计文件的，应当由原建设工程勘察、设计单位修改。经原建设工程勘察、设计单位书面同意，建设单位也可以委托其他具有相应资质的建设工程勘察、设计单位修改。修改单位对修改的勘察、设计文件承担相应责任。施工单位、监理单位发现建设工程勘察、设计文件不符合工程建设强制性标准、合同约定的质量要求的，应当报告建设单位，建设单位有权要求建设工程勘察、设计单位对建设工程勘察、设计文件进行补充、修改。建设工程勘察、设计文件内容需要作重大修改的，建设单位应当报经原审批机关批准后，方可修改。

第二十九条 建设工程勘察、设计文件中规定采用的新技术、新材料，可能影响建设工程质量和安全，又没有国家技术标准的，应当由国家认可的检测机构进行试验、论证，出具检测报告，并经国务院有关部门或者省、自治区、直辖市人民政府有关部门组织的建设工程技术专家委员会审定后，方可使用。

第三十条 建设工程勘察、设计单位应当在建设工程施工前，向施工单位和监理单位说明建设工程勘察、设计意图，解释建设工程勘察、设计文件。建设工程勘察、设计单位应当及时解决施工中出现的勘察、设计问题。

第五章 监督管理

第三十一条 国务院建设行政主管部门对全国的建设工程勘察、设计活动实施统一监督管理。国务院铁路、交通、水利等有关部门按照国务院规定的职责分工，负责对全国的有关专业建设工程勘察、设计活动的监督管理。县级以上地方人民政府建设行政主管部门对本行政区域内的建设工程勘察、设计活动实施监督管理。县级以上地方人民政府交通、水利等有关部门在各自的职责范围内，负责对本行政区域内的有关专业建设工程勘察、设计活动的监督管理。

第三十二条 建设工程勘察、设计单位在建设工程勘察、设计资质证书规定的业务范围内跨部门、跨地区承揽勘察、设计业务的，有关地方人民政府及其所属部门不得设置障碍，不得违反国家规定收取任何费用。

第三十三条 县级以上人民政府建设行政主管部门或者交通、水利等有关部门应当对施工图设计文件中涉及公共利益、公众安全、工程建设强制性标准的内容进行审查。施工图设计文件未经审查批准的，不得使用。

第三十四条　任何单位和个人对建设工程勘察、设计活动中的违法行为都有权检举、控告、投诉。

第六章　罚　则

第三十五条　违反本条例第八条规定的，责令停止违法行为，处合同约定的勘察费、设计费1倍以上2倍以下的罚款，有违法所得的，予以没收；可以责令停业整顿，降低资质等级；情节严重的，吊销资质证书。未取得资质证书承揽工程的，予以取缔，依照前款规定处以罚款；有违法所得的，予以没收。以欺骗手段取得资质证书承揽工程的，吊销资质证书，依照本条第一款规定处以罚款；有违法所得的，予以没收。

第三十六条　违反本条例规定，未经注册，擅自以注册建设工程勘察、设计人员的名义从事建设工程勘察、设计活动的，责令停止违法行为，没收违法所得，处违法所得2倍以上5倍以下罚款；给他人造成损失的，依法承担赔偿责任。

第三十七条　违反本条例规定，建设工程勘察、设计注册执业人员和其他专业技术人员未受聘于一个建设工程勘察、设计单位或者同时受聘于两个以上建设工程勘察、设计单位，从事建设工程勘察、设计活动的，责令停止违法行为，没收违法所得，处违法所得2倍以上5倍以下的罚款；情节严重的，可以责令停止执行业务或者吊销资格证书；给他人造成损失的，依法承担赔偿责任。

第三十八条　违反本条例规定，发包方将建设工程勘察、设计业务发包给不具有相应资质等级的建设工程勘察、设计单位的，责令改正，处50万元以上100万元以下的罚款。

第三十九条　违反本条例规定，建设工程勘察、设计单位将所承揽的建设工程勘察、设计转包的，责令改正，没收违法所得，处合同约定的勘察费、设计费25%以上50%以下的罚款，可以责令停业整顿，降低资质等级；情节严重的，吊销资质证书。

第四十条　违反本条例规定，有下列行为之一的，依照《建设工程质量管理条例》第六十三条的规定给予处罚：

（一）勘察单位未按照工程建设强制性标准进行勘察的；

（二）设计单位未根据勘察成果文件进行工程设计的；

（三）设计单位指定建筑材料、建筑构配件的生产厂、供应商的；

（四）设计单位未按照工程建设强制性标准进行设计的。

第四十一条　本条例规定的责令停业整顿、降低资质等级和吊销资质证书、资格证书的行政处罚，由颁发资质证书、资格证书的机关决定；其他行政处罚，由建设行政主管部门或者其他有关部门依据法定职权范围决定。依照本条例规定被吊销资质证书的，由工商行政管理部门吊销其营业执照。

第四十二条　国家机关工作人员在建设工程勘察、设计活动的监督管理工作中玩忽职守、滥用职权、徇私舞弊，构成犯罪的，依法追究刑事责任；尚不构成犯罪的，依法给予行政处分。

第七章　附　则

第四十三条　抢险救灾及其他临时性建筑和农民自建两层以下住宅的勘察、设计活动，不适用本条例。

第四十四条　军事建设工程勘察、设计的管理，按照中央军事委员会的有关规定执行。

第四十五条　本条例自公布之日（2000年9月25日）起施行。

中华人民共和国著作权法实施条例

中华人民共和国国务院令

第633号

《国务院关于修改〈中华人民共和国著作权法实施条例〉的决定》已经2013年1月16日国务院第231次常务会议通过，现予公布，自2013年3月1日起施行。

总理　温家宝

2013年1月30日

第二条：著作权法所称作品，指文学、艺术和科学领域内，具有独创性并能以某种有形形式复制的智力创作成果。

第三条：著作权法所称创作，指直接产生文学、艺术和科学作品的智力活动。

为他人创作进行组织工作，提供咨询意见、物质条件，或者进行其他辅助活动，均不视为创作。

第四条　著作权法和本条例中下列作品的含义：

（一）文字作品，是指小说、诗词、散文、论文等以文字形式表现的作品；

（二）口述作品，是指即兴的演说、授课、法庭辩论等以口头语言形式表现的作品；

（三）音乐作品，是指歌曲、交响乐等能够演唱或者演奏的带词或者不带词的作品；

（四）戏剧作品，是指话剧、歌剧、地方戏等供舞台演出的作品；

（五）曲艺作品，是指相声、快书、大鼓、评书等以说唱为主要形式表演的作品；

（六）舞蹈作品，是指通过连续的动作、姿势、表情等表现思想情感的作品；

（七）杂技艺术作品，是指杂技、魔术、马戏等通过形体动作和技巧表现的作品；

（八）美术作品，是指绘画、书法、雕塑等以线条、色彩或者其他方式构成的有审美意义的平面或者立体的造型艺术作品；

（九）建筑作品，是指以建筑物或者构筑物形式表现的有审美意义的作品；

（十）摄影作品，是指借助器械在感光材料或者其他介质上记录客观物体形象的艺术作品；

（十一）电影作品和以类似摄制电影的方法创作的作品，是指摄制在一定介质上，由一系列有伴音或者无伴音的画面组成，并且借助适当装置放映或者以其他方式传播的作品；

（十二）图形作品，是指为施工、生产绘制的工程设计图、产品设计图，以及反映地理现象、说明事物原理或者结构的地图、示意图等作品；

（十三）模型作品，是指为展示、试验或者观测等用途，根据物体的形状和结构，按照一定比例制成的立体作品。

中华人民共和国文物保护法实施条例

中华人民共和国国务院令

第377号

《中华人民共和国文物保护法实施条例》已经2003年5月13日国务院第8次常务会议通过，现予公布，自2003年7月1日起施行。

总理　温家宝

二〇〇三年五月十八日

第十五条　承担文物保护单位的修缮、迁移、重建工程的单位，应当同时取得文物行政主管部门发给的相应等级的文物保护工程资质证书和建设行政主管部门发给的相应等级的资质证书。其中，不涉及建筑活动的文物保护单位的修缮、迁移、重建，应当由取得文物行政主管部门发给的相应等级的文物保护工程资质证书的单位承担。

企业事业单位内部治安保卫条例

中华人民共和国国务院令

第421号

《企业事业单位内部治安保卫条例》已经2004年9月13日国务院第64次常务会议通过，现予公布，自2004年12月1日起施行。

总理　温家宝

二〇〇四年九月二十七日

第十六条　公安机关对本行政区域内的单位内部治安保卫工作履行下列职责：（一）指导单位制定、完善内部治安保卫制度，落实治安防范措施，指导治安保卫人员队伍建设和治安保卫重点单位的治安保卫机构建设；（二）检查、指导单位的内部治安保卫工作，发现单位有违反本条例规定的行为或者治安隐患，及时下达整改通知书，责令限期整改；（三）接到单位内部发生治安案件、涉嫌刑事犯罪案件的报警，及时出警，依法处置。

最高人民法院关于审理建设工程施工合同纠纷案件

适用法律问题的解释

（2004年9月29日最高人民法院审判委员会第1327次会议通过）

（法释【2004】14号）

《最高人民法院关于审理建设工程施工合同纠纷案件适用法律问题的解释》已于2004年9月29日由最高人民法院审判委员会第1327次会议通过，现予公布，自2005年1月1日起施行。

二〇〇四年十月二十五日

根据《中华人民共和国民法通则》、《中华人民共和国合同法》、《中华人民共和国招标投标法》、《中华人民共和国民事诉讼法》等法律规定，结合民事审判实际，就审理建设工程施工合同纠纷案件适用法律的问题，制定本解释。

第一条 建设工程施工合同具有下列情形之一的，应当根据合同法第五十二条第（五）项的规定，认定无效：

（一）承包人未取得建筑施工企业资质或者超越资质等级的；

（二）没有资质的实际施工人借用有资质的建筑施工企业名义的；

（三）建设工程必须进行招标而未招标或者中标无效的。

第二条 建设工程施工合同无效，但建设工程经竣工验收合格，承包人请求参照合同约定支付工程价款的，应予支持。

第三条 建设工程施工合同无效，且建设工程经竣工验收不合格的，按照以下情形分别处理：

（一）修复后的建设工程经竣工验收合格，发包人请求承包人承担修复费用的，应予支持；

（二）修复后的建设工程经竣工验收不合格，承包人请求支付工程价款的，不予支持。

因建设工程不合格造成的损失，发包人有过错的，也应承担相应的民事责任。

第四条 承包人非法转包、违法分包建设工程或者没有资质的实际施工人借用有资质的建筑施工企业名义与他人签订建设工程施工合同的行为无效。人民法院可以根据民法通则第一百三十四条规定，收缴当事人已经取得的非法所得。

第五条 承包人超越资质等级许可的业务范围签订建设工程施工合同，在建设工程竣工前取得相应资质等级，当事人请求按照无效合同处理的，不予支持。

第六条 当事人对垫资和垫资利息有约定，承包人请求按照约定返还垫资及其利息的，应予支持，但是约定的利息计算标准高于中国人民银行发布的同期同类贷款利率的部分除外。

当事人对垫资没有约定的，按照工程欠款处理。

当事人对垫资利息没有约定，承包人请求支付利息的，不予支持。

第七条　具有劳务作业法定资质的承包人与总承包人、分包人签订的劳务分包合同，当事人以转包建设工程违反法律规定为由请求确认无效的，不予支持。

第八条　承包人具有下列情形之一，发包人请求解除建设工程施工合同的，应予支持：

（一）明确表示或者以行为表明不履行合同主要义务的；

（二）合同约定的期限内没有完工，且在发包人催告的合理期限内仍未完工的；

（三）已经完成的建设工程质量不合格，并拒绝修复的；

（四）将承包的建设工程非法转包、违法分包的。

第九条　发包人具有下列情形之一，致使承包人无法施工，且在催告的合理期限内仍未履行相应义务，承包人请求解除建设工程施工合同的，应予支持：

（一）未按约定支付工程价款的；

（二）提供的主要建筑材料、建筑构配件和设备不符合强制性标准的；

（三）不履行合同约定的协助义务的。

第十条　建设工程施工合同解除后，已经完成的建设工程质量合格的，发包人应当按照约定支付相应的工程价款；已经完成的建设工程质量不合格的，参照本解释第三条规定处理。

因一方违约导致合同解除的，违约方应当赔偿因此而给对方造成的损失。

第十一条　因承包人的过错造成建设工程质量不符合约定，承包人拒绝修理、返工或者改建，发包人请求减少支付工程价款的，应予支持。

第十二条　发包人具有下列情形之一，造成建设工程质量缺陷，应当承担过错责任：

（一）提供的设计有缺陷；

（二）提供或者指定购买的建筑材料、建筑构配件、设备不符合强制性标准；

（三）直接指定分包人分包专业工程。

承包人有过错的，也应当承担相应的过错责任。

第十三条　建设工程未经竣工验收，发包人擅自使用后，又以使用部分质量不符合约定为由主张权利的，不予支持；但是承包人应当在建设工程的合理使用寿命内对地基基础工程和主体结构质量承担民事责任。

第十四条　当事人对建设工程实际竣工日期有争议的，按照以下情形分别处理：

（一）建设工程经竣工验收合格的，以竣工验收合格之日为竣工日期；

（二）承包人已经提交竣工验收报告，发包人拖延验收的，以承包人提交验收报告之日为竣工日期；

（三）建设工程未经竣工验收，发包人擅自使用的，以转移占有建设工程之日为竣工日期。

第十五条　建设工程竣工前，当事人对工程质量发生争议，工程质量经鉴定合格的，鉴定期间为顺延工期期间。

第十六条　当事人对建设工程的计价标准或者计价方法有约定的，按照约定结算工程价款。

因设计变更导致建设工程的工程量或者质量标准发生变化，当事人对该部分工程价款不能协商一致的，可以参照签订建设工程施工合同时当地建设行政主管部门发布的计价方法或者计价标准结算工程价款。

建设工程施工合同有效，但建设工程经竣工验收不合格的，工程价款结算参照本解释第三条规定处理。

第十七条 当事人对欠付工程价款利息计付标准有约定的，按照约定处理；没有约定的，按照中国人民银行发布的同期同类贷款利率计息。

第十八条 利息从应付工程价款之日计付。当事人对付款时间没有约定或者约定不明的，下列时间视为应付款时间：

（一）建设工程已实际交付的，为交付之日；

（二）建设工程没有交付的，为提交竣工结算文件之日；

（三）建设工程未交付，工程价款也未结算的，为当事人起诉之日。

第十九条 当事人对工程量有争议的，按照施工过程中形成的签证等书面文件确认。承包人能够证明发包人同意其施工，但未能提供签证文件证明工程量发生的，可以按照当事人提供的其他证据确认实际发生的工程量。

第二十条 当事人约定，发包人收到竣工结算文件后，在约定期限内不予答复，视为认可竣工结算文件的，按照约定处理。承包人请求按照竣工结算文件结算工程价款的，应予支持。

第二十一条 当事人就同一建设工程另行订立的建设工程施工合同与经过备案的中标合同实质性内容不一致的，应当以备案的中标合同作为结算工程价款的根据。

第二十二条 当事人约定按照固定价结算工程价款，一方当事人请求对建设工程造价进行鉴定的，不予支持。

第二十三条 当事人对部分案件事实有争议的，仅对有争议的事实进行鉴定，但争议事实范围不能确定，或者双方当事人请求对全部事实鉴定的除外。

第二十四条 建设工程施工合同纠纷以施工行为地为合同履行地。

第二十五条 因建设工程质量发生争议的，发包人可以以总承包人、分包人和实际施工人为共同被告提起诉讼。

第二十六条 实际施工人以转包人、违法分包人为被告起诉的，人民法院应当依法受理。

实际施工人以发包人为被告主张权利的，人民法院可以追加转包人或者违法分包人为本案当事人。发包人只在欠付工程价款范围内对实际施工人承担责任。

第二十七条 因保修人未及时履行保修义务，导致建筑物毁损或者造成人身、财产损害的，保修人应当承担赔偿责任。

保修人与建筑物所有人或者发包人对建筑物毁损均有过错的，各自承担相应的责任。

第二十八条 本解释自二〇〇五年一月一日起施行。

施行后受理的第一审案件适用本解释。

施行前最高人民法院发布的司法解释与本解释相抵触的，以本解释为准。

建设工程质量保证金管理暂行办法

建质[2005]7号

各省、自治区建设厅、财政厅，直辖市、计划单列市建委、财政局，国务院有关部门建设司、财务司，新疆生产建设兵团建设局、财务局：

为了规范建设工程质量保证金管理，落实工程在缺陷责任期内的维修、修养责任，建设部、财政部制定了《建设工程质量保证金管理暂行办法》。现印给你们，请结合本地区、本部门实际认真贯彻执行。

建设部

财政部

二〇〇五年一月十二日

第一条 为规范建设工程质量保证金（保修金）管理，落实工程在缺陷责任期内的维修责任，根据《中华人民共和国建筑法》、《建设工程质量管理条例》、《建设工程价款结算暂行办法》和《基本建设财务管理规定》等相关规定，制定本办法。

第二条 本办法所称建设工程质量保证金（保修金）（以下简称保证金）是指发包人与承包人在建设工程承包合同中约定，从应付的工程款中预留，用以保证承包人在缺陷责任期内对建设工程出现的缺陷进行维修的资金。

缺陷是指建设工程质量不符合工程建设强制性标准、设计文件，以及承包合同的约定。

缺陷责任期一般为六个月、十二个月或二十四个月，具体可由发、承包双方在合同中约定。

第三条 发包人应当在招标文件中明确保证金预留、返还等内容，并与承包人在合同条款中对涉及保证金的下列事项进行约定：

（一）保证金预留、返还方式；

（二）保证金预留比例、期限；

（三）保证金是否计付利息，如计付利息，利息的计算方式；

（四）缺陷责任期的期限及计算方式；

（五）保证金预留、返还及工程维修质量、费用等争议的处理程序；

（六）缺陷责任期内出现缺陷的索赔方式。

第四条 缺陷责任期内，实行国库集中支付的政府投资项目，保证金的管理应按国库集中支付的有关规定执行。其他政府投资项目，保证金可以预留在财政部门或发包方。缺陷责任期内，如发包方被撤销，保证金随交付使用资产一并移交使用单位管理，由使用单位代行发包人职责。

社会投资项目采用预留保证金方式的，发、承包双方可以约定将保证金交由金融机构托管；采用工程质量保证担保、工程质量保险等其他保证方式的，发包人不得再预留保证金，并按照有关规定执行。

第五条 缺陷责任期从工程通过竣（交）工验收之日起计。由于承包人原因导致工程无法按规定期限进行竣（交）工验收的，缺陷责任期从实际通过竣（交）工验收之日起计。由于发包人原因导致工程无法按规定期限进行竣（交）工验收的，在承包人提交竣（交）工验收报告90天后，工程自动进入缺陷责任期。

第六条 建设工程竣工结算后，发包人应按照合同约定及时向承包人支付工程结算价款并预留保证金。

第七条 全部或者部分使用政府投资的建设项目，按工程价款结算总额5%左右的比例预留保证金。

社会投资项目采用预留保证金方式的，预留保证金的比例可参照执行。

第八条 缺陷责任期内，由承包人原因造成的缺陷，承包人应负责维修，并承担鉴定及维修费用。如承包人不维修也不承担费用，发包人可按合同约定扣除保证金，并由承包人承担违约责任。承包人维修并承担相应费用后，不免除对工程的一般损失赔偿责任。

由他人原因造成的缺陷，发包人负责组织维修，承包人不承担费用，且发包人不得从保证金中扣除费用。

第九条 缺陷责任期内，承包人认真履行合同约定的责任，到期后，承包人向发包人申请返还保证金。

第十条 发包人在接到承包人返还保证金申请后，应于14日内会同承包人按照合同约定的内容进行核实。如无异议，发包人应当在核实后14日内将保证金返还给承包人，逾期支付的，从逾期之日起，按照同期银行贷款利率计付利息，并承担违约责任。发包人在接到承包人返还保证金申请后14日内不予答复，经催告后14日内仍不予答复，视同认可承包人的返还保证金申请。

第十一条 发包人和承包人对保证金预留、返还以及工程维修质量、费用有争议，按承包合同约定的争议和纠纷解决程序处理。

第十二条 建设工程实行工程总承包的，总承包单位与分包单位有关保证金的权利与义务的约定，参照本办法中发包人与承包人相应的权利与义务的约定执行。

第十三条 本办法由建设部、财政部负责解释。

第十四条 本办法自公布之日起施行。

建设工程价款结算暂行办法

财建[2004]369号

党中央有关部门，国务院各部委、各直属机构，有关人民团体，各中央管理企业，各省、自治区、直辖市、计划单列市财政厅（局）、建设厅（委、局），新疆生产建设兵团财务局：

为了维护建设市场秩序，规范建设工程价款结算活动，按照国家有关法律、法规，我们制订了《建设工程价款结算暂行办法》。现印发给你们，请贯彻执行。

财政部

建设部

二〇〇四年十月二十日

第一章 总 则

第一条 为加强和规范建设工程价款结算，维护建设市场正常秩序，根据《中华人民共和国合同法》、《中华人民共和国建筑法》、《中华人民共和国招标投标法》、《中华人民共和国预算法》、《中华人民共和国政府采购法》、《中华人民共和国预算法实施条例》等有关法律、行政法规制订本办法。

第二条 凡在中华人民共和国境内的建设工程价款结算活动，均适用本办法。国家法律法规另有规定的，从其规定。

第三条 本办法所称建设工程价款结算（以下简称"工程价款结算"），是指对建设工程的发承包合同价款进行约定和依据合同约定进行工程预付款、工程进度款、工程竣工价款结算的活动。

第四条 国务院财政部门、各级地方政府财政部门和国务院建设行政主管部门、各级地方政府建设行政主管部门在各自职责范围内负责工程价款结算的监督管理。

第五条 从事工程价款结算活动，应当遵循合法、平等、诚信的原则，并符合国家有关法律、法规和政策。

第二章 工程合同价款的约定与调整

第六条 招标工程的合同价款应当在规定时间内，依据招标文件、中标人的投标文件，由发包人与承包人（以下简称"发、承包人"）订立书面合同约定。

非招标工程的合同价款依据审定的工程预（概）算书由发、承包人在合同中约定。

合同价款在合同中约定后，任何一方不得擅自改变。

第七条 发包人、承包人应当在合同条款中对涉及工程价款结算的下列事项进行约定：

（一）预付工程款的数额、支付时限及抵扣方式；

（二）工程进度款的支付方式、数额及时限；

（三）工程施工中发生变更时，工程价款的调整方法、索赔方式、时限要求及金额支付方式；

（四）发生工程价款纠纷的解决方法；

（五）约定承担风险的范围及幅度以及超出约定范围和幅度的调整办法；

（六）工程竣工价款的结算与支付方式、数额及时限；

（七）工程质量保证（保修）金的数额、预扣方式及时限；

（八）安全措施和意外伤害保险费用；

（九）工期及工期提前或延后的奖惩办法；

（十）与履行合同、支付价款相关的担保事项。

第八条 发、承包人在签订合同时对于工程价款的约定，可选用下列一种约定方式：

（一）固定总价。合同工期较短且工程合同总价较低的工程，可以采用固定总价合同方式。

（二）固定单价。双方在合同中约定综合单价包含的风险范围和风险费用的计算方法，在约定的风险范围内综合单价不再调整。风险范围以外的综合单价调整方法，应当在合同中约定。

（三）可调价格。可调价格包括可调综合单价和措施费等，双方应在合同中约定综合单价和措施费的调整方法，调整因素包括：

1. 法律、行政法规和国家有关政策变化影响合同价款；

2. 工程造价管理机构的价格调整；

3. 经批准的设计变更；

4. 发包人更改经审定批准的施工组织设计（修正错误除外）造成费用增加；

5. 双方约定的其他因素。

第九条 承包人应当在合同规定的调整情况发生后14天内，将调整原因、金额以书面形式通知发包人，发包人确认调整金额后将其作为追加合同价款，与工程进度款同期支付。发包人收到承包人通知后14天内不予确认也不提出修改意见，视为已经同意该项调整。

当合同规定的调整合同价款的调整情况发生后，承包人未在规定时间内通知发包人，或者未在规定时间内提出调整报告，发包人可以根据有关资料，决定是否调整和调整的金额，并书面通知承包人。

第十条 工程设计变更价款调整

（一）施工中发生工程变更，承包人按照经发包人认可的变更设计文件，进行变更施工，其中，政府投资项目重大变更，需按基本建设程序报批后方可施工。

（二）在工程设计变更确定后14天内，设计变更涉及工程价款调整的，由承包人向发包人提出，经发包人审核同意后调整合同价款。变更合同价款按下列方法进行：

1. 合同中已有适用于变更工程的价格，按合同已有的价格变更合同价款；

2. 合同中只有类似于变更工程的价格，可以参照类似价格变更合同价款；

3. 合同中没有适用或类似于变更工程的价格，由承包人或发包人提出适当的变更价格，经对方确认后执行。如双方不能达成一致的，双方可提请工程所在地工程造价管理机构进行咨询或按合同约定的争议或纠纷解决程序办理。

（三）工程设计变更确定后14天内，如承包人未提出变更工程价款报告，则发包人可根据所掌握的资料决定是否调整合同价款和调整的具体金额。重大工程变更涉及工程价款变更报告和确认的时限由发承包双方协商确定。

收到变更工程价款报告一方，应在收到之日起14天内予以确认或提出协商意见，自变更工程价款报告送达之日起14天内，对方未确认也未提出协商意见时，视为变更工程价款报告已被确认。

确认增（减）的工程变更价款作为追加（减）合同价款与工程进度款同期支付。

第三章　工程价款结算

第十一条　工程价款结算应按合同约定办理，合同未作约定或约定不明的，发、承包双方应依照下列规定与文件协商处理：

（一）国家有关法律、法规和规章制度；

（二）国务院建设行政主管部门、省、自治区、直辖市或有关部门发布的工程造价计价标准、计价办法等有关规定；

（三）建设项目的合同、补充协议、变更签证和现场签证，以及经发、承包人认可的其他有效文件；

（四）其他可依据的材料。

第十二条　工程预付款结算应符合下列规定：

（一）包工包料工程的预付款按合同约定拨付，原则上预付比例不低于合同金额的10%，不高于合同金额的30%，对重大工程项目，按年度工程计划逐年预付。计价执行《建设工程工程量清单计价规范》GB 50500-2003的工程，实体性消耗和非实体性消耗部分应在合同中分别约定预付款比例。

（二）在具备施工条件的前提下，发包人应在双方签订合同后的一个月内或不迟于约定的开工日期前的7天内预付工程款，发包人不按约定预付，承包人应在预付时间到期后10天内向发包人发出要求预付的通知，发包人收到通知后仍不按要求预付，承包人可在发出通知14天后停止施工，发包人应从约定应付之日起向承包人支付应付款的利息（利率按同期银行贷款利率计），并承担违约责任。

（三）预付的工程款必须在合同中约定抵扣方式，并在工程进度款中进行抵扣。

（四）凡是没有签订合同或不具备施工条件的工程，发包人不得预付工程款，不得以预付款为名转移资金。

第十三条　工程进度款结算与支付应当符合下列规定：

（一）工程进度款结算方式

1. 按月结算与支付。即实行按月支付进度款，竣工后清算的办法。合同工期在两个年度以上的工程，在年终进行工程盘点，办理年度结算。

2. 分段结算与支付。即当年开工、当年不能竣工的工程按照工程形象进度，划分不同阶段支付工程进度款。具体划分在合同中明确。

（二）工程量计算

1. 承包人应当按照合同约定的方法和时间，向发包人提交已完工程量的报告。发包人接到报告后14天内核实已完工程量，并在核实前1天通知承包人，承包人应提供条件并派人参加核实，承包人收到通知后不参加核实，以发包人核实的工程量作为工程价款支付的依据。发包人不按约定时间通知承包人，致使承包人未能参加核实，核实结果无效。

2. 发包人收到承包人报告后14天内未核实完工程量，从第15天起，承包人报告的工程量即视为被确认，作为工程价款支付的依据，双方合同另有约定的，按合同执行。

3. 对承包人超出设计图纸（含设计变更）范围和因承包人原因造成返工的工程量，发包人不予计量。

（三）工程进度款支付

1. 根据确定的工程计量结果，承包人向发包人提出支付工程进度款申请，14天内，发包人应按不低于工程价款的60%，不高于工程价款的90%向承包人支付工程进度款。按约定时间发包人应扣回的预付款，与工程进度款同期结算抵扣。

2. 发包人超过约定的支付时间不支付工程进度款，承包人应及时向发包人发出要求付款的通知，发包人收到承包人通知后仍不能按要求付款，可与承包人协商签订延期付款协议，经承包人同意后可延期支付，协议应明确延期支付的时间和从工程计量结果确认后第15天起计算应付款的利息（利率按同期银行贷款利率计）。

3. 发包人不按合同约定支付工程进度款，双方又未达成延期付款协议，导致施工无法进行，承包人可停止施工，由发包人承担违约责任。

第十四条 工程完工后，双方应按照约定的合同价款及合同价款调整内容以及索赔事项，进行工程竣工结算。

（一）工程竣工结算方式

工程竣工结算分为单位工程竣工结算、单项工程竣工结算和建设项目竣工总结算。

（二）工程竣工结算编审

1. 单位工程竣工结算由承包人编制，发包人审查；实行总承包的工程，由具体承包人编制，在总包人审查的基础上，发包人审查。

2. 单项工程竣工结算或建设项目竣工总结算由总（承）包人编制，发包人可直接进行审查，也可以委托具有相应资质的工程造价咨询机构进行审查。政府投资项目，由同级财政部门审查。单项工程竣工结算或建设项目竣工总结算经发、承包人签字盖章后有效。

承包人应在合同约定期限内完成项目竣工结算编制工作，未在规定期限内完成的并且提不出正当理由延期的，责任自负。

（三）工程竣工结算审查期限

单项工程竣工后，承包人应在提交竣工验收报告的同时，向发包人递交竣工结算报告及完整的结算资料，发包人应按以下规定时限进行核对（审查）并提出审查意见。

序号	工程竣工结算报告金额	审查时间
1	500万元以下	从接到竣工结算报告和完整的竣工结算资料之日起20天
2	500万元—2000万元	从接到竣工结算报告和完整的竣工结算资料之日起30天
3	2000万元—5000万元	从接到竣工结算报告和完整的竣工结算资料之日起45天
4	5000万元以上	从接到竣工结算报告和完整的竣工结算资料之日起60天

建设项目竣工总结算在最后一个单项工程竣工结算审查确认后15天内汇总，送发包人后30天内审查完成。

（四）工程竣工价款结算

发包人收到承包人递交的竣工结算报告及完整的结算资料后，应按本办法规定的期限（合同约定有期限的，从其约定）进行核实，给予确认或者提出修改意见。发包人根据确认的竣工结算报告向承包人支付工程竣工结算价款，保留5%左右的质量保证（保修）

金，待工程交付使用一年质保期到期后清算（合同另有约定的，从其约定），质保期内如有返修，发生费用应在质量保证（保修）金内扣除。

（五）索赔价款结算

发承包人未能按合同约定履行自己的各项义务或发生错误，给另一方造成经济损失的，由受损方按合同约定提出索赔，索赔金额按合同约定支付。

（六）合同以外零星项目工程价款结算

发包人要求承包人完成合同以外零星项目，承包人应在接受发包人要求的7天内就用工数量和单价、机械台班数量和单价、使用材料和金额等向发包人提出施工签证，发包人签证后施工，如发包人未签证，承包人施工后发生争议的，责任由承包人自负。

第十五条　发包人和承包人要加强施工现场的造价控制，及时对工程合同外的事项如实纪录并履行书面手续。凡由发、承包双方授权的现场代表签字的现场签证以及发、承包双方协商确定的索赔等费用，应在工程竣工结算中如实办理，不得因发、承包双方现场代表的中途变更改变其有效性。

第十六条　发包人收到竣工结算报告及完整的结算资料后，在本办法规定或合同约定期限内，对结算报告及资料没有提出意见，则视同认可。

承包人如未在规定时间内提供完整的工程竣工结算资料，经发包人催促后14天内仍未提供或没有明确答复，发包人有权根据已有资料进行审查，责任由承包人自负。

根据确认的竣工结算报告，承包人向发包人申请支付工程竣工结算款。发包人应在收到申请后15天内支付结算款，到期没有支付的应承担违约责任。承包人可以催告发包人支付结算价款，如达成延期支付协议，承包人应按同期银行贷款利率支付拖欠工程价款的利息。如未达成延期支付协议，承包人可以与发包人协商将该工程折价，或申请人民法院将该工程依法拍卖，承包人就该工程折价或者拍卖的价款优先受偿。

第十七条　工程竣工结算以合同工期为准，实际施工工期比合同工期提前或延后，发、承包双方应按合同约定的奖惩办法执行。

第四章　工程价款结算争议处理

第十八条　工程造价咨询机构接受发包人或承包人委托，编审工程竣工结算，应按合同约定和实际履约事项认真办理，出具的竣工结算报告经发、承包双方签字后生效。当事人一方对报告有异议的，可对工程结算中有异议部分，向有关部门申请咨询后协商处理，若不能达成一致的，双方可按合同约定的争议或纠纷解决程序办理。

第十九条　发包人对工程质量有异议，已竣工验收或已竣工未验收但实际投入使用的工程，其质量争议按该工程保修合同执行；已竣工未验收且未实际投入使用的工程以及停工、停建工程的质量争议，应当就有争议部分的竣工结算暂缓办理，双方可就有争议的工程委托有资质的检测鉴定机构进行检测，根据检测结果确定解决方案，或按工程质量监督机构的处理决定执行，其余部分的竣工结算依照约定办理。

第二十条　当事人对工程造价发生合同纠纷时，可通过下列办法解决：

（一）双方协商确定；

（二）按合同条款约定的办法提请调解；

（三）向有关仲裁机构申请仲裁或向人民法院起诉。

第五章 工程价款结算管理

第二十一条 工程竣工后，发、承包双方应及时办清工程竣工结算，否则，工程不得交付使用，有关部门不予办理权属登记。

第二十二条 发包人与中标的承包人不按照招标文件和中标的承包人的投标文件订立合同的，或者发包人、中标的承包人背离合同实质性内容另行订立协议，造成工程价款结算纠纷的，另行订立的协议无效，由建设行政主管部门责令改正，并按《中华人民共和国招标投标法》第五十九条进行处罚。

第二十三条 接受委托承接有关工程结算咨询业务的工程造价咨询机构应具有工程造价咨询单位资质，其出具的办理拨付工程价款和工程结算的文件，应当由造价工程师签字，并应加盖执业专用章和单位公章。

第六章 附 则

第二十四条 建设工程施工专业分包或劳务分包，总（承）包人与分包人必须依法订立专业分包或劳务分包合同，按照本办法的规定在合同中约定工程价款及其结算办法。

第二十五条 政府投资项目除执行本办法有关规定外，地方政府或地方政府财政部门对政府投资项目合同价款约定与调整、工程价款结算、工程价款结算争议处理等事项，如另有特殊规定的，从其规定。

第二十六条 凡实行监理的工程项目，工程价款结算过程中涉及监理工程师签证事项，应按工程监理合同约定执行。

第二十七条 有关主管部门、地方政府财政部门和地方政府建设行政主管部门可参照本办法，结合本部门、本地区实际情况，另行制订具体办法，并报财政部、建设部备案。

第二十八条 合同示范文本内容如与本办法不一致，以本办法为准。

第二十九条 本办法自公布之日起施行。

建设工程监理范围和规模标准规定

中华人民共和国建设部令

第86号

《建设工程监理范围和规模标准规定》已于2000年12月29日经第36次部常务会议讨论通过，现予发布，自发布之日起施行。

建设部部长　俞正声

2001年1月17日

第一条　为了确定必须实行监理的建设工程项目具体范围和规模标准，规范建设工程监理活动，根据《建设工程质量管理条例》，制定本规定。

第二条　下列建设工程必须实行监理：

（一）国家重点建设工程；

（二）大中型公用事业工程；

（三）成片开发建设的住宅小区工程；

（四）利用外国政府或者国际组织贷款、援助资金的工程；

（五）国家规定必须实行监理的其他工程。

第三条　国家重点建设工程，是指依据《国家重点建设项目管理办法》所确定的对国民经济和社会发展有重大影响的骨干项目。

第四条　大中型公用事业工程，是指项目总投资额在3000万元以上的下列工程项目：

（一）供水、供电、供气、供热等市政工程项目；

（二）科技、教育、文化等项目；

（三）体育、旅游、商业等项目；

（四）卫生、社会福利等项目。

（五）其他公用事业项目。

第五条　成片开发建设的住宅小区工程，建筑面积在5万平方米以上的住宅建设工程必须实行监理；5万平方米以下的住宅建设工程，可以实行监理，具体范围和规模标准，由省、自治区、直辖市人民政府建设行政主管部门规定。

为了保证住宅质量，对高层住宅及地基、结构复杂的多层住宅应当实行监理。

第六条　利用外国政府或者国际组织贷款、援助资金的工程范围包括：

（一）使用世界银行、亚洲开发银行等国际组织贷款资金的项目；

（二）使用国外政府及其机构贷款资金的项目；

（三）使用国际组织或者国外政府援助资金的项目。

第七条　国家规定必须实行监理的其他工程是指：

（一）项目总投资额在3000万元以上关系社会公共利益、公众安全的下列基础设施项目：

（1）煤炭、石油、化工、天然气、电力、新能源等项目；

（2）铁路、公路、管道、水运、民航以及其他交通运输业等项目；

（3）邮政、电信枢纽、通信、信息网络等项目；

（4）防洪、灌溉、排涝、发电、引（供）水、滩涂治理、水资源保护、水土保持等水利建设项目；

（5）道路、桥梁、地铁和轻轨交通、污水排放及处理、垃圾处理、地下管道、公共停车场等城市基础设施项目；

（6）生态环境保护项目；

（7）其他基础设施项目。

（二）学校、影剧院、体育场馆项目。

第八条 国务院建设行政主管部门商国务院有关部门后，可以对本规定确定的必须实行监理的建设工程具体范围和规模标准进行调整。

第九条 本规定由国务院建设行政主管部门负责解释。

第十条 本规定自发布之日起施行。

建设工程勘察设计资质管理规定

中华人民共和国建设部令

第160号

《建设工程勘察设计资质管理规定》已于2006年12月30日经建设部第114次常务会议讨论通过，现予发布，自2007年9月1日起施行。

建设部部长 汪光焘

二〇〇七年六月二十六日

第一章 总 则

第一条 为了加强对建设工程勘察、设计活动的监督管理，保证建设工程勘察、设计质量，根据《中华人民共和国行政许可法》、《中华人民共和国建筑法》、《建设工程质量管理条例》和《建设工程勘察设计管理条例》等法律、行政法规，制定本规定。

第二条 在中华人民共和国境内申请建设工程勘察、工程设计资质，实施对建设工程勘察、工程设计资质的监督管理，适用本规定。

第三条 从事建设工程勘察、工程设计活动的企业，应当按照其拥有的注册资本、专业技术人员、技术装备和勘察设计业绩等条件申请资质，经审查合格，取得建设工程勘察、工程设计资质证书后，方可在资质许可的范围内从事建设工程勘察、工程设计活动。

第四条 国务院建设主管部门负责全国建设工程勘察、工程设计资质的统一监督管理。国务院铁路、交通、水利、信息产业、民航等有关部门配合国务院建设主管部门实施相应行业的建设工程勘察、工程设计资质管理工作。

省、自治区、直辖市人民政府建设主管部门负责本行政区域内建设工程勘察、工程设计资质的统一监督管理。省、自治区、直辖市人民政府交通、水利、信息产业等有关部门配合同级建设主管部门实施本行政区域内相应行业的建设工程勘察、工程设计资质管理工作。

第二章 资质分类和分级

第五条 工程勘察资质分为工程勘察综合资质、工程勘察专业资质、工程勘察劳务资质。

工程勘察综合资质只设甲级；工程勘察专业资质设甲级、乙级，根据工程性质和技术特点，部分专业可以设丙级；工程勘察劳务资质不分等级。

取得工程勘察综合资质的企业，可以承接各专业（海洋工程勘察除外）、各等级工程勘察业务；取得工程勘察专业资质的企业，可以承接相应等级相应专业的工程勘察业务；取得工程勘察劳务资质的企业，可以承接岩土工程治理、工程钻探、凿井等工程勘察劳务业务。

第六条 工程设计资质分为工程设计综合资质、工程设计行业资质、工程设计专业资质和工程设计专项资质。

工程设计综合资质只设甲级；工程设计行业资质、工程设计专业资质、工程设计专项资质设甲级、乙级。

根据工程性质和技术特点，个别行业、专业、专项资质可以设丙级，建筑工程专业资质可以设丁级。

取得工程设计综合资质的企业，可以承接各行业、各等级的建设工程设计业务；取得工程设计行业资质的企业，可以承接相应行业相应等级的工程设计业务及本行业范围内同级别的相应专业、专项（设计施工一体化资质除外）工程设计业务；取得工程设计专业资质的企业，可以承接本专业相应等级的专业工程设计业务及同级别的相应专项工程设计业务（设计施工一体化资质除外）；取得工程设计专项资质的企业，可以承接本专项相应等级的专项工程设计业务。

第七条 建设工程勘察、工程设计资质标准和各资质类别、级别企业承担工程的具体范围由国务院建设主管部门商国务院有关部门制定。

第三章　资质申请和审批

第八条 申请工程勘察甲级资质、工程设计甲级资质，以及涉及铁路、交通、水利、信息产业、民航等方面的工程设计乙级资质的，应当向企业工商注册所在地的省、自治区、直辖市人民政府建设主管部门提出申请。其中，国务院国资委管理的企业应当向国务院建设主管部门提出申请；国务院国资委管理的企业下属一层级的企业申请资质，应当由国务院国资委管理的企业向国务院建设主管部门提出申请。

省、自治区、直辖市人民政府建设主管部门应当自受理申请之日起20日内初审完毕，并将初审意见和申请材料报国务院建设主管部门。

国务院建设主管部门应当自省、自治区、直辖市人民政府建设主管部门受理申请材料之日起60日内完成审查，公示审查意见，公示时间为10日。其中，涉及铁路、交通、水利、信息产业、民航等方面的工程设计资质，由国务院建设主管部门送国务院有关部门审核，国务院有关部门在20日内审核完毕，并将审核意见送国务院建设主管部门。

第九条 工程勘察乙级及以下资质、劳务资质、工程设计乙级（涉及铁路、交通、水利、信息产业、民航等方面的工程设计乙级资质除外）及以下资质许可由省、自治区、直辖市人民政府建设主管部门实施。具体实施程序由省、自治区、直辖市人民政府建设主管部门依法确定。

省、自治区、直辖市人民政府建设主管部门应当自作出决定之日起30日内，将准予资质许可的决定报国务院建设主管部门备案。

第十条 工程勘察、工程设计资质证书分为正本和副本，正本一份，副本六份，由国务院建设主管部门统一印制，正、副本具备同等法律效力。资质证书有效期为5年。

第十一条 企业首次申请工程勘察、工程设计资质，应当提供以下材料：

（一）工程勘察、工程设计资质申请表；

（二）企业法人、合伙企业营业执照副本复印件；

（三）企业章程或合伙人协议；

（四）企业法定代表人、合伙人的身份证明；

（五）企业负责人、技术负责人的身份证明、任职文件、毕业证书、职称证书及相关资质标准要求提供的材料；

（六）工程勘察、工程设计资质申请表中所列注册执业人员的身份证明、注册执业证书；

（七）工程勘察、工程设计资质标准要求的非注册专业技术人员的职称证书、毕业证书、身份证明及个人业绩材料；

（八）工程勘察、工程设计资质标准要求的注册执业人员、其他专业技术人员与原聘用单位解除聘用劳动合同的证明及新单位的聘用劳动合同；

（九）资质标准要求的其他有关材料。

第十二条　企业申请资质升级应当提交以下材料：

（一）本规定第十一条第（一）、（二）、（五）、（六）、（七）、（九）项所列资料；

（二）工程勘察、工程设计资质标准要求的非注册专业技术人员与本单位签定的劳动合同及社保证明；

（三）原工程勘察、工程设计资质证书副本复印件；

（四）满足资质标准要求的企业工程业绩和个人工程业绩。

第十三条　企业增项申请工程勘察、工程设计资质，应当提交下列材料：

（一）本规定第十一条所列（一）、（二）、（五）、（六）、（七）、（九）的资料；

（二）工程勘察、工程设计资质标准要求的非注册专业技术人员与本单位签定的劳动合同及社保证明；

（三）原资质证书正、副本复印件；

（四）满足相应资质标准要求的个人工程业绩证明。

第十四条　资质有效期届满，企业需要延续资质证书有效期的，应当在资质证书有效期届满60日前，向原资质许可机关提出资质延续申请。

对在资质有效期内遵守有关法律、法规、规章、技术标准，信用档案中无不良行为记录，且专业技术人员满足资质标准要求的企业，经资质许可机关同意，有效期延续5年。

第十五条　企业在资质证书有效期内名称、地址、注册资本、法定代表人等发生变更的，应当在工商部门办理变更手续后30日内办理资质证书变更手续。

取得工程勘察甲级资质、工程设计甲级资质，以及涉及铁路、交通、水利、信息产业、民航等方面的工程设计乙级资质的企业，在资质证书有效期内发生企业名称变更的，应当向企业工商注册所在地省、自治区、直辖市人民政府建设主管部门提出变更申请，省、自治区、直辖市人民政府建设主管部门应当自受理申请之日起2日内将有关变更证明材料报国务院建设主管部门，由国务院建设主管部门在2日内办理变更手续。

前款规定以外的资质证书变更手续，由企业工商注册所在地的省、自治区、直辖市人民政府建设主管部门负责办理。省、自治区、直辖市人民政府建设主管部门应当自受理申请之日起2日内办理变更手续，并在办理资质证书变更手续后15日内将变更结果报国务院建设主管部门备案。

涉及铁路、交通、水利、信息产业、民航等方面的工程设计资质的变更，国务院建设主管部门应当将企业资质变更情况告知国务院有关部门。

第十六条　企业申请资质证书变更，应当提交以下材料：

（一）资质证书变更申请；

（二）企业法人、合伙企业营业执照副本复印件；

（三）资质证书正、副本原件；

（四）与资质变更事项有关的证明材料。

企业改制的，除提供前款规定资料外，还应当提供改制重组方案、上级资产管理部门或者股东大会的批准决定、企业职工代表大会同意改制重组的决议。

第十七条 企业首次申请、增项申请工程勘察、工程设计资质，其申请资质等级最高不超过乙级，且不考核企业工程勘察、工程设计业绩。

已具备施工资质的企业首次申请同类别或相近类别的工程勘察、工程设计资质的，可以将相应规模的工程总承包业绩作为工程业绩予以申报。其申请资质等级最高不超过其现有施工资质等级。

第十八条 企业合并的，合并后存续或者新设立的企业可以承继合并前各方中较高的资质等级，但应当符合相应的资质标准条件。

企业分立的，分立后企业的资质按照资质标准及本规定的审批程序核定。

企业改制的，改制后不再符合资质标准的，应按其实际达到的资质标准及本规定重新核定；资质条件不发生变化的，按本规定第十六条办理。

第十九条 从事建设工程勘察、设计活动的企业，申请资质升级、资质增项，在申请之日起前一年内有下列情形之一的，资质许可机关不予批准企业的资质升级申请和增项申请：

（一）企业相互串通投标或者与招标人串通投标承揽工程勘察、工程设计业务的；

（二）将承揽的工程勘察、工程设计业务转包或违法分包的；

（三）注册执业人员未按照规定在勘察设计文件上签字的；

（四）违反国家工程建设强制性标准的；

（五）因勘察设计原因造成过重大生产安全事故的；

（六）设计单位未根据勘察成果文件进行工程设计的；

（七）设计单位违反规定指定建筑材料、建筑构配件的生产厂、供应商的；

（八）无工程勘察、工程设计资质或者超越资质等级范围承揽工程勘察、工程设计业务的；

（九）涂改、倒卖、出租、出借或者以其他形式非法转让资质证书的；

（十）允许其他单位、个人以本单位名义承揽建设工程勘察、设计业务的；

（十一）其他违反法律、法规行为的。

第二十条 企业在领取新的工程勘察、工程设计资质证书的同时，应当将原资质证书交回原发证机关予以注销。

企业需增补（含增加、更换、遗失补办）工程勘察、工程设计资质证书的，应当持资质证书增补申请等材料向资质许可机关申请办理。遗失资质证书的，在申请补办前应当在公众媒体上刊登遗失声明。资质许可机关应当在2日内办理完毕。

第四章 监督与管理

第二十一条 国务院建设主管部门对全国的建设工程勘察、设计资质实施统一的监督管理。国务院铁路、交通、水利、信息产业、民航等有关部门配合国务院建设主管部门对相应的行业资质进行监督管理。

县级以上地方人民政府建设主管部门负责对本行政区域内的建设工程勘察、设计资质实施监督管理。县级以上人民政府交通、水利、信息产业等有关部门配合同级建设主管部门对相应的行业资质进行监督管理。

上级建设主管部门应当加强对下级建设主管部门资质管理工作的监督检查，及时纠正资质管理中的违法行为。

第二十二条　建设主管部门、有关部门履行监督检查职责时，有权采取下列措施：

（一）要求被检查单位提供工程勘察、设计资质证书、注册执业人员的注册执业证书，有关工程勘察、设计业务的文档，有关质量管理、安全生产管理、档案管理、财务管理等企业内部管理制度的文件；

（二）进入被检查单位进行检查，查阅相关资料；

（三）纠正违反有关法律、法规和本规定及有关规范和标准的行为。

建设主管部门、有关部门依法对企业从事行政许可事项的活动进行监督检查时，应当将监督检查情况和处理结果予以记录，由监督检查人员签字后归档。

第二十三条　建设主管部门、有关部门在实施监督检查时，应当有两名以上监督检查人员参加，并出示执法证件，不得妨碍企业正常的生产经营活动，不得索取或者收受企业的财物，不得谋取其他利益。

有关单位和个人对依法进行的监督检查应当协助与配合，不得拒绝或者阻挠。

监督检查机关应当将监督检查的处理结果向社会公布。

第二十四条　企业违法从事工程勘察、工程设计活动的，其违法行为发生地的建设主管部门应当依法将企业的违法事实、处理结果或处理建议告知该企业的资质许可机关。

第二十五条　企业取得工程勘察、设计资质后，不再符合相应资质条件的，建设主管部门、有关部门根据利害关系人的请求或者依据职权，可以责令其限期改正；逾期不改的，资质许可机关可以撤回其资质。

第二十六条　有下列情形之一的，资质许可机关或者其上级机关，根据利害关系人的请求或者依据职权，可以撤销工程勘察、工程设计资质：

（一）资质许可机关工作人员滥用职权、玩忽职守作出准予工程勘察、工程设计资质许可的；

（二）超越法定职权作出准予工程勘察、工程设计资质许可；

（三）违反资质审批程序作出准予工程勘察、工程设计资质许可的；

（四）对不符合许可条件的申请人作出工程勘察、工程设计资质许可的；

（五）依法可以撤销资质证书的其他情形。

以欺骗、贿赂等不正当手段取得工程勘察、工程设计资质证书的，应当予以撤销。

第二十七条　有下列情形之一的，企业应当及时向资质许可机关提出注销资质的申请，交回资质证书，资质许可机关应当办理注销手续，公告其资质证书作废：

（一）资质证书有效期届满未依法申请延续的；

（二）企业依法终止的；

（三）资质证书依法被撤销、撤回，或者吊销的；

（四）法律、法规规定的应当注销资质的其他情形。

第二十八条　有关部门应当将监督检查情况和处理意见及时告知建设主管部门。资质许可机关应当将涉及铁路、交通、水利、信息产业、民航等方面的资质被撤回、撤销和注销的情况及时告知有关部门。

第二十九条 企业应当按照有关规定，向资质许可机关提供真实、准确、完整的企业信用档案信息。

企业的信用档案应当包括企业基本情况、业绩、工程质量和安全、合同违约等情况。被投诉举报和处理、行政处罚等情况应当作为不良行为记入其信用档案。

企业的信用档案信息按照有关规定向社会公示。

第五章 法律责任

第三十条 企业隐瞒有关情况或者提供虚假材料申请资质的，资质许可机关不予受理或者不予行政许可，并给予警告，该企业在1年内不得再次申请该资质。

第三十一条 企业以欺骗、贿赂等不正当手段取得资质证书的，由县级以上地方人民政府建设主管部门或者有关部门给予警告，并依法处以罚款；该企业在3年内不得再次申请该资质。

第三十二条 企业不及时办理资质证书变更手续的，由资质许可机关责令限期办理；逾期不办理的，可处以1000元以上1万元以下的罚款。

第三十三条 企业未按照规定提供信用档案信息的，由县级以上地方人民政府建设主管部门给予警告，责令限期改正；逾期未改正的，可处以1000元以上1万元以下的罚款。

第三十四条 涂改、倒卖、出租、出借或者以其他形式非法转让资质证书的，由县级以上地方人民政府建设主管部门或者有关部门给予警告，责令改正，并处以1万元以上3万元以下的罚款；造成损失的，依法承担赔偿责任；构成犯罪的，依法追究刑事责任。

第三十五条 县级以上地方人民政府建设主管部门依法给予工程勘察、设计企业行政处罚的，应当将行政处罚决定以及给予行政处罚的事实、理由和依据，报国务院建设主管部门备案。

第三十六条 建设主管部门及其工作人员，违反本规定，有下列情形之一的，由其上级行政机关或者监察机关责令改正；情节严重的，对直接负责的主管人员和其他直接责任人员，依法给予行政处分：

（一）对不符合条件的申请人准予工程勘察、设计资质许可的；

（二）对符合条件的申请人不予工程勘察、设计资质许可或者未在法定期限内作出许可决定的；

（三）对符合条件的申请不予受理或者未在法定期限内初审完毕的；

（四）利用职务上的便利，收受他人财物或者其他好处的；

（五）不依法履行监督职责或者监督不力，造成严重后果的。

第六章 附　则

第三十七条 本规定所称建设工程勘察包括建设工程项目的岩土工程、水文地质、工程测量、海洋工程勘察等。

第三十八条 本规定所称建设工程设计是指：

（一）建设工程项目的主体工程和配套工程〔含厂（矿）区内的自备电站、道路、专用铁路、通信、各种管网管线和配套的建筑物等全部配套工程〕以及与主体工程、配套工程相关的工艺、土木、建筑、环境保护、水土保持、消防、安全、卫生、节能、防雷、抗震、照明工程等的设计。

（二）建筑工程建设用地规划许可证范围内的室外工程设计、建筑物构筑物设计、民用建筑修建的地下工程设计及住宅小区、工厂厂前区、工厂生活区、小区规划设计及单体设计等，以及上述建筑工程所包含的相关专业的设计内容（包括总平面布置、竖向设计、各类管网管线设计、景观设计、室内外环境设计及建筑装饰、道路、消防、安保、通信、防雷、人防、供配电、照明、废水治理、空调设施、抗震加固等）。

第三十九条　取得工程勘察、工程设计资质证书的企业，可以从事资质证书许可范围内相应的建设工程总承包业务，可以从事工程项目管理和相关的技术与管理服务。

第四十条　本规定自2007年9月1日起实施。2001年7月25日建设部颁布的《建设工程勘察设计企业资质管理规定》（建设部令第93号）同时废止。

建筑工程施工发包与承包计价管理办法

中华人民共和国建设部令

第107号

《建筑工程施工发包与承包计价管理办法》已经二〇〇一年十月二十五日建设部第四十九次常务会议审议通过，现予发布，自二〇〇一年十二月一日起施行。

部长　俞正声

二〇〇一年十一月五日

第一条　为了规范建筑工程施工发包与承包计价行为，维护建筑工程发包与承包双方的合法权益，促进建筑市场的健康发展，根据有关法律、法规，制定本办法。

第二条　在中华人民共和国境内的建筑工程施工发包与承包计价（以下简称工程发承包计价）管理，适用本办法。

本办法所称建筑工程是指房屋建筑和市政基础设施工程。

本办法所称房屋建筑工程，是指各类房屋建筑及其附属设施和与其配套的线路、管道、设备安装工程及室内外装饰装修工程。

本办法所称市政基础设施工程，是指城市道路、公共交通、供水、排水、燃气、热力、园林、环卫、污水处理、垃圾处理、防洪、地下公共设施及附属设施的土建、管道、设备安装工程。

工程发承包计价包括编制施工图预算、招标标底、投标报价、工程结算和签订合同价等活动。

第三条　建筑工程施工发包与承包价在政府宏观调控下，由市场竞争形成。

工程发承包计价应当遵循公平、合法和诚实信用的原则。

第四条　国务院建设行政主管部门负责全国工程发承包计价工作的管理。

县级以上地方人民政府建设行政主管部门负责本行政区域内工程发承包计价工作的管理。其具体工作可以委托工程造价管理机构负责。

第五条　施工图预算、招标标底和投标报价由成本（直接费、间接费）、利润和税金构成。其编制可以采用以下计价方法：

（一）工料单价法。分部分项工程量的单价为直接费。直接费以人工、材料、机械的消耗量及其相应价格确定。间接费、利润、税金按照有关规定另行计算。

（二）综合单价法。分部分项工程量的单价为全费用单价。全费用单价综合计算完成分部分项工程所发生的直接费、间接费、利润、税金。

第六条　招标标底编制的依据为：

（一）国务院和省、自治区、直辖市人民政府建设行政主管部门制定的工程造价计价办法以及其他有关规定；

（二）市场价格信息。

第七条　投标报价应当满足招标文件要求。

投标报价应当依据企业定额和市场价格信息，并按照国务院和省、自治区、直辖市人民政府建设行政主管部门发布的工程造价计价办法进行编制。

第八条 招标投标工程可以采用工程量清单方法编制招标标底和投标报价。

工程量清单应当依据招标文件、施工设计图纸、施工现场条件和国家制定的统一工程量计算规则、分部分项工程项目划分、计量单位等进行编制。

第九条 招标标底和工程量清单由具有编制招标文件能力的招标人或其委托的具有相应资质的工程造价咨询机构、招标代理机构编制。

投标报价由投标人或其委托的具有相应资质的工程造价咨询机构编制。

第十条 对是否低于成本报价的异议，评标委员会可以参照建设行政主管部门发布的计价办法和有关规定进行评审。

第十一条 招标人与中标人应当根据中标价订立合同。

不实行招标投标的工程，在承包方编制的施工图预算的基础上，由发承包双方协商订立合同。

第十二条 合同价可以采用以下方式：

（一）固定价。合同总价或者单价在合同约定的风险范围内不可调整。

（二）可调价。合同总价或者单价在合同实施期内，根据合同约定的办法调整。

（三）成本加酬金。

第十三条 发承包双方在确定合同价时，应当考虑市场环境和生产要素价格变化对合同价的影响。

第十四条 建筑工程的发承包双方应当根据建设行政主管部门的规定，结合工程款、建设工期和包工包料情况在合同中约定预付工程款的具体事宜。

第十五条 建筑工程发承包双方应当按照合同约定定期或者按照工程进度分段进行工程款结算。

第十六条 工程竣工验收合格，应当按照下列规定进行竣工结算：

（一）承包方应当在工程竣工验收合格后的约定期限内提交竣工结算文件。

（二）发包方应当在收到竣工结算文件后的约定期限内予以答复。逾期未答复的，竣工结算文件视为已被认可。

（三）发包方对竣工结算文件有异议的，应当在答复期内向承包方提出，并可以在提出之日起的约定期限内与承包方协商。

（四）发包方在协商期内未与承包方协商或者经协商未能与承包方达成协议的，应当委托工程造价咨询单位进行竣工结算审核。

（五）发包方应当在协商期满后的约定期限内向承包方提出工程造价咨询单位出具的竣工结算审核意见。

发承包双方在合同中对上述事项的期限没有明确约定的，可认为其约定期限均为28日。

发承包双方对工程造价咨询单位出具的竣工结算审核意见仍有异议的，在接到该审核意见后一个月内可以向县级以上地方人民政府建设行政主管部门申请调解，调解不成的，可以依法申请仲裁或者向人民法院提起诉讼。

工程竣工结算文件经发包方与承包方确认即应当作为工程决算的依据。

第十七条 招标标底、投标报价、工程结算审核和工程造价鉴定文件应当由造价工程师签字，并加盖造价工程师执业专用章。

第十八条　县级以上地方人民政府建设行政主管部门应当加强对建筑工程发承包计价活动的监督检查。

第十九条　造价工程师在招标标底或者投标报价编制、工程结算审核和工程造价鉴定中，有意抬高、压低价格，情节严重的，由造价工程师注册管理机构注销其执业资格。

第二十条　工程造价咨询单位在建筑工程计价活动中有意抬高、压低价格或者提供虚假报告的，县级以上地方人民政府建设行政主管部门责令改正，并可处以一万元以上三万元以下的罚款；情节严重的，由发证机关注销工程造价咨询单位资质证书。

第二十一条　国家机关工作人员在建筑工程计价监督管理工作中，玩忽职守、徇私舞弊、滥用职权的，由有关机关给予行政处分；构成犯罪的，依法追究刑事责任。

第二十二条　建筑工程以外的工程施工发包与承包计价管理可以参照本办法执行。

第二十三条　本办法由国务院建设行政主管部门负责解释。

第二十四条　本办法自2001年12月1日起施行。

房屋建筑工程质量保修办法

中华人民共和国建设部令

第80号

《房屋建筑工程质量保修办法》已于2000年6月26日经第24次部常务会议讨论通过，现予发布，自发布之日起施行。

部长　俞正声

二〇〇〇年六月三十日

第一条　为保护建设单位、施工单位、房屋建筑所有人和使用人的合法权益，维护公共安全和公众利益，根据《中华人民共和国建筑法》和《建设工程质量管理条例》，制订本办法。

第二条　在中华人民共和国境内新建、扩建、改建各类房屋建筑工程（包括装修工程）的质量保修，适用本办法。

第三条　本办法所称房屋建筑工程质量保修，是指对房屋建筑工程竣工验收后在保修期限内出现的质量缺陷，予以修复。

本办法所称质量缺陷，是指房屋建筑工程的质量不符合工程建设强制性标准以及合同的约定。

第四条　房屋建筑工程在保修范围和保修期限内出现质量缺陷，施工单位应当履行保修义务。

第五条　国务院建设行政主管部门负责全国房屋建筑工程质量保修的监督管理。

县级以上地方人民政府建设行政主管部门负责本行政区域内房屋建筑工程质量保修的监督管理。

第六条　建设单位和施工单位应当在工程质量保修书中约定保修范围、保修期限和保修责任等，双方约定的保修范围、保修期限必须符合国家有关规定。

第七条　在正常使用条件下，房屋建筑工程的最低保修期限为：

（一）地基基础工程和主体结构工程，为设计文件规定的该工程的合理使用年限；

（二）屋面防水工程、有防水要求的卫生间、房间和外墙面的防渗漏，为5年；

（三）供热与供冷系统，为2个采暖期、供冷期；

（四）电气管线、给排水管道、设备安装为2年；

（五）装修工程为2年。

其他项目的保修期限由建设单位和施工单位约定。

第八条　房屋建筑工程保修期从工程竣工验收合格之日起计算。

第九条　房屋建筑工程在保修期限内出现质量缺陷，建设单位或者房屋建筑所有人应当向施工单位发出保修通知。施工单位接到保修通知后，应当到现场核查情况，在保修书约定的时间内予以保修。发生涉及结构安全或者严重影响使用功能的紧急抢修事故，施工单位接到保修通知后，应当立即到达现场抢修。

第十条 发生涉及结构安全的质量缺陷，建设单位或者房屋建筑所有人应当立即向当地建设行政主管部门报告，采取安全防范措施；由原设计单位或者具有相应资质等级的设计单位提出保修方案，施工单位实施保修，原工程质量监督机构负责监督。

第十一条 保修完成后，由建设单位或者房屋建筑所有人组织验收。涉及结构安全的，应当报当地建设行政主管部门备案。

第十二条 施工单位不按工程质量保修书约定保修的，建设单位可以另行委托其他单位保修，由原施工单位承担相应责任。

第十三条 保修费用由质量缺陷的责任方承担。

第十四条 在保修期限内，因房屋建筑工程质量缺陷造成房屋所有人、使用人或者第三方人身、财产损害的，房屋所有人、使用人或者第三方可以向建设单位提出赔偿要求。建设单位向造成房屋建筑工程质量缺陷的责任方追偿。

第十五条 因保修不及时造成新的人身、财产损害，由造成拖延的责任方承担赔偿责任。

第十六条 房地产开发企业售出的商品房保修，还应当执行《城市房地产开发经营管理条例》和其他有关规定。

第十七条 下列情况不属于本办法规定的保修范围：

（一）因使用不当或者第三方造成的质量缺陷；

（二）不可抗力造成的质量缺陷。

第十八条 施工单位有下列行为之一的，由建设行政主管部门责令改正，并处1万元以上3万元以下的罚款：

（一）工程竣工验收后，不向建设单位出具质量保修书的；

（二）质量保修的内容、期限违反本办法规定的。

第十九条 施工单位不履行保修义务或者拖延履行保修义务的，由建设行政主管部门责令改正，处10万元以上20万元以下的罚款。

第二十条 军事建设工程的管理，按照中央军事委员会的有关规定执行。

第二十一条 本办法由国务院建设行政主管部门负责解释。

第二十二条 本办法自发布之日起施行。

房屋建筑和市政基础设施工程施工分包管理办法

中华人民共和国建设部令
第124号

《房屋建筑和市政基础设施工程施工分包管理办法》已经2003年11月8日建设部第21次常务会议讨论通过，现予发布，自2004年4月1日起施行。

建设部部长　汪光焘
二○○四年二月三日

第一条　为了规范房屋建筑和市政基础设施工程施工分包活动，维护建筑市场秩序，保证工程质量和施工安全，根据《中华人民共和国建筑法》、《中华人民共和国招标投标法》、《建设工程质量管理条例》等有关法律、法规，制定本办法。

第二条　在中华人民共和国境内从事房屋建筑和市政基础设施工程施工分包活动，实施对房屋建筑和市政基础设施工程施工分包活动的监督管理，适用本办法。

第三条　国务院建设行政主管部门负责全国房屋建筑和市政基础设施工程施工分包的监督管理工作。

县级以上地方人民政府建设行政主管部门负责本行政区域内房屋建筑和市政基础设施工程施工分包的监督管理工作。

第四条　本办法所称施工分包，是指建筑业企业将其所承包的房屋建筑和市政基础设施工程中的专业工程或者劳务作业发包给其他建筑业企业完成的活动。

第五条　房屋建筑和市政基础设施工程施工分包分为专业工程分包和劳务作业分包。

本办法所称专业工程分包，是指施工总承包企业（以下简称专业分包工程发包人）将其所承包工程中的专业工程发包给具有相应资质的其他建筑业企业（以下简称专业分包工程承包人）完成的活动。

本办法所称劳务作业分包，是指施工总承包企业或者专业承包企业（以下简称劳务作业发包人）将其承包工程中的劳务作业发包给劳务分包企业（以下简称劳务作业承包人）完成的活动。

本办法所称分包工程发包人包括本条第二款、第三款中的专业分包工程发包人和劳务作业发包人；分包工程承包人包括本条第二款、第三款中的专业分包工程承包人和劳务作业承包人。

第六条　房屋建筑和市政基础设施工程施工分包活动必须依法进行。

鼓励发展专业承包企业和劳务分包企业，提倡分包活动进入有形建筑市场公开交易，完善有形建筑市场的分包工程交易功能。

第七条　建设单位不得直接指定分包工程承包人。任何单位和个人不得对依法实施的分包活动进行干预。

第八条　分包工程承包人必须具有相应的资质，并在其资质等级许可的范围内承揽业务。

严禁个人承揽分包工程业务。

第九条 专业工程分包除在施工总承包合同中有约定外，必须经建设单位认可。专业分包工程承包人必须自行完成所承包的工程。

劳务作业分包由劳务作业发包人与劳务作业承包人通过劳务合同约定。劳务作业承包人必须自行完成所承包的任务。

第十条 分包工程发包人和分包工程承包人应当依法签订分包合同，并按照合同履行约定的义务。分包合同必须明确约定支付工程款和劳务工资的时间、结算方式以及保证按期支付的相应措施，确保工程款和劳务工资的支付。

分包工程发包人应当在订立分包合同后7个工作日内，将合同送工程所在地县级以上地方人民政府建设行政主管部门备案。分包合同发生重大变更的，分包工程发包人应当自变更后7个工作日内，将变更协议送原备案机关备案。

第十一条 分包工程发包人应当设立项目管理机构，组织管理所承包工程的施工活动。

项目管理机构应当具有与承包工程的规模、技术复杂程度相适应的技术、经济管理人员。其中，项目负责人、技术负责人、项目核算负责人、质量管理人员、安全管理人员必须是本单位的人员。具体要求由省、自治区、直辖市人民政府建设行政主管部门规定。

前款所指本单位人员，是指与本单位有合法的人事或者劳动合同、工资以及社会保险关系的人员。

第十二条 分包工程发包人可以就分包合同的履行，要求分包工程承包人提供分包工程履约担保；分包工程承包人在提供担保后，要求分包工程发包人同时提供分包工程付款担保的，分包工程发包人应当提供。

第十三条 禁止将承包的工程进行转包。不履行合同约定，将其承包的全部工程发包给他人，或者将其承包的全部工程肢解后以分包的名义分别发包给他人的，属于转包行为。

违反本办法第十二条规定，分包工程发包人将工程分包后，未在施工现场设立项目管理机构和派驻相应人员，并未对该工程的施工活动进行组织管理的，视同转包行为。

第十四条 禁止将承包的工程进行违法分包。下列行为，属于违法分包：

（一）分包工程发包人将专业工程或者劳务作业分包给不具备相应资质条件的分包工程承包人的；

（二）施工总承包合同中未有约定，又未经建设单位认可，分包工程发包人将承包工程中的部分专业工程分包给他人的。

第十五条 禁止转让、出借企业资质证书或者以其他方式允许他人以本企业名义承揽工程。

分包工程发包人没有将其承包的工程进行分包，在施工现场所设项目管理机构的项目负责人、技术负责人、项目核算负责人、质量管理人员、安全管理人员不是工程承包人本单位人员的，视同允许他人以本企业名义承揽工程。

第十六条 分包工程承包人应当按照分包合同的约定对其承包的工程向分包工程发包人负责。分包工程发包人和分包工程承包人就分包工程对建设单位承担连带责任。

第十七条 分包工程发包人对施工现场安全负责，并对分包工程承包人的安全生产进行管理。专业分包工程承包人应当将其分包工程的施工组织设计和施工安全方案报分包工程发包人备案，专业分包工程发包人发现事故隐患，应当及时作出处理。

分包工程承包人就施工现场安全向分包工程发包人负责，并应当服从分包工程发包人对施工现场的安全生产管理。

第十八条 违反本办法规定，转包、违法分包或者允许他人以本企业名义承揽工程的，按照《中国人民共和国建筑法》、《中华人民共和国招标投标法》和《建设工程质量管理条例》的规定予以处罚；对于接受转包、违法分包和用他人名义承揽工程的，处1万元以上3万元以下的罚款。

第十九条 未取得建筑业企业资质承接分包工程的，按照《中华人民共和国建筑法》第六十五条第三款和《建设工程质量管理条例》第六十条第一款、第二款的规定处罚。

第二十条 本办法自2004年4月1日起施行。原城乡建设环境保护部1986年4月30日发布的《建筑安装工程总分包实施办法》同时废止。

危险性较大的分部分项工程安全管理办法

建质[2009]87号

　　各省、自治区住房和城乡建设厅，直辖市建委，江苏省、山东省建管局，新疆生产建设兵团建设局，中央管理的建筑企业：

　　为进一步规范和加强对危险性较大的分部分项工程安全管理，积极防范和遏制建筑施工生产安全事故的发生，我们组织修定了《危险性较大的分部分项工程安全管理办法》，现印发给你们，请遵照执行。

中华人民共和国住房和城乡建设部

二○○九年五月十三日

　　第一条　为加强对危险性较大的分部分项工程安全管理，明确安全专项施工方案编制内容，规范专家论证程序，确保安全专项施工方案实施，积极防范和遏制建筑施工生产安全事故的发生，依据《建设工程安全生产管理条例》及相关安全生产法律法规制定本办法。

　　第二条　本办法适用于房屋建筑和市政基础设施工程（以下简称"建筑工程"）的新建、改建、扩建、装修和拆除等建筑安全生产活动及安全管理。

　　第三条　本办法所称危险性较大的分部分项工程是指建筑工程在施工过程中存在的、可能导致作业人员群死群伤或造成重大不良社会影响的分部分项工程。危险性较大的分部分项工程范围见附件一。

　　危险性较大的分部分项工程安全专项施工方案（以下简称"专项方案"），是指施工单位在编制施工组织（总）设计的基础上，针对危险性较大的分部分项工程单独编制的安全技术措施文件。

　　第四条　建设单位在申请领取施工许可证或办理安全监督手续时，应当提供危险性较大的分部分项工程清单和安全管理措施。施工单位、监理单位应当建立危险性较大的分部分项工程安全管理制度。

　　第五条　施工单位应当在危险性较大的分部分项工程施工前编制专项方案；对于超过一定规模的危险性较大的分部分项工程，施工单位应当组织专家对专项方案进行论证。超过一定规模的危险性较大的分部分项工程范围见附件二。

　　第六条　建筑工程实行施工总承包的，专项方案应当由施工总承包单位组织编制。其中，起重机械安装拆卸工程、深基坑工程、附着式升降脚手架等专业工程实行分包的，其专项方案可由专业承包单位组织编制。

　　第七条　专项方案编制应当包括以下内容：

　　（一）工程概况：危险性较大的分部分项工程概况、施工平面布置、施工要求和技术保证条件。

　　（二）编制依据：相关法律、法规、规范性文件、标准、规范及图纸（国标图集）、施工组织设计等。

（三）施工计划：包括施工进度计划、材料与设备计划。

（四）施工工艺技术：技术参数、工艺流程、施工方法、检查验收等。

（五）施工安全保证措施：组织保障、技术措施、应急预案、监测监控等。

（六）劳动力计划：专职安全生产管理人员、特种作业人员等。

（七）计算书及相关图纸。

第八条　专项方案应当由施工单位技术部门组织本单位施工技术、安全、质量等部门的专业技术人员进行审核。经审核合格的，由施工单位技术负责人签字。实行施工总承包的，专项方案应当由总承包单位技术负责人及相关专业承包单位技术负责人签字。

不需专家论证的专项方案，经施工单位审核合格后报监理单位，由项目总监理工程师审核签字。

第九条　超过一定规模的危险性较大的分部分项工程专项方案应当由施工单位组织召开专家论证会。实行施工总承包的，由施工总承包单位组织召开专家论证会。

下列人员应当参加专家论证会：

（一）专家组成员；

（二）建设单位项目负责人或技术负责人；

（三）监理单位项目总监理工程师及相关人员；

（四）施工单位分管安全的负责人、技术负责人、项目负责人、项目技术负责人、专项方案编制人员、项目专职安全生产管理人员；

（五）勘察、设计单位项目技术负责人及相关人员。

第十条　专家组成员应当由5名及以上符合相关专业要求的专家组成。

本项目参建各方的人员不得以专家身份参加专家论证会。

第十一条　专家论证的主要内容：

（一）专项方案内容是否完整、可行；

（二）专项方案计算书和验算依据是否符合有关标准规范；

（三）安全施工的基本条件是否满足现场实际情况。

专项方案经论证后，专家组应当提交论证报告，对论证的内容提出明确的意见，并在论证报告上签字。该报告作为专项方案修改完善的指导意见。

第十二条　施工单位应当根据论证报告修改完善专项方案，并经施工单位技术负责人、项目总监理工程师、建设单位项目负责人签字后，方可组织实施。

实行施工总承包的，应当由施工总承包单位、相关专业承包单位技术负责人签字。

第十三条　专项方案经论证后需做重大修改的，施工单位应当按照论证报告修改，并重新组织专家进行论证。

第十四条　施工单位应当严格按照专项方案组织施工，不得擅自修改、调整专项方案。

如因设计、结构、外部环境等因素发生变化确需修改的，修改后的专项方案应当按本办法第八条重新审核。对于超过一定规模的危险性较大工程的专项方案，施工单位应当重新组织专家进行论证。

第十五条　专项方案实施前，编制人员或项目技术负责人应当向现场管理人员和作业人员进行安全技术交底。

第十六条　施工单位应当指定专人对专项方案实施情况进行现场监督和按规定进行

监测。发现不按照专项方案施工的，应当要求其立即整改；发现有危及人身安全紧急情况的，应当立即组织作业人员撤离危险区域。

施工单位技术负责人应当定期巡查专项方案实施情况。

第十七条 对于按规定需要验收的危险性较大的分部分项工程，施工单位、监理单位应当组织有关人员进行验收。验收合格的，经施工单位项目技术负责人及项目总监理工程师签字后，方可进入下一道工序。

第十八条 监理单位应当将危险性较大的分部分项工程列入监理规划和监理实施细则，应当针对工程特点、周边环境和施工工艺等，制定安全监理工作流程、方法和措施。

第十九条 监理单位应当对专项方案实施情况进行现场监理；对不按专项方案实施的，应当责令整改，施工单位拒不整改的，应当及时向建设单位报告；建设单位接到监理单位报告后，应当立即责令施工单位停工整改；施工单位仍不停工整改的，建设单位应当及时向住房城乡建设主管部门报告。

第二十条 各地住房城乡建设主管部门应当按专业类别建立专家库。专家库的专业类别及专家数量应根据本地实际情况设置。

专家名单应当予以公示。

第二十一条 专家库的专家应当具备以下基本条件：

（一）诚实守信、作风正派、学术严谨；

（二）从事专业工作15年以上或具有丰富的专业经验；

（三）具有高级专业技术职称。

第二十二条 各地住房城乡建设主管部门应当根据本地区实际情况，制定专家资格审查办法和管理制度并建立专家诚信档案，及时更新专家库。

第二十三条 建设单位未按规定提供危险性较大的分部分项工程清单和安全管理措施，未责令施工单位停工整改的，未向住房城乡建设主管部门报告的；施工单位未按规定编制、实施专项方案的；监理单位未按规定审核专项方案或未对危险性较大的分部分项工程实施监理的；住房城乡建设主管部门应当依据有关法律法规予以处罚。

第二十四条 各地住房城乡建设主管部门可结合本地区实际，依照本办法制定实施细则。

第二十五条 本办法自颁布之日起实施。原《关于印发<建筑施工企业安全生产管理机构设置及专职安全生产管理人员配备办法>和<危险性较大工程安全专项施工方案编制及专家论证审查办法>的通知》（建质[2004]213号）中的《危险性较大工程安全专项施工方案编制及专家论证审查办法》废止。

工程建设监理规定

建监【1995】第737号

工程建设监理规定（1995年12月15日，原建设部和原国家计委印发《工程建设监理规定》的通知，自1996年1月1日起实施。同时废止原建设部1989年7月28日发布的《建设监理试行规定》。）

第一章 总 则

第一条 为了确保工程建设质量，提高工程建设水平，充分发挥投资效益，促进工程建设监理事业的健康发展，制定本规定。

第二条 在中华人民共和国境内从事工程建设监理活动，必须遵守本规定。

第三条 本规定所称工程建设监理是指监理单位受项目法人的委托，依据国家批准的工程项目建设文件、有关工程建设的法律、法规和工程建设监理合同及其他工程建设合同，对工程建设实施的监督管理。

第四条 从事工程建设监理活动，应当遵循守法、诚信、公正、科学的准则。

第二章 工程建设监理的管理机构及职责

第五条 国家计委和建设部共同负责推进建设监理事业的发展，建设部归口管理全国工程建设监理工作。建设部的主要职责：

（一）起草并商国家计委制定、发布工程建设监理行政法规，监督实施；

（二）审批甲级监理单位资质；

（三）管理全国监理工程师资格考试、考核和注同等项工作；

（四）指导、监督、直辖市全国工程建设监理工作。

第六条 省、自治区、直辖市人民政府建设行政主管部门归口管理本行政区域内工程建设监理工作，其主要职责：

（一）贯彻执行国家工程建设监理法规，起草或制定地方工程建设监理法规并监督实施；

（二）审批本行政区域内乙级、丙级监理单位的资质，初审并推荐甲级监理单位；

（三）组织本行政区域内监理工程师资格考试、考核和注册工作；

（四）指导、监督、协调本行政区域内的工程建设监理工作。

第七条 国务院工业、交通等部门管理本部工程建设监理工作，其主要职责：

（一）贯彻执行国家工程建设监理法规，根据需要制定本部门工程建设监理实施办法，并监督实施；

（二）审批直属的乙级、丙级监理单位资质，初审并推荐甲级监理单位；

（三）管理直属监理单位的监理工程师资格考试、考核和注册工作；

（四）指导、监督、协调本部门工程建设监理工作。

第三章　工程建设监理范围及内容

第八条　工程建设监理的范围：

（一）大、中型工程项目；

（二）市政、公用工程项目；

（三）政府投资兴建和开发建设的办公楼、社会发展事业项目和住宅工程项目；

（四）外资、中外合资、国外贷款、赠款、捐款建设的工程项目。

第九条　工程建设监理的主要内容是控制工程建设的投资、建设工期和工程质量；进行工程建设合同管理，协调有关单位间的工作关系。

第四章　工程建设监理合同与监理程序

第十条　项目法人一般通过招标投标方式择优选定监理单位。

第十一条　监理单位承担监理业务，应当与项目法人签订书面工程建设监理合同。工程建设监理合同的主要条款是：监理的范围和内容、双方的权利与义务、监理费的计取与多付、违约责任、双方约定的其他事项。

第十二条　监理费从工程概算中列支，并核减建设单位的管理费。

第十三条　监理单位应根据所承担的监理任务，组建工程建设监理机构。监理机构一般由总监理工程师、监理工程师和其他监理人员组成。

承担工程施工阶段的监理，监理机构应进驻施工现场。

第十四条　工程建设监理一般应按下列程序进行：

（一）编制工程建设监理规划；

（二）按工程建设进度、分专业编制工程建设监理细则；

（三）按照建设监理细则进行建设监理；

（四）参与工程竣工预验收，签署建设监理意见；

（五）建设监理业务完成后，向项目法人提交工程建设监理档案资料。

第十五条　实施监督前，项目法人应当将委托的监理单位、监理的内容、总监理工程师姓名及所赋予的权限，书面通知被监理单位。

总监理工程师应当将其授予监理工程师的权限，书面通知被监理单位。

第十六条　工程建设监理过程中，被监理单位应当按照与项目法人签订的工程建设合同的规定接受监理。

第五章　工程建设监理单位与监理工程师

第十七条　监理单位实行资质审批制度。设立监理单位，须报工程建设监事主管机关进行资质审查合格后，向工商行政管理机关申请企业法人登记。

监理单位应当按照核准的经营范围承接工程建设监理业务。

第十八条　监理单位是建筑市场的主体之一，建设监理是一种高智能的有偿技术服务。

监理单位与项目法人之间是委托与被委托的合同关系；与被监理单位是监理与被监理的关系。

监理单位应按照"公正、独立、自主"的原则，开展工程建设监理工作，公平地维护项目法人和被监理单位的合法权益。

第十九条　监理单位不得转让监理业务。

第二十条　监理单位不得承包工程，不得经营建筑材料、构配件和建筑机构、设备。

第二十一条　监理单位在监理过程中因过错造成重大经济损失的，应承担一定的经济责任和法律责任。

第二十二条　监理工程师实行注册制度。

监理工程师不得出卖、出错、转让、涂改《监理工程师岗位证书》。

第二十三条　监理工程师不得在政府机关或施工、设备制造、材料供应单位兼职，不得是施工、设备制造和材料、构配件供应单位的合伙经营者。

第二十四条　工程项目建设监理实行总监理工程师负责制。总监理工程师行使合同赋予监理单位的权限，全面负责受委托的监理工作。

第二十五条　总监理工程师在授权范围内发布有关指令，签认所监理的工程项目有关款项的支付凭证。

项目法人不得擅自更改总监理工程师的指令。

总监理工程师有权建议撤换不合格的工程建设分包单位和项目负责人及有关人员。

第二十六条　总监理工程师要公正地协调项目法人与被监理单位的争议。

第六章　外资、中外合资和国外贷款、赠款、捐款建设的工程建设监理

第二十七条　国外公司或社团组织在中国境内独立投资的工程项目建设，如果需要委托国外监理单位承担建设监理业务时，应当聘请中国监理单位参加，进行合作监理。

中国监理单位能够监理的中外合资的工程建设项目，应当委托中国监理单位监理。若有必要，可以委托与该工程项目建设有关的国外监理机构监理或者聘请监理顾问。

国外贷款的工程项目建设，原则上应由中国监理单位负责建设监理。如果贷款方要求国外监理单位参加的，应当与中国监理单位进行合作监理。

国外赠款、捐款建设的工程项目，一般由中国监理单位承担建设监理业务。

第二十八条　外资、中外合资和国外贷款建设的工程项目的监理费用计取标准及付款方式，参照国际惯例由双方协商确定。

第七章　罚　则

第二十九条　项目法人违反本规定，由人民政府建设行政主管部门给予警告、通报批评、责令改正，并可处以罚款。对项目法人的处罚决定抄送计划行政主管部门。

第三十条　监理单位违反本规定，有下列行为之一的，由人民政府建设行政主管部门给予警告、通报批评、责令停业整顿、降低资质等级、吊销资质证书的处罚，并可处以罚款。

（一）未经批准而擅自开业；

（二）超出批准的业务范围从事工程建设监理活动；

（三）转让监理业务；

（四）故意损害项目法人、承建商利益；

（五）因工作失误造成重大事故。

第三十一条　监理工程师违反本校规定，有下列行为之一的，由人民政府建设行政主管部门没收非法所得、收缴《监理工程师岗位证书》，可和以罚款。

（一）假借监理工程师的名义从事监理工作；

（二）出卖、出借、转让、涂改《监理工程师岗位证书》；

（三）在影响公正执行监理业务的单位兼职。

第八章　附　则

第三十二条　本规定涉及国家计委职能的条款由建设部和国家计委解释。

第三十三条　省、自治区、直辖市人民政府建设行政主管部门、国务院有关部门参照本规定制定实施办法，并报建设部备案。

第三十四条　本规定自1996年1月1日起实施，建设部1989年7月28日发布的《建设监理试行规定》同时废止。

菲迪克（FIDIC）施工合同条件：用于雇主设计的建筑和工程（1999版红皮书）（略）